Joachim Schreiber

MILITÄRFLUGZEUGE DES KALTEN KRIEGES

Band 1 (1945 – 1955)

Motor buch Verlag

Einbandgestaltung: schreiberVIS, Seeheim

Bildnachweis: Soweit auf S. 239 nicht anders vermerkt, stammen die Bilder vom Autor bzw. aus dessen Archiv.
Alle Zeichnungen: © schreiberVIS, Joachim Schreiber

ISBN: 978-3-613-04570-5

Sie finden uns im Internet unter:
www.motorbuch-verlag.de

1. Auflage 2024

Layout, Satz, Illustrationen und Prepress:
schreiberVIS, Seeheim
Druck und Bindung: Graspo CZ, 76302 Zlin
Printed in Czech Republic

Inhalt

Vorwort

Das Buch gibt einen Überblick über einen großen Teil der Militärflugzeuge, die zu Beginn des Kalten Krieges von 1945 bis 1955 gebaut wurden und die Luftfahrtgeschichte mit prägten.

Nach dem Zweiten Weltkrieg standen sich die beiden Supermächte USA und Sowjetunion mit ihren Vorstellungen von Kapitalismus und Kommunismus in einer Art Konkurrenzkampf gegenüber, das sich in politischen, wirtschaftlichen, technischen und vor allem militärischen Anstrengungen äußerte. Ohne jemals direkt miteinander in Konflikt zu geraten, dauerte der Kalte Krieg bis zum Zerfall der Sowjetunion 1991 an, der durch zahlreiche bedrohliche Auseinandersetzungen gekennzeichnet war: die Berlin-Blockade 1948/49, der Koreakrieg 1950 – 53, der Vietnamkrieg 1955 – 75, die Kubakrise 1962 und den Konflikt um die Stationierung von Mittelstreckenraketen 1979 – 83. Sie waren immer wieder Ansporn für weitere militärische Aufrüstungen beider Staaten und ihrer Verbündeter. So bot schon der Koreakrieg in den 1950er-Jahren beiden Großmächten die Gelegenheit, ihre Waffensysteme im harten Einsatz zu testen. Propellermaschinen, oft noch aus dem Zweiten Weltkrieg, wurden allmählich durch Jets ersetzt. Mit dem Auftauchen erster MiG-15 in Korea waren die USA gezwungen, schnell ihre noch unterlegenen Jets auf Vordermann zu bringen, was ihnen schließlich auch gelang. In dieser Zeit sind vor allem die Sowjetunion, USA, Großbritannien und Frankreich durch Neuentwicklungen und Produktionen in größerem Ausmaß in Erscheinung getreten. Sie hatten die Manpower und wirtschaftliche Ressourcen, um neue, zum Teil revolutionäre Konzepte zu verwirklichen.

Trotzdem versuchten auch weniger bedeutende Staaten an den neuen Entwicklungen teilzuhaben. So startetete zum Beispiel Argentinien mit Hilfe deutscher Wissenschaftler ein vielversprechendes Jet-Programm, das schließlich an den wirtschaftlichen und politischen Verhältnissen scheiterte. Im Gegensatz zu Schweden mit der Lansen (S. 96) oder Kanada mit der Canuck (S. 88), die zwar nur für den eigenen Bedarf produzierten, mit ihren Jets aber leistungsmäßig durchaus mithalten konnte.

Erwähnt werden zudem Flugzeuge, die wegen ihrer gelungenen Konstruktion oder weil noch genügend Baugruppen aus Kriegsproduktionen vorhanden waren, einfach weiter gebaut wurden, wie z. B. die DC-3 aus den USA als Lissunow Li-2 (S. 120) in der Sowjetunion, die Me 109 in Spanien (S. 139) und der Tschechoslowakei (S. 142) oder die Siebel Si 204 als SNCAC Martinet (S. 26) in Frankreich. Das gilt auch für die Produktion einiger Kolbenmotoren. Es gab aber auch unlizenzierte Nachbauten, wie z. B. die Tupolew Tu-4 (S. 131) ein relativ exakter Nachbau der B-29.

Nicht zu vergessen die Randbereiche der damaligen Luftfahrt. Hier können wegen der Vielfalt nur beispielhaft einige Maschinen präsentiert werden. Neben zahlreichen Kleinflugzeugen spielten bei den Militärs Hubschrauber eine zunehmend wichtiger werdende Rolle. Sie hatten inzwischen den Experimentalstatus verlassen und liefen mit ausgereifter Technologie in großen Stückzahlen, vor allem in den USA und der Sowjetunion, vom Band.

Antriebe

Mit Ende des Zweiten Weltkrieges war bei zwei federführende Nationen auch Schluss mit Flugzeugbau: Japan und Deutschland. Was allerdings nicht bedeutete, dass ihr Einfluss damit beendet war. Vor allem deutsche Forschungsergebnisse der Aerodynamik und im Triebwerksbau konnte man in zahlreichen Projekten wiederfinden. Obwohl Länder wie die UdSSR und die USA bereits früh mit Jettriebwerken experimentierten, waren es doch die deutschen Aggregate von BMW und Junkers und die dahinter stehenden Techniker, die z. B. den sowjetischen Triebwerksbau voranbrachten und die Grundlagen für eigene Entwicklungen legten. Und man bediente sich mit unlizenzierten Nachbauten bei britischen Strahltriebwerken. Die USA setzten anfangs, mangels eigener Produkte, auf von Großbritannien entwickelte Antriebe, kamen aber sehr schnell mit eigenen Triebwerken der großen Hersteller auf den Markt.

Ein Teil der frühen Jettriebwerke arbeitete als Radialverdichter. Sie zeichnen sich durch einstufige Fliehkraft-Verdichter aus, die angesaugte Luft nach außen in einem entsprechend geformten Gehäuse komprimiert und durch Brennkammern auf ein Turbinenrad drückt, das wiederum über eine Welle den Verdichter antreibt.

Im Gegensatz dazu besteht ein Axialverdichter-Strahltriebwerk aus mehreren hintereinander geschalteten, enger werdenden Verdichterstufen, die jeweils aus einem Rotor mit profilierten Schaufeln aufgebaut sind. Sie drücken komprimierte Luft in dahinter liegende Brennkammern, nach denen eine Turbine im Abgasstrahl über eine Welle wiederum die Verdichterstufen antreibt. Ein Konzept, das sich bei allen Strahltriebwerken bis heute durchgesetzt hat.

Die Erwartungen an Strahltriebwerke waren groß. Anfangs waren sie aber noch so leistungsarm, dass mit ihnen gegen Propellerflugzeuge nichts zu gewinnen war. Sie waren zu schwer, unzuverlässig, hatten oft eine sehr kurze Lebensdauer, dazu kam ein zu hoher Kerosinverbrauch. Die Entwicklungen verliefen aber auch da rasant! Schon früh konnten brauchbare Düsentriebwerke in Serie hergestellt werden. Mit Einführung des Nachbrenners verfügte man nochmals über ein extra Leistungsplus, das bei vielen Jets erst Überschallgeschwindigkeit ermöglichte, aber auch den Kerosinverbrauch deutlich steigerte.

Mixed-Power-Konzepte in Form von Propeller/Kolbenmotor plus Düsentriebwerk wie z.B. bei der MiG-13 (S. 122) und der Ryan FR Fireball (S. 223) konnten sich ebensowenig durchsetzen, wie zusätzliche Strahltriebwerke bei der Boeing B-50 (S. 153) oder der Lockheed P2V Neptune (S. 187), obwohl sie höhere Geschwindigkeiten und kürzere Startstrecken ermöglichten.

Propeller-Jagdflugzeuge wurden nach Kriegsende 1945 relativ rasch bedeutungslos, die Kolbenmotorenentwicklung wurde weit heruntergefahren. Strahltriebwerke und Turbinen waren gefragt. Im Düsentriebwerk lag die Zukunft. Flugzeuge sollten schneller werden und fast alle großen Flugzeughersteller mussten sich umorientieren. Lediglich bei Transportern, Passagierflugzeugen, Trainern und kleineren Flugzeugen wurden, mit ein paar Ausnahmen, noch Kolbenmotoren oder Propellerturbinen verbaut.

Design

Düsentriebwerke versprachen vor allem höhere Geschwindigkeiten, was Mitte der 1940er-Jahre zu zwei Designlinien führte: Erstens wurde versucht alte Konstruktionen mit dem neuen Triebwerkskonzept zu verbinden und zweitens entwarf man komplett neue Flugzeuge unter Berücksichtigung der Aerodynamik im schallnahen Bereich. Beides konnte in nahezu allen Entwicklerländern beobachtet werden.

Eindeutige Beispiele sind die sowjetische Jak-15 (S. 15) und Tu-12 (S. 132), die McDonnell Phantom (S. 199) und die North American FJ-1 Fury (S.205) der US-Amerikaner, sowie auf der britischen Seite die Gloster Meteor (S. 57) und Hawker Sea Hawk (S. 63). Die meisten Flugzeuge dieser Kategorie, deren Zellen und/oder Flügel teilweise noch von Kolbenmotorflugzeugen stammten, erreichten aerodynamisch ihre Grenzen bei Geschwindigkeiten im hohen Unterschallbereich. Die zweite Designlinie zeigte nebenbei, wie schnell innovative Flugzeughersteller in der Lage waren, Forschungsergebnisse der Aerodynamik umzusetzen, beispielsweise mit der Einführung der Pfeilflügel, die erstmals bei der Me 262 eingesetzt wurden. So ähnelten sich die frühen einstrahligen Jagdflugzeuge der ersten Generation in erstaunlicher Weise. Dazu gehörten neben gepfeilten Flügeln auch der Lufteinlauf am Bug – nach dem Motto: Gleiches Problem – gleiche Lösung. Erwähnt seien die FMA Pulqui II (S. 8), Dassault Mystere II (S. 15), Lawotschkin La-15 (S. 119, MiG-15 (S. 123 und die North American F-86 Sabre (S. 207). Aber auch da blieb die Entwicklung nicht stehen. Kurz nach Ende des Krieges flogen bereits die ersten Deltas in Großbritannien, den USA und der Sowjetunion. Dass dieses aerodynamische Prinzip erfolgreich bei Jagdflugzeugen bis zu großen strategischen Bombern genutzt werden konnte, beweisen die Konstruktionen der Avro Vulcan (S. 37), der Convair F-102 Delta Dagger (S. 161) und die Ende der 1950er Jahre entwickelte Dassault Mirage und MiG-21.

Es wurde viel experimentiert und wieder verworfen, viele Prototypen entstanden, die nie in Serie gingen, zahlreiche Testpiloten ließen ihr Leben, es wurde Vieles noch im Try and Error-Verfahren getestet. Nicht selten sind ganze Baureihen aufgrund nicht vorhersehrbarer technischer und aerodynamischer Probleme gegroundet und erst nach umfangreichen Änderungen wieder in Betrieb genommen worden.

Avionik

Mit zuverlässiger werdender Elektronik, die schon früh genutzt wurde, ließen sich Systeme entwerfen, die Flugsteuerung, Navigation, Kommunikation und Antriebsregelung unterstützten und somit die Besatzungen entlasteten. Noch wichtiger waren aber kleinere, ausgereifte Radarsysteme, die in Flugzeuge integriert werden konnten und dazu passende elektronische Waffensysteme zur vom Boden unabhängigen Zielidentifikation und für den Waffeneinsatz. Erstmals wurden auch speziell gebaute Aufklärer, Frühwarnflugzeuge und Maschinen für elektronische Gegenmaßnahmen (ECM) in Auftrag gegeben.

Zum Buch

Angesichts der Entwicklungen in der Zeit des Kalten Krieges fällt es schwer, eine Auswahl zu treffen. Auf alle Typen und Varianten einzugehen ist nicht möglich. Die Stückzahl ist sicher ein Kriterium. Ein anderes Merkmal ist die Bedeutung für die Entwicklung der Luftfahrt in der Zeit nach dem Zweiten Weltkrieg. Erwähnenswert ist aber auch, dass z. B. Argentinien, Australien, Finnland, Indien, Jugoslawien, Niederlande, Schweden, Spanien, und die Tschechoslowakei wieder eigene, wenn auch oft kleine Flugzeugproduktionen auf die Beine stellten.

Schwierig war die Auswahl der Text- und Zeichnungsquellen, die oft erheblich differierten und das nicht nur bei technischen Angaben.

Bei der Auswahl der Fotos habe ich teilweise die allgemein zugänglichen Internetquellen genutzt. Bedanken möchte ich mich aber ausdrücklich bei den vielen Luftfahrtenthusiasten, Archiven und Museen und den dahinter stehenden Personen, die mich freundlicherweise mit Bildmaterial unterstützten.

Joachim Schreiber

FMA I.Ae. 22 DL

Ursprungsland
Argentinien
Kategorie
Trainings- und Schulflugzeug

Entwicklung: Um ihre alten Trainer North American Na-16, ein Vorläufer der T-6 Texan, zu ersetzen, entwickelte FMA (Fábrica Militar de Aviones) anfang der 1940er-Jahre die I.Ae. 21, die im Wesentlichen aus einer Na-16-Zelle bestand, aber einen neuen Metallflügel und ein Einziehfahrwerk erhalten sollte. Mangels Rohstoffen und der für Argentinien schwierigen Produktion eines Metallflugzeuges, entschloss man sich jedoch, ein völlig neues, ähnliches Flugzeug aus Holz zu entwickeln, obwohl FMA 1942 eine Produktionslizenz für die Na-16 erworben hatte. Die Entwicklungsarbeiten begannen bereits im Oktober 1943 und je nach Quelle flog der erste Prototyp im Mai oder August 1944. Nach einer relativ kurzen Erprobungsphase begann die Serienproduktion. Der komplett aus Holz gebaute Tiefdecker wurde aus im Land hergstellten Flugzeugsperrholz aufgebaut. Ein luftgekühlter Neunzylinder-Sternmotor Gaucho Ae.16 mit 450 PS trieb einen Hamilton-Standard-Zweiblattpropeller an. Der Motor war eine Eigenentwicklung von FMA, basierend auf dem amerikanischen Wright Whirlwind. Nach 100 Flugzeugen endete 1946 die erste Baureihe. Die zweite C-Reihe (Bild oben) musste wegen des Einbaus eines britischen 475 PS-starken Armstrong Siddeley Cheetah 25 modifiziert werden. Die I.Ae. 22 C wurde etwas schwerer und hatte geringfügig bessere Leistungen, dank des neuen Antriebs und eines Dreiblattpropellers von Rotol.

FMA produzierte bis 1950 insgesamt 206 Flugzeuge, die bis auf eine an Peru gespendete Maschine, ausschließlich vom argentinischen Militär geflogen wurden.

Bemerkungen: Der bereits im Oktober 1927 gegründeten, staatlichen FMA gelang in den 1940er-Jahren, wenn auch der amerikanischen Na-16 sehr ähnlich, ein mit heimischen Ressourcen gebautes Trainings- und Schulflugzeug zu konstruieren und in Serie zu bauen. Die meisten Maschinen nutzte die Military Aviation School zur Pilotenausbildung, einige wenige als Verbindungs- und Beobachtungsflugzeuge. Erstmals eingesetzt wurde das Flugzeug bei Bodenangriffen während des Militär-Putsches 1955, bei der auch einige verloren gingen. Eine weitere intensive Nutzung und der hohe Verschleiß führte schließlich zur Stillegung aller Maschinen bis Dezember 1958.

Das erste Serienflugzeug steht im Museo Nacional de Aeronáutica de Argentina in Morón/Buones Aires, Argentinien.

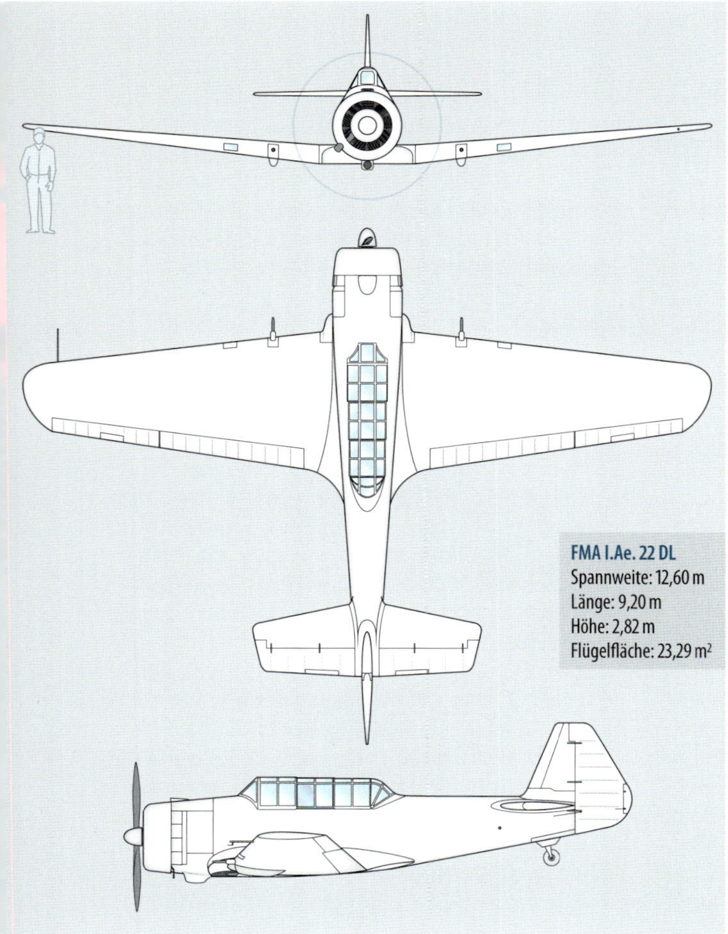

FMA I.Ae. 22 DL
Spannweite: 12,60 m
Länge: 9,20 m
Höhe: 2,82 m
Flügelfläche: 23,29 m²

Besatzung: 2
Triebwerk: (DL) Ein luftgekühlter 9-Zylinder-Sternmotor I.Ae. El Gaucho 16 mit 331 kW (450 PS). (C) Ein luftgekühlter 7-Zylinder-Sternmotor Armstrong Siddeley Cheetah 25 mit 350 kW (475 PS).
Leistungen: Höchstgeschwindigkeit 290 km/h in 450 m, Reisegeschwindigkeit 260 km/h, Dienstgipfelhöhe 6000 m, Reichweite 1100 km.
Gewichte: Leermasse 1520 kg, maximale Abflugmasse 2220 kg.
Bewaffnung: Zwei MGs in den Flügeln, sechs Raketen unter den Flügeln oder drei 50 kg-Bomben. Einige Maschinen wurden auch mit einem beweglichen MG im hinteren Cockpit geflogen.

FMA I.Ae. 24 Calquín

Ursprungsland
Argentinien
Kategorie
Jagdbomber

Entwicklung: Bereits im August 1944 begann bei FMA, die im Besitz des argentinischen Staates war, die Entwicklung eines zweimotorigen Jagdbombers, der die veralteten einmotorigen Northrop A-17 ersetzen sollte. Obwohl die Calquín Ähnlichkeiten mit der DeHavilland Mosquito (S. 47) aufweist, ist es doch eine eigenständige argentinische Konstruktion. Der Mitteldecker wurde wie die Mosquito, komplett aus Holz gebaut, wobei man großen Wert auf die Verwendung einheimischer Hölzer legte. Ursprünglich sollte die Maschine mit Merlin-Reihenmotoren von Rolls-Royce bestückt werden, die aber zu kostspielig waren. Im Gegensatz zu den wesentlich günstigeren Twin-Wasps, die angeblich aus amerikanischen Ersatzteillager-Restbeständen für die B-24 Liberator stammten. Im Februar 1946 begannen die Flugversuche mit dem ersten Prototypen. Allerdings wurden die von der Luftwaffe geforderten und angestrebten Flugleistungen nie erreicht. Trotzdem begann die Produktion des Jagdbombers. FMA arbeitet noch an einer verbesserten, nun mit Rolls-Royce Merlins ausgestatten, Super Calquín, die aber, trotz der weit fortgeschrittenen Entwicklung, zugunsten des 1948 entwickelten schnellen, zweimotorigen Begleitjägers I.Ae. 30 Nancú eingestellt wurde.

Calquín-Produktion bei FMA.

Es sollten 300 Calquín gebaut werden, die Produktion wurde aber 1950 nach 100 Flugzeugen gestoppt.

Besatzung: 2
Triebwerke: 2 luftgekühlte 14-Zylinder-Doppelsternmotoren Pratt & Whitney R-1830 G Twin Wasp mit je 782 kW (1063 PS).
Leistungen: Höchstgeschwindigkeit 440 km/h, Reisegeschwindigkeit 380 km/h, Dienstgipfelhöhe 10 000 m, Reichweite ca. 1040 km.
Gewichte: Leermasse 5340 kg, maximale Abflugmasse 7200 kg.
Bewaffnung: Vier MGs oder MKs im Bug, 12 Luft-Boden-Raketen an Außenstationen und bis zu 800 kg Bomben im Schacht.

Bemerkungen: Ein Großteil der Calquíns wurde als Jagdbomber ausschließlich von Argentinien eingesetzt. Im September 1955, beim Putsch der Militärs, sogar von beiden Seiten. Allerdings hatte sie den Ruf eines schwierig zu fliegenden Flugzeuges. Vor allem für weniger erfahrene Piloten war sie problematisch, was circa 50 Besatzungsmitglieder im Laufe ihrer Einsatzzeit das Leben kostete. Nach einem Unfall im September 1957 wegen Strukturversagen wurden viele I.Ae. 24 gegroundet und verschrottet. Um 1958 waren nur noch 25 im Dienst und 1963 sollte die letzte Calquín in ein Museum verbracht werden, wurde dann aber doch vorher abgewrackt.

Soweit bekannt, blieben nur Teile der Calquín bei Sammlern erhalten.

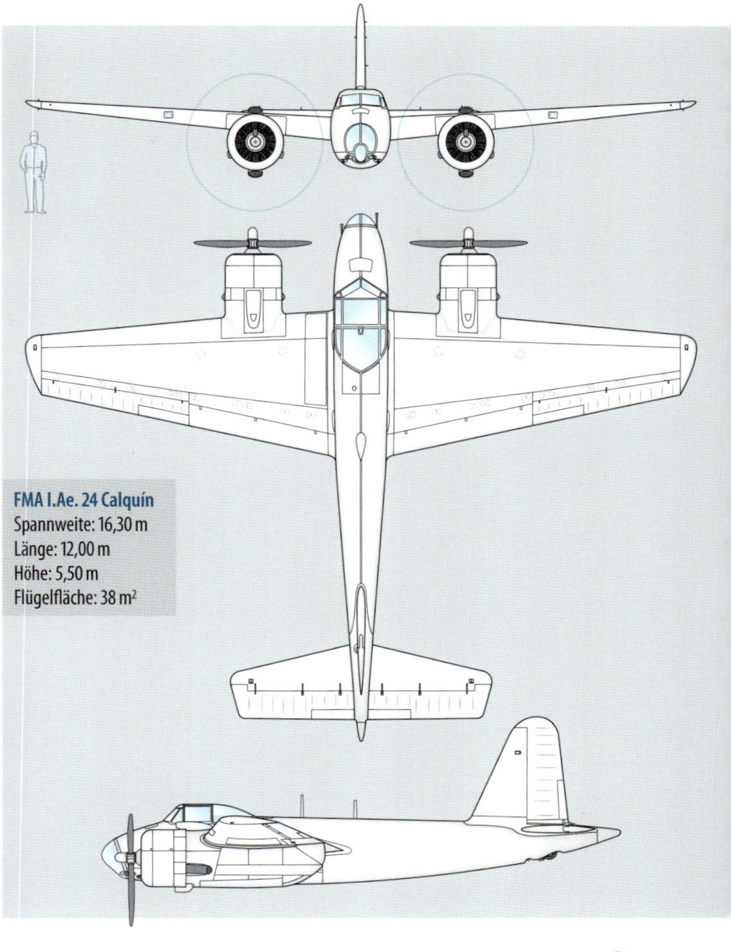

FMA I.Ae. 24 Calquín
Spannweite: 16,30 m
Länge: 12,00 m
Höhe: 5,50 m
Flügelfläche: 38 m²

FMA I.Ae. 33 Pulqui II

Ursprungsland
Argentinien
Kategorie
Jagdflugzeug

Entwicklung: Nach den weniger überzeugenden Leistungen des ersten Strahlflugzeugs Argentiniens FMA I.Ae. 27 Pulqui I (Erstflug August 1947) wurde gegen Ende 1947 beschlossen, das Projekt komplett neu zu beginnen. Es wurden zwei Konstruktionsteams gebildet, die ihre Entwürfe vorlegten. Vor allem der von der argentinischen Regierung angeworbene deutsche Focke-Wulf-Konstrukteur Kurt Tank, der das Design der Ta 183 mit einfließen ließ, war federführend bei der Konstruktion des in Ganzmetall gebauten einstrahligen Jägers. Ähnlich der MIG-15 (S. 123) bekam das mit einem britischen Rolls-Royce Nene-Radialtriebwerk ausgestattete Flugzeug Pfeilflügel. Zur Triebwerkswartung konnte das Heck hinter dem Flügel komplett abgenommen werden. Um die aerodynamische Stabilität der Konstruktion zu erforschen, wurden 1948/49 zwei unmotorisierter Versionen gebaut, die zu einer Überarbeitung des Leitwerks und Hecks führten. Die erste Zelle, die überwiegend mangels Produktionsvorrichtungen von Hand gefertigt wurde, flog antriebslos bei Aerodynamiktests und wurde bei statischen Tests später zerstört. Mit dem Prototyp 02 gelang im Juni 1950 der erste angetriebene Flug. Allerdings zeigten sich bei hohen Geschwindigkeiten erhebliche aerodynamische Probleme, die schließlich zu einem tödlichen Crash führten. Auch Prototyp 03, mit etlichen aerodynamischen Verbesserungen, stürzte im Oktober 1952 ab. Der erste bewaffnete und verbesserte Prototyp 04 erhielt eine Druckkabine und flog im August 1953. Er wurde jedoch 1956 während eines Rekordflugs bei einem Landeunfall irreparabel beschädigt. Obwohl die USA F-86 Sabre zum Kauf anboten, überlegte man, die Pulqui II zur Sereinreife zu bringen und gab den Prototyp 05 Pulqui IIe in Auftrag, die nun mit den Treibstofftanks in den Flächen erstmals im September 1959 abhob. Wegen andauernder finanzieller Probleme durch eine Wirtschaftskrise und mangelnder Unterstützung der neuen Regierung nach dem Sturz Perons 1955, verließen die meisten ausländischen Techniker das Land. Die Entwicklung wurde 1959 nach 5 Prototypen eingestellt.

Bemerkungen: Mit dem ehrgeizigen Projekt der argentinischen Regierung, in die Liga der jetgetriebenen Jagdflugzeuge aufzusteigen, versuchte man, wie alle anderen Entwicklerstaaten auch, die Aerodynamikprobleme der Hochgeschwindigkeitsflugzeuge in den Griff zu bekommen. Die Konstruktionen der beginnenden Jet-Aera ähnelten sich deshalb alle. Im Gegensatz zu den USA, UdSSR, Frankreich und Großbritannien verfügte Argentinien jedoch nicht über die industriellen und finanziellen Ressourcen, um ein eigenes Jagdflugzeug zur Serienreife zu bringen.

Eine Pulqui I und Pulqui II (Prototyp 05) stehen heute im Museo Nacional de Aeronáutica in Moron bei Buones Aires, Argentinien.

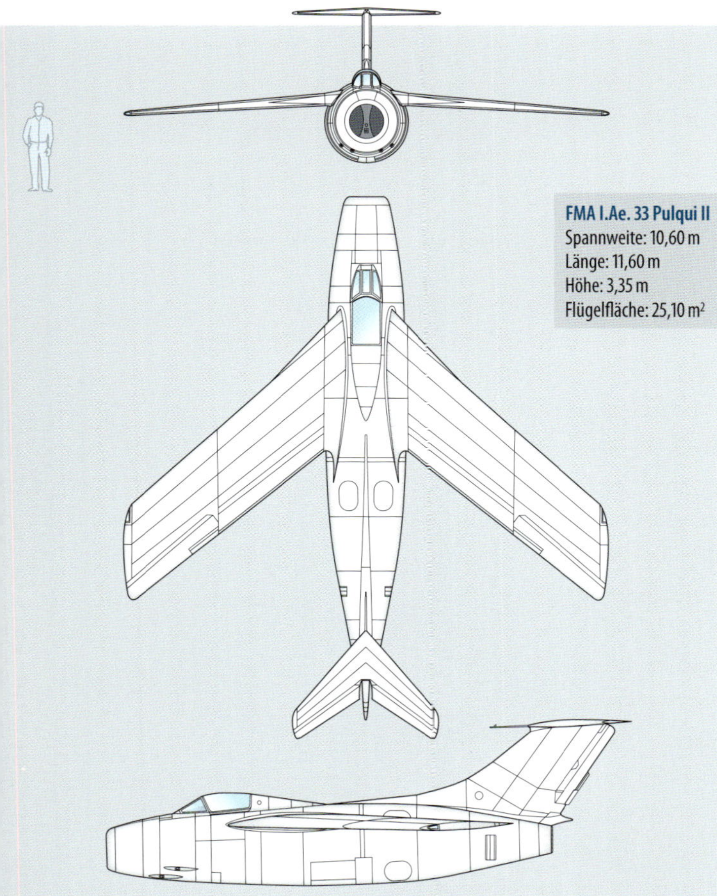

FMA I.Ae. 33 Pulqui II
Spannweite: 10,60 m
Länge: 11,60 m
Höhe: 3,35 m
Flügelfläche: 25,10 m²

Besatzung: 1
Triebwerk: Ein Radialverdichter-Strahltriebwerk Rolls-Royce Nene II mit 22,69 kN Schub.
Leistungen: Höchstgeschwindigkeit 1080 km/h, Reisegeschwindigkeit 955 km/h, Dienstgipfelhöhe 15 000 m, Reichweite ca. 2000 km.
Gewichte: Leermasse 3554 kg, Abflugmasse 5988 kg.
Bewaffnung: Vier Maschinenkanonen im Bug.

FMA I.Ae. 35 Huanquero

Ursprungsland
Argentinien
Kategorie
Aufklärer, Schul- und Transportflugzeug

Entwicklung: Bereits 1950 begannen die Entwicklungsarbeiten an der I.Ae. 35, an der die beiden deutschen Focke-Wulf-Ingenieure K. Tank und P. Klages mit ihren Teams maßgeblich beteiligt waren. Ende 1950 war ein Mockup aus Holz fertiggestellt. Der in Ganzmetall-Halbschalenbauweise hergestellte Tiefdecker wurde von zwei in Argentinien entwickelten El Indio-Sternmotoren angetrieben, hatte ein Bugradfahrwerk und eine Ladeklappe im hinteren, abgestuften Rumpf. Erstflug war im September 1952, nach anderen Quellen im September 1953. Von drei Prototypen wurde der zweite für statische Versuche genutzt. Das argentinische Militär erteilte 1955 einen Auftrag über 100 Maschinen und der Bau der Vorserienmaschinen begann. Nach dem Putsch 1955 verließen die deutschen Konstruktionsteams Argentinien und das Programm wurde gestoppt, obwohl bis Ende 1955 vermutlich 16 Exemplare schon in der Fertigung waren. Die drei Vorserienflugzeuge wurden deshalb erst 1957 fertiggestellt. Mehrere Versionen rollten bei FMA aus den Werkhallen: Das Fortgeschrittenen-Schulflugzeug Huanquero I A (3 St.) für Piloten, Navigatoren und Funker, auch für Blindflug- und Langstreckentraining instrumentiert; die Huanquero I U (20 St.), als bewaffnetes Schulflugzeug für Bordschützen und Bomberbesatzungen mit MG-Stand und Flügelstationen für bis zu 200 kg Bomben; die Huanquero II (3 St.), ein leichtes Transportflugzeug mit Zusatztanks an den Flügelenden, für drei Besatzungsmitglieder und bis zu sieben Passagiere. Als Sanitätsversion für vier Tragbahren plus Begleitung fertigte FMA fünf Huanquero III. Mit drei Mann Besatzung und einem Operator für die Fairchild-Kameraausrüstung im Laderaum war der Aufklärer Huanquero IV (9 St.) unterwegs. Die zivile Version, die I.Ae. 35 X Pandora, wurde von zwei 750 PS-El Indio-Sternmotoren angetrieben und konnte bis zu 10 Passagiere transportieren, blieb aber nur ein Prototyp.

Unter Verwendung von Huanquero-Bauteilen entstanden schließlich ab 1960 die zivilen Flugzeuge DINFIA FA. 1 Guarani I und II (35 St.), die mit französischen Turbomeca-Propellerturbinen motorisiert und wesentlich leistungsfähiger waren. Sie blieben bis 2006 im Dienst.

Argentinien bestellte zwar 100 Flugzeuge, die Produktion der Huanquero endete aber nach 41 Exemplaren im Juli 1962. Andere Quellen sprechen aber auch von bis zu 60 Flugzeugen.

Bemerkungen: Mit der Huanquero erhielt das argentinische Militär ein Mehrzweckflugzeug, das mit Hilfe deutscher Ingenieure, komplett, inklusive der Triebwerke, aus argentinischer Produktion kam. Erst im Dezember 1973 wurde die letzte Huanquero im außer Dienst gestellt.

Eine I.Ae. 35 wird im Museo Nacional de Aeronáutica in Moron bei Buones Aires, Argentinien präsentiert.

Besatzung: 3
Triebwerke: (I A) Zwei luftgekühlte 9-Zylinder-Sternmotoren I.Ae. 19 R El Indio mit 456 kW (620 PS).
Leistungen: (I A) Höchstgeschwindigkeit 380 km/h in 2100 m Höhe, Reisegeschwindigkeit 370 km/h in 2800 m Höhe, Dienstgipfelhöhe 6500 m, Reichweite maximal 1570 km.
Gewichte: (I A) Leermasse 3500 kg, Abflugmasse 5700 kg.
Bewaffnung: (I U) Ein Zwillings-MG und bis zu 200 kg Bomben oder Raketen an Flügelstationen.

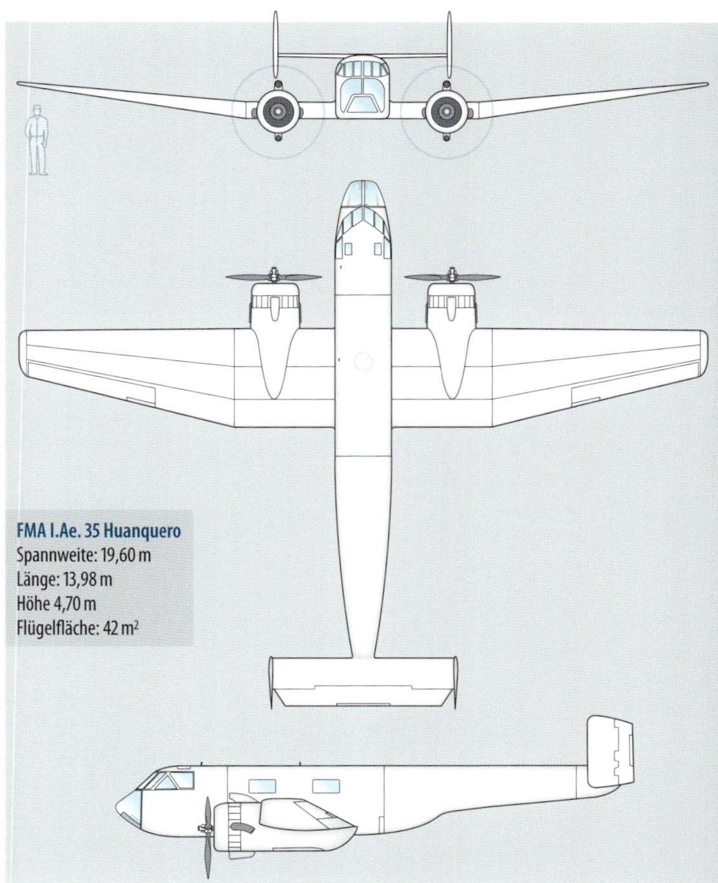

FMA I.Ae. 35 Huanquero
Spannweite: 19,60 m
Länge: 13,98 m
Höhe 4,70 m
Flügelfläche: 42 m²

CAC Ca-25 Winjeel

Ursprungsland
Australien
Kategorie
Schulflugzeug

Entwicklung: Die CAC (Commonwealth Aircraft Corporation) begann 1948 nach einer Forderung der australischen Luftwaffe mit der Entwicklung der Ca-22 Winjeel. Das einfach zu wartende Flugzeug sollte die beiden ziemlich unterschiedlichen Muster DH Tiger Moth und CAC Wirraway in der Anfänger- und Fortgeschrittenenschulung ersetzen. Im Februar 1951 startete der erste von zwei Prototypen zum Erstflug. Der einfache und robuste Ganzmetall-Tiefdecker hatte ein Side-by-Side-Cockpit, ein dritter Sitz konnte hinter den beiden Piloten untergebracht werden. Ein von CAC selbst entwickelter 7-Zylinder-Sternmotor Cicada PD mit 420 PS, der auf einem einzelnen Zylinderstern des P & W Twin Wasp basierte, sollte die Winjeel antreiben. Die Entwicklung wurde aber nach dem Prototypenbau wegen der hohen Kosten aufgegeben, zumal genügend überholte und preisgünstige P & W Wasp Junior-Sternmotoren aus den USA zu bekommen waren. Während der Erprobung der Ca-22 änderte CAC das Leitwerk und die Motorposition, da kein sicheres Trudeln möglich war, aber in der Ausbildung verlangt wurde. Nach den Tests wurden 62 Flugzeuge in der Serienversion Ca-25 Winjeel bestellt. Das erste Serienflugzeug startete im Februar 1955, im September 1955 wurden die ersten Winjeels bei der RAAF eingegliedert, das letzte Flugzeug wurde Anfang 1958 ausgeliefert.

Inklusive der Prototypen wurden 64 Winjeels von CAC gebaut.

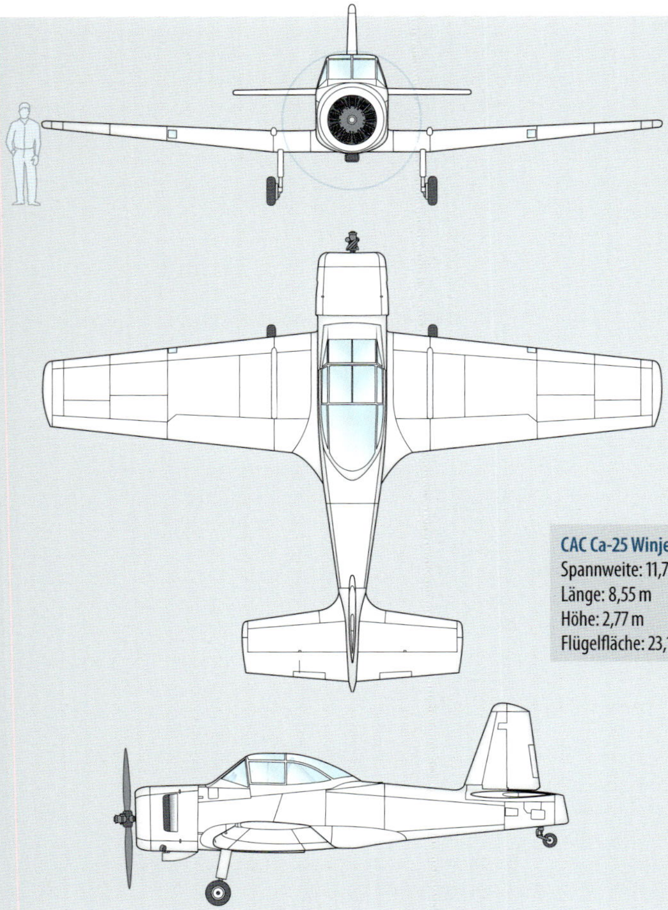

CAC Ca-25 Winjeel
Spannweite: 11,77 m
Länge: 8,55 m
Höhe: 2,77 m
Flügelfläche: 23,13 m²

Einer der Prototypen Ca-22 in einer Basic Flying Training School.

Bemerkungen: Als reine australische Konstruktion wurde die Winjeel vor allem zur Anfängerschulung bis 1968 bei der RAAF eingesetzt, aber anschließend, mit einem neuen Ausbildungskonzept, durch die Jet-angetriebene Macchi MB-326 abgelöst. Allerdings blieb die Winjeel bis 1975 als Trainer im Dienst, bis sie von dem in Neuseeland gebauten PAC CT/4 Airtrainer ersetzt wurde. Einige flog man danach noch als Verbindungsflugzeuge und bei der Forward Air Control. Die letzten vier Ca-25 wurden 1994 durch Pilatus PC-9 ersetzt. Nicht wenige Flugzeuge sind schließlich an Privatleute und Museen abgegeben worden.

Vermutlich sind noch 24 Ca-25 flugtauglich, fast alle in Australien. Eine findet man im Australian National Aviation Museum, Moorabbin Airport, Melbourne, Australien.

Besatzung: 2
Triebwerk: Ein luftgekühlter 9-Zylinder-Sternmotor Pratt & Whitney R-985-AN-2 Wasp Junior mit 327 kW (425 PS).
Leistungen: Höchstgeschwindigkeit 291 km/h, Reisegeschwindigkeit 265 km/h, Steigzeit auf 3000 m 10 min, Dienstgipfelhöhe 5500 m, Reichweite 885 km.
Gewichte: Leermasse 1492 kg, maximale Startmasse 1935 kg.

CAC Ca-27 Sabre

Ursprungsland
Australien
Kategorie
Kampfflugzeug

Entwicklung: Bereits 1949 suchte die australische Luftwaffe Ersatz für ihre Mustangs und Vampires, woraufhin die CAC im Februar 1951 mit der Ca-27 den Auftrag zur Herstellung eines Prototyps und 70 Serienflugzeugen erhielt. Das in Ganzmetallbauweise hergestellte Jagdflugzeug basiert auf der North American F-86 Sabre (S. 207), die bereits im Oktober 1947 ihren Erstflug absolvierte. Man beschloss die F-86 zu lizenzieren, eigenen Vorstellungen anzupassen und zu verbessern. Dazu zählte der Einbau des wesentlich leistungsfähigeren Rolls-Royce Avon-Triebwerks, das aber einen breiteren Rumpf und einen größeren Lufteinlass voraussetzte. Das Cockpit wurde überarbeitet, anstatt sechs MGs zwei Maschinenkanonen installiert, die Treibstoffzuladung erhöht und ein Triebwerks-Eigenstarter eingebaut. Der Prototyp flog erstmals im August 1953 als Ca-26. Die ersten 22 Sabre Ca-27 Mk. 30 wurden noch von einem in Lizenz gebauten RR Avon Mk. 20 angetrieben. Bei der nahezu identischen Mk. 31, von der 22 Stück aus den Werkshallen rollten, wurden die Tragflächen überarbeitet, auf die Vorflügel verzichtet und zwei Flügelstationen angebracht. Die noch vorhandenen Mk. 30 hob man man auf den 31er-Standard. Die letzte Serie mit 69 Sabre Mk. 32, deren letztes Flugzeug 1961 ausgeliefert wurde, erhielt ein lizenziertes Rolls-Royce Avon Mk. 26-Triebwerk, hatte ein höheres Startgewicht und vier Flügelstationen, die es ermöglichten vier externe Kraftstofftanks oder eine entsprechende Waffenzuladung aufzunehmen.

Inklusive des Prototypen produzierte CAC bis 1961 112 Sabres.

Bemerkungen: Mit der Ca-27 erhielt die RAAF eine wesentlich verbesserte F-86. Angeblich eine der besten Sabre-Varianten, die es neben den amerikanischen und kanadischen gab. Eingesetzt wurde die Sabre erstmals in der malayisch-indonesischen Konfrontation von 1963 bis 1966. Ab 1962 stationierte Australien in Thailand acht Sabres, um die dortige Regierung gegen Aufständische zu unterstützen. Während des Vietnamkrieges waren australische Sabres in Thailand für den Schutz eines amerikanischen Luftwaffenstützpunktes verantwortlich. Die RAAF betrieb das Flugzeug von 1954 bis 1971 und ersetzte sie schließlich ab 1964 durch französische Mirage III. Ein Teil ging an die malayische und die indonesische Luftwaffe, wo sie vermutlich bis Anfang der 1980er-Jahre geflogen wurden.

Es blieben einige australische Sabres in Museen erhalten. Eine Mk. 30 steht im Albion Park, Illawarra, Wollongong, Australien. Angeblich fliegen in Australien aber auch noch zwei Mk. 32.

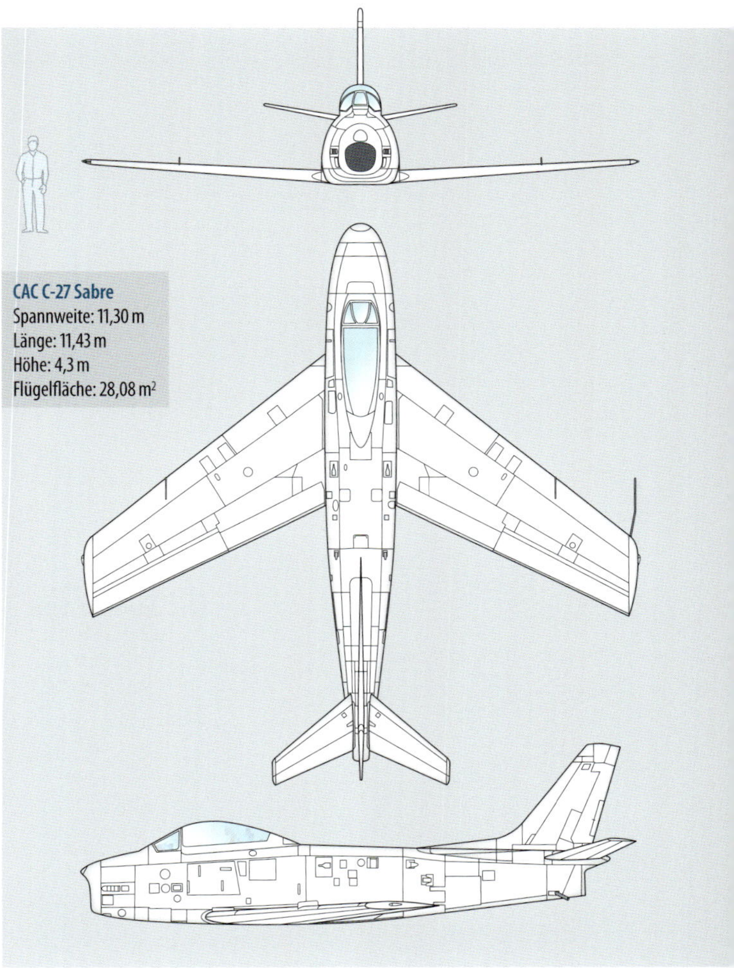

CAC C-27 Sabre
Spannweite: 11,30 m
Länge: 11,43 m
Höhe: 4,3 m
Flügelfläche: 28,08 m²

Besatzung: 1
Triebwerk: Ein Axialverdichter-Strahltriebwerk Rolls-Royce Avon Mk. 26 mit 33 kN Schub.
Leistungen: Höchstgeschwindigkeit 1125 km/h, Reisegeschwindigkeit 885 km/h, Dienstgipfelhöhe ca. 16 700 m, Reichweite 1856 km, maximal 2400 km.
Gewichte: Leermasse 5445 kg, maximale Abflugmasse 9621 kg.
Bewaffnung: Zwei MK unter dem Bug, maximal 2400 kg Bomben an Flügelstationen, oder 24 Luft-Boden-Raketen, zwei Luft-Luft-Raketen oder Zusatztanks.

Valmet Vihuri

Ursprungsland
Finnland
Kategorie
Trainer

Entwicklung: Um ihre veralteten Trainer VL Pyry aus den 1940er-Jahren abzulösen, begann der staatliche Gemischtwarenkonzern Valmet im Auftrag der Finnischen Luftwaffe gegen Ende der 1940er-Jahre mit der Entwicklung eines neuen Trainers. Der Rumpf des vollständig aus Metall gebauten Tiefdeckers wurde aus einem Leichtmetall-verkleideten geschweißten Stahlrohrgerüst, die Flügel aus Aluminium konstruiert. Valmet nutzte, mangels anderer verfügbarer Antriebe, die noch vorhandenen Mercury-Sternmotoren, die während des Zweiten Weltkrieges von Großbritannien zusammen mit dem leichten Bomber Bristol Blenheim geliefert, lizenziert und selbst produziert wurden. Der Prototyp flog im Februar 1951 und nach etlichen erfolgreichen Testflügen bestellte die Finnische Luftwaffe im selben Monat gleich 30 Serienflugzeuge Vihuri II. Im Herbst 1954 orderte sie weitere 20, nahezu identische Trainer Vihuri III, die alle bis Anfang 1957 an die Finnische Luftwaffe übergeben wurden. Weger zahlreicher Unfälle wurden die Trainer aber schon im April 1959 aus dem Verkehr gezogen. Angebliche Versuche, zwanzig Flugzeuge an Tunesien zu verkaufen, blieben erfolglos. Fast alle Flugzeuge wurden verschrottet.

Valmet lieferte insgesamt 51 Flugzeuge aller Varianten aus.

Bemerkungen: Mit der Valmet Vihuri erhielt die Finnische Luftwaffe in den 1950er-Jahren einen damals modernen und sehr gut motorisierten Trainer, der auch für Schieß- und Bombenausbildungen eingesetzt werden konnte. Angeblich war das Flugzeug angenehm zu fliegen, aber eher für fortgeschrittenere Piloten geeignet, jedoch nicht für die Grundausbildung. Wegen mehrer, auch tödlicher Unfälle, wurde die Vihuri 1959 gegroundet, obwohl die finnische Luftwaffe eine Untersuchungskommission einsetzte, die bestätigte, dass Design und Konstruktion stimmig und die Unfälle auf Pilotenfehler zurückzuführen waren. Mit dazu geführt haben aber auch die alten Bristol-Sternmotoren und abgeflogene Zellen. Vermutlich sind einige noch als Schleppflugzeuge in Aeroclubs weiter verwendet worden.

Eine Vihuri ist im Finnische Luftwaffenmuseum in Tikkakoksi, ein Vorderrumpf im Finnischen Luftfahrtmuseum in Vantaa/Finnland zu sehen.

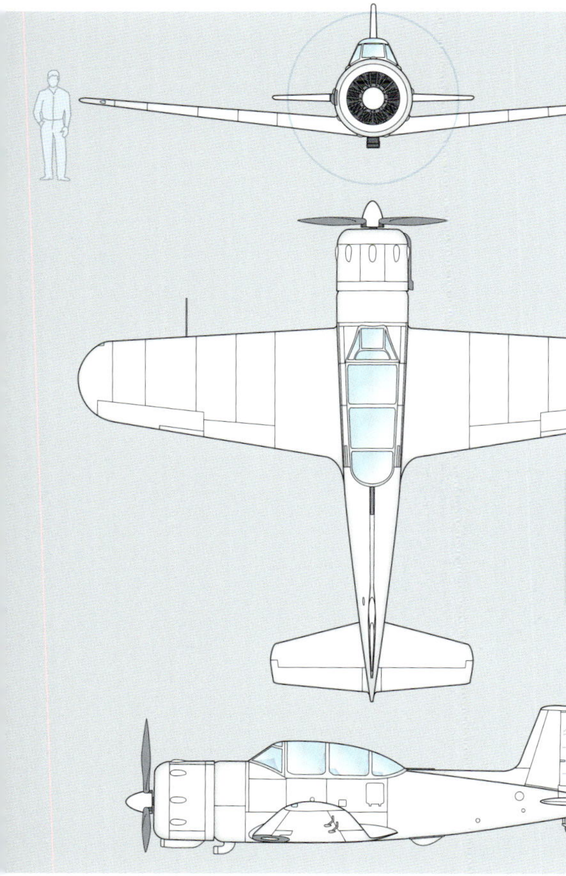

Valmet Vihuri
Spannweite: 10,4 m
Länge: 8,8 m
Höhe: 3,86 m
Flügelfläche: 18,86 m²

Der Prototyp 1951 im finnischen Tampere

Besatzung: 2
Triebwerk: Ein luftgekühlter 9-Zylinder-Sternmotor Bristol Mercury VIII mit 603 kW (820 PS).
Leistungen: Höchstgeschwindigkeit 432 km/h in 3700 m, Reisegeschwindigkeit 327 km/h in 1000 m, Dienstgipfelhöhe 8900 m, Reichweite ca. 660 km.
Gewichte: Leermasse 2174 kg, maximale Startmasse 2884 kg.
Bewaffnung: Zwei MGs in den Flügeln, bis zu vier 25 kg-Übungsbomben an Flügelstationen.

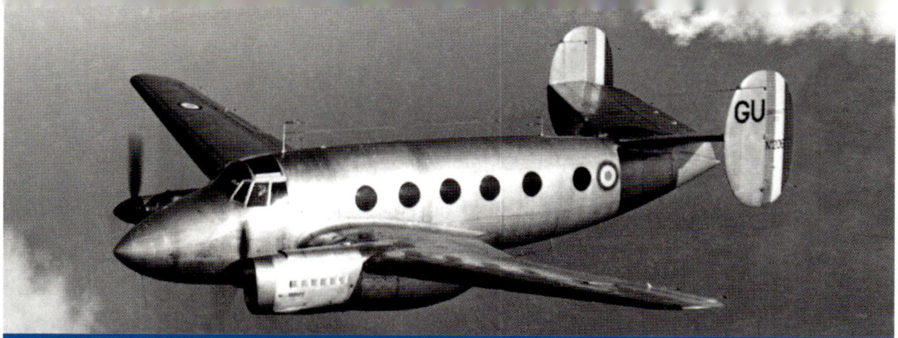

Dassault MD.311, 312, 315 Flamant

Ursprungsland
Frankreich
Kategorie
Schul- und Transportflugzeug

Entwicklung: Nach einer Ausschreibung im Juni 1945 begannen 1946 die Entwurfsarbeiten für ein leichtes, zweimotoriges Transportflugzeug für die Armée de'l Air. Mitte 1946 beauftragte sie Dassault dafür zwei Prototypen zu entwickeln: die MB.301 als Trainer für Navigatoren und Bombercrews und die MB.303 als Verbindungs- und Trainingsflugzeug. Ausgestattet mit zwei Lorraine-Bèarn-Motoren flog die MB.303 im Februar 1947 erstmals. Auf Eigeninitiative entwickelte Dassault die MD.315 mit zwei wesentlich leistungsfähigeren Renault V-12-Zylinder-Motoren, einem Nachbau des deutschen Argus AS 411. Erstflug war im Juli 1947. Der in Ganzmetall-Schalenbauweise produzierte Tiefdecker mit Bugfahrwerk erhielt im September 1947 eine erste Bestellung von 65 Flugzeugen. Die Baugruppen wurden auf Wunsch der französischen Regierung bei vier unterschiedlichen Firmen hergestellt, die Dassault lediglich montierte, einflog und auslieferte. Produziert wurde die Zweimot in mehreren Versionen: Die MD.311 (Zeichnung) als Navigations-, Fotoaufklärungs- und Bombertrainer (40 St.) mit verglastem Bug. Die MD.312 (40 St., Foto) für das Pilotentraining mit Doppelsteuer, als Transportflugzeug für 6 Passagiere und Kommunikationsflugzeug und 25 MD.312 M als Verbindungs- und Seeüberwachungsflugzeuge für die französische Marine. Von der MD.315 wurden 137 ausgeliefert, die bis zu 10 Passagiere transportieren und als Mehrzweckflugzeug eingesetzt werden konnte. Drei MD.315 wurden für das Radartraining der Meteor- und Voutour-Crews mit einem Bugradar ausgerüstet. Weiterentwicklungen für den zivilen Markt zur MD.316 T mit zwei 800 PS-Wright-Sternmotoren und zur MD.316 X mit 820 PS SNECMA-Sternmotoren blieben Einzelstücke. Ebenso der Prototyp MD 312 B mit einfachem Seitenleitwerk.

Bis 1954 lieferte Dassault insgesamt 325 Flugzeuge aller drei Versionen aus.

Bemerkungen: Die vielseitig einsetzbare Zweimot wurde im Februar 1949 von der französischen Luftwaffe in Dienst gestellt und bis 1983 eingesetzt. Sie gab dem Flugzeug auch den Namen Flamant. Neben ihren ursprünglichen Aufgaben, auch in den französischen Überseegebieten, kam sie auch als leichtes Angriffsflugzeug mit Bomben und Panzerabwehrraketen im Algerienkrieg 1954 – 1962 zum Einsatz, ebenso 1964 beim Staatsstreich in Gabun. Neben Frankreich diente die Flamant auch in den Streitkräften von Kambodscha, Kamerun, Madagaskar, Niger, Tunesien und Vietnam.

Es gibt wohl noch einige flugfähige Flamants. Drei betreibt die auf dem Aérodrome d'Alençon-Valframbert beheimatete Amicale Alençonnaise des Avions Anciens.

Besatzung: (MD.315) 2 – 3
Triebwerke: (MD.315) Zwei luftgekühlte V-12-Zylinder-Motoren Renault 12S mit je 426 kW (580 PS).
Leistungen: (MD.315) Höchstgeschwindigkeit 380 km/h, Reisegeschwindigkeit 300 km/h, Dienstgipfelhöhe 8000 m, Reichweite 1200 km.
Gewichte: (MD.315) Leermasse 4250 kg, Abflugmasse 5800 kg.
Bewaffnung: (als leichtes Angriffsflugzeug) Zwei MGs im Bug, vier Außenstationen unter den Flügeln für Raketenwerfer und 50 kg-Bomben.

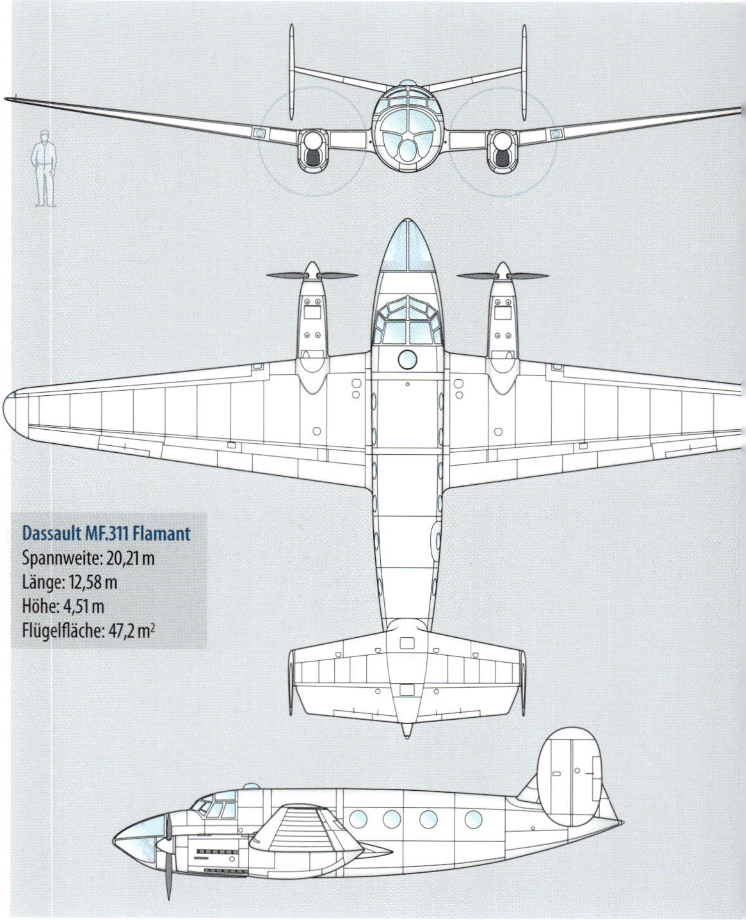

Dassault MF.311 Flamant
Spannweite: 20,21 m
Länge: 12,58 m
Höhe: 4,51 m
Flügelfläche: 47,2 m²

Dassault MD.450 Ouragan

Ursprungsland
Frankreich
Kategorie
Jagdflugzeug, Jagdbomber

Entwicklung: Auf eigene Initiative begann 1947 Dassault mit den Entwicklungsarbeiten des Abfangjägers, denen Ende 1947 ein Vertrag mit der französischen Regierung folgte. Im April 1948 begann der Bau des ersten von drei Prototypen, der im Februar 1949 erstmals abhob. Inspiriert von der F-84 (S. 220) wurde der in Ganzmetallbauweise konstruierte Jäger in der damals üblichen Tiefdeckeranordnung mit Frontlufteinlass ausgelegt. Bereits der zweite Prototyp besaß eine Druckkabine mit Schleudersitz und war vollständig ausgerüstet. Der dritte, bewaffnete Prototyp, etwas modifiziert, war mit dem als Serientriebwerk vorgesehenen Rolls-Royce Nene-104 motorisiert, das von Hispano-Suiza in Lizenz gebaut wurde. Im August 1949 bestellte die Luftwaffe 15 Vorserienmaschinen, um die Flugversuche und Waffentests voranzubringen. Ein Jahr später, im August 1950 orderte die Armee de l'Air 150 Ouragan, später auf 450 erweitert, aber 1952 auf insgesamt 350 reduziert. Das erste Serienflugzeug flog im Dezember 1951. Mangels eigener Produktionskapazitäten wurde die Produktion, mit ca. 17 Flugzeugen pro Monat, auf SNCASE, SNCASO und Dassault aufgeteilt, die Endmontage blieb aber bei Dassault. Die ersten 50 Serienflugzeuge MD.450 A waren noch mit einem Nene 102-Triebwerk ausgerüstet, ab der B wurde das geringfügig stärkere Nene 104 B eingebaut. Ein Einzelstück blieb der Aufklärer 450 R, ebenso die 450-30 L, bei der über seitliche Einlässe ein SNECMA Atar 101-Axial-Strahltriebwerk mit Luft versorgt wurde. Für den Betrieb auf unvorbereiteten Pisten erprobte Dassault versuchsweise vier Serienflugzeuge mit Doppelbereifung und einem Bremsschirm.

Insgesamt rollten 350 Ouragans bei Dassault aus der Endmontagehalle.

Bemerkungen: Die MD.450 war das erste französische Serienflugzeug mit einem Strahltriebwerk und nahm deshalb eine Schlüsselrolle in der französische Luftfahrtindustrie ein. Allerdings war die Einsatzzeit der Ouragan von relativ kurzer Dauer. Schon im Mai 1955 ersetzte man die ersten Maschinen durch Mystère IV (S. 16) und 1961 wurde die letzte ausgemustert. Indien erhielt ab 1953 113 MD.450, die sie als *Toofani* bis ca. 1965 einsetzte. Auch Israel erwarb teilweise neu gebaute oder ausgemusterte MD.450 und flog sie bis 1967 in sämtlichen Auseinandersetzungen mit den Nachbarstaaten, bis sie die 18 übrig gebliebenen Ouragans 1975 an El Salvador veräußerte, wo sie angeblich bis 1992 im Dienst blieben.

Etliche MD.450 stehen in Museen in Frankreich, Israel, Indien und El Salvador. Eine präsentiert das Musee de l'Air in Le Bourget, Frankreich.

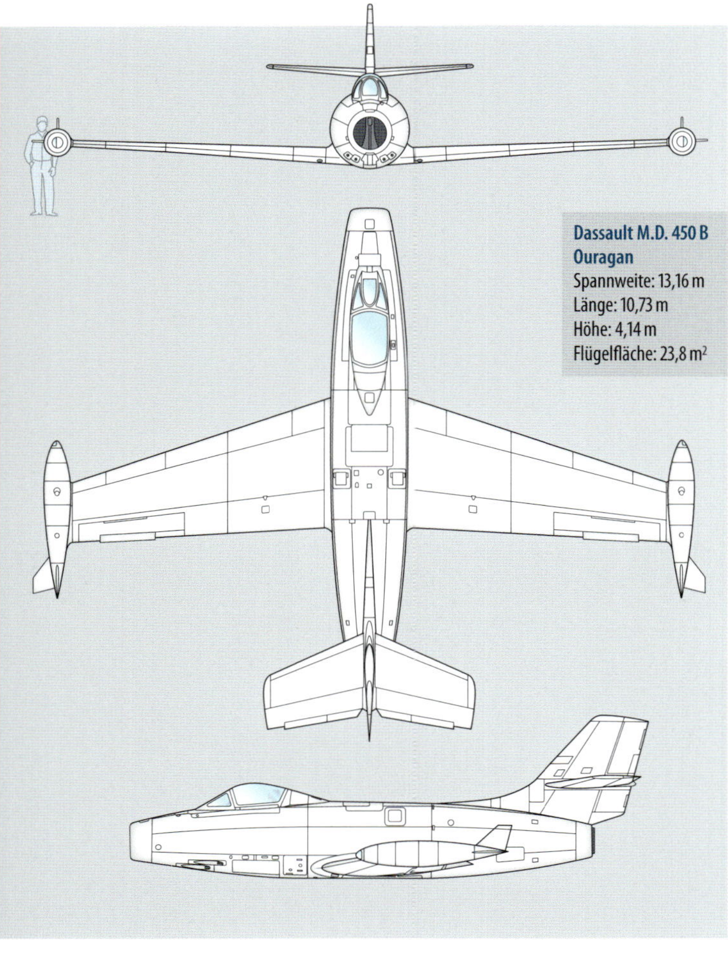

Dassault M.D. 450 B Ouragan
Spannweite: 13,16 m
Länge: 10,73 m
Höhe: 4,14 m
Flügelfläche: 23,8 m²

Besatzung: 1
Triebwerk: Ein Radial-Strahltriebwerk Hispano-Suiza (Rolls-Royce) Nene Mk. 104 B mit 22,7 kN Schub.
Leistungen: Höchstgeschwindigkeit 940 km/h auf Meereshöhe, Reisegeschwindigkeit 750 km/h, Dienstgipfelhöhe 13 000 m, Reichweite 450 km, Überführungsreichweite 920 km.
Gewichte: Leermasse 4142 kg, Abflugmasse 7404 kg, maximale Abflugmasse 7900 kg.
Bewaffnung: 4 Maschinenkanonen im Bug, 16 Luft-Boden-Raketen oder 2 Luft-Boden-Raketenpods oder bis zu 2270 kg Bomben an 4 Außenstationen.

Dassault MD.452 Mystère II

Ursprungsland
Frankreich
Kategorie
Jagdflugzeug

Entwicklung: Als direkte Weiterentwicklung der MD.450 Ouragan (S.14) sollte die Mystère II ein deutlich schnellerer Jäger werden. Im Februar 1950 begannen die Planungen, die ein Jagdflugzeug in Ganzmetall-Schalenbauweise mit einem gepfeilten, dünnen Flügel und etwas längerem Rumpf vorsahen. Der erste Prototyp Mystère II 01 flog im Februar 1951, eigentlich noch eine Ouragan mit gepfeilten Flügeln und dem Radialtriebwerk RR Nene der MD.450. Der zweite Prototyp Mystère II A war schon mit dem stärkeren Axial-Triebwerk Rolls-Royce Tay ausgerüstet. Im selben Jahr bestellte die Armee de l'Air 20 Vorserienflugzeuge, davon drei Mystère II B zur Erprobung des neuen SNECMA-Atar-Triebwerks und 14 vollbewaffnete Mystère II C. Im Januar 1953 vergab die französische Luftwaffe schließlich einen Auftrag über 150 MD.452 Mystère II C. Wie die MD.450, wurde auch dieses Flugzeug von Dassault, SNCASO (Flügel) und SNCASE (Rumpf) produziert. Die Endmontage und die abschließenden Flugtests vor der Auslieferung fanden allerdings bei Dassault in Merignac statt. Bereits im Januar 1954 wurde das erste Serienflugzeug ausgeliefert und im Januar 1957 rollte das letzte aus der Montagehalle. Als Derivat kann man den zweisitzigen Nachtjäger Mystère III bezeichnen, der es mit seitlichen Lufteinlässen am Bug ermöglichte, einen Radardom zu installieren. Drei Prototypen wurden bestellt, einer gebaut, der zu Tests im Juli 1952 erstmals abhob. Von der Serienproduktion sah man ab, da die vielversprechendere Mystère IV schon auf den Reißbrettern Gestalt annahm.

Inklusive der Prototypen wurden 171 MD.452 von Dassault ausgeliefert.

Bemerkungen: Eigentlich war die Mystère II eine Übergangslösung von der Ouragan zur leistungsfähigeren Mystère IV. Die Entwicklungsschritte im Flugzeugbau in den 1950e-Jahren waren rasant und für Dassault gab es so eine Möglichkeit, mit der Mystère II den Anschluss zu behalten. Im waagrechten Flug konnte die MD.452 die Schallgeschwindigkeit nicht erreichen, aber im Oktober 1951 überschritt erstmals ein US-Testpilot(!) mit einem französischen Flugzeug im Stechflug Mach 1, dem im Dezember 1952 ein Franzose und im August 1953 die erste französische Pilotin folgte. Relativ früh wurde das Flugzeug aus der ersten Linie zurückgezogen und bis 1963 nur noch als Fortgeschrittenentrainer eingesetzt. Zu harten Einsätzen wurde das Flugzeug nie genutzt. Beklagt wurde die geringe Reichweite, der ungenügende Klarstand und eine relativ hohe Unfallrate. Obwohl Israel Interesse zeigte und über 30 Flugzeuge verhandelte, wurde doch später die Mystère IV vorgezogen. Auch Indien verlor schnell wieder das Interesse.

Eine Mystère II C steht im Château de Savigny-lès-Beaune, Beaune, Frankreich.

Besatzung: 1
Triebwerk: Ein Axial-Strahltriebwerk SNECMA Atar 101 D3 mit maximal 28 kN Schub und 23,5 kN Dauerleistung.
Leistungen: Höchstgeschwindigkeit 1030 km/h auf Meereshöhe, Dienstgipfelhöhe 13 700 m, Reichweite 1600 km.
Gewichte: Leermasse 5730 kg, Abflugmasse 8570 kg.
Bewaffnung: Zwei Maschinenkanonen unter dem Bug.

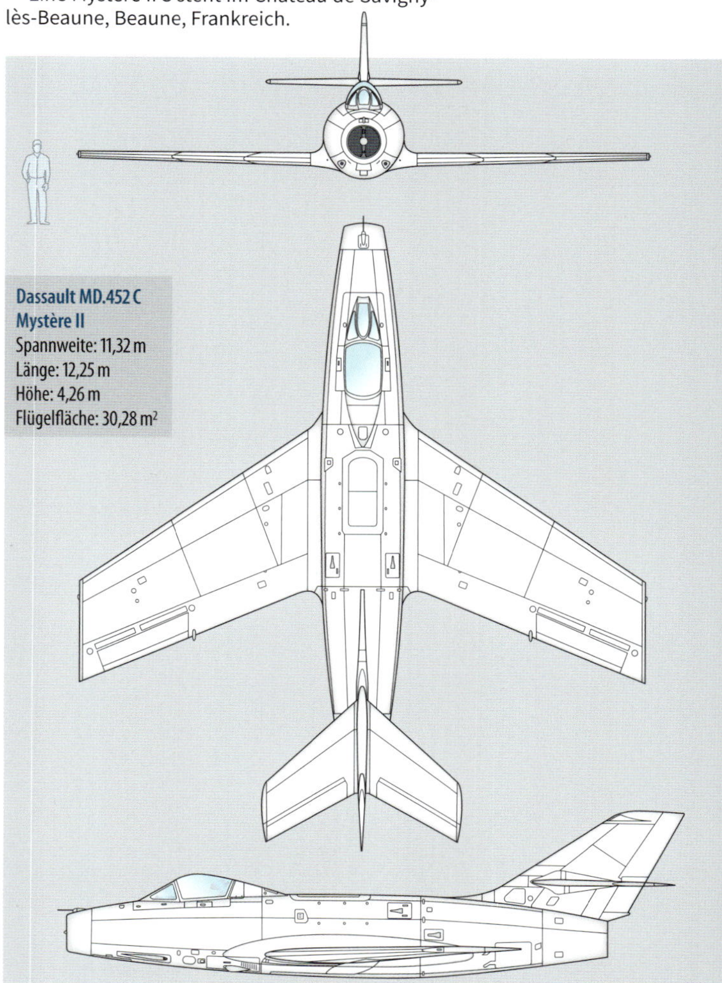

Dassault MD.452 C Mystère II
Spannweite: 11,32 m
Länge: 12,25 m
Höhe: 4,26 m
Flügelfläche: 30,28 m²

Dassault MD.454 Mystère IV

Ursprungsland
Frankreich
Kategorie
Jagdbomber

Entwicklung: Während der Serienproduktion der Mystère II arbeitete Dassault bereits an der zwar ähnlichen, aber doch komplett neu konstruierten Mystère IV, die der F-86 Sabre (S. 208) ähnelte. Der Tiefdecker erhielt einen ovalen Rumpf in Halbschalenbauweise mit Druckkabine und Schleudersitz, einen noch dünner profilierten Flügel und ein neues Leitwerk. Erstflug des Prototyps Mystère IV A war im September 1952, noch mit einem Rolls-Royce Tay 250-Radialtriebwerk. Frankreich bestellte 225 Serienflugzeuge, die von den USA im Rahmen der NATO-Waffenhilfe finanziert wurden. Für 100 weitere IV A übernahm Frankreich die Kosten selbst. Erste Serien-IV A flogen im Mai 1954, die alle mit dem von den Militärs bevorzugten, und von Hispano-Suiza gebauten Verdon 350-Triebwerken ausgerüstet wurden. Stets bemüht, noch leistungsfähigere Flugzeuge zu bauen, entwickelte Dassault die IV B, mit überarbeitetem Rumpf und Flügel sowie einem Feuerleitrader über dem Lufteinlass. Sieben der zehn gebauten IV B erhielten Nachbrennertriebwerke SNECMA Atar, drei flogen mit RR Avon. Erstflug war im Dezember 1953. Es kam allerdings nicht zur Serienproduktion, da sie leistungsmäßig bereits von der Super-Mystère (S. 17) überholt wurde. Auch ein zweisitziger Nachtjäger IV N mit Radardom und darunterliegendem Lufteinlass kam nicht über das Prototypenstadium hinaus.

Dassault lieferte von 1954 bis 1958 insgesamt 410 Mystère IV A aus.

Eine von 10 gebauten Mystère IV B, die im Februar 1954 bei Flugtests als erstes französisches Flugzeug im horizontalen Flug Schallgeschwindigkeit erreichte.

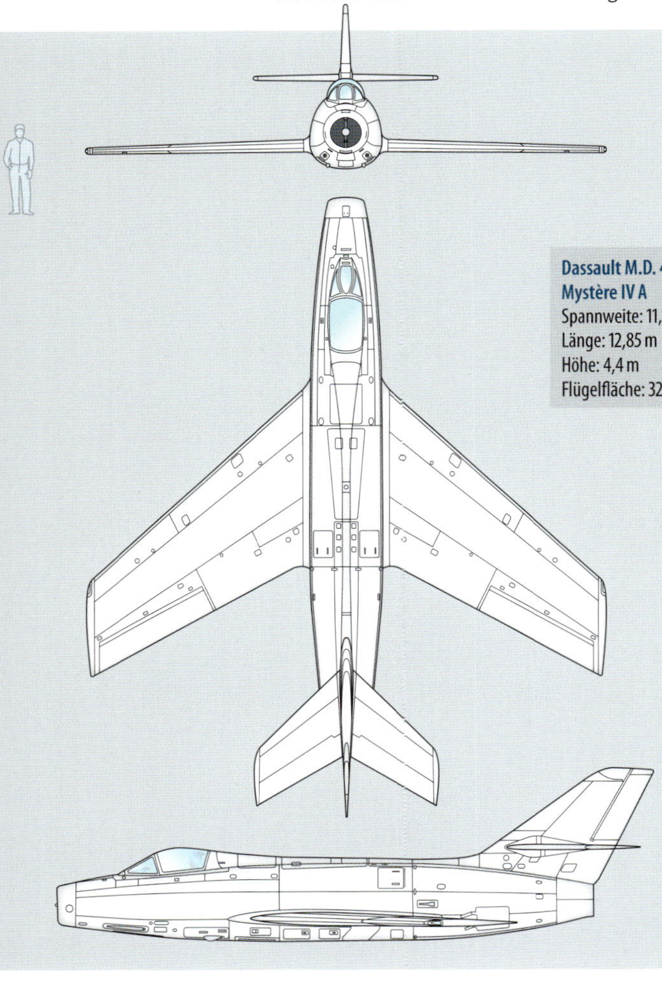

Dassault M.D. 454 Mystère IV A
Spannweite: 11,12 m
Länge: 12,85 m
Höhe: 4,4 m
Flügelfläche: 32 m²

Bemerkungen: Im Mai 1955 erhielt die französische Luftwaffe ihre erste IV A, die letzte im November 1958. Erst nach rund 30 Jahren wurde das letzte Flugzeug im November 1982 ausgemustert. Nicht nur in Frankreich war das robuste, zuverlässige und relativ einfach zu beherrschende Flugzeug ein Erfolg, auch Indien erwarb 110 IV A und Israel bestellte im Dezember 1955 59 Jagdbomber, die sie erstmals während der Suezkrise und später im Sechs-Tage-Krieg einsetzte.

Eine Mystère IV A im wird im Luftfahrtmuseum in Le Bourget, Frankreich präsentiert.

Besatzung: 1
Triebwerk: (IV A) Ein Axial-Strahltriebwerk Hispano-Suiza Verdon 350 mit 34,3 kN Schub.
Leistungen: (IV A) Höchstgeschwindigkeit 1120 km/h, Dienstgipfelhöhe 13 750 m, Reichweite 915 km, Reichweite mit Zusatztanks 1320 km.
Gewichte: (IV A) Leermasse 5875 kg, maximale Abflugmasse 9500 kg.
Bewaffnung: (IV A) Zwei MKs unter dem Bug, Luft-Boden-Raketenbehälter oder bis zu 1000 kg Bomben an Außenstationen.

Dassault Super Mystère

Ursprungsland
Frankreich
Kategorie
Jagdflugzeug, Jagdbomber

Entwicklung: In Eigeninitiative wurde von Dassault die Weiterentwicklung der Mystère IV zur Super Mystère bereits 1953 begonnen. Die Tragflächen wurden mit 45° Grad stärker gepfeilt, erhielten ein dünneres Profil und einen Sägezahn. Der etwas gestreckte Rumpf mit seinem flacheren Lufteinlauf, der die Sicht des Piloten verbesserte, wurde mit einem größeren Seitenleitwerk ausgestattet. Ein Rolls-Royce Avon RA7R sorgte für 33,3 kN Schub, 43,34 kN mit Nachbrenner. Erstflug der B1 war im März 1955. Das Flugzeug zeigte außergewöhnlich gute Leistungen und konnte eine Geschwindigkeit über Mach 1 im Horizontalflug halten. Allerdings wollte die französische Luftwaffe ein französisches Triebwerk, das sie mit dem von SNECMA entwickelten Atar 101 in der Super Mystère B2 auch bekam. Dassault bot der französischen Luftwaffe an, anstatt der Mystère IV B die Super Mystère in Serie herzustellen, die zustimmte und 220 bestellte. Die erste B2 flog im Mai 1956, das erste Serienflugzeug im Februar 1957. Wegen Haushaltskürzungen erhielt die Armée de l'Air nur 154 B2 und 1958 Israel 24. Eine nochmals leistungsgesteigerte B4, mit größerer Flügelpfeilung, einem deutlich stärkeren SNECMA Atar 9B, das mit Nachbrenner 58,8 kN Schub abgab, hob im Februar 1958 erstmals ab. Es blieb bei zwei Prototypen gebaut, denn die Mirage III erwies sich als deutlich leistungsfähiger.

Inklusive der beiden Prototypen B1 und B2 rollten bei Dassault 180 Jets aus den Werkhallen.

Bemerkungen: Mit der B2 endete die erfolgreiche Mystère-Reihe Dassaults. Ein weiterer Meilenstein der Düsenjäger-Entwicklung stand bereits in den Startschuhen: die Mirage. Die letzten Super Mystère blieben zwar bis 1982 im Dienst, wurden aber als Tag-Abfangjäger von der Mirage III abgelöst und nur noch für Erdkampfmissionen und als Fortgeschrittenentrainer eingesetzt. Israel setzte seine 18 Flugzeuge 1967 im Sechs-Tage-Krieg und 1973 im Yom-Kippur-Krieg mit großem Erfolg ein. Das Land begann schon 1972, die Jets mit moderner Avionik auszurüsten und auf amerikanische Pratt & Whitney J72 umzubauen, die wesentlich mehr Schub erzeugten und praktischerweise auch die israelischen Douglas A-4 Skyhawks antrieben. Israel verkaufte die übriggebliebenen Super Mystères an Honduras weiter, bis sie dort 1989 außer Dienst gestellt wurden.

Es sind einige Museumsexemplare in Frankreich erhalten geblieben. Eine B2 steht aber auch in der Flugausstellung Hermeskeil und im Militärhistorischen Museum in Gatow, Berlin.

Besatzung: 1
Triebwerk: (B2) Ein Axial-Strahltriebwerk SNECMA Atar 101 G-2/3 mit 43,74 kN Schub mit Nachbrenner.
Leistungen: (B2) Höchstgeschwindigkeit 1195 km/h in 11 000 m, Dienstgipfelhöhe 17 000 m, Reichweite 870 km.
Gewichte: (B2) Leermasse 6390 kg, Abflugmasse 9000 kg, maximale Abflugmasse 10 000 kg.
Bewaffnung: (B2) Zwei MKs unter dem Bug, zwei Luft-Boden-Raketenbehälter oder zwei Luft-Luft-Raketen und/oder bis zu 2680 kg Bomben an vier Außenstationen.

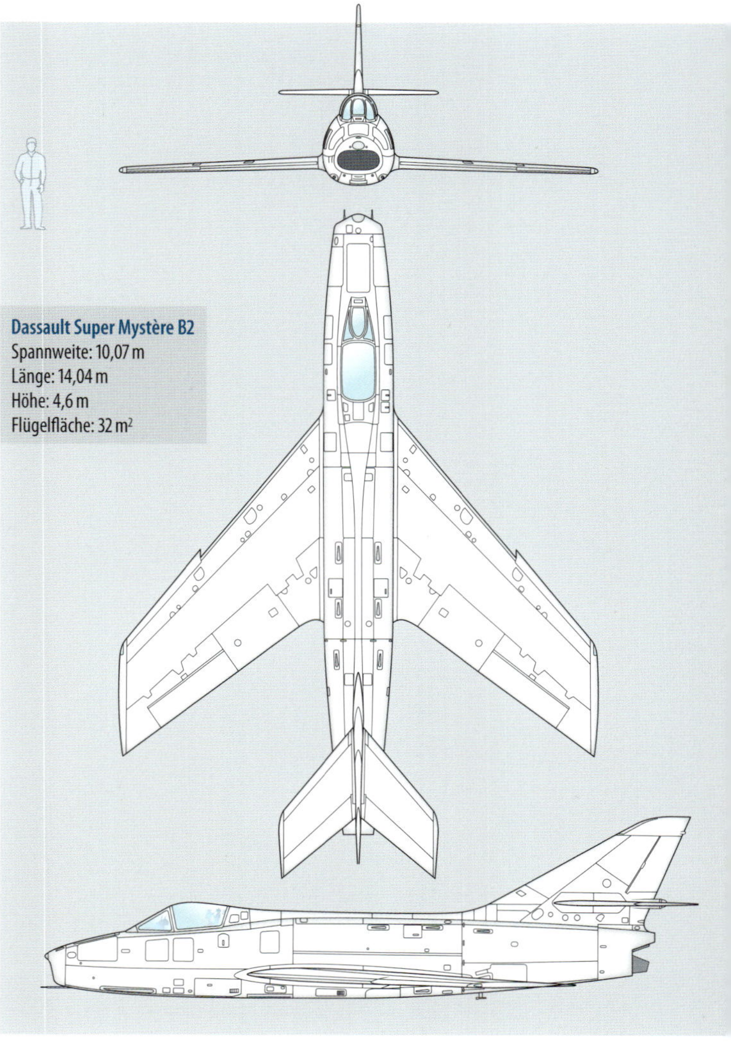

Dassault Super Mystère B2
Spannweite: 10,07 m
Länge: 14,04 m
Höhe: 4,6 m
Flügelfläche: 32 m²

Fouga CM.170 Magister

Ursprungsland
Frankreich
Kategorie
Jettrainer

Entwicklung: Bereits 1949 entwickelte Fouga auf Basis eines turbinengetriebenen Motorseglers die zweisitzige Magister als Ersatz für die Kolbenmotor-getriebene Morane MS.475 (S. 20). Nachdem das Militär auf das Projekt aufmerksam wurde, beauftragte es im Dezember 1950 drei Prototypen, deren erster schon im Juli 1952 abhob. Der zweite trug versuchshalber ein Kreuzleitwerk, das aber keine Vorteile brachte. Das in Ganzmetall-Schalenbauweise konstruierte Flugzeug hatte zwei nebeneinanderliegende Triebwerke, die bei einem Ausfall nur einen geringen asymmetrischen Schub erzeugten. Für eine größere Reichweite sorgten Flügelspitzentanks. Die Magister war einfach zu fliegen und zu warten und nutzte ein Periskop, um dem hinteren Piloten/Fluglehrer bei der Landung eine bessere Sicht zu bieten. Trotz des Verlustes von zwei Prototypen bestellte die französische Regierung im Juli 1953 10 Vorserienflugzeuge und im Januar 1954 weitere 95 Serienflugzeuge. Im März 1956 wurde die erste von insgesamt 394 CM.170-1 von der Armee de l'Air übernommen. Die Magister wurde mit Ausnahme zweier Varianten bis 1970 nahezu unverändert gebaut. Nach 761 Maschinen installierte Fouga zwei leistungsfähigere Marboré VI mit 4,7 kN Schub, sowie Schleudersitze, und lieferte weitere 137 CM.170-2 aus. Von der französischen Aeronaval wurden 32 trägertaugliche CM.175 Zephyr beauftragt, die mit einem verstärkten Fahrwerk, Schiebehaube und Fanghaken ausgerüstet waren. Nur zwei Prototypen mit neuem Rumpf wurden von einem viersitzigen Privatjet CM.191 von Heinkel-Potez gebaut.

Inklusive der deutschen (194 St.), finnischen (62 St.) und israelischen (36 St.) Lizenzflugzeuge wurden bis 1970 insgesamt 929 Jets gefertigt,.

Bemerkungen: Mit der Magister stieg die bis dahin wenig bekannte Firma Fouga in die Produktion von Jettrainern ein, auch wenn große Baugruppen bei Morane-Saulnier und Latécoere hergestellt wurden. Exportkunden, wie z. B. Israel, Brasilien, Marokko, Irland und Kambodscha sind kurze Lieferzeiten eingeräumt worden, so dass schließlich in über 20 Ländern Fouga Magister flogen. Nicht wenige davon nutzten das Flugzeug neben dem Basis- und Fortgeschrittenentraining, auch als kleines und wendiges Kampfflugzeug für Bodenziele. In dieser Rolle flog z. B. Israel 1967, trotz hoher Verluste, seine immer wieder überholten, modifizierten und modernisierten Fougas intensiv im Sechs-Tage-Krieg.

Neben etlichen Museumsexemplaren, wie z. B. im Bundeswehr-Luftwaffenmuseum in Berlin-Gatow, werden Magister auch privat betrieben, unter anderen von einem Verein für historische Flugzeuge auf dem Paderborner Flugplatz.

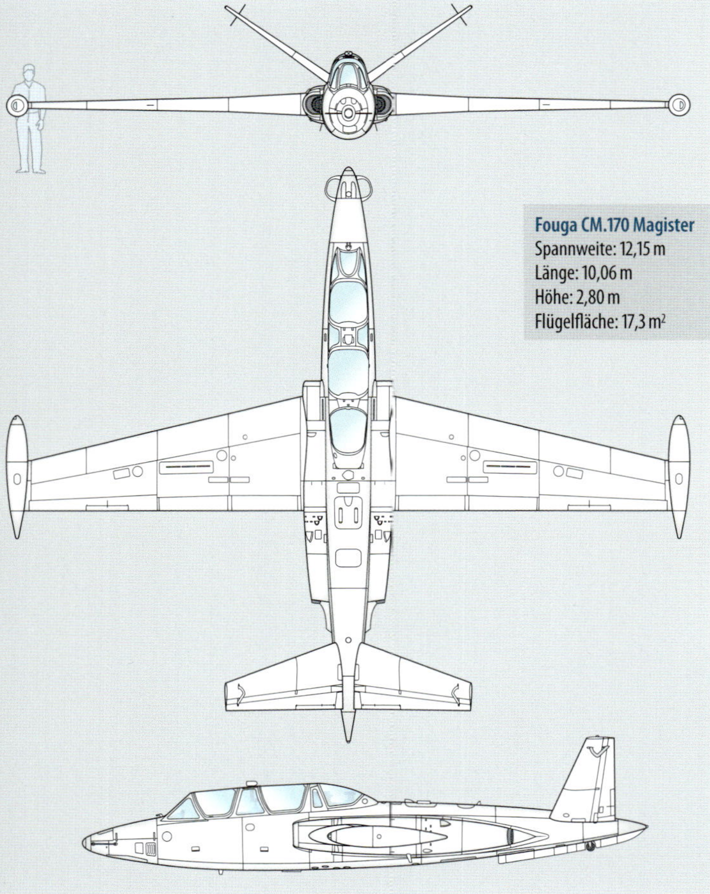

Fouga CM.170 Magister
Spannweite: 12,15 m
Länge: 10,06 m
Höhe: 2,80 m
Flügelfläche: 17,3 m²

Besatzung: 2
Triebwerke: (CM.170-1) Zwei Strahltriebwerke Turbomeca Marboré II A mit je 3,92 kN Schub..
Leistungen: Höchstgeschwindigkeit 715 km/h in 9000 m, Dienstgipfelhöhe 11 000 m, Reichweite 1200 km mit Zusatztanks.
Gewichte: Leermasse 2150 kg, Abflugmasse 2850 kg, maximale Abflugmasse 3200 kg.
Bewaffnung: Zwei MGs im Bug und bis zu 100 kg Außenlasten, wie z. B. Bomben, gelenkte und ungelenkte Raketen.

Max Holste MH.1521 Broussard

Ursprungsland Frankreich
Kategorie Mehrzweckflugzeug

Entwicklung: Nach Ende des Zweiten Weltkriegs forderte die französische Armee ein leichtes Verbindungs- und Artillerie-Beobachtungsflugzeug, auf das die Avions Max Holste mit dem Entwurf der MH.152 reagierte, die von einem 220 PS starken Salmson 8-Sternmotor angetrieben wurde. Der 5-sitzige Hochdecker flog im Juni 1951, wurde jedoch von den Militärs abgelehnt, weil sie in der Zwischenzeit den Bedarf an einem größeren, robusten und einfacheren Flugzeug hatten, das auch von unvorbereiteten Pisten operieren konnte. Holste begann eine deutlich größere Version mit rechteckigem Rumpf und wesentlich stärkerem Motor zu entwickeln. Erstflug war im November 1952. Der abgestrebte Hochdecker in Ganzmetallbauweise war nun mit einem 450 PS-Pratt & Whitney Junior Wasp motorisiert und bot Platz für bis zu 7 Personen. Ein 20 m-Hindernis konnte die Broussard nach 400 m Start- bzw. Landestrecke überfliegen und mit Zusatztanks blieb sie bis zu 10 Stunden in der Luft. Holste baute fünf Prototypen, zwei zivile und 19 militärische Vorserienflugzeuge. Das erste militärische Serienflugzeug MH.1521 M von 318 bestellten, flog im Juni 1954. Als Sprühflugzeug bot Holste die MH.1521 A der Landwirtschaft an und dem zivilen Markt die MH.1521C. Versuchsweise wurde 1958 eine MH.1521 zur Verbesserung der Langsamflugeigenschaften mit einem neuen Klappensystem ausgestattet, aber später wieder zurückgerüstet. Der Prototyp MH.153, der mit einer deutlich stärkeren 950 PS-Turbine Turbomeca Astazou motorisiert war und einen neu gestalteten Rumpf hatte, flog im Juni 1957, blieb jedoch ein Einzelstück.

Nach insgesamt 363 Flugzeugen endete 1961 die Produktion.

Bemerkungen: Mit der robusten MH. 1521 Broussard (Buschmann) schuf Max Holste das franzöische Gegenstück zur kanadischen DeHavilland Beaver (S. 90). Frankreich setzte ab 1957 rund 150 Broussards im Algerienkrieg nicht nur als Artillerie-Spotter, sondern auch als Verbindungs- und leichtes Transportflugzeug ein. Mit der großen Kabine konnte die MH.1521 zudem als Verwundetentransporter genutzt werden, wobei sich das Flugzeug durch seine Robustheit und guten Kurzstart- und Landeeigenschaften auszeichnete, allerdings auch durch seinen lauten Sternmotor, den die algerischen Guerillas lange vor seinem Erscheinen hören konnten. 1963 wurden die Einmots nach Frankreich zurückgeflogen. Einige überschüssige Flugzeuge blieben in den unabhängig gewordenen Kolonien Afrikas, während 1987 alle Luftwaffen- und 1993 alle Armee-Broussards ausgemustert wurden. Lediglich die Marine flog ihre Hochdecker noch bis 1996. Ein Teil wurde an private Betreiber, Vereine und Sammler abgegeben.

Vermutlich sind noch zehn Broussards, hauptsächlich in Frankreich, flugfähig. Eine wird aber auch im Musee Aeronautique d'Orange, Orange, Frankreich präsentiert.

Besatzung: 1 – 2
Triebwerk: Ein luftgekühlter 9-Zylinder-Sternmotor Pratt & Whitney R-985-AN-1 Wasp Junior mit 332 kW (451 PS).
Leistungen: Höchstgeschwindigkeit 260 km/h in 1000 m, Reisegeschwindigkeit 228 km/h, Dienstgipfelhöhe 5500 m, Reichweite 1200 km.
Gewichte: Leermasse 1650 kg, Abflugmasse 2700 kg.

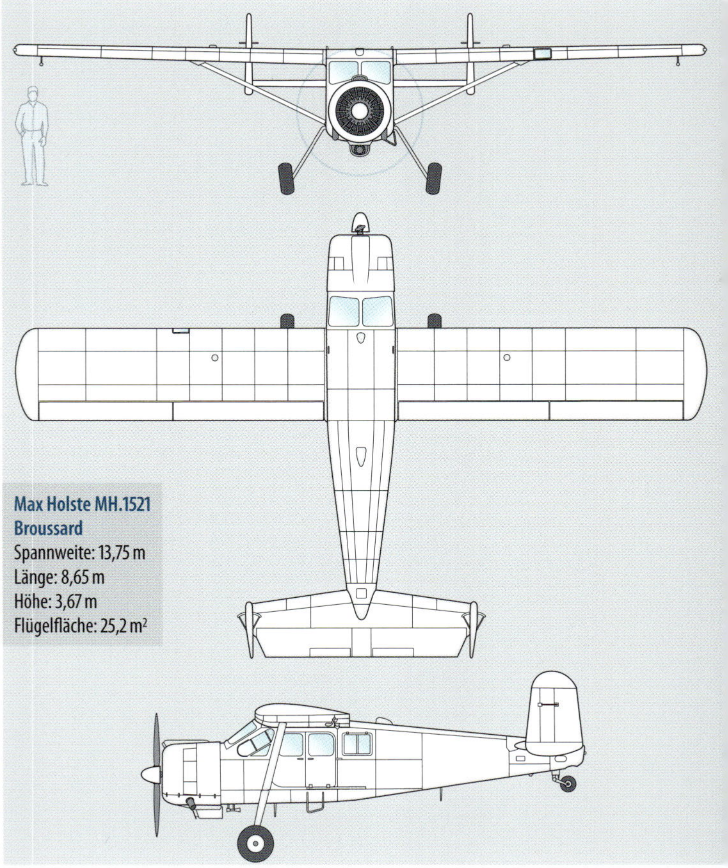

Max Holste MH.1521 Broussard
Spannweite: 13,75 m
Länge: 8,65 m
Höhe: 3,67 m
Flügelfläche: 25,2 m²

Morane-Saulnier M.S.472/474/475 Vanneau

Ursprungsland
Frankreich
Kategorie
Schulflugzeug, Trainer

Entwicklung: Um 1943, noch während des Zweiten Weltkrieges, erhielt Morane-Saulnier den Auftrag, ein neues Flugzeug für die Ausbildung fortgeschrittener Piloten zu entwickeln. Der Prototyp der M.S.470, mit einem flüssigkeitsgekühlten V12-Hispano-Suiza, startete zu seinen Erstflug im Dezember 1944. Nach Kriegsende wurde die Entwicklung fortgesetzt. Drei Vorserienflugzeuge M.S.472 Vanneau II (Zeichnung), die mit einem 570 PS-Gnome & Rhône 14-Zylinder-Doppelsternmotor ausgerüstet waren, erprobte man von Dezember 1945 bis Juli 1946. Der in Ganzmetallbauweise hergestellte Tiefdecker schloss die Tests erfolgreich ab, so dass bereits im Dezember 1946 die ersten von 230 Serienflugzeugen an die Luftwaffe ausgeliefert werden konnten. Die für den Flugzeugträgerbetrieb geeignete und modifizierte M.S.474 Vanneau IV (Bild oben), von der 70 Stück produziert wurden, flog erstmals im Februar 1947. Erste Auslieferungen an die französische Marine begannen im Dezember 1947. Ab der M.S.475 Vanneau V wurden wieder flüssigkeitsgekühlte V-12-Hispano-Suiza-Motoren verbaut. Zu den gravierenden Änderungen gehörte unter anderem der längere und leistungsfähigere Motor, sowie ein Kühler unter dem Rumpf. Der 870 PS leistende Antrieb erlaubte eine Anhebung des Abfluggewichts auf 3125 kg. Erstflug war im August 1947, 190 Stück wurden ab 1950 an die Luftwaffe ausgeliefert. Nicht in Serie gingen weitere Vanneau-Projekte: Die M.S.476 mit größerer Flügelfläche und die M.S.477, die von einem Renault 12S, einem Nachbau des V12-Argus 411, angetrieben wurde. Nicht gebaut wurde die M.S.478 mit einem V12-Isotto-Fraschina Delta und nur ein Exemplar von der M.S.479, die mit einem Doppelsternmotor SNECMA 14X Mars mit 830 PS motorisiert war.

Vermutlich wurden von allen Varianten zusammen ca. 500 Stück gebaut.

Bemerkungen: Mit der Vanneau, die noch zu Zeiten des Zweiten Weltkriegs vorausschauend entwickelt wurde, erhielt Frankreich einen Trainer, der fortgeschrittene Piloten auf ihre Einsätze mit schnellen Jagdflugzeugen vorbereiten sollte. Die Flugzeuge wurden in Algerien als Trainer, aber auch bei Militäraktionen als Erdkampfflugzeuge mit MGs und Raketenwerfern unter den Tragflächen eingesetzt. Sie sind aber bereits 1957 durch North American T-6 ersetzt worden. Bis Ende der 1960er-Jahre blieben Vanneaus in den Ausbildungseinheiten der Armee de l'Air und der Aeronavale dienten, bis sie durch modernere Fouga Magister (S. 18) und M.S. 733 Alcyon (S. 21) abgelöst wurden.

Soweit bekannt, blieb kein komplettes Flugzeug erhalten. Eine Cockpit/Bugsektion ist aber noch im Musée de l'Air et de l'Espace, Le Bourget, Paris zu sehen.

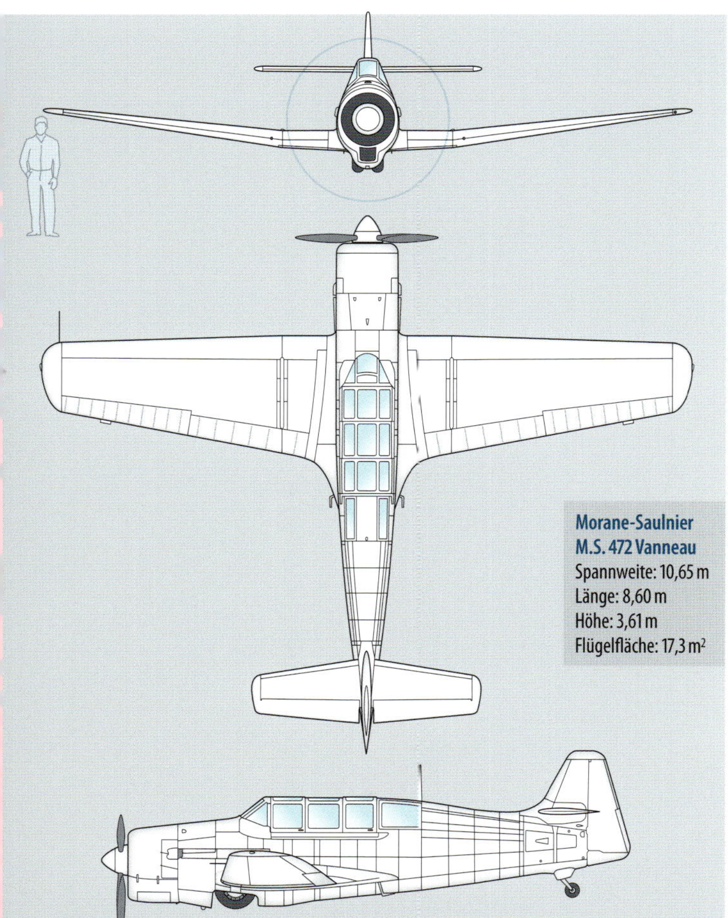

Morane-Saulnier M.S. 472 Vanneau
Spannweite: 10,65 m
Länge: 8,60 m
Höhe: 3,61 m
Flügelfläche: 17,3 m²

Besatzung: 2
Triebwerk: (M.S.472) Ein luftgekühlter 14-Zylinder-Doppelsternmotor Gnome & Rhone 14 M 05 mit 514 kW (700 PS).
Leistungen: (M.S.472) Höchstgeschwindigkeit 468 km/h in 2000 m, Reisegeschwindigkeit 415 km/h, Steigzeit auf 5000 m 10 min 32 sec, Dienstgipfelhöhe 8000 m, Reichweite ca. 1350 km.
Gewichte: (M.S.472) Leermasse 1690 kg, Abflugmasse 2378 kg.
Bewaffnung: (M.S.472) Zwei MGs in den Flügeln

Morane-Saulnier M.S. 733 Alcyon

Ursprungsland
Frankreich
Kategorie
Trainings- und leichtes Kampfflugzeug

Entwicklung: Der dreisitzige Tiefdecker MS.730 wurde nach dem Zweiten Weltkrieg als Trainingsflugzeug für die Piloten-Grundausbildung nach einer Forderung des französischen Militärs entwickelt und hob erstmals im August 1949 ab. Dieser Prototyp flog noch mit einem 180 PS V8-Motor von Mathis, der jedoch nicht den Anforderungen der Militärs entsprach. Er wurde später durch einen luftgekühlten V8 Argus As 10 mit 240 PS aus ehemaligen deutschen Beständen ersetzt. Der nun M.S.731 bezeichnete Tiefdecker flog damit erstmals im November 1949. Zwei weitere Prototypen MS.732 wurden von dem später in der Serie verwendeten, hängend eingebauten, Sechszylinder-Reihenmotor Potez 6D angetrieben. Das ursprüngliche Festfahrwerk ersetzte man durch ein elektrisch einziehbares Hauptfahrwerk. Von der in Ganzmetall-Schalenbauweise konstruierten Alcyon wurden schließlich 5 Vorserienflugzeuge und 200 Serienflugzeuge gebaut. Davon erhielt die französische Armee de l'Air 145 Trainer, von denen siebzig später als M.S.733 A für den Algerienkrieg zum leichten Angriffsflugzeug und Aufklärer umgerüstet wurden. Sie wurden nach dem Krieg wieder zurückgerüstet, eine unbekannte Anzahl aber auch veräußert. Die französische Marine erwarb 40 Trainer, die aber nicht trägertauglich waren und ausschließlich von Land aus operierten. 15 Flugzeuge wurden nach Kambodscha exportiert, wo sie als Basistrainer, aber auch zur Aufstandsbekämpfung eingesetzt wurden. Die Air France mietete fünf Militärmaschinen und nutzte sie als Basis- und IFR-Trainer für ihre Pilotenausbildung. Das Projekt einer leistungsfähigeren M.S.735 mit einem 350 PS-Potez-Motor wurde wieder aufgegeben.

Inklusive der Prototypen rollten 208 Alcyon bei Morane-Saulnier aus den Werkhallen.

Bemerkungen: Mit der M.S.733 bekam Frankreich in den 1950er-Jahren, oft als Ersatz für ihre veralteten Doppeldecker einen auch für einfache Kunstflugmanöver zugelassenen Basistrainer, der neben der Grundausbildung für angehende Piloten auch zum Waffentraining und als leichtes Angriffsflugzeug eingesetzt werden konnte. Neben den beiden in den Flügeln eingebauten MGs konnten an Flügelstationen Luft-Boden-Raketen oder 50 kg-Bomben aufgehängt werden. Eingesetzt wurden cirka 70 Alcyon während des Algerienkrieges von 1955 bis 1959 als COIN-Flugzeuge in der Aufstandsbekämpfung, bis sie schließlich von der wesentlich leistungsstärkeren North American T-28 Fennec (S. 210) abgelöst wurden.

Etliche Alcyon landeten nach ihrer Ausmusterung überwiegend bei französischen privaten Betreibern, die sie oft heute noch flugfähig halten und auf Flugshows vorführen. Ein Museumsstück ist aber auch im Musée de l'ALAT et de l'hélicoptère in Dax, Frankreich zu finden.

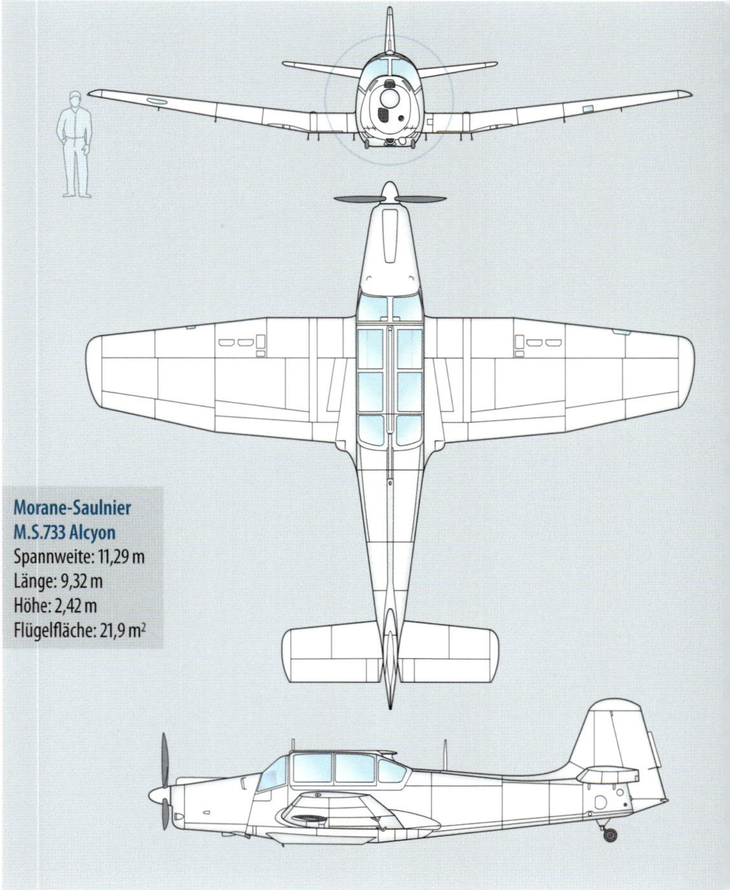

Morane-Saulnier M.S.733 Alcyon
Spannweite: 11,29 m
Länge: 9,32 m
Höhe: 2,42 m
Flügelfläche: 21,9 m²

Besatzung: 2 – 3
Triebwerk: Ein luftgekühlter 6-Zylinder-Reihenmotor Potez 6D.30 mit 176 kW (240 PS).
Leistungen: Höchstgeschwindigkeit 260 km/h, Reisegeschwindigkeit 230 km/h, Dienstgipfelhöhe 4800 m, Reichweite 920 km.
Gewichte: Leermasse 1260 kg, Abflugmasse 1670 kg.
Bewaffnung: (nur MS.733 A) Zwei MGs in den Flügeln und zwei Flügelstationen für Raketen oder je 50 kg Bomben.

Nord Aviation 1203 Norécrin

Ursprungsland
Frankreich
Kategorie
Leichtes Mehrzweckflugzeug

Entwicklung: Nord Aviation konstruierte in der Nachkriegszeit die Nord 1200 aufgrund einer Ausschreibung des französischen Verkehrsministeriums, das damit beabsichtigte, die französische Luftfahrtindustrie wieder in Gang zu bingen. Nord nutzte dabei die Erfahrungen, die sie mit dem Bau der Nord 1100 Noralpha machte, die im Prinzip ein umbenannter Prototyp der 1944/45 unter deutscher Besatzung entstandenen Messerschmitt Bf 208 war, und die von der französischen Luftwaffe und Marine in großer Stückzahl als Ramier I und II genutzt wurde. Sie war Basis für die etwas kleinere Nord 1200 Norécrin. Noch mit einem luftgekühlten 140 PS starken 4-Zylinder Renault-Motor 4 P aus der Vorkriegszeit fand der Erstflug im Dezember 1945 statt. Der in Ganzmetall-Schalenbauweise konstruierte Tiefdecker mit Einziehfahrwerk war zweisitzig, mit einem optionalen dritten Sitz im Gepäckraum. Mit dem modernen Entwurf entschied Nord im Frühjahr 1946 die Ausschreibung für sich und die Serienproduktion konnte mit den ersten Lieferungen im Mai 1947 beginnen. Die erste dreisitzige Serie 1200 Norécrin I war noch mit dem erneut in die Produktion aufgenommenen 140 PS starken Renault 4 P-01 motorisiert. Lediglich ein Prototyp entstand von der ersten viersitzigen Nord 1202. Daraufhin folgte die Nord 1203 II mit einem modifizierten Fahrwerk und schließlich die Norécrin IV, die von einem SNECMA Regnier 4 L angetrieben wurde. Eine unbekannte Anzahl produzierte Nord Aviation speziell für militärische Anforderungen: die zweisitzige 1203 Norécrin V, die ebenso den hängend eingebauten 170 PS 4-Zylinder Regnier 4L nutzte. Zu den militärischen Modifikationen zählten bei einigen Exemplaren auch die Ausstattung mit Maschinengewehren und Raketen. Neben der Schweiz (1 St.), Argentinien (3 St.) und Israel (2 St.) war die französische Luftwaffe und Marine Abnehmer der Militärvariante. Darauf folgten 1955 die Norécrin VI mit einem 160 PS Regnier und die Norécrin M1, die von einem amerikanischen Lycoming O-360 Boxermotor angetrieben wurde. Mit 4-Zylinder-Continental-Boxermotoren sind schließlich noch zwei Varianten der 1204 produziert worden.

Insgesamt lieferte Nord 378 Norécrins aller Versionen aus.

Bemerkungen: Für ein ziviles und militärisches einmotoriges Flugzeug, das kurz nach Ende des Krieges auf einem schwierigen Markt angeboten wurde, ist die Norécrin mit all ihren Varianten doch in einer relativ hohen Stückzahl gefertigt worden. Neben vielen Aeroclub und privaten Eigentümern nutzten auch Militärs den Tiefdecker, der hauptsächlich als Verbindungsflugzeug verwendet wurde. Die französische und argentinische Marine setzte sie zudem bei Küstenüberwachungsmissionen ein.

Neben etlichen flugfähigen Exemplaren, hauptsächlich in Frankreich, wird z. B. eine Nord 1203 Flieger Flab Museum in Dübendorf, Schweiz präsentiert.

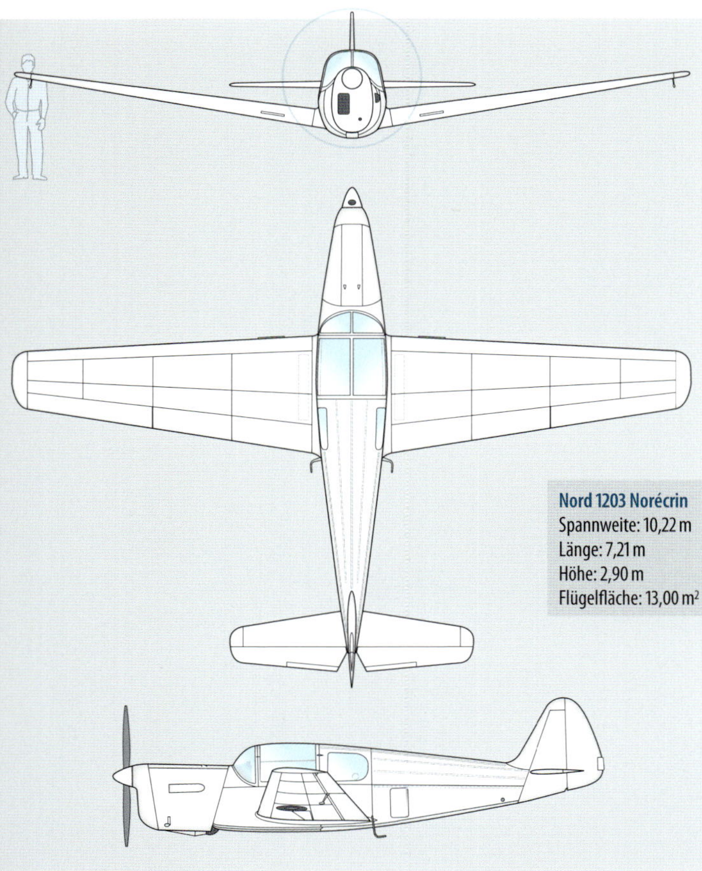

Nord 1203 Norécrin
Spannweite: 10,22 m
Länge: 7,21 m
Höhe: 2,90 m
Flügelfläche: 13,00 m²

Besatzung: 1
Triebwerk: Ein luftgekühlter 4-Zylinder-Reihenmotor SNECMA Regnier 4 L-00 mit 110 kW (150 PS).
Leistungen: Höchstgeschwindigkeit 246 km/h, Dienstgipfelhöhe 5000 m, Reichweite 900 km.
Gewichte: Leermasse 490 kg, Abflugmasse 785 kg.

Nord Aviation NC.856 Norvigie

Ursprungsland
Frankreich
Kategorie
Leichtes Mehrzweckflugzeug

Entwicklung: Die NC.856 basiert auf einem Entwurf der SNCAC für ein Sportflugzeug, das in einem Wettbewerb der Regierung für die französischen Aeroclubs gefordert wurde. Der zweisitzige Hochdecker NC.853 wurde zwar von Aeroclubs bestellt, nach 27 Exemplaren liquidierte man jedoch die Firma und verkaufte sie an Nord Aviation, die die Produktion als NC.853 S weiterführte. Um 1950 interessierte sich das französische Militär für ein Mehrzweckflugzeug, das als Artilleriebeobachtungs-, Verbindungs- und leichtes Transportflugzeug eingesetzt werden sollte. Die Wahl fiel auf die im März 1951 erstmals geflogene NC.856 A Norvigie, die stark modifiziert von der NC.853 abgeleitet wurde. Der Rumpf des Hochdeckers war aus einem geschweißten und stoffbespannten Stahlrohrrahmen aufgebaut, die aus Metall hergestellten Tragflächen und das Doppelleitwerk waren ebenfalls bespannt. Eine geräumige Kabine mit großzügiger Verglasung bis in den unteren Rumpfbereich ermöglichte den nebeneinander sitzenden Piloten und dem hinteren Beobachter eine ausgezeichnete Sicht. Nach kurzer Umrüstung war es möglich, den hinteren Sitz gegen eine Tragbahre auszutauschen oder eine Aufklärungskamera zu installieren. Die erste NC.856 flog noch mit einem 105 PS starken Walter Minor-Reihenmotor, die Serienflugzeuge NC.856 A erhielten die von SNECMA hergestellten Regnier 4LO4 mit 147 PS oder 4LO8 mit 160 PS. 1953 wurden von der französischen Armee 112 und von der Luftwaffe 3 als Zielschlepper bestellt. Die Auslieferungen begannen 1954. Von der viersitzigen NC.856 B wurde nur ein Exemplar hergestellt, ebenso von der mit einem Dreifachleitwerk hergestellten Schwimmerversion NC. 856 H. Wenig erfolgreich blieb die Zivilversion NC.856 N mit zwei ausgelieferten Exemplaren. Lediglich die NC.859 S wurde als Schlepper für Segelflugzeuge neunmal gebaut.

Insgesamt liefen nur 119 Flugzeuge der NC.856-Baureihe vom Band.

Bemerkungen: Mit der Norvigie konnten die französischen Militärs ihre in der Zwischenzeit abgeflogenen Piper L-4 ablösen und durch einen leistungsfähigeren und komfortableren Hochdecker ersetzen. Von ihren Piloten wurden die dürftigen Leistung der Motoren und eine zu geringe Reichweite bemängelt. Außer den drei für die Luftwaffe, wurden zwischen Februar 1953 und Juli 1954 alle NC.856 ausgeliefert und den Heeresfliegertruppen zugeordnet, die sie auf verschiedene Einheiten in Frankreich, Französisch-Nordafrika und Deutschland verteilten. Nach Ende des Algerienkrieges 1962 wurden einige Flugzeuge mit amerikanischen Boxermotoren ausgerüstet und an die Luftwaffe abgetreten.

Privatleute, Vereine und Museen übernahmen nach deren Ausmusterung zahlreiche Norvigies. Eine NC.856 findet man aber auch im Musée de l'ALAT et de l'hélicoptère in Dax, Frankreich.

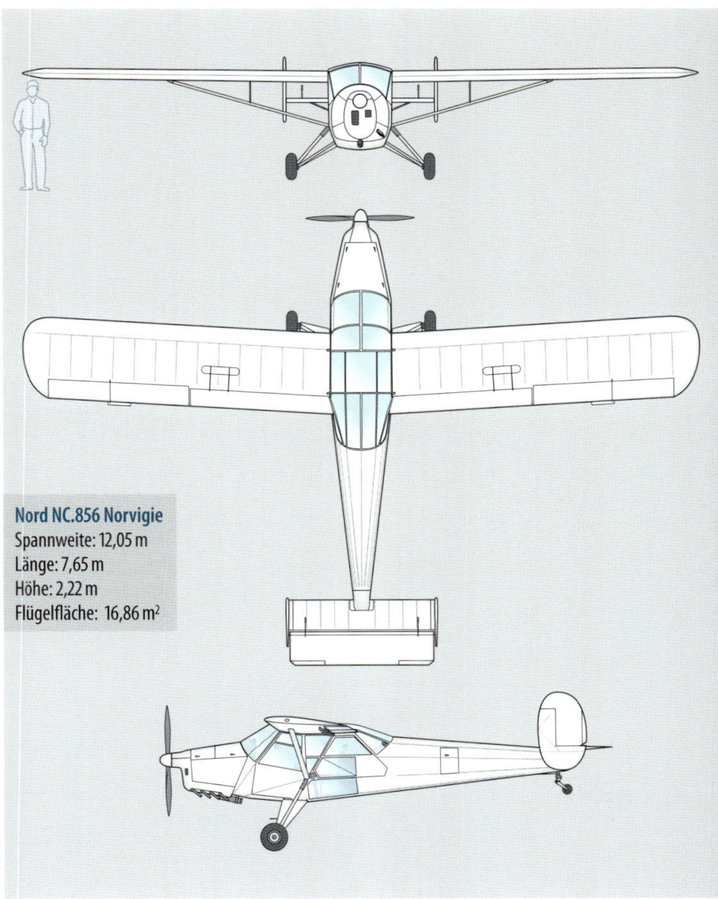

Besatzung: 1
Triebwerk: Ein luftgekühlter 4-Zylinder-Reihenmotor Regnier 4L 04 mit 108 kW (147 PS).
Leistungen: Höchstgeschwindigkeit 250 km/h, Reisegeschwindigkeit 180 km/h, Dienstgipfelhöhe 3000 m, Reichweite ca. 750 km.
Gewichte: Leermasse 700 kg, Abflugmasse 1100 kg.

Nord Aviation 2501 Noratlas

Ursprungsland
Frankreich
Kategorie
Transportflugzeug

Entwicklung: Um den französischen Streitkräften ein moderneres Transportflugzeug zu beschaffen, wurde 1947 eine Regierungs-Ausschreibung herausgegeben, nach der die Nord 2500 ausgewählt und 1948 zwei Prototypen bestellt wurden. Erstflug war im September 1949 noch mit zwei 1600 PS-Sternmotoren Gnome Rhône 14 R. Der zweite Prototyp, der in Ganzmetall gebauten Nord 2501 mit den typischen Doppelleitwerksträgern, flog im November 1950 bereits mit den deutlich stärkeren, in Lizenz von SNECMA gebauten britischen Hercules-Doppelsternmotoren. Neben zwei Piloten, Funker, Navigator und Flugingenieur und evtl. einem Lademeister, konnten entweder 38 voll ausgerüstete Fallschirmjäger, 45 Soldaten, 18 Tragbahren plus Personal oder 7,5 t Fracht geladen werden. Als Ausgangsmodell der Serienproduktion bestellte die Armee de l'Air 212 Stück, deren Auslieferung 1954 begann. Zu weiteren Abnehmern gehörte Brasilien (20 St.) und Israel (12 St.), in unbekannter Stückzahl Griechenland, Honduras und einige afrikanische Staaten. Auch die 1956 neu gegründet deutsche Luftwaffe orderte die ersten 25 N.2501 D in Frankreich, die ab September 1957 ausgeliefert wurden. Weitere 186 Noratlas fertigte Flugzeugbau Nord, ein Zusammenschluss von Weser Flugzeugbau, Hamburger Flugzeugbau und den Siebelwerken in Lizenz. Ständiges Thema war die Motorisierung, vor allem bei Hot-and-high-Missionen. Wenig erfolgreich, wurde mit zwei zusätzlichen Strahltriebwerken an den Flügeln experimentiert. Auch der Einbau amerikanischer 2500 PS-P & W R-2800 wurde wieder aufgegeben. Von einer zivilen 2502 für 47 Passagiere lieferte Nord sieben Exemplare aus.

Bis zum Produktionsende im Oktober 1961 rollten inkl. der Lizenzen 425 Noratlas aus den Hallen.

Bemerkungen: Dem Prinzip folgend: Ähnliche Aufgaben, ähnliche Lösungen, war die Noratlas vergleichbar mit der deutschen, ab 1942 produzierten Gotha 244, der Fairchild C-82 (S. 175) und C-119 Boxcar (S. 176). Französische Noratlas waren im Tschad, Djibouti und Senegal stationiert und flogen unter anderem im Algerienkrieg und während der Suezkrise. Portugiesische Maschinen waren während der Kolonialkriege in Angola und Mozambik im Einsatz, aber von fast allen Betreibern auch bei zahllosen humanitären Misionen zum Transport von Hilfsgütern. Ab 1968 wurden die deutschen „Noras" von der leistungsfähigeren Transall abgelöst, die letzte deutsche wurde im Dezember 1980 außer Dienst gestellt, die letzte der Armee de l'Air erst Ende 1987. Etliche übernahmen zivile Fluggesellschaften und nutzten sie weiter als Frachter, vor allem in Afrika.

Die letzte flugfähige 2501 wird vom Verein „Le Noratlas de Provence" betrieben und war auch 2023 auf Flugtagen zu sehen. Eine Noratlas präsentiert z. B. auch das Technikmuseum Speyer oder das Luftwaffenmuseum in Berlin-Gatow.

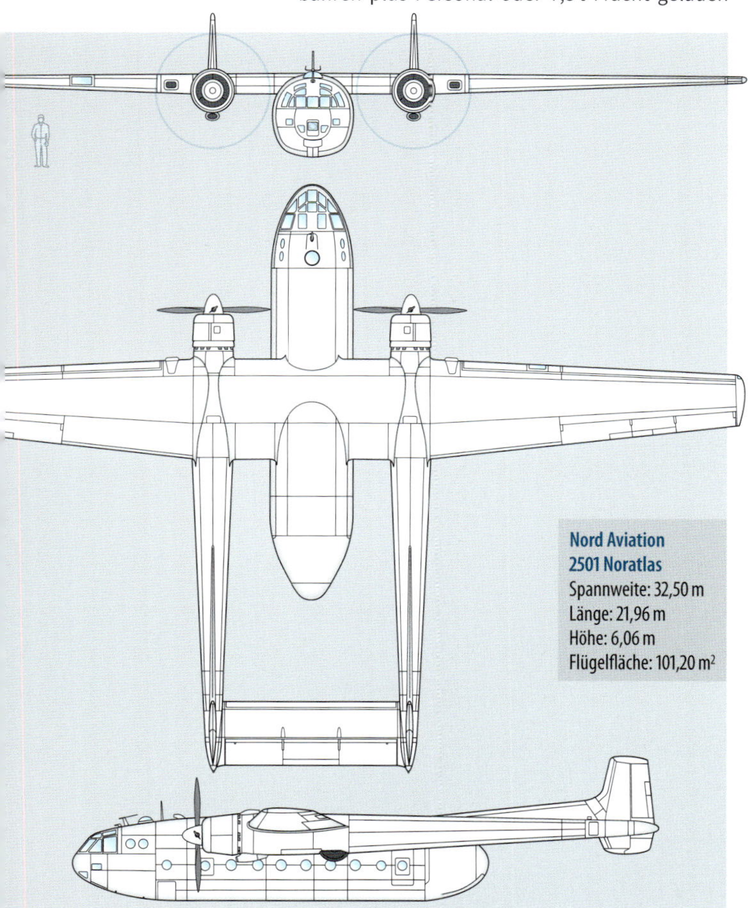

Nord Aviation 2501 Noratlas
Spannweite: 32,50 m
Länge: 21,96 m
Höhe: 6,06 m
Flügelfläche: 101,20 m²

Besatzung: 5 – 6
Triebwerke: Zwei luftgekühlte Doppelsternmotoren SNECMA Hercules 759 mit je 1500 kW (2040 PS).
Leistungen: Höchstgeschwindigkeit 406 km/h, Reisegeschwindigkeit 315 km/h, Dienstgipfelhöhe 7000 m Reichweite je nach Zuladung bis zu 2900 km, Überführungsreichweite 4000 km.
Gewichte: Leermasse 12 362 kg, Abflugmasse 21 700 kg.

SIPA S.10 / S.11 / S.12

Ursprungsland
Frankreich
Kategorie
Trainer

Entwicklung: Bereits 1943 begann die deutschen Flugzeugwerke Arado auf Basis des Trainers Ar 96 die leistungsfähigere Ar 396 zu entwickeln. Sie sollte aus nicht kriegswichtigen Metallen und Holz hergestellt werden. Das unter deutscher Besatzungsaufsicht stehende französische Unternehmen SIPA wurde beauftragt, Prototypen und Vorserienmodelle zu bauen. Die Invasion der Alliierten zwang die Deutschen allerdings dazu, die Ar 396 in der Tschechoslowakei zu produzieren. SIPA arbeitet nach dem Rückzug der Deutschen an dem jetzt SIPA S.10 genannten Projekt weiter und brachte den Prototyp im Dezember 1944 zum Erstflug. Der mit einem MG bewaffnete Tiefdecker wurde in Gemischtbauweise hergestellt und von einem von Renault nachgebauten V12-Zylinder Argus As-411 mit 580 PS angetrieben. Nach vier Vorserienflugzeugen wurden 30 S.10 ausgeliefert, gefolgt von weiteren 50 Exemplaren der S.11 (ab 1947 S.111). Neben geringen konstruktiven Änderungen erweiterte man die Bewaffnung auf zwei MGs und vier Waffenstationen unter den Flügeln. Um 1950 wurde an einer Ganzmetallversion S.12 gearbeitet, deren Zentralrumpf aus Stahl und der Rest aus Aluminium bestand. Das geringfügig höhere Gewicht kompensierte man mit einem stärkeren V-12 von Renault/SNECMA. Von ihr lieferte SIPA 1951 52 Stück aus. Bei der etwas leichteren S.121, der letzten Baureihe ab 1954 mit 50 Exemplaren, produzierte SIPA schließlich den kompletten Rumpf aus Aluminium.

Bis 1958 liefen bei SIPA insgesamt 188 Flugzeuge aller Varianten vom Band.

Bemerkungen: Gleich nach der Befreiung Frankreichs interessierte sich das französische Militär für den damals modernen Trainer, den sie auch für die Fortgeschrittenen- und Waffenausbildung einsetzen wollte. Mit Beginn des Algerienkrieges 1954 benötigte Frankreich aber auch leichte Kampfflugzeuge. Weil algerische Rebellen keine Flugabwehr besaßen, wurden ab 1956 die vorhandenen SIPA S.12 von der französischen Luftwaffe als leichte Erdkampfflugzeuge und Aufklärer herangezogen und nach Algerien überführt. Bewaffnet waren die Flugzeuge mit MGs, leichten Bomben und Raketen. Abgelöst durch North American T-6, kehrten die SIPAs zurück nach Frankreich, um wieder wie ursprünglich, als Trainer eingesetzt zu werden. Anfang der 1960er-Jahre wurden sie ausgemustert und teilweise verschrottet. Ein Teil ging an französische Aeroclubs und zivile Flugschulen.

Soweit bekannt, blieb aber kein Flugzeug aus dieser Baureihe erhalten. Wrackteile einer 1978 in Frankreich abgestürzten S.121 lagert das Technikmuseum in Berlin.

Besatzung: 2
Triebwerk: (S.12) Ein luftgekühlter V-12-Zylinder-Motor Renault/SNECMA 12 S-02 mit 441 kW (600 PS).
Leistungen: (S.12) Höchstgeschwindigkeit 360 km/h in 2250 m, Reisegeschwindigkeit 320 km/h, Dienstgipfelhöhe 8000 m, Reichweite 1000 km.
Gewichte: (S.12) Leermasse 1910 kg, maximale Abflugmasse 2335 kg.
Bewaffnung: (S.12) Zwei MGs und vier Flügelstationen für 50 kg Bomben oder für 4 × 3 Luft-Boden-Raketen.

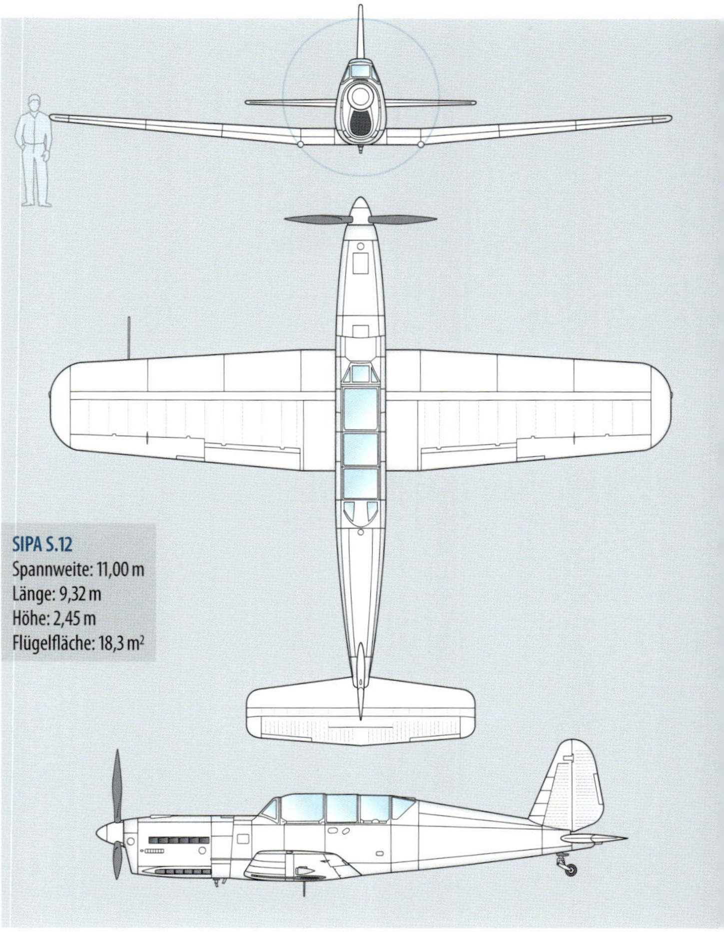

SIPA S.12
Spannweite: 11,00 m
Länge: 9,32 m
Höhe: 2,45 m
Flügelfläche: 18,3 m²

SNCAC NC.701 / NC.702 Martinet

Ursprungsland
Frankreich
Kategorie
Trainer, leichtes Transportflugzeug

Entwicklung: Die Martinet hatte ihren Ursprung in der deutschen Siebel Si 204, die im Mai 1941 erstmals flog. Wegen der hohen Werksauslastung bei Siebel wurden bis Januar 1945 1200 Serienflugzeuge von der französischen SNCAC, der böhmischen BMM und von Aero in Prag gebaut.

Nach Kriegsende produzierte SNCAC und Aero auf den vorhandenen Vorrichtungen weiter. Der französische Prototyp NC.700 wurde von zwei, dem Argus AS-411 nachgebauten, Renault-Motoren angetrieben. Angeblich wurden noch 21 Flugzeuge aus vorhandenen Teilen produziert. Der in Ganzmetallbauweise hergestellte Tiefdecker wurde in den beiden Versionen NC.701 mit vollverglastem Bug (Zeichnung, kleines Bild) und NC.702 mit einem Stufenbug (große Abb.) ausgeliefert. Die 701, von der 240 Stück gebaut wurden, nutzte man als Trainer mit Doppelsteuer für Piloten, und bis zu fünf Navigatoren und Schützen. Die 702 (110 St.), wurde als 8-sitziges, leichtes Transportflugzeug eingesetzt. Auch in der Tschechoslowakei führte man die Produktion nach Kriegsende fort, wo Aero sie als Trainervariante C-3A für Navigatoren und C-3B für Bombenschützen, einer Transportervariante D-44 und einer Passagierversion C-103 weiterentwickelte und davon bis 1949 weitere 179 Zweimots produzierte.

Vermutlich sind nach 1945 371 französische und 179 tschechische Flugzeuge gebaut worden.

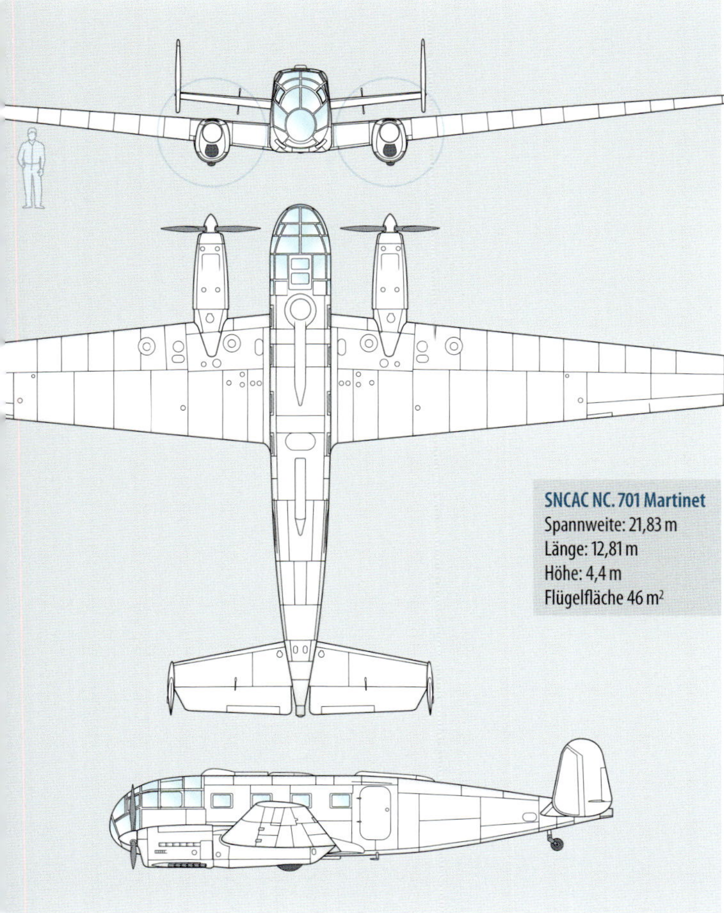

SNCAC NC.701 Martinet
Spannweite: 21,83 m
Länge: 12,81 m
Höhe: 4,4 m
Flügelfläche 46 m²

Eine NC.701 Martinet der französischen Streitkräfte 1944 in Nordafrika.

Bemerkungen: Offensichtlich war die Konstruktion von Siebel so gelungen, dass sie ohne große Veränderungen nach dem Krieg weitergebaut werden konnte. Dasselbe galt für die Antriebe, bei denen sowohl Frankreich als auch die Tschechoslowakei auf den nachgebauten deutschen V12-Argus setzten. Verwendet wurde die vielseitige Zweimot von den französischen Streitkräften als Trainer, Transporter, Aufklärer und leichter Bomber unter anderem in Vietnam, Algerien und Marokko. Zur Luftbildvermessung kaufte Polen sieben NC.701 und betrieb sie bis 1955 und Schweden fünf zur Luftbildvermessung, die bis 1970 flogen.

Eine NC.702 steht im Deutschen Technikmuseum, Berlin, eine Aero C3A im Letecke Muzeum Kbely, Prag, Tschechische Republik, eine NC.701 wird im Flygvapenmuseum, Linköping, Schweden aufbewahrt.

Besatzung: 2
Triebwerke: Zwei luftgekühlte, hängende V12-Zylindermotoren Renault 12S-00 mit je 434 kW (590 PS).
Leistungen: Höchstgeschwindigkeit 350 km/h, Reisegeschwindigkeit 325 km/h in 3000 m, Dienstgipfelhöhe 7500 m, Reichweite ca. 810 km, mit Zusatztanks bis zu 2000 km.
Gewichte: Leermasse 3965 kg, Abflugmasse 5600 kg.

SNCASO SO.95 Corse

Ursprungsland
Frankreich
Kategorie
Leichtes Transportflugzeug

Entwicklung: Anfang der 1940er-Jahre begann die Entwicklung der SO.90-Baureihe durch eine kleine Gruppe französischer Flugzeugkonstrukteure mit der SO.90 Cassiopée, einem leichten zweimotorigen 9-sitzigen Passagierflugzeug, angetrieben von zwei 325 PS starken 6-Zylinder-Motoren Béarn 6F-07. Erstflug war im August 1943. Angeblich wurden nur 3 Stück gebaut, obwohl andere Quellen auch von 25 bestellten sprechen, von denen aber nur fünf gebaut wurden, davon zwei SO.90 für Air India, die sie aber schon ein Jahr später wieder ausmusterte. Während der

Der im August 1945 erstmals geflogen Prototyp der SO.93.

deutschen Besatzungszeit wurden jedoch alle SO.90-Projekte eingefroren, bis schließlich nach der Befreiung Frankreichs, mit der SO.93, die im August 1945 erstmals flog, die Entwicklungsarbeiten fortgesetzt werden konnten. Es blieb aber beim einzigen Prototyp. Die SO.94 war ein Tiefdecker mit Bugfahrwerk, von dem 15 Stück gebaut wurden. Es war das erfolglose Konkurrenzmuster zur SNCAC Martinet (S. 26) und der Dassault Flamant (S. 13), die von den französischen Streitkräften in größerer Zahl erworben wurden. Trotzdem bestellte die Marine 15 Stück, zehn nutzte man als Verbindungsflugzeuge, fünf als Trainer für Seepatrouillen, bzw. Radartrainer. Im Juli 1947 hob die weiterentwickelte SO.95 erstmals ab (großes Bild). Sie war ursprünglich als Passagierflugzeug für Inlandsrouten konzipiert, war aber für französische Airlines wegen ihrer bescheidenen Flugleistungen nicht akzeptabel, dafür aber für das Militär. Der in Ganzmetall-Schalenbauweise hergestellte Tiefdecker mit Spornrad war groß genug, um eine zweiköpfige Besatzung und 13 Passagiere zu transportieren oder nach Umrüstung entsprechend schwere Fracht zu laden. Zwei 580 PS starke Renault 12S-02-Motoren, ein Nachbau des deutschen Argus As 411, brachten 355 km/h Höchstgeschwindigkeit. Je nach Quelle wurden 45 oder 60 SO.95 ausgeliefert.

Vermutlich wurden insgesamt nur 67 Exemplare der SO.90-Baureihe hergestellt.

Bemerkungen: Die französische Marine nutzte ihre SO.95, die angeblich zum Teil mit Vorrichtungen für Träger-Einsätze ausgerüstet waren, in unterschiedlichen Varianten: Die SO.95 M und V hauptsächlich als Verbindungsflugzeug, im Algerienkrieg zwischen Afrika und Frankreich, sowie für die Ausbildung künftiger Besatzungen der Martin P5M (S. 199), als Navigationstrainer, für VIP-Flüge, für Zielschlepps und Seeüberwachung bis Anfang der 1970er-Jahre. Fünf SO.95 R waren mit Radar ausgerüstet und wurden als Patrouillentrainer eingesetzt.

Soweit bekannt, blieb kein Flugzeug erhalten.

Besatzung: 2
Triebwerke: Zwei luftgekühlte, V-12-Zylindermotoren Renault 12S-02-201 mit 427 kW (580 PS).
Leistungen: Höchstgeschwindigkeit 350 km/h, Reisegeschwindigkeit 330 km/h in 2700 m, Dienstgipfelhöhe 7000 m, Reichweite 400 km mit 1130 kg Nutzlast, maximal 1300 km.
Gewichte: Leermasse 4024 kg, Abflugmasse 5605 kg.

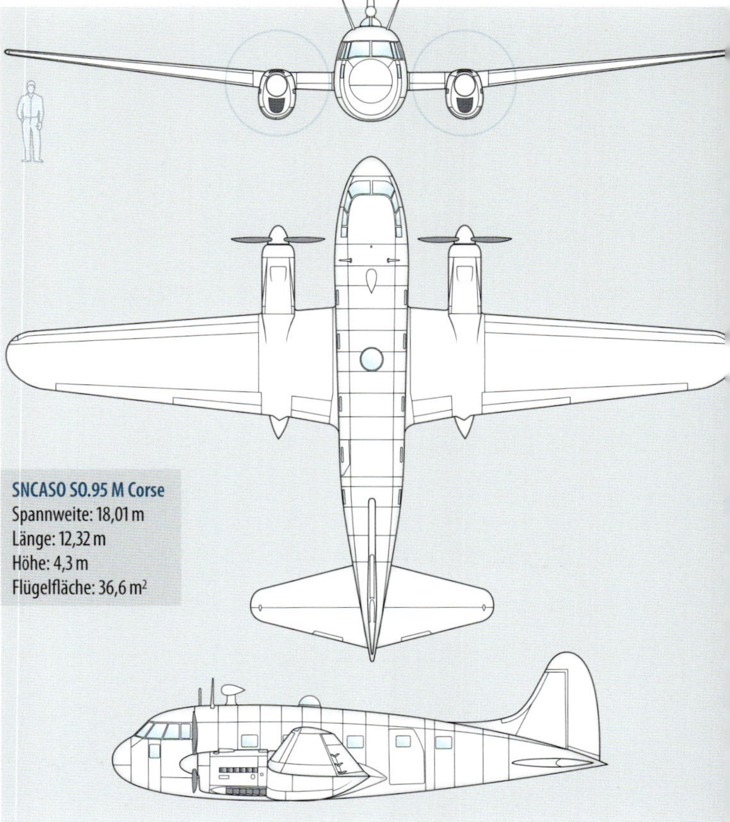

SNCASO SO.95 M Corse
Spannweite: 18,01 m
Länge: 12,32 m
Höhe: 4,3 m
Flügelfläche: 36,6 m²

SNCASO SO.1221 Djinn

Ursprungsland
Frankreich
Kategorie
Leichter Mehrzweckhubschrauber

Entwicklung: Nach den positiven Erfahrungen mit dem Experimentalhelikopter Ariel Ende der 1940er-Jahre, begann die SNCASO mit der Entwicklung eines Leichthubschraubers, der über einen Rotorblattspitzen-Antrieb verfügen sollte. Dabei erzeugt der von einer Gasturbine angetriebene Kompressor kalte Druckluft, die über eine Düse am Blattende ausströmt und den Rotor antreibt. So kann man auf den drehmomentausgleichenden Heckrotor und ein schweres Getriebe verzichten. Im Januar 1953 startete die einsitzige, einfach konstruierte SO.1220, die zur Erprobung und zum erfolgreichen Nachweis des Antriebs diente. Daraufhin wurde Produktion von fünf zweisitzigen Prototypen SO.1221 beschlossen und bereits im Dezember 1953 flog der erste Serienhubschrauber. Neben dem Rotorsystem, das aus Stahl und Aluminium bestand, war der Rumpf aus einem geschweißten Stahlrohr-Gitterrahmen aufgebaut, das großzügig verglaste und geschlossene Cockpit konnte neben dem Piloten noch einen Passagier aufnehmen. Am Heckausleger waren drei Leitwerksflächen montiert, dessen mittlere beweglich war, vom Abgasstrahl der Turbine angeblasen wurde und zur Steuerung diente. Für ihre Gewichtsklasse zeigte sich das Antriebssystem als außergewöhnlich leistungsfähig, was auch mit einem Höhenweltrekord über 4790 m im Dezember 1953 belegt wurde.

Das Interesse der französischen Armee führte zu einem Vorserienbau von 22 Hubschraubern, deren erster im September 1954 flog und zur Bewertung in der Armee diente. Eine Bestellung über 100 Maschinen folgte. Sie wurden als Ausbildungs-, Verbindungs- und Beobachtungshelikopter eingesetzt. Einige auch als Sanitätshelikopter mit zwei über den Kufen montierten Tragbahren. Drei Vorserienmaschinen erhielten die US-Streitkräfte, die trotz erfolgreich verlaufender Tests ihre Maschinen aber 1958 wieder zurückgaben. Die Bundeswehr erprobte sechs Maschinen im Vergleich zur amerikanischen Bell 47 (S. 149) und der britischen Saro Skeeter (S. 69). Nach zwei Abstürzen wurden die Helikopter jedoch wieder retourniert. Auch die Schweizer Luftwaffe flog von 1958 bis 1966 vier Djinns.

Insgesamt sind bis 1961 178 Helikopter hergestellt worden, davon 150 Serienmaschinen.

Bemerkungen: Die SO.1221 ist weltweit der erste Serienhubschrauber, der über einen Blattspitzenantrieb verfügte. Militärisch eingesetzt wurde die Maschine auch im Algerienkrieg, hauptsächlich zum Verwundetentransport. Es wurden aber auch Bewaffnungsversuche mit MGs, leichten Bomben und Panzerabwehrrakten durchgeführt. Einige wenige Djinns nutzten zivile Betreiber, unter anderem mit Chemikalientanks und Sprühsystemen in der Landwirtschaft.

Angeblich sind noch einige flugfähig, die meisten stehen in Museen. Unter anderen im Hubschraubermuseum in Bückeburg/Deutschland und im Fliegermuseum Dübendorf/Schweiz.

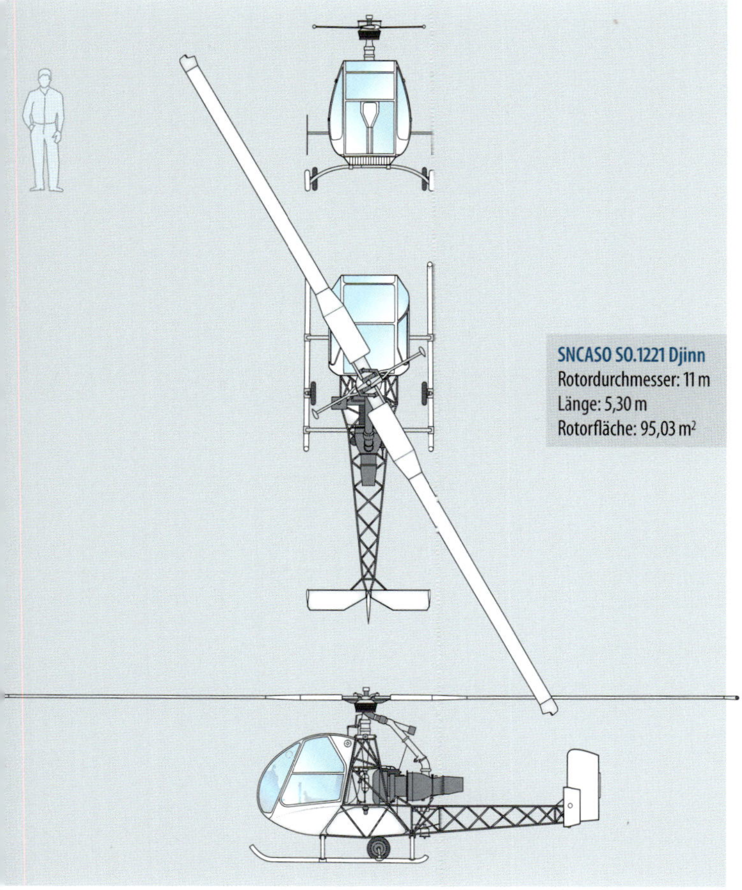

SNCASO SO.1221 Djinn
Rotordurchmesser: 11 m
Länge: 5,30 m
Rotorfläche: 95,03 m²

Besatzung: 1 – 2
Triebwerk: Ein von einer Gasturbine Palouste IV mit 179 kW (243 PS) angetriebener Kompressor.
Leistungen: Höchstgeschwindigkeit 130 km/h, Dienstgipfelhöhe 3000 m, Reichweite 220 km, Flugdauer 2 h 30 min.
Gewichte: Leermasse 360 kg, Abflugmasse 800 kg.

SNCASO SO. 4050 Vautour

Ursprungsland
Frankreich
Kategorie
Kampfflugzeug

Entwicklung: Die Vautour basiert auf den Forderungen der Armee de l'Air zu Beginn der 1950er-Jahre nach einem zweistrahligen Kampfflugzeug. Daraufhin stellte die SNCASO eine kleinere Ausführung ihres eigentlich eingestellten Projekts SO.4000 vor, das 1952 als SO.4050 mit der Bestellung von drei unterschiedlichen Prototypen angenommen wurde. Erstflug des zweisitzigen Allwetterjägers Vautour II N war im Oktober 1952. Die II A, ein einsitziger Erdkämpfer flog im Dezember 1953 und der zweisitzige Bomber II B mit verglastem Bug im Dezember 1954. Während der II B-Prototyp noch mit britischen Triebwerken flog, wurden die sechs Vorserien- und alle Serienexemplare mit etwas schwächeren, aber französischen ATAR 101 ausgeliefert. Der in Ganzmetallbauweise konstruierte Zweistrahler verfügte über Schleudersitze. Vor und hinter dem Bombenschacht, der auch einen ausfahrbaren Raketenbehälter aufnehmen konnte, war ein Tandemfahrwerk installiert. Die Stützräder brachte man in den Triebwerksgondeln unter. Frankreich und Israel erhielten ab Mai 1956 folgende Flugzeuge: II A Frankreich 13, Israel 17; II B Frankreich 36, Israel 4 und 63 II N an Frankreich und 7 an Israel. Die ursprüngliche Bestellung von 300 Vautours wurde Ende 1958 auf 140 reduziert. Eine unbekannte Zahl Serienflugzeuge baute SNCASO noch als II GE für ECM-Einsätze und II BR für Aufklärungsmissionen um.

Inklusive der Prototypen und Vorserienflugzeuge produzierte SNCASO 149 Vautour.

Bemerkungen: Der schwerfällig aussehende, aber robuste Bomber mit seiner relativ hohen Nutzlast war wendig und konnte mit den drei Varianten, eine große Missionsbreite abdecken. Bemängelt wurde die Untermotorisierung und das empfindliche Fahrwerk mit Stützrädern. Obwohl die französischen Streitkräfte ihre letzten Vautours erst 1979 ausmusterten, wurden sie nie zu Kampfhandlungen herangezogen. Einige flogen zur Probenentnahme in großen Höhen bei den Atombombentests 1960 in Französisch-Algerien und -Polynesien, die aber wegen ihrer Kontaminierung alle versenkt oder verschrottet wurden. Einziger Exportkunde war Israel, um seine veralteteten Mosquito (S. 47) und Meteor (S. 57) zu ersetzen. Alle drei Varianten wurden immer wieder modernisiert und intensiv im Sechs-Tage-Krieg 1967 und im Abnutzungskrieg bis 1970 eingesetzt, bis sie zu Beginn der 1970er-Jahre gegen A-4 Skyhawks (S. 174) ausgetauscht wurden.

Angeblich blieben sieben SO.4040 in französischen und israelischen Museen erhalten. Eine steht im Luft- und Raumfahrtmuseum Safran bei Réau, Frankreich.

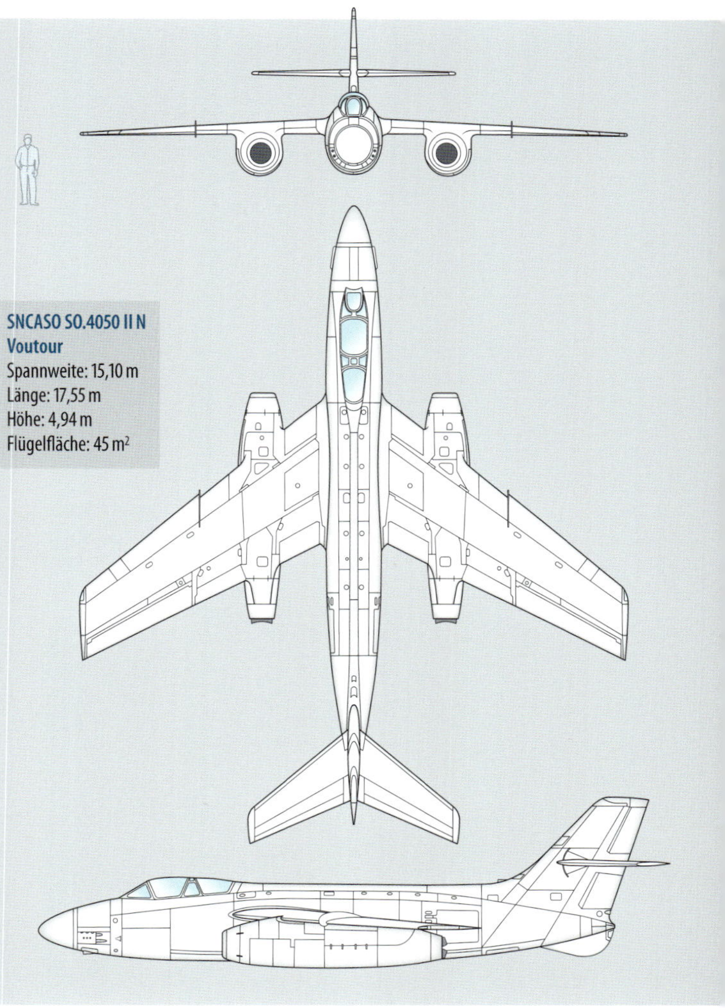

SNCASO SO.4050 II N Voutour
Spannweite: 15,10 m
Länge: 17,55 m
Höhe: 4,94 m
Flügelfläche: 45 m²

Besatzung: (II N) 2
Triebwerke: (II N) Zwei Axialstrahltriebwerke SNECMA Atar 101 E-3 mit je 34,32 kN Schub.
Leistungen: (II N) Höchstgeschwindigkeit 1160 km/h auf Meereshöhe, Dienstgipfelhöhe 15 000 m, Reichweite 1200 km.
Gewichte: (II N) Leermasse 11 100 kg, Abflugmasse 17 100 kg.
Bewaffnung: Vier Maschinenkanonen im Bug und bis zu 3900 kg Bomben und/oder Raketen im Bombenschacht und/oder an sechs Außenstationen.

Auster AOP.9

Ursprungsland
Großbritannien
Kategorie
Beobachtungsflugzeug

Entwicklung: Als Ersatz für das Beobachtungsflugzeug AOP.6, das 1945 erstmals flog, entwickelte Auster Aircraft die AOP.9. Als komplette Neukonstruktion, die erstmals im März 1954 abhob, hatte sie einen größeren Flügel und einen stärkeren Antrieb. Tragflächen und Leitwerk wurden aus Metall gefertigt, während der Rumpf aus einem bespannten Rohrgerüst bestand, der den zwei oder drei Crewmitgliedern durch großzügige Verglasung eine exzellente Sicht bot. Große Klappen und gleichzeitig absenkbare Querruder ermöglichten zusammen mit dem leistungsstarken Antrieb 190 m Startstrecke und eine Landestrecke von 140 m, jeweils über ein 15 m-Hindernis. Das stabile Fahrwerk mit Niederdruckreifen war auch für unvorbereitete Pisten geeignet. Ein austauschbarer Boden ermöglichte anstatt des hinteren, dritten Sitzes den Transport einer Tragbahre, eines Kabelverlegers oder eine Aufklärungskamera zu installieren. Bereits im Februar 1955 begannen die Auslieferungen an die RAF.

Insgesamt lieferte Auster 182 AOP.9 aus. Davon 146 an die RAF, vier an Hongkong aus RAF-Beständen, 35 an die indische Luftwaffe und Heer sowie zwei an die Luftwaffe von Südafrika.

Bemerkungen: Das anspruchslose und robuste Beobachtungsflugzeug flog sich einfach und war leicht zu warten, war aber bei Einsätzen auf heißen und hohen Plätzen, wie z. B. im Jemen, untermotorisiert. Die AOP.9 wurde zu Beginn der Auslieferungen von der RAF betrieben, aber von Army-Personal geflogen. Erst nach der Gründung der Army Air Corps (Heeresflieger) im September 1957 änderte sich das. Stationiert war das Flugzeug auf fast allen britischen Stützpunkten im In- und Ausland. Während der Auseinandersetzungen in Malaysia (Operation Firedog) mit Rebellen von 1948 bis Juli 1960 flog der britische Hochdecker ab 1955 über 140 000 Einsätze, nahm aber auch an anderen Konflikten im britischen Empire, z. B. in Aden teil, bis ihre Aufgaben schließlich von der leistungsfähigeren de Havilland Beaver (S. 90) übernommen wurden.

In den 1970er-Jahren sind 19 AOP.9 zivil registriert worden. Vermutlich wurden die meisten aber verschrottet. Eine steht noch im Museum of Army Flying Middle Walloop, Großbritannien.

Die mit einem 260 PS Lycoming-Boxermotor wesentlich stärker motorisierte, aber sonst identische AOP.11, blieb ein Einzelstück.

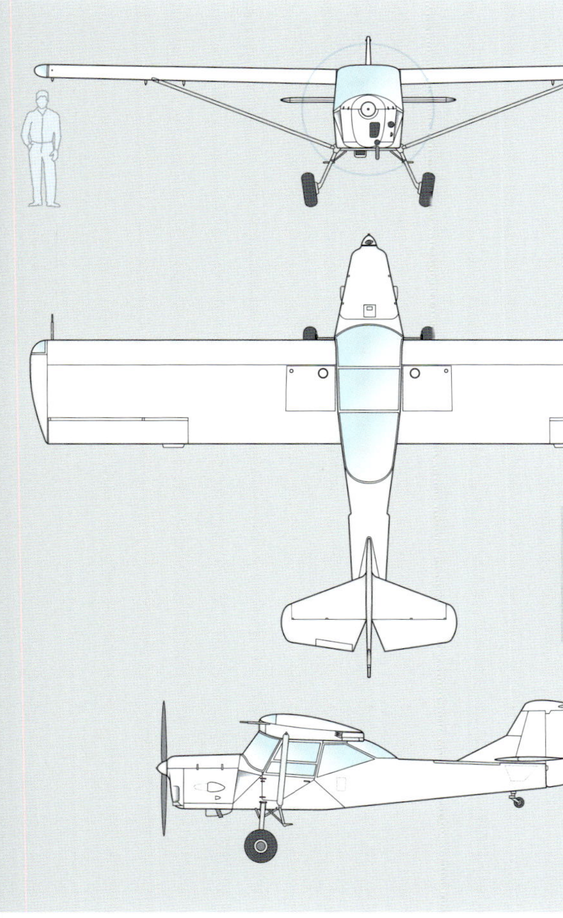

Auster AOP.9
Spannweite: 11,10 m
Länge: 7,22 m
Höhe: 2,72 m
Flügelfläche: 18,36 m²

Besatzung: 2–3
Triebwerk: Ein luftgekühlter 4-Zylinder-Reihenmotor Blackburn Cirrus Bombardier 203 mit 127 kW (173 PS).
Leistungen: Höchstgeschwindigkeit 204 km/h, Reisegeschwindigkeit 180 km/h, Dienstgipfelhöhe 5600 m, Reichweite 390 km
Gewichte: Leermasse 663 kg, Abflugmasse 953 kg, maximale Abflugmasse 1057 kg.

Avro 652 Anson

Ursprungsland
Großbritannien
Kategorie
Leichter Mehrzwecktransporter

Entwicklung: Ursprünglich als leichtes Passagier- und Postflugzeug in den frühen 1930er-Jahren entworfen, absolvierte die militärische Version ihren Erstflug im März 1935 und bereits im Juli bestellte die RAF die ersten 174 Maschinen der Anson Mk. I. Das Stahlrohr-Rumpfgerüst des Tiefdeckers war teilweise beplankt und bespannt, die Flügel aus Holz. Alleine von der Mk. I wurden fast 7000 Stück gebaut. Kanada stellte von der Mk. II mit 330 PS-Jacobs-Sternmotoren 1400 Stück in Lizenz her. 432 Exemplare der Mk. III besaßen einen leicht modifizierten Antrieb und von der Mk. IV existierte nur ein Exemplar mit zwei Wright R-975 Sternmotoren. Kanada produzierte nochmals 1050 Mk. V, aber mit Holzrumpf und zwei 450 PS-starken 9-Zylinder-Sternmotoren Pratt & Whitney R-985. Nach Problemen mit den Holzverklebungen wurde ein Teil der letzten Baureihen mit Metallflügeln und -leitwerken ausgestattet. Es wurden zahlreiche Varianten bis zur Mk. XII ausgeliefert, darunter Versionen als Trainer-, Navigations-, Funkschul-, Verbindungs- und Transportflugzeug. Als Anson 18 und 19 sind noch 69 Flugzeuge für zivile Zwecke gebaut worden.

Aus der letzten Baureihe, eine Transporter-Anson C, Mk. XII der RAF.

Erst im Mai 1952 endete die Produktion nach 11 020 Flugzeugen. Davon wurden 2882 in Kanada hergestellt.

Bemerkungen: Die Anson war das zahlenmäßig erfolgreichste Flugzeug von Avro. Zu Beginn des Zweiten Weltkrieges standen bereits 400 Ansons zur Schulung bereit. Schnell wurden die Bestellungen erhöht, um über den Commonwealth Air Training Plan weiteres, dringend benötigtes fliegendes Personal zu schulen. Auch das Coastal Command der RAF verfügte Ende 1939 bereits über 300 Ansons und nutzte sie vorwiegend als Aufklärer, bis sie durch Lockheed Hudsons abgelöst worden sind. Hauptsächlich von Großbritannien, Kanada und Australien, aber auch von weiteren 26 Staaten wurde die Zweimot weltweit eingesetzt. Die letzten Ansons der RAF sind erst 1968 ausgemustert worden.

Vor allem in Großbritannien, Kanada, Australien und Neuseeland sind zahlreiche Ansons in Museen, zum Teil aber auch flugfähig, erhalten geblieben oder restauriert worden.

Besatzung: 2 – 6, je nach Einsatzzweck.
Triebwerke: (Mk. I) Zwei luftgekühlte 7-Zylinder-Sternmotoren Armstrong Siddeley Cheetah IX mit je 261 kW (350 PS).
Leistungen: (Mk. I) Höchstgeschwindigkeit 302 km/h in 2100 m Höhe, Reisegeschwindigkeit ca. 190 km/h, Dienstgipfelhöhe 5000 m, Reichweite 800 km.
Gewichte: (Mk. I) Leermasse 2500 kg, Abflugmasse 3608 kg, maximale Abflugmasse 3900 kg.
Bewaffnung: Je nach Einsatzzweck und Version ein MG im vorderen Rumpf und ein MG im Drehturm, maximal 163 kg Bomben.

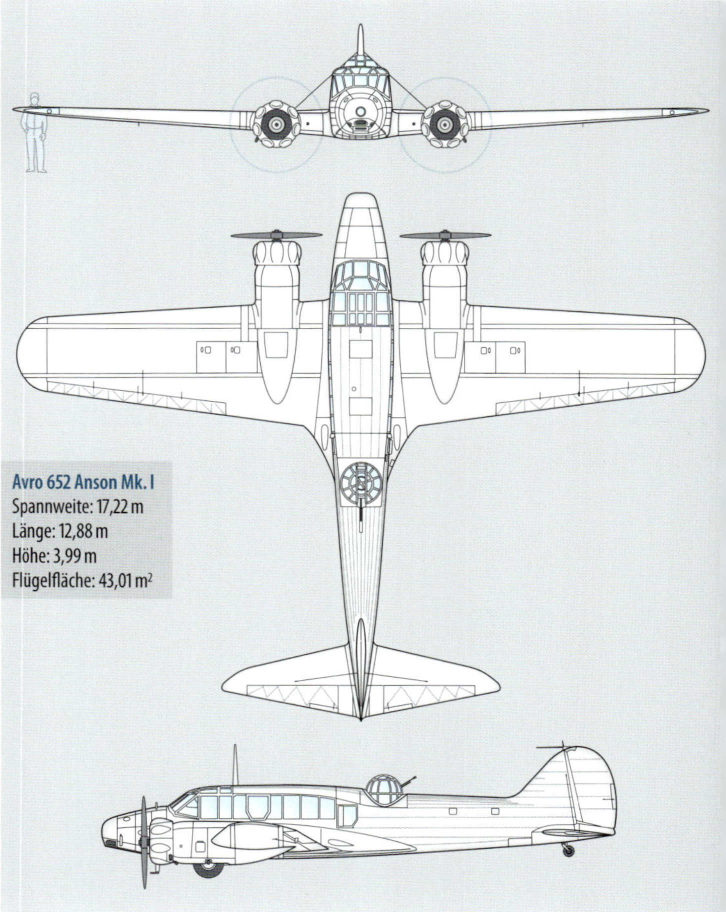

Avro 652 Anson Mk. I
Spannweite: 17,22 m
Länge: 12,88 m
Höhe: 3,99 m
Flügelfläche: 43,01 m²

Avro 683 Lancaster

Ursprungsland
Großbritannien
Kategorie
Schwerer Bomber

Entwicklung: Als Weiterentwicklung der zweimotorigen Avro 679 Manchester hob der erste Prototyp der Lancaster im Januar 1941 erstmals ab und im Oktober 1941 flog bereits die erste Serienmaschine Mk. I von 3371 bis 1946 produzierten. Ende Dezember 1941 gingen die ersten Lancaster in Dienst. Die Mk. II (300 St.) wurde mit Bristol Hercules 14-Zylinder-Doppelsternmotoren ausgestattet. Parallel zur Mk. I wurde die Mk. III (2991 St.) gebaut. Sie wiederum erhielt die in den USA produzierten V12-Packard-Merlin. Der in Ganzmetall hergestellte Bomber wurde in fünf Werken in zahlreichen Varianten produziert, die sich hauptsächlich in der Motorisierung und je nach Einsatzzweck, in der Bewaffnung unterschieden. Zur Standard-Bewaffnung gehörten MGs, die in Zwillings-Waffenständen im Bug, auf der Rumpfoberseite sowie als Vierlings-MG am Heck installiert waren. Der durchgehende Schacht ermöglichte eine Vielzahl an Bombenlasten bis zu 6400 kg, unter anderem auch übergroße Bomben.

Bis Februar 1946 sind 7377 Avro Lancaster gebaut worden, davon 430 Lancaster Mk. X in Lizenz von Kanada.

Bemerkungen: Die Lancaster war einer der bedeutendsten schweren viermotorigen Bomber Großbritanniens und bildete das Rückgrat der Tag- und hauptsächlich Nachteinsätze ab März 1942 über Deutschland. Es wurden dabei rund 156 000 Missionen über Europa geflogen, bei denen ca. 3200 Lancaster verloren gingen. Berühmt wurde die Lancaster allerdings durch Spezialoperationen mit überschweren Bomben, durch die Versenkung des deutschen Schlachtschiffes Tirpitz in Norwegen oder die Bombardierung wichtiger militärischer Ziele. Vor allem aber mit den spektakulären, nächtlichen Rollbomben-Angriffe auf die Eder- und Möhnetalsperren im Mai 1943. Nach Ende der Produktion 1946 schieden die letzten Maschinen 1954 aus dem Dienst der RAF aus. In der Nachkriegszeit wurden sie aber noch weiter von Ägypten, Argentinien, Australien, Frankreich, Kanada und Neuseeland geflogen.

Insgesamt sollen 17 Avro Lancaster erhalten geblieben sein. Davon zwei flugfähig in Großbritannien und Kanada.

Eine kanadische Lancaster Mk. II mit Hercules-Sternmotoren.

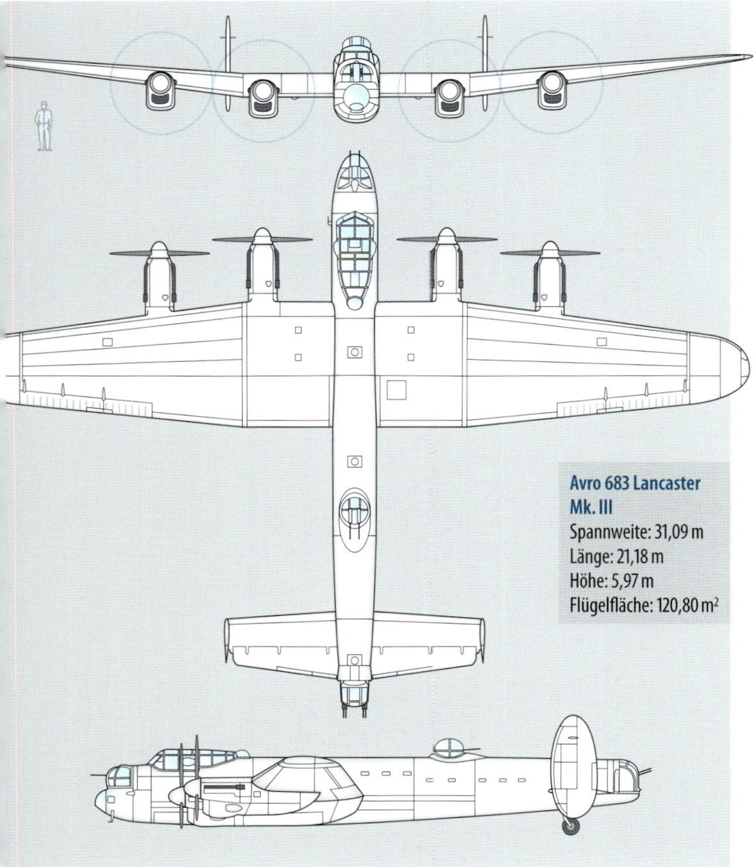

Avro 683 Lancaster Mk. III
Spannweite: 31,09 m
Länge: 21,18 m
Höhe: 5,97 m
Flügelfläche: 120,80 m²

Besatzung: 7
Triebwerke: (Mk. I) Vier flüssigkeitsgekühlte V12-Zylinder-Motoren Rolls-Royce Merlin XX mit 950 kW (1280 PS).
Leistungen: (Mk. I) Höchstgeschwindigkeit ca. 450 km/h, Reisegeschwindigkeit 320 km/h, Dienstgipfelhöhe 6500 m, Reichweite 4070 km.
Gewichte: (Mk. I) Leermasse 16 738 kg, Abflugmasse 24 948 kg, maximale Abflugmasse 30 844 kg.
Bewaffnung: (Mk. I) Je ein Zwillings-MGs im vorderen und oberen Turm, und ein Vierlings-MG im Heckstand. Maximal 6400 kg Bomben.

Avro 685 York

Ursprungsland
Großbritannien
Kategorie
Transport-flugzeug

Entwicklung: Um den Bedarf an militärischen und zivilen Langstreckentransportflugzeugen für britische Übersee-Destinationen zu decken, entwickelte Avro ab 1941 die York. Das Ganzmetallflugzeug, noch mit einem Doppelleitwerk, flog im Juli 1942 zum ersten Mal. Dessen Tragflächen, Fahrwerk, Motoren und Leitwerk wurden von der Lancaster übernommen. Der breite kastige, nicht bedruckte Rumpf, bedingte, wie sich während der Erprobung zeigte, ein zusätzliches mittleres Seitenleitwerk. Mit den vier gebauten Prototypen, davon einer mit 1650 PS Bristol Hercules VI-Sternmotoren, wurden die unterschiedlichen Einsatzzwecke erprobt. Die Merlins blieben aber die Standardmotorisierung aller Yorks. Nach Gründung des RAF-Transportkommandos im Jahr 1943 ging eine erste Bestellung über 200 Yorks ein, der eine weitere Order über 100 Flugzeuge folgte, von der bis 1948 aber nur noch 8 ausgeliefert wurden. Neben den reinen Frachtern lieferte Avro auch Passagierversionen mit 21 Sitzen in zwei getrennten Kabinen, mit Küche, Toilette und Garderobe oder als Passagier/Fracht-Kombination. Einige Flugzeuge wurden zu exklusiven VIP-Flugzeugen für höhere britische Regierungsmitglieder umgebaut. Eines davon mit einer in den Rumpf integrierten „eiförmigen“ Druckkabine, die aber nicht über die Erprobung hinauskam.

Nach fünf Prototypen wurden 45 zivile York C Mk. I und 208 militärische York C Mk. II bis April 1948 produziert. Victory Aircraft (Kanada) baute eine York, blieb mit dem Verkauf aber erfolglos.

Bemerkungen: Nach der Gründung des RAF Transport Command 1943 wurde die Avro York das erste in größerer Anzahl eingesetzte Transportflugzeug. Die Briten nutzten das Muster weltweit, darunter für Transportflüge nach Indien und intensiv während der Blockade von Berlin 1948/49, bei die Transporter über 58 000 Einsätze zur Versorgung der eingeschlossenen Berliner flogen. Nach der Berlinblockade wurden ca. 40 RAF-Maschinen an zivile Betreiber verkauft, umgebaut und weiter verwendet, viele aber auch wegen Korrosionsproblemen gleich verschrottet.

Die zivile York wurde beispielsweise von British South American Airways nach Südamerika und British Overseas Airways Corporation auf Flügen nach Südafrika (mit 12 Schlafkojen) eingesetzt. Weitere Betreiber in Großbritannien waren kleinere Fluggesellschaften, außerdem wurde sie von Fluggesellschaften im Mittelmeerraum und im Nahen Osten, in Argentinien und in Kanada genutzt. Die letzten zivilen Maschinen sind erst 1964 außer Dienst gestellt worden.

Lediglich zwei nicht flugfähige Flugzeuge werden im Imperial War Museum in Duxford und im Royal Air Force Museum in Cosford/Großbritannien präsentiert.

Besatzung: 5
Triebwerke: Vier flüssigkeitsgekühlte V12-Zylinder-Motoren Rolls-Royce Merlin XX mit 950 kW (1280 PS).
Leistungen: Höchstgeschwindigkeit ca. 480 km/h in 4600 m Höhe, Dienstgipfelhöhe 7000 m, Reichweite 4800 km.
Gewichte: Leermasse 15 060 kg, Abflugmasse 29 484 kg.

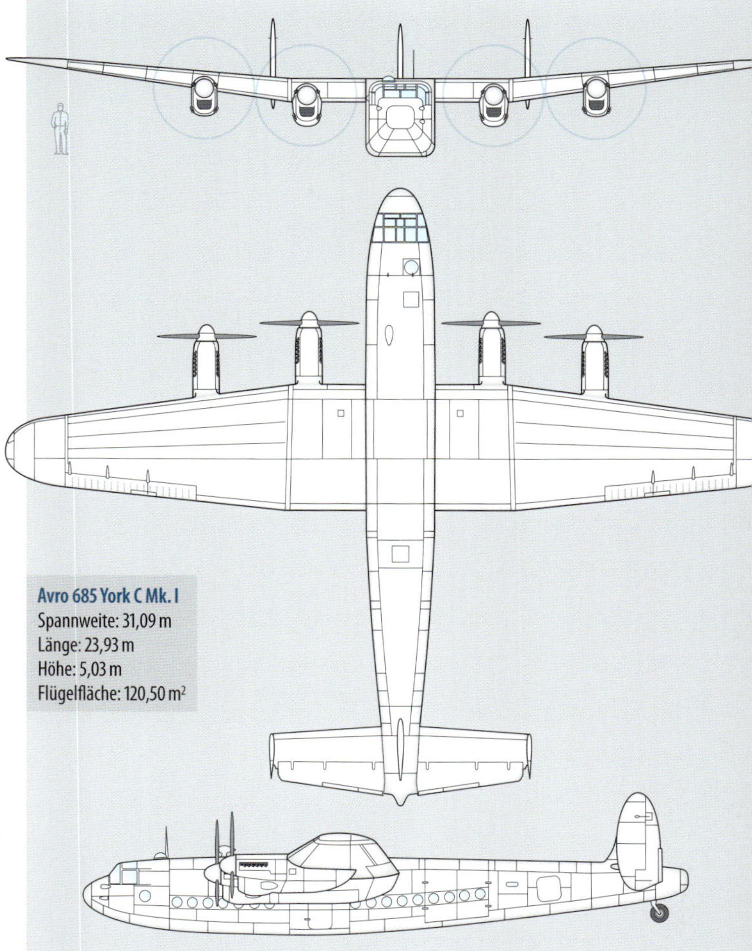

Avro 685 York C Mk. I
Spannweite: 31,09 m
Länge: 23,93 m
Höhe: 5,03 m
Flügelfläche: 120,50 m²

Avro 691 Lancastrian

Ursprungsland
Großbritannien
Kategorie
Verkehrs- und Transportflugzeug

Entwicklung: Bereits 1943 begann bei der kanadischen Victory Aircraft die Umrüstung von Lancaster-Bombern in Fracht- und Passagierflugzeuge. Nachdem die Firma von Avro Canada übernommen wurde, sind weitere 8 Flugzeuge zur XPP umgerüstet worden. Sie erhielten einen aerodynamischeren Bug und ein neues Heck, dazu von Packard gebaute Merlins, die von zusätzlichen Tanks im Bombenschacht versorgt werden konnten. Probleme mit dem neuen viermotorigen Passagierflugzeuge Avro Tudor führten zum Neubau von 23 neunsitzigen Lancastrians für die BOAC, die mit einem Zusatztank bis zu 6400 km Reichweite hatten. Sie flogen auch unter der militärischen Kennung Lancastrian C.1 für die RAF. Weitere 33 C.2, die nahezu identisch mit der zivilen C.1 waren wurden im Oktober 1945 von der RAF erworben. Nach 18 zivilen C.3, die an die British South American Airways gingen, wurden nochmals 8 neu gebaute Transportflugzeuge C.4 für 10 – 13 Passagiere und Fracht an die RAF ausgeliefert.

Insgesamt sind 91 Lancastrian von Victory Aircraft und Avro produziert worden.

Bemerkungen: Weil Großbritannien, im Gegensatz zu den USA mit der DC-6 (S. 166) und Lockheed Constellation (S. 192), nach dem Krieg auf dem zivilen Markt, außer der glücklosen Avro Tudor, nichts bieten konnte, griff man auf den schweren Bomber Avro Lancaster (S. 32) zurück. Das Flugzeug war zwar schnell und hatte eine enorme Reichweite, war aber mit dem schmalen Bomberrumpf für eine größere Passagierzahl ungeeignet, eher für VIPs und Fracht. Sie wurden trotzdem von einigen Airlines auf Routen nach Australien und Südafrika eingesetzt. Die bedienten Strecken waren aber im Grunde genommen unrentabel. Bekannter wurden die 15 Viermots, die während der Berlin-Blockade als Benzintransporter flogen. Neben der RAF und der argentinischen Luftwaffe wurden Lancastrians von Argentinens FAMA, Australiens Quantas, Italiens Alitalia und Kanadas Trans Canada Airlines sowie den britischen Airlines BEA, BOAC, BSAA betrieben. Die meisten Militärtransporter wurden nach der Ausmusterung auf dem Zivilmarkt angeboten, hatten jedoch auch da eine kurze Einsatzzeit, da andere Typen wesentlich rentabler flogen. Die letzte Lancastrian wurde 1961 stillgelegt.

Es blieb kein Flugzeug erhalten.

Mehrere ausgemusterte Lancastrians nutzte man, um die neuen Strahltriebwerke von Rolls-Royce und Armstrong Siddeley zu testen.

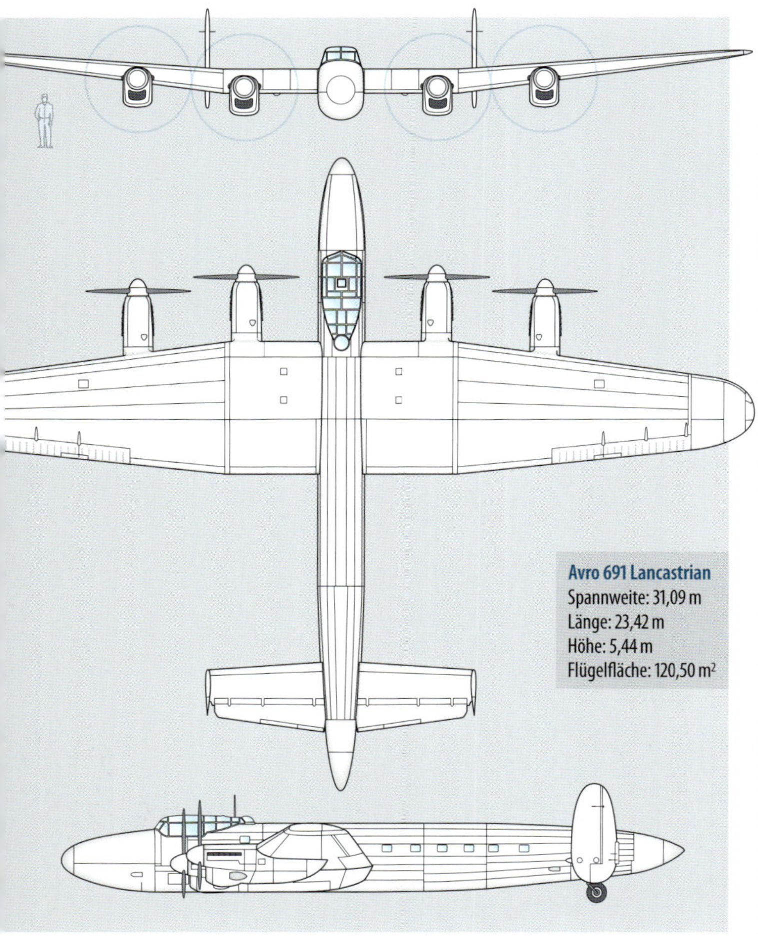

Avro 691 Lancastrian
Spannweite: 31,09 m
Länge: 23,42 m
Höhe: 5,44 m
Flügelfläche: 120,50 m²

Besatzung: 4
Triebwerke: (C.1) Vier flüssigkeitsgekühlte V12-Zylinder-Motoren Rolls-Royce Merlin XXIV/II mit 1191 kW (1620 PS).
Leistungen: (C.1) Höchstgeschwindigkeit ca. 507 km/h in 3650 m Höhe, Reisegeschwindigkeit 470 km/h in 5300 m, Dienstgipfelhöhe 7400 m, Reichweite mit 2200 kg Zuladung 5150 km, maximale Reichweite 6600 km.
Gewichte: (C.1) Leermasse 16869 kg, Abflugmasse 29 484 kg.

Avro 694 Lincoln

Ursprungsland
Großbritannien
Kategorie
Schwerer Bomber

Entwicklung: Obwohl die Lincoln der Lancaster (S. 32) ähnlich sah, und anfangs auch als Lancaster IV und V bezeichnet wurde, wich sie konstruktiv erheblich von ihrem Vorgänger ab. Mit mehr Spannweite, voluminöserem Rumpf, größeren Tanks und stärkeren, aufgeladenen Motoren war die in Ganzmetallbauweise hergestellte Viermot in allen Disziplinen deutlich leistungsfähiger. Im Juni 1944 hob der erste von drei Prototypen ab und nach einer ereignislosen Erprobung konnte Avro im Februar 1945 das erste Serienflugzeug ausliefern. Gebaut wurde die Lincoln bei Avro, Vickers und Armstrong Whitworth, aber auch in Australien und wegen des Kriegsendes nur eine von Victory Aircraft in Kanada. Die Langstreckenbomber Lincoln I der RAF wurden von Rolls-Royce Merlin 85 angetrieben, die Lincoln II von RR Merlin 68 und 300. Als Lincoln III projektierte Avro einen Marineaufklärer, aus dem später die Avro 696 Shackleton (S. 36) hervorging. Die RAAF flog die in Australien produzierten Lincolns als Mk. 30 (25 St.) und 30 A (36 St.) mit einem längeren Bug in einer Langstreckenbomberversion und die Mk. 31 (12 St.) als Aufklärer und deren Unterversion MR. 31 (15 St.) als Aufklärer und U-Boot-Jäger.

Alle drei Länder zusammen produzierten 624 Avro Lincoln.

Bemerkungen: Erst im August 1945 war der schwere Bomber einsatzbereit und konnte nicht mehr am Zweiten Weltkrieg teilnehmen. Trotzdem wurde die Produktion weitergeführt, so dass schließlich rund 530 Lincoln bei der Royal Air Force im Dienst waren. Eingesetzt wurden die Bomber während der Aufstände Anfang der 1950er-Jahre in Kenia und zusammen mit der RAAF ab 1950 über 7 Jahre in Malaysia. Mitte der 1950er-Jahre begann die RAF ihre Propellerflugzeuge durch modernere strahlgetriebene Bomber wie z. B. die Valiant (S. 76), Vulcan (S. 37) und Victor (S. 61) zu ersetzen. Die letzte RAF-Lincoln wurde im März 1963 stillgelegt, die in Australien gebauten Lincolns der RAAF flogen bis 1961. Ab 1947 erhielt die Luftwaffe Argentiniens 18 neue und 12 Ex- RAF-Lincoln II sowie 15 Lancaster und besaß damit die stärkste Bomberflotte Südamerikas. Sie wurden während der Putsche 1951 und 1955 von beiden Seiten eingesetzt und erst 1967 komplett außer Dienst gestellt. Lediglich von 1946 bis 1948 flog Kanada seine drei Lincolns. Einige wenige nutzte man in Großbritannien noch als Testflugzeuge für Düsentriebwerke und Turbinen und eine unbekannte Zahl wurde nach der Außerdienststellung zum Transporter Avro 695 Lincolnian umgebaut.

Es existieren noch vier Lincolns in Argentinien, Australien und Großbritannien, davon eine im RAF Museum Midlands, Cosford, Großbritannien.

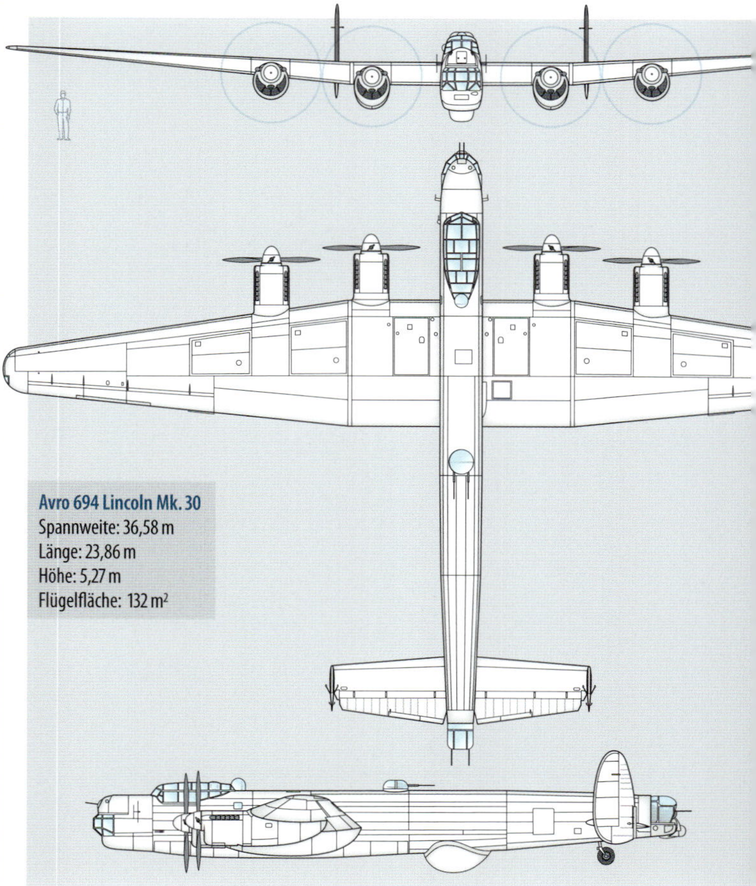

Avro 694 Lincoln Mk. 30
Spannweite: 36,58 m
Länge: 23,86 m
Höhe: 5,27 m
Flügelfläche: 132 m²

Besatzung: 7 – 8
Triebwerke: Vier flüssigkeitsgekühlte V-12-Kolbenmotoren Rolls-Royce Merlin 85 oder Packard 68 mit je 1287 kW (1750 PS).
Leistungen: Höchstgeschwindigkeit 500 km/h in 5600 m, Reisegeschwindigkeit 345 km/h in 6100 m, Dienstgipfelhöhe 9300 m, Reichweite 4500 km mit 6400 kg Zuladung, maximal 5730 km mit 1400 kg Zuladung.
Gewichte: Leermasse 20 043 kg, Abflugmasse 34 019 kg, maximale Abflugmasse 37 195 kg.
Bewaffnung: Je 2 MGs oder MKs im Bug, auf dem Rücken und im Heck, bis zu 6400 kg Bomben im Schacht oder maximal eine 10 000 kg-Bombe.

Avro 696 Shackleton

Ursprungsland
Großbritannien
Kategorie
Fernaufklärer

Entwicklung: Während des Krieges wurden überwiegend Flugboote zur Seeaufklärung eingesetzt, aber mit ihrer größeren Reichweite erwiesen sich Landflugzeuge als geeigneter und so bestellte die RAF im März 1946 29 Lincoln Mk. III, die jedoch nicht genug Platz für Ausrüstung und eine große Besatzung boten. Avro entwickelte daraufhin den Typ 696 mit einem größeren Rumpf und Rolls-Royce Griffon-Motoren mit gegenläufigen Propellern. Erstflug war im März 1949. Drei Prototypen wurden gebaut und bereits im März 1951 lieferte Avro die ersten von 29 MR. 1 aus. Mit der MR 1 A führte man den V-12 Griffon 57 A ein. Alle MR 1 wurden noch auf 1 A-Stand gebracht und 47 neu gebaut. Davon baute Avro zwischen 1956 und 1961 17 zu Navigationstrainern um. 1952 flog erstmals die MR 2, mit Elektroniksystem-Upgrades, einem weiter nach hinten gerückten Radardom, MGs im Bug und in einem Rückenturm. 59 wurden gebaut, 10 davon wurden zu Radartrainern T 2 modifiziert und 12 zur AEW 2 (Bild) mit einem großen Radardom für die Luftraumaufklärung und -überwachung (AWACS). Größere Umbauten erforderte die MR 3 (Zeichnung), die im September 1955 erstmals flog. Neben einem Bugfahrwerk wurden Tiptanks und eine komfortablere Einrichtung installiert, um einer 10-köpfigen Crew bis zu 20 Stunden dauernde Missionen zu erleichtern. Die 42 Flugzeuge erhielten während ihrer Einsatzzeit schrittweise Elektronik-Upgrades, aber neben Zellenverstärkungen auch zusätzliche Viper-Strahltriebwerke in den äußeren Motorgondeln, um die Startstrecke zu verkürzen. Projekte blieben die MR 4 und 5, die mit vier Napier Nomad-Antrieben, einer Kombination aus Dieselmotor und Turbine, fliegen sollten.

Inklusive der Prototypen rollten bei Avro 181 Shackletons aus den Werkhallen.

Bemerkungen: Einzige Betreiber waren Großbritannien und Südafrika, das seine Flugzeuge zur See-Überwachung rund um das Kap von 1957 bis 1984 einsetzte. Die RAF nutzte ihre Shackletons weltweit, hauptsächlich für Aufklärungsmissionen, zur U-Boot-Jagd, aber auch zur Konvoibegleitung, als Relaisstation und sogar für Bodenangriffe. Sie konnte Frachtcontainer im Bombenschacht aufnehmen oder bis zu 16 Soldaten transportieren. Obwohl die Viermot wartungsintensiv und Materialermüdung ein Thema war, wurden die AEW.2-Frühwarnflugzeuge zu Beginn der 1970er-Jahre als Übergangslösung bis Juli 1991 eingesetzt, bis sie schließlich von Hawker Siddeley Nimrod und Boeing Sentry abgelöst wurden.

Etliche Shackletons blieben in Südafrika, Großbritannien, USA und Zypern erhalten. Eine steht im Imperial War Museum, Duxford, Großbritannien.

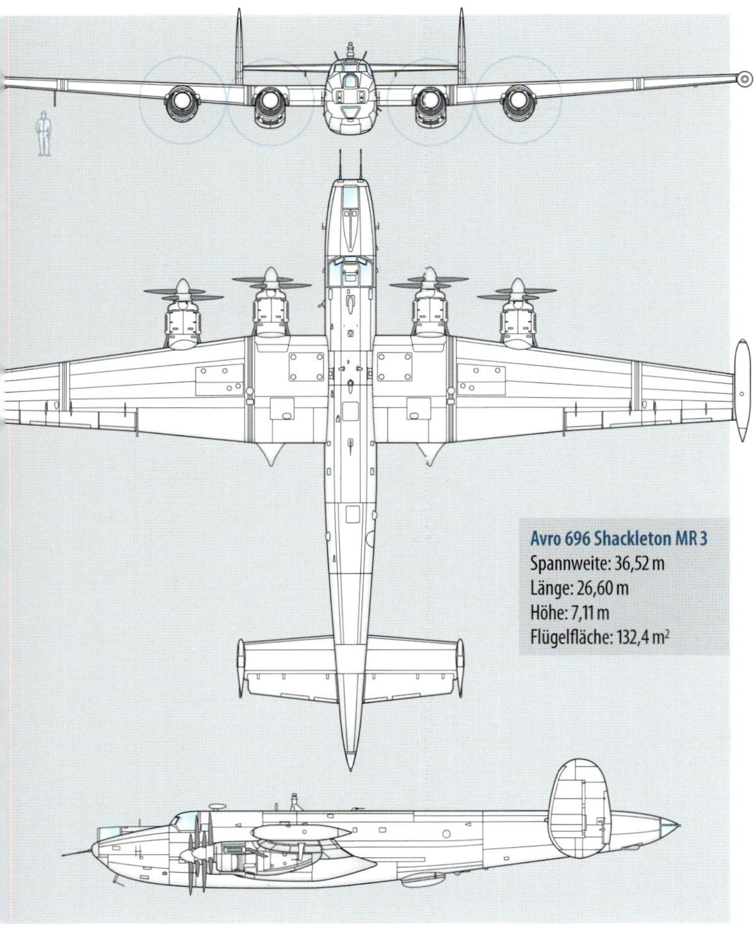

Avro 696 Shackleton MR 3
Spannweite: 36,52 m
Länge: 26,60 m
Höhe: 7,11 m
Flügelfläche: 132,4 m²

Besatzung: 10
Triebwerke: (MR 3) Vier flüssigkeitsgekühlte V-12-Kolbenmotoren Rolls-Royce Griffon 57 A mit je 1801 kW (2450 PS).
Leistungen: (MR 3) Höchstgeschwindigkeit 486 km/h in 3600 m, Reisegeschwindigkeit 320 km/h in 3000 m, Dienstgipfelhöhe 5850 m, maximale Reichweite 6780 km
Gewichte: (MR 3) Leermasse 26 217 kg, Abflugmasse 38 555 kg, maximale Abflugmasse 45 359 kg.
Bewaffnung: (MR 3) zwei MKs im Bug und bis zu 4530 kg Bomben, Torpedos und Minen.

Avro 698 Vulcan

Ursprungsland
Großbritannien
Kategorie
Strategischer Bomber

Entwicklung: Entsprechend einer RAF-Forderung von 1947 für einen atomwaffenfähigen Bomber, der mit 950 km/h 4500 kg Bombenlast 5500 km weit transportieren konnte, entwarf Avro die Vulcan, Handley Page die Victor (S. 61) und Vickers die Valiant (S. 76). Da Avro keine Erfahrung mit Deltaflügeln hatte, wurde 1948 mit zwei einsitzigen maßstabsgetreu verkleinerten Modellen experimentiert. Nach vier Jahren flog der erste von zwei Prototypen im August 1952. Sie waren mit Rolls-Royce Avon-Aggregaten motorisiert, weil Olympus-Triebwerke von Bristol noch nicht verfügbar waren. Die Serienversion B 1 A (Zeichnung), von der 49 ausgeliefert wurden, flog im Februar 1955 erstmals, erhielt einen modifizierten Flügel, einen längeren ECM-Heckkegel und die neuen Bristol Olympus-Triebwerke. Die erste, von 89 B 2 (Bild),

Einer der beiden Prototypen noch mit geraden Flügelvorderkanten.

mit einer nochmals geänderten Flügelgeometrie, einem Terrainfolgeradar und einer Betankungssonde, hob im August 1957 ab. Davon wurden 9 zum Marine-Radaraufklärer B 2 MRR umgerüstet und 6 zur K 2, die mit einem Schlauchbetankungssystem als Tanker eingesetzt werden konnten. Vulcans wurden immer wieder mit stärkeren Triebwerken und modernerer Elektronik auf den aktuellen Stand gebracht. Das Abfluggewicht lag bei der B 2 schließlich bei 90 800 kg, die Triebwerke gaben je 89 kN Schub ab. Schließlich wurden ab 1974 die ersten ausgemustert und 1990 als letztes die Tanker stillgelegt.

Insgesamt 138 Vulcan rollten bei Avro bis 1965 aus den Werkhallen

Besatzung: 5
Triebwerke: (B 1) Vier Axialstrahltriebwerke Bristol Olympus 101 oder 102 o. 104 mit je 48,9 kN Schub.
Leistungen: (B 1) Höchstgeschwindigkeit 1040 km/h, Reisegeschwindigkeit 912 km/h in 13 700 m, Dienstgipfelhöhe 17 000 m, Reichweite 4170 km.
Gewichte: (B 1) Leermasse 37 144 kg, maximale Abflugmasse 77 111 kg.
Bewaffnung: (B 1) Bis zu 21 450 kg-Bomben oder 1 Atombombe, oder eine Rakete mit Atomsprengkopf.

Bemerkungen: Die Vulcan, einer der drei V-Bomber, flog nur für die RAF, war für ein Flugzeug dieser Größe sehr manövrierfähig und äußerst leistungsfähig. Ursprünglich als Atombomber zur nuklearen Abschreckung während des Kalten Krieges eingesetzt, begann man jedoch in den 1960er-Jahren die Vulcan auch mit konventionellen Waffen für Tiefflugmissionen zu nutzen. Zum einzigen Kampfeinsatz kam sie nur im Falklandkrieg 1982 gegen Argentinien, bei der Vulcans mit Hilfe einer Victor-Tanker-Staffel von Ascension zu den Falklands und zurück flogen. Die geringe Geschwindigkeit, Materialermüdung und der Umstand, dass nur die beiden Piloten Schleudersitze hatten, führten schließlich zur Stilllegung.

Zahlreiche Vulcans findet man in britischen Museen, z.B. im RAF Museum, Cosford.

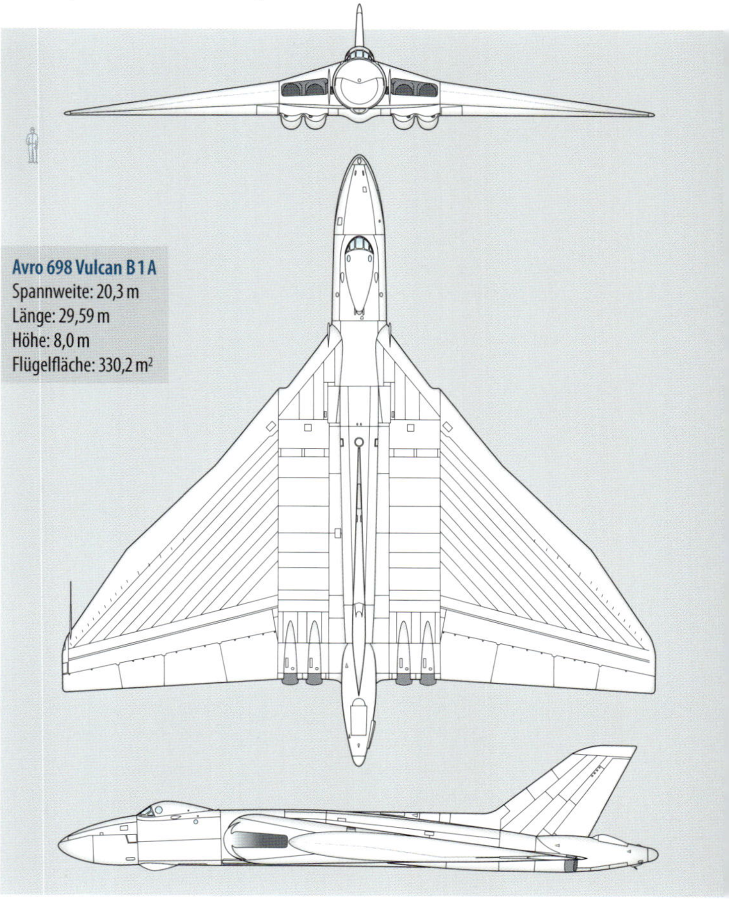

Avro 698 Vulcan B 1 A
Spannweite: 20,3 m
Länge: 29,59 m
Höhe: 8,0 m
Flügelfläche: 330,2 m²

Avro 701 Athena

Ursprungsland
Großbritannien
Kategorie
Fortgeschrittenen-Trainer

Entwicklung: Die Athena wurde aufgrund einer Forderung des britischen Luftfahrtministeriums für einen dreisitzigen Turboprop-Fortgeschrittenentrainer entwickelt, um die Percival Prentice (S. 66) und T-6 Harvards zu ersetzen. Mitbewerber war Boulton Paul mit der Balliol (S. 41), die schließlich auch als Sieger hervorging. Ein erster von zwei Prototypen mit der 1010 PS starken Armstrong Siddely ASM.3 Mamba-Turbine flog im Juni 1948 erstmals (Bild oben). Der in Ganzmetallbauweise hergestellte Tiefdecker hatte ein Side-by-Side-Cockpit mit einem dritten Sitz dahinter. Schön früh stellte sich jedoch heraus, dass sich die Serienreife der noch in Entwicklung befindlichen Mamba-Propellerturbine verzögerte und damit das ganze Athena-Programm in Frage gestellt war. Das Luftfahrtministerium änderte daraufhin zwangsweise seine Spezifikation, auch unter dem Aspekt, dass Rolls-Royce Merlins sofort ab Lager verfügbar waren. Allerdings bedeutet dies, dass durch den wesentlich schwereren Motor erhebliche Umkonstruktionen der tragenden Struktur notwendig waren, wie z. B. eine Verschiebung des Flügels, um Probleme mit dem Schwerpunkt zu vermeiden. Der Prototyp Avro 701 T.2 mit einem RR Merlin flog schließlich im August 1948. Im Laufe der Erprobung wurde noch das Leitwerk geändert und der dritte Sitz gestrichen, sowie das Kabinendach gekürzt. Obwohl eigentlich die Boulton Paul Balliol für die Serienproduktion ausgewählt wurde, bestellte die Royal Air Force neben den vier Prototypen 15 Athena T.2 (Zeichnung), von denen die Serienflugzeuge ab 1950 auch in Dienst gestellt wurden.

Inklusive der drei ersten Prototypen, der vier Merlin-Prototypen und 15 Serienflugzeugen wurden lediglich 22 Flugzeuge gebaut.

Bemerkungen: Die Umstellung auf den zuverlässigeren Merlin nach dem glücklosen Start mit der damals noch unausgereiften Propellerturbine halfen Avro nicht, die Athena zum Erfolg zu führen. Und obwohl das Konkurrenzmuster Balliol von Boulton Paul mit denselben Problemen der Propellerturbine kämpfte, entschied sich die RAF für dieses Muster, das der Athena doch zum Verwechseln ähnlich war. Die wenigen an die RAF ausgelieferten Athenas sind für das Waffentraining verwendet worden und sollten T6 Harvards ersetzen. Sie wurden dementsprechend mit einem MG und Flügelstationen für ungelenkte Raketen, Bomben und Zusatztanks unter den Flügeln ausgestattet. Auch eine erfolglose Verkaufskampagne im Frühjahr 1950 nach Indien half Avro nicht weiter. Dafür wurde ein Flugzeug temporär zivil zugelassen, aber anschließend wieder an die RAF zurückgegeben.

Soweit bekannt, blieb kein Flugzeug erhalten.

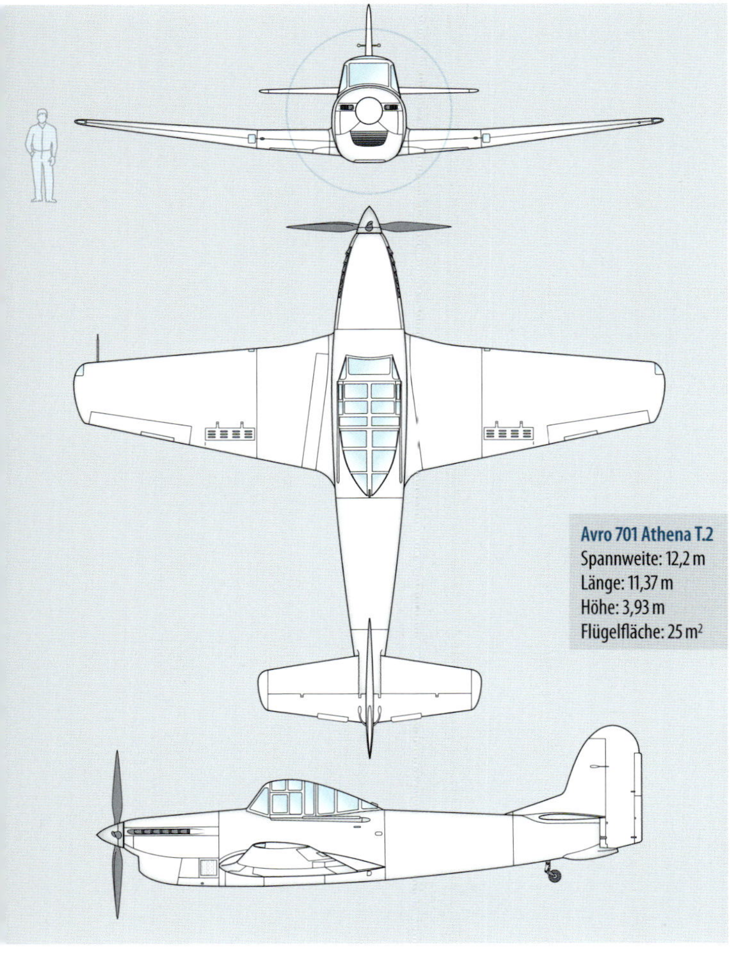

Avro 701 Athena T.2
Spannweite: 12,2 m
Länge: 11,37 m
Höhe: 3,93 m
Flügelfläche: 25 m²

Besatzung: 2
Triebwerk: (T.2) Ein flüssigkeitsgekühlter V12-Zylinder Rolls-Royce Merlin 35 mit 941 kW (1280 PS)
Leistungen: (T.2) Höchstgeschwindigkeit 472 km/h in 6100 m, Reisegeschwindigkeit 359 km/h, Dienstgipfelhöhe 8800 m, Reichweite 890 km.
Gewichte: Leermasse 2896 kg, Abflugmasse 3688 kg.
Bewaffnung: Ein Maschinengewehr im Flügel und zwei Außenstationen für Raketen.

Blackburn Firebrand

Ursprungsland
Großbritannien
Kategorie
Jagd- und Torpedobomber

Entwicklung: Entsprechend der Kriegserfahrungen in den 1940ern benötigte die Fleet Air Arm ein trägergestütztes Kampfflugzeug mit großer Reichweite über Wasser. Nach einer Ausschreibung erhielt Blackburn im Januar 1941 eine Bestellung über drei Prototypen. Mit einem 2300 PS-starken 24-Zylinder-H-Reihenmotor Napier Sabre II flog die Firebrand im Februar 1942 erstmals. Der in Ganzmetall gebaute, relativ große Tiefdecker hatte einen verkleideten Rohrrahmen bis zum Cockpit und ein Heck in Schalenbauweise, die faltbaren Tragflächen waren für langsame Anflüge mit großen Fairey-Young-Klappen ausgestattet. In der Erprobung zeigte sich, dass die schwerfällige Firebrand noch zu langsam war. Um die errechneten Geschwindigkeiten zu erreichen, erhielt der zweite Prototyp einen speziellen Napier Sabre III, den allerdings auch die Hawker Typhoon nutzte, die Liefervorrang hatte. So war Blackburn schon nach neun Firebrand TF. I gezwungen, den Tiefdecker für einen anderen Antrieb umzukonstruieren. Parallel dazu beschloss die Navy das Flugzeug nur noch als Torpedobomber einzusetzen. Im März 1943 startete die ersten von 12 TF. II, die mit einem breiteren Innenflügel gebaut wurden, um mittig ein Torpedo und das Fahrwerk unterzubringen. Als trägeruntauglich erwies sich die TF. III, von der 29 ausgeliefert wurden, denn der nun eingebaute 2400 PS starke Bristol Centaurus VII mit seinem Vierblatt-Propeller erzeugte ein so starkes Gegendrehmoment, dass der gesamte Rumpf umkonstruiert werden musste. Erstflug des Folgemusters TF. IV war im Mai 1945 mit dem verbesserten Centaurus IX, einem größeren Leitwerk und Sturzflugbremsen. Die ersten Maschinen stellte man im September 1945 in Dienst. Nach 102 Maschinen wurde die Produktion auf weitere 68 TF. V umgestellt, eine modifizierte Variante der IV. Abschließend brachte Blackburn noch 40 TF. IV auf den TF. V-Standard. Die aus der Firebrand weiterentwickelte Firecrest mit einem Laminarflügel kam nicht über das Prototypenstadium hinaus.

Besatzung: 1
Triebwerk: (TF. IV) Ein luftgekühlter 18-Zylinder-Doppelsternmotor Bristol Centaurus IX mit 1853 kW (2520 PS).
Leistungen: (TF. IV) Höchstgeschwindigkeit 550 km/h, Reisegeschwindigkeit 412 km/h, Dienstgipfelhöhe 8700 m, Reichweite 1200 km.
Gewichte: (TF. IV) Leermasse 5197 kg, Abflugmasse 7575 kg.
Bewaffnung: (TF. IV) 4Ks in den Flügeln, 16 Raketen an Außenstationen und/oder bis zu 910 kg Bomben oder ein Torpedo.

Blackburn fertigte bis 1947 inklusive der Prototypen 223 Firebrand.

Bemerkungen: Obwohl teilweise noch während des Krieges ausgeliefert, nahm die Firebrand an keinen Kriegsmissionen teil. Sie wurde aber auf verschiedenen Flugzeugträgern stationiert, bis sie 1953 von der Westland Wyvern abgelöst oder die Einheiten einfach aufgelöst wurden. Das Flugzeug war trotz mehrfacher Änderungen zu groß, zu schwer, es fehlte an Manövrierfähigkeit. Wegen kritischer Langsamflugeigenschaften wurde extra ein Fahrtmesser außenbords im Sichtfeld des Piloten montiert. Laut Aussage eines Testpiloten „eine Katastrophe als Trägerflugzeug".

Es ist kein Flugzeug erhalten geblieben.

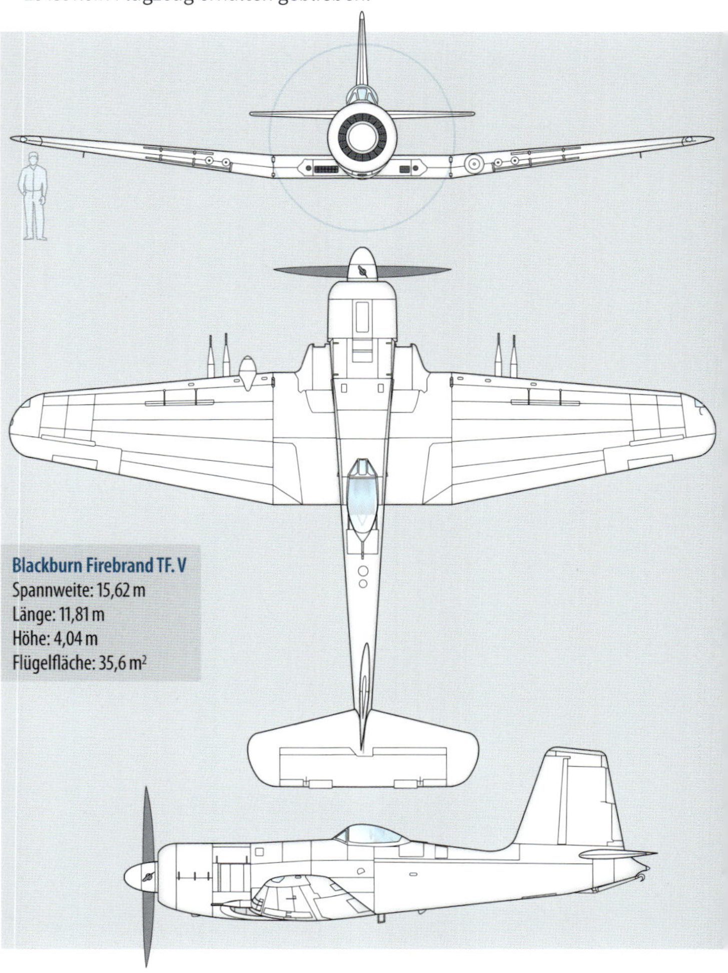

Blackburn Firebrand TF. V
Spannweite: 15,62 m
Länge: 11,81 m
Höhe: 4,04 m
Flügelfläche: 35,6 m²

Blackburn Aircraft C.1 Beverley

Ursprungsland
Großbritannien
Kategorie
Schweres Transportflugzeug

Entwicklung: Die Entwicklungsphase des schweren Transporters begann bereits im Zweiten Weltkrieg, in der Hoffnung, dass auch nach Kriegsende ein Bedarf an großen Transportflugzeugen bestehen würde. Mitte 1946 beauftragte die RAF General Aircraft (GAL), einen Prototyp der GAL.60 mit vier Bristol-Hercules-Sternmotoren zu entwickeln. 1949 fusionierte GAL mit Blackburn und die Endmontage der GAL.60 wurde bei Blackburn abgeschlossen. Im Juni 1950 flog der Transporter erstmals. Neue RAF-Anforderungen, für schwerere Lasten auch eine Abwurfvorrichtung vorzusehen, sowie 1952 eine Bestellung über 20 Flugzeuge, nun Beverley C.1 genannt, führten zum zweiten Prototyp GAL.65 mit stärkeren Bristol Centaurus 173, neuen Hecktoren und geändertem Flügel. Der unkonventionelle Schulterdecker in Ganzmetallbauweise flog im Januar 1953 erstmals. Über demontierbare Heckfrachttore ließ sich der aus zwei Ebenen bestehende Frachtraum beladen werden, der bis zu 22 Tonnen Fracht fasste, oder 94 und im Heckboom weitere 36 vollausgerüstete Fallschirmspringer. Für ausgezeichnete STOL-Fähigkeiten sorgte ein Klappensystem. 720 m reichten für den Start und 280 m mit Umkehrschub der Propeller zur Landung. Geplant, aber auch ein Nachteil war die geringe Reisegeschwindigkeit, für die ein Festfahrwerk genügte. Weitere Bestellungen in mehreren Tranchen gingen bis September 1956 ein. Nach umfangreichen Tests in den Tropen und in Nordkanada, auch mit raketengestützten Starts, erhielt sie im April 1953 ihre entgültige Zulassung.

Nach 49 Flugzeugen, inkl. der Prototypen verließ das letzte Flugzeug 1958 die Werkhallen.

Bemerkungen: Bei Übernahme der ersten Maschine 1956 war die Beverley das größte Flugzeug der RAF. Sie wurde vor allem zum Transport von Truppen, Fracht und schwerem Gerät wie z. B. Radpanzern, aber auch von Hubschraubern eingesetzt. Das langsame Flugzeug flog logistische Langstreckeneinsätze nach Vietnam, oder z. B. nach Kenia und war in Bahrain, Brunei oder Aden stationiert. Bis zur entgültigen Stilllegung 1967 flogen sie fast 2 Millionen Meilen, transportierten über 20 000 Tonnen Fracht und rund 60 000 Passagiere. Ausgemustert wurden die Flugzeuge mit der Indienststellung der C-130 Hercules (S. 192), aber auch wegen ihrer unzuverlässigen Centaurus-Motoren. Vorschläge Blackburns, auf Turboprops umzurüsten, um der Beverly mit höherer Nutzlast auch mehr Reichweite zu verschaffen, kamen nicht über das Reißbrettstadium hinaus.

Außer einer, wurden alle Beverleys verschrottet. Im Frühjahr 1973 erwarb eine Fluggesellschaft die letzte aktive C.1, brachte sie aber mangels ziviler Zulassung in ein Museum in Kingston-upon-Hull, Großbritannien, wo sie noch 2023 auf ein ungewisses Schicksal wartet.

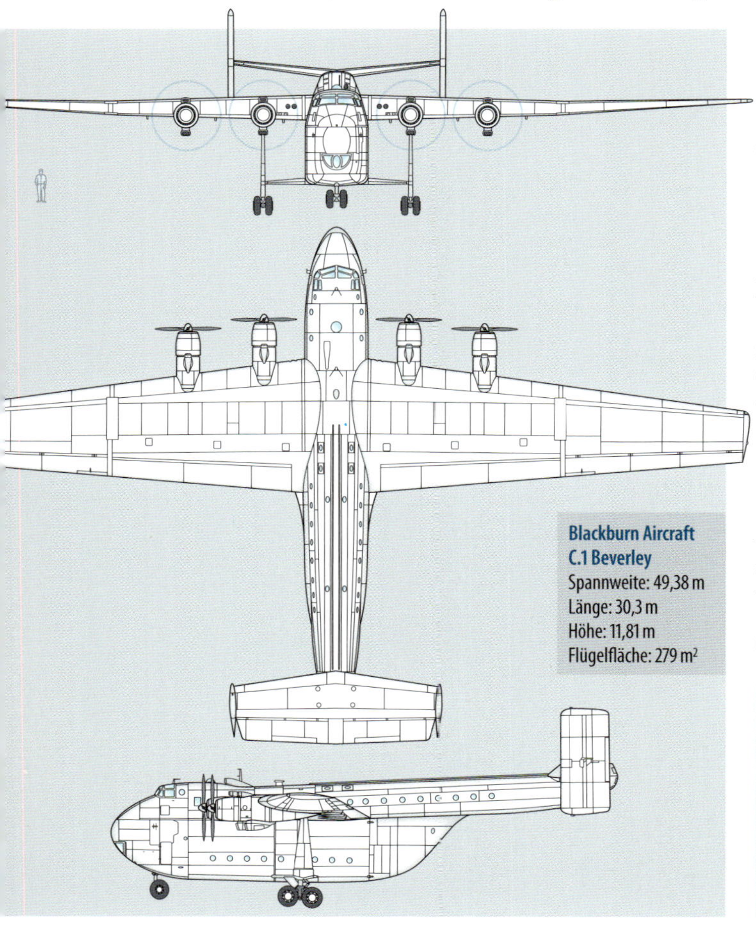

Blackburn Aircraft C.1 Beverley
Spannweite: 49,38 m
Länge: 30,3 m
Höhe: 11,81 m
Flügelfläche: 279 m²

Besatzung: 4
Triebwerke: Vier luftgekühlte 18-Zylinder-Doppelsternmotoren Bristol Centaurus 173 mit je 2059 kW (2800 PS).
Leistungen: Höchstgeschwindigkeit 383 km/h in 1750 m, Reisegeschwindigkeit 278 km/h, Dienstgipfelhöhe 4900 m, Reichweite 2100 km mit 13 t Zuladung, 260 km mit 23 t Zuladung, Überführungsreichweite 6370 km.
Gewichte: Leermasse 35 938 kg, maximale Startmasse 61 235 kg.

Boulton Paul Balliol

Ursprungsland
Großbritannien
Kategorie
Fortgeschrittenen-Trainer

Entwicklung: Im März 1945 veröffentlichte das britische Luftfahrtministerium eine Spezifikation über einen Fortgeschrittenentrainer, der mit einem neu entwickelten Turbinentriebwerk ausgestattet werden sollte. Als Nachfolger der T-6 Harvard war er zur Ausbildung kommender Jet-Piloten vorgesehen. In Konkurrenz zur Avro Athena (S. 38) konstruierte Boulton die P.108, einen ähnlichen Ganzmetall-Tiefdecker mit einem dreisitzigen Cockpit. Im August 1945 wurde die Firma beauftragt, vier Prototypen mit Rolls-Royce Dart-Propellerturbinen zu fertigen. Ein Jahr später orderte man 20 Vorserienflugzeuge, die jeweils zur Hälfte mit RR Dart- und Armstrong Siddely Mamba-Turbinen gebaut werden sollten. Da weder die Dart- noch die Mamba-Turbine bei Fertigstellung des Prototyps einsatzbereit waren, flog die der Tiefdecker erstmals im Mai 1947 mit einem 820 PS-starken Bristol Mercury-Sternmotor. Der zweite Prototyp, nun mit der 1380 PS starken Mamba-Turbine, hob im Mai 1948 erstmals ab. Zwischenzeitlich hatte der Auftraggeber aber Bedenken wegen der unsicheren Turbinen und änderte seine Spezifikation in einen zweisitzigen Trainer, in den Rolls-Royce Merlins verbaut werden sollten, die wesentlich günstiger und noch in großer Stückzahl ab Lager vorhanden waren. Im Juli 1948 flog schließlich die Balliol Mk. 2 mit einem Merlin. Nach eingehender Erprobung entschied sich das Luftfahrtministerium gegen die Avro Athena und erteilte Boulton einen Serienauftrag über 196 Flugzeuge. Eine Sea Balliol T.21 wurde speziell als Trainer für die Fleet Air Arm der Royal Navy entwickelt, die mit Klappflügeln, Zellenverstärkungen und Fanghaken für Trägerlandungen geeignet waren, von der Boulton auch 30 Flugzeuge auslieferte.

Von den 196 (andere Quellen 162) gebauten Mk. 2 produzierte Boulton Paul 166 und Blackburn Aircraft 30.

Bemerkungen: Die Balliol erwies sich als relativ unkomplizierter Trainer, der mit den eingebauten Merlins einfach zu warten und entsprechend einem Ausbildungsflugzeug robust aufgebaut war. Ab 1950 wurden die ersten Vorserienmodelle zu den Flugschulen überführt, die dort allmählich die Harvards ersetzten. Bis Ende 1954 waren auch alle 30 Sea Balliol ausgeliefert, die aber bereits im September 1963 wieder außer Dienst gestellt wurden. Einige Flugzeuge nutzte man schließlich noch für verschiedene Tests, unter anderen auch mit radarabsorbierenden Anstrichen. Der einzige Exportkunde blieb die Royal Ceylon Air Force, die 12 Mk. 2 für ihre Pilotenausbildung beschaffte.

Eine Balliol Mk. 2 findet man im Cornwall Aviation Heritage Centre in Newquay und eine Sea Balliol präsentiert das Royal Air Force Museum Midlands bei Cosford, Großbritannien.

Besatzung: 2
Triebwerk: (Mk. 2) Ein flüssigkeitsgekühlter V12-Zylinder Rolls-Royce Merlin 35 mit 915 kW (1245 PS)
Leistungen: (Mk. 2) Höchstgeschwindigkeit 463 km/h in 2700 m, Reisegeschwindigkeit 372 km/h, Dienstgipfelhöhe 9900 m, Reichweite ca. 1050 km.
Gewichte: (Mk. 2) Leermasse 3053 kg, Abflugmasse 3815 kg.
Bewaffnung: (Mk. 2) Ein Maschinengewehr im Flügel und Außenstationen für vier Raketen.

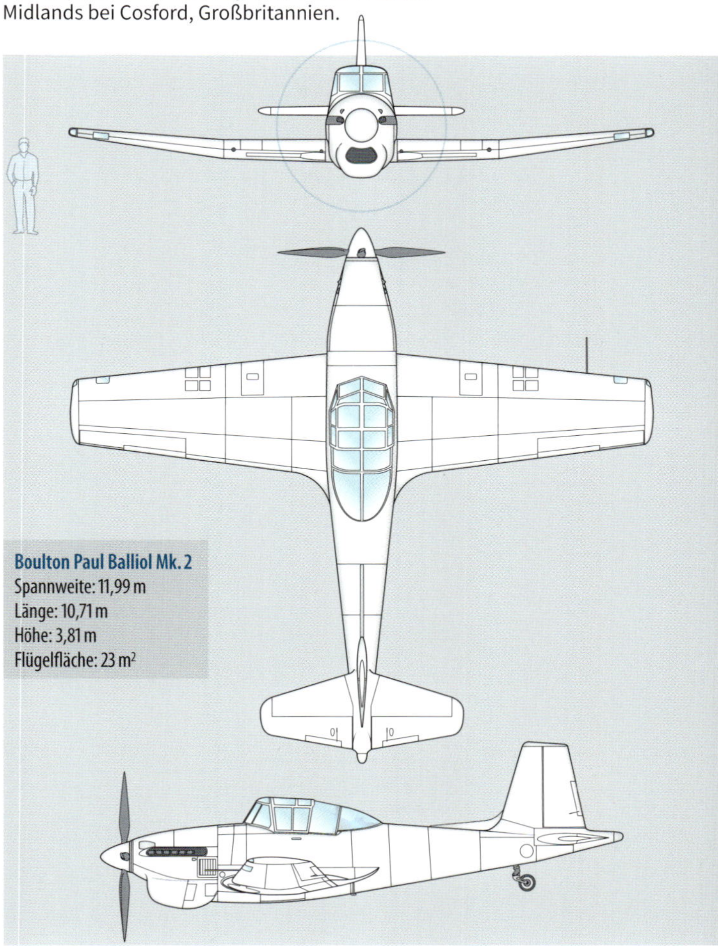

Boulton Paul Balliol Mk. 2
Spannweite: 11,99 m
Länge: 10,71 m
Höhe: 3,81 m
Flügelfläche: 23 m²

Bristol 163 Buckingham

Ursprungsland
Großbritannien
Kategorie
Mittelschwerer Bomber

Entwicklung: Bereits 1939 arbeitete Bristol an einem mittelschweren Bomber, der zu einer Anforderung des Luftfahrtministeriums passte, obwohl Großbritannien eigentlich seine mittelschweren Bomber aus den USA bezog. Neben einem Vorschlag von Armstrong Whitworth reichte Bristol den Typ 162 ein und erhielt im Februar 1941 den Auftrag, drei Prototypen herzustellen. Ständige Änderungen der Regierungsanforderungen führten schließlich zu einem größeren Modell, mit wesentlich stärkeren Motoren, dem Typ 163 Buckingham, der im Februar 1943 flog. Der stark bewaffnete, zweimotorige Bomber in Ganzmetallbauweise sollte nun mit höchster Priorität zur Serienreife gebracht werden. Während der Erprobung flossen noch wegen des instabilen Flugverhaltens einige Modifikationen ein. Unter anderem ein drittes, mittleres Seitenruder, das aber nicht in der Serie übernommen wurde. Die erste, von 400 bestellten Serienmaschinen, B.1 flog im Februar 1944. In der Zwischenzeit änderten sich jedoch erneut die Anforderungen der RAF für einen Tagbomber und die Bestellung wurde auf 118 Flugzeuge reduziert, von denen allerdings nur 54 als Bomber ausgeliefert wurden. Die restlichen 64 baute man zu siebensitzigen C.1-Kurierflugzeugen um, die Verbindungsaufgaben für das RAF Transport Command übernehmen sollten. Die Panzerung und Bewaffnung wurde entfernt und größere Tanks installiert. Dazu kamen Passagiersitze und entsprechend Fenster. Zwei für das Transport Command Development Unit zur Buckingham C.2 umgerüstete, konnten neben der dreiköpfigen Besatzung bis zu sieben Passagiere aufnehmen. Angeblich sind 65 Bomber-Baugruppen unvollendet geblieben und für die Produktion der Buckmaster (S. 44) verwendet worden.

Es rollten bis 1945 lediglich 123 Buckinghams inklusive der Prototypen aus den Hallen.

Bemerkungen: Die Entwicklung der Buckingham in den letzten Kriegsjahren war geprägt durch den ständigen Wechsel der militärischen Anforderungen und Problemen mit den komplizierten, schiebergesteuerten Centaurus-Motoren. Da mit der leistungsfähigeren de Havilland Mosquito (S. 47) ein Flugzeug mit den selben Missionsanforderungen vorhanden war, wurde kurzerhand mitten in der Serie entschieden, den Bomber in ein schnelles Kurierflugzeug umzuwandeln. Trotz der hohen Geschwindigkeit und großen Reichweite hatten die Militärs aber dafür eigentlich keinen Bedarf. Schließlich modifizierte man noch einige Buckinghams, um sie als Trainer einzusetzen. Angeblich sind aber in den Nachkriegsjahren viele nach wenigen Flugstunden einfach eingelagert worden. Die letzte wurde angeblich 1950 verschrottet.

Soweit bekannt, blieb kein Flugzeug erhalten.

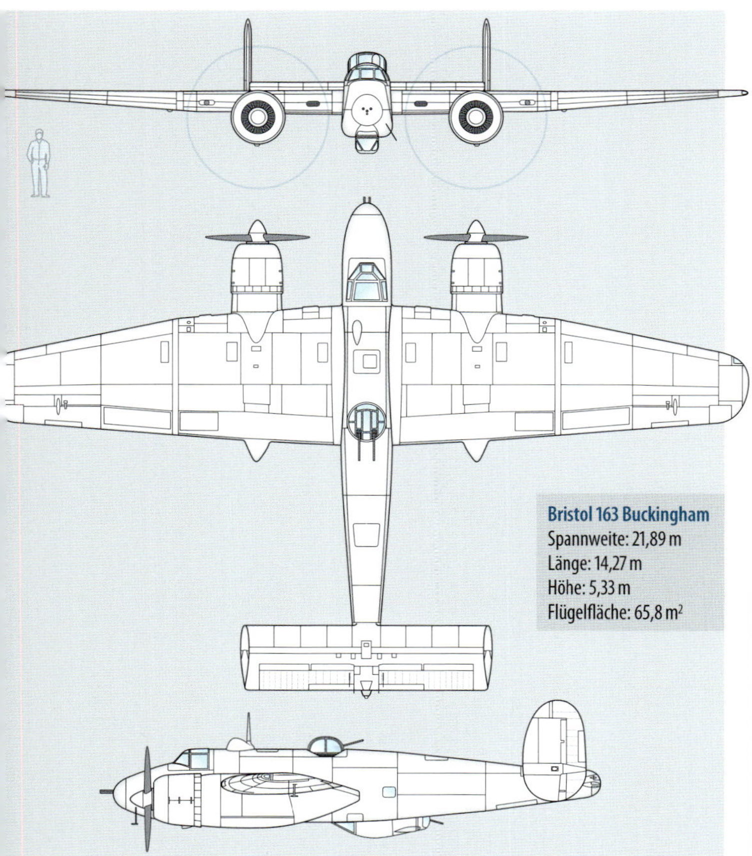

Bristol 163 Buckingham
Spannweite: 21,89 m
Länge: 14,27 m
Höhe: 5,33 m
Flügelfläche: 65,8 m²

Besatzung: 2
Triebwerke: Zwei luftgekühlte 18-Zylinder-Doppelsternmotoren Bristol Centaurus mit je 1853 kW (2520 PS).
Leistungen: Höchstgeschwindigkeit 541 km/h in 3600 m, Reisegeschwindigkeit 460 km/h, Dienstgipfelhöhe 7600 m, Reichweite 3700 km, mit Zusatztanks (C.1) 4800 km.
Gewichte: Leermasse 10 905 kg, Abflugmasse 15 422 kg, maximale Abflugmasse 17 259 kg.
Bewaffnung: Vier MGs im Bug, je zwei MGs im Rückendrehturm und in der Bodenwanne. Maximal 1814 kg Bomben im Schacht.

Bristol 164 Brigand

Ursprungsland Großbritannien
Kategorie Erdkampf- und Torpedobomber

Entwicklung: Das britische Militär plante bereits 1942 ihre Langstrecken-Torpedobomber Beaufighter abzulösen. Nachdem aber Bristol mit einer Konstruktion auf Basis des Beaufighters nicht die gewünschten Leistungen erreichen konnte, wandte sich das Konstruktionsteam einer modifizierten Buckingham zu. Man übernahm die Flügel, das Leitwerk und Fahrwerk und konstruierte einen völlig neuen, ovalen Rumpf. Alle Besatzungsmitglieder wurden vorne im Cockpit zusammengefasst. Der erste von vier Prototypen, der in Ganzmetallbauweise konstruierten Brigand, die noch mit Bristol Centaurus VI motorisiert war, flog im Dezember 1944. Das Kriegsende 1945 verlangsamte jedoch die Entwicklung, so dass die ersten von 11 Serienmaschinen TF.1 erst 1946 an das RAF Coastal Command ausgeliefert werden konnten, wo sie ein Jahr im Dienst waren, obwohl sie eigentlich als Torpedobomber nicht mehr genutzt wurden. Schließlich gingen die Zweimots zum Umbau in leichte Bomber an Bristol zurück. Das MG im hinteren Cockpit wurde entfernt und Außenstationen für bis zu 910 kg Bomben und Raketen montiert. Die Auslieferungen der nun Brigand B.1 genannten Flugzeuge, begannen 1949. Außer den 11 Umbauten liefen noch 106 Neuflugzeuge vom Band. Von der Brigand MET.3, ein unbewaffneter Wetter-Fernaufklärer, wurden 16 hergestellt und von einem Radartrainer lieferte Bristol 9 Brigand T.4 aus. Eine unbekannte Zahl verbesserter Radartrainer T.5 wurde von B.1 und T.4 umgebaut.

Einschließlich der Prototypen verließen 146 Brigand Bristols Produktionshallen.

Bemerkungen: Mit dem letzten britischen Kolbenmotorbomber wurden ab 1949 drei RAF-Staffeln ausgerüstet, die im Jemen, in Ceylon und im Irak stationiert waren. Auch Wetterflugzeuge Brigand MET.3 waren vom Juni 1949 bis November 1951 in Ceylon stationiert. Zwei Staffeln wurden im April 1949 nach Singapur verlegt, wo man sie zur Bekämpfung von Aufständischen in Malaysia einsetzte. Obwohl das Flugzeug bei ihren Besatzungen beliebt war, zeichnete es sich durch eine relativ hohe Unfallrate und einen oft geringen Klarstand, z. B. wegen Hydraulikausfällen, aus. Im Laufe der Einsätze gingen 21 Flugzeuge verloren, teilweise durch Unfälle, aber auch wegen des hohen Verschleißes in den Tropen. Anfang 1953 wurden sie durch de Havilland Hornet (S. 49) und Canberras (S. 54) abgelöst. Zu den letzten aktiven Brigands gehörten die Radartrainer, die zur Crew-Ausbildung an Luft-Luft-Bordradargeräten genutzt, und erst im März 1958 außer Dienst gestellt wurden.

Es blieb kein Flugzeug erhalten. Nur ein unvollständiger Rumpf ist im Royal Air Force Museum Cosford/Großbritannien eingelagert.

Besatzung: 3
Triebwerke: Zwei luftgekühlte 18-Zylinder-Doppelsternmotoren Bristol Centaurus VII mit je 1816 kW (2470 PS).
Leistungen: Höchstgeschwindigkeit 583 km/h in 4900 m, Reisegeschwindigkeit 517 km/h in 7000 m, Dienstgipfelhöhe 7900 m, Reichweite 4500 km.
Gewichte: Leermasse 11 611 kg, maximale Abflugmasse 17 690 kg.
Bewaffnung: Vier Maschinenkanonen unter dem Bug und acht Raketen und/oder bis zu 910 kg Bomben im Schacht und an Flügelstationen.

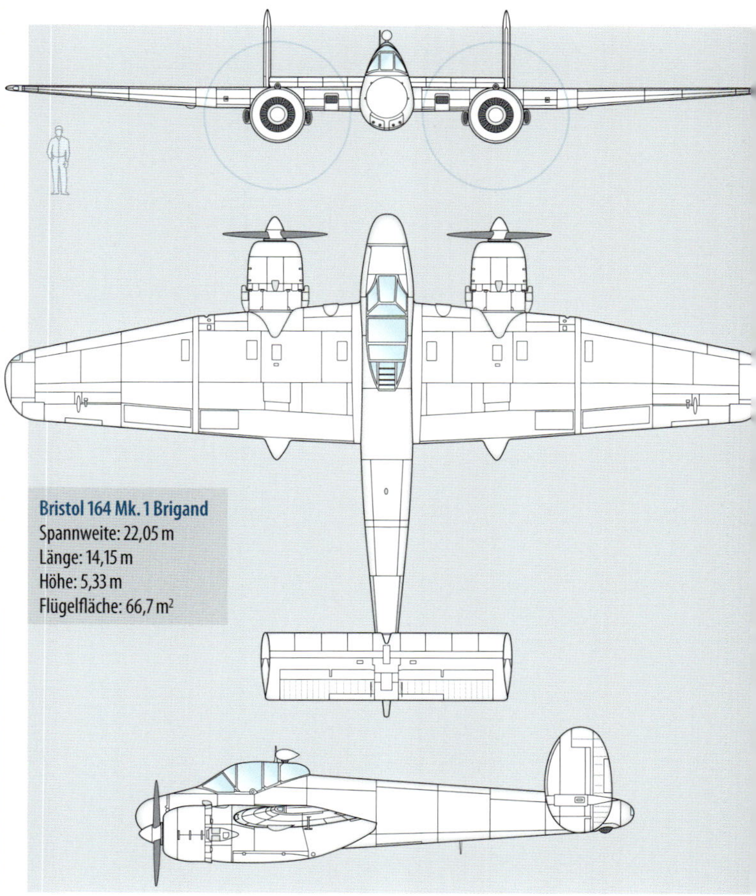

Bristol 164 Mk. 1 Brigand
Spannweite: 22,05 m
Länge: 14,15 m
Höhe: 5,33 m
Flügelfläche: 66,7 m²

Bristol 166 Buckmaster

Ursprungsland
Großbritannien
Kategorie
Fortgeschrittenentrainer

Entwicklung: Mit den neuen, immer leistungsfähigeren Jagdflugzeugen und Bombern, waren auch entsprechend leistungsfähige Schulflugzeuge gefragt, deren Aufgaben die vorhandenen Trainer wie z. B. Avro Anson (S. 31), Airspeed Oxford oder Bristol Blenheim nicht mehr erfüllen konnten. Percival bewarb sich mit einer modernisierten und größeren Version des Verbindungsflugzeuges Pet-el, war aber chancenlos. Bristol löste dieses Problem nach der Spezifikation der Militärs mit dem Typ 166 Buckmaster, der auf der Buckingham (S. 42) basiert und von dem noch aus einem stornierten Auftrag nicht vollendete Baugruppen vorhanden waren. Um die dreiköpfige Besatzung unterzubringen wurde lediglich der vordere Rumpf verbreitert, die komplette Bewaffnung und Panzerung entfernt und eine Doppelsteuerung eingebaut. Ansonsten war die Ganzmetall-Konstruktion nahezu identisch mit der Buckingham. Die Buckmaster hob erstmals im Oktober 1944 ab. Ein zweiter Prototyp, ebenso aus Komponenten der Buckingham aufgebaut, folgte. Je nach Quelle wurde nur ein Teil der Serie aus bereits gebauten und eingelagerten Buckingham-Baugruppen produziert, andere Quellen sprechen von der kompletten Serie.

Bristol produzierte inklusive der Prototypen von März 1945 bis April 1946 sämtliche 112 Flugzeuge.

Bemerkungen: Mit der Buckmaster erhielt die britische Luftwaffe 1945 ihren leistungsfähigsten und schnellsten kolbenmotorgetriebenen Fortgeschrittenentrainer. Das Flugzeug war mit den beiden nahezu 2500 PS-starken Bristol Centaurus-Doppelsternmotoren für einen Trainer auch außergewöhnlich gut motorisiert. Also ein ideales, aber auch anspruchsvolles Ausbildungsflugzeug für die angehenden Besatzungen der mehrmotorigen Bristol Brigand, Avro Lincoln (S. 35) und den nach dem Krieg erworbenen Boeing B-29 (S. 151) oder Lockheed Neptune (S. 187). Die Zweimot mit einem Cockpit für Pilot, Ausbilder und Funker, war für Blindflug mit den entsprechenden Instrumenten ausgerüstet. Die Flugzeuge wurden von den sogenannten Operational Conversion Units betrieben, deren Aufgabe es war, die Besatzungen auf ihre Einsätze in neuen Flugzeugtypen vorzubereiten. Angeblich sind einige Buckmasters auch als Verbindungsflugzeug eingesetzt worden, vermutlich auch welche in Aden/Jemen. Die letzten Buckmaster flogen bis Mitte der 1950er-Jahre in einer Trainingseinheit, bis sie ausgemustert und abgewrackt wurden. Zwei Flugzeuge nutzte man unter anderem noch für Tests des Enteisungssystem der Bristol Brabazon und anschließend auf einem RAF-Stützpunkt als Lehrstück, um schließlich 1958 verschrottet zu werden.

Soweit bekannt, blieb keine Bristol Buckmaster erhalten.

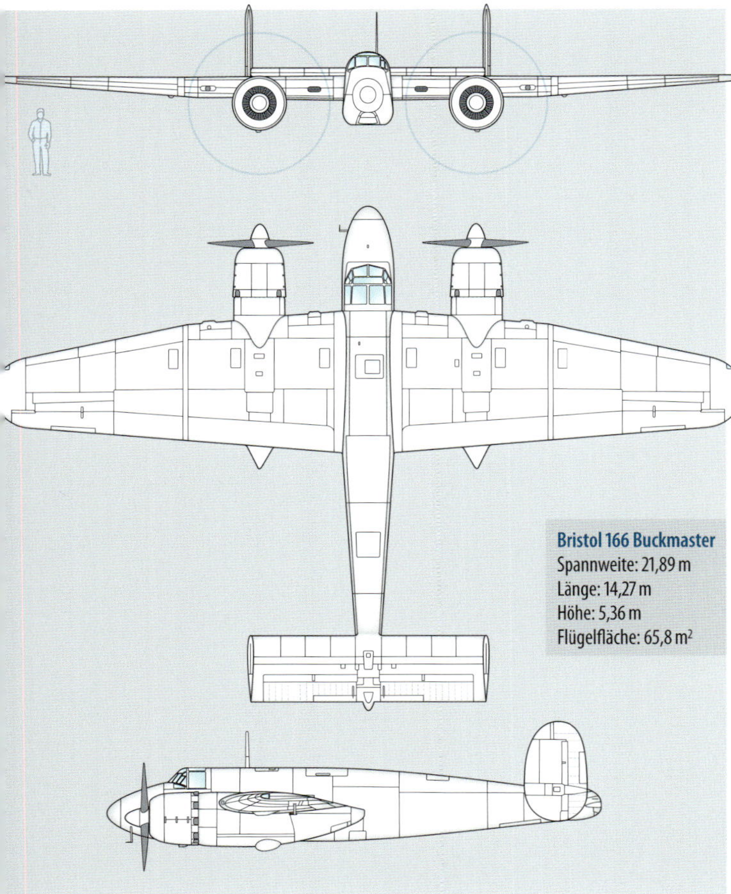

Bristol 166 Buckmaster
Spannweite: 21,89 m
Länge: 14,27 m
Höhe: 5,36 m
Flügelfläche: 65,8 m²

Besatzung: 3
Triebwerke: Zwei luftgekühlte 18-Zylinder-Doppelsternmotoren Bristol Centaurus VII mit je 1816 kW (2470 PS).
Leistungen: Höchstgeschwindigkeit 566 km/h in 3700 m, Reisegeschwindigkeit 523 km/h in 5500 m, Dienstgipfelhöhe 9100 m, Reichweite 3200 km.
Gewichte: Leermasse 10 433 kg, maximale Abflugmasse 17 234 kg.

Bristol 170 Freighter

Ursprungsland
Großbritannien
Kategorie
Transportflugzueg

Entwicklung: Während des Zweiten Weltkriegs wurde deutlich, dass die veralteten Bristol Bombay-Transporter ersetzt werden mussten. Gemäß einer Spezifikation sollte das einfach gebaute Flugzeug 3 Tonnen oder 36 ausgerüstete Soldaten oder 28 Bahren transportieren und von kurzen, unvorbereiteten Flugfeldern, auch in den Tropen und Wüsten operieren können. Die britische Regierung unterstützte Bristol, die bereits an dem Projekt arbeitete, mit der Bestellung von zwei Prototypen, um die Entwicklung fortzuführen, aber auch um die britische Luftfahrtindustrie nach dem Krieg am Leben zu halten. Der erste Bristol 170 Mk. 1 Freighter flog im Dezember 1945, die zivile Passagierversion 170 Mk. 2 Wayfarer im April 1946. Der in Ganzmetall hergestellte Hochdecker hatte ein Cockpit, das über dem quadratischen, nicht druckbelüfteten Frachtraum lag, der über zwei Bugtore und ein Hecktor beladen werden konnte. Da es nicht auf Geschwindigkeit ankam, genügte ein robustes, abgestrebtes Festfahrwerk. Der erste große Auftrag über 15 Mk. 1 A kam 1946 von der argentinischen Luftwaffe, die Bristol bis 1947 auslieferte. Leistungsstärkere Hercules 672 ermöglichten ab 1948 der Mk. 21 mehr Nutzlast und Reichweite, von denen die pakistanische Luftwaffe 35 mit Modifikationen bestellte. Zusätzlich orderte Pakistan 38 Mk. 31, die mit Hercules 734 ausgerüstet waren und auch an Großbritannien (19), Neuseeland (12), Kanada (6), Australien (4), Irak (4) und Burma (4) geliefert wurden. Nur zivil wurde die Mk. 32 Superfreighter eingesetzt, die auf 22,40 m verlängert wurde, ein größeres Leitwerk erhielt und neben 23 Passagieren auch bis zu drei PKWs transportieren konnte.

Insgesamt baute Bristol bis 1958 214 Flugzeuge, von denen 94 an Privatunternehmen gingen.

Bemerkungen: Bristol Freighter nahmen an vielen militärischen Auseinandersetzungen teil, unter anderem bei den indo-pakistanischen Konflikten und im Vietnamkrieg, wo Frankreich zivil gecharterte Freighter einsetzte, im Gegensatz zu Neuseelands RNZAF, die mit eigenen Freightern Fracht und Truppen nach Thailand und Vietnam flog. Einige RCAF-Flugzeuge waren in Europa stationiert, einige wurden im hohen Norden beim Bau der NORAD-Radarstationen genutzt. Nicht wenige Militärmaschinen erlebten noch eine zweite Karriere als zivile Transporter. Fast die Hälfte der neu gebauten Bristol 170 wurde allerdings von privaten Gesellschaften betrieben. Bekannt wurden sie als fliegende Fähren über den Kanal. Als die Schiffe schneller wurden und Hovercrafts aufkamen, verlegten sich die Airlines auf Frachttransporte. Die letzten zivilen Bristol 170 flogen bis 2004 in Nordkanada.

Es sind sieben Freighter in Museen in Argentinien, Australien, Kanada und Neuseeland erhalten geblieben. Eine Mk. 31 steht im Air Force Museum of New Zealand, Christchurch.

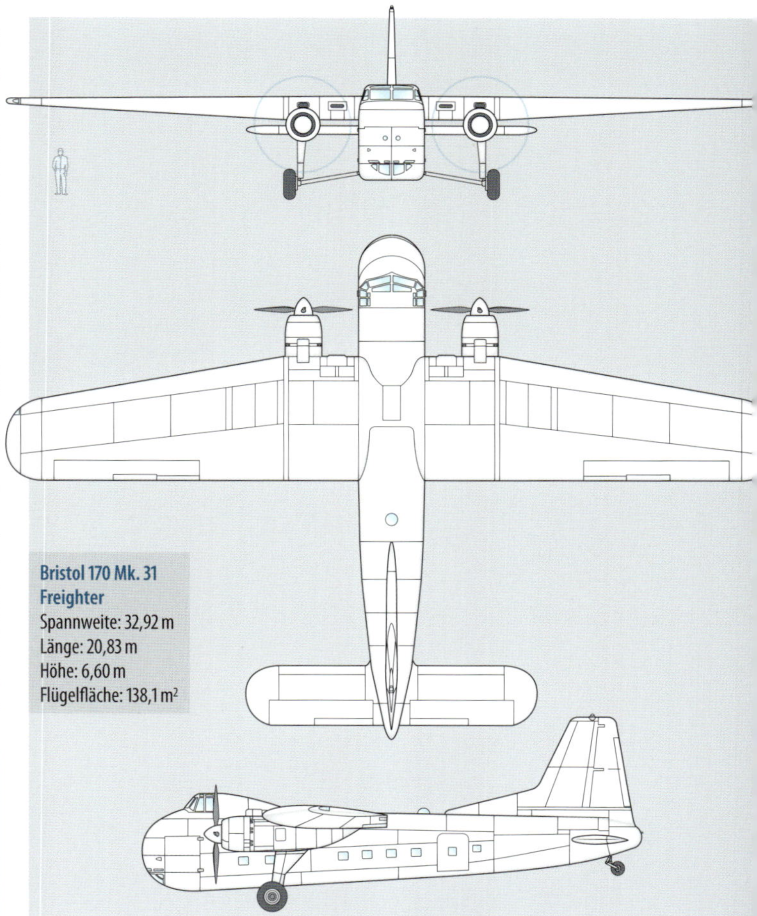

Bristol 170 Mk. 31 Freighter
Spannweite: 32,92 m
Länge: 20,83 m
Höhe: 6,60 m
Flügelfläche: 138,1 m²

Besatzung: 3
Triebwerke: (Mk.31) Zwei luftgekühlte 14-Zylinder-Doppelsternmotoren Bristol Hercules 734 mit je 1471 kW (2000 PS).
Leistungen: (Mk.31) Höchstgeschwindigkeit 362 km/h, Dienstgipfelhöhe 7470 m, Reichweite 1320 km.
Gewichte: (Mk.31) Leermasse 12 206 kg, Abflugmasse 19 958 kg.

Bristol 171 Sycamore

Ursprungsland
Großbritannien
Kategorie
Leichter Mehrzweck-Hubschrauber

Entwicklung: Auch in Großbritannien wurde bereits während des Zweiten Weltkrieges an Hubschrauberprojekten gearbeitet. Bristol begann 1944 in einer eigenen Abteilung einen Hubschrauber zu entwickeln, der als Type 171, noch mit einem 450 PS-Sternmotor Pratt & Whitney Wasp Junior, im Juli 1947 erstmals flog. Der in Ganzmetall hergestellte Helikopter hatte einen in einem Stahlrohrrahmen liegend eingebauten, gebläsegekühlten Sternmotor, der über ein Getriebe Holz-Rotorblätter antrieb, die zum platzsparenden Verstau auf Schiffen, gefaltet werden konnten. Nach zwei Prototypen Mk. I flog der dritte als Mk. II Mitte 1948 mit einem stärkeren britischen Alvis Leonides-Sternmotor, der zum Standardantrieb wurde. Mit dieser Mk. II führte man ab 1951 Decklandetests auf Flugzeugträgern durch. Eine 23 Stück umfassende Kleinserie lieferte Bristol von der Mk. III aus, die mit fünf Sitzen auch einen größeren, verstärkten Rumpf und eine kürzere verglaste Front hatte. Sie wurden nach Bewertungstests bei den britischen Streitkräften mit den Bezeichnungen HC.10, HC.11 und HR.12, HR.13 Sycamore als Verbindungs- und Ambulanzhubschrauber sowie für SAR-Dienste eingesetzt. Nur zwei zivile III A mit einem Frachtraum gingen an die British European Airways. Ende 1952 entwickelte Bristol die Hauptserie Mk. IV mit einem längeren Fahrwerk, größerem Gepäckraum und höherem Startgewicht. Gebaut wurden Mk. IV-Varianten als HR.14 für SAR-Missionen der RAF (85 St.), Mk. 14 für die belgische Luftwaffe (3 St.) und für SAR-Einsätze der australischen Navy Mk. 50 (3 St.) und HC.51 (7 St.). Als Mk. 52 gingen ab Mai 1957 50 an die deutsche Luftwaffe und Marine.

Inklusive der Prototypen lieferte Bristol bis Mai 1958 180 Hubschrauber aus.

Bemerkungen: Die Sycamore war der erste in Großbritannien serienmäßig hergstellte Helikopter, der auch bei der RAF im Dienst war, unter anderem auch bei Militäreinsätzen in Aden, Zypern und Malaysia. Universell einsetzbar, wurde er hauptsächlich für Such- und Rettungsflüge und Verwundetentransporte, aber auch für Passagier- und Frachttransporte, sowie zur Schulung genutzt. Um zusätzlichen Platz für Tragbahren zu schaffen ließen sich verbreiterte Plexiglas-Türen einsetzen (Bild/Zeichnung) und es gab Beschläge für eine montierbare hydraulische Seilwinde und externe Lasten. Allerdings wurde die Sycamore mit ihren eher mittelmäßigen Leistungen und speziellen Designmerkmalen wie z. B. Holzrotoren schon nach einer durchschnittlichen Dienstzeit von rund 15 Jahren außer Dienst gestellt.

Die letzte flugfähige Sycamore betreibt ein Getränkehersteller in Salzburg, Österreich. Neben Museumsstücken vor allem in Großbritannien, steht eine im Hubschraubermuseum in Bückeburg.

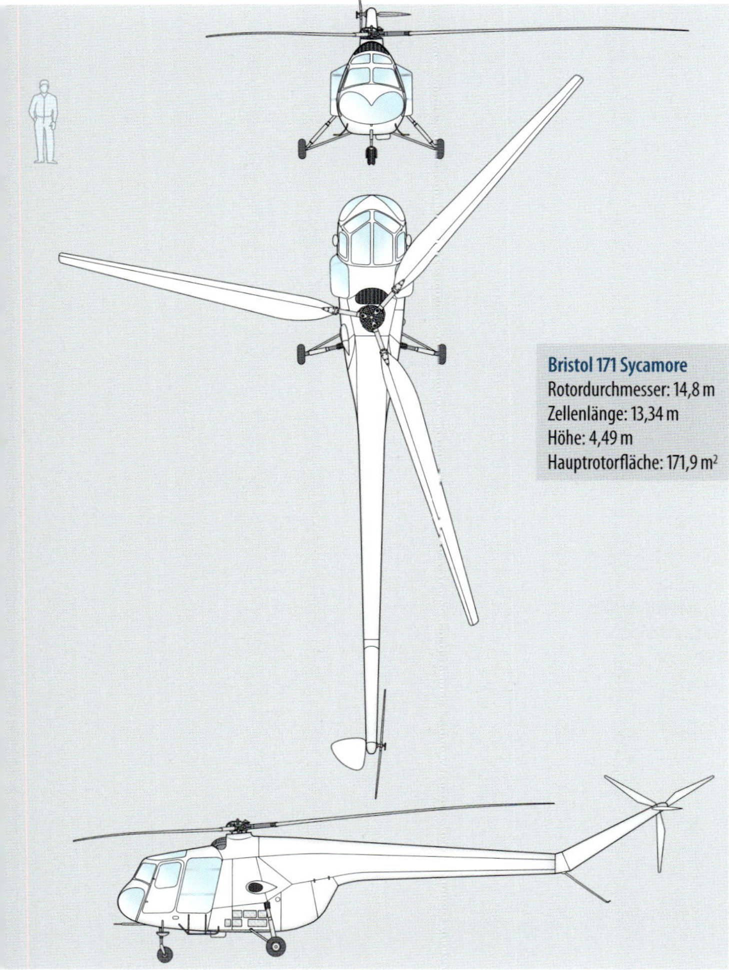

Bristol 171 Sycamore
Rotordurchmesser: 14,8 m
Zellenlänge: 13,34 m
Höhe: 4,49 m
Hauptrotorfläche: 171,9 m²

Besatzung: 1 – 2
Triebwerk: (Mk. IV) Ein luftgekühlter 9-Zylinder-Sternmotor Alvis Leonides Mk. 17 3102 mit 410 kW (557 PS).
Leistungen: Höchstgeschwindigkeit 204 km/h, Reisegeschwindigkeit 170 km/h, Dienstgipfelhöhe 4880 m, Reichweite 375 km.
Gewichte: Leermasse 1804 kg, Abflugmasse 2450 kg.

De Havilland DH. 98 Mosquito

Ursprungsland
Großbritannien
Kategorie
Jagdbomber

Entwicklung: Bereits 1938 wurde mit der Entwicklung eines leichten zweimotorigen, komplett aus Holz hergestellten, schnellen Bombers unter der Leitung von G. de Havilland begonnen. Die Holz-Halbschalen des Rumpfes wurden über einer Positivform gebaut, die Flügel in einem Stück. Erstflug war im November 1940. Nach dem Bau von 3 Prototypen begann bereits im Juli 1941 die Auslieferung der ersten Serienmaschinen. Das Flugzeug hatte genug Potenzial zur Weiterentwicklung und wurde in zahllosen Varianten in unterschiedlicher Bauweise, Motorisierung, Ausrüstung und Bewaffnung als Photoaufklärer, Bomber, Jäger, Nachtjäger mit Radardom, Jagdbomber, trägergestützter Torpedobomber mit klappbaren Flügeln, Trainer und Zielschlepper gebaut. Die größte Stückzahl mit 2718 Stück erreichte der Jagdbomber Mk. VI (Bild unten).

Mosquito F.B. Mk.VI

Bis 1950 sind 6710 Mosquitos in drei Werken in Großbritannien produziert worden. Dazu kommen 1134 in Kanada und 212 in Australien.

Bemerkungen: Wegen der hohen Geschwindigkeit und Möglichkeit sehr hoch zu fliegen, war der Aufklärer ohne Abwehrbewaffnung, auch als „Wooden Wonder" bezeichnet, fast unangreifbar und wurde zu Beginn des Krieges deshalb in Deutschland als „Moskito-Plage" bezeichnet. Erreicht wurde dies durch eine konsequent aerodynamische und leichte Holz-Bauweise. Beim weltweiten Einsatz, z. B. in den Tropen war der Holzbau jedoch problematisch und führte vereinzelt zu Strukturbrüchen. Exportiert wurde die DH. 98 nach Belgien, Australien, National-China, Tschechoslowakei, Frankreich, Neuseeland, Norwegen, Südafrika, Türkei und Jugoslawien. Die letzten RAF-Mosquitos als Zielschlepper wurden erst im Mai 1963 außer Dienst gestellt.

Weltweit existieren noch flugfähige Exemplare, einige werden momentan flugfähig restauriert. Ca. 30 Mosquitos stehen in Museen, davon drei im de Havilland Aircraft Museum in London.

Besatzung: 2
Triebwerke: (Mk. VI) Zwei flüssigkeitsgekühlte V12-Zylinder-Motoren Rolls-Royce Merlin 25s mit je 1219 kW (1635 PS).
Leistungen: (Mk. VI) Höchstgeschwindigkeit 608 km/h in 3960 m, max. Höchstgeschwindigkeit 683 km/h, Reisegeschwindigkeit 320 km/h, Dienstgipfelhöhe 10 050 m, maximale Reichweite 1930 km mit Zusatztanks.
Gewichte: (Mk. VI) Leermasse 6486 kg, Abflugmasse 9298 kg.
Bewaffnung: (Mk. VI) Je vier Maschinenkanonen im Bug und vier Maschinenkanonen unter dem Rumpf.
Maximal 910 kg Bomben intern und an Flügelstationen und 8 ungelenkte Raketen.

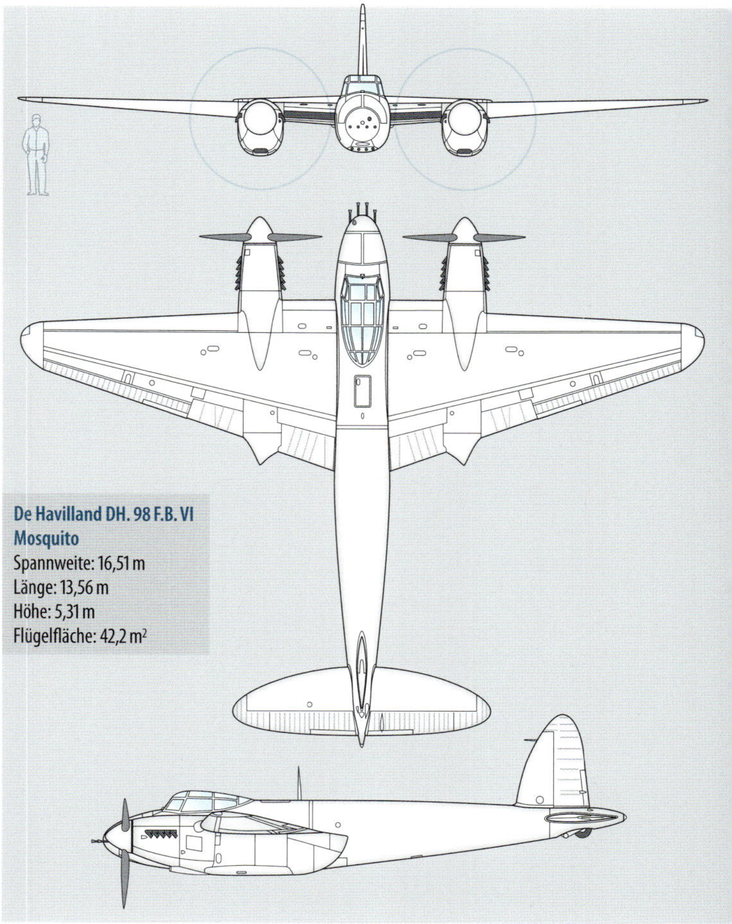

De Havilland DH. 98 F.B. VI Mosquito
Spannweite: 16,51 m
Länge: 13,56 m
Höhe: 5,31 m
Flügelfläche: 42,2 m²

De Havilland DH. 100 Vampire

Ursprungsland
Großbritannien
Kategorie
Jagdbomber

Entwicklung: Anfang 1941 begann de Havilland mit der Entwicklung des experimentellen Kampfflugzeugs DH. 99, das mit dem damals revolutionären Jet-Antrieb ausgestattet werden sollte. Mit fortschreitender Entwicklung kam schließlich die erste DH.100 im September 1943 in die Luft. Um auf ein leistungsminderndes langes Schubrohr des noch schwachen Triebwerks verzichten zu können, wurde ein sehr kurzer Rumpf mit Doppelausleger-Leitwerk gewählt, dessen Cockpit und Bug noch aus Holz gebaut wurde. Im Mai 1944 erhielt de Havilland den ersten Serienauftrag, die erste Serienmaschine flog wegen hoher Betriebsauslastung aber erst im April 1945. Die Produktion kam, trotz Kriegsende, schnell in Fahrt. Zahlreiche Varianten und Exportversionen mit immer wieder verbesserter Ausrüstung und weiterentwickelten Triebwerken, auch mit Rolls-Royce Nene, wurden bis Ende 1953 produziert. Darunter der doppelsitzige Nachtjäger DH. 113 mit Radar, auf dessen Basis der Trainer DH. 115 konstruiert wurde, aber auch spezielle, trägergestützte Sea-Vampires für die Royal Navy. Alleine vom Jagdbomber FB. 5, Erstflug Juni 1948, mit kürzeren, aber verstärkten Tragflächen wurden 1123 ausgeliefert, davon 930 für die RAF.

In Großbritannien fertigte de Havilland 3269 Vampires und Australien, Frankreich, Italien und die Schweiz unter Lizenz zusammen 1067.

Bemerkungen: Mit ihren damals sehr guten Flugleistungen wurde die Vampire schnell zum Erfolgsmodell. Ihre herkömmliche Konstruktion, relativ einfache Wartung, Robustheit und die günstigen Exportbedingungen ermöglichte rund 30 Ländern, darunter Ägypten, Kanada, Norwegen, Österreich und Finnland den Einstieg ins Jet-Zeitalter. Die RAF flog ihre Jets bis 1953 in den ersten Linien und ersetzte sie durch Hawker Hunter (S. 64) und Gloster Javelins (S. 58), nutzte sie aber bis 1966 weiter zur Ausbildung und zum Training, während andere Staaten sie bis in die 1980er-Jahre flogen und die Schweizer Luftwaffe ihre Vampires erst 1990 außer Dienst stellte.

Angeblich existieren noch über 30 flugfähige DH. 100, z. B. zwei beim Norwegian Air Force Historical Squadron, sowie zahllose Museumsexemplare, wie z. B. im Technikmuseum Speyer.

Mit Side-by-Side-Cockpit ähnlich der Mosquito, die von der DH.100 abgeleitete Trainerversion DH. 115 Mk. 55 der finnischen Luftwaffe.

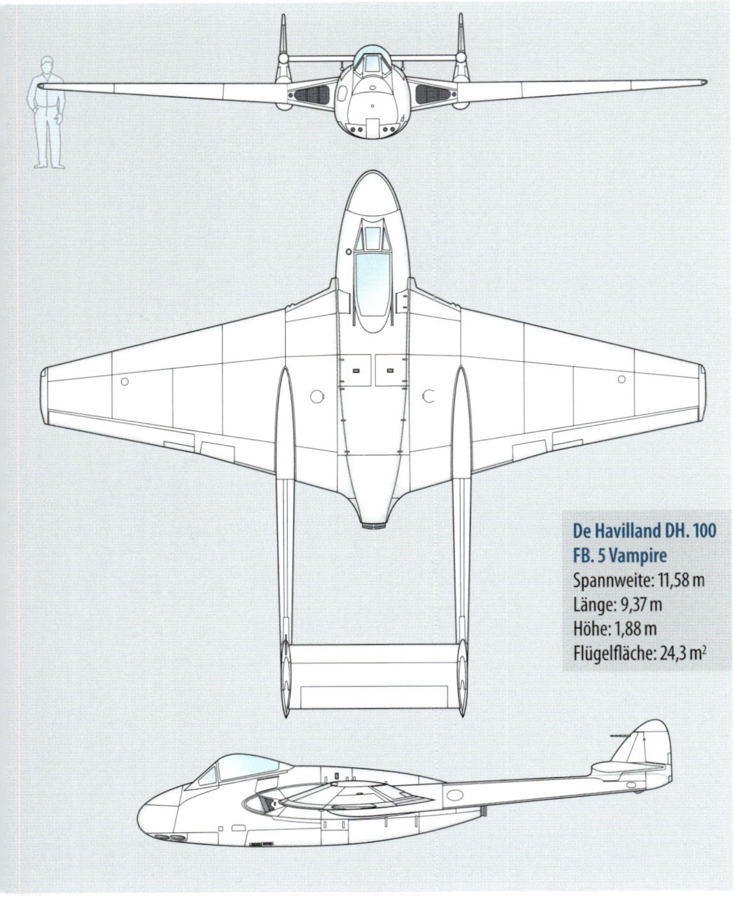

De Havilland DH. 100 FB. 5 Vampire
Spannweite: 11,58 m
Länge: 9,37 m
Höhe: 1,88 m
Flügelfläche: 24,3 m²

Besatzung: 1
Triebwerk: (FB. 6) Ein Radialstrahltriebwerk de Havilland Goblin 3 mit 14,9 kN Schub.
Leistungen: (FB. 6) Höchstgeschwindigkeit 882 km/h, Reisegeschwindigkeit 667 km/h, Dienstgipfelhöhe 13 000 m, Reichweite 1960 km.
Gewichte: (FB. 6) Leermasse 3304 kg, maximale Abflugmasse 5620 kg.
Bewaffnung: (FB. 6) Vier MKs im Bug, acht Raketen an Flügelstationen oder bis zwei 225 kg-Bomben oder zwei Tiptanks.

De Havilland DH. 103 Hornet

Ursprungsland
Großbritannien
Kategorie
Jagdflugzeug, Jagdbomber, Aufklärer

Entwicklung: Auch in Holzbauweise, die sich bei der Mosquito (S. 47) bewährte, entwickelte de Havilland ab 1942 in Eigeninitiative den einsitzigen Langstreckenjäger Hornet, von dem im Juni 1943 zwei Prototypen in Auftrag gegeben wurden. Bereits im Juli 1944 hob das erste Flugzeug ab. Die aerodynamisch sauber konstruierte Maschine mit speziellen „Slimline-Merlins" zeigte schon bei der Erprobung exzellente Flugleistungen und für eine Zweimot gute Manövriereigenschaften. Nach geringen Änderungen begann im Dezember 1944 die Serienfertigung mit der F Mk. I. Die RAF erhielt die ersten von 60 bestellten Hornets im April 1945. Auf Basis der Mk. I wurden 5 unbewaffnete Foto-Aufklärer PR. Mk. II ausgeliefert. Die höchste Auflage erreichte die F Mk. III mit 132 Exemplaren, die lediglich größere Tanks besaß. Mit reduziertem Rumpftank, um Kameras einzubauen, lieferte man 12 F Mk. IV als Aufklärer aus. Mit den guten Leistungen ließ sich die Hornet auch auf Flugzeugträgern einsetzen und man baute einige Mk. I zu Sea Hornets um. Erstflug war im April 1945. Mit faltbaren Flügel und größerem Seitenruder wurden nach der Erprobung im Juni 1947 die ersten von 79 Sea Hornet F. 20 ausgeliefert. Als zweisitziger Nachtjäger NF. 21 mit 2030 PS-starken Merlin 133/134 wurden 72 gefertigt und vom unbewaffneten Fotoaufklärer PR. 22 23 Stück.

Ein trägergestützter Nachtjäger NF. 21 Sea Hornet mit Bugradar, einem hinteren, zweiten Cockpit für den Radaroperator und Flammenvernichtern an den beiden Merlins.

De Havilland produzierte bis Juni 1952 insgesamt 383 Hornets aller Varianten.

Besatzung: 1
Triebwerke: (Mk. III) Zwei flüssigkeitsgekühlte V-12 Kolbenmotoren Rolls-Royce Merlin 130/131 mit je 1494 kW (2070 PS).
Leistungen: (Mk. III) Höchstgeschwindigkeit 760 km/h in 6700 m Höhe, Dienstgipfelhöhe 10 700 m, Reichweite 4830 km.
Gewichte: (Mk. III) Leermasse 5842 kg, maximale Abflugmasse 9480 kg.
Bewaffnung: (Mk. III) Vier MKs im Bug, maximal 907 kg Bomben oder Raketen an 8 Flügelstationen.

Bemerkungen: Für die Missionen gegen Japan während des Pazifikkriegs kam die Hornet zu spät. Sie wurde aber ab 1951 als Ersatz für Beaufighters und Spitfires auch im Fernen Osten stationiert, und als Jagdbomber in Malaysia gegen Rebellen eingesetzt. Ein Problem blieb die empfindliche Holzbauweise, vor allem auf See und in den Tropen und nach relativ kurzer Einsatzzeit wurde im Juni 1955 die letzte Hornet-Einheit auf Vampire (S. 48) umgerüstet. Alle Flugzeuge wurden ausgeschlachtet und verschrottet.

Nur eine Hornet überlebte bei einem privaten Luftvermessungsunternehmen in Kanada. Von ihr blieben aber nur Fragmente erhalten, die bei einer neuseeländischen Firma als Basis für eine flugfähige Hornet dienen sollen.

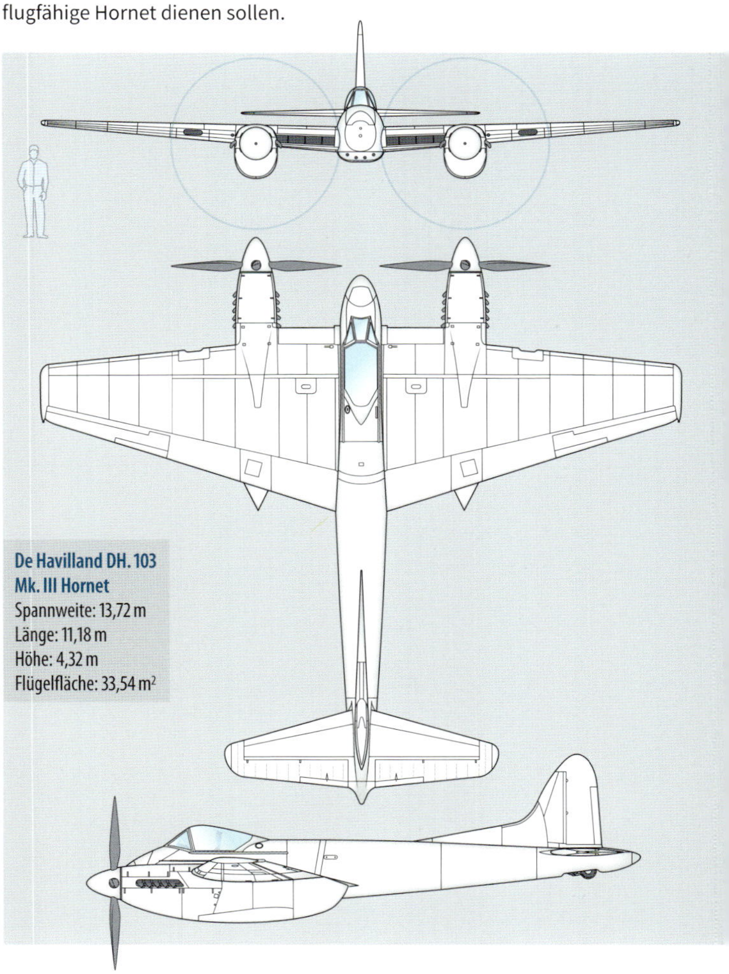

De Havilland DH. 104 Dove

Ursprungsland
Großbritannien
Kategorie
Transportflugzeug

Entwicklung: Um 1944 begann de Havilland mit der Entwicklung eines Nachfolgers des in Holzbauweise hergestellten Doppeldeckers de Havilland Dragon Rapide. Der zweimotorige Tiefdecker in Ganzmetallbauweise war mit einem einziehbaren Fahrwerk und Propellern mit Schubumkehr ausgestattet und bot Platz in einer nicht bedruckten Kabine für bis zu 11 Passagiere oder fast eine Tonne Fracht. Üblicherweise bestand die Crew aus Pilot und Funker, es konnte aber auch ein Doppelsteuer installiert werden. Erstflug war im September 1945 und nach relativ problemloser Erprobung wurde im Dezember 1946 die erste zivile Dove ausgeliefert. Zahlreiche Varianten, die sich in der Inneneinrichtung und der Motorisierung unterschieden, wurden je nach Kundenvorstellung produziert. Während die Basisversion Dove 1 als Transporter für 11 Passagiere mit 330 PS Gipsy Queens angetrieben wurde, war die Executive-Version Dove 2 mit 330 bzw. 340 PS starken Gipsy Queens motorisiert. Militärische Dove 4 wurden als Devon C bezeichnet. 30 Devon C Mk. 1 lieferte de Havilland als Transport, Verbindungs- und Kurierflugzeuge ab 1947 an die RAF aus. Mit einem Cockpit-Update und neuen Gipsy Queen 175 mit je 400 PS wurden die Mk. 1 zur Mk. 2. An die Royal Navy lieferte de Havilland 13 ehemals zivile Doves als Devon C Mk. 20 aus. Als Dove 5 bezeichnet man Dove 1 mit 380 PS-Antrieben und Dove 6 war eine Executiveversion der Dove 2 mit 380 PS-Motoren. Mit der Dove 7 und 8 wurden 400 PS-Motoren eingeführt und als Geschäftsreiseflugzeug oder als leichtes Verkehrsflugzeug eingesetzt.

Insgesamt lieferte de Havilland bis Februar 1968 544 Zweimots aus, davon 127 militärische Devon und 13 Sea Devons.

Bemerkungen: Die Dove war ein würdiger Nachfolger der Dragon Rapide, obwohl sie teurer in der Anschaffung und im Unterhalt war. Sie war angenehm zu fliegen, einfach zu warten und robust und ständige Weiterentwicklungen führten mit bis zu 400 PS starken Motoren schließlich auch zu höheren Zuladungen. Damit war sie nicht nur ein Verkaufserfolg bei weltweit zahlreichen zivilen Abnehmern. Fluggesellschaften flogen sie als Zubringer, Geschäftsleute, vor allem in den USA nutzten sie als Business-Liner. Sie war auch bei über zwanzig Streitkräften auf allen Kontinenten ein beliebtes Mehrzweckflugzeug. Alleine Argentinien erwarb 70 Flugzeuge, die sie bei der Luftwaffe, der Küstenwache und der Polizei einsetzte. Die Royal Air Force nutzt ihre Doves weltweit für die unterschiedlichsten Aufgaben. Neben klassischen Transport-, Verbindungs- und Kuriermissionen flogen die Maschinen in einer Testpilotenschule, im Fischereischutz, als Trainer, VIP- und Crew-Transporter usw.

Man geht von 10 – 12 flugfähigen DH. 104 weltweit aus und zahlreichen Museumsexemplaren. Eine wird auch noch in Deutschland betrieben.

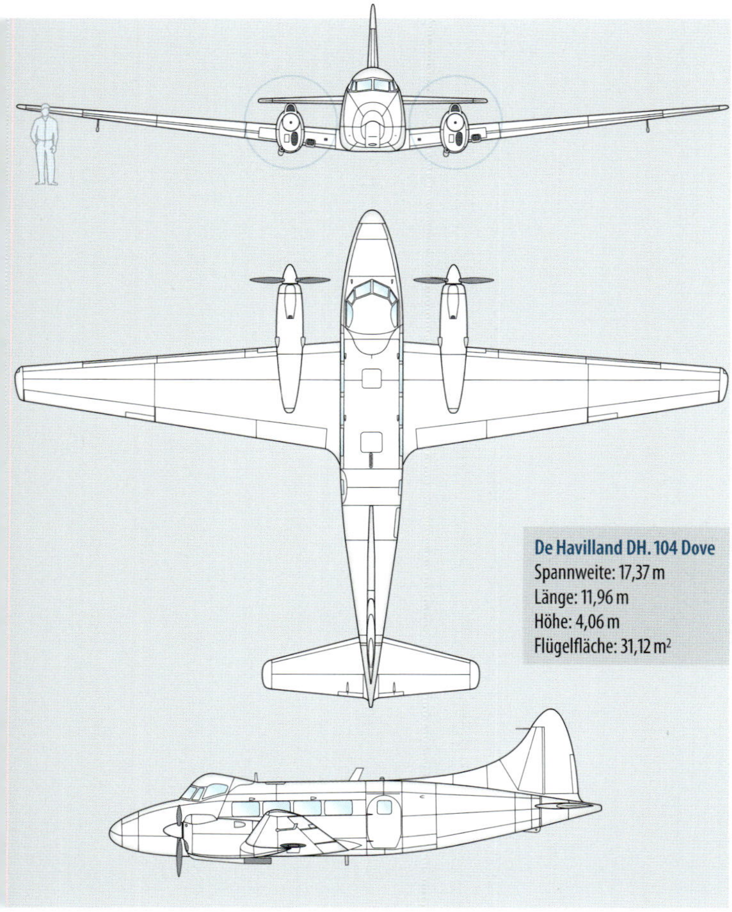

De Havilland DH. 104 Dove
Spannweite: 17,37 m
Länge: 11,96 m
Höhe: 4,06 m
Flügelfläche: 31,12 m²

Besatzung: 1 – 2
Triebwerke: Zwei luftgekühlte 6-Zylinder-Reihenmotoren de Havilland Gipsy Queen 70 Mk. 2 mit je 280 kW (380 PS).
Leistungen: Höchstgeschwindigkeit 325 km/h, Reisegeschwindigkeit 288 km/h, Dienstgipfelhöhe 6100 m, Reichweite 1720 km.
Gewichte: Leermasse 2621 kg, Abflugmasse 4060 kg.

De Havilland DH. 110 Sea Vixen

Ursprungsland
Großbritannien
Kategorie
Allwetter-Abfangjäger

Entwicklung: Im Januar 1947 erschien eine Spezifikation der Royal Navy für einen trägergestützten, zweistrahligen Allwetter- und Nachtjäger, für die fünf Firmen Entwürfe einreichten. De Havillands Vorschlag basierte auf einem früheren Entwurf für die RAF, von dem im Juni 1948 die Navy und RAF drei Prototypen und später weitere acht zur gemeinsamen Erprobung bestellte, jedoch im Juni 1952 auf zwei reduzierte. Bereits im September startete die DH. 110 zum Erstflug, der zweite Prototyp im Juli 1952. Mit seinem Twin-Boom-Design war der zweistrahlige Jet deutlich leistungsstärker als die zu ersetzende Sea Venom (S. 52). Der Pilot saß auf der linken Seite und der Navigator/Radaroperator auf der rechten in einem kleinen Compartment. Die Erprobung verlief relativ ereignislos, bis im September 1952 bei einer Flugschau das Flugzeug in der Luft zerbrach. Nach umfangreichen Untersuchungen und Modifikationen flog im Juni 1955 der dritte Prototyp, dem eine Order der Navy von 75 Exemplaren vorausging. Die RAF stieg schon vorher aus dem Vertrag aus. Die erste Serienmaschine FAW 1 (Fighter All Weather Mark 1), von schließlich 119 bestellten, flog im März 1957. Währenddessen arbeitet man an einer verbesserten Version FAW 2, die erstmals im Juni 1962 abhob. Neben Detailverbesserungen wurden nach vorn verlängerte Heckausleger über dem Flügel montiert, um mehr Kerosin tanken zu können. Dazu kam neue Elektronik und die Möglichkeit, gelenkte Luft-Luft-Raketen zu verschießen. Die ersten von 29 neu gebauten FAW 2 wurden 1964 in Dienst gestellt. 16 FAW 1 wurden zusätzlich auf FAW 2-Level gebracht.

Insgesamt wurden nur 148 Sea Vixen produziert.

Bemerkungen: Nachdem sich die RAF für die Gloster Javelin (S. 58) entschied, blieb die Royal Navy der einzige Betreiber der Sea Vixen, die sie teilweise auch als Jagdbomber und Aufklärer von ihren Flugzeugträgern aus einsetzte. Bei seinen Piloten war der erste Navy-Jet, der nur mit Raketen bewaffnet war, offensichtlich beliebt, dagegen sprachen aber insgesamt 55 Totalverluste. Die Sea Vixen nahm nur unterstützend an Kampfhandlungen 1961 in Kuwait und 1964 in Tansania teil, überwachte die Öltransporte in diversen Seegebieten und diente dem Schutz britischer Interessen im gesamten weltweiten Bereich des Commonwealth. Um 1966 stellte die Navy die ersten FAW 1 außer Dienst und ab 1972 die neueren FAW 2, die durch F-4 Phantom ersetzt wurden. Einige wenige baute man noch zu Drohnen D. 3 und Zielschleppern TT. 2 um.

Zahlreiche Vixen wurden an überwiegend britische Museen abgegeben, eine z. B. an das Imperial War Museum in Duxford, Großbritannien.

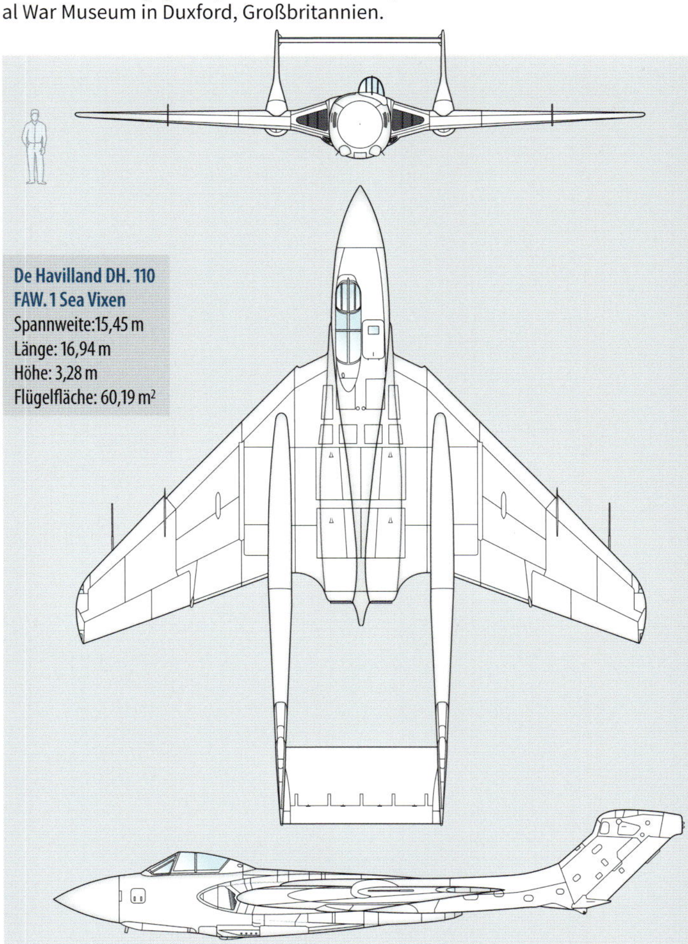

De Havilland DH. 110 FAW. 1 Sea Vixen
Spannweite: 15,45 m
Länge: 16,94 m
Höhe: 3,28 m
Flügelfläche: 60,19 m²

Besatzung: (FAW 2) 2
Triebwerke: (FAW 2) Zwei Axialstrahltriebwerke Rolls-Royce Avon 208 mit je 50 kN Schub.
Leistungen: (FAW 2) Höchstgeschwindigkeit 1110 km/h, Dienstgipfelhöhe 14 600 m, Reichweite 1000 km.
Gewichte: (FAW 2) Leermasse 12 679 kg, Abflugmasse 18 858 kg, maximale Abflugmasse 21 205 kg.
Bewaffnung: (FAW 2) Zwei einziehbare Raketenbehälter für je 14 ungelenkte Luft-Luft-Raketen, vier Luft-Luft- oder Luft-Boden-Raketen an Außenstationen.

De Havilland DH. 112 Venom

Ursprungsland
Großbritannien
Kategorie
Jagdbomber

Entwicklung: Schon 1948 arbeitet de Havilland an einer leistungsstärkeren Vampire-Variante FB. 8. Die Forderung nach einem wendigeren Kampfbomber als Übergangslösung zu leistungsfähigeren Jets führte schließlich zu einer überwiegend neuen Konstruktion, der DH. 112 Venom. Der in ansonst in Ganzmetall hergestellte Jagdbomber hatte zwar noch ein Verbundholzcockpit, aber das nun verbaute neue de Havilland Ghost-Triebwerk und der leicht gepfeilte, dünnere Flügel mit Tiptanks erzielte deutlich bessere Leistungen. Im September 1949 erfolgte der Erstflug, dem ausgiebige Tests folgten, auch noch mit den ersten von 375 FB. 1-Serienmaschinen, die ab 1952 ausgeliefert wurden. Schon im August 1950 flog der NF. 2-Nachtjäger, ein Side-by-side-Doppelsitzer mit einer längeren Radarnase (Zeichnung), in dessen Weiterentwicklung NF. 3 ein leistungsfähigeres Triebwerk und ein neues Radar installiert wurde. Die mit 250 Exemplaren letzte große Baureihe des einsitzigen Jagdbombers FB. 4 erhielt strukturelle Verstärkungen, ein Ghost 105-Triebwerk, servogesteuerte Querruder, ein neu gestaltetes Seitenruder und endlich einen Schleudersitz(!). Für die Fleet Air Arm entwickelte de Havilland aus dem doppelsitzigen Nachtjäger die Sea Venom FAW. 20 mit Klapptragflächen und optimiertem Fahrwerk, die im April 1951 erstmals flog und im März 1954 in Dienst gestellt wurde. Weiterentwicklungen mit jeweils stärkeren Triebwerken waren die FAW. 21 und 22, von denen man einige noch für ECM-Missionen umrüstete.

Insgesamt wurden 1431 Venoms ausgeliefert. Davon baute die französische SNCASE 95 Sea Venoms als Aquilon in Lizenz und die schweizer FMA 126 FB. 1, 24 FB.1 R Fotoaufklärer und 100 FB. 4 A.

Bemerkungen: Auch die Venom entwickelte sich, wie die Vampir, zu einem beliebten Exportflugzeug für de Havilland. Neben den Lizenzflugzeugen in Frankreich und der Schweiz flogen sie im Irak, Italien, Jordanien, Neuseeland, Schweden und Venzuela. Großbritannien stationierte zahlreiche Venoms unter anderem auch in Deutschland, sowie auf Überseestützpunkten, und setzte sie in Auseinandersetzungen weltweit ein. So z. B. Mitte der 1950er-Jahre zur Rebellenbekämpfung in Malaysia, während der Suezkrise 1956, wo Sea Venoms von Flugzeugträgern aus Angriffe auf Ägypten flogen und beim Aufstand in Oman. Ab 1962 wurden die Flugzeuge nach relativ kurzer Einsatzdauer von den vorderen Linien zurückgezogen und durch leistungsfähigere Flugzeuge ersetzt. Die letzten Venom, Flugzeuge der schweizer Luftwaffe, wurden aber erst Ende 1983 außer Dienst gestellt.

Zahlreiche Venoms sind in den Betreiberländern erhalten geblieben. Eine findet man z. B. im Flieger Flab Museum, Dübendorf, Schweiz, aber auch im deutschen Technik Museum Sinsheim.

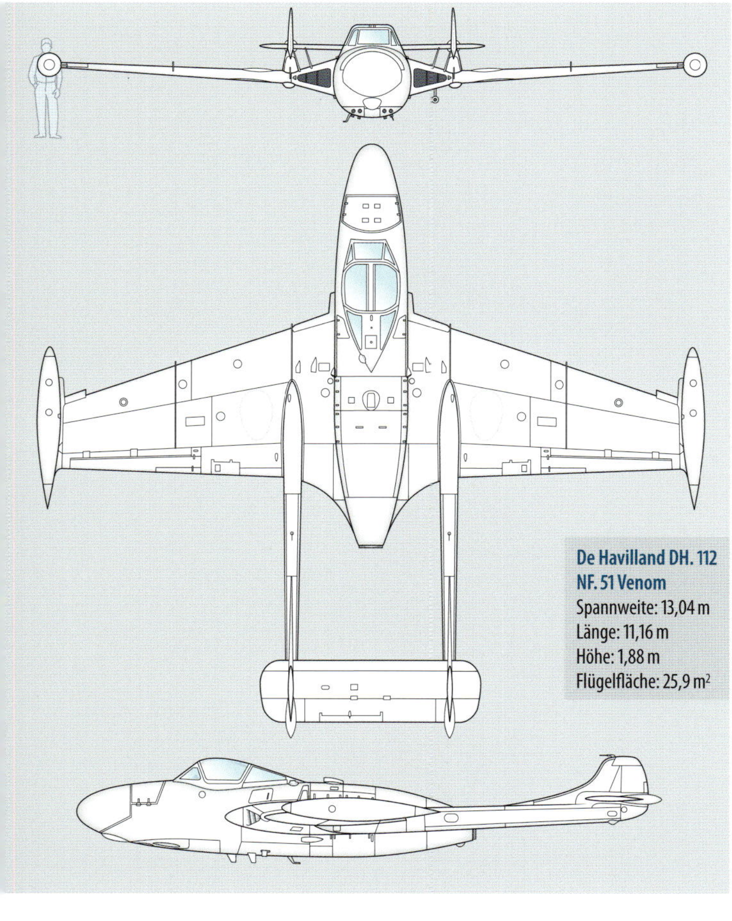

De Havilland DH. 112 NF. 51 Venom
Spannweite: 13,04 m
Länge: 11,16 m
Höhe: 1,88 m
Flügelfläche: 25,9 m²

Besatzung: (FB. 4) 1
Triebwerk: (FB. 4) Ein Radialstrahltriebwerk de Havilland Ghost 105 mit 22,9 kN Schub.
Leistungen: (FB. 4) Höchstgeschwindigkeit 1030 km/h, Reisegeschwindigkeit 960 km/h, Dienstgipfelhöhe 14 630 m, Reichweite 1730 km.
Gewichte: (FB. 4) Leermasse 4174 kg, Startmasse 6945 kg.
Bewaffnung: (FB. 4) Vier MKs im Bug, bis zu 908 kg Bomben oder Raketen an vier Flügelstationen.

De Havilland DH. 114 Heron

Ursprungsland
Großbritannien
Kategorie
Transportflugzeug

Entwicklung: Als vergrößerte Variante der zweimotorigen Dove (S. 50) entwarf de Havilland die DH. 114 Heron, die sich im Wesentlichen auf Baugruppen der Dove stützte. Der Rumpf wurde verlängert, die Spannweite vergrößert, um die beiden zusätzlichen Motoren unterzubringen. Der Prototyp hob erstmals im Mai 1950 ab. Nach erfolgreicher Erprobung begannen die Auslieferungen noch Ende 1950 mit einer Maschine nach Neuseeland. Die Baureihe Heron 1 zeichnete sich durch ein einfach zu wartendes Festfahrwerk aus, war mit ihren relativ schweren Motoren allerdings untermotorisiert. Es wurden lediglich 49 Exemplare ausgeliefert. Mit der Heron 2 wurde schließlich ein Einziehfahrwerk installiert, das bei gleicher Motorisierung eine etwas höhere Geschwindigkeit brachte. Es gab fünf Varianten: Heron DH. 114 A Privatflugzeug, B mit erhöhtem Abfluggewicht, C Propeller einstellbar auf Segelstellung, D erhöhtes Abfluggewicht und E als VIP-Transporter. Die Heron C 2 basierte auf der B 2 und war ein Einzelstück für die RAF. Beide C 3 und eine einzelne C 4 wurden von der RAF für den Queen's Flight genutzt. Für die Royal Navy baute de Havilland 1961 drei Heron 2 und zwei Heron 2 B zum Transport- und Verbindungsflugzeug Sea Heron C Mk. 20 um. Eine unbekannte Zahl rüstete eine amerikanische Firma auf leistungsstärkere luftgekühlte 6-Zylinder-Boxermotoren von Lycoming um. Bei 12 Herons reduzierte die kanadische Firma Saunders von vier Gipsy Queens auf zwei 750 PS PT-6-Propellerturbinen und verlängerte den Rumpf, der nun 23 Passagiere fassen konnte. Eine geplante Variante mit Druckkabine wurde jedoch nicht mehr realisiert.

Bei de Havilland rollten bis 1963 149 Herons aus den Werkhallen.

Bemerkungen: Mit der Viermot konnte De Havilland den Markt für ein einfaches und robustes Kurz- und Mittelstreckenflugzeug bedienen, das auch in weniger erschlossenen Ländern eingesetzt werden konnte. Einige wurden auch von großen Unternehmen als geräumiger Business-Liner genutzt. Allerdings war sie mit 149 Exemplaren im Gegensatz zur Dove, kein Verkaufsschlager und hatte mit 49 Totalschäden eine relativ hohe Unfallrate. Obwohl die britischen Militärs nur vier Herons für VIP-Flüge bereitstellte und die Royal Navy lediglich fünf Sea Herons einsetzte, fand sich die Viermot bei etlichen Streitkäften, hauptsächlich als Verbindungsflugzeug und VIP-Transporter. Dazu zählten Südafrika, Malysia, Kuwait, Joranien, Irak und Sri Lanka. Auch die Flugbereitschaft der Bundeswehr flog von 1957 bis 1963 zwei DH.114 Mk.2 D als VIP-Transporter.

Zahlreiche Herons sind weltweit in Museen zu finden. Eine steht z. B. im de Havilland Museum in London Colney, Großbritannien und eine im Västerås Flygmuseum, Västerås, Schweden.

Besatzung: 2
Triebwerke: (2 D) Vier luftgekühlte 6-Zylinder-Reihenmotoren de Havilland Gipsy Queen 30 Mk. 2 mit je 186 kW (250 PS).
Leistungen: (2 D) Höchstgeschwindigkeit 295 km/h, Reisegeschwindigkeit 288 km/h, Dienstgipfelhöhe 5600 m, Reichweite 1470 km.
Gewichte: (2 D) Leermasse 3705 kg, Abflugmasse 6136 kg.

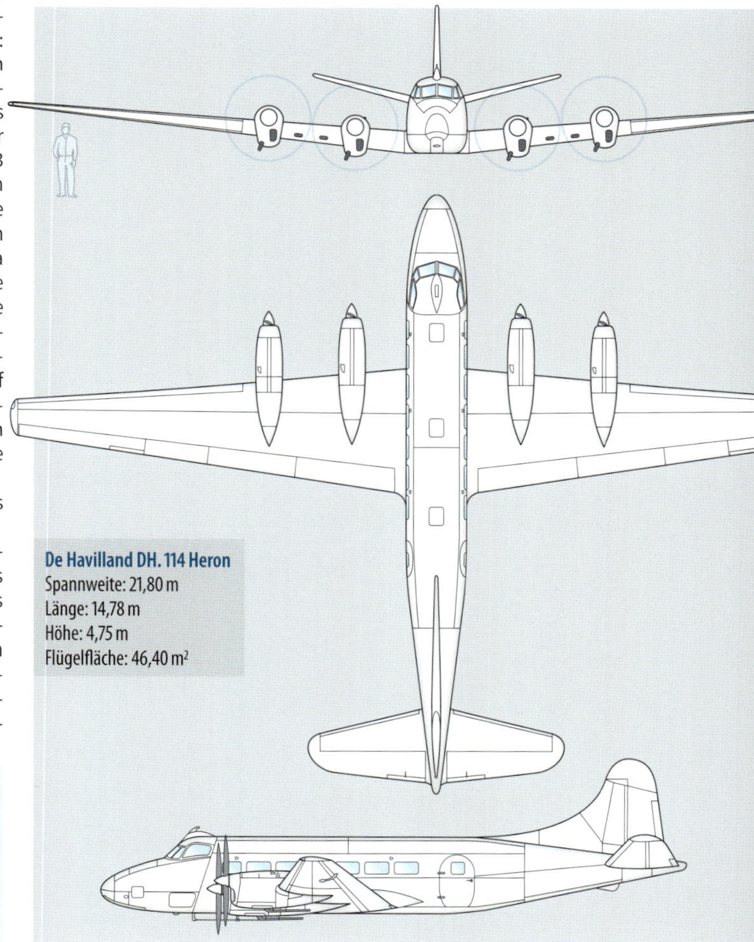

De Havilland DH. 114 Heron
Spannweite: 21,80 m
Länge: 14,78 m
Höhe: 4,75 m
Flügelfläche: 46,40 m²

English Electric Canberra

Ursprungsland
Großbritannien
Kategorie
Leichter Bomber, Aufklärer

Entwicklung: Eereits 1944 suchte die RAF einen Nachfolger für die Mosquito (S. 47), der von in Entwicklung befindlichen Strahltriebwerken angetrieben werder sollte. Im Januar 1946 bestellte das Luftfahrtministerium nach mehreren Überarbeitungen vier Prototypen der A. 1, die in Halbschalen-Ganzmetallbauweise noch teilweise auf Konstruktionselementen früherer Flugzeuge basierte. So verzichtete man z. B. noch auf gepfeilte Flügel. Der Erstflug verzögerte sich jedoch durch zahlreiche Änderungen und die schwierige Entwicklung des Avon-Triebwerks. Erst im Mai 1949 hob der Prototyp ab. Die Erprobung verlief relativ problemlos, u. A. wurdem Tiptanks eingeführt und die Besatzung um einen Bombenschützen erweitert, weil das Radar noch nicht verfügbar war. Bereits im März 1949 bestellten die RAF die ersten 132 B. 2 von insgesamt 418, deren erste im April 1950 abhob. Der Beginn des Koreakrieges im Juni 1950 führte zu einem Anstieg der Bestellungen, so dass mehrere britische Firmen in die Produktion einbezogen werden mussten. Mit der 2. Generation ab der verlängerten B. 5, wurden Avon RA. 7 mit je 33,3 kN Schub und Flügeltanks eingeführt. Die 3. Generation, ab der B. 8, bekam ein nach links versetztes einzelnes Cockpit, rechts davon saß der Navigator im Rumpf. Ein Behälter mit vier MKs konnte mitgeführt werden, dazu kamen zwei Außenstationen für je 450 kg Bomben. Die Grundkonstruktion war so variabel, dass ca. 40 Versionen abgeleitet werden konnten, darunter Nacht-Jagdbomber, Höhenaufklärer, Trainer, ECM-Maschinen, Zielschlepper, Radartrainer usw., dazu kamen noch spezielle Exportversionen. In Lizenz produziert wurden 451 bei Martin (S. 197) in den USA und 48 bei GAF in Australien.

Inklusive der Lizenzproduktionen wurden bis 1961 1352 Canberras ausgeliefert.

Bemerkungen: Noch zur ersten Jet-Generation gehörend, war die Canberra, wegen ihrer damals enormen Geschwindigkeit und Flughöhe, ein Problem für feindliche Jagdflugzeuge und deshalb in zahlreichen Staaten, sogar in den USA, begehrt. Sie wurde, auch wegen der Anpassungsfähigkeit an verschiedene Rollen, zum Verkaufsschlager für English Electric. Die RAF flog sie als Höhenaufklärer, auch über Osteuropa und als leichten Bomber in der Suezkrise und in Malaysia, einige Betreiber bei lokalen Auseinandersetzungen in Asien und Afrika. Die USA setzten ihre bei Martin gebauten Canberras in Vietnam als Erdkämpfer und in einer modifizierten Version weltweit als Höhenaufklärer ein. Teilweise blieben die robusten Maschinen sehr lange Zeit in Betrieb: die letzten RAF-Bomber flogen bis 1972, die letzten RAF-Aufklärer wurden erst nach 55 Jahren 2006 außer Dienst gestellt.

Zahlreiche Canberras stehen in Museen. Eine z. B. im Technikmuseum Sinsheim, eine in der Flugausstellung Hermeskeil.

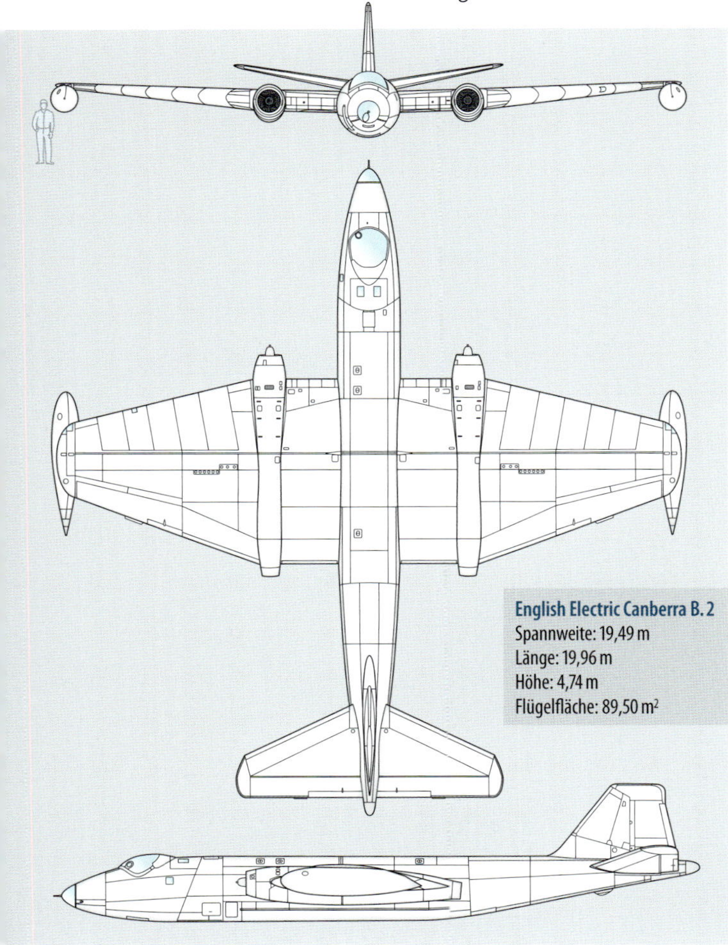

English Electric Canberra B. 2
Spannweite: 19,49 m
Länge: 19,96 m
Höhe: 4,74 m
Flügelfläche: 89,50 m²

Besatzung: (B. 2) 3
Triebwerke: (B. 2) Zwei Axialstrahltriebwerke Rolls-Royce Avon RA.3 mit je 28,8 kN Schub.
Leistungen: (B. 2) Höchstgeschwindigkeit 917 km/h, Dienstgipfelhöhe 14 600 m, maximale Reichweite 4280 km.
Gewichte: (B. 2) Leermasse 10 069 kg, maximale Abflugmasse 20 860 kg.
Bewaffnung: (B. 2) Bis zu 2720 kg Bomben im Schacht.

Fairey Firefly

Ursprungsland
Großbritannien
Kategorie
Trägergestütztes Kampfflugzeug, Aufklärer

Entwicklung: Als Nachfolger der Fairey Fulmar begann die Flugerprobung der Firefly im Dezember 1941. Die in Halbschalen-Ganzmetallbauweise hergestellte Maschine hatte seitlich an den Rumpf anklappbare Flügel, war mit Fairey-Youngman-Klappen, die niedrige Landegeschwindigkeiten ermöglichten, und mit einem Fanghaken für Trägerlandungen ausgestattet. Die erste Serienmaschine wurde im März 1943 ausgeliefert. Von der Mk. I (kleine Abb.) baute Fairey 429 Stück als Jäger und 376 als Aufklärer. Ständige Verbesserungen führten 1947 zur Mk. IV (große Abb.), mit kürzeren Flügeln, einem 2330 PS-starken Rolls-Royce Griffon 72 mit Kühler im Innenflügel. Weitere Nachkriegsvarianten waren die Mk. V (Zeichnung) mit amerikanischem Radar in Wingpods als Aufklärer, für Nacht- und U-Boot-Jagd und die mit britischem Radar ausgestattete Mk. VI, die ab 1949 produziert wurde. Von der Mk. I, II und Mk. V wurde auch eine kleinere Zahl als Nachtjäger (NF) ausgeliefert. Nur noch als Trainer und Zieldrohne nutzte man die Mk. VII. Sie war eine Interimslösung für die kommende, mit einer Propellerturbine angetriebene Fairey Gannett (Folgeseite). Von nahezu jeder Version wurde auch eine Trainerversion (T) mit einem erhöhten hinteren Ausbilder-Cockpit ausgeliefert.

Die Firefly Mk. I mit Kühler unter dem Bug, die ab 1943 ausgelieferte Serienversion mit einem 1730 PS-Rolls-Royce Griffon II B.

1956 endete die Produktion bei Fairey Aviation Company nach 1702 Fireflies.

Bemerkungen: Die Firefly war Großbritanniens wichtigstes trägergestütztes Flugzeug im Zweiten Weltkrieg. Ersten Einsätzen 1944, zum Beispiel gegen das deutsche Schlachtschiff Tirpitz, folgten Missionen im Pazifik gegen Japan und von 1950 bis 1953 im Koreakrieg. Gute Flugeigenschaften und eine hohe Zuverlässigkeit zeichnete das von seinen Piloten geschätzte Kampfflugzeug aus. Exportiert wurde die Firefly nach Australien (108 St.), Kanada (62 St.) und den Niederlanden (30 St.). Dänemark, Indien und Schweden (bis 1964) betrieben das Flugzeug als Zielschlepper und Äthiopien (23 St.) als Jagdbomber.

Heute existieren weltweit vermutlich noch 24 Exemplare in Museen, einige flugfähige Exemplare in den USA, Kanada und Australien.

Besatzung: 2
Triebwerk: (Mk. V) Ein flüssigkeitsgekühlter V12 Reihenmotor Rolls-Royce Griffon 74 mit 1651 kW (2245 PS).
Leistungen: (Mk. V) Höchstgeschwindigkeit 621 km/h in 4250 m Höhe, Dienstgipfelhöhe 8900, Reichweite 1060 km.
Gewichte: (Mk. V) Leermasse 4382 kg, maximale Abflugmasse 7291 kg.
Bewaffnung: (Mk. V) Je zwei Maschinenkanonen in den Flügeln und zwei 450 kg-Bomben oder acht Luft-Boden-Raketen an Flügelstationen.

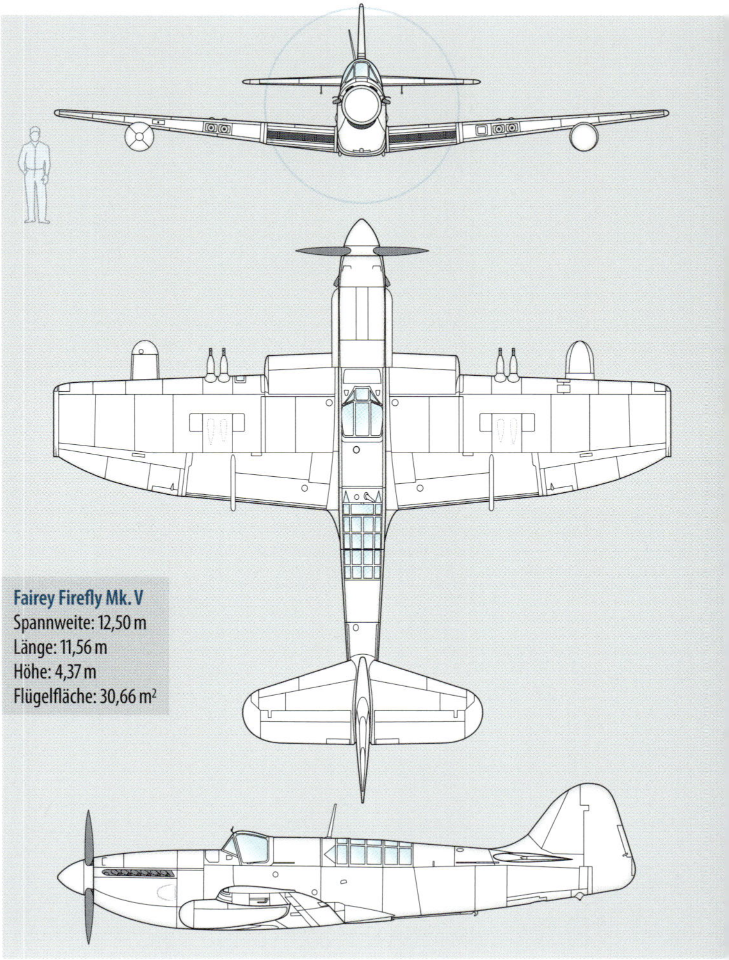

Fairey Firefly Mk. V
Spannweite: 12,50 m
Länge: 11,56 m
Höhe: 4,37 m
Flügelfläche: 30,66 m²

Fairey Gannet

Ursprungsland
Großbritannien
Kategorie
U-Boot-Jagdflugzeug

Entwicklung: Im August 1946 erhielt Fairey und Blackburn den Auftrag jeweils zwei Prototypen eines trägergestützten U-Boot-Jägers zu entwickeln. Erstflug bei Fairey war im September 1949. Das in Ganzmetallbauweise hergestellte Flugzeug wurde von einer Propellerturbine Double Mamba angetrieben, die aus zwei über ein Getriebe gekoppelten Turbinen bestand, die jeweils einen der gegenläufigen Propeller antrieben. So konnte, um Kerosin zu sparen, während des Reisefluges eine Turbine mit Propeller stillgelegt werden. In eigenen Kabinen saßen Pilot, Beobachter und Radaroperator, der das hinter dem Waffenschacht liegende ausfahrbare Radar der AS. 1 bediente. Die Flügel konnten zum platzsparenden Verstau über zwei Gelenke z-förmig gefaltet werden. Bereits im Juni 1953 wurden nach ausgiebigen Tests, die noch Änderungen nach sich zogen, die ersten von 183 AS.1-Serienmaschinen ausgeliefert. Im August 1954 flog auch die erste von 38 Gannet T.2, eine Trainervariante mit einem Periskop für den hinten sitzenden Fluglehrer. Um die Maschine für trägergestützte Frühwarnmissionen einzusetzen, wurde sie zur zweisitzigen AEW.3 (44 St.) grundlegend umkonstruiert (Bild). Sie erhielt einen modifizierten Rumpf mit einer 3875 PS starken Double Mamba, ein neues Cockpit und ein Compartment im Rumpf für den Radaroperator, der das voluminöse Radar unter dem Rumpf bediente. Ab 1955 wurden die ersten von 75 Maschinen der verbesserten AS.4-Version ausgeliefert, dazu 11 passende Trainer T.5. Für ECM-Missionen baute Fairey 9 AS.4 zur ECM.6 um.

Insgesamt rollten 348 Gannets bei Fairey aus den Werkhallen.

Bemerkungen: Großbritannien betrieb ihre Gannets überwiegend von Flugzeugträgern aus, einige wenige Trainer auch von Küstenbasen. Mitte der 1960er-Jahre wurden sie schließlich durch Westland Wessex-Hubschrauber ersetzt, ein Teil aber für ECM-Missionen weiter betrieben. Einige nutzte man auch als Transporter zu den Flugzeugträgern. Trotz des komplizierten Antriebs mit Doppelturbine und Getriebe gab es damit relativ wenig Probleme, allerdings sind insgesamt 52 Gannets in Großbritannien und Deutschland verloren gegangen. Neben Australien (33 AS.1 und 3 T.2) flog auch die indonesische Marine 18 AS.4 und T.5, die bis in die 1980er-Jahre im Einsatz waren. Auch die Marineflieger der Bundesrepublik erwarben 1958 15 AS.4 und eine T.5, die in U-Boot-Jagdstaffeln bis 1966 von Norddeutschland aus geflogen wurden, um dann von der Breguet Atlantic abgelöst zu werden.

Museumsexemplare stehen in Großbritannien, Australien, Indonesien und Deutschland. Eine z. B. in der Flugausstellung Hermeskeil, im militärhistorischen Museum Gatow, im Technikmuseum Speyer und im Marinefliegermuseum Nordholz.

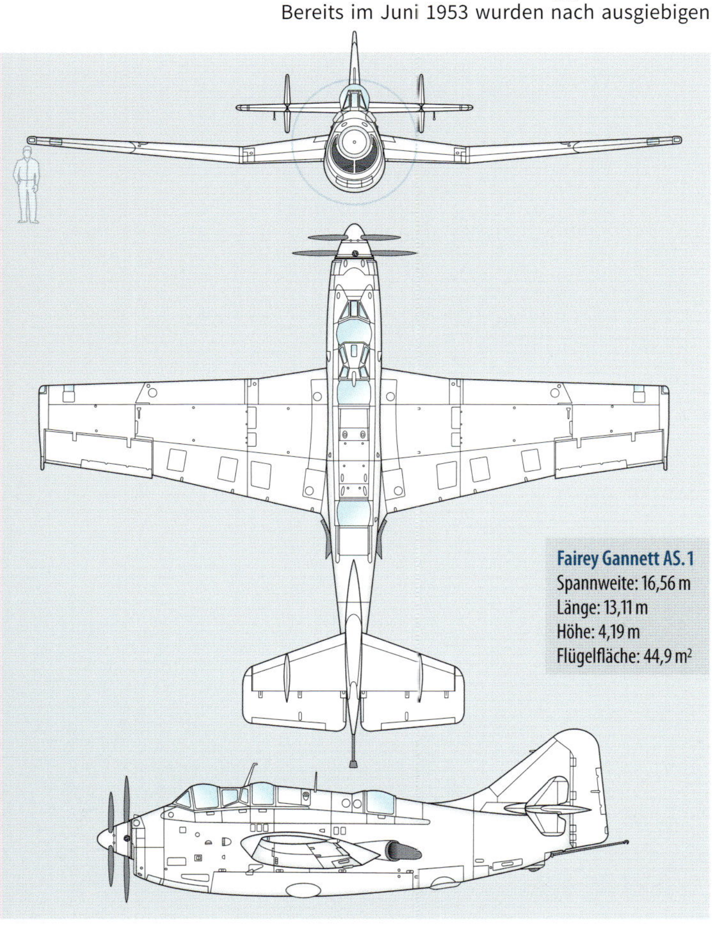

Fairey Gannett AS. 1
Spannweite: 16,56 m
Länge: 13,11 m
Höhe: 4,19 m
Flügelfläche: 44,9 m²

Besatzung: 3
Triebwerk: (AS. 4) Eine Propellerturbine Armstrong Siddeley Double Mamba mit 2313 kW (3145 PS).
Leistungen: (AS. 4) Höchstgeschwindigkeit 497 km/h, Reisegeschwindigkeit 400 km/h, Dienstgipfelhöhe 7620 m, Reichweite ca. 1500 km.
Gewichte: (AS. 4) Leermasse 6841 kg, maximale Abflugmasse 8898 kg.
Bewaffnung: (AS. 4) Zwei Torpedos oder bis zu 900 kg Minen, Wasserbomben, Sonarbojen im Schacht und extern Raketen.

Gloster Meteor

Ursprungsland
Großbritannien
Kategorie
Kampfflugzeug

Entwicklung: Die Meteor war das Ergebnis der Zusammenarbeit der Gloster Aircraft Company und Frank Whittle, dem Erfinder des britischen Strahltriebwerks. Nach etlichen schwierigen Anläufen führte die Präsentation eines zweistrahligen Jagdflugzeugs im August 1940 schließlich im Februar 1941 zu einem Bauauftrag über zwölf Prototypen. Bereits 1942 begann man mit Rollversuchen, die schwierige Triebwerksentwicklung ermöglichte aber erst im März 1943 mit dem fünften Prototyp, noch mit de Havilland H-1 Strahltriebwerken, abzuheben. Im Januar 1944 flog der erste von 20 einsitzigen Serien-Tagjägern F.1. Die F.2 blieb ein Einzelstück. Von 210 F.3 wurden fast alle mit RR Derwent 1-Triebwerke mit 8,9 kN Schub motorisiert. 753 Maschinen wurden von der F.4 mit einem verstärkten Rumpf und RR Derwent 5 gebaut und 650 von einem aus der F.4 abgeleiteten Trainer T.7 650. Gloster begann, mit Erscheinen leistungsfähiger Konkurrenten, um 1948 die Meteor zu überarbeiten. Ein längerer Rumpf, größere Tanks, Schleudersitze, ein neues Heck und stärkere RR Derwent 8 sorgten für deutlich bessere Leistungen der F.8. (Bild) Inklusive Lizenzbauten bei Fokker und der belgischen Avions Fairey liefen 1550 vom Band. Von ihr wurden die FR.9, (126 St.) ein bewaffneter Aufklärer abgeleitet, ebenso die PR.10 (59 St.) als Fotoaufklärer, wie auch der Radar-Nachtjäger NF-11 (307 St.), NF.12 mit Derwent 9 und amerikanischem Radar, die NF.13 (40 St.) eine tropentaugliche NF.11 und die NF.14 (100 St.) mit längerem Bug und neuer Cockpithaube. In kleineren Stückzahlen oder als Umbauten gab es zahlreiche Unterversionen u. A. als Zieldarsteller, Schleppflugzeug und Drohne.

Insgesamt 3947 Meteore verließen bis 1955 die Produktionshallen.

Bemerkungen: Die Meteor war das einzige strahlgetriebene alliierte Jagdflugzeug, das schon im Zweiten Weltkrieg Einsätze flog. Flugzeuge der RAAF nahmen am Koreakrieg teil und von den rund 20 Betreibern nutzten sie z. B. Ägypten, Israel und Argentinien in lokalen Auseinandersetzungen. Mit dem Zweistrahler besaß Großbritannien einen leistungsfähigen Jäger, der auch zahlenmäßig zu den wichtigsten Flugzeugen der RAF von 1950–55 zählte. Obwohl immer wieder modernisiert, zeigte sich spätestens im Koreakrieg, dass Pfeilflügel-Flugzeuge wie die MiG-15 (S. 123) und F-86 (S. 207) als Jäger deutlich überlegen waren. So begannen in vielen Betreiberländern auch schon zu Beginn der 1950er-Jahre die Ausmusterungen. Die letzte Meteor der RAF flog bis Frühjahr 1957, obwohl einige Staaten ihre bis Anfang der 1970er noch weiter im Dienst ließen.

Vermutlich sind noch fünf in Großbritannien, Australien und USA flugfähig, zahllose aber in Museen zu finden. Eine NF.11 steht im Luftwaffenmuseum Gatow, Berlin.

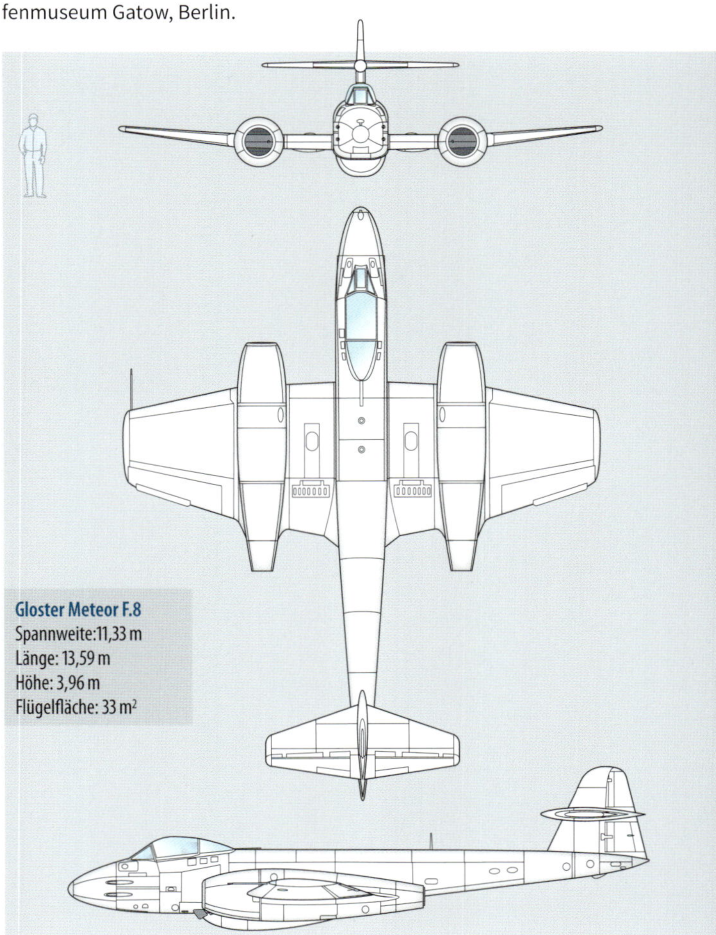

Gloster Meteor F.8
Spannweite: 11,33 m
Länge: 13,59 m
Höhe: 3,96 m
Flügelfläche: 33 m²

Besatzung: 2
Triebwerke: (Mk. 8) Zwei Radialstrahltriebwerke Rolls-Royce Derwent 8 mit je 15,56 kN Schub.
Leistungen: (Mk. 8) Höchstgeschwindigkeit 970 km/h in 3000 m, Steigzeit auf 9100 m 5 min, Dienstgipfelhöhe 13 000 m, Reichweite 970 km.
Gewichte: (Mk. 8) Leermasse 4846 kg, Abflugmasse 7121 kg.
Bewaffnung: (Mk. 8) Vier MKs im Bug, bis zu 16 Luft-Boden-Raketen oder zwei 450 kg-Bomben an Flügelstationen.

Gloster Javelin

Ursprungsland
Großbritannien
Kategorie
Abfangjäger

Entwicklung: Im Januar 1947 gab die britische Navy eine Spezifikation für einen zweistrahligen, mit Radar ausgestatteten Allwetter- und Nachtjäger heraus. Im April 1949 erhielten schließlich de Havilland mit der Sea Vixen (S. 51) und Gloster mit der Javelin den Auftrag je vier Prototypen zu bauen. Erstflug war im November 1951. Bei den Tests und der zum Teil problematischen Erprobung mit zwei Crashs, konnte sich Gloster trotzdem bei der RAF durchsetzen, während die Vixen nur von der Navy eingesetzt wurde. Schon Mitte 1953 erhielt Gloster einen Auftrag für 40 FAW 1 (Fighter All Weather Mark 1), obwohl die Erprobung mit insgesamt sieben Prototypen noch andauerte. 1954 begannen die Auslieferungen der ersten Serienmaschinen, die auch für die Einsatzerprobung herangezogen wurde. Ständige Verbesserungen führten zu neun Javelin-Varianten, die sich zum Teil nur durch Ausrüstungen unterschieden, aber einige auch durch gravierende konstruktive Änderungen. So wurde mit der FAW 4 ein Pendelhöhenruder und Stallstrips am Flügel eingeführt, um die kritischen Stall-Eigenschaften zu verbessern. Erst ab November 1956, mit dem Erstflug der FAW 7 (142 St.) wurden die ursprünglichen Forderungen der RAF erfüllt. Sie erhielt stärkere Triebwerke und einen verlängerten Rumpf. Die FAW 8 (Erstflug Mai 1958) bekam nochmals verbesserte Sapphire-Antriebe mit Nachbrenner, geänderte Tragflächen und einen Flugstabilisator. Schließlich vereinte die FAW 9 den Rumpf von 118 vorhandenen FAW 7 mit neu gebauten FAW 8-Tragflächen und Triebwerken. Mit Luftbetankungseinrichtungen wurden 44 zur FAW 9 R umgerüstet und weitere 40 bekamen Zusatztanks unter die Flügel. Vom 1956 entwickelten, bewaffneten Trainer T 3 mit höherem hinteren Cockpit wurde ein Prototyp und 22 Serienflugzeuge ausgeliefert.

Gloster produzierte von 435 Javelins 302 und Armstrong Whitworth 133.

Bemerkungen: Mit der Javelin erhielt die RAF einen anfangs aerodynamisch problematischen Deltaflügler, der erst im August 1956 einsatzbereit und dank vieler Upgrades mit den letzten Versionen ausgereift war. Mit Schulungen sind die Crews deshalb durch spezielle Teams auf den neuen Jäger vorbereitet worden. Stationiert wurden Javelin-Staffeln als Allwetter- und Nachtjäger von der RAF zuerst in Großbritannien, später auch in Zypern, Sambia, Singapur, Malaysia und Hongkong, sowie in Deutschland bis 1966. Die letzte Staffel in Singapur löste die RAF 1968 auf und ersetzte sie durch English Electric Lightnings.

Vermutlich sind 10 Javelins erhalten geblieben. Davon acht in Großbritannien, eine z. B. im Imperial War Museum in Duxfod.

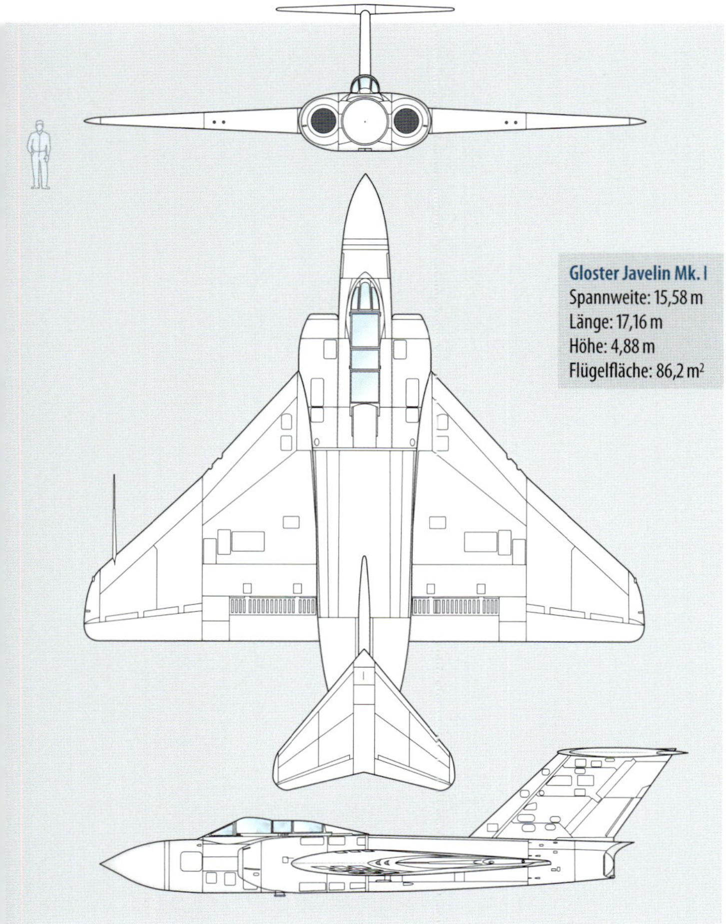

Gloster Javelin Mk. I
Spannweite: 15,58 m
Länge: 17,16 m
Höhe: 4,88 m
Flügelfläche: 86,2 m²

Besatzung: 2
Triebwerke: (FAW 9) Zwei Axialstrahltriebwerke Armstrong-Siddeley Sapphire 7R mit je 48,9 kN Schub, mit Nachbrenner je 54 kN Schub.
Leistungen: (FAW 9) Höchstgeschwindigkeit 1140 km/h in 8000 m, Dienstgipfelhöhe 16 000 m, Reichweite 1530 km.
Gewichte: (FAW 9) Leermasse 10 865 kg, Abflugmasse 17 420 kg, maximale Abflugmasse 19 580 kg.
Bewaffnung: (FAW 9) Zwei MKs im Flügel, Luft-Luft-Raketen oder Raketenpods oder 450 kg-Bomben an vier Flügelstationen.

Handley Page H.P. 67 Hastings

Ursprungsland
Großbritannien
Kategorie
Transportflugzeug

Entwicklung: Schon gegen Ende des Zweiten Weltkriegs suchte die RAF einen leistungsfähigeren Nachfolger der Avro York (S. 33). Handley Page trat mit der H.P. 67 an, einer aerodynamisch gelungenen, viermotorigen Maschine mit Druckkabine und einem vom Bomber Halifax übernommenen Flügel. Parallel entwickelte Handley Page auch die Passagierversion Hermes, die allerdings im Dezember 1945 bei einem Absturz verloren ging. Im Mai 1947 absolvierte der erste von zwei Prototypen den Erstflug. Der in Ganzmetallbauweise konstruierte Transporter für bis zu 50 ausgerüstete Soldaten oder 32 Tragbahren, verfügte über ein breites Ladetor am Heck und eine extra Tür für Fallschirmspringer. Stabile Befestigungen unter dem Rumpf ermöglichten den Transport von z. B. Jeeps auf einer Plattform(!) oder die Befestigung eines großen Cargopods. Bei der Erprobung wurde instabiles Flug- und ein problematisches Stallverhalten beanstandet, das durch ein modifiziertes Heck und ein Stall-Warnsystem behoben wurde, so dass Im Oktober 1948, das erste von 94 Serienflugzeugen C.1 in Dienst gestellt werden konnte. Bei der C.2 (43 St.) wurde ein tiefergelegtes Höhenleitwerk und zusätzliche Tanks unter den Außenflügeln eingeführt. Vier Transporter H.P. 95 C.3 erhielten etwas stärkere Bristol Hercules 737 und vier H.P.94 C.4 lieferte Handley Page als VIP-Transporter aus. Alle verbliebenen C.1 wurden später auf den C.1 A-Stand gebracht, der der C.2 entsprach. Acht C.1 erhielten einen Radardom unter dem Rumpf und die entsprechende Elektronik zur Ausbildung der Crews von V-Bombern. Sechs Flugzeuge baute Handley Page 1950 noch zu Wetteraufklärern Met.1 um.

Handley Page fertigte insgesamt 151 Hastings.

Bemerkungen: Bekannt wurden die Viermots durch ihre Einsätze während der Berliner Luftbrücke von Juni 1948 bis Mai 1949. Die RAF löste dabei mit 32 Hastings ihre zum Transporter umgebauten abgeflogenen Halifax-Bomber ab und transportierte mit ihnen insgesamt 55 000 Tonnen Hilfsgüter, überwiegend Kohle, nach Berlin. Hastings wurden in elf Staffeln des RAF Transport Command geflogen und öfters weltweit auf Langstrecken eingesetzt. Dazu gehörten Fracht- und Truppentransporte bei britischen Militäraktionen, man zog sie aber auch als Fallschirmabsetzer z. B. 1956 bei der Suezkrise heran. Abgelöst wurden sie 1968 durch die Turboprop-Transporter Lockheed Hercules und Armstrong Argosy. Einige wenige T.5 blieben als Radartrainer, für Transport- und SAR-Missionen bis 1975, ein paar als Seeaufklärer bis 1977 im Dienst.

Vier Hastings sind komplett erhalten geblieben, drei in Großbritannien, eine steht vor dem Alliierten Museum in Berlin.

Besatzung: (C.2) 5
Triebwerke: (C.2) Vier luftgekühlte 14-Zylinder-Doppelsternmotoren Bristol Hercules 106 mit je 1231 kW (1675 PS).
Leistungen: (C.2) Höchstgeschwindigkeit 560 km/h in 6800 m, Reisegeschwindigkeit 468 km/h in 4600 m, Steigzeit auf 7900 m 26 min, Dienstgipfelhöhe 8100 m, Reichweite mit 9210 kg maximaler Nutzlast 2720 km, mit maximalem Kraftstoff 6840 km.
Gewichte: (C.2) Leermasse 21 987 kg, maximale Abflugmasse 36 287 kg.

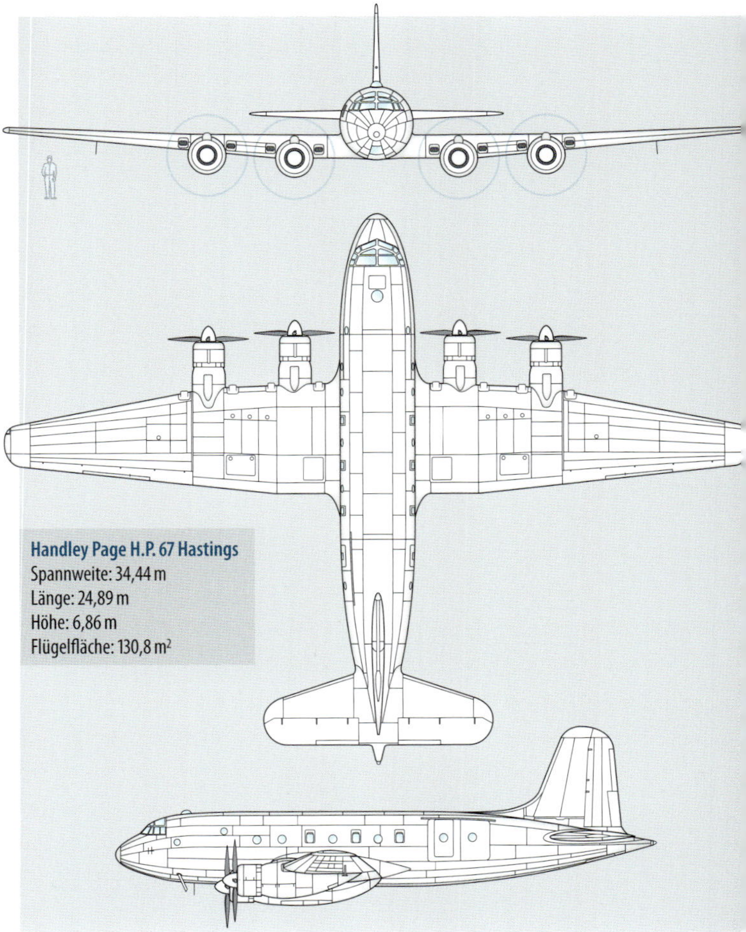

Handley Page H.P. 67 Hastings
Spannweite: 34,44 m
Länge: 24,89 m
Höhe: 6,86 m
Flügelfläche: 130,8 m²

Handley Page H.P.R.1 Marathon

Ursprungsland
Großbritannien
Kategorie
Leichtes Transportflugzeug

Entwicklung: Um nach dem Krieg der Luftfahrtindustrie ein nahtloses Weiterproduzieren zu garantieren, bildete die britische Regierung bereits Ende 1942 ein Komitee, das entsprechende Maßnahmen empfahl. Darunter den Bau eines zivilen Transportflugzeugs, für den Miles Aircraft ausgewählt wurde. Nach mehreren Entwürfen, Unstimmigkeiten mit den Ministerien und unterschiedlichen Miles-internen Vorstellungen, entschied man sich für einen viermotorigen Hochdecker für bis zu 20 Passagiere, für den das Unternehmen im Oktober 1944 auch einen Entwicklungsauftrag der Regierung bekam. Mit ihm endeten die Streitigkeiten aber nicht, sondern führten eher zu Arbeitsverzögerungen, so dass erst im Mai 1946 einer der drei Prototypen, starten konnte, von denen im Mai 1948 ein Exemplar bei Versuchen verloren ging. In der Zwischenzeit kam Miles in finanzielle Schwierigkeiten, auch weil von 100 benötigten Bestellungen nur 50 vom Luftfahrtministerium erteilt wurden. Parallel dazu arbeitete Miles schon an einer zweimotorigen Turboprop-version. Ende 1947 musste das Unternehmen Konkurs anmelden und der Konkurrent Handley Page übernahm die Firma mitsamt den Rechten an der Viermot. Im Januar 1950 ging die erste von 40 Marathon 1-Serienflugzeugen auf eine weltweite Verkaufstour. BEA reduzierte aber von 30 auf 7 Bestellungen und wollte auch diese nicht annehmen. BOAC beabsichtigte seine 20 bestellten gleich weiterzuverkaufen. Lediglich sechs Marathons gingen Ende 1952 an East African Airways, die sie aber schon 1954 wieder durch De Havialland Herons (S. 53) ersetzte. Drei Flugzeuge erwarb noch Burma Airways. Schließlich hatte die britische Regierung noch 30 unverkaufte Marathons, von denen 28 die Royal Air Force mehr oder weniger übernehmen musste. Sie wurden als Marathon T.11 (Bild) in Dienst gestellt, mit aufwendigen technischen Modifikationen im Rumpf zum Navigationstrainer umgebaut und Anfang 1953 in Betrieb genommen. Im Februar 1959 waren allerdings nur noch acht flugfähig und so wurde die letzte RAF-Marathon im April 1959 ausgemustert und verschrottet. Einige wenige wurden noch von Regionalfluggesellschaften oder als VIP-Transporter eingesetzt, oder wie z. B. die Bundesrepublik, als Kalibrierungsflugzeug für die Flugsicherung.

Es wurden lediglich 43 Flugzeuge ausgeliefert.

Bemerkungen: Mit der Marathon entwarf Miles sein erstes viermotoriges und erstes Ganzmetallflugzeug. Dass mit der Marathon auch das Ende der Miles Aircraft besiegelt wurde, ist den Entwicklungsumständen geschuldet: Streitigkeiten seitens der Auftraggeber, Entwickler und Kunden; zum Teil unqualifizierte Einmischungen durch Ministerien in das Design, die als Auftraggeber zwischen Hersteller und Betreiber fungierten(!) und die Überzeugung von Miles, dass es einen Markt für die Viermot geben würde, der aber so nicht bestand. Alles in allem blieb ein Flugzeug mit relativ schlechten Leistungen, das niemand haben wollte und von dem auch so gut wie nichts erhalten blieb.

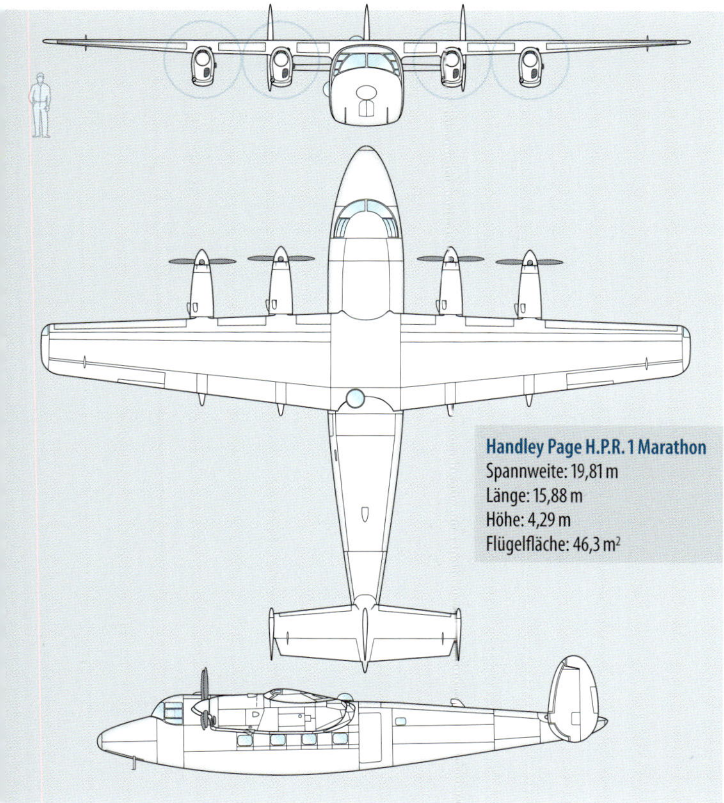

Handley Page H.P.R. 1 Marathon
Spannweite: 19,81 m
Länge: 15,88 m
Höhe: 4,29 m
Flügelfläche: 46,3 m²

Besatzung: 2
Triebwerke: Vier luftgekühlte 6-Zylinder-Reihenmotoren de Havilland Gipsy Queen 70-3 mit je 250 kW (340 PS).
Leistungen: Höchstgeschwindigkeit 375 km/h, Reisegeschwindigkeit 323 km/h, Dienstgipfelhöhe 5500 m, Reichweite 1500 km.
Gewichte: Leermasse 5302 kg, maximale Abflugmasse 8278 kg.

Handley Page H.P. 80 Victor

Ursprungsland
Großbritannien
Kategorie
Strategischer Bomber, Tankflugzeug

Entwicklung: Im Zuge der atomaren Abschreckung wurde im Januar 1947 eine RAF-Spezifikation publiziert, die einen atomwaffenfähigen Bomber mit einem Einsatzradius von 2800 km und 4,5 t Nutzlast forderte. Handley Page bekam mit der Victor, Vickers mit der Valiant (S. 76) und Avro mit der Vulcan (S. 37) Aufträge für je zwei Prototypen. Nach einem aufwendigen Entwurfsprozess, bei der die außergewöhnliche aerodynamische Flügelform an einem Segler und einem Kampfflugzeug erprobt wurde, startete im Dezember 1952 die Victor zu ihrem Erstflug. Der Absturz des ersten Prototyps im Juli 1954 führte zu einer Rumpfverlängerung um den Schwerpunkt zu korrigieren. Mit dem Serienbau von 50 B.1 (Bild), angetrieben von Armstrong Siddeley Sapphire-Triebwerken mit je 49,1 kN Schub, konnten ab Februar 1956 die ersten Victors ausgeliefert werden. Davon wurden 24 zur B.1 A mit Heck-Warnradar nachgerüstet. Währenddessen arbeitet Handley Page an einer von der RAF geforderten leistungsfähigeren B.2 (Zeichnung), die schließlich mit Rolls-Royce-Conway-Triebwerken im Februar 1959 erstmals abhob. Die Leistungssteigerungen bedingten jedoch erweiterte Lufteinlässe, eine größere Spannweite und aerodynamische Verdrängungskörper auf der Flügeloberseite. Von den 34 gebauten Bombern wurden ab 1965 neun zu strategischen Kameraufklärern B SR.2 umgebaut. Mit dem Ende der Valiant-Tanker (S. 76) ließ die RAF ab Mitte 1964 31 B.1 in K.1- und 24 B.2 in K.2-Tanker umbauen. Erst im Oktober 1993 wurde die letzte Victor (als Tanker) stillgelegt.

Ein K.2-Tanker mit zusätzlichen großen, externen Kerosinbehältern unter den Flügeln und Pods für die Schlauchbetankung.

Inklusive der beiden Prototypen rollten bei Handley Page 86 Victor aus den Werkhallen.

Bemerkungen: Die Victor, einer der drei V-Bomber, wurde nie als Atombomber eingesetzt, auch nicht als konventioneller Bomber, aber sehr erfolgreich 1982 beim Falklandkrieg als Tanker für die Angriffe der Avro Vulcan von England aus(!) und noch einmal 1991 beim Irakkrieg, um dort stationierte Kampfflugzeuge zu betanken.

Vier haben überlebt. Davon steht eine im Imperial War Museum Duxford, Großbritannien.

Besatzung: (B.2) 5
Triebwerke: (B.2) Vier Axialstrahltriebwerke Rolls-Royce Conway 201 mit je 87,88 kW Schub.
Leistungen: (B.2) Höchstgeschwindigkeit 1038 km/h, Reisegeschwindigkeit 957 km/h, Dienstgipfelhöhe 16 750 m, Reichweite 7400 km.
Gewichte: (B.2) Leermasse 44 450 kg, maximale Abflugmasse 101 150 kg.
Bewaffnung: (B.2) im Schacht bis zu 15 750 kg freifallende Bomben unterschiedlichen Kalibers, oder Atombomben oder extern ein Cruise Missile Blue Steel mit Atomsprengkopf.

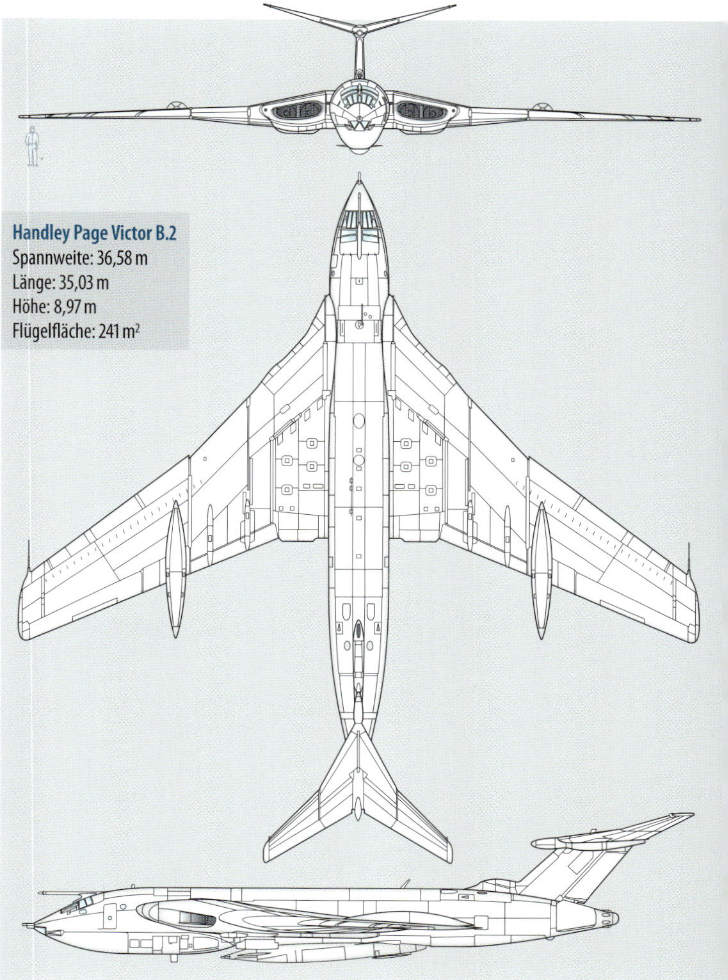

Handley Page Victor B.2
Spannweite: 36,58 m
Länge: 35,03 m
Höhe: 8,97 m
Flügelfläche: 241 m²

Hawker Sea Fury

Ursprungsland
Großbritannien
Kategorie
Jagdflugzeug, Jagdbomber

Entwicklung: Bereits 1942, nach dem Erstflug der Hawker Tempest, begann man an einer Tempest-Light-Variante F.2/43 Fury zu arbeiten, die sowohl für die RAF als auch die Navy geeignet sein sollte. Im September 1944 flog der erste von vier Prototypen F.2/43 und es gab Aufträge für 200 Air Force- und 100 Navy-Flugzeuge. Mit Kriegsende wurden die Orders auf 100 reduziert und nur noch die Navy-Version Sea Fury weiter verfolgt. Der erste Prototyp flog im Februar 1945, allerdings noch ohne Klapptragflächen, der zweite im Januar 1946. Eine erste von 50 Serien-Sea Fury F Mk. X, später F.10 genannt, flog im September 1946. Die Einsatzerprobung auf Trägern begann im Winter 1946/47, die Einsatzfreigabe erhielt sie Anfang 1947. Mit der FB.11 wurden zahlreiche Verbesserungen eingeführt, darunter hydraulische Klapptragflächen und die Möglichkeit mit Raketenunterstützung (RATO) zu starten. Wichtiger jedoch war die Fähigkeit, FB.11 mit Flügel-Hardpoints als Jagdbomber einsetzen zu können. Von 615 FB.11 gingen 531 an die Royal Navy, 31 an die kanadische und 53 an die australische Navy (Bild). Vom zweisitzigen Trainer liefen 60 Stück vom Band. Als F.50 lieferte Hawker 12 F.10, als F.51 12 FB.11 an die Niederlande, 24 baute Fokker in Lizenz. Für Pakistans Luftwaffe produzierte Hawker 87 FB.11 ohne Faltflächen als FB.60, von der weitere 30 der Irak erhielt. Fünf zweisitzige Trainer T.61 erwarb Pakistan und zwei der Irak.

Es ist nicht nachvollziehbar ob neue oder zurückgekaufte, aufgearbeitete Furies ausgeliefert wurden. Inklusive der Lizenzen kursieren Zahlen zwischen 864 und 960 Neuflugzeugen.

Bemerkungen: Obwohl die Seafire, die trägergestützte Spitfire, in großer Zahl produziert wurde, war die Navy angeblich nie davon überzeugt und ersetzte sie deshalb mit Erscheinen der Sea Fury auf fast allen Flugzeugträgern, von denen sie auch im Koreakrieg aus operierten. Eines der schnellsten, aber auch das letzte propellergetriebene Kampfflugzeug der Briten, konnte nicht nur dort mit seinen Leistungen überzeugen, obwohl die letzte britische Staffel schon 1955 aufgelöst wurde. Gefragt war das Flugzeug auch bei Kunden im Ausland, die nicht nur Neuflugzeuge beschafften, sondern an günstigeren, ausgemusterten FB.11 interessiert waren. So flogen Sea Furies in Ägypten, Australien, Pakistan, Niederlande, Birma, Kuba, Marokko und Deutschland, das neun Sea Furies als Zielschlepper einsetzte.

Vermutlich sind noch ca. 30 Sea Fury flugfähig in privater Hand, die z. T. auch noch bei US-Flugrennen geflogen werden. Eine FB.11 findet man aber sicher im Imperial War Museum in Duxford, Großbritannien.

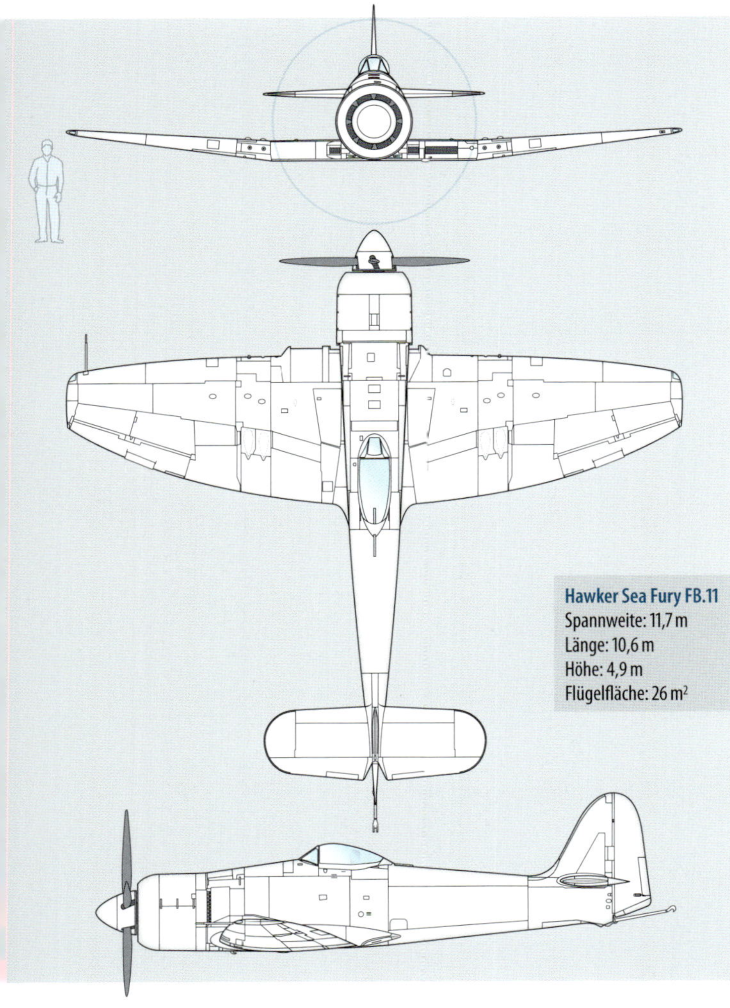

Hawker Sea Fury FB.11
Spannweite: 11,7 m
Länge: 10,6 m
Höhe: 4,9 m
Flügelfläche: 26 m²

Besatzung: 1
Triebwerk: (FB.11) Ein luftgekühlter 18-Zylinder-Doppelsternmotor Bristol Centaurus XVII C mit 1824 kW (2480 PS).
Leistungen: (FB.11) Höchstgeschwindigkeit 740 km/h in 5000 m, Dienstgipfelhöhe 10 900 m, Reichweite 1130 km, 1455 km mit Droptanks.
Gewichte: (FB.11) Leermasse 4190 kg, Abflugmasse 5670 kg.
Bewaffnung: (FB.11) Vier MKs in den Flügeln, bis zu 16 Raketen oder bis zu 908 kg Bomben an Außenstationen.

Hawker Sea Hawk

Ursprungsland
Großbritannien
Kategorie
Jagdflugzeug, Jagdbomber

Entwicklung: Den Entwurf P.1035, ein einstrahliger Jet, der Baugruppen der Sea Fury, wie z. B. die Flügel, übernahm, reichte Hawker im November 1944 zur Bewertung beim Luftfahrtministerium ein. Das folgende Redesign führte zum Abfangjäger P.1040, der anstatt einer Düse am Heck nun zwei seitliche Düsen, einen neuen, geraden und dünneren Flügel und ein Bugfahrwerk hatte. Die RAF war jedoch nicht interessiert und Hawker bot eine Marineversion P.1046 der Navy an, die im Mai 1946 drei Prototypen in Auftrag gab. Im September hob der erste ab und nach einigen kleinere Änderungen flog im August 1948 auch die erste Marine-Version, der bereits mit Klappflügeln, Fanghaken und Bewaffnung ausgerüstet war. Bei der Deckserprobung stellte sich jedoch heraus, dass für den Langsamflug die Flügel vergrößert werden mussten. Die Serienversion F.1, von der 90 gebaut wurden, flog 1951 und begann im März 1953 ihren Dienst bei der Fleet Air Arm. Um der gestiegenen Auftragszahl nachzukommen, lagerte Hawker die Produktion an Armstrong Whitworth aus. Mit der F.2 (40 St.) wurden ab Februar 1954 servounterstützte Querruder eingeführt. Der Bomber FB.3 (116 St.) erhielt an verstärkten Tragflächen zwei Außenstationen und die FGA.4 (97 St.), die bereits im August 1954 flog, war eine verbesserte FB.3 mit vier Hardpoints an den Flächen und dem etwas stärkeren Nene 103, das das Handling bei niederen Geschwindigkeiten verbesserte. 50 FB.3 rüstete man mit dem Nene 103 zur FB.5 auf und 86 FGA.6 baute man neu, 15 wurden aus FB.3 und FGA.4 umgebaut. 34 Tagjäger Mk. 100 mit US-Avionik und Flächentanks erhielt die deutsche Marine, weitere 34 Mk. 101 mit einem Radarpod und größerem Seitenleitwerk. Die niederländische Luftwaffe erwarb 22 Mk. 50, die Luft-Luft-Raketen mitführen konnten, 24 Mk. 50 wurden an die indische Marine ausgeliefert.

Insgesamt liefen 548 Sea Hawks vom Band.

Bemerkungen: Das erste Hawker-Serienstrahlflugzeug war mit ungepfeilten Tragflächen zwar nur ein Übergangsmodell zu moderneren Jets, dafür aber ein sehr erfolgreiches, auch auf dem Exportmarkt. Eingesetzt wurde es von Großbritannien während der Suezkrise 1956 und von Indien, das auch 28 Sea Hawks aus deutschen Beständen bekam, während der Kriege gegen Pakistan 1965 und 1971. Der robuste Jet wurde um 1960 von der britischen Navy mit Erscheinen der Sea Vixen (S. 51) und Scimitar aus der ersten Linie zurückgezogen und schließlich Mitte der 1960er-Jahre stillgelegt, während Indien erst 1983 ihre letzten gegen Sea Harrier austauschte.

Über 30 Sea Hawks sind erhalten geblieben, hauptsächlich in Großbritannien. Eine findet man aber z. B. auch im Aeronauticum in Nordholz.

Besatzung: 1
Triebwerk: Ein Radialstrahltriebwerk Rolls-Royce Nene 103 mit 23,59 kN Schub..
Leistungen: Höchstgeschwindigkeit 970 km/h, Dienstgipfelhöhe 13 600 m, Reichweite 730 km
Gewichte: Leermasse 4208 kg, Abflugmasse 5996 kg, maximale Abflugmasse 7326 kg.
Bewaffnung: Vier MGs im Bug, und an 6 Außenstationen bis zu 900 kg Bomben oder ungelenkte Raketen und/oder zwei Droptanks.

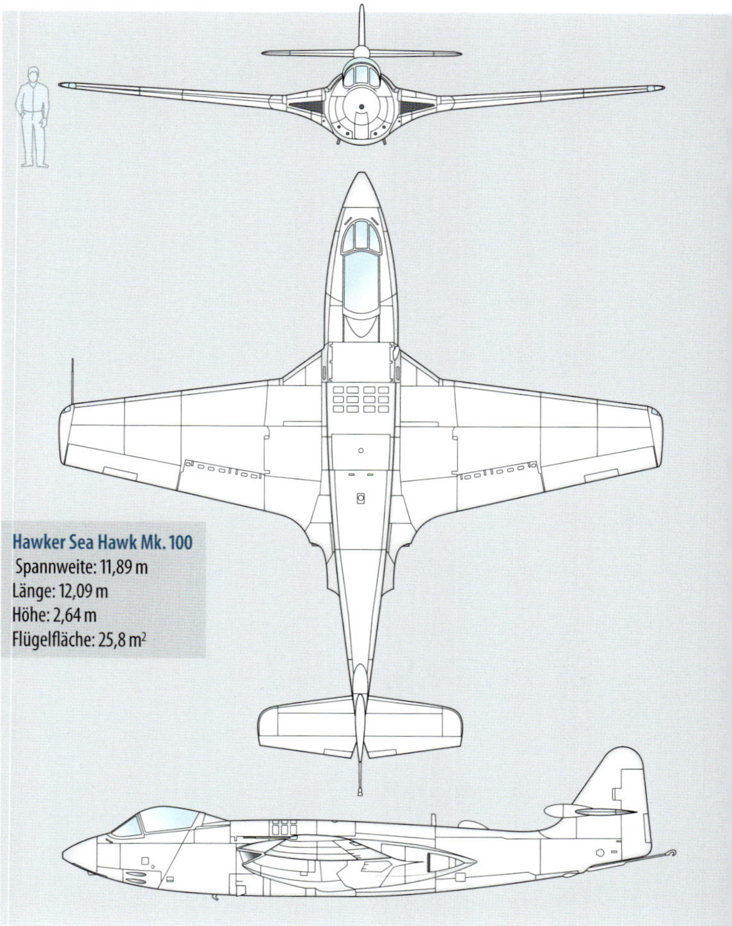

Hawker Sea Hawk Mk. 100
Spannweite: 11,89 m
Länge: 12,09 m
Höhe: 2,64 m
Flügelfläche: 25,8 m²

Hawker Hunter

Ursprungsland
Großbritannien
Kategorie
Jagdbomber

Entwicklung: 1946 veröffentlichte das britische Luftfahrtministerium eine Spezifikation für einen strahlgetriebenen Abfangjäger, der schließlich, auch unter dem Druck des Kalten Kriegs, zur Hawker P.1067 führte, die durch eine Radarleitstelle geführt, sowjetische Bomberverbände abfangen sollte. Im Juli 1951 flog die erste P.1067, im Mai 1952 schon der voll ausgestattete und bewaffnete zweite Prototyp mit einem 33,58 kN-starken Avon 107 und der dritte im November 1952 mit dem alternativ eingebauten Armstrong Siddeley Sapphire. Im März 1953 hob die erste Serien-F.1 ab, von der 139 ausgeliefert wurden. Daraufhin Tagjagd-Varianten bis zur F.5 (Zeichnung) auch in größeren Stückzahlen. Mit dem Jagdbomber F.6 wurde das stärkere Avon 203, größere Tanks und ein überarbeiteter Flügel mit Hardpoints eingeführt. 384 gingen an die RAF, 97 bauten die Niederlande und 144 Belgien unter Lizenz. Es wurden zudem Erdkämpfer, zweisitzige Side-by-side-Schul- und Trainingsflugzeuge, eine Navy-Hunter mit Fanghaken und Aufklärer ausgeliefert. Von fast allen Varianten gab es Exportversionen, die an Zahlen über 50 (z. B. F Mk. 58 für die Schweiz, Bild oben) erkennbar waren.

Insgesamt wurden 1972 Hunter hergestellt.

Bemerkungen: Ab 1954 war die Hunter im Einsatz bei der RAF, zuerst als Abfangjäger, schließlich mit Einführung von Überschall-Abfangjägern ab Mitte der 1950er-Jahre als Jagdbomber und Aufklärer. Großbritannien, Dänemark, Niederlande und Belgien beschafften den Jet in großer Stückzahl auch mit finanzieller Unterstützung durch die NATO. Daneben exportierte Hawker und einige Betreiberländer neue und gebrauchte Hunter in über 20 Länder. Sie wurde in zahlreichen britischen Konflikten eingesetzt: u. A. während der Suez-Krise 1956, im Brunei-Aufstand 1962, beim Aufstand in Aden 1964. Aber auch 1967 von Jordanien und Irak im Sechstagekrieg, Chile beim Putsch 1970, Somalia im Bürgerkrieg und Rhodesien in den 1970er-Jahren, Indien in den indisch-pakistanischen Auseinandersetzungen 1965 und 1971, sowie von Saudi-Arabien bei den Kampfhandlungen im Jemen 1962 bis 1967. Die RAF ersetzte ihre robusten und langlebigen Hunter schließlich durch Lightning, Harrier und Phantom, die letzten Aufklärer stellte sie erst Anfang der 1970er-Jahre außer Dienst, ein paar Schul- und Testmaschinen blieben bis 1980. Die Schweiz flog sie nach etlichen Modifikationen bis 1994 und der Libanon bis 2014.

Zahlreiche Hunter sind noch in Betrieb. Fast 30 findet man in Museen, hauptsächlich in Großbritannien, eine aber auch im Flieger Flab Museum, Dübendorf, Schweiz.

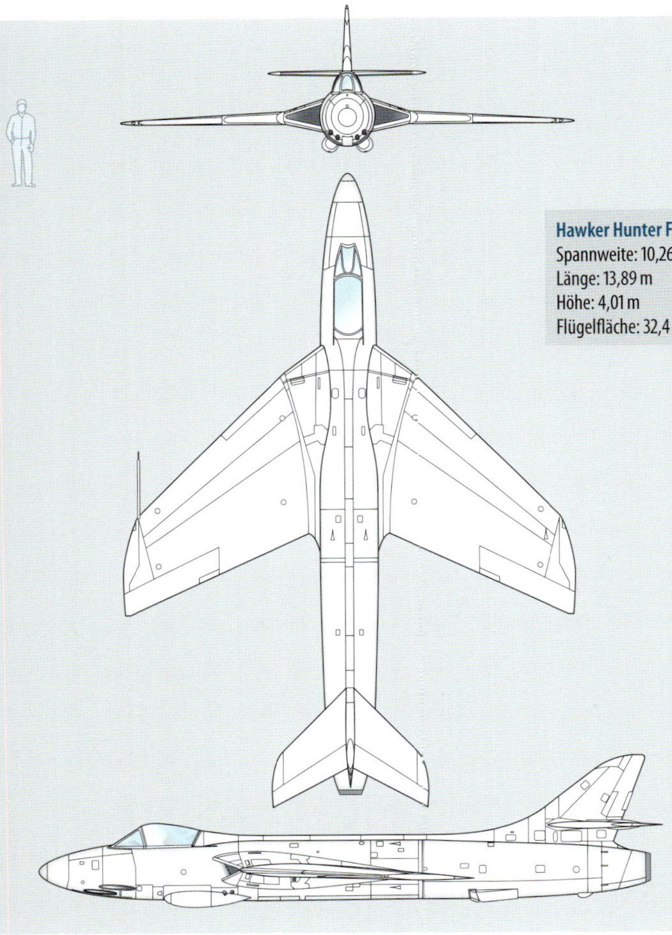

Hawker Hunter F.5
Spannweite: 10,26 m
Länge: 13,89 m
Höhe: 4,01 m
Flügelfläche: 32,4 m²

Besatzung: (F.6) 1
Triebwerk: (F.6) Ein Axialstrahltriebwerk Rolls-Royce Avon 207 mit 45,31 kN Schub.
Leistungen: (F.6) Höchstgeschwindigkeit 1003 km/h in 11 000 m, Dienstgipfelhöhe 15 000 m, Reichweite 620 km, Überführungsreichweite mit externen Tanks 3100 km.
Gewichte: (F.6) Leermasse 6406 kg, Abflugmasse 8051 kg, maximale Abflugmasse 11 158 kg.
Bewaffnung: (F.6) Vier MGs im Bug, maximal 3400 kg Bomben an vier Flügelstationen, oder Raketenpods, oder Luft-Luft- oder Luft-Boden-Raketen, oder Drop-Tanks.

Hunting Percival Jet Provost

Ursprungsland
Großbritannien
Kategorie
Trainings-flugzeug

Entwicklung: Hunting Percival, Nachfolger der von der Hunting Group erworbenen Percival Aircraft, begann 1951 in Eigeninitiative mit der Entwicklung, da man davon ausging, dass es einen Markt für einen Jettrainer geben würde. Einige kleinere Baugruppen wurden von der P.56 Provost (S. 67) übernommen und im Juni 1954 startete der Prototyp zum Erstflug. Nach einer Reihe kleinerer Änderungen wurde der in Ganzmetallbauweise hergestellte Tiefdecker mit einem Side-by-Side-Cockpit zur Bewertung der RAF übergeben. Das erste von 12 Vorserienflugzeugen Jet Provost T.1 flog bereits Mitte Februar 1955. Sie wurden zur Erprobung der neuen Ausbildungsverfahren bis Juli 1956 erfolgreich getestet. Die Ergebnisse flossen in die verbesserte T.2 ein, die im September 1955 flog und von der 4 weitere Vorserienflugzeuge ausgeliefert wurden, die für weitere Tests und Verkaufskampagnen, auch im Ausland, verwendet wurden. Daraufhin kam im Juni 1957 ein erster Produktionsauftrag von insgesamt 201 T.3 (Bild) zustande, die von 1958 bis 1962 produziert wurden. Sie erhielt ein stärkeres Triebwerk, eine überarbeitete Zelle mit Schleudersitzen und ein verstärktes Fahrwerk. Von BAC (British Aircraft Corporation), die 1960 Hunting Percival übernahm, wurden 185 T.4 mit der etwas leistungsstärkeren Viper-Turbine ausgeliefert. Ein noch stärkeres Viper-Triebwerk und eine Druckkabine, verstärkte Flügel und modernere Avionik erhielt die T.5. Diese Version, von der auch spezielle Varianten exportiert wurden, war schließlich die Basis für die von BAC entwickelte und ab 1967 produzierte Strikemaster.

Insgesamt sind 734 Jet Provosts aus den Werkhallen von Hunting Percival und BAC gerollt.

Bemerkungen: Die Firma begann zu Beginn der 1950er-Jahre einen robusten und idealen Trainer zu produzieren, der auch für die damals neue ab-initio-Schulung angehender Jet-Piloten genutzt wurde und der mit jeder weiteren Version an die ebenso weiterentwickelten Jagdflugzeuge angepasst worden ist. Neben der Schulung nutzte man den zuverlässigen und kostengünstig zu betreibenden Jet auch für das Kampftraining, Waffentraining und zur Pilotenweiterbildung. Erst Anfang der 1990er-Jahre ersetzte sie die RAF durch den Turboprop Shorts Tucano. Zahlreiche Exportflugzeuge, die nach Australien, Ceylon, Irak, Kuwait, Nigeria, Portugal, Jemen, Sudan und Venezuela gingen, konnten und wurden auch als leichte Erdkampfflugzeuge geflogen. Rückblickend gesehen gelang mit der Jet Provost und den daraus resultierenden Nachfolgemustern ein lang andauernder Verkaufserfolg, der erst 1984 mit dem Trainer und leichten Erdkämpfer BAC 167 Strikemaster endete.

Vermutlich haben über 20 Jet Provosts, auch einige noch flugfähig, überlebt. Eine T.4 steht im Museum für Luftfahrt und Technik, Wernigerode.

Besatzung: 2
Triebwerk: (T.5) Ein Axialstrahltriebwerk Armstrong Siddeley Viper Mk. 102/202 mit 7,6 kN Schub.
Leistungen: (T.5) Höchstgeschwindigkeit 707 km/h in 7600 m, Dienstgipfelhöhe 11 200 m, Reichweite 1440 km mit Tiptanks.
Gewichte: (T.5) Leermasse 3170 kg, Abflugmasse 4173 kg.
Bewaffnung: Zwei MGs und an vier Außenstationen Raketenpods oder maximal vier 245 kg-Bomben.

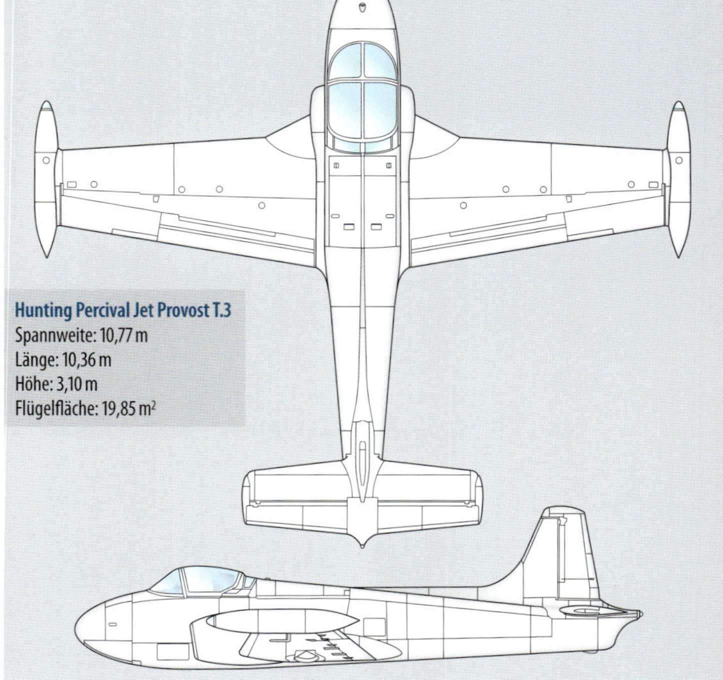

Hunting Percival Jet Provost T.3
Spannweite: 10,77 m
Länge: 10,36 m
Höhe: 3,10 m
Flügelfläche: 19,85 m²

Percival P.40 Prentice

Ursprungsland
Großbritannien
Kategorie
Trainingsflugzeug

Entwicklung: Als Basistrainer in der Nachkriegszeit erfüllte die Prentice eine 1943 von der RAF erstellte Spezifikation, die im März 1945 in eine Bestellung mündete. Der erste in Ganzmetallbauweise produzierte Tiefdecker von Percival flog im März 1946. Bei der Erprobung zeigte sich eine ungenügende Flugstabilität, weshalb etliche Änderungen am Leitwerk notwendig wurden. Auch die Flugleistungen waren im Verhältnis zur bisher eingesetzten Tiger Moth nicht überzeugend. Neben der Anfängerschulung war das Flugzeug für die Nachtflugausbildung vorgesehen und mit Abdunklungen ausgerüstet. Schüler und Lehrer saßen nebeneinander, ein zweiter Schüler oder Prüfer konnte auf dem Sitz dahinter Platz nehmen. Eine Bestellung über 270 Prentice T.1 ging von der RAF ein und im November 1947 begann die Indienststellung. Drei T.1 erhielt die libanesische Luftwaffe, die sie bis 1969 als Trainer und Verbindungsflugzeuge flogen. Auch Argentiniens Luftwaffe bestellte 1948 zunächst 200 P.40, reduzierte aber später auf 100. Genutzt wurden sie als Basistrainer und Verbindungsflugzeuge. Kanada testete zwar 1948 die T.2, eine deutlich leistungsfähigere Version mit einem 296 PS-starken Gipsy Queen. Es kam aber wegen der wenig überzeugenden Flugleistungen zu keiner Bestellung. Eine noch stärker motorisierte T.3 mit einem aufgeladenen 345 PS-Gipsy Queen Mk. 70 wurde von Indien in Auftrag gegeben. Die ersten drei Flugzeuge baute Percival, weitere 62 produzierte Hindustan Aircraft Ltd. als Fortgeschrittenentrainer und für die Navigatorenausbildung eingesetzt.

Insgesamt wurden 525, nach anderen Quellen 566 P.40 ausgeliefert, wovon 125 von Blackburn produziert wurden.

Bemerkungen: Schnell wurde der Royal Air Force nach der Indienststellung 1947 klar, dass die Prentice nicht mehr den Anforderungen der Zeit entsprach. Das schon damals anachronistische Flugzeug war nur bedingt kunstflugtauglich und mit drei Besatzungsmitgliedern deutlich untermotorisiert. Quellen sprechen von einem der ungeeignetsten Trainern der RAF. Ersetzt wurde das Muster bereits 1952 durch die DHC-1 Chipmunk (S. 89) und Ende 1953 durch die Percival P.56 Provost (S. 67). Eine letzte Prentice wurde 1956 außer Dienst gestellt. Von den 270 RAF-Prentice wurden 252 an eine Firma abgegeben, die 28 in zivile, zum Teil viersitzige Muster umbaute und angeblich bis 1961 betrieb. Der Rest wurde verschrottet.

Vermutlich sind 12 Flugzeuge erhalten geblieben, davon zwei flugtüchtige in Großbritannien. Von den Museumsflugzeugen ist eine davon im Royal Air Force Museum in London und eine im Museo Nacional de Aeronáutica in Moron, Buones Aires, Argentinen zu sehen.

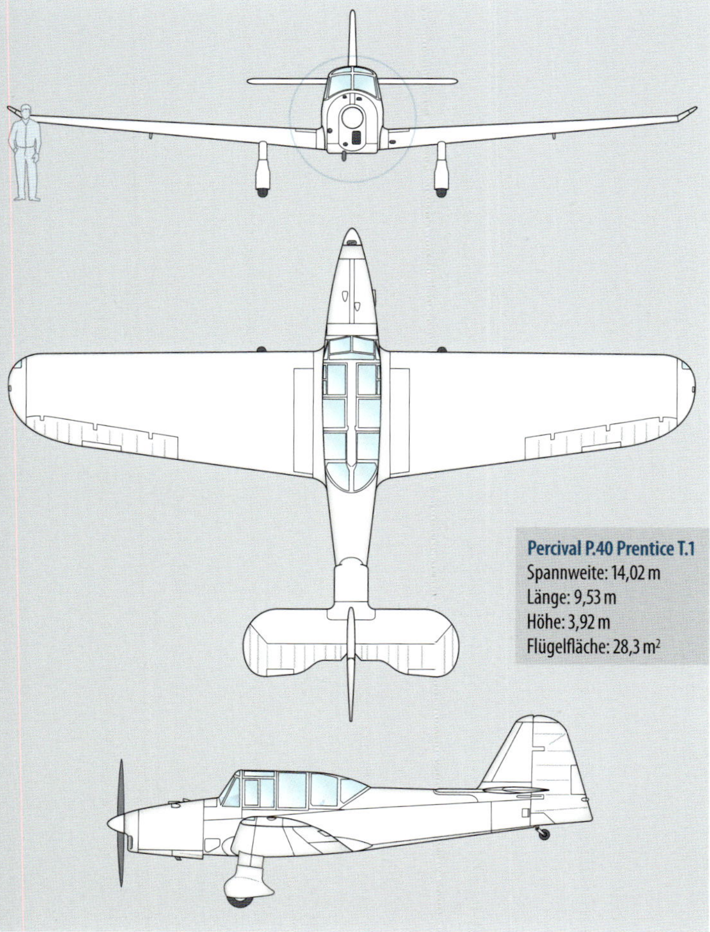

Percival P.40 Prentice T.1
Spannweite: 14,02 m
Länge: 9,53 m
Höhe: 3,92 m
Flügelfläche: 28,3 m²

Besatzung: (T.1) 2 – 3
Triebwerk: (T.1) Ein luftgekühlter 6-Zylinder-Reihenmotor de Havilland Gipsy Queen 32 mit 187 kW (251 PS) oder (T.2) ein aufgeladener Gipsy Queen 32 mit 221 kW (296 PS).
Leistungen: (T.1) Höchstgeschwindigkeit 275 km/h in 2000 m, Reisegeschwindigkeit 248 km/h in 3700 m, Dienstgipfelhöhe ca. 5800 m, Reichweite 813 km.
Gewichte: (T.1) Leermasse 1311 kg, Abflugmasse 1751 kg.

Percival P.56 Provost

Ursprungsland
Großbritannien
Kategorie
Schul- und Trainingsflugzeug

Entwicklung: Um einen Ersatz für den wenig geeigneten Trainer Percival Prentice (S. 66) zu finden, veröffentlichte das britische Militär im September 1948 eine Spezifikation, die von ca. 30 Bewerbern mit Entwürfen beantwortet wurde. Lediglich Handley Page und Percival beauftragte man mit je zwei Prototypen. Percival baute die beiden ersten Prototypen mit einem Armstrong Siddeley Cheetah-Sternmotor, einen dritten in Eigenregie mit dem wesentlich leistungsfähigeren Alvis Leonides. Erstflug des in Ganzmetallbauweise hergestellten Tiefdeckers war im Februar 1950. Die beiden Piloten saßen Side-by-side, ein dritter Beobachtersitz dahinter wurde nicht in die Serie übernommen. Der Trainer überzeugte durch gute Flugeigenschaften, war bedingt kunstflugtauglich und wurde auch für Blindflugtraining ausgerüstet. Im Gegensatz zu früheren einfach zu fliegenden Trainern war er allerdings anspruchsvoller. Percival gewann den Zuschlag und ein erster Auftrag der RAF über 200 Provost T. Mk.I folgte. 1953 wurde die erste Charge an die Flugschulen ausgeliefert und bis September 1954 waren alle Prentice ersetzt. Percival produzierte auch Exportversionen: die unbewaffnete T. 51 und die Mk. 52 und Mk. 53 mit je einem MG in den Tragflächen, und Außenstationen für bis zu 230 kg Bomben und Raketen. Exportaufträge kamen bereits 1953 von Rhodesien (4 T. 51 und 12 T.52), im Januar 1954 von Irland (4 T. 51 und 5 T. 53), 1954 von Birma (12 T. 53), Mai 1957 vom Sudan (7 T. 53 und 5 RAF-Übernahmen). Der Irak bestellte 15 T. 53 und Malaysia 24 T. 51. Zwölf ehemalige RAF-Flugzeuge T. Mk. I gingen an den Oman und wurden für den Waffeneinsatz umgebaut. Die Provost hatte auch genug Potenzial für eine deutlich leistungsfähigere Weiterentwicklung, der Hunting Percival Jet Provost (S. 65).

Von allen Varianten lieferte Percival bis 1956 461 Flugzeuge aus.

Bemerkungen: Mit der Provost erhielt die RAF einen wesentlich moderneren und leistungsfähigeren Trainer für die Basis- und Fortgeschrittenenausbildung, der es den Piloten erleichterte, direkt auf de Havilland Vampire (S. 48) umzusteigen. Ermöglicht wurde dies durch Kampfflugzeug-ähnliche Flugeigenschaften und ein komplexeres, blindflugtaugliches Cockpit. Die Provost blieb bis Anfang der 1960er-Jahre in RAF-Diensten, bis sie durch die Jet Provost ersetzt wurde, eine letzte wurde 1969 stillgelegt. Erfolgreich war Percival auch mit den Exportversionen, die in vielen Ländern außerhalb Europas, auch für Kampfeinsätze, betrieben wurden.

Angeblich werden noch drei Provost T. Mk. I in Großbritannien geflogen. Über zwanzig Provost findet man weltweit in Museen. Unter anderem im Military Aviation Museum, Tangmere, Großbritannien.

Besatzung: 2
Triebwerk: (T Mk. I) Ein luftgekühlter 9-Zylinder-Sternmotor Alvis Leonides 126 mit 405 kW (550 PS).
Leistungen: (T Mk. I) Höchstgeschwindigkeit 320 km/h, Steigzeit auf 3000 m 3 min 16 sec, Dienstgipfelhöhe 7600 m, Reichweite 1050 km.
Gewichte: (T Mk. I) Leermasse 1523 kg, maximale Abflugmasse 1995 kg.
Bewaffnung: Exportversion Mk. 53 und 53: Zwei MGs und bis zu 230 kg Bomben oder Raketen an Außenstationen.

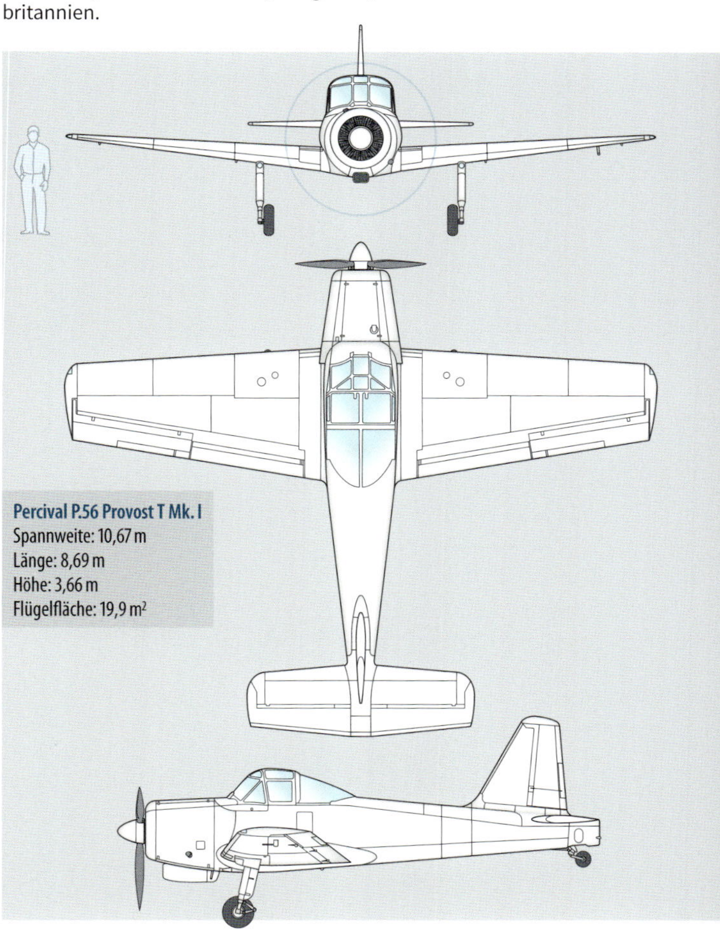

Percival P.56 Provost T Mk. I
Spannweite: 10,67 m
Länge: 8,69 m
Höhe: 3,66 m
Flügelfläche: 19,9 m²

Percival P.66 Pembroke

Ursprungsland
Großbritannien
Kategorie
Leichter Transporter

Entwicklung: Den letzten Platz innerhalb einer zweimotorigen Familie leichter Transportflugzeuge nahm die Pembroke ein. Ende der 1940er-Jahre entwarf Percival ein zweimotoriges leichtes Passagierflugzeug, die P.47 Meganser, die nie geflogen ist, aber die Designgrundlage für die folgende, größere P.50 Percival Prince war, die im Mai 1948 erstmals abhob und von der in mehreren Versionen 75 Stück ausgeliefert wurden. Als Weiterentwicklung erhielt die in Ganzmetallbauweise konstruierte P.66 Pembroke einen längeren Flügel, der ein höheres Gesamtgewicht erlaubte. Erstflug war im November 1952. Die leichte Zweimot konnte neben der zweiköpfigen Besatzung bis zu zehn Passagiere oder sechs Tragbahren oder 1150 kg Fracht über eine Doppeltür laden. Alle folgenden Varianten unterschieden sich nur entsprechend ihrem Verwendungszweck in der Ausrüstung. Die RAF erhielt 44 Pembroke C.1, um ihre Avro Anson abzulösen. Zwei davon baute man neben sechs Neubauten zum Fotoaufklärer um. Es folgten mehrere Exportversionen der P.66: 12 C.51 für Belgien, 16 C.52 für Schweden, die ihre TP 83 nannte und 2 an Finnland, sowie 33 C.54, die an Deutschland geliefert wurden. Fünf P.66 President gingen an zivile Betreiber.

Bis Ende 1958 rollten insgesamt 128 Pembrokes aus Percivals Werkhallen.

Bemerkungen: Neben seinen Aufgaben als Transporter konnte die leichte Zweimot der frühen Nachkriegszeit in einem beachtlichen Spektrum genutzt werden: als „fliegendes Klassenzimmer“ zur Ausbildung von Navigatoren, für ELINT- und SAR-Missionen, als Verwundetentransporter und Aufklärer, zur Kartographierung und als VIP-Transporter. Die RAF modernisierte ihre Pembrokes nochmals in den 1970ern, bis sie 1988 von der Hawker Siddeley Andover abgelöst wurden. Die 1956 von Deutschland beschafften P.66 wurden bei Luftwaffe, Heer und Marine geflogen und als Transporter, aber auch zur Schulung von flugtechnischem Personal und Bordnavigatoren eingesetzt, außerdem zur Ausbildung von Piloten auf mehrmotorigen Flugzeugen. Vier Flugzeuge erhielten eine verglaste Nase, um sie für Vermessungsflüge nutzen zu können. Einige Maschinen waren zeitweise auch für die Marine in SAR-Einsätzen unterwegs. Eine unbekannte Zahl modifizierte man zum VIP-Transporter für vier Crewmitglieder und maximal acht Passagiere, die für die Flugbereitschaft des Verteidigungsministeriums bereitgehalten wurden. Die letzte Bundeswehr-Pembroke wurde im Oktober 1975 ausgemustert. Die meisten wurden anschließend an zivile Gesellschaften verkauft oder verschrottet.

Soweit bekannt fliegen noch zwei in den USA und eine in Großbritannien. Fünf stehen in deutschen Museen, davon eine eine im Militärhistorischen Museum in Flugplatz Berlin Gatow.

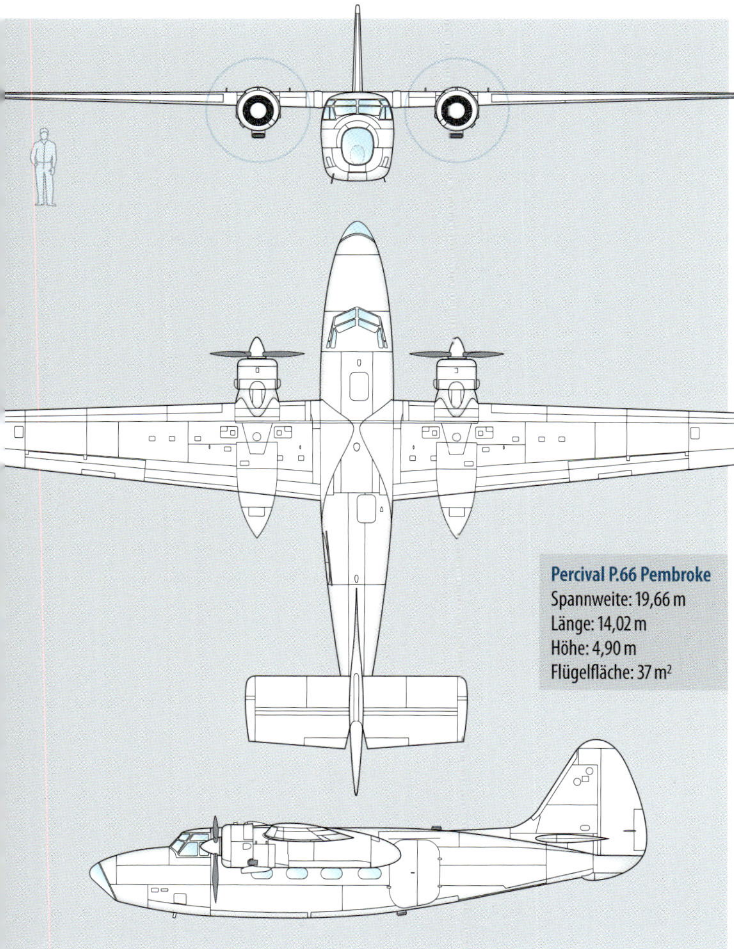

Percival P.66 Pembroke
Spannweite: 19,66 m
Länge: 14,02 m
Höhe: 4,90 m
Flügelfläche: 37 m²

Besatzung: 2
Triebwerke: Zwei luftgekühlte 9-Zylinder-Sternmotoren Alvis Leonides 127 mit je 397 kW (540 PS).
Leistungen: Höchstgeschwindigkeit 350 km/h, Reisegeschwindigkeit 298 km/h, Dienstgipfelhöhe 6700 m, Reichweite 1650 km.
Gewichte: Leermasse 4068 kg, Abflugmasse 5897 kg.

Saunders-Roe W.14 Skeeter

Ursprungsland
Großbritannien
Kategorie
Leichter Mehrzweckhubschrauber

Entwicklung: Ende der 1940er-Jahre entwickelte die Cierva Autogiro Company in Southampton den zweisitzigen Skeeter, der mit einem 106 PS starken Jameson Vierzylinder-Reihenmotor im Oktober 1948 erstmals abhob. Konstruiert war der leichte Hubschrauber als verkleidete Stahlrohrstruktur, der lange Heckausleger wurde in Schalenbauweise hergestellt. Der bespannte Rotor aus einem Stahlholm und Holzrippen, der über ein Getriebe vom waagrecht eingebauten, gebläsegekühlten Motor angetrieben wurde. Mit ihrer großzügigen Verglasung bot die zweisitzige Kabine eine hervorragende Rundumsicht.

1951 wurde die Skeeter nach dem Bau von zwei Prototypen durch Cierva von Saunders-Roe übernommen und weiterentwickelt. Die ersten verbesserten Saunders-Skeeter Mk. 3B mit einem 180 PS-starken Antrieb wurden zur Erprobung genutzt, die wegen Vibrationen und Bodenresonanzen nicht ganz unproblematisch verlief. Vom nochmals überarbeiteten Mk. 4 baute man nur eine Maschine und erst mit der einzigen Mk. 5, die im Sommer 1953 abhob, hatte man eine vorzeigbare Maschine. Vier Prototypen Mk. 6, mit einem 200 PS-de Havilland Gipsy Major, waren nun zwar schwerer, aber auch leistungsfähiger und wurden 1955 auf der Pariser Airshow Militärs präsentiert.

Um den Helikopter auch auf heißen und hohen Plätzen betreiben zu können, experimentierte Saunders mit einem zusätzlichen Raketen-Blattspitzenantrieb, der sich aber nicht bewährte. Mangelnde Performance war aber immer das Problem des Skeeters. Schließlich installierte man den für das kleine Getriebe maximal möglichen 215 PS-Gipsy Major. Drei Maschinen gingen mit der Bezeichnung A.O.P.10 zur Erprobung an die britische Armee, die schließlich auch 64 Stück bestellte. Sie waren bis 1960 ausgeliefert. Darunter gab es auch Schulversionen mit Doppelsteuer. Auch die Bundeswehr erhielt 1958 zehn Skeeter, die aber mangels akzeptabler Leistungen und wegen des rasanten Fortschritts in der Hubschrauberentwicklung schnell wieder ausgemustert und an Portugal abgegeben wurden.

Vermutlich wurden insgesamt nur 77 Skeeter gebaut, andere Quellen sprechen von ca. 90.

Bemerkungen: Der Skeeter war der erste Hubschrauber, der von der britischen Armee übernommen wurde. Allerdings wurden schon Anfang der 1950er-Jahre bessere Leistungen für den militärischen Einsatz erwartet und es war ein offenes Geheimnis, dass ein Skeeter an heißen Tagen mit zwei Insassen nicht abheben konnte. Die Tendenz beim militärischen Hubschrauberbau ging zu dieser Zeit schon in Richtung leistungsstarkem Turbinenantrieb.

Vermutlich sind 12 Skeeter erhalten geblieben. Davon stehen 10 in britischen Museen, eine im Luftfahrtmuseum Krakau, Polen, aber eine auch im Hubschraubermuseum in Bückeburg.

Besatzung: 2
Triebwerk: (Mk. 12) Ein aufgeladener, luftgekühlter 4-Zylinder-Reihenmotor de Havilland Gipsy Major 215 mit 158 kW (215 PS).
Leistungen: (Mk. 12) Höchstgeschwindigkeit 167 km/h, Dienstgipfelhöhe 3900 m, Reichweite ca. 300 km.
Gewichte: (Mk. 12) Leermasse 750 kg, Abflugmasse 980 kg, maximal 1043 kg.

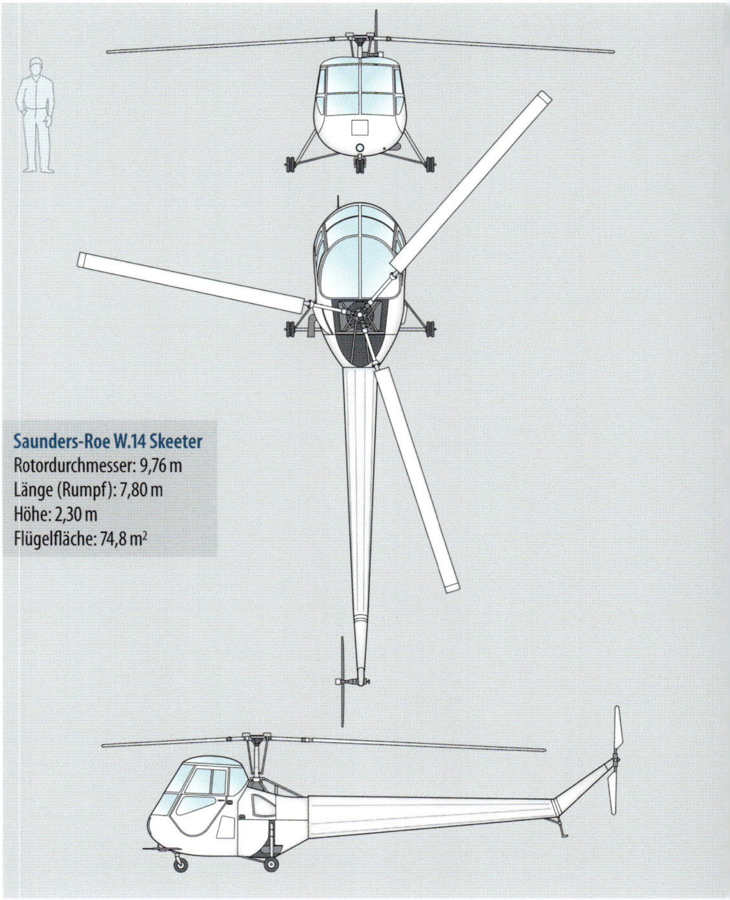

Saunders-Roe W.14 Skeeter
Rotordurchmesser: 9,76 m
Länge (Rumpf): 7,80 m
Höhe: 2,30 m
Flügelfläche: 74,8 m²

Scottish Aviation Pioneer

Ursprungsland
Großbritannien
Kategorie
Transport- und Verbindungsflugzeug

Entwicklung: Mit der Pioneer erfüllte Scottish Aviation die Spezifikationen des britischen Luftfahrtministeriums für ein leichtes STOL-Transportflugzeug. Zwei Prototypen, von vier bestellten wurden gebaut. Allerdings war der in Ganzmetallbauweise hergestellte, abgestrebte, noch dreisitzige Prototyp mit einem 240 PS starken de Havilland Gipsy Queen 32 völlig untermotorisiert. Er flog im November 1947 erstmals, wurde aber von der RAF wegen seiner enttäuschenden Leistungen nicht übernommen. Scottish Aviation überarbeitete das Design und entwickelte in eigener Regie die zivile, fünfsitzige Pioneer II (Bild oben/Zeichnung), die von einem wesentlich stärkeren Alvis Leonides-Sternmotor (520 PS) angetrieben wurde. Mit ihren ausfahrbaren Vorflügeln über die ganze Flügelbreite und großflächigen Fowlerklappen kam die Pioneer mit 70 m Start- und 60 m Landestrecke zurecht. Die nun hervorragenden STOL-Eigenschaften veranlasste die Royal Air Force doch noch 40 Flugzeuge unter der Bezeichnung Pioneer CC Mk. I zu bestellen. Die Auslieferungen begannen im August 1953 und die Maschinen blieben bis 1969 im Dienst. Exportiert wurden 9 an die Streitkräfte Malaysias und je 4 an Ceylon (Sri Lanka) und die Luftwaffe des Omans.

Mit einem für das relativ große Flugzeug viel zu schwachen Gipsy Queen-Reihenmotor ein Prototyp der Pioneer.

Insgesamt baute Scottish Aviation inklusive einer Bruchzelle nur 59 Pioneer.

Bemerkungen: Auch wenn die Pioneer zu Beginn ihrer Entwicklung für die RAF wegen ihres schwachen Antriebs nicht in Frage kam, konnte das Flugzeug doch später mit dem doppelt so starken Sternmotor seine Leistungsfähigkeit mit relativ hoher Zuladung und kurzen Start- und Landestrecken, auch bei hohen Temperaturen in den britischen Kolonialkriegen in Zypern, Aden, Malaya, Singapur und in Borneo beweisen. Berichtet wird von Transport-, Verbindungs- und Evakuierungsflügen, Verwundetentransporten, oft unter schwierigen Bedingungen, auch von unvorbereiteten Pisten in unzugänglichen und klimatisch extremen Gebieten.

Pioneers findet man im RAF Museum Cosford, Großbritannien, im Sri Lanka Airmuseum Ratmalana, Sri Lanka und im Royal Malayan Air Force Museum in Kuala Lumpur, Malaysia.

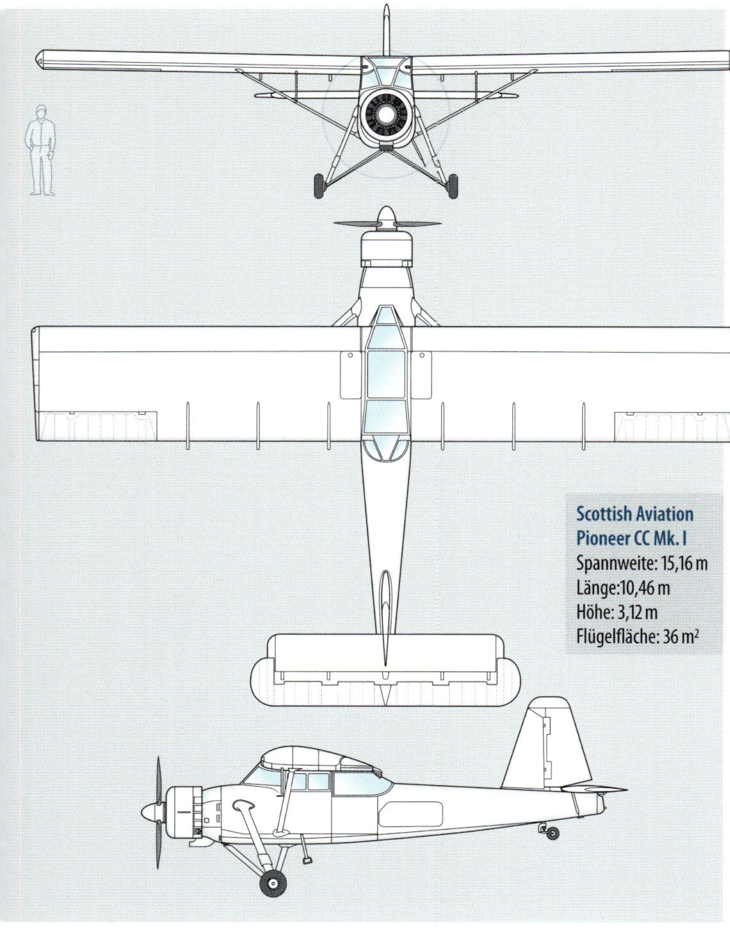

Scottish Aviation Pioneer CC Mk. I
Spannweite: 15,16 m
Länge:10,46 m
Höhe: 3,12 m
Flügelfläche: 36 m²

Besatzung: 1
Triebwerk: (Mk. I) Ein luftgekühlter 9-Zylinder-Sternmotor Alvis Leonides 502/4 mit 382 kW (520 PS).
Leistungen: (Mk. I) Höchstgeschwindigkeit 261 km/h, Reisegeschwindigkeit 195 km/h, Dienstgipfelhöhe 7000 m, Reichweite ca. 680 km.
Gewichte: (Mk. I) Leermasse 1740 kg, Abflugmasse 2631 kg.

Short Sturgeon

Ursprungsland
Großbritannien
Kategorie
Torpedobomber, Aufklärungsbomber, Zielschlepper, U-Boot-Jagdflugzeug

Entwicklung: Die Entwicklung begann 1943 nach einer Ausschreibung der Fleet Air Arm für einen trägergestützten Hochleistungs-Torpedobomber, bei der jedoch die Fairey Spearfish zum Zug kam. Im Oktober 1943 erhielt Shorts, nach einer neuen Spezifikation für einen Aufklärungsbomber, den Auftrag für drei Prototypen S.1. Das Ganzmetallflugzeug mit Klapptragflächen wurde von zwei RR Merlin mit gegenläufigen Doppelpropellern angetrieben, war mit MGs bewaffnet und trug neben Kameras und Radar auch Wasserbomben. Die erste Sturgeon S.1 flog im Juni 1946 und brachte sehr gute Leistungen. Nach Ende des Zweiten Weltkrieges stellte man jedoch den Bau neuer Flugzeugträger ein und die S.1 verlor ihre Berechtigung als trägergestützter Torpedobomber. Die Serie wurde von 30 auf 23 reduziert und in eine Zielschleppervariante TT. 2 (großes Bild/Zeichnung) geändert. Short baute eine bemannte Kameraposition in den verlängerten Bug und ein Windensystem in den Rumpf ein. Fünf der 23 TT.2 wurden später in die zur nochmals überarbeiteten TT. 3 umgerüstet. Vom letzten Typ S.B. 3, ein U-Boot-Jäger mit einem voluminösen Radardom unter dem Bug wurden zwei Prototypen bestellt. Erstflug war im August 1950. Die neuen Turboprop-Antriebe Armstrong Siddeley Mamba bereiteten aber so große Problem, dass das Projekt noch vor Fertigstellung des zweiten Prototyps eingestellt wurde.

Short baute nur 28 Flugzeuge aller Varianten.

Bemerkungen: Das anfangs gelungene und leistungsfähige Flugzeug kam nur als Marine-Zielschlepper zum Einsatz. Es wurde mit stets neuen Anforderungen so oft umkonstruiert, dass aus dem vielversprechenden, ursprünglichen Torpedobomber ein wenig überzeugender, unförmiger U-Boot-Jäger wurde und die komplette Baureihe 1951 eingestellt wurde.

Soweit bekannt, blieb kein Flugzeug erhalten.

Einer der drei Prototypen in seiner ursprünglichen Form als trägergestützter Torpedobomber S. 1.

Der einzige gebaute Prototyp des U-Boot-Jägers S.B. 3.

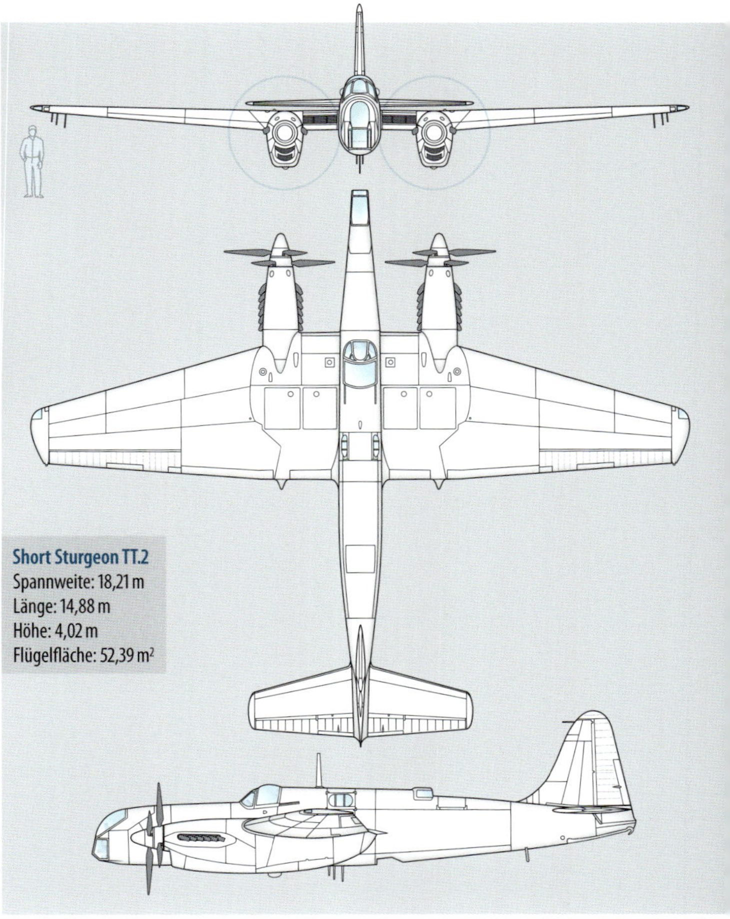

Short Sturgeon TT.2
Spannweite: 18,21 m
Länge: 14,88 m
Höhe: 4,02 m
Flügelfläche: 52,39 m²

Besatzung: (TT.2) 2–3
Triebwerke: (TT.2) Zwei flüssigkeitsgekühlte V12-Reihenmotoren Rolls-Royce Merlin 140 mit je 1530 kW (2080 PS).
Leistungen: Höchstgeschwindigkeit 595 km/h, Reisegeschwindigkeit 486 km/h, Dienstgipfelhöhe 10 900 m, Reichweite 2580 km.
Gewichte: (TT.2) Leermasse 8050 kg, maximale Startmasse 10 138 kg.

Short SB.6 Seamew

Ursprungsland
Großbritannien
Kategorie
U-Boot-Jagdflugzeug

Entwicklung: Die Royal Navy veröffentlichte 1951 eine Spezifikation für ein robustes, einfaches Flugzeug, das in der Lage sein sollte, U-Boote aufzuspüren und zu bekämpfen. Es sollte von kleinen Flugzeugträgern auch bei schlechtem Wetter starten und eine geraume Zeit über seinem Einsatzgebiet verweilen können. Im April 1952 bestellte die Navy drei Prototypen bei Shorts, der Erstflug fand im August 1953 statt. Bei dem in Ganzmetallbauweise hergestellte zweisitzigen, schmalen Mitteldecker, saß der Pilot direkt über der Turbine und hatte ein uneingeschränktes Blickfeld. Die SB.6 Seamew AS.1 war mit einem Festfahrwerk ausgestattet und hatte faltbare Tragflächen. Waffenlasten konnten an Hardpoints unter dem Flügel und im Schacht untergebracht werden. Auch eine landgestützte, nahezu identische Version für das Coastal Command, SC.2 Seamew Mk. 2, für unvorbereitete Flugfelder, mit Niederdruckreifen und etwas mehr Nutzlast wurde geplant. Angeblich waren die Handlingseigenschaften des Prototypen im Langsamflug bescheiden, weshalb er mit Vorflügeln und geänderten Landeklappen ausgestattet wurde. Im Februar 1955 bestellte man 60 Flugzeuge und im Dezember 1955 begannen die ersten Trägertests. Die sich verändernde Militärdoktrin der Briten führte jedoch dazu, dass die RAF und Navy das Interesse an der Seamew verloren und ihre Bestellungen stornierten.

Schon nach 26 Flugzeugen inkl. der Prototypen wurde die Produktion eingestellt, das letzte Flugzeug wurde 1967 verschrottet.

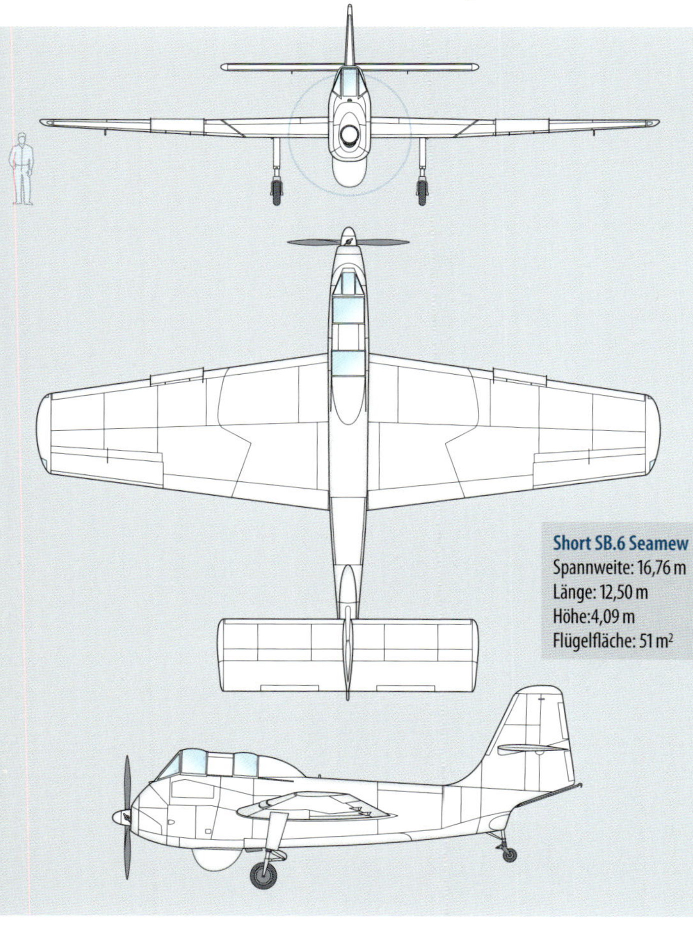

Short SB.6 Seamew
Spannweite: 16,76 m
Länge: 12,50 m
Höhe:4,09 m
Flügelfläche: 51 m²

Einer der Prototypen noch ohne Vorflügel.

Bemerkungen: Als Folge der U-Bootschlachten im Zweiten Weltkrieg und den sich verschlechternden Beziehungen zum Ostblock forderten die britischen Militärs ein U-Boot-Jagdflugzeug, das vergleichsweise billig und einfach war und unter den Hightech-Flugzeugen Avro Shackleton und Fairey Gannet angesiedelt war. Mit der neuen Doktrin eines Atomkrieges war aber die Massenkriegsführung veraltet und ein leichter U-Bootjäger uninteressant geworden. Trotz Vorführungen auf Flugmessen und Verkaufstouren durch Europa kam keine weitere Produktion mehr in Gang.

Es blieb kein Flugzeug erhalten.

Besatzung: 2
Triebwerk: Eine Propellerturbine Armstrong Siddely ASM.6 Mamba mit ca. 1230 kW (1650 PS).
Leistungen: Höchstgeschwindigkeit 380 km/h, Dienstgipfelhöhe 6300 m, Reichweite ca. 1200 km, bei 230 km/h Reisegeschwindigkeit 4 h Flugdauer.
Gewichte: Leermasse 4443 kg, Abflugmasse 6532 kg, maximale Abflugmasse 6804 kg.
Bewaffnung: Ein Torpedo, oder vier Wasserbomben, diverse Bomben und Sonarbojen, unter dem Flügel sechs Raketen. Waffenlast maximal 836 kg.

Supermarine Spiteful / Seafang

Ursprungsland
Großbritannien
Kategorie
Jagdflugzeug

Entwicklung: Noch während des Krieges suchte Supermarine nach einem Nachfolger für die Spitfire, der eine höhere Geschwindigkeit und einige negative Eigenschaften der Spitfire beheben sollte. Ausgehend von der letzten Spitfire-Serie XIV wurde ein komplett neuer dünner Flügel mit Laminarprofil, für eine einfachere Herstellung mit geraden Kanten und einem breiten, nach innen einziehbarem Fahrwerk konstruiert. Auch den Rumpf und das Leitwerk überarbeitete das Konstruktionsteam, so dass das nun eigentlich neue Flugzeug den Namen Spiteful (Bild) erhielt. Erstflug war im Juni 1944. Es folgte eine Order über 150 Spiteful Mk. 14, obwohl schon deutlich war, dass strahlgetriebene Flugzeuge wesentlich bessere Leistungen brachten. So blieb es schließlich bei 17 Serienflugzeugen. Auch eine Lizenzanfrage aus Frankreich verlief im Sand, als das Land begann, selbst eigene Düsenflugzeuge herzustellen. Da sich die britische Navy nicht sicher war, ob düsengetriebene Flugzeuge von ihren Flugzeugträgern aus operieren konnten, wurde eine Marineversion beauftragt. Um die Entwicklung zu beschleunigen, entstand der Prototyp aus einer Spiteful, der mit einem Fünfblattpropeller im Januar 1946 erstmals abhob. Die ersten acht Seafang Mk. 31 erhielten schließlich einen Fanghaken und klappbare Tragflächenenden, aber noch den schwächeren Rolls-Royce Griffon 61 mit 2035 PS, der einen Fünfblattpropeller antrieb. Von der Folgeversion Seafang Mk. 32 (Zeichnung), mit einem stärkeren Griffon 89, gegenläufigen Propellern und größeren Tanks wurden von acht gebauten, allerdings nur noch zwei fertiggestellt. Es blieben im Prinzip Prototypen, zu einer Serienproduktion der Seafang kam es nicht mehr.

Supermarine lieferte inklusive der Prototypen nur 19 Spiteful und 11 Seafang aus.

Bemerkungen: Die Spiteful war zwar soweit entwickelt, dass eine Serienproduktion in Betracht gezogen werden konnte, aber dann doch nicht mehr erfolgte. Die Leistungssteigerungen der beiden Flugzeuge waren nicht so bedeutend wie erhofft und die Fähigkeiten strahlgetriebener Flugzeuge bewiesen eindeutig, wo die Zukunft lag. Für höhere Geschwindigkeiten war jedoch der neu konstruierte Laminar-Flügel geeignet. Er wurde deshalb bei der strahlgetriebenen Attacker (S. 74) verwendet. Dasselbe Schicksal erlitt die nahezu baugleiche Seafang. Mit einem erfolgreichen Betrieb der Sea Vampire (S. 48) auf Trägern war die Produktion der Seafang hinfällig.

Weder eine Spiteful noch eine Seafang sind, soweit bekannt, erhalten geblieben.

Besatzung: 1
Triebwerk: (Spiteful Mk. 14, Seafang Mk. 32 in []). Ein flüssigkeitsgekühlter V-12 Zylinder-Motor Rolls-Royce Griffon 69 [89] mit 1746 [1728] kW (2375 PS) [2350].
Leistungen: (Spiteful Mk. 14) Höchstgeschwindigkeit 777 [764] km/h in 6400 m, Dienstgipfelhöhe 13 000 [12 000] m, Reichweite 910 [690] km.
Gewichte: (Spiteful Mk. 14) Leermasse 3334 [3629] kg, Abflugmasse 4513 [4740] kg.
Bewaffnung: (Spiteful Mk. 14 und Seafang Mk. 32) Vier MKs im Flügel, 8 – 12 Luft-Boden-Raketen oder zwei 450 kg-Bomben an Außenstationen.

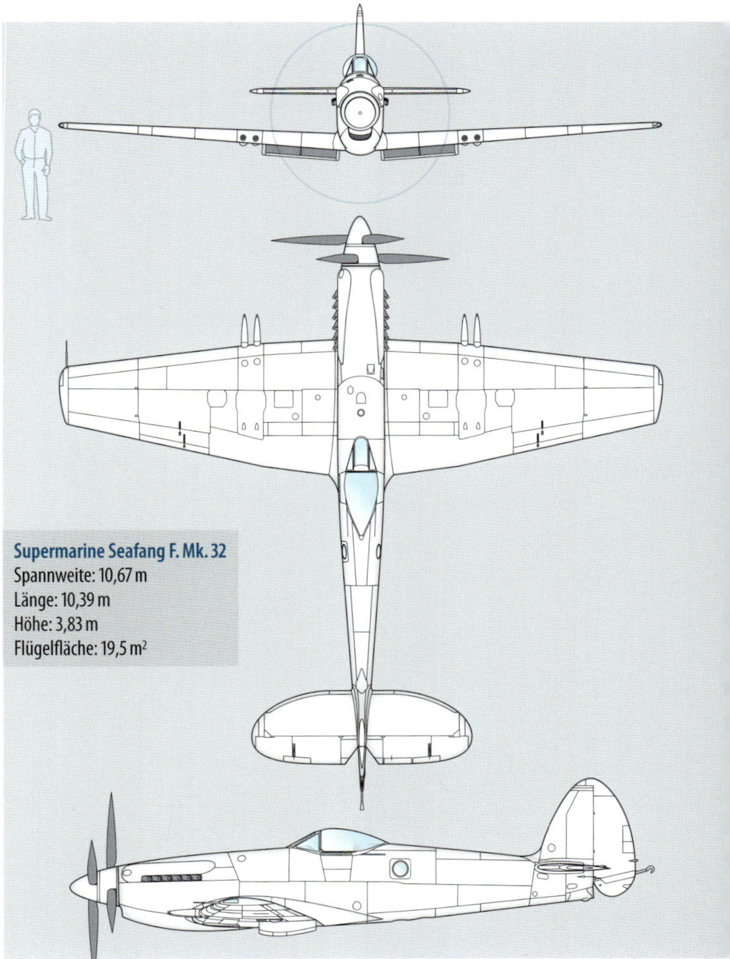

Supermarine Seafang F. Mk. 32
Spannweite: 10,67 m
Länge: 10,39 m
Höhe: 3,83 m
Flügelfläche: 19,5 m²

Supermarine Attacker

Ursprungsland
Großbritannien
Kategorie
Bordgestütztes Kampfflugzeug

Entwicklung: Das erste strahlgetriebene Kampfflugzeug der Royal Navy basierte auf der propellergetriebenen Supermarine Spiteful (S. 73), von der die Flügel übernommen wurden. Die ursprünglich für die Royal Airforce konstruierte Attacker brachte für sie aber keine Leistungsvorteil, obwohl im August 1944 drei Prototypen bestellt wurden. Die RAF bevorzugte die Gloster Meteor (S. 57) und die de Havilland Vampire (S. 48). Der Prototyp flog im Juli 1946. Das Flugzeug in Ganzmetallbauweise, mit seinem voluminösen, aber stromlinienförmigen Rumpf um das Nene 101-Radialtriebwerk unterzubringen, wurde deshalb für die Navy umkonstruiert und erhielt einen Katapult- und Landehaken, Klappflügel, einen Schleudersitz und ein verstärktes Fahrwerk und flog im Juni 1947 erstmals. Um die Reichweite zu erhöhen, installierte man einen 1230 Liter-Tank unter dem Rumpf. Im August 1951 gingen die ersten von 63 bestellten F.1 (nur 50 wurden gebaut) bei der Naval Air Squadron in Betrieb. Mit der FB. Mk. I, von der nur 11 ausgeliefert wurden, führte man Waffenstationen unter dem Flügel ein. Lediglich durch den Einbau des moderneren Nene 102-Triebwerks unterschieden sich die 84 gebauten FB. Mk. II. Von einer letzten, landbasierten Variante Mk. 538, ähnlich der F. 1, wurden 36 Stück bis 1953 an Pakistan geliefert.

Insgesamt rollten 182 Attacker aller Varianten aus den Hallen von Supermarine.

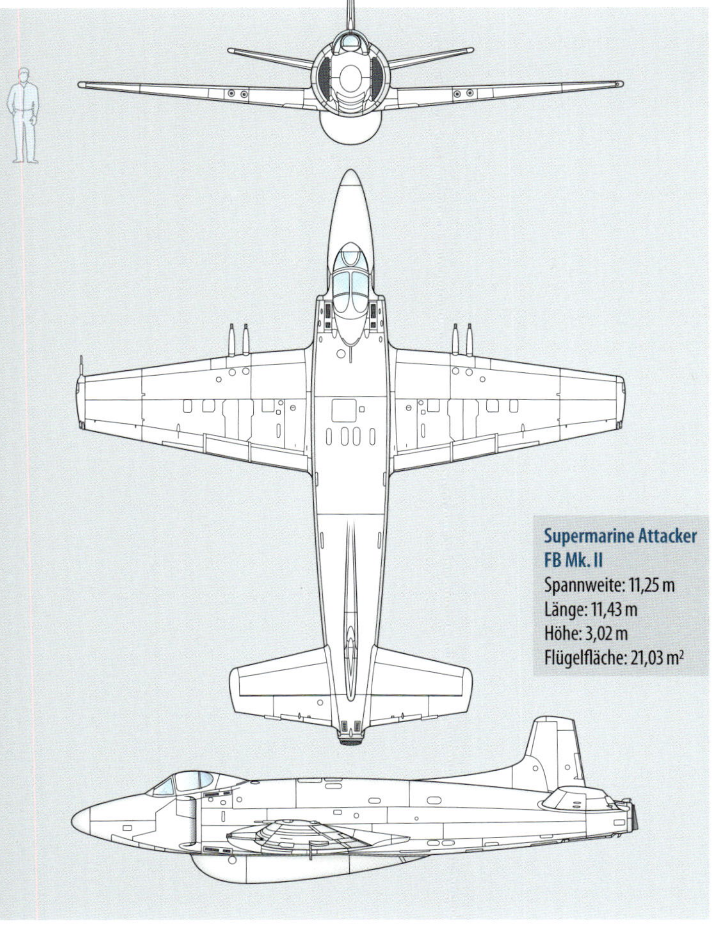

Supermarine Attacker FB Mk. II
Spannweite: 11,25 m
Länge: 11,43 m
Höhe: 3,02 m
Flügelfläche: 21,03 m²

Nicht alle Attacker, hier eine FB. Mk. II in Landekonfiguration, flogen mit dem zusätzlichen Unterrumpftank.

Bemerkungen: Als landgestützter Jet konzipiert, übernahm man von der erfolglosen Spiteful, dem Nachfolger der Spitfire, zwar den für langsame Anflüge bei Trägerlandungen unvorteilhaften, modernen Flügel, aber auch das für einen Jet ungewöhnliche Heckrad. Die F. 1, mit ihrer MK-Bewaffnung mehr als Abfangjäger gedacht, folgte die FB. Mk. I und Mk. II, Jagdbomber, die bis zu 900 kg Bomben tragen konnten. Nach einer relativ kurzen Einsatzdauer wurden aber bereits 1954, mit dem Aufkommen wesentlich modernerer Jets, die ersten Attacker in die zweite Reihe verbannt und bis Anfang 1957 stillgelegt.

Eine F.1 steht im Fleet Air Arm Museum in Yeovil, Großbritannien.

Besatzung: 1
Triebwerk: (FB Mk. II) Ein Radialverdichter-Strahltriebwerk Rolls-Royce Nene 102 mit 22,68 kN (2313 kp).
Leistungen: (FB Mk. II) Höchstgeschwindigkeit 949 km/h (Mach 0,74) in Meereshöhe, Steigzeit auf 6000 m 3 min 48 sec, Dienstgipfelhöhe 13 715 m, Reichweite 950 km bei 545 km/h Reisegeschwindigkeit, mit externem Tank 1915 km.
Gewichte: (FB Mk. II) Leermasse 4495 kg, Abflugmasse 5579 kg, maximale Abflugmasse 7870 kg.
Bewaffnung: (FB Mk. II) Vier MKs im Flügel, zwei 450 kg-Bomben oder 12 Luft-Boden-Raketen an Außenstationen.

Supermarine Swift

Ursprungsland
Großbritannien
Kategorie
Jagdflugzeug

Entwicklung: Nach Ende des Zweiten Weltkriegs war ein Teil der britischen Regierung der Meinung, dass in den folgenden zehn Jahren keine kriegerische Auseinandersetzung drohen würde und schränkte die Entwicklung von Kampfflugzeugen auf Prototypen ein, um den technischen Anschluss nicht zu verlieren. Darunter fiel auch der Typ 510 von Supermarine, der auf der Attacker (S. 74) basierte, aber Pfeilflügel hatte und im Dezember 1948 erstmals flog. Mit der Eskalation des Kalten Kriegs und Beginn des Koreakriegs änderte sich dies und Supermarine erhielt 1950 für den Typ 541, eine über die 535 weiterentwickelte 510, eine Bestellung über 2 Prototypen. Erstflug war im August 1951. Die erste Serienmaschine hob bereits im August 1952 ab und im Februar 1954 wurde die erste Einsatzstaffel aufgestellt. Anfangs unterlag die noch unausgereifte Swift allerdings nach zahlreichen Unfällen Flugbeschränkungen, die bis zum Grounding führten. Ständige, aber auch zwingend notwendige Verbesserungen führten zu sieben Versionen: F.1 mit zwei MKs (18 St.), F.2 (16 St.) mit Flügelmodifikationen und Schwerpunktsänderungen; F.3 (25 St.) mit einem stärkeren Avon 114-Triebwerk, wurde allerdings nur zur Ausbildung eingesetzt; F.4 (48 gebaut, 8 ausgeliefert) mit geändertem Leitwerk, aber problematischem Nachbrenner; FR.5 (56 neu gebaut, plus 32 aus der F.4-Bestellung umgebaut), Aufklärer mit längerer Kameranase und zwei MKs; PR.6 unbewaffneter Aufklärer, Entwicklung eingestellt und die FR.7 (Erstflug August 1956, ein Prototyp und 12 Serienflugzeuge), die lediglich für Versuche mit einer Luft-Luft-Rakete verwendet wurden.

Supermarine produzierte inklusive aller Prototypen insgesamt 197 Swifts.

Bemerkungen: Obwohl die Swift 1953 einen Geschwindigkeitsweltrekord aufstellte, gehörte sie zu den umstrittenen Flugzeugen der Royal Air Force. Nach einer schwierigen Entwicklungsphase, einer hohen Zahl von Unfällen, die auch zu befristeten Stilllegungen führten, wurde die Swift teilweise nur 15 Monate eingesetzt und früh durch Hawker Hunter (S. 64) ersetzt. Auch der am häufigsten gebaute Aufklärer FR.5 blieb, von 1956 bis 1961, nur fünf Jahre im Dienst, und wurde ebenfalls durch die Hunter ersetzt. Obwohl mit den letzten Versionen fast alle Probleme behoben worden waren, kam keine weitere Produktion mehr in Frage. Zumal das schlechte Abschneiden der zu schnell eingeführten und unausgereiften Swifts zu einem finanziellen und am Ende auch politischen Skandal ausuferte.

Soweit bekannt sind vier Exemplare erhalten geblieben. Davon findet man z. B. eine FR.5 im Newark Air Museum, Winthorpe, Großbritannien.

Besatzung: 1
Triebwerk: (FR.5) Ein Axialstrahltriebwerke Rolls-Royce Avon RA7R mit 31,92 kN Schub, mit Nachbrenner 42,0 kN.
Leistungen (FR.5) Höchstgeschwindigkeit 1112km/h, Dienstgipfelhöhe 13 960 m, Reichweite 843 km.
Gewichte: (FR.5) Leermasse 6094 kg, max. Startmasse 9639 kg.
Bewaffnung: (FR.5) Zwei MKs im Rumpf und acht Raketen unter den Flügeln.

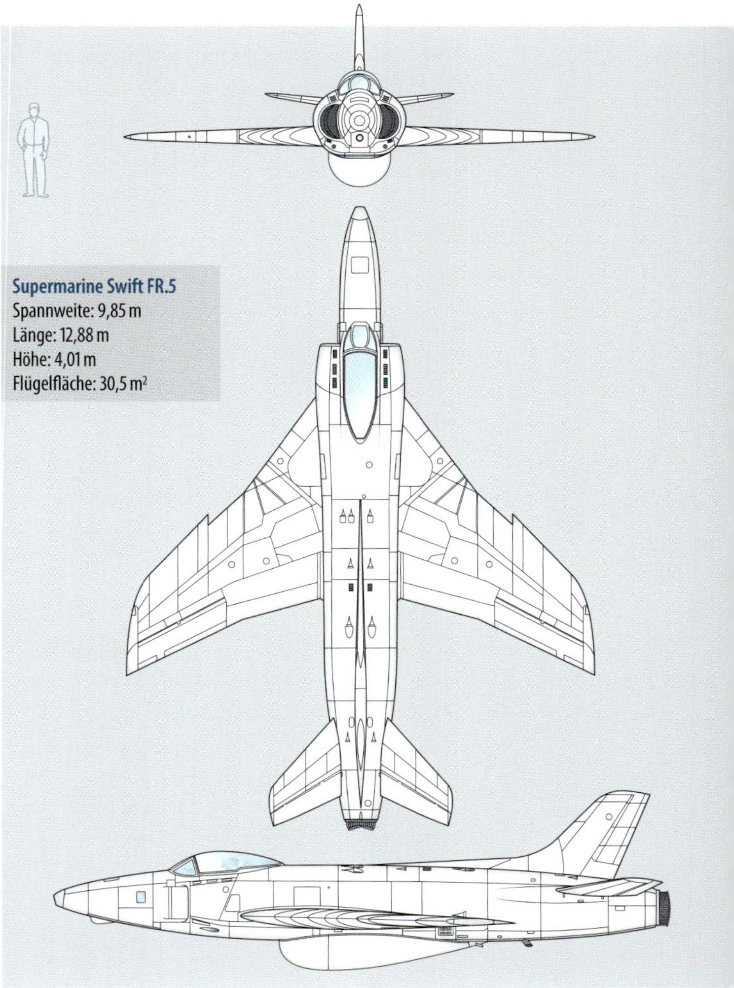

Supermarine Swift FR.5
Spannweite: 9,85 m
Länge: 12,88 m
Höhe: 4,01 m
Flügelfläche: 30,5 m²

Vickers 667 Valiant

Ursprungsland
Großbritannien
Kategorie
Strategischer Bomber, Aufklärer, Tanker

Entwicklung: Im Januar 1947 wurde eine RAF-Spezifikation publiziert, die einen atomwaffentragenden Bomber mit einem Einsatzradius von 2800 km und 4,5 t Nutzlast forderte. Handley Page bekam mit der Victor (S. 61), Avro mit der Vulcan (S. 37) und Vickers mit der Valiant daraufhin Orders für je zwei Prototypen. Obwohl im Gegensatz zu beiden Konkurrenten relativ konventionell entworfen, wurde die Valiant im Falle des Scheiterns eines der Konkurrenten als Backup gesehen. Zudem war sie wegen der kurzen Entwicklungszeit, früher verfügbar. Schon im Mai 1951 hob der erste Prototyp ab, der allerdings im Januar 1952 wegen eines Flügelbrandes verloren ging. Im April flog der verbesserte zweite Prototyp. Parallel zur Erprobung entwickelte Vickers die B.2, eine Tiefflug-Pfadfindermaschine als Zielmarkierer. Das Projekt wurde aber nach einem Prototypen, trotz 17 Bestellungen abgebrochen. Schon vor dem Erstflug erhielt Vickers einen Auftrag über 25 B.1, deren Auslieferung im Februar 1955 begann. Im Laufe der Serienproduktion wurden acht zu B(PR).1 mit Behältern im Bombenschacht ausgerüstet, die bis zu acht hochauflösende Aufklärungskameras enthielten. Weitere 13 B(PR/K).1 trugen einen Aufklärungs-Kamerabehälter, konnten aber auch als Tanker genutzt werden. Und 44 B(K).1 wurden mit austauschbaren Tanks für 14 600 l Kerosin und einem Schlauchsystem im Schacht als Tanker oder wahlweise als Bomber eingesetzt. Vickers bot auch einen Transporter auf Basis der Valiant an, dessen Entwicklung nach einem fast fertigen Prototyp aber eingestellt wurde.

Vickers lieferte insgesamt nur 108 Valiants aus.

Bemerkungen: Mit der Aufstellung der ersten Staffel Valiants übernahm 1955 der V-Bomber auch Aufgaben der nuklearen Abschreckung. Eine Valiant war das erste britische Flugzeug, das im Oktober 1956 eine Atombombe über einem australischen Versuchsgelände abwarf. Ab Mai 1957 folgten, auch von einer Valiant aus, der Abwurf mehrerer Wasserstoffbomben über den Weihnachtsinseln im Pazifik, bis die Tests im November 1958 eingestellt wurden. Geplant war ursprünglich die Valiant als Bomber in großen Höhen einzusetzen, aber mit Erscheinen leistungsfähiger russischer Boden-Luft-Abfangraketen begann man 1964, die Valiant auch für Tiefflugmissionen als Bomber und Tanker zu nutzen, so z. B. während der Suezkrise Ende 1956. Es zeigten sich jedoch schon früh Ermüdungsrisse am Flügel, die zum Teil behoben werden konnten. Wegen des enormen Reparaturaufwands bei allen Valiants beschloss die Regierung Anfang 1965 alle Flugzeuge außer Dienst zu stellen und zu verschrotten.

Die einzige komplett erhaltene BK. 1 steht im RAF Museum Midlands, Cosford, Großbritannien.

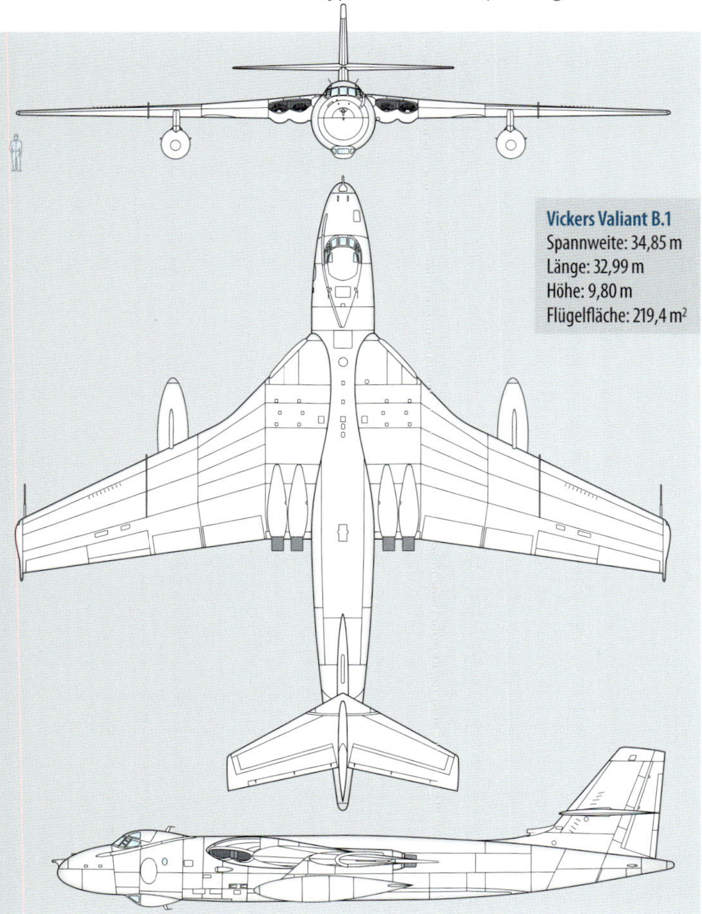

Vickers Valiant B.1
Spannweite: 34,85 m
Länge: 32,99 m
Höhe: 9,80 m
Flügelfläche: 219,4 m²

Besatzung: 5
Triebwerke: Vier Axialstrahltriebwerke Rolls-Royce Avon RA28 Mk. 204 mit je 44 kN Schub.
Leistungen: Höchstgeschwindigkeit 912 km/h in 9100 m, Reisegeschwindigkeit 796 km/h, Dienstgipfelhöhe 16 000 m, Reichweite 7200 km mit Außentanks.
Gewichte: Leermasse 34 419 kg, maximale Startmasse 63 503 kg.
Bewaffnung: Eine Atombombe oder 21 450 kg-Bomben im Schacht.

Vickers Viking / Valetta

Ursprungsland
Großbritannien
Kategorie
Transport-flugzeug

Entwicklung: Die britische Regierung bildete schon vor 1945 ein Komitee, das der Luftfahrtindustrie nach Kriegsende mit einem Bauprogramm die Existenz sichern sollte. Dazu zählte auch die Vickers Viking, ein ziviles Passagierflugzeugs, das im Juni 1945 erstmals abhob und deren Flügel vom Bomber Vickers Wellington übernommen wurden. 163 Stück wurden bis 1947 gebaut, 12 gingen als C.2 an die RAF. Wegen ihrer abgeflogenen Weltkriegsmaschinen benötigte die Royal Air Force aber dringend Frachter, wofür

Ein Navigationstrainer Valetta T.3 mit ihren sechs Plexiglaskuppeln auf der Rumpfoberseite für die Astronavigation mit dem Sextanten.

die Viking jedoch ungeeignet war. Deshalb entwickelte Vickers die Militärversion Valetta, mit einer breiten Frachttür, einem stabileren Boden und verstärktem Fahrwerk, leistungsfähigeren Bristol Hercules-Motoren, und einer auf das Militär ausgerichteten, allerdings nicht bedruckten, aber schnell umzubauenden Kabine. 34 Soldaten oder 20 vollausgerüstete Fallschirmjäger oder 20 Tragbahren plus Personal oder maximal 4000 kg Fracht konnte die Valetta fassen. Eine Schleppkupplung für Lastensegler war am Heck angebracht. Der Erstflug fand im Juni 1947 statt und die erste von 210 C.1-Serienmaschinen konnte Vickers schon im März 1948 an die RAF übergeben. Von der C.2, ein VIP-Transporter für bis zu 15 Passagiere, mit Bordküche und Zusatztanks, lieferte Vickers 11 aus. Die RAF übernahm bis September 1952 40 T.3, die mit Astrokuppeln für 10 Navigatoren als Trainer genutzt wurden. Aus der T.3-Serie modifizierte Vickers ab März 1956 noch 18 Maschinen mit einem verlängerten Bug-Radardom zum Radartrainer T.4.

Bis 1952 wurden 262 Valettas ausgeliefert.

Bemerkungen: Die Valetta gehörte zu den wichtigen Flugzeugen des britischen Transportkommandos in den Nachkriegsjahren. Sie wurde bei fast allen britischen Militäroperationen wie z. B. der Suezkrise 1956 als Fallschirmabsetzer oder in Malaysia um 1950 und im Jemen in den 1960er-Jahren eingesetzt. Zahlreiche Transportstaffeln waren deshalb im Nahen und Fernen Osten stationiert, um schnell die Konfliktzonen erreichen zu können, bis sie schließlich in den 1960er-Jahren ausgemustert wurden.

Eine Valetta findet man im Royal Air Force Museum Cosford, eine im Aviation Museum in Flixton, Großbritannien.

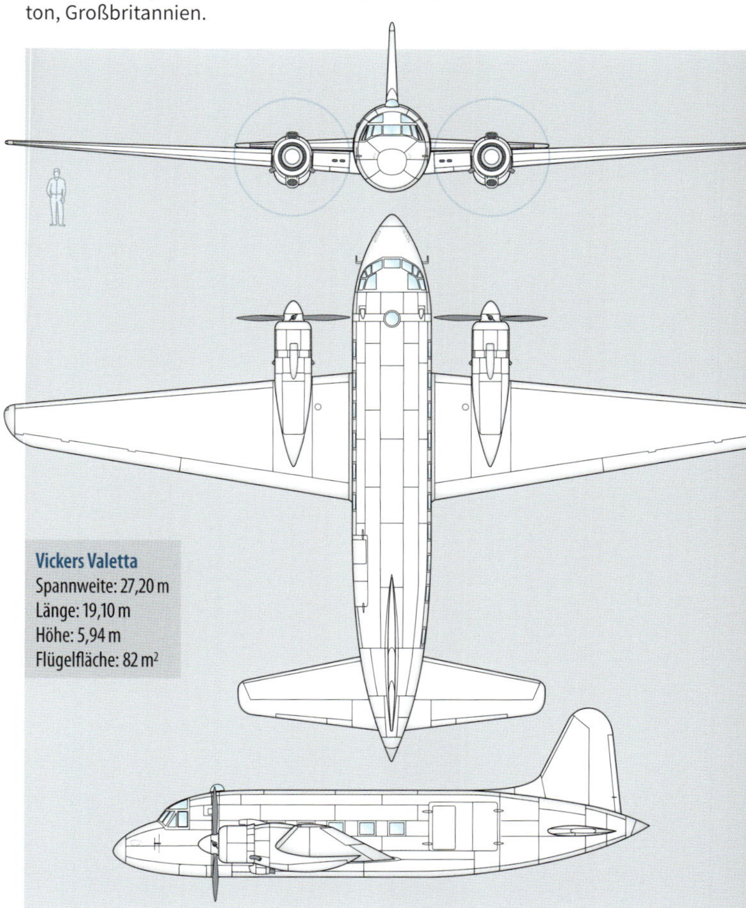

Vickers Valetta
Spannweite: 27,20 m
Länge: 19,10 m
Höhe: 5,94 m
Flügelfläche: 82 m²

Besatzung: 4
Triebwerke: Zwei luftgekühlte 14-Zylinder-Doppelsternmotoren Bristol Hercules 230 mit je 1471 kW (2000 PS).
Leistungen: Höchstgeschwindigkeit 415 km/h in 3000 m, Reisegeschwindigkeit 339 km/h, Dienstgipfelhöhe 6600 m, Reichweite mit voller Nutzlast 580 km, maximal 2350 km.
Gewichte: Leermasse 11 370 kg, Startmasse 16 556 kg.

Vickers Varsity

Ursprungsland
Großbritannien
Kategorie
Trainingsflugzeug

Entwicklung: Ein weiterer Ableger der Vickers Viking war die Varsity, mit der die Royal Air Force ihre veralteten Wellington T, aus Kriegszeiten stammende Ausbildungsflugzeuge für Bomberbesatzungen, ersetzen konnte. Vickers übernahm die Grundkonstruktion der Valetta, ersetzte aber das Spornrad durch ein Bugfahrwerk, verlängerte den Rumpf und vergrößerte die Spannweite um nahezu zwei Meter. Ergänzt wurde die Zweimot mit einer voluminöse Bauchwanne, die vorne dem liegenden Bombenschützen ein Fenster bot und im hinteren Bereich 24 12 kg-Übungsbomben aufnehmen konnte. Neben den Piloten flogen je nach Trainingsmission, bis zu 11 Schüler und Ausbilder mit. Erstflug des ersten der beiden Prototypen war im Juli 1949 und ab 1951 wurden 163 T.1 von der britischen Luftwaffe in Dienst gestellt. Davon nutzte die RAF zehn Flugzeuge als Varsity R Mk. 1 für Spionage- und ECM-Missionen. Außer einer, die Vickers 1953 für die schwedischen Luftwaffe für elektronische Aufklärung modifizierte und die als Tp. 82 bis 1973 im Einsatz war. Daneben plante Vickers zwar auch eine zivile Passagierversion, wegen des Erfolgs der viermotorigen Turboprop Vickers Viscount wurde dies aber wieder aufgegeben.

Vickers produzierte bis 1954 inklusive der beiden Prototypen 163 Varsity.

Bemerkungen: Gemäß einer Spezifikation Ende 1947 suchte die Royal Air Force ein Trainingsflugzeug für Besatzungen, die für so unterschiedliche, komplexe, mehrmotorige Bomber wie die Avro Lincoln (S. 35) und die Jets Vickers Valiant (S. 76) und Handley Page Victor (S. 61) ausgebildet werden sollten. Mit der Varsity war dies offensichtlich möglich. Sie wurden als Piloten- und Navigationstrainer bis 1976 in verschiedenen Trainingsstaffeln geflogen, bis sie von der mit Propellerturbinen ausgestatteten Scottish Jetstream abgelöst wurden. Die Aufklärer Varsity R Mk. 1 blieben von 1954 bis 1975 im Dienst und wurden unter anderem auch zur Überwachung der über der DDR liegenden Flugkorridore nach Westberlin herangezogen und erst 1975 durch spezielle English Electric Canberras (S. 54) ausgetauscht. Als Testflugzeug und Technologiedemonstrator der britischen Industrie diente die letzte britische Varsity beim Royal Aircraft Establishment (RAE), einer staatlichen Forschungs- und Entwicklungsinstitution. Sie wurde erst im Oktober 1999 in den Ruhestand gesandt.

Eine T.1 wird im Newark Air Museum, Newark, eine im Brooklands Museum, Weybridge, Großbritannien präsentiert.

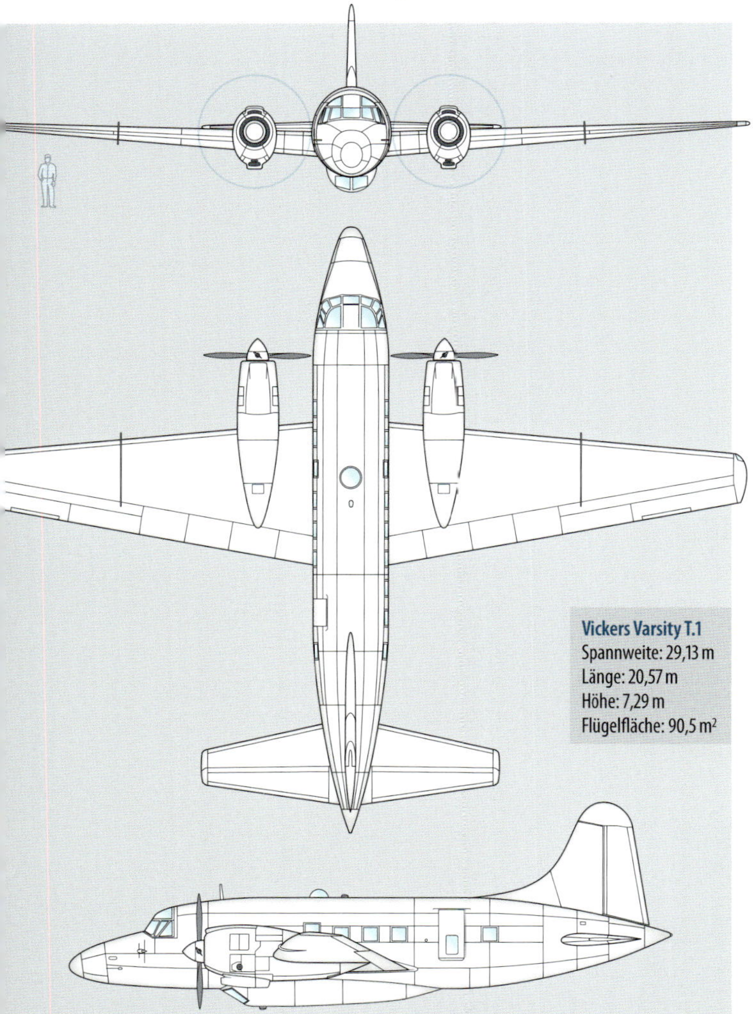

Vickers Varsity T.1
Spannweite: 29,13 m
Länge: 20,57 m
Höhe: 7,29 m
Flügelfläche: 90,5 m²

Besatzung: 4
Triebwerke: Zwei luftgekühlte 14-Zylinder-Doppelsternmotoren Bristol Hercules 264 mit je 1434 kW (1950 PS).
Leistungen: Höchstgeschwindigkeit 463 km/h in 3000 m, Reisegeschwindigkeit 384 km/h, Dienstgipfelhöhe 8700 m, Reichweite 4260 km.
Gewichte: Leermasse 12 265 kg, maximale Abflugmasse 17 010 kg.
Bewaffnung: 24 12 kg-Übungsbomben unter dem Rumpf.

Westland Wyvern

Ursprungsland
Großbritannien
Kategorie
Kampfflugzeug

Entwicklung: Begonnen hat das Projekt bereits Ende 1943 als die englische Marine ein deutlich leistungsfähigeres, trägergestütztes Kampfflugzeug forderte. Ein 3200 PS leistender 24-Zylinder Rolls-Royce Eagle-Mittelmotor sollte über eine Welle die gegenläufigen Luftschrauben antreiben, alternativ war eine noch zu entwickelnde Propellerturbine geplant. Der erste Prototyp flog im Dezember 1946, ging aber im Oktober bei einer Notlandung verloren. Nach der Produktion von 15 Rolls-Royce Eagle-Motoren wurde deren Entwicklung eingestellt. Von 20 Vorserienflugzeugen TF.1 baute Westland deshalb nur sieben. Die Wyvern war nun auf Propellerturbinen von Rolls-Royce oder Armstrong Siddeley angewiesen. Drei Turboprop-Prototypen und 20 Serienflugzeuge wurden im September 1947 bestellt. Mit einer Rolls-Royce Clyde-Turbine motorisiert, hob der erste Prototyp im Januar 1949 ab. Rolls-Royce stellte jedoch auch die Entwicklung ihrer Clyde-Turbine ein, so blieb die Python von Armstrong Siddeley die einzige Antriebsquelle, mit der die TF.2 (Bild) erstmals im März 1949 flog. Von dieser ursprünglichen Serienversion lieferte Westland 9 Exemplare aus, die nach langwieriger Erprobung 1952 einsatzreif erklärt wurden, die restlichen baute Westland als S.4. Ein zweisitziger Trainer T.3 flog im Februar 1950. Von der später in S.4 umbenannten TF.4 (Zeichnung) wurden zunächst 50 bestellt, dann weitere kleinere Stückzahlen, bis 1956 schließlich 98 ausgeliefert waren.

Inklusive aller Prototypen und Vorserienflugzeuge wurden 124 Wyvern produziert.

Bemerkungen: Als erstes Kampfflugzeug der Welt mit einer Propellerturbine nimmt die glücklose Wyvern eine besondere Position als Übergangslösung zu kommenden Jets ein. Erste Erprobungen auf Flugzeugträgern begannen mit der TF.2 im Juni 1950. Es dauerte aber noch bis April 1954, bis sie für Deckstarts und -landungen freigegeben wurden. Im September 1954 begannen erste Missionen auf einem im Mittelmeer stationierten Träger, bei denen eine Reihe von Flugzeugen, teilweise wegen Flameouts beim Katapultstart, verloren gingen. Während der Suezkrise Ende 1956 wurden auch Wyvern für Einsätze über Ägypten herangezogen, bei denen zwei Flugzeuge abgeschossen wurden. Nach einer unrühmlichen Karriere mit 68 Unfällen, 39 abgeschriebenen Flugzeugen und 13 Toten löste man schließlich nach kurzer Einsatzzeit im April 1958 alle Wyvern-Geschwader auf.

Die einzig erhaltene TF.1 mit einem RR Eagle-Motor steht im Fleet Air Arm Museum, Yeovilton, Großbritannien.

Besatzung: 1
Triebwerk: Eine Propellerturbine Armstrong Siddeley Python mit 2618 kW (3560 PS) und 4,893 kN Restschub.
Leistungen: Höchstgeschwindigkeit 616 km/h in Meereshöhe, Reisegeschwindigkeit 555 km/h, Dienstgipfelhöhe 8500 m, Reichweite 1450 km.
Gewichte: Leermasse 7076 kg, Abflugmasse 9616 kg, maximale Startmasse 11 136 kg.
Bewaffnung: Je 2 Maschinenkanonen in den Flügeln, 16 Raketen unter den Flügeln, oder bis zu 1361 kg Bomben oder ein Torpedo unter dem Rumpf.

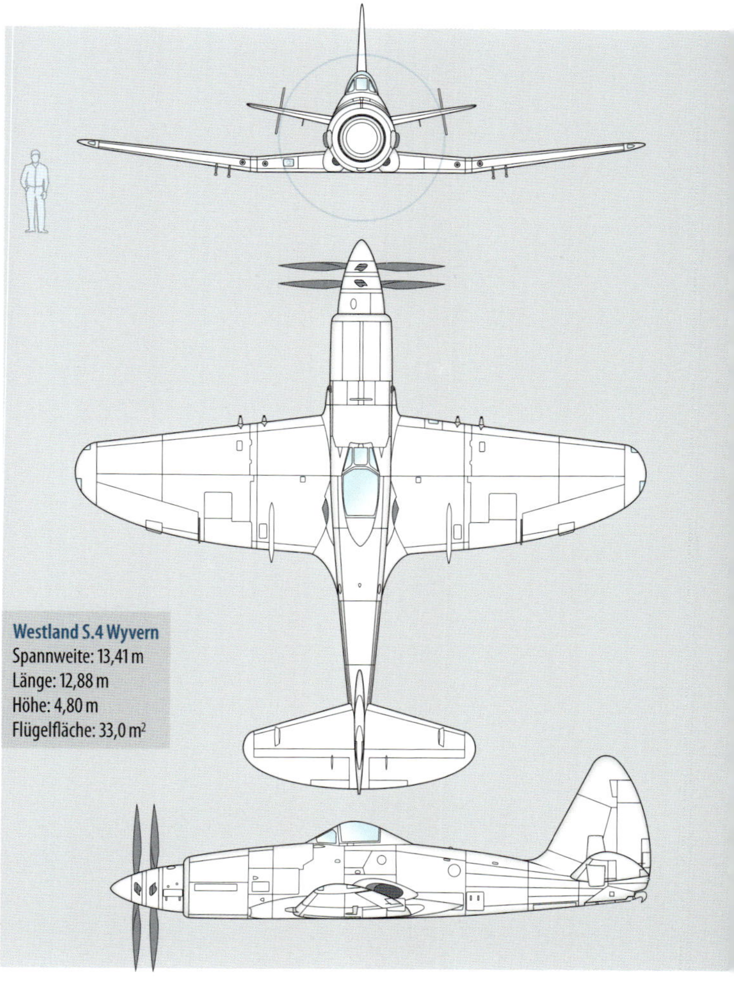

Westland S.4 Wyvern
Spannweite: 13,41 m
Länge: 12,88 m
Höhe: 4,80 m
Flügelfläche: 33,0 m²

HAL HT-2

Ursprungsland
Indien
Kategorie
Schulflugzeug

Entwicklung: Um nach dem Zweiten Weltkrieg die veralteten de Havilland Tiger Moth zu ersetzen, benötigte die indische Luftwaffe ein moderneres Anfängerschulflugzeug. Nachdem in Indien bisher nur Flugzeuge, z.B. die Percival Prentice (S. 66) in Lizenz gebaut wurden, konnte HAL (Hindustan Aeronautics Limited) mit der HT-2, das erste im Land entworfene und gebaute Flugzeug realisieren. Die Entwicklungsarbeiten begannen 1946, im August 1949 war ein Modell fertiggestellt. Nach Prüfung durch die indische Luftwaffe wurden einige Änderungen vorgenommen. Im August 1951 hob der noch mit einem 145 PS-starken de Havilland Gipsy Major motorisierte erste Prototyp ab. Schon der zweite Prototyp bekam eine neu gestaltete Cockpithaube, ein geändertes Leitwerk, und wurde, wie die spätere Serienversion, mit dem stärkeren Blackburn Cirrus Major-Reihenmotor ausgerüstet.

Von dem zweisitzigen, freitragenden Tiefdecker wurde in Halbschalen-Ganzmetallbauweise ab Mitte 1953 die ersten 100 Flugzeuge bei HAL in Bangalore produziert. Angeblich waren einige HT-2 auch für Nacht- und Blindflugausbildung instrumentiert. Da für den Cirrus-Motor nicht mehr genügend Ersatzteile zur Verfügung standen, sind vermutlich 22 zur HT-2L (Bild oben) mit einem amerikanischen 160 PS-starken 4-Zylinder-Boxermotor Lycoming AEIO-320 umgerüstet worden. Wegen des höheren Verbrauchs wurde eine geringere Reichweite in Kauf genommen.

HAL lieferte bis 1959 181, andere Quellen sprechen von 169, bzw. 166 Exemplare aus, von denen 12 HAT-2 S Ghana erhielt. Angeblich ging eine HT-2 nach Indonesien und eine unbekannte Zahl übernahmen zivile indische Luftfahrtbetriebe und Aeroclubs.

Bemerkungen: Mit der HT-2, die deutliche Ähnlichkeiten mit der de Havilland Chipmunk hatte, schaffte es Indien, sein erstes eigenes Flugzeug auf den Markt zu bringen. Die HT-2 blieb bis Mitte der 1990er-Jahre im Dienst der Indischen Luftreitkräfte und Indischen Marine. Grund war die sehr hohe Unfallrate des Nachfolgers, die von HAL entworfene und gebaute HPT-32, die ab 1984 ausgeliefert wurde und 2009 schließlich deshalb gegroundet wurde. Die zwölf Maschinen der Ghanaischen Luftwaffe blieben von 1959 bis 1974 im Einsatz, sind aber wegen der schlechten Ersatzteilversorgung, bis auf zwei, die nach Südafrika gingen, verschrottet worden. Eine 1958 für zivile Käufer durchgeführte Verkaufstour in Australien brachte keinen Erfolg, weil zu der Zeit überschüssige de Havilland Chipmunks der RAF für Aeroclubs günstig zu haben waren.

Vermutlich sind 22 Flugzeuge, hauptsächlich in Indien, erhalten geblieben. Keines in flugfähigem Zustand. Eines davon steht im Airforce Heritage Museum, Jodhpur, Indien.

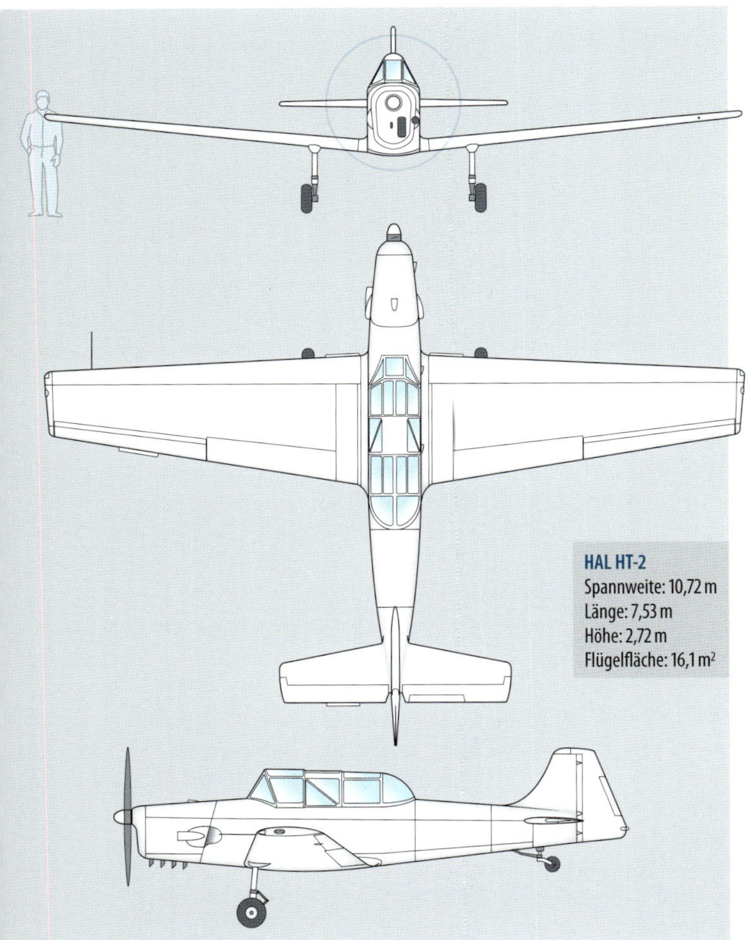

HAL HT-2
Spannweite: 10,72 m
Länge: 7,53 m
Höhe: 2,72 m
Flügelfläche: 16,1 m²

Besatzung: 2
Triebwerk: Ein luftgekühlter, hängender 4-Zylinder-Reihenmotor Blackburn Cirrus Major III mit 116 kW (158 PS).
Leistungen: Höchstgeschwindigkeit 209 km/h, Reisegeschwindigkeit 185 km/h, Dienstgipfelhöhe 4400 m, Reichweite 640 km.
Gewichte: Leermasse 699 kg, Abflugmasse 1016 kg.

Fiat G.46

Ursprungsland
Italien
Kategorie
Schul- und Trainingsflugzeug

Entwicklung: Mit dem Friedensvertrag von 1947 zwischen den Allierten und Italien war es dem Land wieder erlaubt, in begrenztem Umfang Militärflugzeuge zu besitzen. Fiats erstes Projekt nach Ende des Zweiten Weltkrieges sollte deshalb gleichzeitig einen Neustart der italienischen Flugzeugindustrie initiieren und den italienischen Luftstreitkräften einen modernen Trainer für die Grundausbildung verschaffen. Möglich wurde dies nur, weil Argentinien mit einer Bestellung von 70 Flugzeugen vom Reißbrett weg als Geldgeber mit einer Anzahlung bereitstand. Bereits Ende 1946 begann der Prototypenbau und im Juni 1947 hob die G.46-1 B erstmals ab. Als Tiefdecker, der Anleihen an frühere italienische Jagdflugzeuge nahm, wurde die G.48 in Ganzmetall-Schalenbauweise produziert und hatte ausgezeichnete Flugeigenschaften. Der Verstellpropeller wurde, bis auf die argentinische Exportversion, von verschiedenen Varianten des Reihenmotors Alfa Romeo 115, eine Weiterentwicklung des britischen de Havilland Gipsy Six, angetrieben. Das Flugzeug produzierte Fiat in folgenden Varianten, die sich hauptsächlich im Antrieb und Ausstattung unterschieden: G.46 1, ein Zweisitzer mit einem Alfa-Romeo 115 bis; die G.46 2 B für Argentiniens Luftwaffe, ein bewaffneter Zweisitzer und einem, mit 250 PS etwas stärkeren de Havilland Gipsy Queen; die Einsitzer G.46 3 A und 4 A mit Alfa Romeo-Motor, die sich nur gering unterschieden und die G. 46 3 B und 4 B, wiederum Zweisitzer mit dem leistungsgesteigerten Alfa Romeo 115 ter. Die letzte Version 5 B flog erstmals im April 1951 und sollte ein zweisitziges Trainingsflugzeug für Navigatoren werden, kam aber nicht über einen Prototyp hinaus. Es gab wohl auch zusätzliche Versuche, das Flugzeug als Sportflugzeug zu vermarkten.

Bis Mitte 1952 rollten bei Fiat 223 Exemplare aus den Hallen. Davon lieferte Fiat 150 an Italien, 48 an Argentinien, 5 an Österreich, 10 neu gebaute und 32 aus italienischen Beständen an Syrien.

Bemerkungen: Schon 1947 bei der Flugerprobung zeigte sich, dass der Tiefdecker alle Eigenschaften eines ausgezeichneten Schul- und Trainingsflugzeugs mit sich brachte. Die italienischen Luftstreitkräfte nutzten insgesamt 150 G.46 aller Varianten, bis sie 1956 mit der Ausmusterung erster Flugzeuge begannen. Ein Teil ging an private Eigentümer und Fliegerclubs, von denen die G.46 auch wegen ihrer Kunstflugeignung geschätzt wurde. Den anderen Teil erhielt Syrien, das aber schon ab 1958 ihre schnell abgeflogenen Maschinen wieder außer Dienst stellen musste. Argentinien flog seine G.46 bis 1961 und Österreich sogar bis 1963.

Eine Fiat G.46 findet man im Italian Air Force Museum, Vigna di Valle, Italien und eine im Militär Luftfahrtmuseum Zeltweg, Österreich.

Besatzung: (4 B) 2
Triebwerk: (4 B) Ein luftgekühlter, hängender 6-Zylinder-Reihenmotor Alfa Romeo 115 ter mit 165 kW (225 PS).
Leistungen: (4 B) Höchstgeschwindigkeit 312 km/h, Reisegeschwindigkeit 276 km/h, Steigzeit auf 5000 m 20 min, Dienstgipfelhöhe 6050 m, Reichweite ca. 500 km.
Gewichte: (4 B) Leermasse 1080 kg, Abflugmasse 1465 kg.
Bewaffnung: (nur argentinische 2 B) ein MG im Bug.

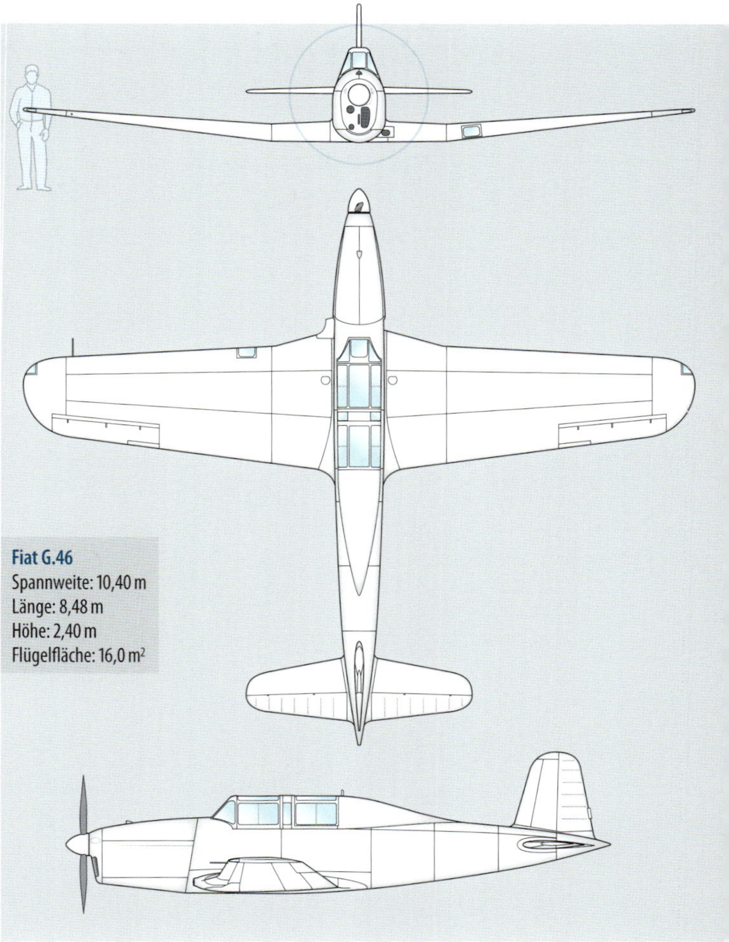

Fiat G.46
Spannweite: 10,40 m
Länge: 8,48 m
Höhe: 2,40 m
Flügelfläche: 16,0 m²

Piaggio P.148

Ursprungsland
Italien
Kategorie
Schulflugzeug

Entwicklung: Zu Beginn der 1950er-Jahre begann, wie in vielen anderen europäischen Ländern auch, die Luftfahrtindustrie wieder Land zu sehen und beschäftigte sich mit Neukonstruktionen. Obwohl sich das italienische Verteidigungsministerium für die Fokker S.11 (S. 92), die in Italien in Lizenz produziert wurde, entschieden hat, begann Piaggio in Eigeninitiative die Entwicklung eines Schulflugzeugs für die Grundausbildung von Militär- und Zivilpiloten. In sehr kurzer Zeit entstand die P.148, ein kleiner Tiefdecker in Ganzmetallbauweise, der zwei Personen Side-by-Side Platz bot. Mit einem 190 PS-starken Boxermotor war das Schulflugzeug, das im Februar 1951 erstmals abhob, gut motorisiert. Nach einer kurzen Erprobungsphase begann im selben Jahr die Serienproduktion, nachdem sich die italienische Luftwaffe, nach angeblich beeindruckender eigener Erprobung, doch entschlossen hatte, 70 P.148 abzunehmen. Schon im Herbst 1951 wurden die ersten Maschinen bei den Ausbildungseinheiten in Dienst gestellt. Die letzten zwanzig P.148 gingen an Kampfeinheiten, die den Tiefdecker nutzten, um ihre Piloten in Übung zu halten. 1964 beschloss die Luftwaffe jedoch ihre Kolbenmotor-Schulflugzeuge auszumustern und durch neue, angeblich auch zur Ausbildung taugliche, strahlgetriebene Trainer zu ersetzen. Sechs Jahre später wurden 61 P.148 jedoch wieder reaktiviert und weitere neun Jahre bis 1979 als Basistrainer eingesetzt, bis sie schließlich durch den leistungsfähigeren Tiefdecker SIAI-Marchetti SF-260 ersetzt wurden. Acht Flugzeuge gingen an die somalische Luftwaffe, die sie erst 1992 stilllegte. Angeblich erhielt auch Zaire einige. Der übriggebliebene Rest wurde verschrottet oder auf dem freien Markt veräußert.

Vermutlich wurden über 100 P.148 gebaut. Sicher ist, dass die italienische Luftwaffe 70 Flugzeuge erwarb, der Rest ging europaweit an zivile Betreiber.

Bemerkungen: Obwohl die P.148 ein geeigneter und bei Flugschülern und -lehrern ein beliebtes Schulflugzeug mit dem Spitznamen „Piaggino" war, wurde sie im Rahmen eines damals von den Militärs präferierten „All-on-Jets-Programmes" aus den Flugschulen genommen und durch komplexere, einstrahlige Aermacchi MB-326 ersetzt, wie dies Frankreich mit der Fouga Magister (S. 18) und Großbritannien mit der Percival Jet Provost (S. 65) vormachten. Nach einigen Unfällen erkannte die italienische Luftwaffe aber die Notwendigkeit eines einfacheren Propeller-Trainers bei der anfänglichen Auswahl ihrer Flugschüler und in der Ausbildung, reaktivierte sie nach sechs Jahren wieder und stellte sie erneut in Dienst.

Angeblich sind noch einige P.148 in flugfähigem Zustand und einige in Museen. Das Piaggio-Museum in Pontedera, Italien präsentiert eine P.148 als Gate Guardian (Bild).

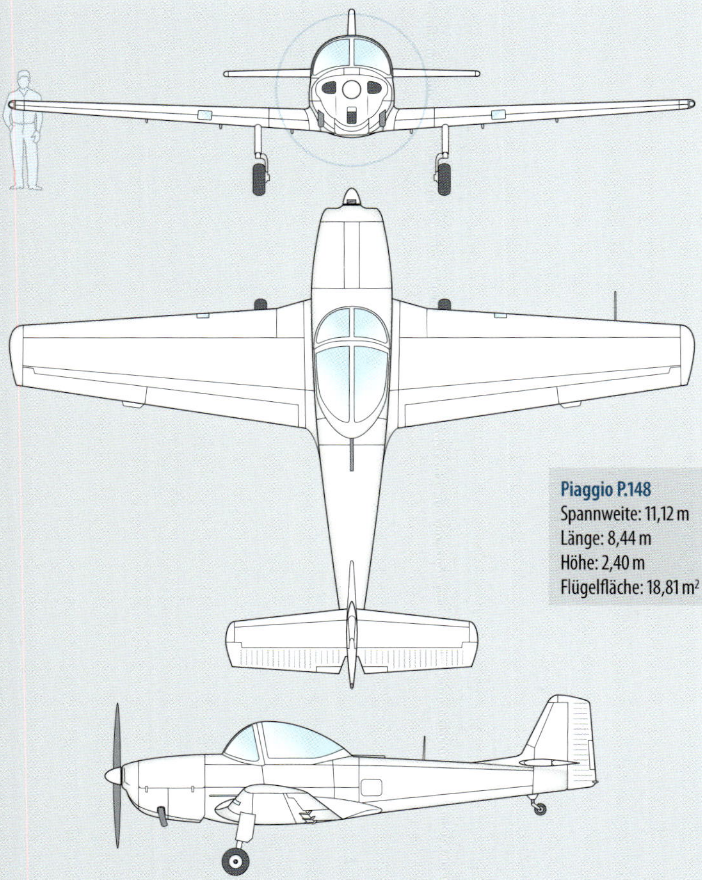

Piaggio P.148
Spannweite: 11,12 m
Länge: 8,44 m
Höhe: 2,40 m
Flügelfläche: 18,81 m²

Besatzung: 1
Triebwerk: Ein luftgekühlter 6-Zylinder-Boxermotor Lycoming O-435-A mit 140 kW (190 PS).
Leistungen: Höchstgeschwindigkeit 234 km/h, Reisegeschwindigkeit 204 km/h, Dienstgipfelhöhe 5500 m, Reichweite 925 km.
Gewichte: Leermasse 876 kg, Abflugmasse 1280 kg.

Piaggio P.149

Ursprungsland
Italien
Kategorie
Schulflugzeug, Verbindungsflugzeug

Entwicklung: Die P.149 war die konsequente Weiterentwicklung der P.148 (S. 82). Mit den nahezu gleichen Maßen war sie viersitzig, deutlich stärker motorisiert und besaß ein elektrisch einziehbares Fahrwerk. Der in Ganzmetallbauweise hergestellte, bedingt kunstflugtaugliche Tiefdecker flog im Juni 1953 erstmals. Die deutsche Luftwaffe gehörte nicht nur zu den ersten Kunden, sondern war auch der größte Abnehmer. Nach einem Vergleichsfliegen gegen die Saab Safir (S. 97), und Beechcraft Mentor (S. 147) ging die P.149 als Sieger hervor. Vermutlich weil sie neben der Funktion als Schulflugzeug auch das geeignetere, viersitzige Verbindungsflugzeug für Luftwaffe und Marine war. Im Mai 1957 begannen die Überführungen aus Italien von 72 bestellten P.149. Weitere 190 Flugzeuge wurden bei Focke-Wulf in Bremen in Lizenz als FWP.149 D gefertigt. Ende 1957 wurden die ersten in Bremen ausgeliefert. Bis auf die 12 P.149 D der Marine wurden alle bei den Flugzeugführerschulen der Luftwaffe in Dienst gestellt. Während ihrer Betriebszeit wurden etliche gravierende Mängel festgestellt, die gelegentlich zu Startverboten führten. Sie konnten aber im Lauf der Zeit alle behoben werden. Dazu gehörten die Flügelanschlussbolzen, Fahrwerksprobleme und kritische Trudeleigenschaften. Erst im März 1990 wurde die letzte deutsche P.149 als dienstältestes Flugzeug der Luftwaffe stillgelegt. Neben der BRD nutzten auch andere Staaten in deutlich kleinerer Stückzahl den Viersitzer. Israel erhielt vier Flugzeuge von Uganda, die sie 1971 außer Dienst stellte. Österreichs Luftwaffe flog eine von 1958 bis 1965 und Nigeria bezog 14 P.149 D entsprechend einem Vertrag mit Deutschland zum Aufbau ihrer Luftwaffe. Auch Tansania erhielt 9 P.149 aus einem ähnlichen Vertrag. Nach einem Auswahlverfahren erwarb die Schweiz fünf P.149 E, die ab April 1961 geliefert wurden. Und zwischen 1970 und 1991 wurden sieben weitere P.149 D von Focke-Wulf an die Schweizerische Luftverkehrsschule geliefert, die sie zur Ausbildung von Swissair-Piloten bis 1997 flog. Angeblich gab es nur eine italienisch zugelassene P.149.

Besatzung: 1
Triebwerk: Ein luftgekühlter 6-Zylinder-Boxermotor Avco Lycoming GO-480-B1A5 mit 201 kW (274 PS).
Leistungen: Höchstgeschwindigkeit 303 km/h, Reisegeschwindigkeit 270 km/h, Dienstgipfelhöhe 5400 m, Reichweite 1050 km.
Gewichte: Leermasse 1160 kg, Abflugmasse 1680 kg, maximale Abflugmasse 1820 kg.

Es gibt keine eindeutigen Produktionszahlen, vermutlich sind es aber über 270.

Bemerkungen: Die von ihren Piloten „Piggie" genannte Maschine war das ideale Trainingsflugzeug für die noch junge Bundesluftwaffe. Sie wurden hauptsächlich im Rahmen eines Ausbildungsprogramms für angehende Piloten bei Instrumenten-, Navigations-, Nacht-, Überland,- Kunst- und Schlechtwetterflügen genutzt. Nach dem die Bundeswehr Teile ihrer Ausbildung in die USA verlagerte, wurden die Maschinen veräußert. Ein Teil ging an afrikanische Staaten, ein Teil an die Sportgruppen der Bundeswehr oder an private Interessenten.

Etliche „Piggies" werden noch in Deutschland von Vereinen und Privatpersonen geflogen. Eine kann man im Militärhistorischen Museum in Gatow und im Aeronauticum Nordholz besichtigen.

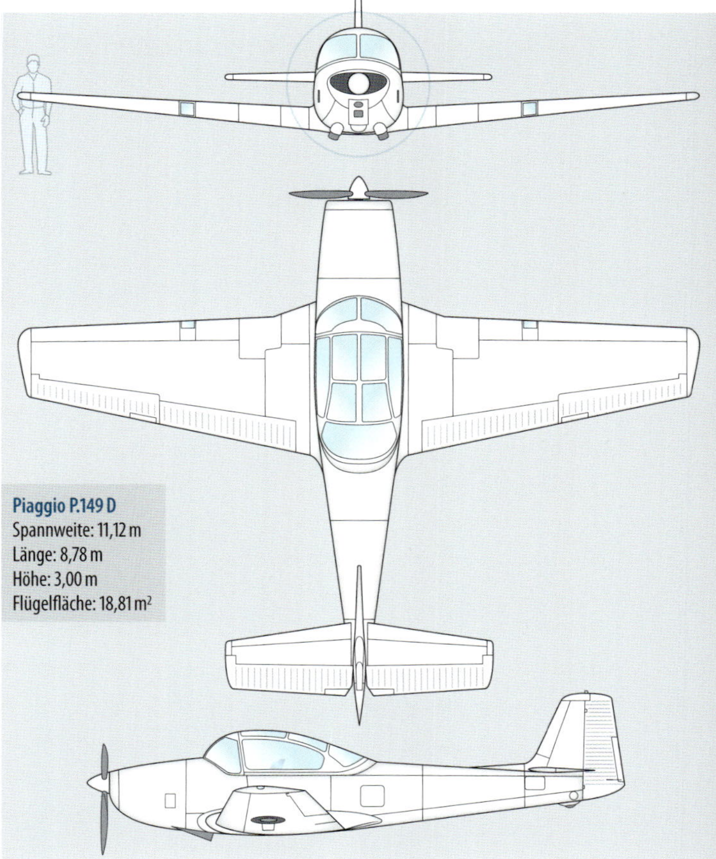

Piaggio P.149 D
Spannweite: 11,12 m
Länge: 8,78 m
Höhe: 3,00 m
Flügelfläche: 18,81 m²

Ikarus Aero 2

Ursprungsland
Jugoslawien
Kategorie
Trainer

Entwicklung: Die Aero 2 wurde als Trainer nach einer Forderung der Königlich Jugoslawischen Luftwaffe von den staatlichen Ikarus-Werken bereits vor Beginn des Zweiten Weltkrieges entworfen und ein Prototyp gebaut. Sie sollte die noch vorhandenen veralteten Doppeldecker Zmaj Fizir FN ablösen. Erstflug war im April 1940. Nach eingehenden Tests wählte die Luftwaffe die Aero 2 als Haupttrainer aus. Die beiden Konkurrenzmuster Rogožarski Brucoš und Albatros-Alka gingen blieben Einzelstücke. Der Tiefdecker war eine bespannte und beplankte Holzkonstruktion und nutzte einen 145 PS starken de Havilland Major Gipsy-Reihenmotor. Eine Serienproduktion, obwohl 50 Flugzeuge bestellt waren, konnte wegen des beginnenden Krieges jedoch nicht mehr aufgenommen werden. Nach Kriegsende 1945 überarbeitete Ikarus das Flugzeug nochmals und fertigte es als Aero 2 B mit offenem Cockpit schließlich in Serie. Mit der 2 BE wurde ein geschlossenes Cockpit eingeführt und weil de Havilland-Motoren aus Großbritannien schwierig zu beschaffen waren, wurde ab der offenen Aero 2 C ein hängender 160 PS-Reihensechszylinder Walter Minor 6 III aus der Tschechoslowakei eingebaut. Von der Hauptserie Aero 2 D, nun wieder mit geschlossenem Cockpit, auch mit Walter Minor 6 III motorisiert, liefen 192 Stück bei Ikarus vom Band. Für die jugoslawische Marine erhielten vier Aero 2 H Doppelschwimmer und vermutlich baute Ikarus nur eine 2 F für den Einsatz in der Landwirtschaft, die anstelle des hinteren Sitzes einen Chemikalientank und eine Sprüheinrichtung bekam.

Es wurden unterschiedliche Produktionszahlen publiziert: 248, 271 oder 380 aller Varianten.

Bemerkungen: Mit der Aero 2 wurde im Nachkriegs-Jugoslawien ein Flugzeug gebaut, dessen Wurzeln in den späten 1930er-Jahren lagen. Damit gab man aber der heimischen Luftfahrtindustrie die Möglichkeit, wieder Fuß zu fassen. Bei Beginn der schwierigen Produktion im Jahr 1946 wurde als Alternative zu britischen Triebwerken auf tschechische Walter-Motoren zurückgegriffen, wie auch beim Fahrwerk, das ursprünglich aus dem Ausland bezogen werden sollte, aber schließlich selbst von Ikarus konstruiert und produziert wurde. Die jugoslawische Marine setzte ihre vier Schwimmerflugzeuge Aero 2 H im eigenen Aufklärungs-Geschwader ein, bis dieses 1951 der Luftwaffe angegliedert wurde. Hauptsächlich genutzt wurde die Aero 2 jedoch zur Grundausbildung von Piloten in den Ausbildungs-, Trainings- und Aufklärungsgeschwadern der jugoslawischen Luftwaffe bis 1961. Eine unbekannte Zahl konnte nach der Ausmusterung von Aeroclubs der Luftwaffe weiterbetrieben werden.

Eine Aero 2 wird im Belgrad Aviation Museum/Serbien präsentiert.

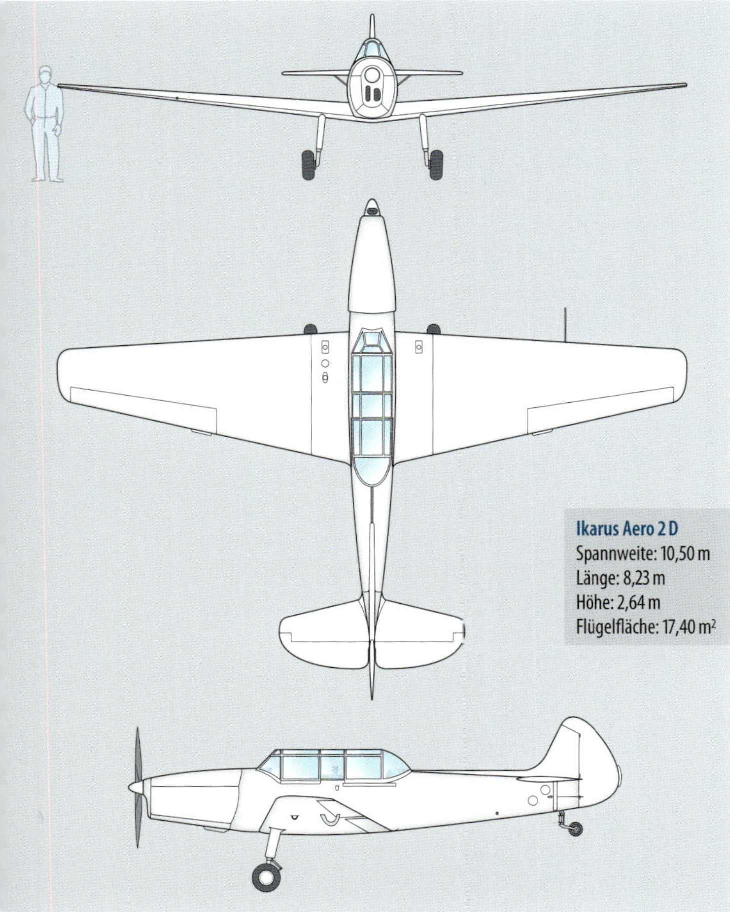

Ikarus Aero 2 D
Spannweite: 10,50 m
Länge: 8,23 m
Höhe: 2,64 m
Flügelfläche: 17,40 m²

Besatzung: 2
Triebwerk: Ein luftgekühlter 6-Zylinder-Reihenmotor Walter Minor 6 III mit 118 kW (160 PS).
Leistungen: Höchstgeschwindigkeit 224 km/h, Reisegeschwindigkeit 187 km/h, Dienstgipfelhöhe ca. 4500 m, Reichweite ca. 650 km.
Gewichte: Leermasse 564 kg, Abflugmasse 978 kg.

Ikarus S-49

Ursprungsland
Jugoslawien
Kategorie
Jagdflugzeug

Entwicklung: Das Ende des Zweiten Weltkrieges bedeutet auch das Ende von Jugoslawiens Luftwaffe. Das Land begann aber sofort wieder mit russischer Hilfe neue Flugzeuge zu bauen. Basierend auf den Weltkriegs-Jagdflugzeugen, der russischen Jak-9 und jugoslawischen Rogožarski IK-3 entwickelte das Land in nur elf Monaten die Ikarus S-49 A. Der Tiefdecker besaß ein aluminiumverkleidetes Rumpf-Stahlrohrgerüst und holzverkleidete Aluminiumflügel. Ein russischer, flüssigkeitsgekühlter V12-Zylindermotor Klimow VK-105 mit 1260 PS brachte 550 km/h Höchstgeschwindigkeit. Erstflug war im Juni 1949 (andere Quellen 1948). Bewaffnet war die S-49 A mit zwei MGs über dem Motor und einer Motorkanone aus russischer Produktion. Zwei Einheiten der jugoslawischen Luftwaffe erhielten ab 1950 46 Flugzeuge, die um 1957 wieder aus dem Dienst genommen wurden. Nachdem sich 1951 die jugoslawische Regierung für eine größere politische Unabhängigkeit von der Sowjetunion entschied, wurden alle russischen Exporte nach Jugoslawien gestoppt. Nun war die jugoslawische Luftfahrtindustrie von russischen Lieferungen abgeschnitten. Man begann deshalb eine 49 C (Bild oben, Zeichnung) in Ganzmetallbauweise zu entwickeln, nachdem die 49 B mit noch vorhandenen deutschen V12-Motoren Daimler-Benz DB-605 verworfen wurde. Hispano Suiza lieferte den nun wesentlich stärkeren, aber auch schwereren V12-Zylindermotor, die neu gegründete SOKO baute die Flügel und den Rumpf. Das Flugzeug sollte als Jagdflugzeug, Bomber und Aufklärer eingesetzt werden und wurde mit Aufhängepunkten für Raketen, MG-Behälter und Bomben ausgestattet. Gegen Ende 1951 flog die C erstmals und Anfang 1952 lieferte man die ersten Flugzeuge an die Luftwaffe aus.

Je nach Quelle wurden 45 bzw. 46 S-49 A und 112 bzw. 113 S-49 C gebaut. Andere Quellen erwähnen aber auch insgesamt 227 Flugzeuge.

Besatzung: 1
Triebwerk: (C) Ein flüssigkeitsgekühlter V12-Zylindermotor Hispano Suiza 12Z-17 mit 1088 kW (1480 PS).
Leistungen: (C) Höchstgeschwindigkeit 628 km/h in 1500 m, Steigzeit auf 6000 m 6 min 54 sec, Dienstgipfelhöhe 10 000 m, Reichweite ca. 700 km.
Gewichte: (C) Leermasse 2818 kg, maximale Abflugmasse 3568 kg.
Bewaffnung: (C) Eine Maschinenkanone durch die Propellernabe, zwei MGs über dem Motor. Vier Raketen oder maximal 100 kg Bomben an Flügelstationen.

Bemerkungen: Mit der S-49 C erreichte Jugoslawien ein Stück Unabhängigkeit von russischen Lieferungen und eine Stärkung der jugoslawischen Luftfahrtindustrie, obwohl das Propellerflugzeug schon in der Projektphase Ende der 1940er-Jahre durch die damals bereits serienproduzierten Jets weit überholt war. Ein Teil der Flugzeuge wurde angeblich nie operativ eingesetzt und dienten vermutlich als Ersatzteillieferanten. Abgelöst wurden die Propellerflugzeuge anfang der 1960er-Jahre durch Lieferungen amerikanischer F-84- und F-86-Jagdflugzeuge.

Im Museum für Luftfahrt in Belgrad, Serbien, wird eine Ikarus 49 A präsentiert.

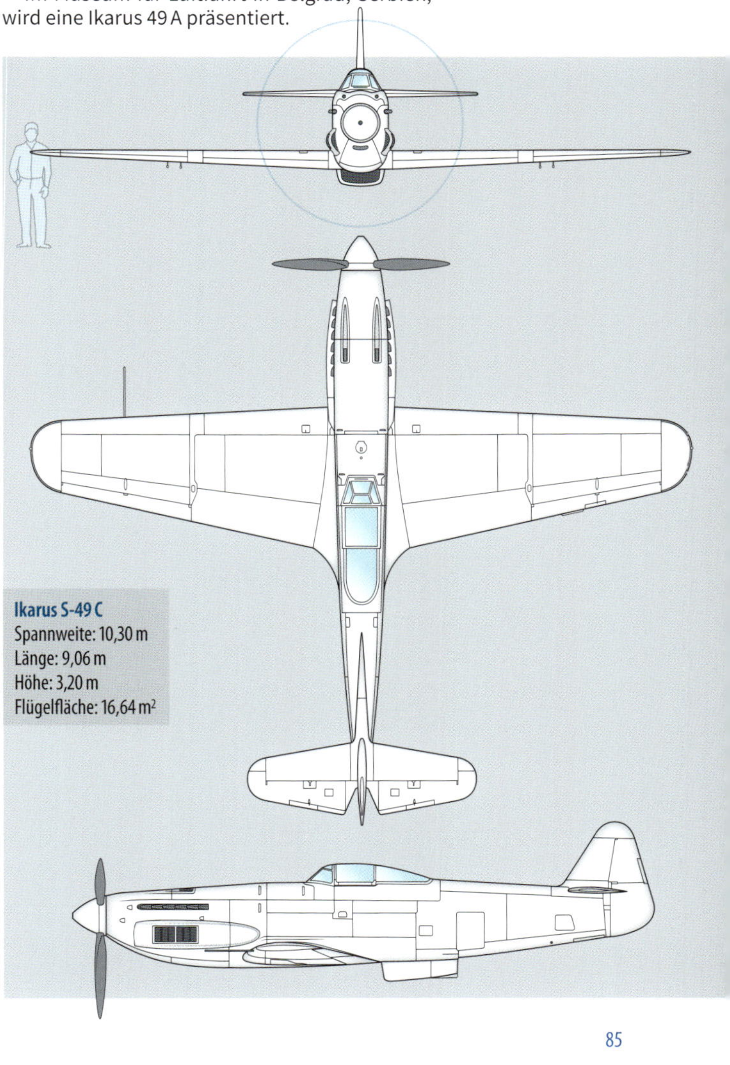

Ikarus S-49 C
Spannweite: 10,30 m
Länge: 9,06 m
Höhe: 3,20 m
Flügelfläche: 16,64 m^2

Soko 522

Ursprungsland
Jugoslawien
Kategorie
Trainer

Entwicklung: Die Soko 522 war der Nachfolger der aus Holz gebauten UTVA 213 Vihor (S. 87). Es war das erste eigenständig entworfene und gebaute Flugzeug der 1950 neu gegründeten Firma Soko, die neben anderen Firmen, auch UTVA und Ikarus übernommen hatte. Der Ganzmetall-Tiefdecker hatte nahezu identische Maße des Vorgängers, einen Aluminium-verkleideten Rumpf aus Stahlrohr und nach oben klappbare(!) Flügel, die, wie das Leitwerk, eine Leichtmetallkonstrultion waren. Als „Militärhilfe" aus den USA bezog UTVA Pratt & Whitney-Sternmotoren, Instrumente und Teile des elektrischen Systems. Jugoslawiens Regierung bestellte 115 Flugzeuge noch vor dem Erstflug im Februar 1955. Bereits im Juni flog das erste Serienexemplar, schon im Juli wurden die ersten Tiefdecker, von dem nur eine Variante produziert wurde, in Dienst gestellt.

Zwischen 1955 und 1961 lieferte UTVA insgesamt 115 Flugzeuge aus.

Bemerkungen: Wie sein Vorgänger, als wichtigstes Schul- und Trainingsflugzeug Jugoslawiens eingesetzt, war die Soko 522 bis 1978/79 im Dienst. Haupteinsatzzweck der 522 war die Übergangsausbildung der Piloten auf die Ikarus S-49 (S. 85) und Republic P-47 Thunderbolt. Geschult wurde neben dem Waffeneinsatz mit MGs, Bomben und Raketen auch Kampftaktik, Nacht- und Instrumentenflug. Obwohl sich die 522 als hervorragendes und leistungsfähiges Flugzeug erwies und sie durchaus als leichtes Erdkampfflugzeug geeignet gewesen wäre, wurde sie nie bei taktischen Einsätzen geflogen. Sie galt als zu gering bewaffnet und zu langsam. Mit dem gut motorisierten Trainer, der öfters auf europäischen Luftfahrtmessen vorgestellt wurde, war Jugoslawiens kleine Luftfahrtindustrie im Vergleich zu westlichen und russischen Mustern eine ernst zu nehmende Konkurrenz. Es kam aber nie zu Verkäufen außerhalb Jugoslawiens. Trotz des kommunistischen Blocks unter russischer Führung pflegte das Land in den 1950er-Jahren auch engen Kontakt zu westlichen Staaten und bezog von ihnen unter anderem militärische Ausrüstungen, wie z. B. 150 P-47 Thunderbolts oder die Sternmotoren für die 522 von Pratt & Whitney.

Etliche Exemplare gingen nach der Ausmusterung an jugoslawische Fliegerclubs und an ausländische, private Kunden, die teilweise heute noch in flugfähigem Zustand als Warbird betrieben werden. Berühmt wurde das Flugzeug auch durch einige Auftritte in Kriegsfilmen der 1960er- und 70er-Jahre, in der man sie zur Darstellung von Focke-Wulf FW 190 einsetzte.

Eine Soko 522 steht im Belgrad Aviation Museum in Serbien und eine im Militärmuseum Pivka, Slowenien.

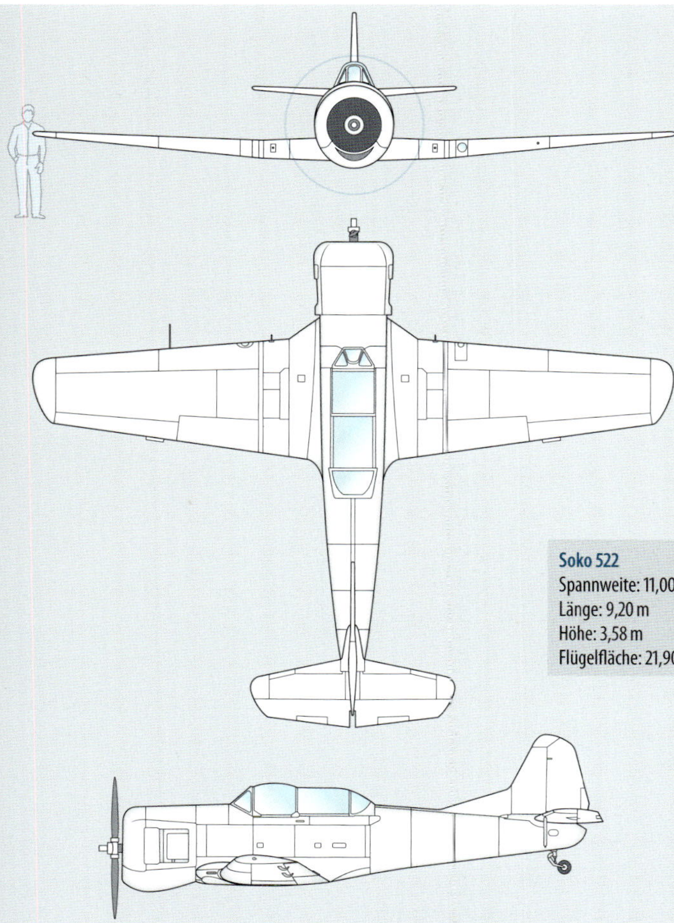

Soko 522
Spannweite: 11,00 m
Länge: 9,20 m
Höhe: 3,58 m
Flügelfläche: 21,90 m²

Besatzung: 2
Triebwerk: Ein luftgekühlter Sternmotor Pratt & Whitney R-1340-AN-1 Wasp mit 441 kW (600 PS).
Leistungen: Höchstgeschwindigkeit 351 km/h, Reisegeschwindigkeit ca. 290 km/h, Dienstgipfelhöhe 7000 m, Reichweite ca. 600 km.
Gewichte: Leermasse 2012 kg, Startmasse 2680 kg.
Bewaffnung: Zwei MGs in den Flügeln und bis zu 200 kg Bomben oder Raketen an externen Stationen.

UTVA 213 Vihor

Ursprungsland
Jugoslawien
Kategorie
Trainer

Entwicklung: Kurz nach Kriegsende 1945 forderten die jugoslawischen Militärschulen ein modernes Trainingsflugzeug mit Einziehfahrwerk, und geschlossenem Tandemcockpit für das Kampftraining und die Fortgeschrittenenausbildung. Ein interner Wettbewerb zweier Entwurfsgruppen brachte die UTVA 212 und die UTVA 213 hervor, beide von einem V-12 Ranger-Motor angetrieben. Die Prototypen wurden bei Ikarus gebaut. Mangels eigener jugoslawischer Aluminiumproduktion entwarf man den Tiefdecker als reine Holzkonstruktion. Der Erstflug des Prototyps 213 fand im Oktober 1948 statt. Er hatte noch ein in Gondeln nach vorn, halb einziehbares Fahrgestell, das in der Serienversion aber seitlich komplett eingefahren werden konnte. Die Ranger-Motoren wurden aus US-Rüstungsbeständen beschafft, die wegen ihrer schmalen Bauweise einen günstigen Stirnwiderstand mit sich brachten. Nach ausgiebigen Tests und einigen Verbesserungen wurde das Flugzeug bei UTVA ab 1951 in Serie hergestellt. Die ersten Auslieferungen begannen 1952.

Bis 1955 rollten bei UTVA 170 Vihors aus den Produktionshallen. Andere Quellen sprechen von 196 Flugzeugen.

Bemerkungen: Bei dem in Jugoslawien damals dreistufig aufgebauten Ausbildungssystem für Piloten war die Vihor das anspruchsvollere Flugzeug nach der Grundausbildung und vor dem Einsatz auf Kampfflugzeugen. Das Flugverhalten und die Leistungen, auch in der Akrobatik, entsprach ungefähr der stärker motorisierten amerikanischen North American T-6 Harvard. Dank ihrer leichten Holzbauweise und besseren Aerodynamik also ein durchaus konkurrenzfähiges Muster. Für bessere Höhenleistungen des Antriebs sorgte zudem ein zweistufiger Kompressor. Nachteil der Holzbauweise war allerdings die relativ kurze Haltbarkeit der Zelle. Für das Waffentraining waren zwei MGs installiert und an vier externen Stationen konnten bis zu 100 kg Bomben transportiert werden. Der Hauptanteil der angeblich bei Piloten beliebten 213 wurde in der Mostaer Pilotenschule geflogen. Es wird allerdings auch von zahlreichen Unfällen und der geringen Verfügbarkeit nach der Indienststellung der Vihor berichtet. Vor allem wegen unzureichender Wartung und dem anscheinend weniger zuverlässigen Ranger-Motor. Was sich aber, trotz der noch älteren Motoren, bis zur Ausmusterung deutlich verbesserte. Anfang der 1960er-Jahre wurde die 213 schließlich von der moderneren Soko 522 (S. 86) abgelöst.

Eine UTVA 213 ist im Belgrad Aviation Museum, Serbien zu besichtigen.

Besatzung: 2
Triebwerk: Ein luftgekühlter, hängend eingebauter V-12-Zylinder Ranger SGV 770 CB1 mit ca. 330 kW (450 PS).
Leistungen: Höchstgeschwindigkeit 362 km/h, Reisegeschwindigkeit 290 km/h, Steigzeit auf 3000 m 8 min 15 sec, Dienstgipfelhöhe 7000 m, Reichweite ca. 660 km.
Gewichte: Leermasse 1824 kg, maximale Startmasse 2400 kg.
Bewaffnung: Zwei MGs in den Flügeln und zwei 50 kg-Bomben oder vier 25 kg-Bomben an Außenstationen.

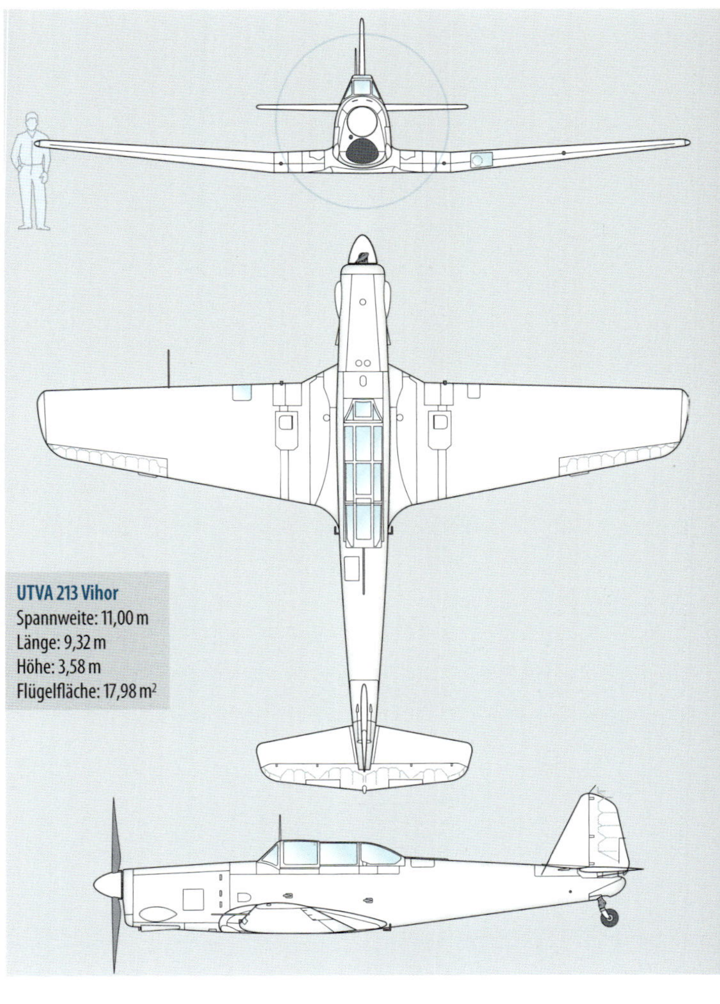

UTVA 213 Vihor
Spannweite: 11,00 m
Länge: 9,32 m
Höhe: 3,58 m
Flügelfläche: 17,98 m²

Avro Canada CF-100 Canuck

Ursprungsland
Kanada
Kategorie
Abfangjäger

Entwicklung: Im Oktober 1946 forderte die RCAF einen zweisitzigen, strahlgetriebenen Allwetter-Abfangjäger mit großer Reichweite, auf den Avro Canada mit der CF-100 reagierte. Noch mit zwei 28,9 kN starken Avon-Triebwerken von Rolls-Royce, flog die Mk. I erstmals im Januar 1950. Im Juli 1950 hob der zweite Prototyp ab, der jedoch im April 1951 bei einem Unfall verloren ging, was erhebliche Verzögerungen in der Entwicklung auslöste, denn schon im September 1950 hatte die kanadische Luftwaffe einen Auftrag über 124 Flugzeuge erteilt. Nach fünf Vorserienflugzeugen Mk. II und zwei Trainern Mk. II T mit Doppelsteuern, die nun alle mit dem neu entwickelten kanadischen Avro Canada Orenda-Triebwerk motorisiert waren, flog im Oktober 1952 das erste Serienflugzeug Mk. III. Die 70 Abfangjäger waren mit 8 MGs in einem Rumpfbehälter bewaffnet. Ebenso 66 III A und B, die sich nur durch Triebwerksvarianten unterschieden. Eine Mk. III baute Avro Canada in einen Trainer Mk. III CT um. Mit dem Vorserienflugzeug Mk. IV wurden zusätzliche Wingtip-Pods mit ungelenkten Luft-Luft-Raketen eingeführt. Die Varianten IV A (137 St.) und IV B (141 St.) unterschieden lediglich sich in den Antrieben. Ab der Mk. V verzichtete man auf die Rumpf-MGs und verbaute die leistungsstärksten Orenda 14 mit je 32 kN Schub. Von den 332 gebauten Flugzeugen wurde eine kleine Anzahl in Mk. V D für ECM-Missionen umgebaut und einige für Sparrow-Luft-Luft-Raketen modifiziert. Als einziger Exportkunde orderte Belgien 53 Mk. V.

Avro Canada lieferte insgesamt 692 CF-100 aus.

Bemerkungen: Mit der CF-100 erhielt Kanada zu Beginn des Kalten Krieges den geforderten Abfangjäger, der mit großer Reichweite und bei allen Wetterbedingungen in der Lage war, über den weiten Gebieten Kanadas zu patrouillieren. Gemeinsam mit den USA sollte er den nordamerikanischen Luftraum vor eindringenden Sowjetbombern schützen. Auch deshalb waren vier Staffeln von 1956 bis 1962 unter dem Kommando der NATO in Europa stationiert. Der erste und einzige von Kanada selbst entwickelte und gebaute Abfangjäger übertraf bei weitem seine geplante Lebensdauer. Obwohl die Canuck schließlich durch die CF-101 Voodoo (S. 202) ersetzt wurden, blieben die letzten Exemplare fast 30 Jahre bis 1981 im Dienst. Lediglich Belgien erwarb die CF-100, obwohl sich auch die USA zur Zeit Koreakrieges für ein radargestütztes Allwetter-Jagdflugzeug interessierte, aber schließlich die von Martin lizenzierte English Electric Canberra (S. 54/197) bevorzugten.

Von den rund 30 überwiegend in Kanada stehenden Museumsflugzeugen, steht eine auch im Königlichen Armeemuseum in Brüssel, Belgien.

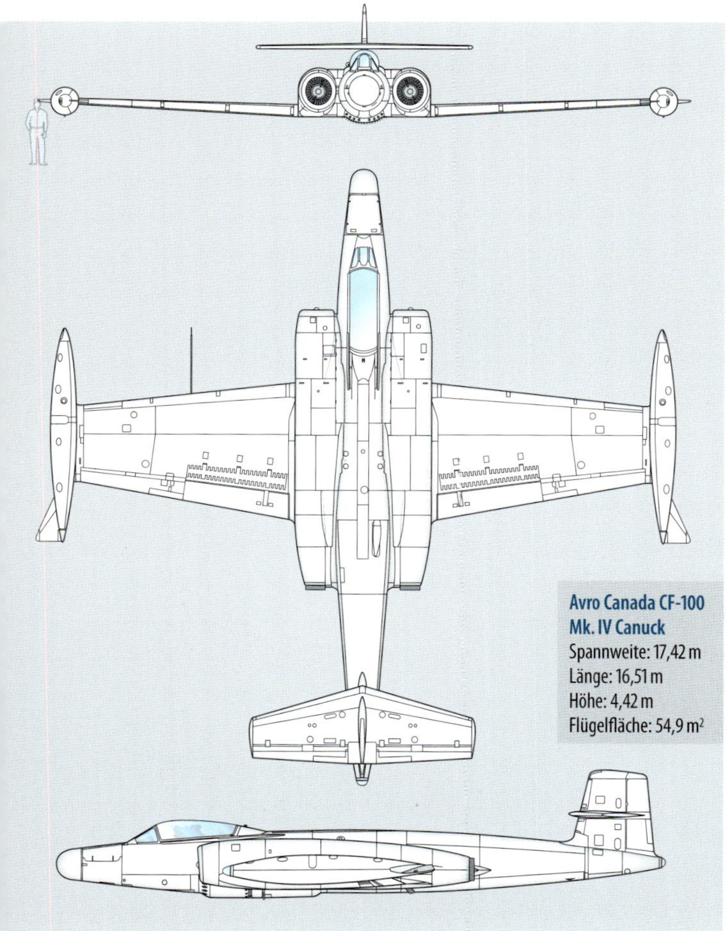

Avro Canada CF-100 Mk. IV Canuck
Spannweite: 17,42 m
Länge: 16,51 m
Höhe: 4,42 m
Flügelfläche: 54,9 m²

Besatzung: 2
Triebwerke: (Mk. V) Zwei Axialstrahltriebwerke Avro Canada Orenda 11 mit ca. 32 kN Schub.
Leistungen: (Mk. V) Höchstgeschwindigkeit 888 km/h, Dienstgipfelhöhe 14 000 m, Reichweite 3200 km.
Gewichte: (Mk. V) Leermasse 10 478 kg, Abflugmasse 15 173 kg, maximale Abflugmasse 16 329 kg.
Bewaffnung: Je nach Variante acht MGs in einem integrierten Behälter unter dem Rumpf und Wingtip-Pods mit ungelenkten Luft-Luftraketen, einige auch mit gelenkten Luft-Luft-Raketen.

De Havilland Canada DHC-1 Chipmunk

Ursprungsland
Kanada
Kategorie
Trainer

Entwicklung: Als moderner Nachfolger des aus den 1930er-Jahren stammenden Doppeldeckers DH.82 Tiger Moth wurde die Chipmunk als eigenständiges Nachkriegsprojekt von de Havilland Canada entwickelt. Der in Ganzmetall gebaute Rumpf des zweisitzigen, bedingt kunstflugtauglichen Tiefdeckers hatte Metallflügel, die nach dem Holm bespannt waren und ein teilbespanntes Leitwerk. Erstflug war im Mai 1946 und nach kurzer Erprobung fertigte de Havilland Canada ab 1947 die ersten Chipmunks, die als Primärtrainer der Armee in Joint Air Training Centern und für die Ausbildung von Artilleriebeobachtern genutzt wurden. Erst 1952 bestellte die RCAF, nach einer Reihe von Änderungen, dazu gehörte auch eine geblasene Cockpithaube, ihre Flugzeuge. Alle 218 bis 1956 in mehreren Varianten gefertigten Trainer, wurden von einem Gipsy Major 10 angetrieben und waren erst ab der B-1 voll kunstflugtauglich. Mit 1014 Flugzeugen wurden allerdings mehr Chipmunks bei de Havilland in Großbritannien unter Lizenz gefertigt. Alleine 735 gingen an die RAF und 217 als Mk. 20 in den Export. Neben den für den zivilen Markt gefertigten Maschinen baute man sie auch für den landwirtschaftlichen Einsatz zum Cropduster um. Die portugiesische Firma OGMA fertigte, nachdem Portugal 10 britische Chipmunks erwarb, 66 in Lizenz, die sie 1989 mit einem 180 PS starken Boxermotor von Lycoming nochmals modernisierte.

Inklusive der britischen und portugiesischen rollten 1284 Chipmunks aus den Werkhallen.

Bemerkungen: Die DHC-1 war das erste in Kanada entworfene Flugzeug, das im Ausland in Lizenz produziert wurde. Neben den Hauptabnehmern Großbritannien und Kanada wurde das Flugzeug in über zwanzig Länder rund um den Globus exportiert. Der robuste Standardtrainer war bei seinen Piloten beliebt und zeichnete sich durch hervorragende Flugeigenschaften, auch beim Kunstflug, aus. Chipmunks wurden von der kanadischen Luftwaffe als Basistrainer geflogen und über Aeroclubs zum Auffrischungstraining von Reservepiloten bereitgestellt, bis sie schließlich Ende 1971 ausgemustert wurden. Großbritanniens Luftwaffe nutzte ihre Chipmunks bis Ende der 1970er-Jahre, um sie schließlich durch Scottish Aviation Bulldogs zu ersetzen. Einige wenige wurden angeblich auch erst 1996 ausgemustert. Die meisten zivilen Flugzeuge sind deshalb Ex-Militär, die wegen ihrer unverwüstlichen Zelle und des zuverlässigen Motors als Schleppflugzeug, Kunstflugzeug, Sprühflugzeuge oder einfach nur zum Spaß bis heute in vielen Ländern geflogen werden. Zahlreiche Firmen beschäftigten sich mit diversen Modifikationen, darunter z. B. eine 260 PS-starke einsitzige Super Chipmunk.

Eine britische DHC-1 T.10 findet man im militärhistorischen Museum in Gatow, Berlin.

Besatzung: 2
Triebwerk: Ein luftgekühlter 4-Zylinder-Reihenmotor de Havilland Gipsy Major 8 mit 106 kW (145 PS).
Leistungen: Höchstgeschwindigkeit 222 km/h, Reisegeschwindigkeit 165 km/h, Dienstgipfelhöhe 4800 m, Reichweite ca. 420 km.
Gewichte: Leermasse 688 kg, Abflugmasse 914 kg, maximale Abflumasse 998 kg.

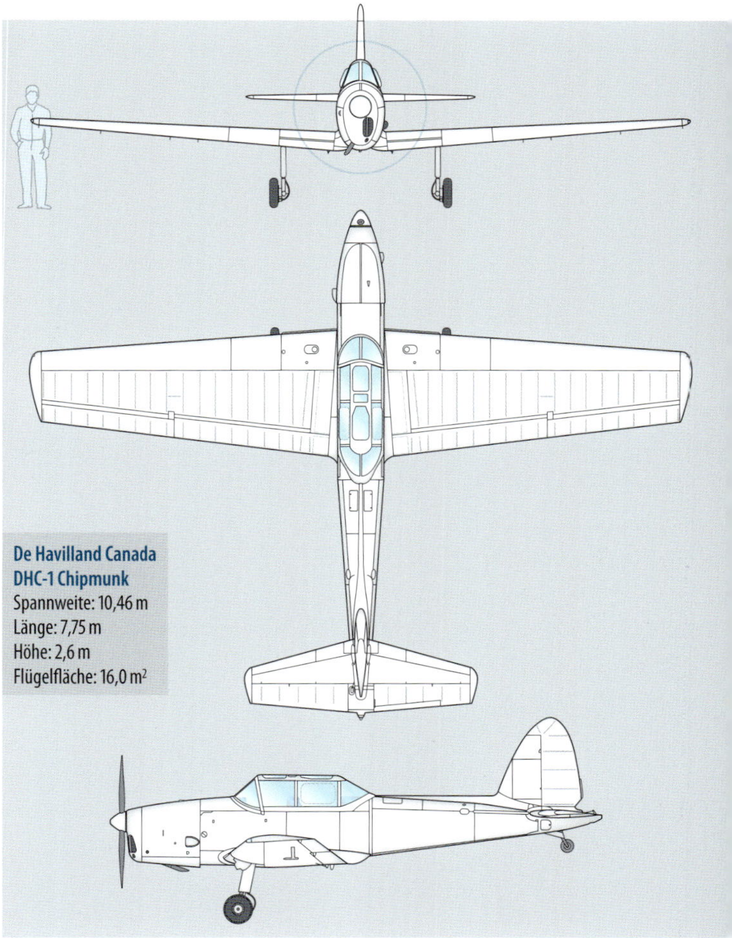

De Havilland Canada DHC-1 Chipmunk
Spannweite: 10,46 m
Länge: 7,75 m
Höhe: 2,6 m
Flügelfläche: 16,0 m²

De Havilland Canada DHC-2 Beaver

Ursprungsland
Kanada
Kategorie
Leichtes Transportflugzeug

Entwicklung: Ende 1946 begann de Havilland Canada nach einer Umfrage bei Piloten und einer Ausschreibung eines kanadischen Land- und Forstwirtschaftsministeriums mit der Konstruktion eines „Buschflugzeugs“. Im August 1947 startete der erste Prototyp. Der Hochdecker in Ganzmetallbauweise mit Kastenrumpf und einer groß dimensionierten Ladeluke, konnte bis zu sieben Passagiere oder entsprechend Fracht laden. Abgestrebte Tragflächen mit großen Landeklappen, die von gleichzeitig absenkbaren Querrudern unterstützt wurden, sorgten für sehr kurze Start- und Landestrecken. Standardantrieb war ein robuster und 450 PS starker Pratt & Whitney Wasp Junior. Das Fahrwerk konnte mit Skiern ergänzt oder gegen Schwimmer, auch mit integriertem Einziehfahrwerk, ausgetauscht werden. Nach der Erprobung begann im April 1948 die Serienfertigung mit einer Bestellung von 4 Beavern der Provinz Ontario. Anfangs liefen die Verkäufe schleppend, aber bei einem Wettbewerb der USAF und US-Army gewann die DHC-2 gegen sechs andere Muster. Bis Ende 1960 lieferte de Havilland Canada 968, ursprüngliche als C-127, später in L-20 umbenannte Flugzeuge an die amerikanischen Streitkräfte. Ab 1962 nannte die Army ihre Beaver U-6 A / B. Ein Unikat blieb die Mk. II, die mit längeren Tragflächen und einem britischen 570 PS starken Alvis Leonides-Sternmotor flog. Bereits 1963 suchte de Havilland nach einem zeitgemäßeren Antrieb und konstruierte die bis zu elfsitzige Mk. III Turbo Beaver, mit einem längeren Bug, um das geringere Gewicht der PT-6-Propellerturbine auszugleichen. Bis 1972 wurden 60 ausgeliefert.

Insgesamt produzierte de Havilland Canada 1657 Beaver aller Varianten.

Bemerkungen: Der unverwüstliche, legendäre STOL-Hochdecker, der unter extremen Bedingungen von kurzen, unvorbereiteten Pisten, Schnee oder Gewässern operieren kann, ob in tropischen oder arktischen Gebieten, prägt das Bild eines idealen Buschflugzeugs. Mit unzähligen zivilen Käufern und den hohen Bestellzahlen des Militärs wurde die Beaver zum Verkaufserfolg. Die amerikanischen Streitkräfte waren mit fast 1000 Flugzeugen die größten Betreiber. US-Beaver waren über den ganzen Globus verstreut, das als ideales Mehrzweckflugzeug für Personentransporte, Kurier- und Verbindungsaufgaben, Fracht, Aufklärung, Luftaufnahmen, SAR- und Evakuierungs-Missionen, Verwundetentransporte usw. eingesetzt wurde, auch im Korea- und Vietnamkrieg. Neben den USA erwarben über 30 Staaten die L-20, alleine Großbritannien hatte 46 AL.1 Beaver in ihren Diensten. 2006 übernahm die kanadische Viking Air die Produktionsrechte und vermarktet die deutlich leistungsfähigere Turbo-Beaver erneut.

Zahllose aktive Beaver (vermutlich um 500) findet man heute noch in über 50 Ländern. Viele aktiv in Kanada, etliche in Nordamerikas Museen, eine präsentiert das Luftfahrtmuseum in Vantaa, Finnland.

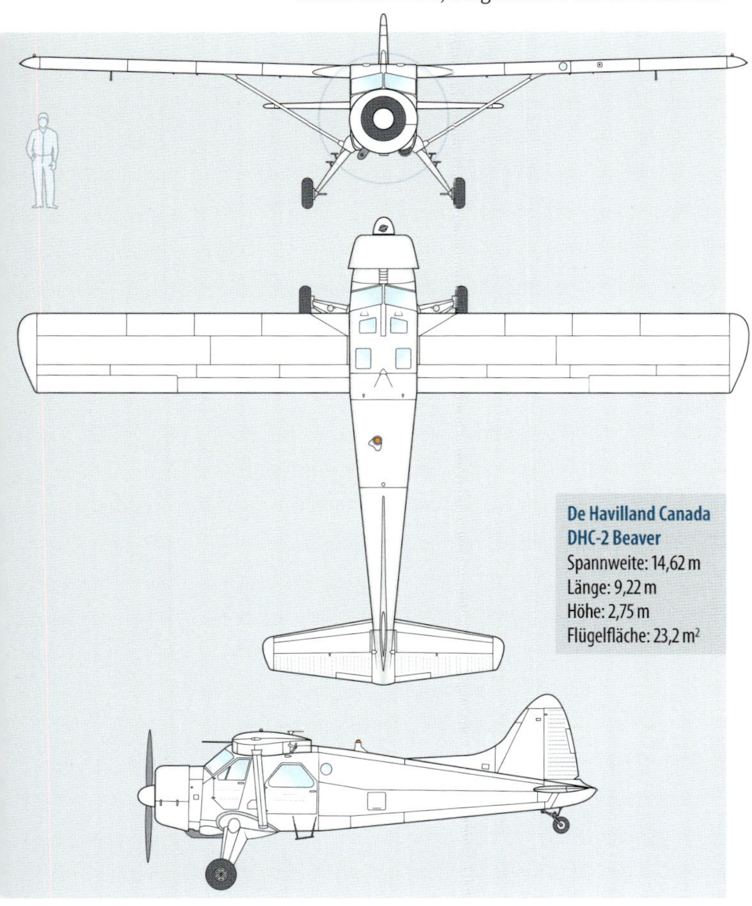

De Havilland Canada DHC-2 Beaver
Spannweite: 14,62 m
Länge: 9,22 m
Höhe: 2,75 m
Flügelfläche: 23,2 m²

Besatzung: 1
Triebwerk: Ein luftgekühlter 9-Zylinder-Sternmotor Pratt & Whitney R-985 Wasp Junior mit 331 kW (450 PS).
Leistungen: Höchstgeschwindigkeit 288 km/h in 1500 m, Reisegeschwindigkeit 230 km/h, Dienstgipfelhöhe 5500 m, Reichweite 930 km.
Gewichte: Leermasse 1360 kg, Abflugmasse 2110 kg.

De Havilland Canada DHC-3 Otter

Ursprungsland
Kanada
Kategorie
Transportflugzeug

Entwicklung: Nach dem Erfolg der DHC-2 Beaver (S. 90) begann anfang 1951 de Havilland Canada ein deutlich größeres Transportflugzeug zu entwickeln, das die Eigenschaften der Beaver übernehmen sollte. Erstmals hob die Otter im Dezember 1951 ab. Der in Ganzmetall konstruierte Hochdecker war für 10 – 11 Passagiere oder entsprechende Fracht konzipiert, konnte aber auch 6 Tragbahren und 4 Passagiere über die zweiflüglige Frachttür laden. Die abgestrebten Tragflächen mit großzügigen Schlitzklappen und gleichzeitig absenkbaren Querrudern garantierten gute STOL-Fähigkeiten. Wie auch bei der Beaver, war wahlweise die Montage von Skiern und Schwimmern möglich. Obwohl das damals größte einmotorige Flugzeug bei zivilen Betreibern schnell Käufer fand, wurden erst 1955 Flugzeuge an die amerikanischen Streitkräfte verkauft. Nach der Bewertung von 6 Testflugzeugen YU-1 durch die US-Army wurden 183 Serienflugzeuge U-1 A ausgeliefert. Die US Navy erhielt 13 UC-1 und die Coast Guard 4 U-1 A. Die kanadischen Streitkräfte nannten ihre 66 bis 1980 geflogenen Otter CSR-123. Nicht wenige Flugzeuge wurden nach ihrer Ausmusterung an zivile Betreiber abgegeben.

Von den bis 1967 466 gebauten Flugzeugen gingen 350 an militärische Kunden, neben den USA und Kanada auch an Australien und Indien, 69 an zivile und 11 an Unternehmen, 36 wurden als Regierungsflugzeuge zugelassen.

Bemerkungen: Als „One ton truck“ fand auch die große und robuste Einmot in relativ großer Zahl ihre militärischen und zivilen Abnehmer, die in über 30 Ländern weltweit betrieben wurden. Sie flog bei der RCAF bis 1982 als SAR-Flugzeug und Transporter und wurde für Lastenabwürfe zur Versorgung von Manövertruppen verwendet. Um der UN bei der Suezkrise beizustehen, wurden vier Wasserflugzeuge nach Port Said in Ägypten transportiert und bei einem vor Anker liegenden kanadischen Schiff stationiert. Die letzten Otter landeten in Reserveeinheiten bis sie schließlich außer Dienst gestellt wurden. Wegen hoher Wartungskosten und der etwas zu geringen Leistung des Sternmotors setzte man in den frühen 1970er-Jahren auf den Tausch des Sternmotors gegen eine Propellerturbine. Mehrere Firmen boten Konversionen unterschiedlicher Turbinenhersteller an. Eine unbekannte Zahl Otter rüstete man auch auf bis zu 1000 PS starke polnische PZL-Sternmotoren um. Das Flugzeug diente schließlich als Basis für die erstmals 1965 fliegende Twin-Otter mit zwei Propellerturbinen.

Zahlreiche Otter sind noch im Einsatz, die meisten in der Turbinenversion. Alleine 22 betreibt eine Wasserfluggesellschaft in Vancouver. Eine DHC-3 kann man aber auch im Brussels Air Museum, Brüssel, Belgien besichtigen.

Besatzung: 1 – 2
Triebwerk: Ein luftgekühlter 9-Zylinder-Sternmotor Pratt & Whitney R-1340-S1H1-G Wasp mit 441 kW (600 PS).
Leistungen: Höchstgeschwindigkeit 257 km/h in 1500 m, Reisegeschwindigkeit 222 km/h, Dienstgipfelhöhe 5460 m, maximale Reichweite 1620 km.
Gewichte: Leermasse 2398 kg, Abflugmasse 3619 kg.

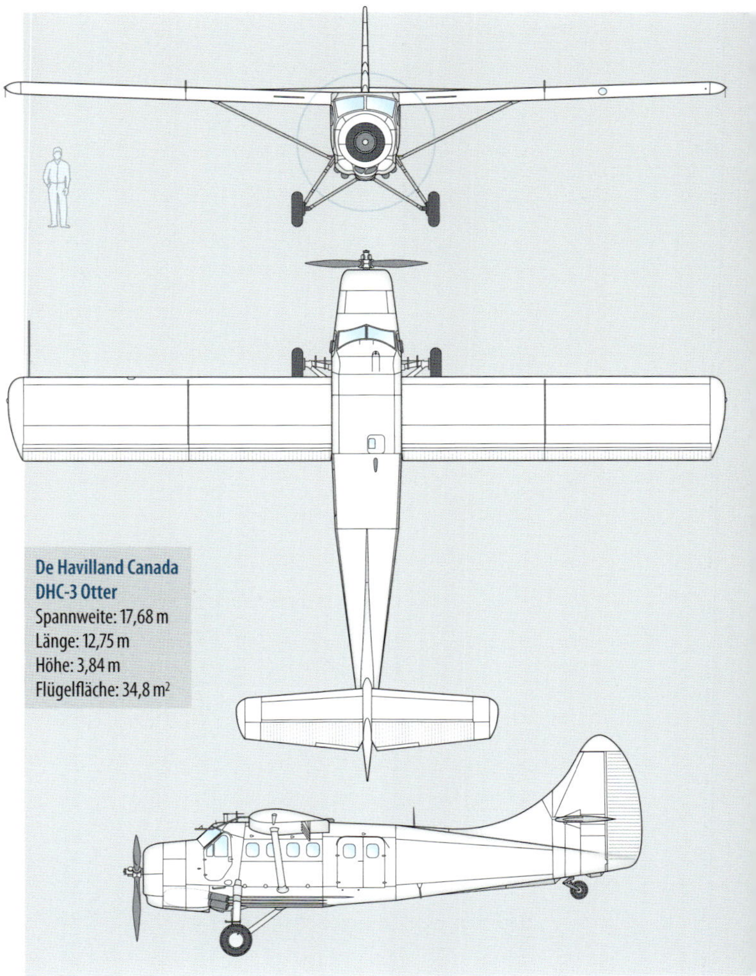

De Havilland Canada DHC-3 Otter
Spannweite: 17,68 m
Länge: 12,75 m
Höhe: 3,84 m
Flügelfläche: 34,8 m²

Fokker S.11 Instructor

Ursprungsland
Niederlande
Kategorie
Schulflugzeug

Entwicklung: Kurz nach Ende des Zweiten Weltkriegs begannen die niederländischen Fokker-Werke ein Schulflugzeug für die Grundausbildung zukünftiger Piloten zu entwickeln. Der erste Prototyp startete im Dezember 1947. Bei der anschließenden Erprobung stellte sich heraus, dass einige aerodynamische Modifikationen notwendig waren, um die Flugeigenschaften zu verbessern. Der Rumpf wurde aus einem geschweißten Stahlrohrrahmen gefertigt, der teilweise mit Holz verkleidet und am Rumpfende bespannt war. Die Flügel und das Leitwerk fertigte Fokker komplett aus Leichtmetall, alle Ruder waren bespannt. Im Juni 1949 stürzte der zweite Prototyp bei einer Demonstration für die schwedische Luftwaffe wegen Strukturversagen ab, das Verstärkungen an der Zelle zur Folge hatte. Mit einem Bugfahrwerk blieb der dritte Prototyp mangels Nachfrage ein zur S-12 modifiziertes Einzelstück. Nach einer Reihe von Testflügen und Verkaufsvorführungen war Ende 1948 das Flugzeug serienreif. An die niederländischen Streitkräfte wurden 48 S.11-1 ausgeliefert, Israels Luftwaffe erhielt 41 S.11-2, die von 1951 bis 1957 im Einsatz waren. Die italienische Luftwaffe bestellte 180 S.11-3, die ab 1951 in Lizenz als M.416 von den italienischen Firmen Macchi (110 St.) und IMAM (70 St.) gebaut wurden. Brasiliens Luftwaffe ließ 95 von 99 S.11-4 von der brasilianischen Tochterfirma Fokker Industria Aeronautica produzieren, die sie bis in die frühen 1970er-Jahre als T-21 betrieb. Der von Fokker gebaute Prototyp S-12 mit Bugfahrwerk wurde schließlich doch noch von „Fokker Brazil" hergestellt und ging ab Mai 1960 in 49 Exemplaren als T-22 an die brasilianische Luftwaffe. Von der viersitzigen, in Brasilien aus der S.12 weiterentwickelten YT-22 Guanabara mit einem 250 PS-Boxermotor existierte nur ein Exemplar.

Mit allen Lizenzbauten wurden 375 S.11 und 50 S.12 ausgliefert.

Bemerkungen: Mit der Side-by-Side-Anordnung von Flugschüler und -lehrer bekam die niederländische Luftwaffe einen modernen, kunstflugtauglichen Trainer, der die veralteten Tiger-Moth-Doppeldecker ablöste. Die S.11 wurden bei der niederländischen Luftwaffe in der Grundausbildung eingesetzt, anfang der 1970er-Jahre stillgelegt und fast alle auf dem zivilen Markt verkauft. Fokker war aber nicht nur Konstrukteur, sondern auch ein guter Verkäufer, der mit Demonstrations- und Verkaufsvorführungen seine Flugzeuge an die Kunden brachte. Was angeblich zur Folge hatte, dass 1946 ein Flugzeughändler vor dem Erstflug 100 S.11 orderte, für die er sich Verkaufschancen auf dem zivilen und militärischen Markt ausrechnete. Der Handel kam jedoch nie zustande.

Vermutlich sind noch 10 Instructors, hauptsächlich in den Niederlanden, in flugfähigem Zustand. Eine S.12 kann man aber auch im Aviodrom, Lelystad, Niederlande, finden.

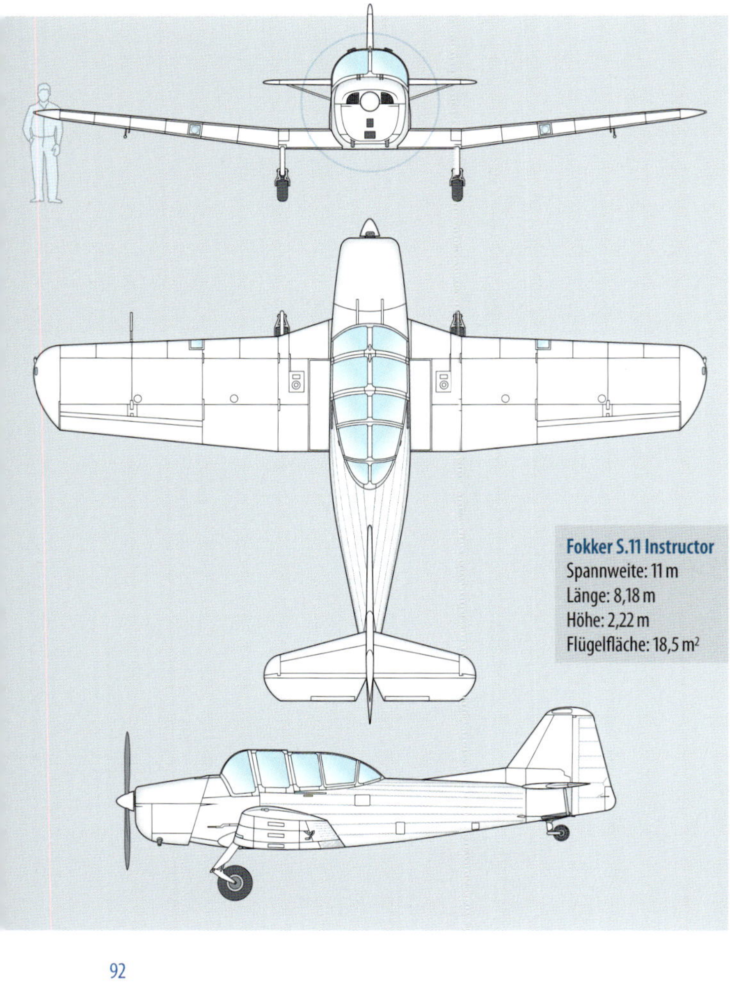

Fokker S.11 Instructor
Spannweite: 11 m
Länge: 8,18 m
Höhe: 2,22 m
Flügelfläche: 18,5 m²

Besatzung: 2
Triebwerk: Ein luftgekühlter 6-Zylinder-Boxermotor Lycoming O-435 A mit 140 kW (190 PS).
Leistungen: Höchstgeschwindigkeit 209 km/h, Reisegeschwindigkeit 164 km/h, Dienstgipfelhöhe 3850 m, Reichweite 630 km.
Gewichte: Leermasse 810 kg, maximale Abflugmasse 1100 kg.

Fokker S.14 Machtrainer

Ursprungsland
Niederlande
Kategorie
Trainingsflugzeug

Entwicklung: Wie andere Staaten wollten auch die Niederlande nach Kriegsende 1945 wieder ihre Flugzeugindustrie reaktivieren und zeigte großes Interesse am zunehmenden Markt für strahlgetriebene Flugzeuge. Vielversprechend war, einen Trainer mit Strahltriebwerk für die kommenden Jets zu entwickeln. Fokker begann deshalb Ende der 1940er-Jahre, mit Hilfe von Rolls-Royce, das seine Derwent-Triebwerke verkaufen wollte, die Konstruktionsarbeiten. Der in Ganzmetallbauweise hergestellte Tiefdecker hatte einen voluminösen Rumpf, um den beiden Piloten in einem geräumigen Cockpit eine Side-by-Side-Anordnung auf ihren Martin-Baker-Schleudersitzen zu ermöglichen. Drei pneumatische Bremsklappen am Rumpf und Spaltklappen sorgten für eine relativ geringe Anfluggeschwindigkeit. Der erste Prototyp war noch mit einem Rolls-Royce Derwent V motorisiert und hob im Mai 1951 erstmals ab, wurde aber am selben Tag bei einem Landeunfall beschädigt. Die niederländische Luftwaffe erteilte schließlich einen Auftrag über 20 Flugzeuge, die von dem etwas leistungsfähigeren RR Derwent VIII angetrieben werden sollten. Mit einer, wegen der hohen G-Kräfte verstärkten Zelle, ging das Flugzeug in Serie. Verhandlungen mit Brasilien über eine Lizenzproduktion scheiterten an den dortigen politischen Umständen. Auch das amerikanische Unternehmen Fairchild wollte Lizenzrechte erwerben, um die S.14 als Standardtrainer der USAF anzubieten. Sie gab aber ihre Produktionspläne wieder auf, und die Cessna T-37 machte in den USA das Rennen im Trainermarkt. Der versuchsweise Einbau eines wesentlich stärkeren Rolls-Royce Nene II-Triebwerks mit 23 kN Schub in den ersten Prototyp brachte zwar mit 830 km/h eine höhere Geschwindigkeit, half aber nicht beim Verkauf, obwohl weitere Länder Interesse zeigten und das Flugzeug testeten.

Im Oktober 1955 wurden die ersten S.14 in Dienst gestellt, bis November 1956 waren alle 20 Flugzeuge ausgeliefert. Eines der Serienflugzeuge wurde 1955 bei einer Demonstrationstour in den USA zerstört. Bis auf drei, sind alle Machtrainer nach rund 10 Dienstjahren ausgemustert und verschrottet worden.

Bemerkungen: Die S.14 war einer der ersten in Serie gebauten, strahlgetriebenen Trainer. Obwohl Fokker früh in den Markt einstieg und sich große Hoffnungen auf einen weltweiten Export machte, wurde trotz etlicher Interessensbekundungen, außer den 20 Flugzeugen an die RNLAF, keine weiteren verkauft.

Drei Fokker S.14 blieben erhalten, davon wird eine im Nationaal Militair Museum in Soesterberg, Niederlande aufbewahrt.

Besatzung: 2
Triebwerk: Ein Radialverdichter-Strahltriebwerk Rolls-Royce Derwent VIII mit 16 kN Schub.
Leistungen: Höchstgeschwindigkeit 730 km/h, Reisegeschwindigkeit 590 km/h, Dienstgipfelhöhe 11 500 m, Reichweite 950 km
Gewichte: Leermasse 3765 kg, Startmasse 5350 kg.
Bewaffnung: Zwei Maschinenkanonen in einem Behälter unter dem Rumpf, vier 11 kg-Trainingsbomben extern.

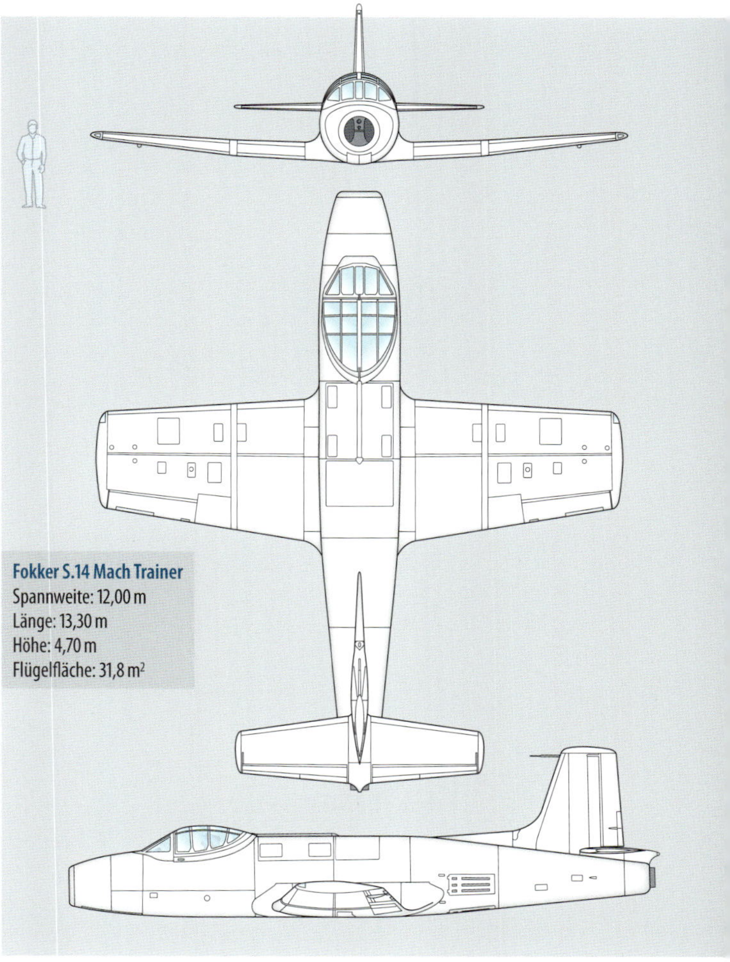

Fokker S.14 Mach Trainer
Spannweite: 12,00 m
Länge: 13,30 m
Höhe: 4,70 m
Flügelfläche: 31,8 m²

Saab J 21

Ursprungsland
Schweden
Kategorie
Jagdflugzeug

Entwicklung: Bei Saab begannen die ersten Entwiclungsarbe ten an dem mit einem Druckpropeller ausgerüsteten Jagdflugzeugs 1941. Die Luftwaffe Schwedens bestellte drei Prototypen, von denen der erste im Juli 1943 abhob. Die in Ganzmetalbauweise konstruierte und stark bewaffnete Saab J 21 (Bild) hatte schon damals einen von Saab entwickelten Schleudersitz, um den Piloten beim Ausstieg nicht durch den Druckpropeller zu gefährden. Mangels eigener Motoren war der Tiefdecker mit einem lizenzierten deutschen DB 605 motorisiert. Von der A-1 wurden bis Dezember 1945 54 gebaut, von der mit schwedischen MKs bewaffneten A-2 bis November 1947 124 und vom Erdkämpfer A-3 bis Januar 1949 119 Flugzeuge. Insgesamt lieferte Saab 298 propellergetriebene J 21 aus.

Um rasch ein strahlgetriebenes Jagdflugzeug zu erhalten, konstruierte Saab vier A-1 zur J 21 R (Zeichnung) um. Der Rumpf musste dem voluminösen Triebwerk angepasst werden, die Lufteinläufe legte man an die Seiten, das Höhenleitwerk wurde wegen des Schubstrahls auf die Seitenleitwerke montiert. Erstflug war im März 1947. Die ersten 30 von 120 bestellten J 21 R erhielten das Goblin 3 21 RB von de Havilland, weitere 30 Triebwerke baute Svenska Flygmotor als SFA RM1 in Lizenz. Weil aber die J 21 R als Jagdflugzeug ungeeignet war, wurde der Auftrag später auf 60 Flugzeuge reduziert. Schließlich baute Saab alle Maschinen zum Erdkämpfer um, die ab 1949 zum Einsatz kamen, bis die letzten 1957 als Trainingsflugzeuge ausgemustert wurden.

Bemerkungen: Von der Propellervariante war eigentlich eine höhere Stückzahl geplant, aber wegen verfügbarer North American Mustangs und der neuen Strahltriebwerke verlor die Luftwaffe das Interesse. Beklagt wurde auch die durch den Druckpropeller verursachten ständigen und ungelösten Motor-Kühlprobleme. Die J 21war aber nach Aussage der Militärs eine stabil, starke Waffenplattform, die sich gut als Erdkämpfer eignete.

Weniger glücklich war die Flyvapnet mit ihren Jets J 21 R, die wegen der fehlenden Druckkabine nur eingeschränkt als Jagdflugzeug genutzt werden konnten und deshalb ebenso als Erdkämpfer endeten. Bemängelt wurde zudem die geringe Reichweite, schlechtere Wendigkeit als die Propellervariante und die zu geringe Geschwindigkeit für einen Jet Ende der 1940er-Jahre.

Das Flygvapenmusem in Linköping, Sweden präsentiert eine Saab J 21 A und eine R.

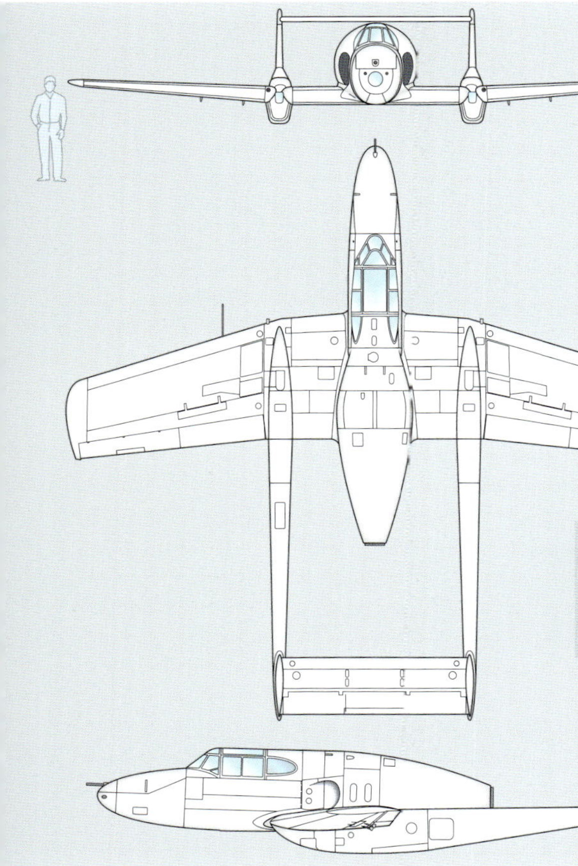

Saab J 21 R
Spannweite: 11,37 m
Länge: 10,55 m
Höhe: 2,90 m
Flügelfläche: 22 m²

Besatzung: (A/R) 1
Triebwerk: (A) Ein flüssigkeitsgekühlter V12-Zylinder-Motor Daimler-Benz DB 605 B mit 1085 kW (1475 PS).
Leistungen: (A) Höchstgeschwindigkeit 640 km/h, Dienstgipfelhöhe 11 000 m, Reichweite 750 km.
Gewichte: (A) Leermasse 3250 kg, Abflugmasse 4413 kg.
Bewaffnung: (A) Drei MKs Bug und zwei MGs im Flügel, acht MGs in einem Behälter unter dem Rumpf, acht Luft-Boden-Raketen unter dem Flügel oder max. 700 kg Bomben.
Triebwerk: (R) Ein Radialstrahltriebwerk de Havilland Goblin III mit 14,9 kN Schub.
Leistungen: (R) Höchstgeschwindigkeit 820 km/h, Dienstgipfelhöhe 12 000 m, Reichweite 450 km mit Zusatztank.
Gewichte: (R) Leermasse 3090 kg, Abflugmasse 5615 kg.
Bewaffnung: (R) Drei MKs Bug und zwei MGs im Flügel, acht MGs in einem Behälter unter dem Rumpf, acht Luft-Boden-Raketen unter dem Flügel.

Saab J 29 Tunnan

Ursprungsland
Schweden
Kategorie
Kampfflugzeug

Entwicklung: Mit der Interimslösung JR 21 R (S. 94) erkannte auch Schweden, dass die Zeit der Kolbenmotoren vorbei ist. Deshalb erhielt 1945 Saab von der schwedischen Luftwaffe den Auftrag, ein modernes, strahlgetriebenes Jagdflugzeug zu entwickeln. Der erste Entwurf ähnelte der P-80 Shooting Star (S. 188). Saabs Ingenieure stellten aber schnell fest, dass, entsprechend deutscher Forschungsergebnisse, nur ein gepfeilter Flügel einen deutlichen Leistungsvorteil brachte. Mit einem de Havilland Ghost-Triebwerk konstruierte Saab in Ganzmetall-Schalenbauweise und einem relativ dünnen Flügel nun die einstrahlige J 29, die schon mit Druckkabine und Schleudersitz ausgestattet war und im September 1948 zum Erstflug startete. Ein zweiter Prototyp folgte im Februar 1949. Bereits im Juli 1950 hob des erste Versuchsmuster für den Serienstandard J 29 A ab, das mit einem stärkeren Triebwerk die geforderten 950 km/h erreichte. Im Mai 1951 begann die Auslieferung von insgesamt 224 Jets an die Geschwader. Mit der J 29 B (Bild oben) wurden größere Tanks und Flügelstationen eingeführt. Bis 1955 verließen 332 Flugzeuge die Produktionsanlagen. Eine Aufklärerversion S 29 C mit Kameras im Bug wurde von 1954 bis 1956 76 mal gebaut. Als Versuchsmodell für einen Nachbrenner blieb die J 29 D ein Einzelstück. Mit der E führte Saab einen neuen Flügel mit Sägezahn ein, der eine höhere Machzahl erlaubte. Neben 29 Neubauten wurde eine unbekannte Anzahl B und C auf E-Standard gebracht. Die J 29 F (Zeichnung), die im März 1954 erstmals abhob, erhielt neben dem neuen Flügel auch ein Triebwerk mit Nachbrenner. Insgesamt 308 Flugzeuge der J und E-Versionen wurden bis Dezember 1958 zur F umgebaut. Als einzige Exportland bezog Österreich 1961 30 gebrauchte J 29 F aus Beständen der Flygvapnet.

Saab produzierte 661 J 29 aller Varianten

Bemerkungen: Wie andere Länder auch, setzte Schweden nach dem Zweiten Weltkrieg auf jetgetriebene Kampfflugzeuge, deren Einführung, vor allem wegen mangelnder Jet-Erfahrung der Piloten, nicht ohne Probleme bewältigt werden konnte. So gingen 245 J 29 durch Unfälle verloren, bei denen 100 Piloten starben. Bei einem Kriegseinsatz von September 1960 bis Herbst 1963 wurden im Auftrag der UN in der Republik Kongo neun J 29 eingesetzt. In Schweden selbst blieb die Tunnan/Tonne, wie sie von ihren Piloten genannt wurde, bis Anfang 1967 in der ersten Linie und bis August 1976 als Zielschlepper im Dienst, in Österreich bis 1972.

Eine Saab J 29 steht im Flygvapenmuseum in Linköping, Sweden.

Besatzung: 1
Triebwerk: (F) Ein Svenska Flygmotor RM 2B mit 12,35 kN Schub und 27,45 kN mit Nachbrenner.
Leistungen: (F) Höchstgeschwindigkeit 1060 km/h, Reisegeschwindigkeit 800 km/h, Dienstgipfelhöhe 15 500 m, Reichweite 1100 km.
Gewichte: (F) Leermasse 4845 kg, Abflugmasse 7720 kg, maximale Abflugmasse 8375 kg.
Bewaffnung: (F) Vier Maschinenkanonen im Bug, zwei Luft-Luft-Raketen und/oder zwei 200 kg-Bomben an vier Außenstationen, wovon zwei auch für Droptanks genutzt wurden.

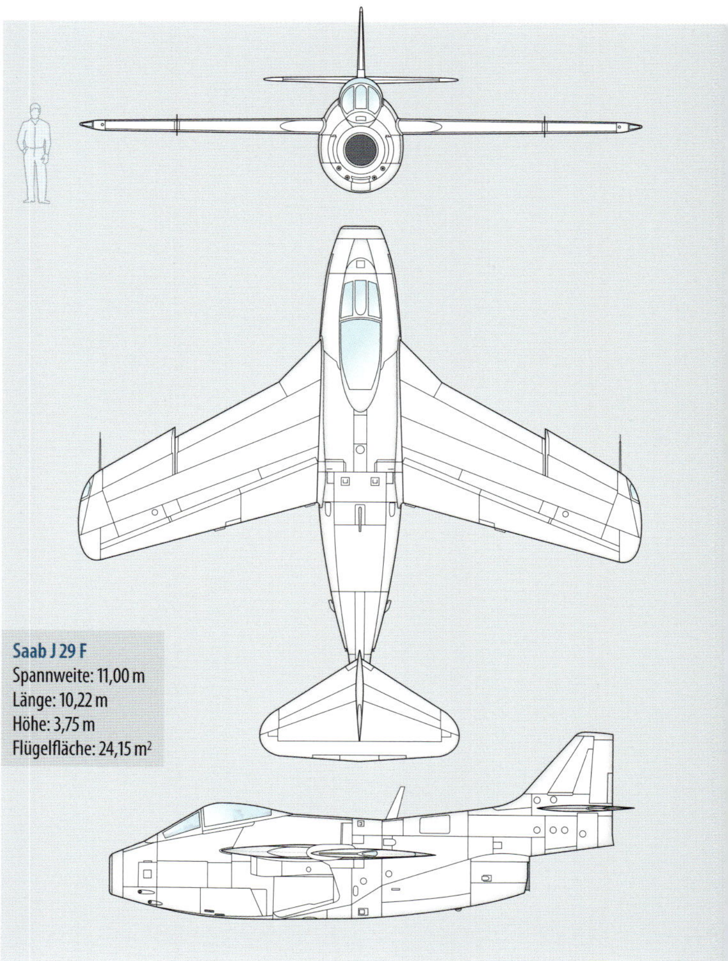

Saab J 29 F
Spannweite: 11,00 m
Länge: 10,22 m
Höhe: 3,75 m
Flügelfläche: 24,15 m²

Saab J 32 Lansen

Ursprungsland
Schweden
Kategorie
Kampfflugzeug

Entwicklung: Um Saab B 18, J 29 und Mosquitos abzulösen, beschäftigte sich Saab bereits 1946 mit einem neuen Projekt, das erst 1948 durch die schwedische Regierung offiziell wurde. Geplant war die P1150 mit zwei schwedischen Strahltriebwerken auszustatten, die aber wegen technischer Probleme durch ein einzelnes Rolls-Royce Avon ersetzt wurden. Der erste von vier Prototypen flog im November 1952 und erreichte im Oktober 1953 erstmals im Stechflug Schallgeschwindigkeit. Das zweisitzige Allwetter-Kampfflugzeug besaß eine mit Schleudersitzen ausgestattete Druckkabine, eine in Schweden entwickelte Bordelektronik und gehörte zu den ersten Flugzeugen, die mit Hilfe der damals revolutionären Computertechnologie entworfen wurde. Nach ausgedehnter Erprobung, in der aus aerodynamischen Gründen auch die Flügel geändert wurden, begannen die Auslieferungen der J 32 A im Dezember 1955, die 1957 nach 284 Maschinen endete. Ein Viertel der J 32 A war mit einem Bordradar ausgerüstet, das unter anderem auch für die Steuerung von Anti-Schiffsraketen genutzt werden konnte. Anstelle der Bug-MGs wurden beim Fotoaufklärer S 32, Erstflug März 1957, sechs Kameras und ein verbessertes Radar mit größerer Reichweite installiert. Die ersten Auslieferungen der 44 Maschinen begannen 1960. Ein wesentlich stärkeres Triebwerk und ein nochmals verbessertes Radar zeichnete die Allwetter- und Nachtjagdversion J 32 B aus. Zwei Prototypen und 118 Serienflugzeuge wurden bis 1960 produziert. Sechs B modifizierte Saab zum Zielschlepper J 32 D und weitere 14 zu einer ECM-Version J 32 E, die als letzte Lansen erst 1997 stillgelegt wurden.

Bei Saab in Linköping rollten insgesamt 452 J 32 aus den Werkhallen.

Bemerkungen: Mit der Lansen erhielt die schwedische Luftwaffe ein für die damalige Zeit sehr modernes und effektives Waffensystem, das gegen Boden- und Seeziele einsetzbar war. Mit bis zu 1000 kg Nutzlast konnte sie neben Bomben auch gelenkte und ungelenkte Luft-Luft- und Luft-Boden-Raketen tragen, sowie ECM-Störbehälter. Nach einer relativ langen Dienstzeit begann deren Ablösung erst 1971 mit der Saab 37 Viggen. Angeblich waren aber bis 2010 noch zwei Lansen in Dienst, um in großen Höhen Luftproben zu ziehen. Nahezu ein Drittel aller Lansen waren allerdings in Unfälle verwickelt, die ca. 100 Piloten das Leben kostete, teils wegen technischer Probleme, aber auch wegen Trainingsmängeln.

Angeblich fliegt noch eine Lansen in Schweden bei Luftfahrtshows, eine von vielen Museums-Lansen findet man im Österreichischen Luftfahrtmuseum, Flughafen Graz-Thalerhof.

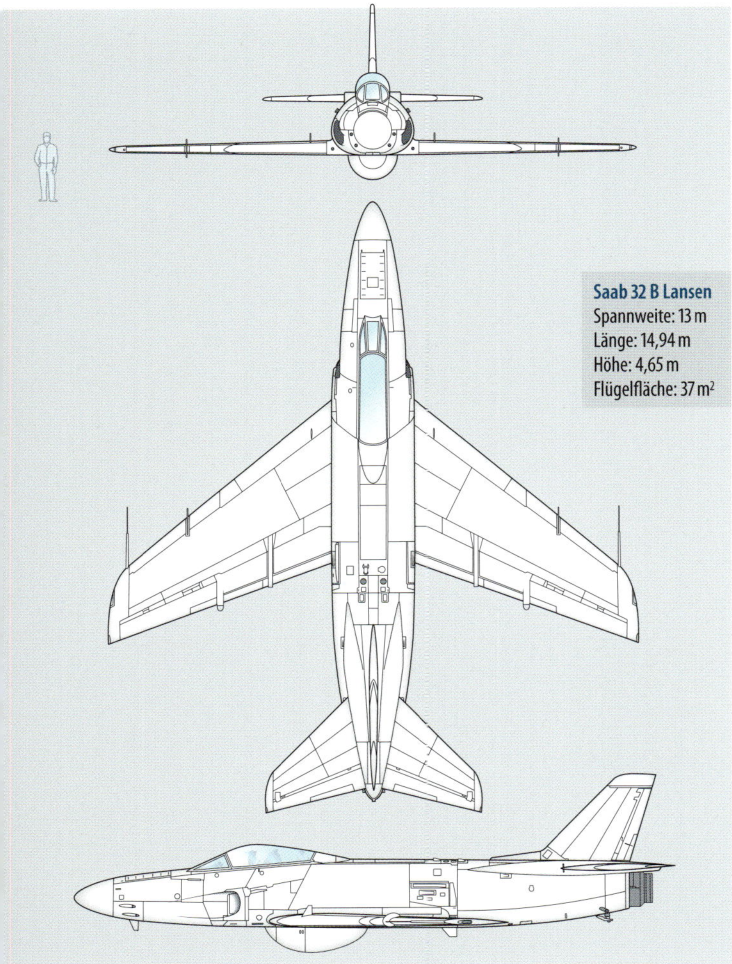

Saab 32 B Lansen
Spannweite: 13 m
Länge: 14,94 m
Höhe: 4,65 m
Flügelfläche: 37 m²

Besatzung: (B) 2
Triebwerk: (B) Ein Axialstrahltriebwerk Svenska Flygmotor RM 6A mit 47 kN Schub und 65,3 kN mit Nachbrenner.
Leistungen: (B) Höchstgeschwindigkeit 1150 km/h, Reisegeschwindigkeit 980 km/h, Dienstgipfelhöhe 14 000 m, Reichweite 1000 km.
Gewichte: (B) Leermasse 8077 kg, Abflugmasse 13 500 kg.
Bewaffnung: (B) Vier Maschinenkanonen im Bug und vier Luft-Luft-Raketen an Außenstationen.

Saab 91 Safir

Ursprungsland
Schweden
Kategorie
Verbindungs- und Schulflugzeug

Entwicklung: Vom Konstrukteur der Bücker Bestmann A. Andersson wurde 1944/45 auch die Saab Safir konstruiert. Der Erstflug fand im November 1945 statt, noch von einem de Havilland Gipsy Minor 10 mit 145 PS angetrieben. Der Tiefdecker wurde in Ganzmetallbauweise hergestellt, die Flügel waren bis zum Holm beplankt, der Rest, wie auch die Ruder, bespannt. Hinter dem Pilot konnte ein dritter Passagier Platz nehmen, daneben lag der Tank und ein Gepäckraum. Von Anfang 1946 bis 1948 wurden 48 Saab 91 A ausgeliefert, die mit einem 147 PS Gipsy Major 10 motorisiert waren. Neben den Privatverkäufen gingen 10 an die schwedische Luftwaffe, acht an die staatliche niederländische Lufttransportschule und 16 an die Luftwaffe Äthiopiens. Im Januar 1949 absolvierte die Saab 91 B ihren Erstflug, die mit einem von den Militärs geforderten, deutlich stärkeren 6-Zylinder Lycoming O-435 ausgerüstet war. Die schwedische Flygvapnet bestellte daraufhin 74 Trainer, um ihre deutschen Bücker Bestmann zu ersetzen. Saab war aber mit der Produktion der J 29 Tunnan so ausgelastet, dass sie die Fertigung an die niederländische Firma De Schelde vergab. Auch von der verbesserten 91 B-2 lieferte De Schelde noch drei Flugzeuge aus. Ende 1954 wurde nach einem Neubau bei Saab die Produktion wieder aufgenommen. Die norwegische Luftwaffe erwarb 25 B-2, die den Rumpf der 91 B und die Flächen (ohne Tanks) der 91 C erhielten. Zum Viersitzer wurde die im September 1953 erstmals geflogene 91 C, die nun neben Tragflächentanks auch einen Verstellpropeller erhielt und von der schwedischen Luftwaffe als Sk 50 C eingesetzt wurde. 11 Stück baute noch De Schelde, 30 Saab. Die letzte, 1957 aufgelegte D-Version, ebenfalls viersitzig, erhielt einen 180 PS-Boxermotor Lycoming O-360 und wurde, dank einiger konstruktiven Änderungen, auch etwas leichter. Von den 99 gebauten D gingen an die Luftwaffen von Österreich 24, je 16 an Tunesien, die Niederlande und Finnland, die zwei kamerabestückt auch als Aufklärer einsetzte.

Insgesamt wurden bis Juli 1966 323 Safir aller Varianten ausgeliefert.

Besatzung: 1
Triebwerk: (C) Ein luftgekühlter 6-Zylinder-Boxermotor Lycoming O-435 A mit 140 kW (190 PS).
Leistungen: (C) Höchstgeschwindigkeit 270 km/h, Reisegeschwindigkeit 227 km/h, Dienstgipfelhöhe 5100 m, Reichweite 960 km.
Gewichte: (C) Leermasse 745 kg, Abflugmasse 1215 kg.

Bemerkungen: Anfangs etwas untermotorisiert, wurde der eingeschränkt kunstflugtaugliche und mit guten Flugeigenschaften ausgestattete Basistrainer in über zwanzig Länder geliefert. Er war nicht nur ein Verkaufserfolg bei Flugschulen der Luftwaffen, er wurde auch von Aeroclubs und Privatleuten erworben. Zahlreiche Fluggesellschaften nutzten das Flugzeuge zur Basisschulung ihrer Piloten, darunter die Sabena, Lufthansa und Air France. Schweden flog sie bis 1971 als Schulmaschine und bis 1993 als Verbindungsflugzeug und gab sie schließlich günstig an Vereine ab.

Etliche sind bis heute flugfähig erhalten geblieben. Von den zahlreichen Museumsflugzeugen in Europa finde man eine im Militärluftfahrtmuseum Zeltweg in Österreich.

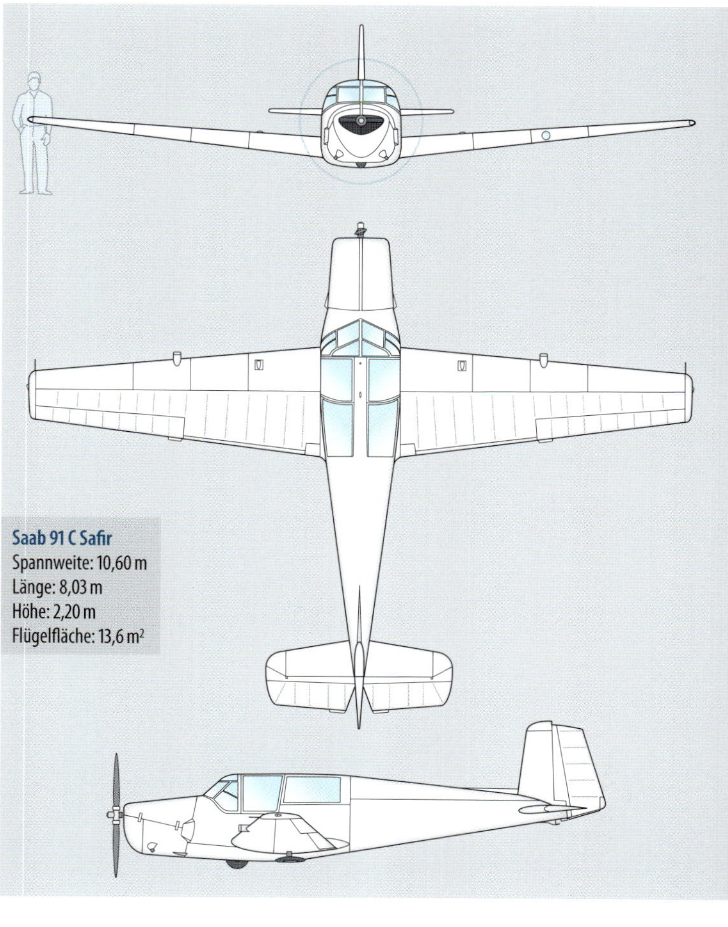

Saab 91 C Safir
Spannweite: 10,60 m
Länge: 8,03 m
Höhe: 2,20 m
Flügelfläche: 13,6 m²

Pilatus P-2

Ursprungsland
Schweiz
Kategorie
Trainingsflugzeug

Entwicklung: Zu Beginn des Zweiten Weltkriegs bemühte sich die Schweiz um modernere Schulflugzeuge, um ihre veralteten Trainerstaffeln zu ersetzen. Anfragen für Lizenzrechte des deutschen Schulflugzeugs Arado Ar-96 und der italienischen Ambrosini SAI-7 wurden aber abgelehnt. Daraufhin begann 1942, die als kleiner Flugzeugbetrieb 1939 gegründete Pilatus Flugzeugwerke AG ein eigenes Muster zu entwickeln, das die Schweizer Luftwaffe ausdrücklich begrüßte.

Ende 1943 begann man mit dem Prototypenbau, aber erst im April 1945 hob die P-2.01 zum Erstflug ab. Der Rumpf des Tiefdeckers war in Metall-Schalenbauweise konstruiert, die Flügel, die auch die Tanks enthielten, wurden als Sperrholz-beplankte Holzkonstruktion ausgeführt. Beim Fahrwerk und der Hydraulik wurde, um Zeit zu sparen und Kosten zu drücken, auf Teile der vorhandenen, aber auszumusternden Messerschmitt Bf 109 zurückgegriffen. Ein hängender V12-Reihenmotor Argus AS-410, den damals Walter in der Tschechoslowakei herstellte, wählte man als Antrieb aus, obwohl es die Alternative gab, vorhandene, flüssigkeitsgekühlte Hispano-Suiza V12-Reihenmotoren aus alten Dewoitine D.27-Trainern zu übernehmen. Dafür wurden zwei Versuchsmuster gebaut, die einen Kühler unter dem hinteren Rumpf hatten. Auch der typische Argus-Verstellpropeller mit seinem Flügelrad wurde übernommen. Weitere Prototypen bis zur P-2.05 folgten, darunter eine Zelle für statische Tests. Die Werkserprobung verlief erfolgreich, ebenso die Tests der Fliegertruppe. Mit der Variante P-2.05 begann 1947 die Serienproduktion. Von Oktober 1948 bis September 1950 produzierte Pilatus weitere 26 P-2.06 mit einem Maschinengewehr über dem Motor und vier Halterungen an den Tragflächen, die für bis zu 150 kg Übungsbomben ausgelegt waren.

Insgesamt rollten 54 Maschinen aus den Pilatus-Werkshallen, die alle an die Schweizer Luftwaffe geliefert wurden.

Bemerkungen: Mit der P-2 erhielten die Schweizer Fliegertruppen einen zeitgemäßen, eigenen Trainer nach dem Zweiten Weltkrieg. Er wurde immer wieder aktualisiert und später auch für Instrumentenflug ausgerüstet. Die Maschinen dienten bis Anfang 1980 in der Luftwaffe, auch als Verbindungsflugzeug und zur Zieldarstellung. Trotz neun schwerer Unfälle wurde das Flugzeug bei der Luftwaffe geschätzt. Nach ihrer Ausmusterung wurden 20, andere Quellen sprechen von 23 P-2, an Interessenten aus der Warbird-Szene und an Museen weltweit verkauft.

Eine P-2 steht im Flieger-Flab-Museum in Dübendorf, Schweiz. Nicht wenige werden aber immer noch geflogen. Eine betreibt z. B. ein Fliegerverein in Paderborn.

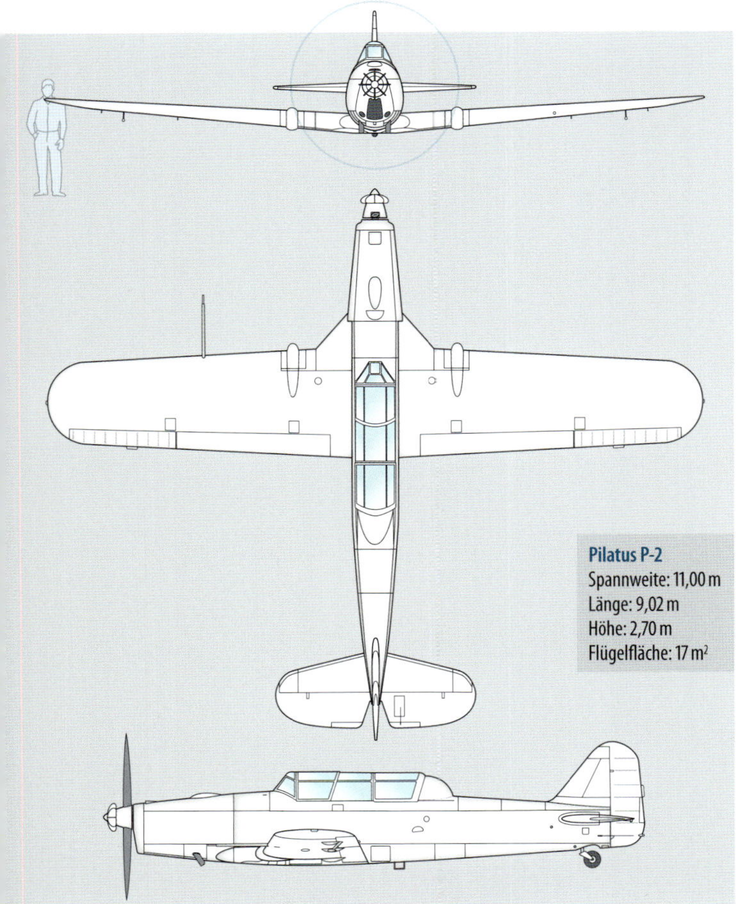

Pilatus P-2
Spannweite: 11,00 m
Länge: 9,02 m
Höhe: 2,70 m
Flügelfläche: 17 m²

Besatzung: 2
Triebwerk: Ein luftgekühlter V12-Zylinder-Reihenmotor Argus As-410 A-2 mit 342 kW (465 PS).
Leistungen: Höchstgeschwindigkeit 340 km/h, Reisegeschwindigkeit 265 km/h, Dienstgipfelhöhe 6600 m, Reichweite 560 km.
Gewichte: Leermasse 1380 kg, maximale Abflugmasse 1970 kg.
Bewaffnung: Die Serie P-2.05 erhielt ein MG über dem Motor und vier Racks für Übungsbomben.

FFA P-16

Ursprungsland
Schweiz
Kategorie
Erdkampfflugzeug

Entwicklung: Nach Ende des Zweiten Weltkriegs beschloss die Schweiz eigene Kampfflugzeuge und Strahltriebwerke zu entwickeln. Sowohl die FFA (Flug- und Fahrzeugwerke Altenrhein), als auch die EFW (Eidgenössische Flugzeugwerke) beteiligten sich an dem Programm, obwohl beide keine Erfahrung im Bau von Jets vorweisen konnten. EFW stieg mit der N-20 schon 1953 aus, FFA entwickelte die P-16. Wegen der noch fehlenden eigenen Triebwerke wurde auf das britische Sapphire gesetzt. Um die P-16 auf kurzen Plätzen betreiben zu können, installierte FFA neben großen Landeklappen an den Flügelvorderkanten Krüger-Klappen. Der Prototypenbau begann 1951, dem 1952 ein Auftrag über zwei weitere Muster folgte. Erstflug war im April 1955. Bereits im August 1955 stürzte die erste Maschine wegen einer defekten Treibstoffleitung ab. Trotzdem erhielt FFA im März 1956 den Zuschlag für den Bau von vier Vorserienflugzeugen. Im Juni 1956 flog der zweite Prototyp, der im August im Bahnneigungsflug erstmals Überschallgeschwindigkeit erreichte, nun mit modifiziertem Lufteinlauf, Bremsschirm und einem geänderten Seitenleitwerk. Die erste Vorserien-P-16, mit einem stärkeren Sapphire ASSa.7, wurde im April 1957 erprobt. Im März 1958 beauftragte die Regierung 100 P-16 Mk. III. Kurz darauf stürzte der dritte Prototyp wegen Hydraulikversagens ab. Eine Neukonstruktion des Hydrauliksystems hätte zu viel Zeit in Anspruch genommen, so wurde unter dem Druck des Parlaments der Bauauftrag zurückgezogen. Auf eigene Kosten führte FFA die Weiterentwicklung mit dem Bau von zwei Vorserienflugzeugen fort, die es auf ca. 233 h Flugzeit brachten. Trotz der guten Pilotenbewertungen und der Überlegung, andere, stärkere Triebwerke einzubauen, gelang es nicht, neue Käufer zu finden. Auch ein weiteres schweizer Beschaffungsvorhaben eines Erdkampfflugzeugs im Jahr 1966 konnte das Ende der P-16 nicht verhindern. 1969 wurden alle Arbeiten eingestellt. Schon 1960 dachte man aber daran, Komponenten der P-16 für ein Geschäftsreiseflugzeug zu verwenden. So erhielt die allerdings nur projektierte SAAC.23 modifizierte Tragflächen der P.16, aus der später der amerikanische Learjet 23 entstand.

Lediglich 5 Flugzeuge wurden von FFA gebaut.

Bemerkungen: Immer wieder wird der damalige Ausstieg aus dem ambitionierten Kampfflugzeugprojekt diskutiert. Dem Verlust an technischem Know-how und industrieller Fähigkeiten stand die Beschaffung eines dringend notwendigen Überschall-Kampfflugzeuges gegenüber, das schließlich zum Kauf der Mirage III führte.

Die einzige erhaltene P-16 steht im Flieger-Flab-Museum in Dübendorf, Schweiz.

Besatzung: 1
Triebwerk: Ein Strahltriebwerk Armstrong Siddeley Sapphire ASSa.6 mit 35,6 kN Schub oder ein ASSa.7 mit 48,95 kN Schub.
Leistungen: Höchstgeschwindigkeit 1118 km/h auf Meereshöhe, Dienstgipfelhöhe 14 500 m, Reichweite 1400 km, mit Zusatztanks 2120 km.
Gewichte: Leermasse 7040 kg, max. Abflugmasse 11 720 kg.
Bewaffnung: Zwei MKs im Bug, ein Raketenwerfer für 44 Raketen im Rumpf, je zwei Stationen an den Flügeln für Zusatztanks, Bomben und Raketen. Max. Waffenzuladung 2590 kg.

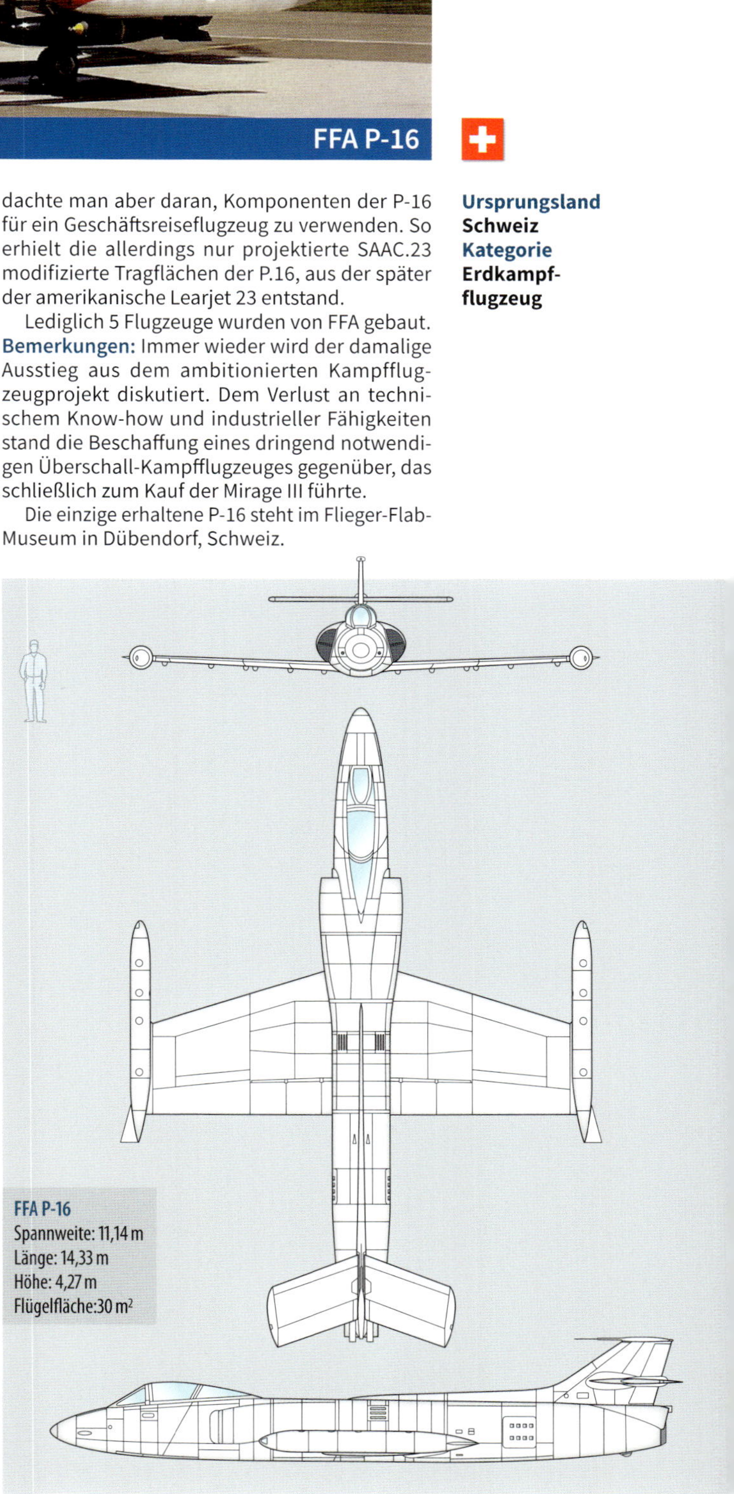

FFA P-16
Spannweite: 11,14 m
Länge: 14,33 m
Höhe: 4,27 m
Flügelfläche: 30 m²

Antonow AN-2

Ursprungsland
Sowjetunion
Kategorie
Mehrzweck-Transport-flugzeug

Entwicklung: Ursprünglich wurde die AN-2 vom sowjetischen Land- und Forstwirtschaftsministerium in Auftrag gegeben, um die Po-2 zu ersetzen und um damit kleine Ortschaften in abgelegenen Gebieten der Sowjetunion zu versorgen. Es kam wenige- auf Geschwindigkeit an, eher auf eine robuste, kompakte und einfache Konstruktion für unbefestigte Pisten, STOL-Fähigkeiten, hohe Zuladung und einfache Wartung – so war ein Doppeldecker die ideale Konstruktion. Der in Ganzmetall-Halbschalenbauweise konstruierte, massige Doppeldecker flog als SKh-1 mit einem ASh-21-Sternmotor erstmals im August 1947, der zweite schon mit dem deutlich stärkeren und für die Serie beibehaltenene ASh-62, einer Weiterentwicklung des amerikanischen Wright R-1820 Cyclone. Die Einmot konnte bis zu 12 Passagiere oder 2140 kg Fracht aufnehmen und kam bei guten Bedingungen mit 150 m Startrollstrecke aus. Im Oktober 1948 begann die Serienproduktion. Sowjetische Werke lieferten bis 1959 ca. 5450 Exemplare aus. Danach wurde die Produktion zur polnischen Firma PZL ausgelagert, die als WSK An-2 bis 1992 weitere 11 950, leicht modifizierte Doppeldecker herstellte. Das Flugzeug bot Potenzial für zahllose Varianten, zu denen neben zivilen Transport- und Landwirtschaftsflugzeugen, auch mit Schwimmern oder Kufen, zahlreiche militärische Varianten zählten, die neben den klassischen Transport- und Verbindungsaufgaben, auch als Fallschirmabsetzer, Artilleriebeobacher, Kameraaufklärer, Ambulanzflugzeug, Wetteraufklärer usw. eingesetzt wurden. China nahm 1957 eine Lizenzproduktion auf und lieferte insgesamt 938 Flugzeuge als Fongsu-2 oder Yunshuji-5 mit einem ebenso in Lizenz gefertigten ASch-62 aus.

Vermutlich sind über 18 000 AN-2 inklusive Lizenzproduktionen ausgeliefert worden.

Bemerkungen: Die Zeit der Doppeldecker war zwar Ende der 1940er-Jahre beim Erscheinen der AN-2 vorü100ber, für die geplanten Einsatzzwecke war sie aber die richtige Lösung. In allen damaligen Staaten des Warschauer Pakts wurde sie hauptsächlich als Transporter eingesetzt, auch in der damaligen DDR, wo sie von der Interflug, Nationalen Volksarmee und der paramilitärischen GST genutzt wurde. Einige Staaten nutzten ihre AN-2 aber auch als leichte Angriffsflugzeuge, wie z. B. Nordkorea, Nordvietnam, Kroatien und Aserbeidschan. Militärische AN-2 konnte und kann man immer noch auf allen Kontinenten in zahlreichen Staaten und z. T. unter extremen klimatischen Bedingungen antreffen. Trotz zahlreicher Versuche den Doppeldecker z. B. mit einer Propellerturbine zu modernisieren, sind heute immer noch Hunderte mit Sternmotoren im Einsatz. Das Alter, steigende Wartungskosten, Benzinpreise usw. tragen allerdings auch dazu bei, sie allmählich auszumustern, bleiben aber von Sammlern klassischer Flugzeuge begehrt.

Einige AN-2 werden in Deutschland betrieben, eines von zahllosen Museumsexponaten steht im Luftfahrtechnischen Museum Rechlin.

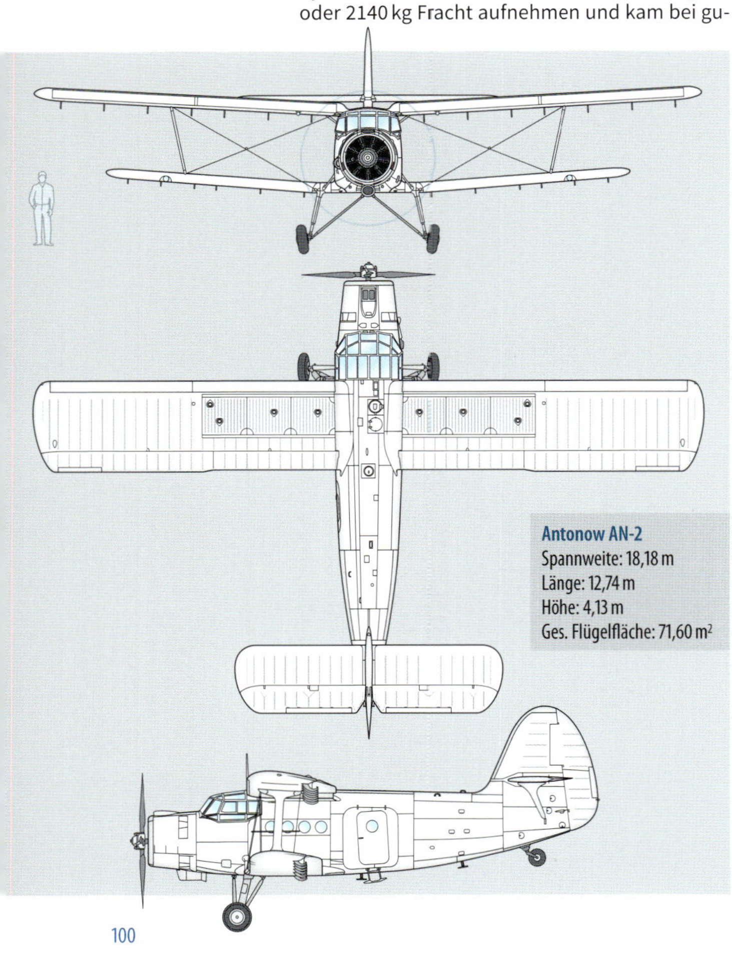

Antonow AN-2
Spannweite: 18,18 m
Länge: 12,74 m
Höhe: 4,13 m
Ges. Flügelfläche: 71,60 m²

Besatzung: 1 – 2
Triebwerk: Ein luftgekühlter 9-Zylinder-Sternmotor Schwezow ASch-62 IR mit 743 kW (1010 PS).
Leistungen: Höchstgeschwindigkeit 258 km/h, Reisegeschwindigkeit 190 km/h, Dienstgipfelhöhe 4500 m, Reichweite 850 km, bei maximaler Betankung 1400 km.
Gewichte: Leermasse 3300 kg, Abflugmasse 5440 kg.

Beriew BE-6

Ursprungsland
Sowjetunion
Kategorie
Aufklärungs- und Patrouillenflugzeug

Entwicklung: Nur ein Prototyp wurde von der Beriew LL-143 gebaut, die Basis für die geringfügig modifizierte BE-6, die, nachdem die stärkeren ASch-73 Sternmotoren verfügbar waren, im Oktober 1948 ihren Erstflug absolvierte. Das Ganzmetall-Flugboot, mit seinen über den Knickflügeln liegenden Spritzwasser-geschützten Motoren, konnte an Land nur mit einem schnell montierbaren Fahrwerk bewegt werden. Der Rumpf war aus mehreren abgeschotteten Sektionen aufgebaut. Parallell wurde eine Frachtversion BE-6 T entwickelt, die mit zwei seitlichen Türen bis zu 40 vollausgerüstete Fallschirmjäger aufnehmen konnte, aber nicht in Serie ging. Nach ausgiebiger Erprobung bekam die BE-6 im Juni 1949 ihre Zulassung und wurde für die Serienfertigung freigegeben. Neben der Defensivbewaffnung mit Maschinenkanonen im Bug, Heck und ferngesteuert auf dem Rücken, konnte die BE-6 bis zu vier Tonnen Kampfmittel gegen U-Boote und Schiffe an mehreren Flügelstationen laden. Ab Mitte der 1950er-Jahre wurden einige anstatt des Heck-MG-Turms mit Magnetometer-Auslegern für Anti-U-Boot-Missionen nachgerüstet. Eine unbekannte Zahl ging wohl auch an die Aeroflot, die sie als entmilitarisierte Transporter in arktischen Regionen einsetzte. Als weiterentwickelte BE-6 kann die mit Turbinen angetriebene, und deutlich leistungsfähigere BE-12 angesehen werden, die 1960 erstmals flog und von der ca. 150 Stück produziert wurden. Um 1960 lieferte die UdSSR vermutlich 20 BE-6 an China. Einige wurden in den 1970er-Jahren auf 4260 PS-starke WJ-6-Turboprops, einer Kopie des russischen Iwtschenko AI-20, zur Quing-6 umgerüstet von denen die letzten vier erst 1998 ausgemustert wurden.

Angeblich sind 19 verschiedene Versionen gebaut und bis 1957 123 Flugzeuge, andere Quellen sprechen von 150, ausgeliefert worden.

Bemerkungen: Natocode *Madge*. Basierend auf den Erfahrungen im Zweiten Weltkrieg forderte die Marine der UdSSR ein Aufklärungs-Flugboot mit großer Reichweite und einer hohen Waffenzuladung, um die ausgedehnten Küstengewässer der UdSSR schützen zu können. Ähnlich der PBM Mariner (S. 194) war die BE-6 optimal für die weiträumige Seeaufklärung, als Anti-U-Boot-Jäger und für Seenot-Rettungs-Missionen geeignet. Sie konnte aber auch mit ihrem großen Frachtraum bis zu 40 Fallschirmjägern aufnehmen und an Landeoperationen in Küstenregionen teilnehmen. Das Flugzeug blieb bis in die frühen 1970er-Jahre im Dienst, einige noch ein paar Jahre länger auf Fischereipatrouillen.

Wahrscheinlich blieben nur 4 BE-6 erhalten. Eine steht im Ukraine State Aviation Museum Kiew, ein Wrack auf der Halbinsel Kola, Sowjetunion und zwei Quing-6 in China.

Besatzung: 7 – 8
Triebwerke: Zwei luftgekühlte 18-Zylinder-Doppelsternmotoren Schwezow ASch-73 TK mit je 1691 kW (2300 PS).
Leistungen: Höchstgeschwindigkeit 415 km/h in 2400 m, Dienstgipfelhöhe 6500 m, Reichweite 4900 km.
Gewichte: Leermasse 18 827 kg, Abflugmasse 23 456 kg, maximale Abflugmasse 28 633 kg.
Bewaffnung: Vier MKs und bis zu 4000 kg Bomben, Minen, Raketen und Torpedos an Flügelstationen.

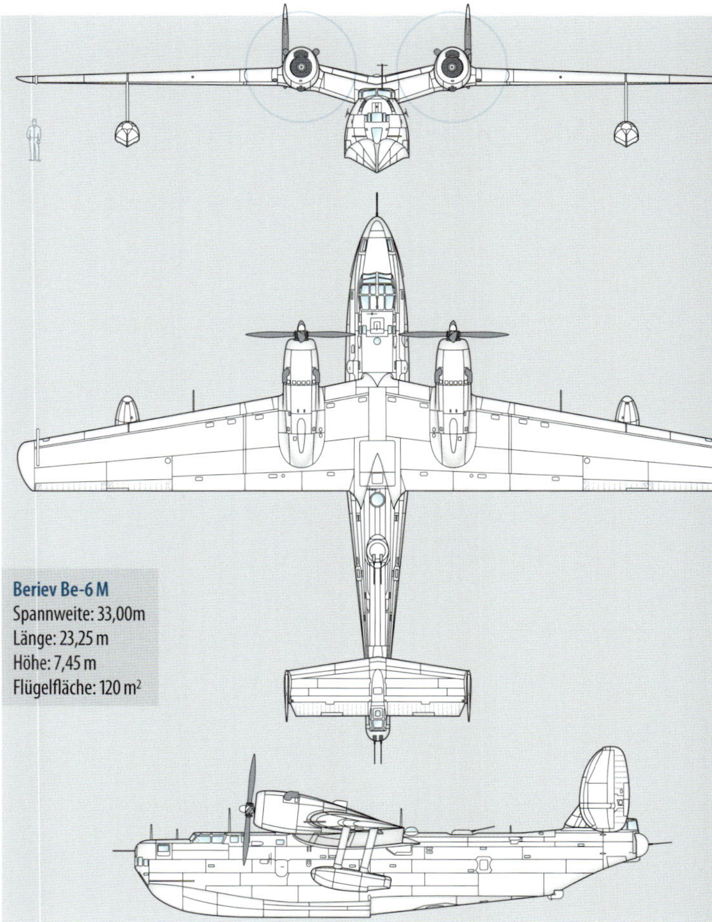

Beriev Be-6 M
Spannweite: 33,00 m
Länge: 23,25 m
Höhe: 7,45 m
Flügelfläche: 120 m²

Iljuschin IL-10

Ursprungsland
Sowjetunion
Kategorie
Erdkampf-flugzeuge

Entwicklung: Mit dem erfolgreichen Einsatz der Il-2 kam 1942 die Forderung nach einem Nachfolger auf. Iljuschin entwickelte daraufhin parallel die Modelle Il-8, eine Weiterentwicklung der Il-2, und die Il-10, das Konkurrenzmuster zur Suchoj Su-6. Der Tiefdecker, der im April 1944 erstmals abhob, war in Ganzmetall-Halbschalenbauweise konstruiert. Wert wurde auf einen starken Schutz des Triebwerks, der Tanks und des Cockpits mit Panzerplatten gelegt. Aus Vergleichstests ging die IL-10 als Sieger hervor, obwohl nach anderen Meinungen die Su-6 das bessere Flugzeug war. Im August 1944 wurde die Produktion beschlossen und im September 1944 flogen die ersten Serienmaschinen. Anfangs waren sie noch mit zwei MGs und zwei MKs in den Flügeln und einem MG für den Schützen ausgestattet und mit Schächten und Flügelstationen für maximal 600 kg Bomben. Ab April 1945 montierte man auch Halterungen für Luft-Boden-Raketen. Anfängliche Triebwerksprobleme wurden bis Kriegsende beseitigt. 1947 verstärkte Iljuschin die Bewaffnung nochmals, in dem alle MGs durch MKs ausgetauscht wurden. Von der Trainervariante IL-10 U, mit einem längeren Cockpit und Doppelsteuer wurden bis 1947 280 ausgeliefert. Versuche, das Schlachtflugzeug Ende 1945 noch mit dem stärkeren Mikulin AM-43 auszurüsten, wurden wieder gestoppt. Die Produktion endete 1949 nach 4966 gebauten Il-10. Mit der überarbeiteten Il-10 M (Bild) wurde 1951, mit den Erfahrungen im Koreakrieg, die Produktion wieder aufgenommen. Geringfügig länger und mit 14 m Spannweite, aber mit gleichen Leistungen, wurden 146 Flugzeuge ausgeliefert. Ende Dezember 1951 erwarb die tschechoslowakische Firma Avia die Lizenzen und produzierte bis 1955 weitere 1200 unter der Bezeichnung B-33 und SV-33 (Trainer), die man auch nach Polen, Ungarn, Rumänien und Bulgarien exportierte.

Bemerkungen: Natocode *Beast*. Im Oktober 1944 wurden die ersten Trainingseinheiten mit der Il-10 aufgestellt und einige nahmen noch an Kriegsaktionen teil. Bis Kriegsende im Mai 1945 sind vermutlich circa 140 im Einsatz gewesen. Nach dem Krieg war die IL-10 das Standard-Erdkampfflugzeug der Sowjetunion, das erst 1956 zurückgezogen wurde. Fast alle anderen Länder des Warschauer Paktes nutzten sie bis etwa 1960. Ende der 1940er-Jahre erhielt Nordkorea 93 Il-10, die im Koreakrieg eingesetzt wurden. Auch China nutzte ihre 254 von der Sowjetunion erhaltenen Flugzeuge bis 1972.

Il-10 sind im Luftwaffenmuseum Monino, Moskau, im Museum der polnischen Armee, Warschau und im Rumänischen Luftfahrtmuseum in Bukarest zufinden. Eine B-33 findet man im Prager Luftfahrtmuseum, Kbely, Tschechien.

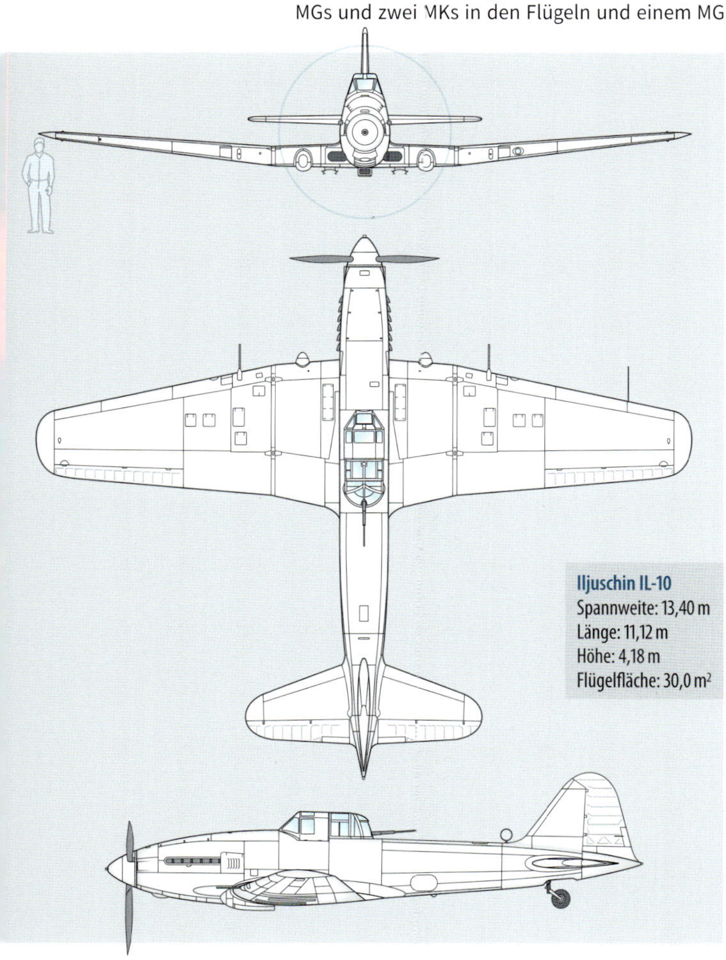

Iljuschin IL-10
Spannweite: 13,40 m
Länge: 11,12 m
Höhe: 4,18 m
Flügelfläche: 30,0 m²

Besatzung: 2
Triebwerk: Ein flüssigkeitsgekühlter V12-Zylinder-Motor Mikulin AM-42 mit 1471 kW (2000 PS) Startleistung.
Leistungen: Höchstgeschwindigkeit 550 km/h in 2800 m Höhe, Dienstgipfelhöhe 7250 m, Reichweite 800 km.
Gewichte: Leermasse 4650 kg, Abflugmasse 6300 kg, maximale Abflugmasse 6535 kg.
Bewaffnung: Je nach Variante zwei bis vier MKs in den Flügeln, eine MK im hinteren Cockpit. Normal 400 kg, maximal 600 kg Bomben in zwei Schächten und an Flügelstationen oder vier Luft-Boden-Raketen.

Iljuschin IL-12

Ursprungsland
Sowjetunion
Kategorie
Transport-flugzeug

Entwicklung: Schon 1943, während des Zweiten Weltkrieges, suchte Iljuschin nach einem leistungsfähigeren Nachfolger der Li-2 (S. 120), einem Lizenzbau der DC-3. Ursprünglich war ein viermotoriges Flugzeug mit Druckkabine geplant, aber schon 1943 gab man dies zugunsten eines kleineren, unbedruckten Tiefdeckers mit zwei Dieselmotoren auf. Im August 1945 absolviert die in Ganzmetallbauweise hergestellte IL-12 ihren Erstflug. Die bis dahin unausgereiften Dieselmotoren wurden schnell durch leichtere ASH-82-Doppelsternmotoren ersetzt, mit denen die IL-12 im Januar 1946 erstmals abhob. Mit einigen Verbesserungen ging das Flugzeug schließlich in Serie. Nach der zivilen Version IL-12 A mit bis zu 32 Sitzplätzen folgte die IL-12 B mit einem verbesserten Enteisungssystem. Die militärische IL-12 T flog erstmals 1947, hatte einen modifizierten Rumpf mit einer großen, seitlichen Frachttür am Heck, war mit Decken-Frachtwinden und Klappsitzen ausgestattet und konnte 26 vollausgerüstete Soldaten oder 30 Fallschirmspringer oder 16 Krankentragen oder bis zu 3000 kg Fracht transportieren. Mit der weiterentwickelten IL-12 D, die von 1948 bis 1949 produziert wurde, war man in der Lage auch bis zu 3700 kg schwere, sperrige Fracht aufzunehmen. Zwei Hecktüren sorgten für kurze Absetzzeiten von maximal 38 Fallschirmspringern. Einige Flugzeuge hatten einen MG-Drehturm auf dem Rumpfrücken und externe und interne Aufhängungen für Bomben, die vom Bombenschützen durch eine seitliche Glaskuppel hinter dem Cockpit ausgelöst werden konnten. Als Verwundetentransporter fasste die IL-12 D bis zu 27 Tragen und Begleitpersonal, und das Flugzeug konnte auch zum Schlepp von mittelschweren Lastenseglern herangezogen werden.

Von 1946 bis 1949 wurden 663 Flugzeuge aller Varianten ausgeliefert.

Bemerkungen: Nato Code *Coach*. Neben den Militärs nutzte die Aeroflot ab Juni 1947 das Flugzeug im Passagierdienst innerhalb der Sowjetunion bis Ende 1970. Auch mit entsprechenden Tankstops auf langen nationalen Strecken bis in den Fernen Osten. International war das Flugzeug auf Routen nach Sophia und Paris zu finden. Allerdings war, entgegen den offiziellen Daten, aufgrund der ungenügenden Motorleistung die Fracht- und Passagierkapazität stets deutlich eingeschränkt und das Flugzeug wurde damit eigentlich unwirtschaftlich. Zudem hatte die IL-12 eine erstaunlich hohe Unfallrate: Von den 663 gebauten Flugzeugen gingen 56 verloren.

Außerhalb der Sowjetunion fand die IL-12 Abnehmer in den Ländern Bulgarien, Tschechoslowakei (10 St.), VR China (42 St.), Laos, Polen (5 St.), Rumänien, Mongolei und Nordkorea.

Soweit bekannt steht eine IL-12 im Zentralen Museum der Luftstreitkräfte in Moskau und eine im China Aviation Museum, Beijing, China.

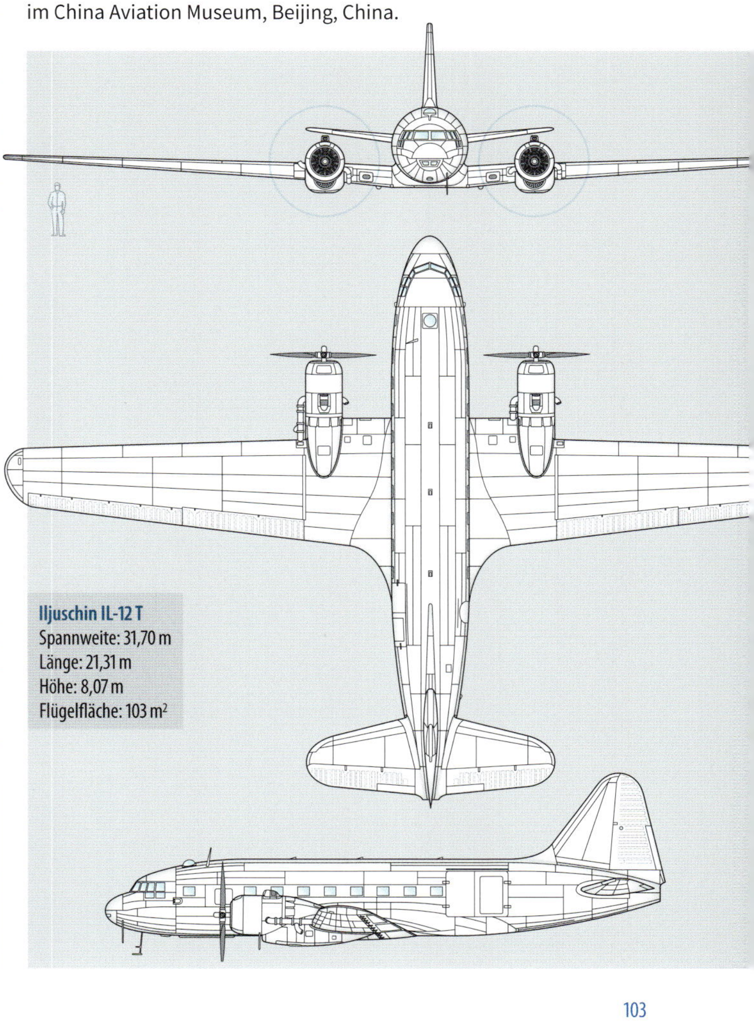

Iljuschin IL-12 T
Spannweite: 31,70 m
Länge: 21,31 m
Höhe: 8,07 m
Flügelfläche: 103 m²

Besatzung: 3
Triebwerke: Zwei luftgekühlte 14-Zylinder-Doppelsternmotoren Schwezow ASH-82 mit je 1360 kW (1850 PS) Startleistung.
Leistungen: Höchstgeschwindigkeit 407 km/h in 2500 m, Reisegeschwindigkeit 300 – 320 km/h, Dienstgipfelhöhe 6500 m, Reichweite 1500 km, maximal 1900 km.
Gewichte: Leermasse 11 000 kg, Abflugmasse 17 250 kg.

Iljuschin IL-14

Ursprungsland
Sowjetunion
Kategorie
Transportflugzeug

Entwicklung: Nach der Erprobung der IL-12 begann Iljuschin 1947 gleich mit der Weiterentwicklung der leistungsfähigeren IL-14, um mit wesentlichen Verbesserungen vor allem das IL-12-Problem der Untermotorisierung zu beheben. Geplant war, den Tiefdecker mit zwei 18-Zylinder-Doppelsternmotoren Schwezow ASH-73 mit 2400 PS anzutreiben, was aber wieder aufgegeben wurde. Zusammen mit einem neuen Flügel, größerem Leitwerk und zwei etwas optimierten ASH-82 mit 1900 PS sollte damit ein Motorausfall beim Start beherrschbar werden. Lediglich der etwas modifizierter Rumpf wurde von der IL-12 übernommen. Erstflug war im Oktober 1950 und während der Erprobung wurden erstmals in der Sowjetunion auch Triebwerksausfälle während der Startphase durchgespielt. Das erste Serienflugzeug flog im Februar 1954. Produziert wurden zahlreiche Varianten des robusten und zuverlässigen Passagier- und Frachtflugzeugs. Darunter die IL-14 P für bis zu 28 Passagiere, die IL-14 M, eine verlängerte Version für bis zu 36 Passagiere und die IL-14 G als Frachter. Es gab VIP-Flugzeuge, Frachter für die Polar-Luftflotte, Eis-, Fisch- und Fotoaufklärer. Die militärischen Standard-Transporter IL-14 T besaßen eine große Ladeluke am Heck und beidseitige Türen zum schnellen Absetzen von Luftlandetruppen. Unterversionen waren Schleppflugzeuge (TB) für Lastensegler, Fallschirmabsetzer (TD), Ambulanzflugzeuge (TS) und TG als reine Frachter.

Von 1954 bis 1958 wurden 1348 Exemplare in zwei sowjetischen Werken produziert. In den VEB Flugzeugwerke Dresden entstanden entstanden 80 IL-14 P, darunter 14 Militärtransporter. Unter der Bezeichnung Avia 14 wurden von 1958 bis 1962 in der Tschechoslowakei 203 Flugzeuge mit einem verlängerten Rumpf und einem höheren Abfluggewicht ausgeliefert. Hauptvariante war die 32-sitzige AV 14/32. In kleinerer Stückzahl aber auch AV 14 für 24 und 40 Passagiere, eine Langstrecken-Version mit Druckkabine und Flügelspitzentanks, VIP-Versionen, Militärtransporter und Luftbildflugzeuge mit verglastem Bug.

Bemerkungen: Nato-Code *Crate*. Schon alleine die Stückzahlen sprechen für sich. Mit über 1300 Flugzeugen war die IL-14, die auch von unzulänglichen Pisten und bei eisigen Temperaturen operieren konnte, nicht nur in der Sowjetunion ein Erfolg. In großer Stückzahl ging das Flugzeug auch in den Export. Rund 30, vor allem mit der Sowjetunion befreundete Staaten, nutzten die IL-14 militärisch, China bis Ende der 1990er-Jahre. Rund 15 Staaten setzten die IL-14 zivil ein, manche bis Anfang der 1990er-Jahre.

Zahllose IL-14 sind erhalten geblieben. Alleine neun davon stehen in der BRD. Eine beispielsweise im Technikmuseum Sinsheim und im Technikmuseum Hugo Junkers in Dessau.

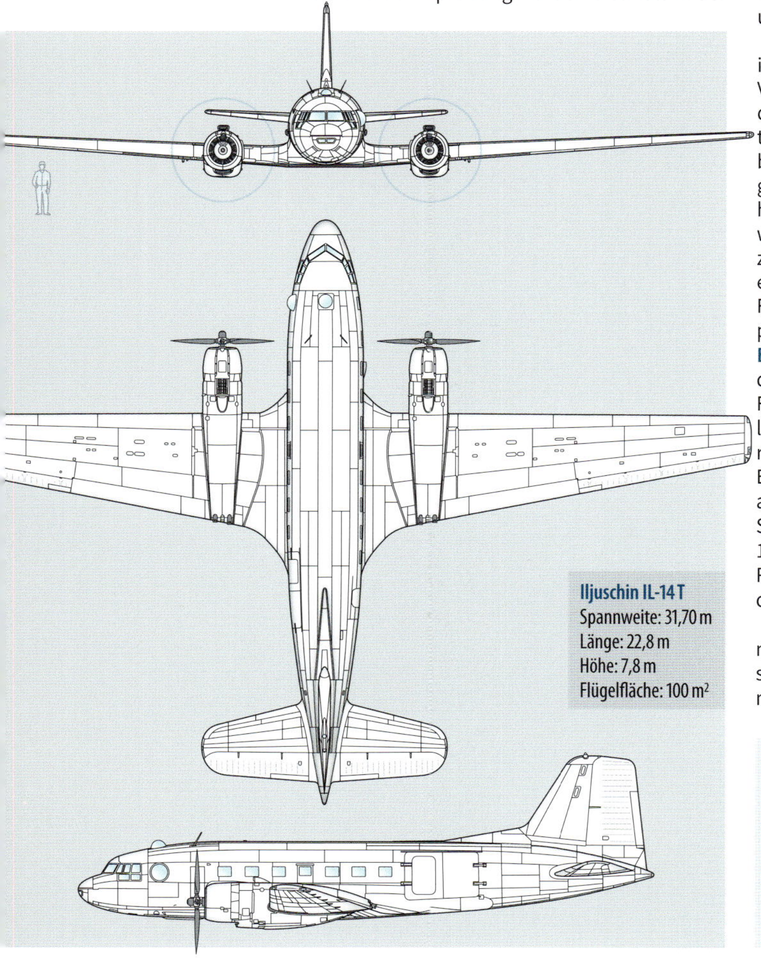

Iljuschin IL-14 T
Spannweite: 31,70 m
Länge: 22,8 m
Höhe: 7,8 m
Flügelfläche: 100 m²

Besatzung: (T) 4
Triebwerke: (T) Zwei luftgekühlte 14-Zylinder-Doppelsternmotoren Schwezow ASH-82 T mit je 1397 kW (1900 PS) Startleistung.
Leistungen: (T) Höchstgeschwindigkeit 410 km/h, Reisegeschwindigkeit 375 km/h, Dienstgipfelhöhe 6900 m, Reichweite 1800 km.
Gewichte: (T) Leermasse 12 700 kg, Abflugmasse 18 000 kg.

Iljuschin IL-28

Ursprungsland
Sowjetunion
Kategorie
Mittelschwerer Bomber

Entwicklung: Nachdem die vierstrahligen Projekte IL-22 und IL-24 an ihren schwachen Triebwerken scheiterten, begann Iljuschin Ende 1947 mit der Entwicklung der IL-28. Aber erst mit dem Erwerb von Rolls-Royce Nene-Triebwerke, die man als RD45 nachbaute, war genug Leistung vorhanden, um ein Flugzeug mit 3 Tonnen Nutzlast zu realisieren. Der erste Prototyp hob im Juli 1948 ab. Der Pilot, Navigator/Bombenschütze und Heckschütze waren in eigenen Druckkabinen untergebracht. Das Ganzmetallflugzeug wurde bis April 1949 erprob, im selben Jahr begann auch der Serienbau. Erste Exemplare rüstete man noch mit dem RD45 aus, dem aber schnell das stärkere Klimov WK-1 folgte. Die Auslieferungen begannen bereits Anfang 1950. Neben dem Bomber entwickelte Iljuschin von der Il-28 Schulflugzeuge, Fotoaufklärer, Atom- und Torpedobomber, ELINT-Versionen, Erdkampf- und einige Forschungsflugzeuge. Zivile IL-28 P der Aeroflot zur Schulung von Verkehrsflugzeugpiloten setzte man auch zur Beförderung von Eilfracht ein.

Eine ägyptische Schulmaschine IL-28 U mit einem zweiten Cockpit im Bug für den Ausbilder.

Alleine die Sowjetunion produzierte bis Ende der 1960er-Jahre 6635 IL-28 in drei Werken. China erhielt 1952 250 IL-28, erwarb später eine Lizenz. Als sich das Verhältnis zur Sowjetunion verschlechterte, entwickelte China eigene Varianten und baute sie in großer Stückzahl als H-5 weiter. Produktionszahlen sind jedoch keine bekannt.

Bemerkungen: NATO-Code *Beagle*. Der Standardbomber zählte in den 1950er-Jahren zu den wichtigsten Flugzeugen der sowjetischen Luftwaffe. Er zeichnete sich durch gute Flugleistungen und Robustheit aus, und wurde deshalb in großer Zahl in über zwanzig Staaten in Afrika, Asien und in den Nahen Osten, aber auch in die damalige DDR und nach Finnland exportiert. Die Il-28 war an nahezu allen Kriegen dieser Zeit beteiligt: Im Koreakrieg, beim Ungarnaufstand, bei den arabisch-israelischen Kriegen, im Jemen, im Irak, in Tibet und bei der Kubakrise.

Zahlreiche IL-28 blieben weltweit in Museen erhalten. Nach ungesicherten Berichten hat Nordkorea noch 8 in China gebaute H-5 im Dienst. Eine IL-28 B präsentiert das Luftwaffenmuseum Gatow in Berlin.

Besatzung: 3
Triebwerke: Zwei Radialstrahltriebwerke Klimow WK-1 mit je 26,46 kN Startschub.
Leistungen: Höchstgeschwindigkeit 902 km/h in 4500 Höhe, Reisegeschwindigkeit 770 km/h, Steigzeit auf 5000 m 6 min 30 sec, Dienstgipfelhöhe 12 500 m, Reichweite 2180 km.
Gewichte: Leermasse 12 890 kg, Abflugmasse 21 200 kg, maximale Abflugmasse 23 200 kg.
Bewaffnung: Je zwei MGs im Bug und im Heckstand. Normal 1000 kg, maximal bis zu 3000 kg Bomben im Schacht.

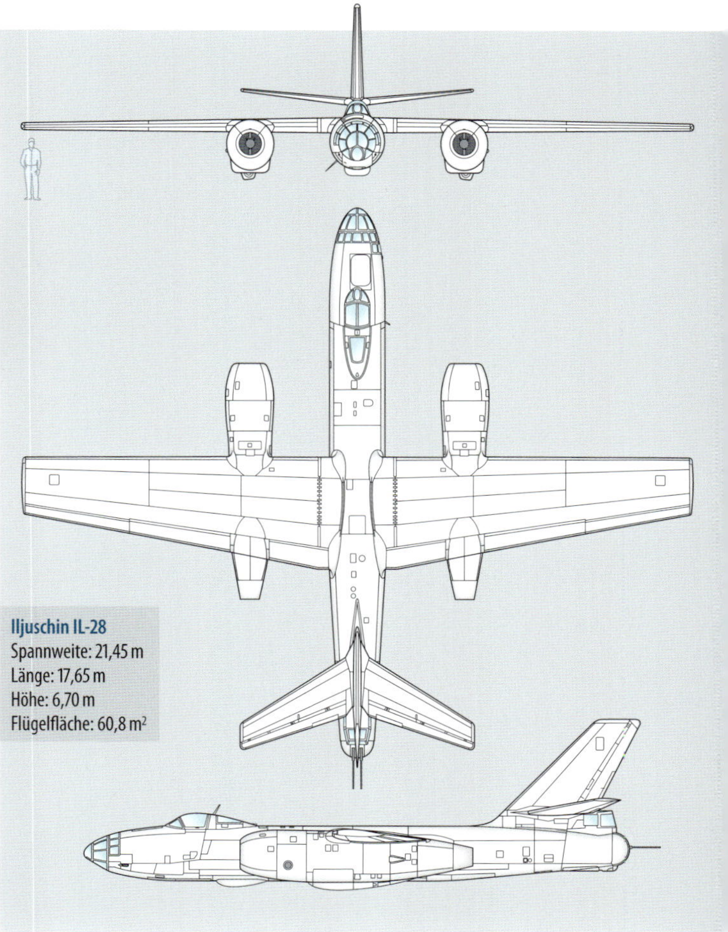

Iljuschin IL-28
Spannweite: 21,45 m
Länge: 17,65 m
Höhe: 6,70 m
Flügelfläche: 60,8 m²

Jakowlew UT-2

Ursprungsland
Sowjetunion
Kategorie
Schulflugzeug

Entwicklung: Als leistungsfähigerer Nachfolger für den Polikarpow PO-2-Doppeldecker war die Jakowlew UT-2 gedacht. Ursprünglich AIR-20 genannt, wurde sie aus der AIR-10 entwickelt. Der Prototyp hatte seinen Erstflug im Juli 1935. Er zwar auch mit einem französischen 120 PS-Renault-Motor getestet, man entschied sich aber für schließlich den Schwezow M 11. Der in Gemischtbauweise hergestellte Tiefdecker hatte einen bespannten Stahlrohrrumpf, einen metallbeplankten Rumpfbug und beplankte und bespannte Flügel aus Holz. Die Serienproduktion begann bereits im September 1937. Mit der Absicht, bessere Flugeigenschaften zu erzielen, wurde 1941 mit einem neu konstruierten, leicht gepfeilten Flügel, geändertem Leitwerk und Fahrwerk die UT-2 M (Zeichnung) aufgelegt. Neben der Standardvariante sind etliche UT-2 zu leichten Kampfflugzeugen UT-2 MW mit zwei MGs und/oder Flügelstationen für Raketen und Bomben umgerüstet worden. Es gab eine Schwimmerversion UT-2 WT und eine nicht in Serie produzierte, stark überarbeitete Version UT-2 L mit Kanzelhaube, die Urversion der Jak-18.

Bis zum Produktionsende 1948 wurden in fünf sowjetischen Werken 7243 Flugzeuge produziert.

Bemerkungen: In der Ursprungsversion war das Schulflugzeug laut Berichten nicht einfach zu fliegen und neigte zu Spins. Mit der Überarbeitung zur UT-2 M konnte man dieses Manko jedoch beheben. Als Standardtrainer war die UT-2 in den Militärschulen der sowjetischen Luftwaffe eines der wichtigsten Trainingsflugzeuge und erst in den 1950er-Jahren löste man sie durch leistungsfähigere Jak-11 und Jak-18 ab. Ungarn, Polen, die Mongolei, Rumänien und Jugoslawien nutzten sie ebenso zur Pilotenausbildung, wie die unzähligen staatlichen Aeroclubs in der Sowjetunion, die ihre UT-2 bis in die 1950er-Jahre betrieben.

Im Zentralen Museum der Luftstreitkräfte der Russischen Föderation in Monino, im Technischen Museum Moskau und im technischen Museum in Zagreb/Kroatien steht je ein Exemplar. Ein Nachbau einer UT 2B einer russischen Firma flog im Oktober 2016 zum ersten Mal.

UT-2 einer Flugschule der polnischen Luftwaffe in Dęblin um 1947.

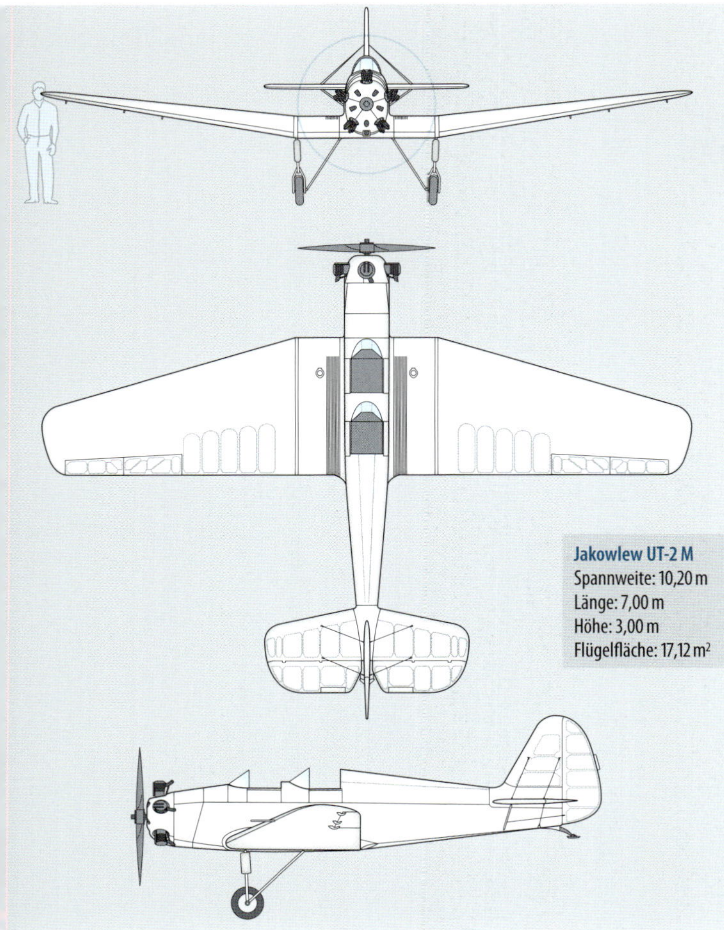

Jakowlew UT-2 M
Spannweite: 10,20 m
Länge: 7,00 m
Höhe: 3,00 m
Flügelfläche: 17,12 m²

Besatzung: 2
Triebwerk: Ein luftgekühlter 5-Zylinder-Sternmotor Schwezow M-11 D mit ca. 93,2 kW (125 PS).
Leistungen: Höchstgeschwindigkeit 210 km/h, Reisegeschwindigkeit 160 km/h, Dienstgipfelhöhe 3500 m, Reichweite ca. 500 km.
Gewichte: Leermasse 616 kg, Abflugmasse 856 kg, maximale Abflugmasse 938 kg.
Bewaffnung: (UT-2 MW) Acht Raketen und zwei bis vier 50 kg-Bomben.

Jakowlew Jak-9

Ursprungsland **Sowjetunion**
Kategorie **Jagdflugzeug**

Entwicklung: Auf einer modifizierten, leistungsgesteigerten, aber leichteren Jak-7 basierte die Jak-9, die im Oktober 1942 bei den Streitkräften eingeführt wurde. Der in Gemischtbauweise hergestellte Tiefdecker, hatte einen beplankten und bespannten Stahlrohrrumpf, die Flügel waren eine holzbeplankte Metallkonstruktion. Während des Krieges wurden zahlreiche Varianten in zum Teil sehr hohen Stückzahlen gebaut. Die Flugzeuge unterschieden sich hauptsächlich in der Bewaffnung und Motorisierung oder waren strukturelle oder aerodynamische Zellenmodifikationen, um dem vielseitigen Einsatzzweck als Jagdflugzeug, Langstrecken-Begleitjäger, Aufklärer, Erdkampfflugzeug oder leichter Bomber

Nordkoreanische Jak-9 U im Koreakrieg anfang der 1950er-Jahre.

zu entsprechen. Dazu zählte auch eine zweisitzige Trainerversion. Letzte und leistungsstärkste Variante während des Krieges war die aerodynamisch und strukturell verbesserte Jak 9 U, die mit einem 1595 PS-starken Klimov VK 107 ausgestattet, nahezu 700 km/h erreichte. Die Jak-9 P war die letzte Serienvariante, die bis Ende 1948 hergestellt wurde.

Von 1942 bis 1945 wurden 14 579 und anschließend bis 1948 nochmals 2190 Flugzeuge in verscheidenen Werken gebaut.

Bemerkungen: Nato-Code *Frank*. Zum erfolgreichsten Jagdflugzeug der Sowjetunion im Zweiten Weltkrieg wurde die Jak-9, nicht nur als meistproduzierter Jäger, sondern auch wegen ihrer überragenden Flugeigenschaften, was von vielen Piloten auf beiden Seiten bestätigt wurde. Trotz der andauernden technischen Probleme, vor allem mit dem Antrieb, war das Flugzeug seinen deutschen Gegnern wie z. B. die Bf 109 G oder die FW 190 ebenbürtig, wenn nicht gar überlegen und trug erheblich dazu bei, die Lufthoheit über der Sowjetunion wieder zu erreichen. Eine große Anzahl wurde in den Nachkriegsjahren an Albanien, China, Jugoslawien, Nordkorea, Polen und Ungarn ausgeliefert. Die letzten Kriegseinsätze wurden im Koreakrieg 1950 von der nordkoreanischen Luftwaffe geflogen.

Etliche Jak-9 sind in Museen in Bulgarien, Polen, Russland, Ukraine und USA zu finden. Eine Kleinserie mit US-Motoren wurde 1996 in Russland aufgelegt und als Bausatz verkauft.

Besatzung: 1
Triebwerk: (Jak-9T) Ein flüssigkeitsgekühlter V12-Zylinder-Motor Klimov M 105PF mit ca. 927 kW (1260 PS).
Leistungen: (Jak-9T) Höchstgeschwindigkeit 597 km/h in 3250 m Höhe, Steigzeit auf 5000 m 5 min, 30 sec, Dienstgipfelhöhe 10 000 m, Reichweite ca. 735 km.
Gewichte: (Jak-9T) Leermasse 2298 kg, Abflugmasse 3025 kg.
Bewaffnung: (Jak-9T) Eine Maschinenkanone durch die Propellerwelle, ein Maschinengewehr über dem Motor.

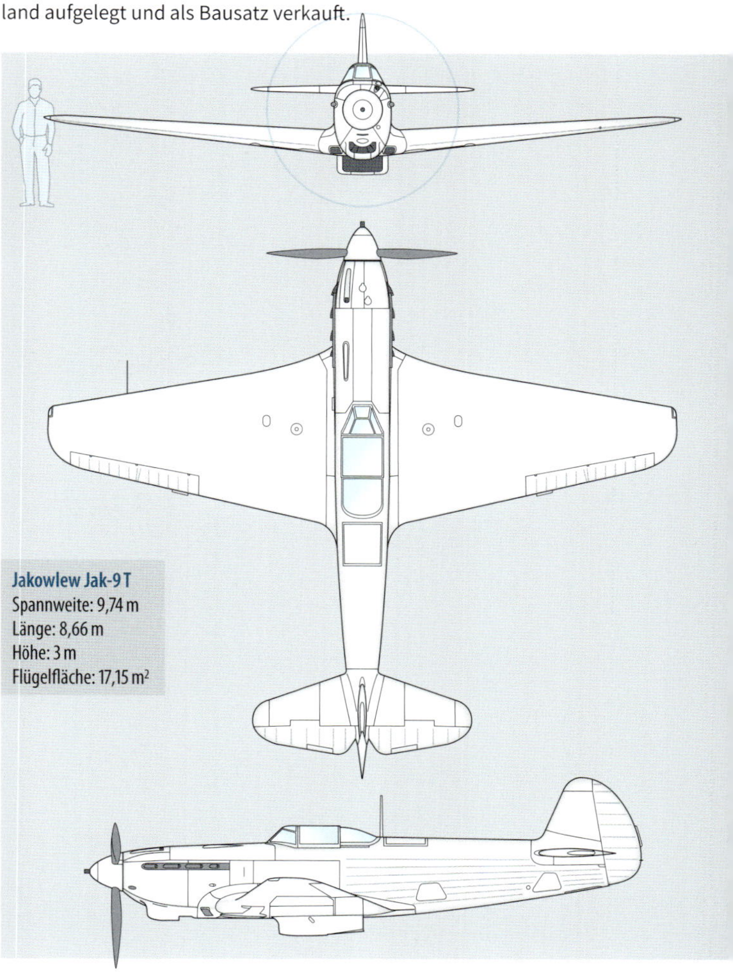

Jakowlew Jak-9 T
Spannweite: 9,74 m
Länge: 8,66 m
Höhe: 3 m
Flügelfläche: 17,15 m²

Jakowlew Jak-11

Ursprungsland
Sowjetunion
Kategorie
Fortgeschrittenen-Trainer

Entwicklung: Gegen Ende des Zweiten Weltkrieges begann Jakowlew mit der Entwicklung eines Fortgeschrittenen-Trainers, der auf dem Metallflügel der Jak-3 basierte, einen Rumpf aus blech/holzverkleidetem und bespanntem Stahlrohrrahmen besaß und von einem 700 PS starken Sternmotor angetrieben wurde. Als Jak-3 UTI absolvierte der Tiefdecker im November 1945 seinen Erstflug. Am Ende der rund einjährigen Erprobung, die einige Modifikationen zur Folge hatte, wurde die Maschine zur Serienfertigung freigegeben. 1946/47 begann die Auslieferung der ersten Serienmaschinen als Jak 11. Nachdem bei vielen Jets Bugradfahrwerke eingeführt wurden, überarbeitete Jakowlew 1951 den Trainer entsprechend. Es erschienen zwei Versionen: der Trainer Jak-11 U und ein „Jet"-Trainer Jak-11 T, mit einer Cockpitausstattung ähnlich der nun schon vorhandenen Düsenjäger. Damit stieg allerdings das Gesamtgewicht trotz kleinerer Tanks, somit war die neue Jak-11 T nur für Betonbahnen geeignet. Ein Grund für die Militärs, die Produktion abzulehnen. Lediglich eine kleine Zahl als C-11 U wurde in der Tschechoslowakei hergestellt.

Von 1946 bis 1956 wurden 3859 Jak 11 von zwei russischen Werken ausgeliefert. Dazu kommen 707 Jak-11 als lizenzierte C-11 der tschechoslowakischen Let-Werke.

Bemerkungen: Als weiterführender, deutlich leistungsfähigerer Trainer nach der Grundausbildung auf der Jak-18 (S. 113) wurde die Jak-11 eingeführt. Mit ihr sollten die kommenden Jetpiloten an entsprechende Kampfszenarios herangeführt werden. Sie war deshalb mit einem MG, einer Schießkamera und Übungsbomben bewaffnet. Der robuste, einfach zu wartende und kunstflugtaugliche Tiefdecker war in allen Staaten des Warschauer Pakts zu finden, auch in paramilitärischen Aeroclubs. Er wurde in achtzehn befreundete Staaten exportiert, darunter Ägypten, Algerien, Irak, Mongolei, Nordkorea, Syrien und Vietnam. Die ehemalige DDR hatte etwa 100 Jak-11 in Betrieb, die von 1953 bis Ende der 1950er-Jahre in den Ausbildungsstaffeln flogen und einige noch als Zielschlepper bis 1962 eingesetzt wurden. 1955 schenkte die ehemalige russische Besatzungsmacht 4 Exemplare der österreichischen Luftwaffe, die sie von Januar 1956 bis September 1965 als Schuljagdflugzeug nutzte. Einige Quellen berichten auch von Kampfeinsätzen nordkoreanischer Jak-11 im Koreakrieg. Für einen Trainer außergewöhnlich gut motorisiert, stellte die Jak-11 Anfang der 1950er-Jahre in ihrer Klasse einige FAI-anerkannte Geschwindigkeitsweltrekorde auf. Auch mit ein Grund für viele Warbird-Sammler, eine Jak-11 zu besitzen.

Vermutlich sind weltweit noch rund 120 flugfähig und auf Flugshows zu finden. Von zahllosen Museumsexemplaren findet man eine Jak-11 im Militärhistorischen Museum, Berlin-Gatow.

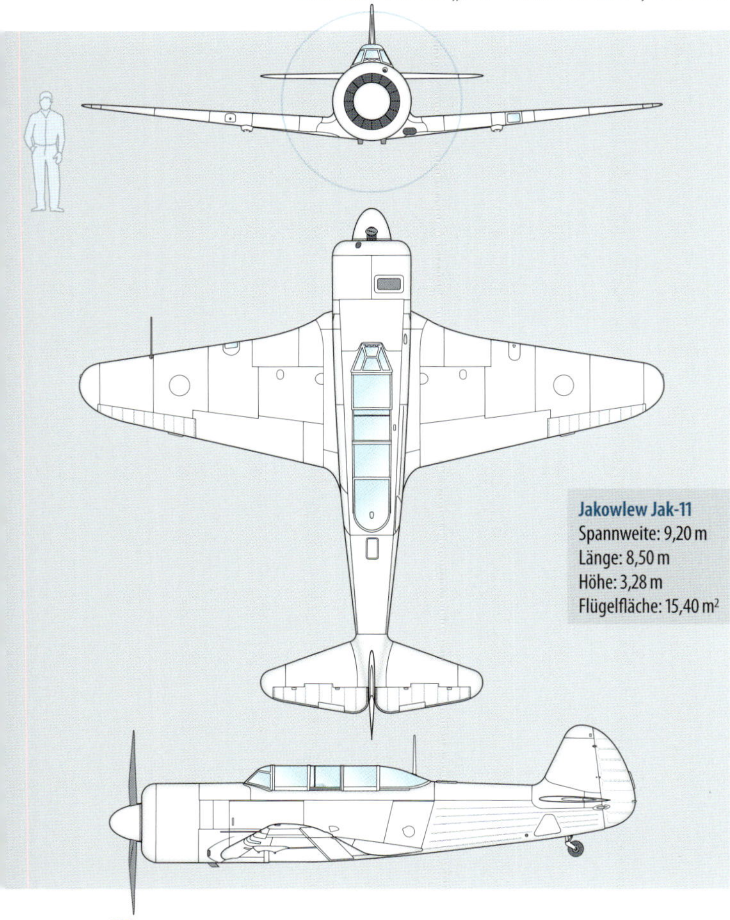

Jakowlew Jak-11
Spannweite: 9,20 m
Länge: 8,50 m
Höhe: 3,28 m
Flügelfläche: 15,40 m²

Besatzung: 2
Triebwerk: Ein luftgekühlter 7-Zylinder-Sternmotor Schwezow ASh-21 mit 515 kW (700 PS).
Leistungen: Höchstgeschwindigkeit 456 km/h, Reisegeschwindigkeit 330 km/h, Dienstgipfelhöhe 7000 m, Reichweite 1290 km.
Gewichte: Leermasse 1854 kg, maximale Abflugmasse 2418 kg.
Bewaffnung: Ein MG über dem Motor, zwei 50 kg-Bomben an Außenstationen.

Jakowlew Jak-12

Ursprungsland
Sowjetunion
Kategorie
Leichtes Transportflugzeug

Entwicklung: Um 1944, kurz vor Kriegsende, begann Jakowlew mit der Entwicklung eines Ersatzmusters für den aus Holz gebauten Doppeldecker Polikarpow Po-2. Er stützte sich auf die Jak-10, ein zweisitziger Hochdecker, entwarf jedoch einen neuen Flügel und Leitwerk, und ergänzte einen dritten Sitz in das nun großzügiger verglaste Cockpit. Im Oktober 1947 fand er Erstflug der neuen Jak-12 statt, noch mit einem 210 PS-starken Schwezow-Sternmotor. Der Rumpf bestand aus einem Stahlrohrgerüst, die abgestrebten Flügel waren aus Holz gebaut und hatten starre Vorflügel, die für kurze Start- und Landestrecken sorgten. Das Fahrwerk sollte durch Schwimmer oder Kufen ersetzbar sein. Nach Abschluss der Erprobung begann 1949 die Serienproduktion von 788 Jak-12 (Bild) in verschiedenen Varianten, zu denen militärische Beobachtungs- und Ambulanz- und Verbindungsflugzeuge zählten, aber auch zivile wie z. B. Sprühflugzeuge. 1952 überarbeitete man den Hochdecker. Ein wesentlich stärkerer 260 PS-Motor und ein größerer Flügel in Ganzmetallbauweise wurde installiert, um die STOL-Eigenschaften weiter zu verbessern. Ab 1955 verstärkte man nochmals die Struktur und änderte das Leitwerk und mit höherer Zuladung wurde die Jak-12 M nun zum Viersitzer und ist in zahlreichen Varianten ausgeliefert worden. U. A. für die Ausbildung als Jak 12 UT mit Doppelsteuer, als Sanitäts-, Patrouillen,- Verbindungs und Passagierflugzeug. Eine letzte Serie, die Jak-12 A (Zeichnung) wurde 1957 aufgelegt. Der verstärkte, schlankere Rumpf wurde aerodynamischer, die Flügel trapezförmig, außenliegende Vorflügel fuhren automatisch aus, die Abflugmasse lag nun bei 1588 kg und etwas schneller hatte sie nun auch eine größere Reichweite. Polen entwickelte aus der Jak-12 M die PZL-101 Gawron und lieferte davon 325 aus.

Vermutlich sind bis 1960 insgesamt 4992 Jak-12 ausgeliefert worden. Polen produzierte davon 1054 Jak-12 M und 137 A. China lizenzierte eine unbekannte Zahl als Shenyang Type 5.

Bemerkungen: Die Jak-12 war eines der wichtigsten leichten Transporflugzeuge der zivilen und militärischen Luftfahrt Osteuropas in der Nachkriegsaera. Sie begann ihre militärische Karriere erst als Patrouillen-, Verbindungs- und Artilleriebeobachter bei der sowjetischen Luftwaffe, später auch bei verbündeten Staaten wie die Bulgarien, Tschechoslowakei, Jugoslawien, Polen und Ungarn. Als ziviles Mehrzweckflugzeug fand man sie als Transporter, Ambulanzflugzeug, Agrar-Sprühflugzeug, sie wurde als Schleppflugzeug, Fallschirmabsetzer und zur Ausbildung bei den staatlichen Luftfahrtclubs genutzt. Nach der Ausmusterung landeten viele Jak-12 bei privaten Betreibern oder wurden einfach verschrottet.

Jak-12 stehen in fast allen osteuropäischen Museen, etliche sind noch flugfähig. Eine findet man im Luftfahrtmuseum Krakau, Polen.

Besatzung: 1
Triebwerk: (M) Ein luftgekühlter 9-Zylinder-Sternmotor Iwtschenko AI-14 R mit 188 kW (256 PS).
Leistungen: (M) Höchstgeschwindigkeit 182 km/h, Reisegeschwindigkeit 130 km/h, Steigzeit auf 1000 m 4 min, Dienstgipfelhöhe 4150, Reichweite 765 km.
Gewichte: (M) Leermasse 1026 kg, Abflugmasse 1450 kg.

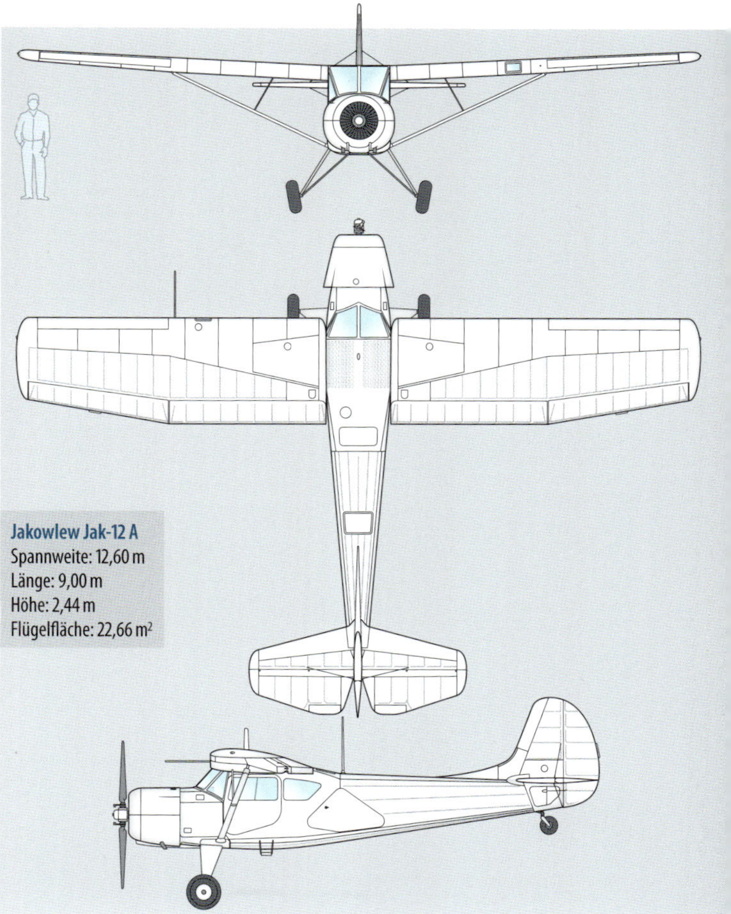

Jakowlew Jak-12 A
Spannweite: 12,60 m
Länge: 9,00 m
Höhe: 2,44 m
Flügelfläche: 22,66 m²

Jakowlew Jak-14

Ursprungsland
Sowjetunion
Kategorie
Lastensegler

Entwicklung: Obwohl die Sowjetunion während des Zweiten Weltkrieges leichte Lastensegler, hauptsächlich zur Versorguung von Guerilla-Einheiten, einsetzte, begann sie erst nach Kriegsende mit der Entwicklung schwerer Segler, die auch in der Lage waren, Fahrzeuge oder leichte Artillerie zu transportieren. Entsprechend einer Forderung der Luftstreitkräfte 1948 sollte der Lastensegler maximal 35 voll ausgerüstete Soldaten oder 3500 kg Fracht auf unvorbereitete Landefelder transportieren können. Nach sehr kurzer Entwicklungszeit flog bereits im Juni 1948 der erste Prototyp. Die Erprobung brachte einige Änderungen mit sich, die im September 1949 mit der Freigabe zur Serienfertigung endete. Der Kastenrumpf des Hochdeckers bestand aus einem verkleideten und bespannten Stahlrohrgerüst, dessen 8 m langer und 2,3 m hoher, quadratischer Frachtraum über ein zur Seite schwenkbares Bug- und Heckteil zugänglich war. Zum leichteren Be- und Entladen ließ sich das Fahrwerk pneumatisch absenken. Für kurze Landungen sorgten Spoiler und großen Landeklappen an den beiden abgestrebten, teilweise bespannten Metallflügeln. Geschleppt wurde an einem ca. 100 m langen Stahlseil mit dem zweimotorigen Passagierflugzeug IL-12 (S. 103), dessen Einsatzradius dann allerdings auf maximal 500 km beschränkt war. Die ersten Lastensegler wurden um 1950 in Dienst gestellt.

Jakowlew produzierte 413 Jak-14, von denen 1953 die tschechoslowakische Armee 10 unter der Bezeichnung K-14 erhielt.

Bemerkungen: Mit der Jak-14 bekamen die sowjetischen Streitkräfte erstmals die Möglichkeit, über den Luftweg auch größere Einheiten und Gerätschaften an unzugängliche Orte zu bringen. Angeblich war der Lastensegler einfach zu fliegen und auch für ungeübte Piloten geeignet. Moniert wurden lediglich die hohen Steuerdrücke bei Seitenwind. Geladen werden konnte von Geschützen, Traktoren, LKWs über Selbstfahrlafetten inklusiv Besatzung, bis zu Fallschirmjägern, die über hinten liegende Türen abspringen konnten. Angeblich benötigte eine Jak-14 auf trockenem Gras nur 380 m Landestrecke, auf Ackerland oder losem Schnee 300 m und mit 6,75 t maximalem Fluggewicht auf einem gepflügten Feld lediglich 70 – 140 m. Die Flugzeuge waren über die ganze Sowjetunion verteilt auf Flugplätzen stationiert und wurden üblicherweise von Iljuschin IL-12 in die Luft gebracht. Berühmt wurde der robuste Lastensegler 1950 durch einen Flug zum Nordpol und einen Langstreckenflug im März 1954 mit vier Jak-14 über mehrere Etappen in den Fernen Osten, um Mannschaft, Vorräte und einen Bulldozer auf einer vorgeschobenen Station im nördlichen Eismeer abzusetzen. Erst Ende der 1950er-Jahre stellte man die Lastensegler mit Erscheinen von modernen Turboprop-Transportflugzeugen, wie der Antonow AN-12 und AN-24, allmählich außer Dienst.

Soweit bekannt blieb keine Jak-14 erhalten.

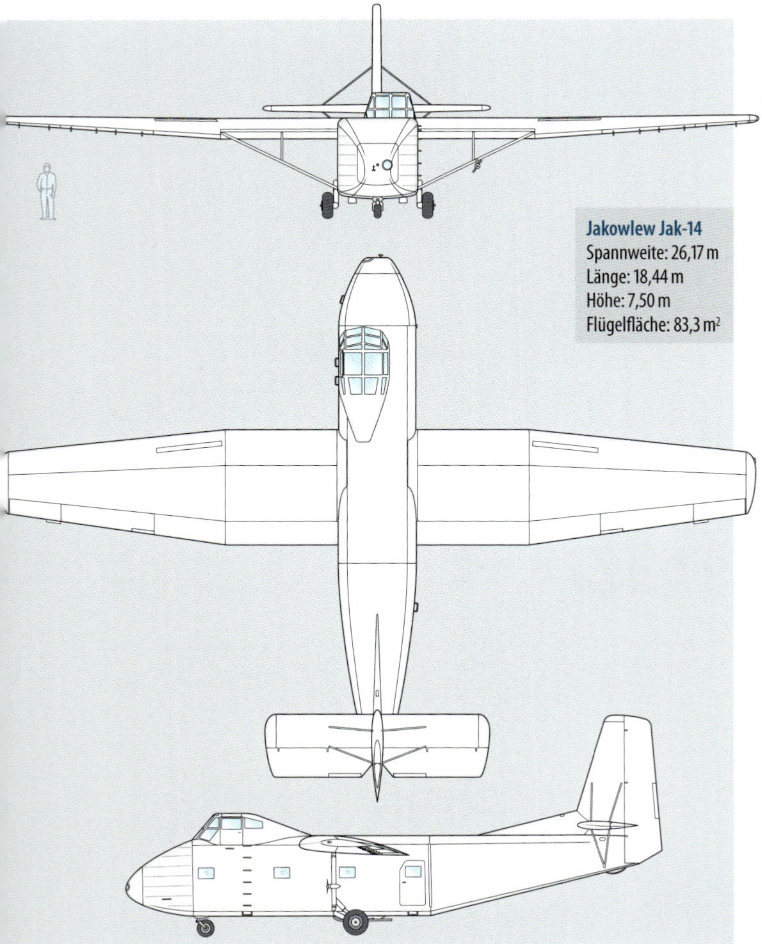

Jakowlew Jak-14
Spannweite: 26,17 m
Länge: 18,44 m
Höhe: 7,50 m
Flügelfläche: 83,3 m^2

Besatzung: 2
Leistungen: Maximale Schleppgeschwindigkeit 300 km/h, optimale Gleitgeschwindigkeit 145 km/h, Gleitzahl 7,5 – 8.
Gewichte: Leermasse 3082 kg, Abflugmasse 6750 kg.

Jakowlew Jak-15

Ursprungsland
Sowjetunion
Kategorie
Jagdflugzeug

Entwicklung: Nach Ende des Zweiten Weltkriegs arbeiteten auch die sowjetischen Konstruktionsbüros an strahlgetriebenen Flugzeugen. Um schnell Erfolge vorweisen zu können, nutzte Jakowlew die nahezu unveränderte Zelle des in Gemischtbauweise produzierten Propellerjägers Jak-3, ersetzte lediglich den Kolbenmotor durch ein RD-10, ein nachgebautes Strahltriebwerk des deutschen Jumo-004. Am selben Tag wie das Konkurrenzmuster MiG-9 (S. 121) hob die Jak im April 1946 erstmals ab. Der Rumpf des Mitteldeckers bestand aus einem geschweißten Stahlrohrrahmen, der blechverkleidet war. Mit Holz beplankt waren die Tragflächen, die einen, wegen des Triebwerks leicht modizierten, durchgehenden Leichtmetallholm besaßen. Nach kurzer Erprobung begann Jakowlew mit der Produktion von 12 Vorserienmaschinen, deren Tests im Mai 1946 abgeschlossen waren und man mit der Serienfertigung beginnen konnte. Die ersten Serienflugzeuge wurden im Oktober 1946 ausgeliefert. Produziert wurden alle Jets in einem Jahr, da sich die Produktionsanlagen der Jak-3 weiter verwenden ließen. Eine zweisitzige Trainervariante realisierte man wegen der rasch nachfolgenden Jak-17 nicht mehr.

Bis 1947 produzierte Jakowlew 280 Jak-15.

Bemerkungen: NATO-Code *Feather*. Um den Rückstand der UdSSR im Jet-Flugzeugbau aufzuholen, forderte die Regierung unter Stalin dazu auf, rasch eigene Jets auf Basis erbeuteter deutscher Flugzeuge, Triebwerke und Forschungsergebnisse zu entwickeln. Bei der Militärparade im August 1946 sollten sie vorgeführt werden, was aber wegen Nebels dann doch nicht möglich war. Jakowlew nutzte, um Zeit zu sparen, die bewährte Jak-3 und setzte das Strahltriebwerk in den Vorderrumpf ein, auch um Piloten den Umstieg von Propeller- auf Strahlantrieb und deren Handling so leicht wie möglich zu machen. Angeblich baute man die ersten RD-10-Triebwerke noch aus Komponenten von deutschen Beute-Jumos 004 zusammen. Man versprach sich zwar viel von den neuen Antrieben, in Wirklichkeit übertrafen die neuen Jets aber nicht die damaligen Propeller-Jagdflugzeuge, auch nicht die Me-262. Dafür waren die Triebwerke zu schwer, hatten einen zu hohen Kerosinverbrauch, einhergehend mit ihrer Anfälligkeit und einer kurzer Lebensdauer von durchschnittlich 17 Betriebsstunden. So hatte eine Jak-3 über 1000 km Reichweite, die Jak-15 nur 510 km. Trotzdem nahm die Jak-15 einen wichtigen Platz in der Geschichte der sowjetischen Militärluftfahrt ein. Sie war das erste Düsenjagdflugzeug, das in größerer Stückzahl bei der Luftwaffe im Dienst war und hunderte Piloten in das Jetzeitalter führte.

Ein Nachbau steht im Technischen Museum Wadim Sadoroschny, Moskau, Sowjetunion.

Besatzung: 1
Triebwerk: Ein Axialstrahltriebwerk RD-10 mit 8,92 kN Schub.
Leistungen: Höchstgeschwindigkeit 700 km/h, Reisegeschwindigkeit 689 km/h, Steigzeit auf 5000 m 4 min 48 sec, Dienstgipfelhöhe 13 350 m, Reichweite ca. 500 km.
Gewichte: Leermasse 2350 kg, Abflugmasse 2638 kg, maximale Abflugmasse 2920 kg.
Bewaffnung: Zwei MGs im Bug.

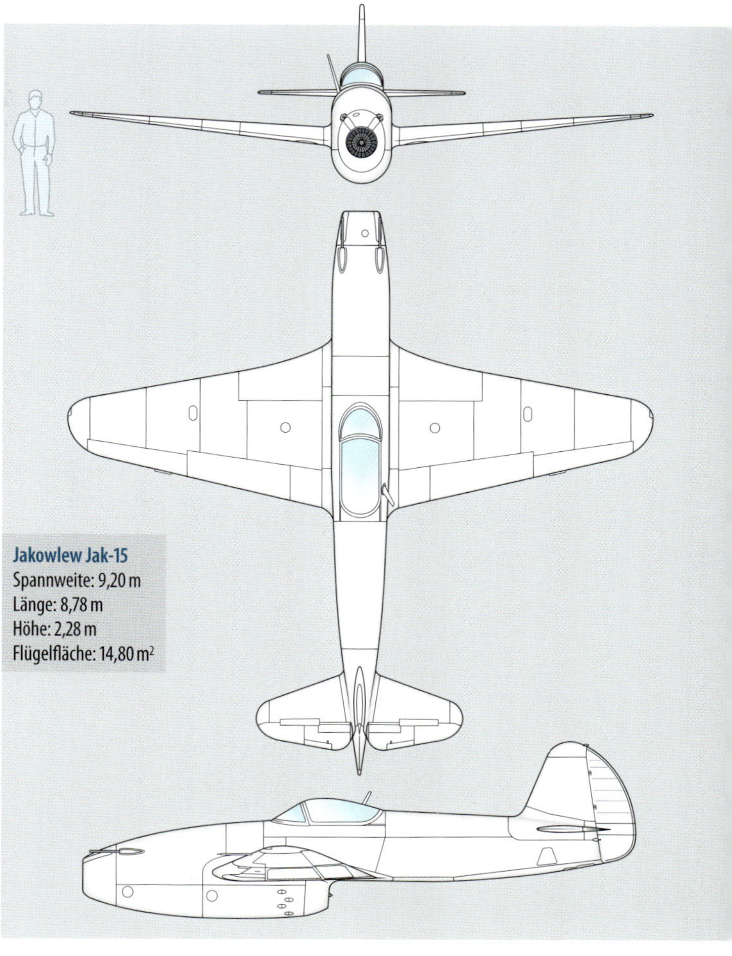

Jakowlew Jak-15
Spannweite: 9,20 m
Länge: 8,78 m
Höhe: 2,28 m
Flügelfläche: 14,80 m^2

Jakowlew Jak-17

Ursprungsland
Sowjetunion
Kategorie
Jagdflugzeug

Entwicklung: Noch während die Jak-15 produziert wurde, wies man Jakowlew an, einen schnelleren Einsitzer als Nachfolger zu konstruieren, der ebenfalls vom RD-10 angetrieben wurde. Auch hier griff man auf das Vorgängermodell Jak-15 zurück, deren Wurzeln noch in der Propellermaschine Jak-3 lagen. Es wurde durch einen dünneren Flügel eine Leistungszunahme erwartet. Mit dem Einbau eines Bugfahrwerks, das, wegen des Lufteinlaufs in einer verkleideten Ausbuchtung lag, musste das Hauptfahrwerk nach hinten verlegt werden, was nur über eine Verkleinerung der Flügelintegraltanks geschehen konnte. Als Ersatz wurden 200 l-fassende Tiptanks eingeführt, die wiederum eine Verstärkung der Flügelstruktur nach sich zogen. Gleichzeitig vergrößerte man das Höhenleitwerk und installierte ein Periskop über der Frontscheibe. Bewaffnung, und Ausrüstung entsprachen der Jak-15, die umgebaut auch als Prototyp genutzt wurde. Erstflug war im Juni 1947. Obwohl die geforderten Leistungen nicht erreicht wurden, ordnete man nach staatlichen Tests die Serienproduktion als Jak-17 an. Parallel dazu arbeitete man an einem zweisitzigen Trainer Jak-17 UTI, deren Prototyp aus Baugruppen einer Jak-15 erstellt wurde. Erstflug war im Mai 1947. Trotz unbehobener Mängel begann die Serienproduktion der Jak-17 UTI, von der deutlich mehr produziert wurden, als von der Jägerversion, da man dringend Schulflugzeuge benötigte.

Inklusive der Trainer wurden von 1947 bis 1948 430 Jak-17 ausgeliefert.

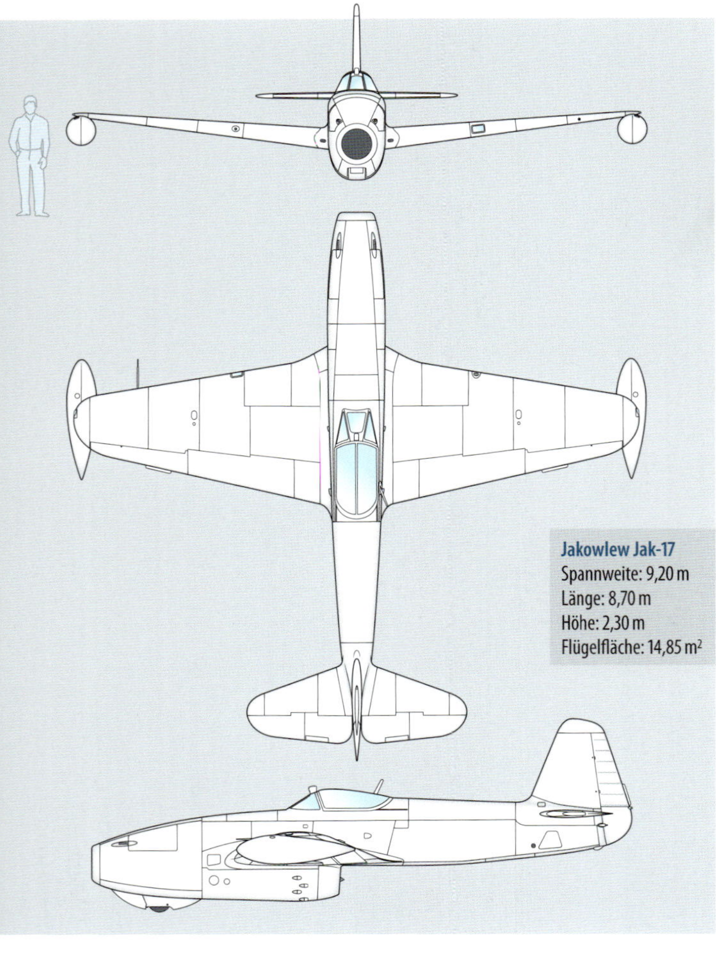

Jakowlew Jak-17
Spannweite: 9,20 m
Länge: 8,70 m
Höhe: 2,30 m
Flügelfläche: 14,85 m²

Eine Jak-17 UTI, auch als Jak-21 T bezeichnet, mit höherem Rumpf.

Bemerkungen: NATO-Code *Feather*. Trotz der Verbesserungen gegenüber der Jak-15, war die Baureihe eigentlich nicht für Einsätze geeignet. Die geringe Geschwindigkeit und Reichweite und die kurze Lebensdauer der unzuverlässigen Triebwerke sorgten für eine frühe Ablösung durch modernere Muster. Bereits 1952 gab es keine sowjetischen Jak-17 mehr. Die meisten exportierte man nach China oder Bulgarien, Polen, Rumänien und die Tschechoslowakei, die sie, wie die Sowjetunion auch, als Interimslösung zwischen Propeller- und Düsenflugzeugen sahen und für das Training auf leistungsfähigere Jets nutzten.

Eine Jak-17 steht im Zentralmuseum der Luftwaffe in Monino, Russland. Eine Jak-17 UTI findet man im Luftfahrtmuseum Kbely, Prag, Tschechien.

Besatzung: 1
Triebwerk: Ein Axialstrahltriebwerk RD-10 A mit 9,8 kN Schub.
Leistungen: Höchstgeschwindigkeit 748 km/h, Reisegeschwindigkeit 700 km/h, Steigzeit auf 5000 m 6 min 30 sec, Dienstgipfelhöhe 12 750 m, Reichweite ca. 400 km, Überführungsreichweite mit Droptanks 710 km.
Gewichte: Leermasse 2081 kg, Abflugmasse 3323 kg, maximale Abflugmasse 3240 kg.
Bewaffnung: Zwei MGs im Bug.

Jakowlew Jak-18

Ursprungsland
Sowjetunion
Kategorie
Trainer

Entwicklung: Um die nach Ende des Krieges veralteten Schulflugzeuge UT-2 und Jak-5 abzulösen, entwickelte das Konstruktionsbüro Jakowlew 1945 die Jak-18, die aus einer Experimentalversion der UT-2 L hervorging. Zwei gebaute Prototypen unterschieden sich nur in der Motorisierung mit 140 und 160 PS und flogen im Mai 1946 erstmals. Der zweisitzige, bedingt kunstflugtaugliche Tiefdecker hatte einen geschweißten Stahlrohrrumpf, der bis zum Cockpit blechverkleidet und hinten bespannt war. Die nach dem Holm bespannten Flügel wurden aus Metall gebaut, in die das pneumatisch Fahrwerk halb eingezogen wurde. Jakowlew bot zwei Typen an: eine 970 kg schwere Kunstflug- und eine 1060 kg schwere Grundschulversion mit Generator, elektrischem System und Funk. Während der Serienproduktion in mehreren sowjetischen Produktionsstätten pflegte man ständig weitere Verbesserungen ein. Auslieferungszahlen der Heckradversion variieren zwischen 3750 oder 4830. Mit der Jak-18 U führte Jakowlew neben einigen Modifikationen auch ein pneumatisch halb einziehbares Dreiradfahrwerk ein. Bis Ende 1957 wurden 960 gebaut und anschließend auf die Jak-18 A umgestellt, die in sehr großen Stückzahlen aus den Werkhallen rollte. Sie war mit einem 9-Zylinder-Sternmotor Iwtschenko AI-14 mit 260 PS, später 300 PS, deutlich besser motorisiert, hatte einen Verstellpropeller, eine verstärkte, etwas längere Zelle und größere Tanks. Mit der Jak-18 P begann Jakowlew schließlich ab 1957 eine Reihe von einsitzigen Kunstflugzeugen auf Basis der Jak-18 A zu entwickeln und in Serie herzustellen. China produzierte 379 lizenzierte als Nanchang CJ-5 von 1954 bis 1958.

Es sind keine exakten Produktionszahlen bekannt. Angeblich wurden fast 11 000 Trainer aller Varianten von drei russischen, von rumänischen und chinesischen Werken ausgeliefert.

Bemerkungen: Die Jak-18 wurde schnell zum Standardtrainer der russischen Streitkräfte und staatlicher, paramilitärischer Fliegerclubs. Sie flog in zahlreichen Ländern auf allen Kontinenten und in allen Staaten des damaligen Warschauer Paktes. Auch in der DDR, die von 1959 bis 1974 insgesamt 62 Jak-18 betrieb. Hauptsächlich zur Erstausbildung eingesetzt, wurde der Tiefdecker auch als Sport-, Verbindungs- und Schleppflugzeug und zum Training des fliegenden Personals verwendet. Nordkorea setzte die Jak-18 während des Koreakrieges zudem nachts als leichten Bomber ein. Der einfach herzustellende, leicht zu wartende und robuste Trainer wurde von seinen Piloten wegen der guten Flugeigenschaften und der Kunstflugeignung geschätzt.

Vermutlich sind neben den Museumsstücken noch rund 40 Jak-18 weltweit flugfähig. Eine Jak-18 steht im Heeresgeschichtlichen Museum, Zeltweg, Österreich, eine im Depot des Militärmuseums Gatow, Berlin.

Besatzung: 2
Triebwerk: Ein luftgekühlter 5-Zylinder-Sternmotor Schwezow M-11 FR mit 117 kW (160 PS).
Leistungen: Höchstgeschwindigkeit 250 km/h, Reisegeschwindigkeit 205 km/h, Dienstgipfelhöhe 6000 m, Reichweite ca. 1080 km.
Gewichte: Leermasse 769 kg, Abflugmasse 1085 kg.

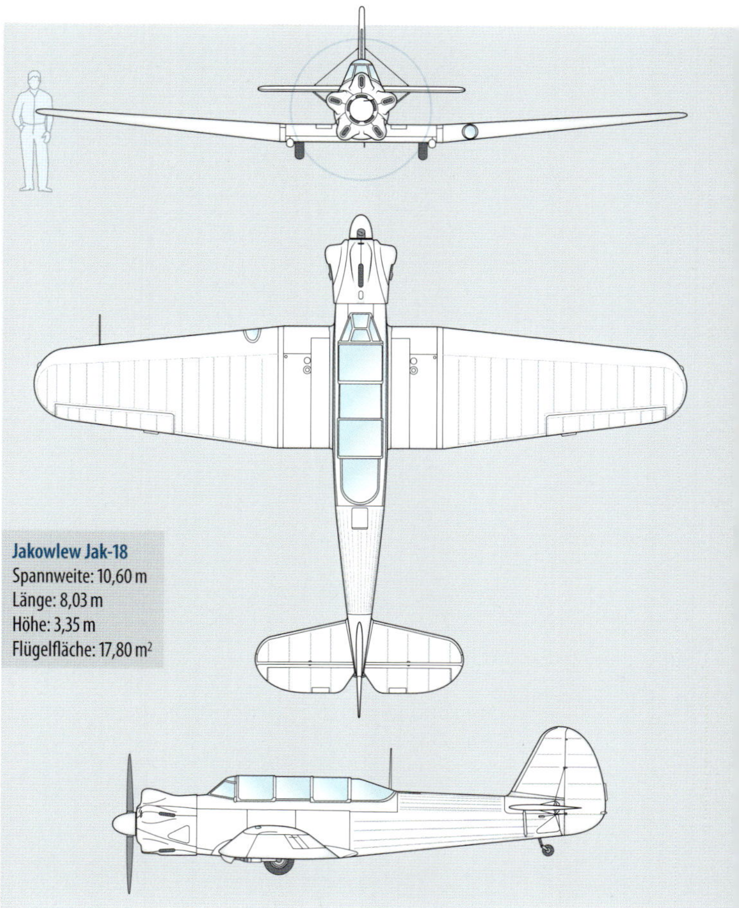

Jakowlew Jak-18
Spannweite: 10,60 m
Länge: 8,03 m
Höhe: 3,35 m
Flügelfläche: 17,80 m²

Jakowlew Jak-23

Ursprungsland
Sowjetunion
Kategorie
Jagdflugzeug

Entwicklung: Ein weiteres, auf der Jak-15 basierendes Muster wurde aufgrund einer Regierungs-Anordnung entwickelt, das von mehreren Konstruktionsbüros ein 1000 km/h schnelles Jagdflugzeug forderte und mit dem neuen Strahltriebwerk RD-500 eine Reichweite von 1200 km haben sollte. Das RD-500 wurde von Klimow an russische Werkstoffe angepasst und als nicht lizenzierte Kopie des Rolls-Royce Derwent produziert, von dem einige 1947 an die Sowjetunion verkauft wurden. Eine Neukonstruktion des Rumpfes erforderte das größereTriebwerk, für dessen Wartung das komplette Vorderteil abgenommen werden konnte. Die dünnen laminarprofilierten Tragflächen ließen keine Tanks zu, so dass man auf Rumpf- und Tiptanks angewiesen war. Auch das Fahrwerk musste deshalb komplett in den Rumpf eingefahren werden. Mit einem Schleudersitz war das gepanzerte Cockpit ausgestattet. Drei Prototypen wurden bestellt, davon einer für statische Tests. Erstflug war im Juli 1947, dem die Werkserprobung folgte. Der zweite Prototyp ging im September 1947 an die staatlichen Testabteilungen, die zwar Mängel beanstandeten, aber die Serienproduktion freigaben, so dass Ende 1949 die ersten Exemplare ausgeliefert werden konnten. Parallel dazu produzierte man eine unbekannte, kleine Anzahl zweisitziger Trainer. Jak-23 wurden auch in die Tschechoslowakei, nach Polen, Bulgarien und Rumänien exportiert. Polen und die Tschechoslowakei lizenzierten zwar den Jet, bauten dann aber doch die leistungsfähigere MiG-15.

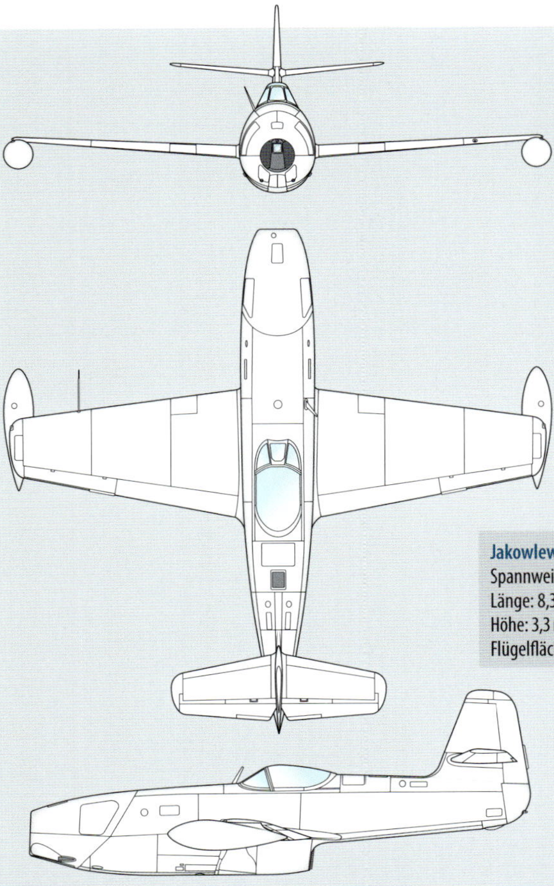

Jakowlew Jak-23
Spannweite: 8,73 m
Länge: 8,33 m
Höhe: 3,3 m
Flügelfläche: 13,7 m²

Sehr ungewöhnlich für ein Trainingsflugzeug: Bei der sowjetischen Jak-23 UTI saß der Lehrer vorn, im Gegensatz zu den in Rumänien umgebauten Doppelsitzern Jak-23 DC.

Inklusive der Prototypen sind 319 Flugzeuge gebaut worden.

Bemerkungen: Die sowjetischen Jak-23 erlebten nur ein kurze Einsatzdauer, da die deutlich überlegene MiG-15 schon bereitstand. Die einfach konstruierte und robuste Maschine, die auch auf Gras operieren konnte, war angeblich wendig und hatte für die damalige Zeit ein gutes Schub/Gewichtsverhältnis und entsprechende Steig- und Beschleunigungswerte. Ein ungelöstes Problem blieb aber das unzuverlässige Triebwerk. Nahezu alle Betreiber stellten bis Ende der 1950erJahre ihre Jak-23 außer Dienst.

Eine Jak-23 findet man im Luftfahrtmuseum Kbely, Prag, Tschechien und im polnischen Luftfahrtmuseum Krakau.

Besatzung: 1
Triebwerk: Ein Radial-Strahltriebwerk Klimow RD-500 mit 15,6 kN Schub.
Leistungen: Höchstgeschwindigkeit 923 km/h, Reisegeschwindigkeit 868 km/h, Dienstgipfelhöhe 14 800 m, Reichweite 485 km.
Gewichte: Leermasse 3036 kg, Abflugmasse 3384 kg.
Bewaffnung: Zwei Maschinenkanonen im Bug.

Jakowlew Jak-24

Ursprungsland
Sowjetunion
Kategorie
Transport-hubschrauber

Entwicklung: Anfang der 1950er-Jahre versuchte die Sowjetunion ihren Rückstand in der Hubschrauberentwicklung aufzuholen und vergab einjährige Entwicklungsaufträge für einen 12-sitzigen Hubschrauber an Mil und einen 24-sitzigen, schweren Transporthubschrauber an Jakowlew. Bereits im Juli 1952 hob die erste Jak-24 ab. Der Rumpf war als beplankte und bespannte Stahlrohrkonstruktion aufgebaut. Eine der Antriebseinheitseinheiten, nahezu identisch mit denen der Mil Mi-4, befand sich hinter dem Cockpit, die zweite im hinteren Leitwerk. Beide Systeme waren über eine Welle verbunden, die anfangs Vibrationen verursachte und zur Zerstörung des ersten Prototypen führte. Eine längere, schwierige

Die frühen Exemplare der Jak-24 waren noch mit einem V-förmigen Leitwerk ausgestattet.

Erprobungsphase, die sich bis 1955 hinzog, folgte. Im Juli 1955 wurde der Helikopter der Öffentlichkeit präsentiert und im Dezember 1955 stellte die Jak-24 zwei Nutzlastweltrekorde über 2 und 4 Tonnen auf. Die Serienproduktion begann vermutlich im selben Jahr mit einer militärischen Variante für maximal 3000 kg Nutzlast oder 20 voll ausgerüstete Soldaten oder 18 Tragbahren. Mit der verbesserten Jak-24 U (ab 1957), die ein dreiachsiges Stabilisierungssystem bekam und bis zu 3500 kg-Außenlasten schleppen konnte, endete wahrschienlich auch schon wieder die Serienproduktion. Geplant waren für die Aeroflot 30-sitzige Jak-24 A, VIP-Modelle für 8 – 9 Passagiere und eine gestreckte, 39-sitzige Jak-24 P mit Turbinentriebwerken. Keine der Varianten kam aber angeblich über die Planung, bzw. das Prototypenstadium hinaus.

Je nach Quelle, wurden ab 1954 zwischen 40 und 100 Jak-24 gebaut.

Bemerkungen: NATO-Code *Horse*. Trotz der dürftigen Quellenlage sind sich die Berichte einig, dass die Jak-24 aufgrund zahlreicher technischer Probleme wenig erfolgreich war und nur in begrenztem Umfang gebaut und ausschließlich in der Sowjetunion eingesetzt wurde. Schnell ist sie durch die zurverlässigere und wesentlich schwerere Mil Mi-6 verdrängt worden.

Im Museum der Luftstreitkräfte in Monino bei Moskau lässt sich eine Jak-24 besichtigen.

Besatzung: 3
Triebwerke: (U) Zwei luftgekühlte 14-Zylinder-Doppelsternmotoren Schwetzow ASh-82 V mit je 1250 kW (1700 PS).
Leistungen: Höchstgeschwindigkeit 173 km/h, Reisegeschwindigkeit 150 km/h, Dienstgipfelhöhe 5000 m, Reichweite ca. 650 km.
Gewichte: Leermasse 10 600 kg, Abflugmasse 14 270 kg, maximale Abflugmasse 16 800 kg.

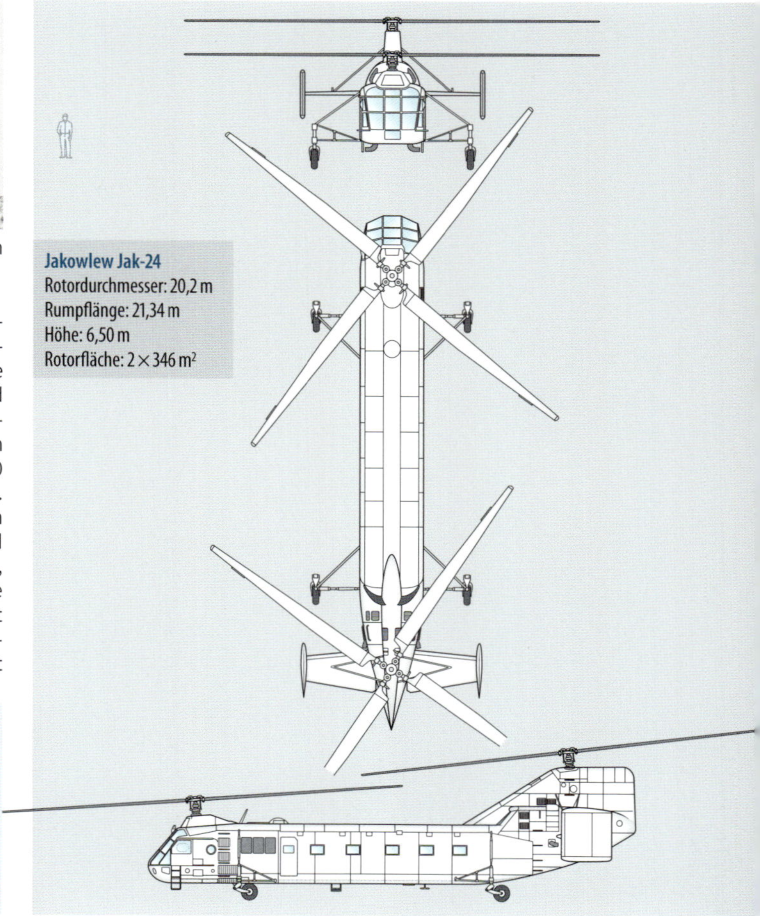

Jakowlew Jak-24
Rotordurchmesser: 20,2 m
Rumpflänge: 21,34 m
Höhe: 6,50 m
Rotorfläche: 2 × 346 m²

Jakowlew Jak-25

Ursprungsland
Sowjetunion
Kategorie
Jagdflugzeug

Entwicklung: Aus einem Wettbewerb der sowjetischen Luftstreitkräfte für ein allwettertaugliches Langstreckenjagdflugzeug, an dem Suchoj, Mikojan, Lawotschkin und Jakowlew 1950 teilnahmen, ging das Versuchsmuster Jak-120 als Sieger hervor. Es wurden daraufhin drei Prototypen beauftragt und im Juni 1952 absolvierte der Zweistrahler seinen Erstflug. Die Triebwerksanordnung unter den Flügeln ermöglichte im Rumpf große Tanks und ein Tandemfahrwerk, sowie ein leistungsfähiges Radar, das im Bugradom untergebracht wurde. Ende 1953 begann der Bau von 20 Vorserienexemplaren und parallel die Weiterentwicklung des allerdings noch nicht serienreifen Radars. Mit Erfüllung nahezu aller Forderungen der Militärs wurde nach geringen Änderungen die Serienproduktion der Jak-25 freigegeben Noch mit einem älteren Radar wurden die ersten 67 Maschinen ab September 1954 ausgeliefert. Die Produktion der Hauptserie Jak-25 M mit dem neuen, weiter reichenden Radar, das auch tiefer fliegende Ziele erfassen konnte, verbesserten Mikulin-Triebwerken und überarbeiteten Waffen- und Treibstoffsystemen begann erst im Januar 1955 und endete 1957 nach 480 Exemplaren. Ständige Verbesserungen führten, neben ein paar nicht in Serie gegangenen Varianten, auch zu einem Aufklärer Jak-25 K mit verglastem Bug, die mit vier neu entwickelten Luft-Luft-Raketen bewaffnet war. Es kam aber zu keiner großen Serienproduktion, da sich der Nachfolger Jak-27 bereits in der Prototypenphase befand.

Vermutlich wurden 638 Jak-25 aller Versionen ausgeliefert.

Bemerkungen: NATO-Code *Flashlight.* Erst mit ihrem Auftauchen auf der Luftparade in Tushino 1955 erfuhr der Westen von der Existenz des Jagdflugzeugs. Mit der MiG-19 (S. 125) und dem Bomber Tu-16 (S. 134) war die Jak-25 die Hauptstütze der Luftstreitkräfte und über die ganze Sowjetunion und in einem Teil der Länder des Warschauer Pakts stationiert. Problematisch waren die tiefliegenden Triebwerke, die saubere Startbahnen bedingten. Trotz einer hohen Unfallrate war die Jak-25 bei ihren Piloten beliebt. Sie war leicht zu fliegen, hatte Doppelsteuer für Langzeitmissionen und bei den angeblich häufigen Triebwerksausfällen konnte sie auch mit einem Triebwerk zur Basis zurückkehren und war damit noch einfach zu landen. Mitte der 1960er-Jahre gehörte sie aber schon nicht mehr zu den zeitgemäßen Abfangjägern. Bereits 1967 waren alle außer Dienst gestellt, ein Teil wurde noch als Zieldrohne eingesetzt, ein großer Teil verschrottet, einige wenige landeten in Museen.

Eine Jak-25 steht im Zentralen Museum der Luftstreitkräfte in Monino bei Moskau.

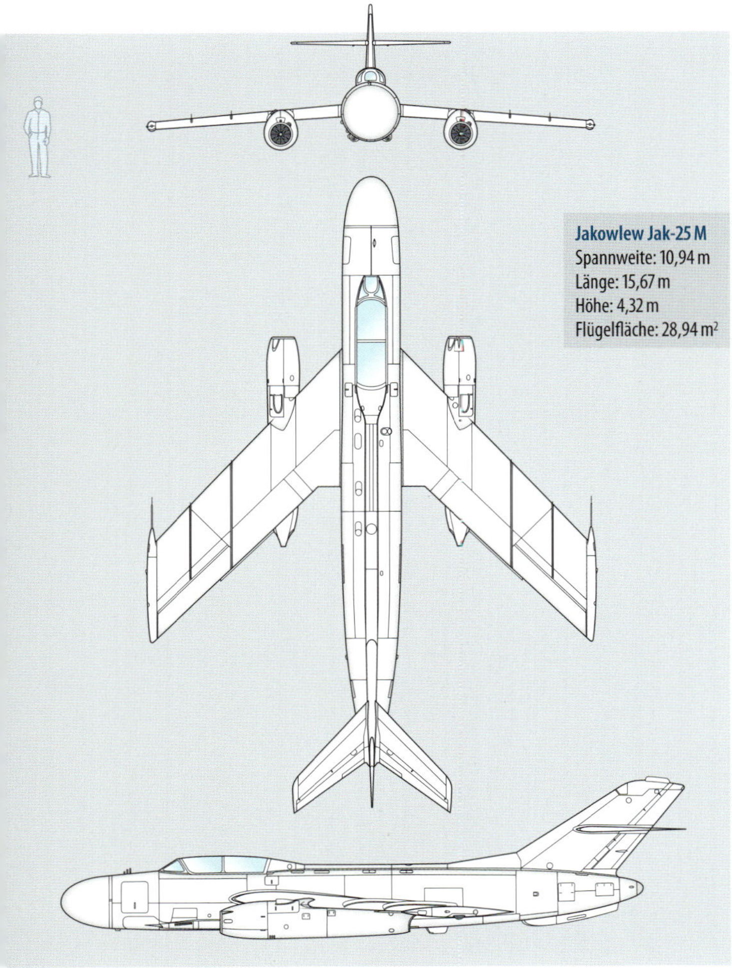

Jakowlew Jak-25 M
Spannweite: 10,94 m
Länge: 15,67 m
Höhe: 4,32 m
Flügelfläche: 28,94 m²

Besatzung: (M) 2
Triebwerke: (M) Zwei Axialstrahltriebwerke Mikulin RD-5 A mit je 19,6 kN Schub.
Leistungen: (M) Höchstgeschwindigkeit 1090 km/h in 5000 m, Reisegeschwindigkeit 820 km/h, Dienstgipfelhöhe 13 900 m, Reichweite 2010 km, 2560 km mit Zusatztank.
Gewichte: (M) Abflugmasse 9220 kg, maximales Abflugmasse 10 045 kg.
Bewaffnung: (M) Zwei Maschinenkanonen im Rumpf.

Kamow Ka-15

Ursprungsland
Sowjetunion
Kategorie
Mehrzweckhubschrauber

Entwicklung: Im Frühjahr 1951 begann Kamow mit der Entwicklung eines kompakten, zweisitzigen Leichthubschraubers für die Marine, der im Gegensatz zu seinem offenen, einsitzigen Vorgänger Ka-10 eine geschlossene Kabine und eine wesentlich größere Nutzlast tragen konnte. Im April 1952 hob der erste Prototyp ab. Der in Ganzmetallbauweise hergestellte Helikopter basierte auf einem verkleideten Stahlrohrgerüst und zeichnet sich durch gegenläufige Koaxialrotoren aus, die keinen Heckrotor für den Drehmomentausgleich benötigten. Lediglich zwei steuerbare Endscheiben dienen zur Richtungskontrolle. Die Tests der Marine, die die Ka-15 als Aufklärer, U-Boot- und Verbindungshubschrauber einsetzen wollte, dauerten bis 1955 an. Nach einem Vergleichsfliegen gegen die Mil Mi-1 entschied sich die Marine für die Ka-15, die wegen ihrer Kompaktheit entsprechende Vorteile auf den Schiffslandeplattformen hatte. 1956 begann die Serienproduktion. Erste Maschinen wurden 1957 von der sowjetischen Marine in Dienst gestellt. Im Laufe der Produktion flossen ständig technische Verbesserungen ein. Ausgebildet werden konnte auf der UKa-15 mit Doppelsteuer. Um eine längere Laufzeit zu erreichen, bekam die zivile Ka-15 M Rotorblätter aus Verbundwerkstoff, dazu einen etwas stärkeren 280 PS-Sternmotor von Iwtschenko. Kamow lieferte zudem Schwimmerversionen, Transport-, Rettungs- und Agrarhubschrauber für Sprayeinsätze. Aus der Ka-15 wurde die viersitzige, deutlich leistungsfähigere Ka-18 weiterentwickelt.

Insgesamt verließen bei Kamow 354 Ka-15 aller Versionen die Werkshallen.

Bemerkungen: NATO-Code *Hen*. Mit dem ersten in Serie produzierten Leichthubschrauber Ka-15 begann die bis heute andauernde Geschichte der Koaxialrotoren bei Kamow. Trotz anfänglich erheblicher Probleme mit Vibrationen im Rotorsystem bewährt sich das Koaxialprinzip bis heute. 1958 wurden die ersten Kreuzer mit Hubschrauberlandeplätzen ausgestattet und bis 1961 waren acht Schiffe für den Hubschrauberbetrieb zugelassen. Die Ka-15 blieb fast 20 Jahre im Einsatz, war aber wegen ihrer geringen Leistungen nicht ideal für größere Marineoperationen. Es musste z. B. bei Einsätzen gegen U-Boote wegen der geringen Nutzlast mit drei Helikoptern operiert werden: Einer für das Absetzen von maximal zwei Sonarbojen, eine Ka-15 mit den Sonar-Signal-Empfängern und ein dritter konnte schließlich maximal zwei 50 kg-Wasserbomben abwerfen. Zudem gibt es Berichte von der weniger zuverlässigen Technik der Ka-15, die angeblich im Mai 1963 zu einem Flugverbot bei der Marine führten.

Im Zentralen Museum der Luftstreitkräfte der Russischen Föderation in Monino bei Moskau findet man noch eine Ka-15.

Besatzung: 1
Triebwerk: Ein 9-Zylinder-Sternmotor Iwtschenko AI-14V mit 188 kW (255 PS).
Leistungen: Höchstgeschwindigkeit 155 km/h in Meereshöhe, Reisegeschwindigkeit 120 km/h, Dienstgipfelhöhe 3500 m, Reichweite ca. 400 km.
Gewichte: Leermasse 970 kg, Abflugmasse 1360 kg, maximale Abflugmasse 1460 kg.

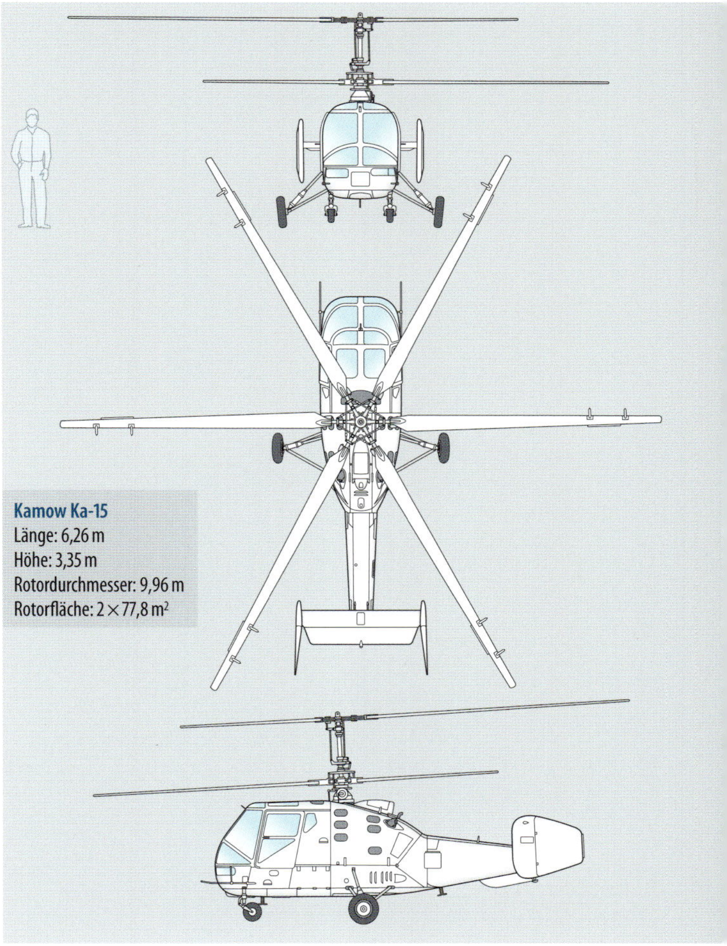

Kamow Ka-15
Länge: 6,26 m
Höhe: 3,35 m
Rotordurchmesser: 9,96 m
Rotorfläche: 2 × 77,8 m²

Lawotschkin La-9 / La-11

Ursprungsland
Sowjetunion
Kategorie
Kampfflugzeug

Entwicklung: Obwohl die La-9 der in Holz-Metall-Gemischtbauweise hergestellten La-7 ähnlich sah, war es doch eine komplette Neukonstruktion mit einem laminarprofilierten Flügel. Gegenüber der La-7 konnte durch die Ganzmetall-Halbschalenbauweise Gewicht eingespart werden, das dem Tankinhalt und der Bewaffnung zugute kam. Lediglich die Maschinenkanonen und der Motor waren an einem geschweißten Stahlrohrrahmen aufgehängt. Der Prototyp La-130 wurde Anfang 1946 fertiggestellt und ging anschließend in die Erprobung, nach der noch etliche erhebliche Mängel behoben werden mussten. Bereits im August 1946 begann die Produktion des nun als La-9 (Bild) bezeichneten Tiefdeckers. In zwei Werken wurden mit ständig eingepflegten Verbesserungen bis Ende 1949 1882 La-9 produziert. Neben dem Einsitzer entstand auch eine unbekannte Zahl La-9 UTI Trainigs-Doppelsitzer. Um an die Geschwindigkeit eines Jets heranzukommen experimentierte man mit zwei zusätzlichen Pulstrahltriebwerken und mit zwei Ramjets unter den Flügeln – es bleib aber beim Versuch. Technisch nahezu identisch war die La-11 (Zeichnung), die zu einem Langstrecken-Begleitjäger für Bomber weiterentwickelt werden sollte. Der aus der La-9 abgeleitete Prototyp La-134 war nur mit 3 Maschinenkanonen bewaffnet, hatte größere Tanks und eine Funknavigationsanlage. Optionale Wingtiptanks sollten die Reichweite erhöhen. Angeblich besaßen einige La-11 zur Enteisung heizbare Flügelvorderkanten. Der Prototyp flog im Mai 1947. Sie ging als La-11 im selben Jahr in Produktion und bis 1951 wurden 1232 Flugzeuge ausgeliefert. Schnell stellte sich jedoch heraus, dass durch die zusätzliche Ausrüstung und Kraftstoff die Leistungen nur der La-9 entsprachen und dass sie für Abfangmissionen über 7000 m ungeeignet war.

Bemerkungen: NATO-Code La-9 *Fritz*, La-11 *Fang*. Die beiden Tiefdecker gehörten zu den letzten produzierten Kolbenmotor-Jagdflugzeugen nach dem Zweiten Weltkrieg, brachten aber keinen wirklichen Leistungssprung mehr und wurden mit Erscheinen der ersten Düsenjäger schon 1952 wieder aus dem Dienst genommen. 129 La-9 und 163 La-11 wurden nach China exportiert, die sie bis 1966 betrieb. Eine unbekannte Zahl erhielt Nordkorea von beiden Typen, die im Koreakrieg intensiv und angeblich auch erfolgreich u. a. gegen US-Bomber und Transportflugzeuge eingesetzt wurden. Gegen hochfliegende B-29 waren sie mit ihren höhenuntauglichen Motoren aber nahezu chancenlos.

Eine flugfähige LA-9 findet man im Military Aviation Museum, Virginia Beach, USA. Eine La-11 im Beijing Aviation Museum, Beijing, China.

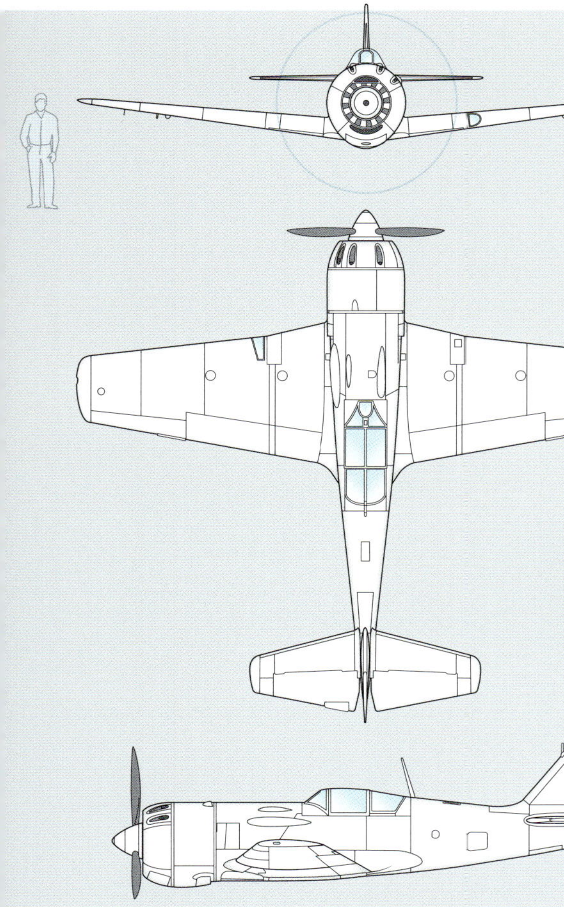

Lawotschkin La-11
Spannweite: 9,80 m
Länge: 8,62 m
Höhe: 3,47 m
Flügelfläche: 17,6 m²

Besatzung: 1
Triebwerk: (La-9/11) Ein luftgekühlter 14-Zylinder-Doppelsternmotor Schwezow ASh-82 FN mit 1360 kW (1850 PS) Startleistung.
Leistungen: (La-9/11) Höchstgeschwindigkeit 690/874 km/h, Dienstgipfelhöhe 10 800/10 250 m, Reichweite 1735/2235 km.
Gewichte: (La-9/11) Leermasse 2638/2770 kg, Abflugmasse 3425/3730 kg, maximale Abflugmasse 3676/3996 kg.
Bewaffnung: (La-9/11) Vier MKs über dem Motor/drei MKs über dem Motor.

Lawotschkin La-15

Ursprungsland
Sowjetunion
Kategorie
Jagdflugzeug

Entwicklung: Gleich nach Ende des Zweiten Weltkriegs begann die Sowjetunion mit der Entwicklung düsengetriebener Flugzeuge auf Basis der erbeuteten deutschen Antriebe, die jedoch eine sehr kurze Betriebsdauer hatten. Erst mit dem Kauf

Von einer zweisitzigen La-15 UTI existierten nur zwei Prototypen.

und Nachbau des britischen Rolls-Royce Derwent-Triebwerks waren leistungsfähigere Jets möglich und Lawotschkin entwickelt in Konkurrenz zur MiG-15 die La 168, deren Weiterentwicklung La-174 anfang Januar 1948 erstmals flog. Der in Halbschalen-Ganzmetallbauweise hergestellte Schulterdecker mit Druckkabine wurde einem Werkstestprogramm unterzogen und schließlich von den Militärs gegen die fast gleichwertige MiG-15 getestet. Die kurze Entwicklungszeit brachte einige Mängel, vor allem was die Flugstabilität anbelangt, mit sich, die teilweise behoben werden konnten. Parallel dazu wurde die Serienfertigung vorbereitet und im Dezember 1948 nahm man die erste von 650 bestellten Serienmaschinen in Betrieb. Ständige Verbesserungen während der Produktion verzögerten die Auslieferung der ohnehin schon aufwendig herzustellenden Maschine, im Gegensatz zur MiG-15, die wesentlich einfacher konstruiert war und in Großserie produziert werden konnte. Die Fertigung der ausschließlich von der Sowjetunion genutzten La-15 wurde deshalb nach vermutlich 235 Maschinen im August 1949 eingestellt.

Bemerkungen: NATO-Code: *Fantail*. Wie bei nahezu allen strahlgetriebenen Nachkriegs-Jagdflugzeugen mit gepfeilten Tragflächen, kämpfte auch Lawotschkin mit aerodynamischen Problemen, die nahe der Schallgrenze auftraten. Der wendige Jet mit guten Steigleistungen war zwar bei seinen Piloten beliebt, kam aber leicht ins Trudeln und in unkontrollierbare Flugzustände. Dazu kamen Qualitätsprobleme in der Serienproduktion, die immer wieder zu Unfällen führten. Alleine in den ersten Einsatzwochen gingen vier La-15 durch Abstürze verloren. Trotz angeblich etwas besserer Leistungen als die MiG-15 war die La-15 kein Erfolg. Die Produktion war zu komplex und politische Entscheidungen zugunsten der MiG-15 gaben den Rest.

Eine La-15 steht im Zentralen Museum der Luftstreitkräfte der Russischen Föderation in Monino bei Moskau.

Besatzung: 1
Triebwerk: Ein Zentrifugal-Strahltriebwerk Klimow RD-500 mit 1590 kp maximalem Schub.
Leistungen: Höchstgeschwindigkeit 1025 km/h in 5000 m, Steigzeit auf 5000 m 3 min 6 sec, Dienstgipfelhöhe 13 700m, Reichweite 1170 km.
Gewichte: Leermasse 2575 kg, Abflugmasse 3830 kg.
Bewaffnung: Drei Maschinenkanonen im Bug.

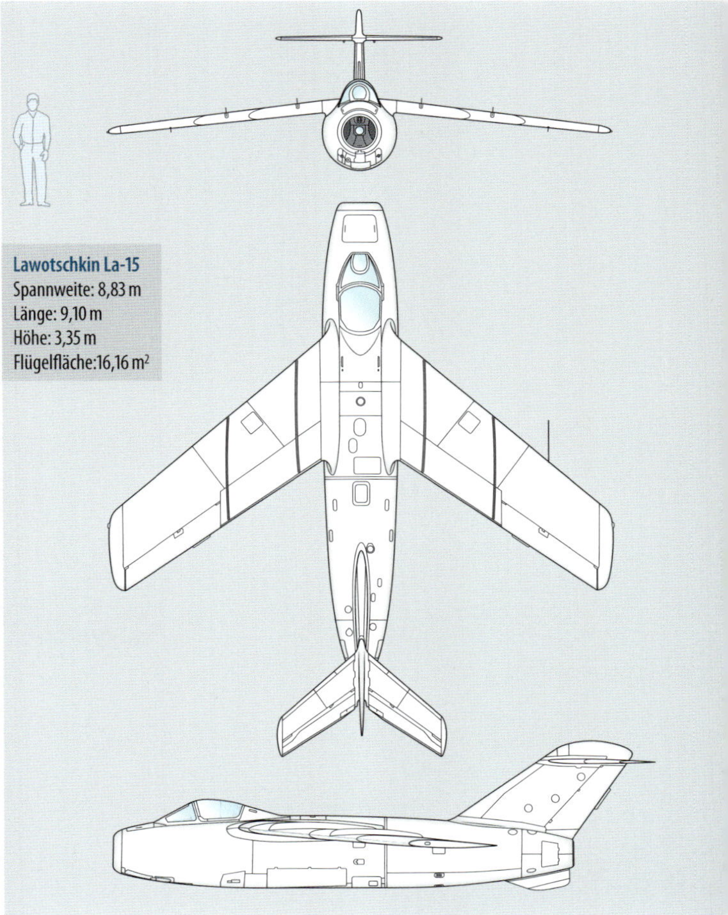

Lawotschkin La-15
Spannweite: 8,83 m
Länge: 9,10 m
Höhe: 3,35 m
Flügelfläche:16,16 m²

Lissunow Li-2

Ursprungsland
Sowjetunion
Kategorie
Passagier- und Transportflugzeug

Entwicklung: Nach dem Kauf von Douglas DC-2 und 21 DC-3 für die Aeroflot erwarb die Sowjetunion 1936 die Lizenzrechte zum Bau der Maschine. Eine Anpassung der Konstruktion an das metrische System, eine etwas geringere Spannweite und leistungsschwächere russische Sternmotoren führten neben vielen kleineren Änderungen zum Serienbau der in Ganzmetallbauweise hergestellten PS-84 als Verkehrsflugzeug für 14 – 28 Passagiere. Es war aber schon 1936 geplant, das Flugzeug für das Militär anzupassen. Mit Kriegsbeginn 1941 waren 237 zivile PS-84 fertiggestellt und die Produktion wurde kriegsbedingt in das östlichere Taschkent ausgelagert. Nun wurde die Li-2 genannte Maschine in Großserie produziert. Als Standard-Transportflugzeug der sowjetischen Streitkräfte flog sie in zahlreichen Versionen bewaffnet und unbewaffnet, als Transporter, Ambulanzflugzeug, Fallschirmabsetzer, Tag- und Nachtbomber und Wetterflugzeug. Es gab VIP-Transporter, Radar-Ausbildungsflugzeuge, Minensucher, Fotoaufklärer, Sprühflugzeuge usw.

Gebaut wurden bis 1952 je nach Quelle 4937 oder 6157 Flugzeuge.

Bemerkungen: NATO-Code: *Cab*. Wie die von Douglas konstruierte DC-3/C-47 für die USA, war für Japan der Nachbau L2D und für die Sowjetunion die lizenzierte Li-2 eines der wichtigsten militärischen Transportflugzeuge. Sie bewährten sich auch in extremen russischen Wintern als zuverlässige und unverwüstliche militärische Transporter und als Kurz- und Mittelstreckenpassagierflugzeuge der Aeroflot. Nach Kriegsende 1945 sind viele Militärmaschinen zurückgerüstet worden. Sie wurden in großer Zahl auch an andere Ostblock-Staaten abgegeben, um dort zivil oder militärisch eingesetzt zu werden. Angeblich sind die robusten Flugzeuge bis in die 1980er-Jahre in China und Nordvietnam geflogen worden und in Nordkorea vermutlich bis heute.

Zahlreiche Li-2 sind in Museen der östlichen Nachbarländer und China zu finden. Eine flugfähige Li-2 wird in Ungarn betrieben.

Eine Lissunov Li-2 steht im Beijing Civil Aviation Museum, China.

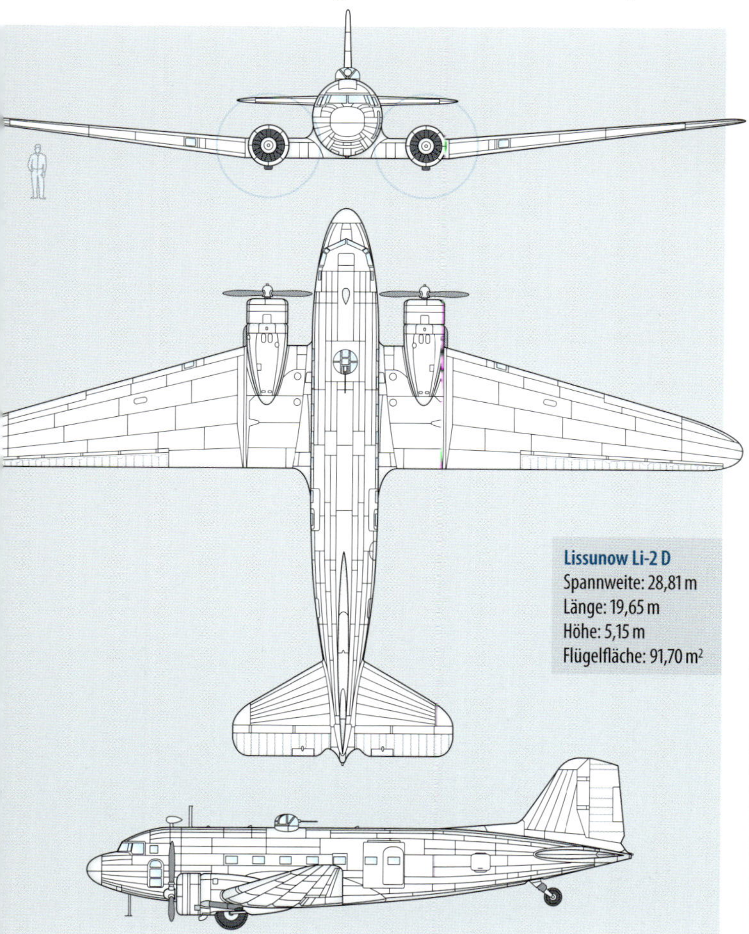

Lissunow Li-2 D
Spannweite: 28,81 m
Länge: 19,65 m
Höhe: 5,15 m
Flügelfläche: 91,70 m²

Besatzung: 4 – 6
Triebwerke: Zwei luftgekühlte 9-Zylinder-Sternmotoren Schwezow ASch-62IR mit ca. 746 kW (1014 PS) Startleistung und 634 kW (862 PS) Dauerleistung.
Leistungen: Höchstgeschwindigkeit 270 km/h, Reisegeschwindigkeit 240 km/h, Dienstgipfelhöhe 5600 m, Reichweite maximal 2200 km.
Gewichte: Leermasse 7650 kg, maximale Abflugmasse 11 700 kg
Bewaffnung: (D) Je nach Einsatzzweck ein MG im Waffenstand auf dem Rumpfrücken. Li-2 WW als Bomber: Je ein MG im Bug und im Waffenstand auf dem Rumpfrücken, zwei MGs seitlich am Rumpfende und bis zu 1000 kg (maximal 2000 kg) Bomben als Außenlast oder im Frachtraum.

Mikojan-Gurewitsch MiG-9

Ursprungsland
Sowjetunion
Kategorie
Jagdflugzeug

Entwicklung: Mit erbeuteten und nachgebauten deutschen Strahltriebwerken wurden in der Sowjetunion die ersten Jets ausgerüstet. So auch die Prototypen I-260 mit zwei BMW 003-Triebwerken unter den Tragflächen und die I-300, die schließlich ab Juni 1945 zur MiG-9 fortentwickelt wurde. Der in Ganzmetallbauweise konstruierte Mitteldecker mit beiden Turbinen im Rumpf, hatte den Vorteil, dass bei Triebwerksausfall keine große Schubassymetrie auftrat. Noch am selben Tag, aber vor dem Konkurrenzmuster Jak-15 (S. 110), hob die MiG-9 im April 1946 ab. Der erste Prototyp stürzte im Juli 1946 bei einer Vorführung ab. Die beiden anderen Prototypen wurden während der unter großem Zeitdruck stehenden Erprobung immer wieder verbessert, denn parallel liefen bereits die Vorbereitungen zur Serienfertigung und schon im Oktober 1946 rollten die ersten Maschinen aus den Hallen, mit denen auch sofort die Einsatzerprobung begann. Dabei wurden noch erhebliche Mängel aufgedeckt: Feuerte man alle Kanonen ab, fielen die Triebwerke aus, fehlende Bremsklappen und ein Schleudersitz wurden angemahnt und die geringe Lebensdauer der Triebwerke von anfangs 10 Stunden, die aber auf 75 gesteigert werden konnte. In mehreren Schritten versuchte man die Flugleistungen der MiG-9 zu steigern, aber bereits Ende 1947 war klar, dass mit der MiG-15 ein deutlich besseres Flugzeug bereitstand, so dass alle weiteren MiG-9-Projekte beendet wurden. Man fuhr die Produktion zurück, bis sie schließlich 1948 ganz eingestellt wurde. Auch an einem Doppelsitzer MiG-9 UTI wurde Ende 1946 gearbeitet, der jedoch nicht in Serie ging, sondern nur zur Erprobung von Schleudersitzen genutzt wurde. Bereits 1950 wurden die Zweistrahler ausgemustert und 372 davon an China abgegeben.

Je nach Quelle wurden 602 oder 598 MiG-9 ausgeliefert.

Bemerkungen: NATO-Code *Fargo*. Wie bei der Jak-15, waren auch die Konstrukteure von Mikojan starkem politischen Druck ausgesetzt, um in möglichst kurzer Zeit einen Jet auf die Beine zu stellen, der die Leistungsfähigkeit der sowjetischen Industrie in der Nachkriegszeit beweisen sollte. Wie bei Jakowlew griff man mangels eigener Entwicklungen auf erbeutete deutsche Forschungsergebnisse und BMW-Triebwerke zurück, die kopiert und in Serie produziert wurden, was aber mangels Know-How offensichtlich zu Problemen führte. So kann man die MiG-9 nur als eine unter enormem Druck und in Eile entstandene Übergangslösung sehen, die mit all ihren Mängeln aber trotzdem ein wichtiger Schritt auf dem Weg zu den kommenden sowjetischen Eigenentwicklungen wie z. B. MiG-15, 17 und 19 war.

Eine MiG-9 steht im Zentralen Museum der Russischen Luftwaffe in Monino bei Moskau.

Besatzung: 1
Triebwerke: Zwei Axialstrahltriebwerke RD-20 mit je 7,8 kN Schub.
Leistungen: Höchstgeschwindigkeit 910 km/h in 5000 m Höhe, Steigzeit auf 10 000 m 10 min 48 sec, Dienstgipfelhöhe 13 000 m, Reichweite maximal 800 km.
Gewichte: Leermasse 3533 kg, Abflugmasse 4988 kg.
Bewaffnung: Drei Maschinenkanonen im Bug.

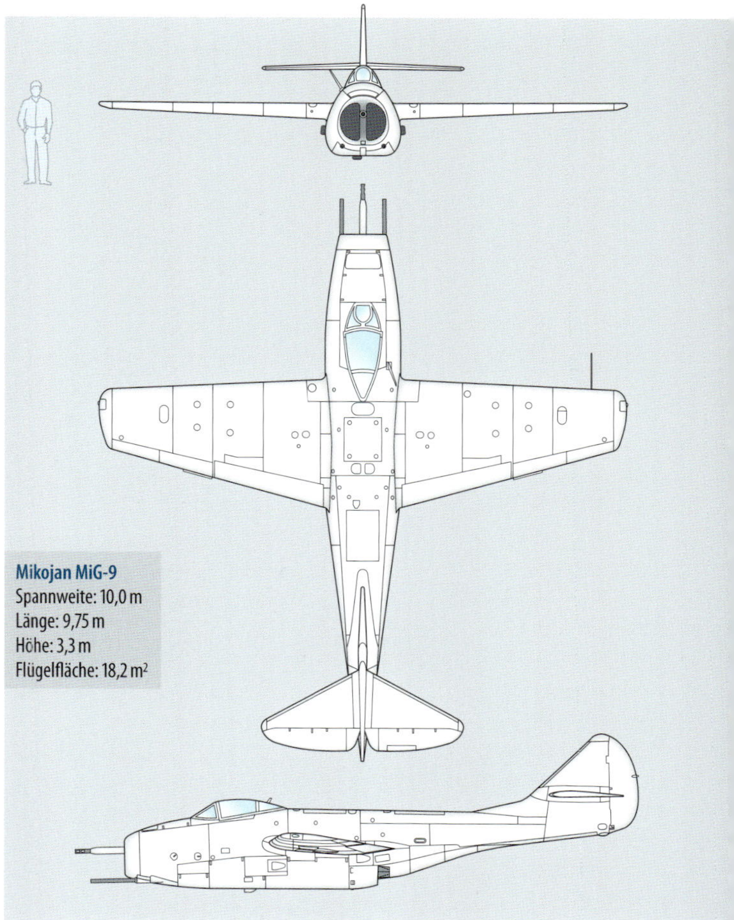

Mikojan MiG-9
Spannweite: 10,0 m
Länge: 9,75 m
Höhe: 3,3 m
Flügelfläche: 18,2 m²

Mikojan-Gurewitsch MiG-13

Ursprungsland
Sowjetunion
Kategorie
Jagdflugzeug

Entwicklung: Da Jet-Antriebe um 1944 in der Sowjetunion eher experimentellen Charakter hatten, man aber den deutschen Jets etwas entgegensetzen wollte, wurde von den Militärs ein Hochleistungsjäger mit Mischantrieb gefordert, der aus einem herkömmlichen Kolbenmotor und einen VDRK-Motorjet, der seit 1942 in der Entwicklung war, bestand. Mikojan entwickelte daraufhin die I-250, ein konventioneller Ganzmetall-Tiefdecker, der 810 km/h-Höchstgeschwindigkeit in 7000 m Höhe erreichen sollte. Im Oktober 1944 wurde ein Mock-up inspiziert und nach einigen Änderungen im Februar 1945 ein Prototyp fertiggestellt, der Anfang März erstmals flog. Mit VDRK erreichte der Jäger im April 1945 710 km/h. Im Juli 1945 wurden 10 Vorserienflugzeuge in Auftrag gegeben, obwohl die Konstrukteure noch mit zahlreichen Problemen kämpften. Weitere 50, jetzt als MiG-13 bezeichnete Tiefdecker, wurden im Februar 1946 bestellt. Aber erst im Oktober 1946 konnte MiG, mangels Motoren, die ersten 10 Vorserienflugzeuge ausliefern. Staatliche Versuche, bei denen man nahezu 825 km/h erreichte, aber nur sechs Flüge absolviert hatte, zogen sich bis Januar 1948 hin. Schließlich stellte man im April 1948 die Tests wegen zahlreicher Mängel und Konstruktionsfehler ein.

Je nach Quelle wurden 8, 10 oder vermutlich auch rund 50 Flugzeuge gebaut.

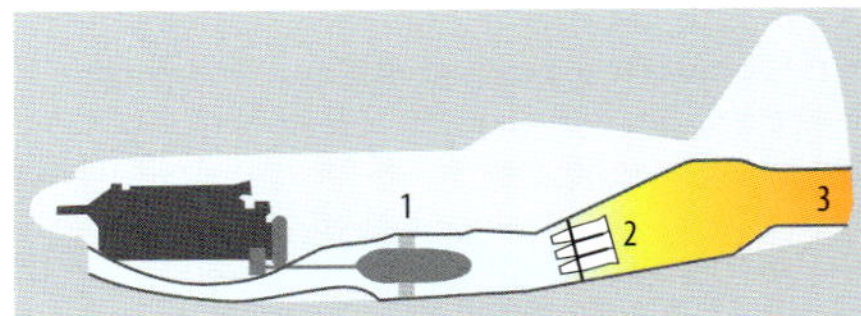

Beim VDRK-Antrieb wird ein Kompressor (1) vom Motor angetrieben und im Brennraum (2) eingespritzter Kraftstoff entzündet, der über eine variable Düse (3) zusätzlichen Schub erzeugt. Wegen thermischer Probleme war der Betrieb allerdings auf 10 min beschränkt.

Bemerkungen: Gegen Ende des Zweiten Weltkrieges wusste man auch in der Sowjetunion von den Jet-Programmen der Deutschen, Briten und Amerikaner und versuchte Schritt zu halten. Obwohl als zwischenzeitliche Lösung die MiG-13 wesentlich schneller als damalige Propellerflugzeuge flog, war rasch klar, dass der Mischantrieb keine entscheidenden Vorteile brachte und reinen Düsenflugzeugen die Zukunft gehörte. Als die Herstellung der technisch komplexen MiG-13 schließlich 1948 beendet wurde, waren schon leistungsfähigere Düsenflugzeuge wie die MiG-9 und 15 in der Produktion.

Es wird von keiner erhaltenenMiG-13 berichtet.

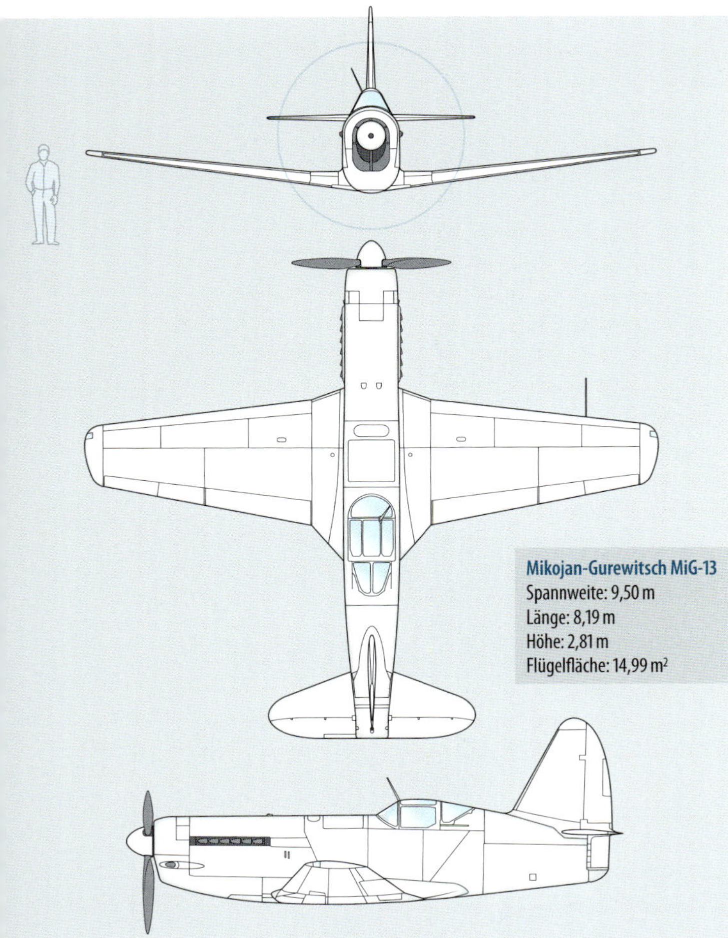

Mikojan-Gurewitsch MiG-13
Spannweite: 9,50 m
Länge: 8,19 m
Höhe: 2,81 m
Flügelfläche: 14,99 m²

Besatzung: 1
Triebwerke: Ein flüssigkeitsgekühlter V-12 Zylinder-Motor Klimow VK-107R mit 1213 kW (1650 PS) und ein VRDK-Motorjet (Vozdushno-Reaktivny Dvigatel Kompressor), die zusammen 2560 PS erzeugten.
Leistungen: Höchstgeschwindigkeit 820 km/h, in Bodennähe 680 km/h, Dienstgipfelhöhe 11 900 m, Reichweite ca. 790 km.
Gewichte: Leermasse 2797 kg, Abflugmasse 3650 kg.
Bewaffnung: Eine Maschinenkanone durch die Propellernabe, zwei Maschinenkanonen neben dem Motor.

Mikojan-Gurewitsch MiG-15

Ursprungsland
Sowjetunion
Kategorie
Jagdflugzeug, Jagdbomber

Entwicklung: Die mit Jet-Antrieben schon erfahrenen Konstruktionsbüros Mikojan, Lawotschkin und Jakowlew erhielten im März 1946 den Auftrag, ein Jagdflugzeug mit Pfeilflügeln zu entwickeln. Bereits im Dezember 1947 flog der erste Mikojan-Prototyp I-310, dessen Erprobung relativ problemlos verlief, dabei aber auch zeigte, dass die MiG-15 zum Trudeln neigte und bei hohen Geschwindigkeiten schwer zu beherrschen war. Rasch begann die Serienfertigung, so dass im Oktober 1948 die ersten Maschinen an die Streitkräfte ausgeliefert werden konnten. Der in Ganzmetall-Schalenbauweise hergestellte Jet, der sich auch für unbefestigte Pisten eignete, war mit dem RD-45, einem Nachbau des britischen Rolls-Royce Nene motorisiert, das später durch ein verbessertes RD-45 F ersetzt wurde, zu dessen Wartung das komplette Heck abgezogen werden konnte. Parallel dazu entwickelte Mikojan den Schulungszweisitzer MiG-15 UTi. Mit einem überarbeiteten RD-45, dem Klimow WK-1, flog die MiG-15 bis erstmals im September 1949 und zeigte nun deutlich bessere Leistungen. Neben zahllosen Versuchsmustern, die nicht in Serie gingen, wurden Abfangjäger, Fotoaufklärer, Jagdbomber und Erdkampfflugzeuge entwickelt und in großer Zahl produziert. Auch ein zweisitziger Abfangjäger mit Radar im modifizierten Bug gehörte dazu. China baute eine unbekannte Zahl MiG-15 als J-1 und Doppelsitzer als JJ-2, Polen lizenzierte und stellte mehrere Varianten unter der Bezeichnung LIM-1 und 2 her und die Tschechoslowakei ein- und zweisitzige MiG-15 unter der Bezeichnung S-102 und S-103.

Vermutlich wurden über 18 000 MiG-15 aller Varianten ausgeliefert.

Bemerkungen: NATO-Code *Fagot*. Mit der MiG-15 bewiesen die sowjetischen Konstrukteure, dass sie in der Lage waren, ein in Geschwindigkeit und Feuerkraft deutlich überlegenes Jagdflugzeug zu entwickeln und in Großserie zu bauen. Dies zeigte sich vor allem zu Beginn des Koreakriegs, in dem die USA mit ihren Propellermaschinen und frühen Jets das Nachsehen hatten und erst später mit der F-86 Sabre (S. 207) gleichziehen konnten. In sehr großen Stückzahlen produziert, war die MiG-15 auch ein kommerzieller Erfolg. So flogen die robusten und einfach zu wartenden Jets in nahezu 40 Ländern Europas, Asiens, Afrikas und Mittel- und Südamerikas, zum Teil bis in die 1970er-Jahre.

In zahlreichen Museen weltweit sind MiG-15 zu finden. Eine steht z. B. im Luftfahrtmuseum Laatzen-Hannover. Weltweit sind noch etliche flugfähig. Eine MiG-15 UTI fliegt z. B. bei der Norwegian Air Force Historical Squadron in Rygge, Norwegen.

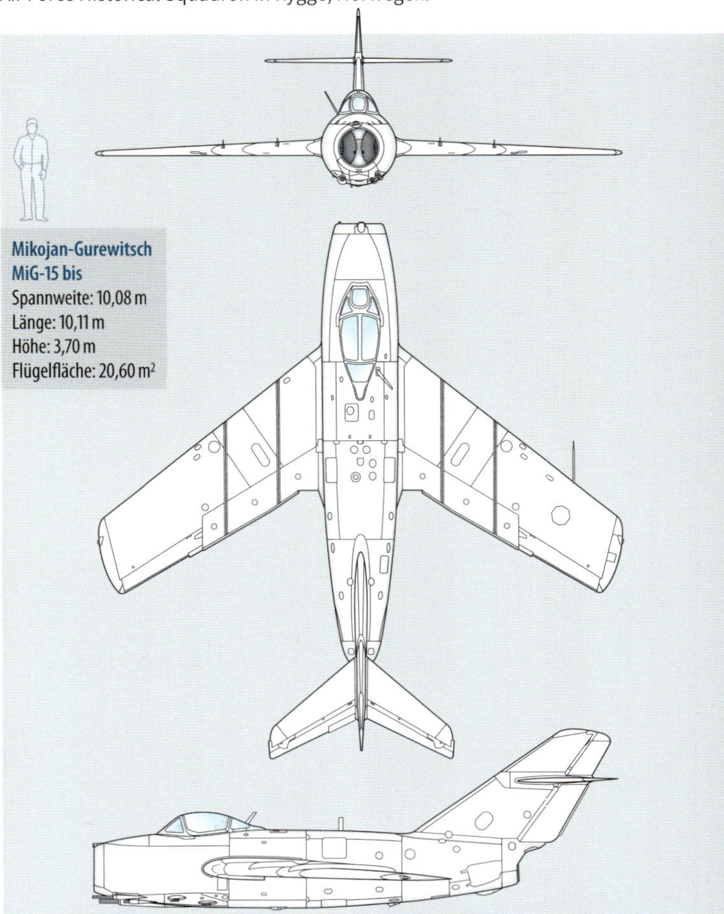

Mikojan-Gurewitsch MiG-15 bis
Spannweite: 10,08 m
Länge: 10,11 m
Höhe: 3,70 m
Flügelfläche: 20,60 m²

Besatzung: 1
Triebwerk: (MiG-15 bis) Ein Radialstrahltriebwerk Klimow WK-1 mit 26,47 kN Schub.
Leistungen: (MiG-15 bis) Höchstgeschwindigkeit 1076 km/h, Dienstgipfelhöhe 15 500 m, Reichweite 1200 km, Überführungsreichweite 1976 km.
Gewichte: (MiG-15 bis) Leermasse 3582 kg, Abflugmasse 4960 kg, maximale Abflugmasse 6105 kg.
Bewaffnung: (MiG-15 bis) Drei Maschinenkanonen unterschiedlichen Kalibers im Bug, maximal 200 kg Außenlasten an zwei Stationen.

Mikojan-Gurewitsch MiG-17

Ursprungsland
Sowjetunion
Kategorie
Jagdflugzeug, Jagdbomber

Entwicklung: Um die aerodynamischen Mängel der MiG-15 zu beheben, wurde im Januar 1949 ein Team beauftragt, zusammen mit dem Forschungsinstitut ZAGI einen dünneren Flügel mit geänderter Pfeilung zu entwickeln, der den Hochgeschwindigkeitsbereich beherrschbar machte. Basierend auf einer MiG-15-Zelle, wurde ein Prototyp mit verlängertem Rumpf gebaut. Im Januar 1950 hob er erstmals ab, ging aber schon im März während eines Testflugs verloren. Weitere zwei Prototypen wurden hergestellt und nach Tests, die bis Oktober 1951 andauerten, wurde die Maschine auch bis Mach 1,03 zugelassen. Schon im August 1951 hatte man die Serienfertigung als MiG-17 in sechs Werken angeordnet. Die Rumpfkonstruktion mit gepanzerter Druckkabine und Schleudersitz wurde weitgehend von der MiG-15 übernommen, die Flügel waren neu. Neben zahlreichen experimentellen Varianten wurden die Großserien MiG-17 F als Mehrzweck-Jagdflugzeug mit Nachbrenner ausgeliefert, die MiG-17 PF als Allwetterjäger mit Bugradar und die MiG-17 PFU als Allwetterjäger mit reiner Raketenbewaffnung.

Von allen Ausführungen produzierte die Sowjetunion 10 367 Flugzeuge. Polen baute 540 als LIM 5 und 6 in diversen Varianten als Jagdflugzeug, Aufklärer, Erdkämpfer und China 1827 als Shenyang J-5 und die PF als J-5 A.

Bemerkungen: NATO-Code *Fresco*. Schon während der Truppeneinführung zeigte sich, dass der

Ein allwettertauglicher Tag- und Nachtjäger MiG-17 PF mit modifiziertem Bug für das RP-1 Radar, das zwei Radome benötigte.

Nachfolger der MiG-15 mit besseren Leistungen deutlich einfacher zu fliegen war, allerdings mit höherer Startmasse und längerer Startstrecke. Die Nähe zur MiG-15 ermöglichte den Umstieg der Piloten ohne einen Schuldoppelsitzer. Auch die MiG-17 war ein Verkaufserfolg für alle drei Produzenten. So wurde das Flugzeug in über 40 Staaten exportiert und war damals bei allen größeren kriegerischen Auseinandersetzungen beteiligt und konnte vor allem im Vietnamkrieg mit ihrer Kanonenbewaffnung und hohen Wendigkeit gegen US-Flugzeuge Erfolge verbuchen.

Neben einigen noch fliegenden Exemplaren gibt es zahllose Museumsexemplare. Eine MiG-17 PF steht z. B. im Militärhistorischen Museum Gatow, Berlin, eine F in der Flugausstellung Hermeskeil.

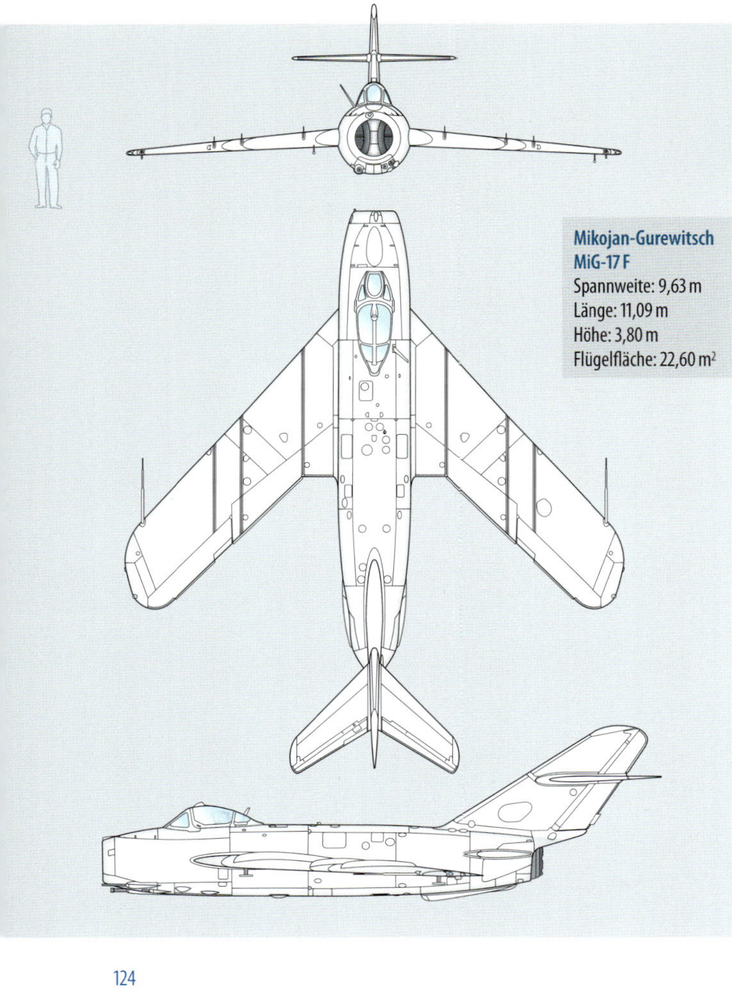

Mikojan-Gurewitsch MiG-17 F
Spannweite: 9,63 m
Länge: 11,09 m
Höhe: 3,80 m
Flügelfläche: 22,60 m²

Besatzung: 1
Triebwerk: (F) Ein Radialstrahltriebwerk Klimow WK-1 F mit 25,69 kN ohne und 33,15 kN Schub mit Nachbrenner.
Leistungen: (F) Höchstgeschwindigkeit 1145 km/h in 3000 m, Dienstgipfelhöhe 16 600 m, Steigzeit auf 5000 m 3 min, Reichweite 1080 km, mit Zusatztanks 1980 km.
Gewichte: (F) Leermasse 3920 kg, Abflugmase 5345 kg, maximale Abflugmasse 6075 kg.
Bewaffnung: (F) Drei Maschinenkanonen unterschiedlichen Kalibers im Bug, maximal 500 kg Außenlasten an zwei Stationen.

Mikojan-Gurewitsch MiG-19

Ursprungsland
Sowjetunion
Kategorie
Jagdflugzeug

Entwicklung: Um endlich zu einem Überschall-Abfangjäger zu gelangen, begann Mikojan 1951 mit einer auf zwei Triebwerke umgebauten MiG-15, der SM-1, zu experimentieren. Aber erst mit der SM-2, mit längerem Rumpf und neuen Tragflächen wurde dieses Ziel nach etlichen weiteren Modifikationen und dem Einbau der RD-9-Triebwerke erreicht. Im Januar 1954 hob der nun SM-9 genannte Jet erstmals ab. Vorserienflugzeuge durchliefen anschließend die Erprobung bis September 1954. Nach der bereits im Februar 1954 genehmigten Serienproduktion wurden schon im März 1955 die ersten MiG-19 ausgeliefert. Das Jagdflugzeug mit extrem gepfeilten Tragflächen wurde in Schalenbauweise hergestellt und hatte zwei im Heck nebeneinander liegende Triebwerke, der Pilot saß in einer gepanzerten Druckkabine. Die MiG-19 wurde in zahlreichen Varianten ausgeliefert. Mit 2120 Exemplaren erreichte der Abfangjäger MiG-19 S, den ein Pendelhöhenruder auszeichnete, die größte Stückzahl. Ausgeliefert wurden Jagdbomber (SW), Aufklärer (R), mit Raketen bewaffnete Abfangjäger (PPN), die teilweise nur in kleiner Zahl gebaut wurden, wie z. B. der leichte Höhenjäger PM, der eigentlich die US-Aufklärer U-2 (S. 193) abfangen sollte. In Polen flogen sie als Lim-7 und in der CSSR als S-105.

Vermutlich baute die Sowjetunion von 1955 bis 1959 ca. 2500 MiG-19. Mit ca. 4500 Shenyang J-6 produzierten und exportierten chinesische Fabriken bis 1986 weitaus mehr MiG-19, und entwickelten sie noch weiter bis zur Nanchang Q-5.

Bemerkungen: NATO-Code *Farmer*. Die MiG-19 gehörte zu den ersten in Serie gebauten Überschalljagdflugzeugen, war aber angeblich bei hohen Geschwindigkeiten nicht so problemlos zu fliegen wie die MiG-17. Stets von technischen Problemen geplagt, vor allem mit Überhitzung der beiden eng aneinanderliegenden Triebwerke, war die Unfallrate entsprechend hoch und führte zu Einschränkungen im Betrieb. In der Sowjetunion und in anderen Staaten, wurde sie deshalb relativ schnell wieder außer Dienst gestellt und an befreundete Staaten abgegeben. Denn die weitaus leistungsfähigere MiG-21 stand schon 1959 in den Startlöchern. MiG-19 wurde von fast allen Warschauer Pakt-Staaten geflogen, darunter auch die DDR, ebenso von Staaten in Afrika, im Nahen und Fernen Osten. China exportierte u. A. nach Nordkorea, Pakistan und Albanien. Vietnam z. B. setzte ihre chinesischen J-6 angeblich erfolgreich gegen die schweren und weniger wendigen amerikanische F-105 ein.

Neben zahllosen Denkmalsflugzeugen in Osteuropa findet man z. B. eine eine MiG-19 im Prager Luftfahrtmuseum, Kbely, Tschechien.

Besatzung: 1
Triebwerke: (S) Zwei Axialstrahltriebwerke Tumanski RD-9 B mit je 25,5 kN ohne und 31,9 kN Schub mit Nachbrenner.
Leistungen: (S) Höchstgeschwindigkeit 1452 km/h in 10 000 m, Dienstgipfelhöhe 17 500 m, Steigzeit auf 10 000 m 1 min 6 sec, Reichweite 1400 km, mit Zusatztanks 2200 km.
Gewichte: (S) Leermasse 5447 kg, Abflugmasse 7560 kg, maximale Abflugmasse 8832 kg.
Bewaffnung: (S) Drei Maschinenkanonen unterschiedlichen Kalibers im Bug und den Flügelwurzeln, maximal 500 kg Außenlasten an, je nach Typ zwei bis vier Stationen.

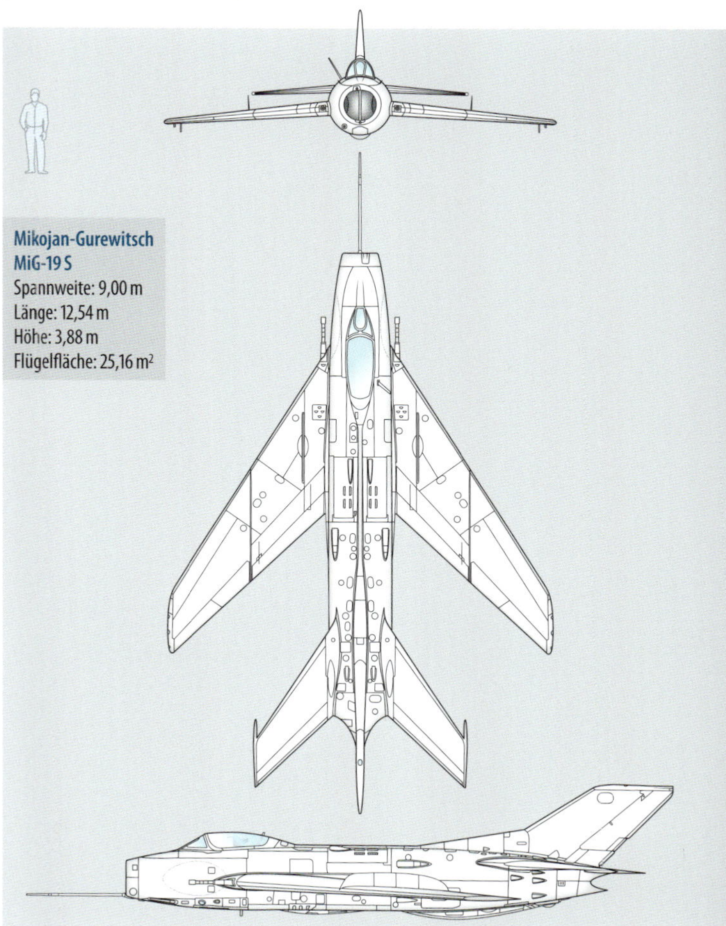

Mikojan-Gurewitsch MiG-19 S
Spannweite: 9,00 m
Länge: 12,54 m
Höhe: 3,88 m
Flügelfläche: 25,16 m²

Mil Mi-1

Ursprungsland
Sowjetunion
Kategorie
Leichter Mehrzweckhubschrauber

Entwicklung: Michail Mil begann Ende 1947 mit der Entwicklung eines leichten Hubschraubers GM-1, dessen erster Prototyp im September 1948 erstmals flog. Nach dem Absturz der ersten und zweiten Versuchsmaschine wurden bis Anfang 1950 mit einem dritten Prototyp die zum Teil schwierigen Testreihen erfolgreich beendet und im Februar 1950 lieferte man eine Vorserie mit 15 Hubschraubern, offiziell Mi-1 genannt, zur Truppenerprobung aus. Der in Ganzmetallbauweise konstruierte Helikopter für Pilot plus zwei Passagiere hatte ursprünglich Metall-Holz-Rotorblätter, in der Serie aber Metallblätter. Ein mit Pressluft startender, gebläsegekühlter Sternmotor und das Getriebe mit Rotormast waren in einem geschweißten Stahlrohrrahmen aufgehängt. Nach einer Demonstration vor Stalin wurde 1951 per Dekret beschlossen die Mi-1 in Großserie zu produzieren und 1952 begann in mehreren Werken die Massenproduktion, die nach zahlreichen Varianten, unter anderem Schul,- Fracht,- Sanitäts und Landwirtschaftshelikopter, erst 1960 endete. 1954 beschloss man in einer staatlichen Abmachung mit Polen, die Produktion zu PZL auszulagern, die schließlich bis 1965 1597 Hubschrauber als SM-1 und 86 SM-2 produzierte, die überwiegend an die Sowjetunion gingen.

Insgesamt lieferten mehrere sowjetische und polnische Werke 2673 Mi-1 aus.

Bemerkungen: NATO-Code *Hare*. Bereits 1951 erhielten die ersten Geschwader Mi-1, die anfangs hauptsächlich zur Ausbildung eingesetzt wurden. Neben der weit verbreiteten militärischen Nutzung in der gesamten UdSSR wurde die robuste Mi-1 auch bei Explorationen, von der Aeroflot, der Polizei und von paramilitärischen Gruppen geflogen. Bei militärischen Auseinandersetzungen waren bewaffnete Mi-1 in China, Ägypten, Syrien, Irak, Kuba und im Nordjemen zu finden. Die für die damalige Zeit sehr guten Flugleistungen wurden unter anderem auch durch 27 Weltrekorde unterstrichen. Offiziell legte man die letzte Mi-1 1983 still, aber 1995 waren immer noch rund 150 Mi-1 weltweit im Einsatz und auch heute noch gibt es vereinzelte flugfähige.

Neben zahllosen weltweit verstreuten Museumsexemplaren findet man z. B. eine Mi-1 im Bückeburger Hubschraubermuseum.

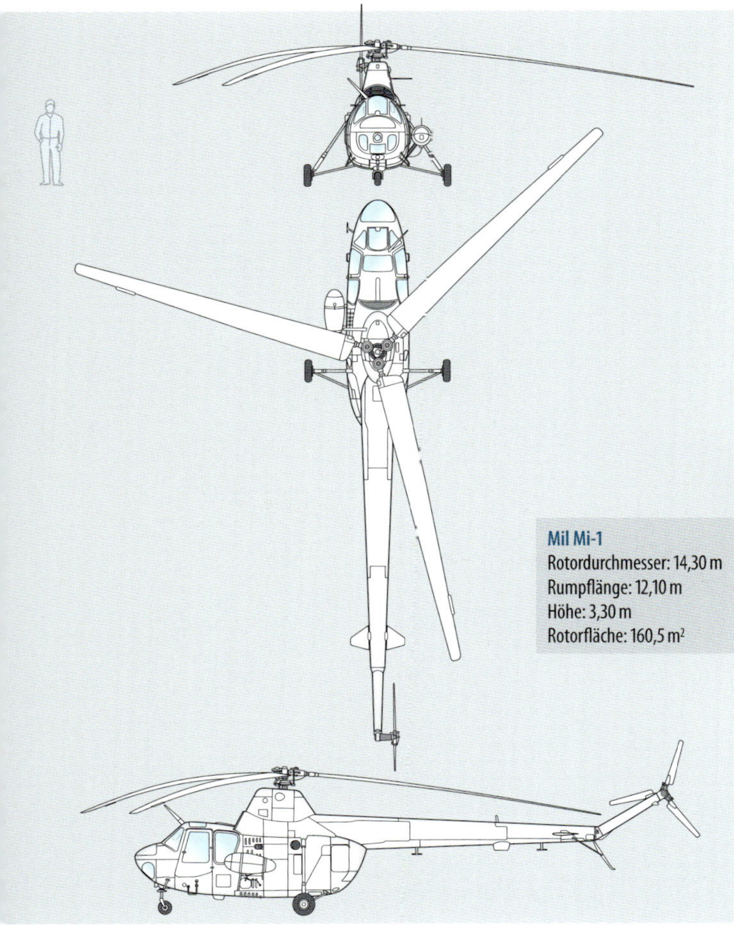

Mil Mi-1
Rotordurchmesser: 14,30 m
Rumpflänge: 12,10 m
Höhe: 3,30 m
Rotorfläche: 160,5 m²

Die PZL SM-2 entstand Ende 1959 aus der Lizenzversion Mi-1 und unterschied sich lediglich durch eine viersitzige Passagierkabine.

Besatzung: 1
Triebwerk: Ein 7-Zylinder-Sternmotor Iwtschenko AI-26 W mit 419 kW (570 PS).
Leistungen: Höchstgeschwindigkeit 185 km/h, Reisegeschwindigkeit 130 km/h, Steigzeit auf 1000 m 4 min 30 sec, Dienstgipfelhöhe 3500 m, Reichweite 430 km.
Gewichte: Leermasse 1798 kg, Abflugmasse 2265 kg.

Mil Mi-4

Ursprungsland
Sowjetunion
Kategorie
Mehrzweckhubschrauber

Entwicklung: US-Hubschraubereinsätze im Koreakrieg zeigten der Sowjetunion, dass sie mit mittelschweren Hubschraubern im Rückstand war. Per Regierungsdekret begann deshalb im Oktober 1951 die Entwicklung der Mi-4. Innerhalb eines Jahres konstruierte und baute Mil einen Prototyp, der schon ab April 1952 gefesselte Flüge absolvierte und im Juni 1952 erstmals frei flog. Die Konstruktionsmerkmale entsprachen zwar der Sikorsky S-55 (S. 228), bei der ein Sternmotor im Bug, über eine schräge Welle den über dem Frachtraum liegenden Hauptrotor antreibt. Die Mi-4 war jedoch wesentlich schwerer und leistungsfähiger und konnte über eine Heck-Frachtluke bis zu 16 vollausgerüstete Soldaten oder 8 Tragbahren plus Begleitung in eine geräumige Kabine laden oder bis zu 1600 kg Fracht intern oder extern transportieren. Bereits im Dezember 1952 begann die Serienproduktion und 1953 zusätzlich in einem zweiten Werk. Die Hauptversion Mi-4 A wurde als Transport- und bewaffneter Angriffshubschrauber mit einer MG-Bodenwanne ausgeliefert. Es wurden aber zahlreiche Varianten produziert. Dazu gehörten bewaffnete Angriffshubschrauber mit Flügelstationen für Raketen oder Bomben, Anti-U-Boot-Helikopter mit Suchradar und Torpedos oder Wasserbomben, als Beobachtungs- und Kommandoposten, ECM- und SAR-Versionen und spezielle Varianten für die Arktis. Zivile Hubschrauber setzte man als Passagier-, Transport-, Sanitäts- und Kranhubschrauber, sowie zur Waldbrandbekämpfung und als Sprüh-Heli ein.

In der Sowjetunion wurden von 1952 bis 1968 ca. 3200 Mi-4 ausgeliefert. China produzierte von 1958 – 1979 weitere 545 als Harbin Z-5 s in Lizenz.

Bemerkungen: NATO-Code *Hound*. Der erste mittelschwere Mehrzweckhubschrauber der Sowjetunion war in den Streitkräften und im zivilen Luftverkehr weit verbreitet und gehörte in den 1950-er- und 1960er-Jahren zu den wichtigsten Hubschraubern in den Betreiberländern, zu denen neben den Warschauer Pakt-Staaten über 30 weitere Länder gehörten. Mi-4 sind zu fast allen militärischen Auseinandersetzungen der Sowjetunion herangezogen worden. Durch seine Flexibilität konnte er je nach Bedarf für Transport- und/oder Waffeneinsätze genutzt werden. Erst mit Erscheinen der Turbinenhubschrauber Mil Mi-8 wurden Mitte der 1960er-Jahre Mi-4 außer Dienst gestellt, die letzten wurden aber erste Ende der 1980er-Jahre nach einem schweren Absturz gegroundet. Vermutlich flog Albanien seine Mi-4 noch bis 2005.

Es sind zahlreiche Museumsexemplare in den Betreiberländern erhalten geblieben. Eine Mi-4 findet man z. B. in der Flugausstellung Hermeskeil, aber auch im Flugplatzmuseum Cottbus.

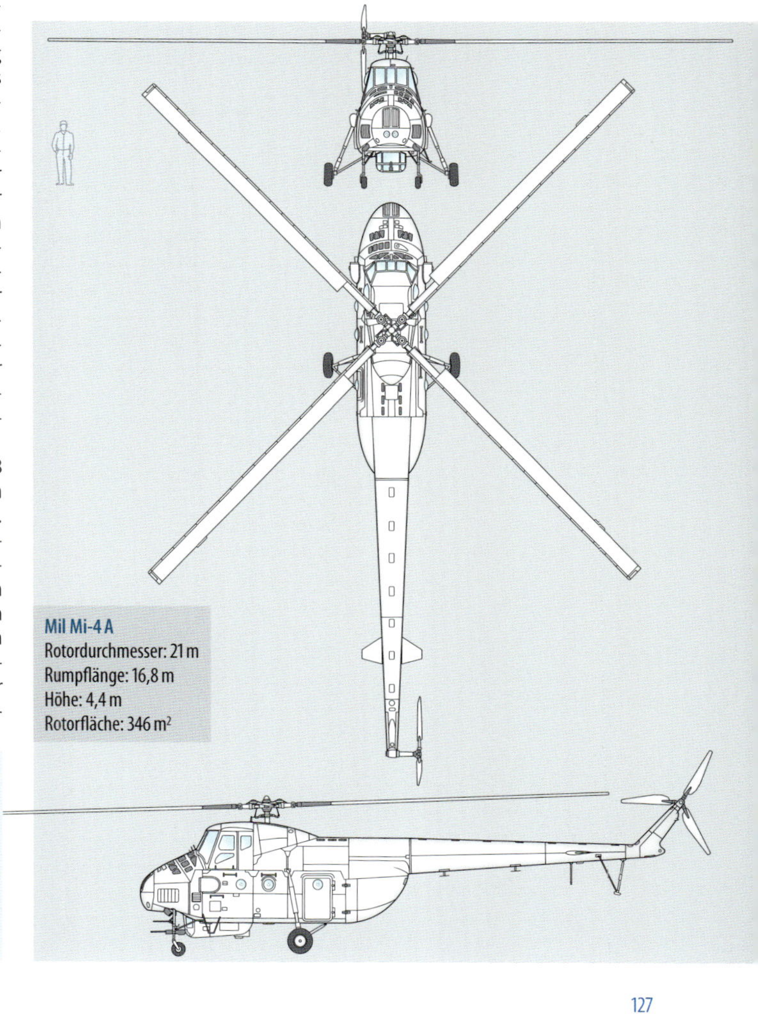

Mil Mi-4 A
Rotordurchmesser: 21 m
Rumpflänge: 16,8 m
Höhe: 4,4 m
Rotorfläche: 346 m²

Besatzung: 1 – 2
Triebwerk: (A) Ein luftgekühlter Schwezow ASH-82 V mit 1235 kW (1680 PS).
Leistungen: Höchstgeschwindigkeit 185 km/h, Reisegeschwindigkeit 140 km/h, Dienstgipfelhöhe 5500 m, Reichweite 410 km, maximal 500 km.
Gewichte: Leermasse 5100 kg, Abflugmasse 7150 kg, maximale Abflugmasse 7550 kg.

Mjassischtschew M-4 / 3M

Ursprungsland
Sowjetunion
Kategorie
Strategischer Bomber

Entwicklung: Um die USA mit einem atomwaffenfähigen Bomber erreichen zu können, benötigte die Sowjetunion einen wesentlich leistungsfähigeren Langstreckenbomber als die Tu-4 (S. 131). Bereits 1951 wurde Mjassischtschew deshalb angewiesen, einen strahlgetriebenen Bomber zu entwickeln. Schon im Januar 1953 hob die erste M-4 ab, die im März 1954 für staatliche Tests übergeben wurde. Ein Jahr darauf begann die Serienproduktion. Die M-4 (Zeichnung) mit ihrem Zentralfahrwerk und Stützrädern, erreichte allerdings nie die vorgegebenen 12 000 km Reichweite. Deshalb wurden Luftbetankungs-Versuche begonnen, für das einige M-4 mit Betankungssonden, Schlauchtrommeln und Tanks im Bombenschacht ausgerüstet wurden. Ab den späten 1950er-Jahren baute man schließlich zahlreiche Maschinen zu unbewaffneten Tankern M-4 II um. Schon 1954 wurde bei der neuen Version 3M eine Betankungssonde am Bug und vier stärkere Dobrynin RD-7-Triebwerke mit je 93,2 kN Schub eingebaut, die wesentlich effizienter waren. Gewichtsreduktion, eine Neugestaltung des Rumpfes und eine größere Spannweite verhalfen schließlich zu mehr Reichweite. Auch von der 3M wurden in den 1970er und 80er-Jahren zahlreiche Exemplare zum Tanker 3MS-2 und 3MN-2 (Bild oben) umgerüstet. Mit einem großvolumigen Behälter auf dem Rumpfrücken und einem Doppelleitwerk flogen drei M-4 als Schwertransporter *Atlant* für Raketentanks.

Vermutlich wurden bis 1963 von beiden Versionen zusammen 125 Exemplare ausgeliefert.

Bemerkungen: NATO-Code *Bison*. Die völlig überraschende Vorstellung von mehreren M-4 auf der Luftparade in Tuschino löste 1954 im Westen die Entwicklung zahlreicher strategischer Bomber aus. Das Flugzeug war jedoch nie in der Lage, Ziele in den USA zu erreichen. Nachdem dies auch den Erbauern klar war, wurde die Produktion eingestellt. M-4 und 3Ms setzte man über Jahrzehnte als strategische Langstreckenbomber, Langstrecken-Seeaufklärer und bei anderen unterstützenden Missionen ein, aber nie bei Kampfhandlungen. Viele baute man schließlich zu Tankern um, als die Tu-22 auch die Seemissionen übernahm. Einige wenige davon blieben bis 1994 in Betrieb, die meisten wurden aber im Rahmen von Abrüstungsverträgen verschrottet. Dass die *Bison* aber trotzdem ein leistungsfähiges Flugzeug war, beweisen zahlreiche internationale Nutzlastrekorde, die in den 1950er-Jahren aufgestellt wurden.

Eine 3M findet man im Zentralen Museum der Luftstreitkräfte in Monino, Russland.

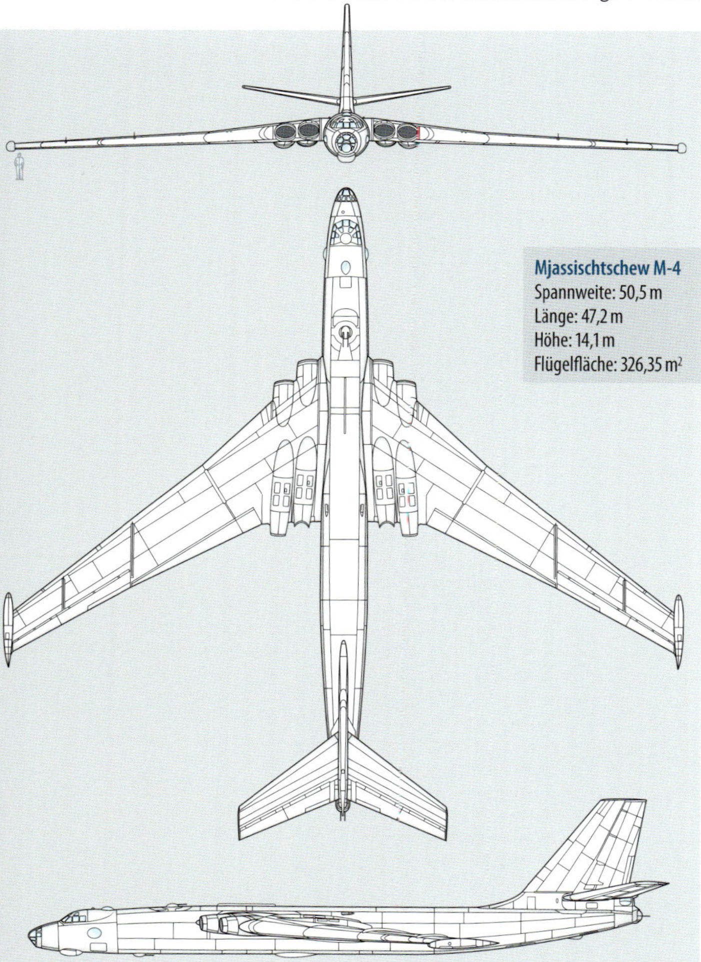

Mjassischtschew M-4
Spannweite: 50,5 m
Länge: 47,2 m
Höhe: 14,1 m
Flügelfläche: 326,35 m²

Besatzung: (M-4) 8
Triebwerke: (M-4) Vier Axialstrahltriebwerke Mikulin AM-3 D mit je 85,6 kN Schub.
Leistungen: (M-4) Höchstgeschwindigkeit 947 km/h, Dienstgipfelhöhe 11 000 m, Reichweite 5600 km, Überführungsreichweite 8100 km.
Gewichte: (M-4) Leermasse 79 700 kg, Abflugmasse 138 500 kg, maximale Abflugmasse 181 500 kg.
Bewaffnung: (M-4) Neun oder sechs ferngesteuerte MKs in Geschütztürmen, normal 9000 kg, maximal 24 000 kg nukleare oder konventionelle Bomben oder vier Langstreckenraketen.

Suchoi UTB-2

Ursprungsland
Sowjetunion
Kategorie
Bomber-Schulflugzeug

Entwicklung: Gegen Ende des Zweiten Weltkrieges und in den ersten Jahren danach war die Tu-2 (S. 130) einer der wichtigsten mittelschweren Bomber der Sowjetunion und die Luftwaffe benötigte dafür ein ähnliches Flugzeug zur Ausbildung. Tupolew hatte wegen der Arbeiten an der Tu-4 (S. 131) zu wenig Konstruktionskapazitäten so dass die Aufgabe an das Konstruktionsbüro Suchoi übertragen werden musste, das auf Basis der Tu-2 mit den Entwurfsarbeiten begann. Bereits im Juni 1946 wurde einer von zwei Prototypen in die Luft gebracht. Für das in Ganzmetall-Halbschalenbauweise hergestellte Flugzeug übernahm man Baugruppen wie Flügel, Leitwerk und Heck der Tu-2. Der Rumpf wurde für die nebeneinander sitzenden Schüler und Lehrer breiter angelegt, der auszubildende Navigator erhielt einen großzügiger verglasten Bug, ein MG-Schütze konnte über einen Gang an den Heckstand gelangen. Übungsbomben hingen an Außenstationen am Rumpf, so konnte man auf den Bombenschacht verzichte. Die neu konstruierten Motorgondeln beherbergten schwächere 700 PS-Schwezow-Sternmotoren mit Zweiblattpropellern, in die auch das leichtere Fahrwerk eingezogen werden konnte. Die UTB-2 hatte deshalb schon eine ca. zwei Tonnen geringere Leermasse als die Tu-2. Nach eingehenden, problemlosen Werktests übergab man im August 1946 das Flugzeug zur staatlichen Erprobung und bereits im Dezember 1946 wurde sie nach Behebung einiger Beanstandungen zur Serienfertigung freigegeben. Versuche mit entsprechend modifizierten UTB-2, auch Piloten für Sturzkampfbomber auszubilden, wurden wegen technischer Probleme allerdings wieder aufgegeben.

Bis 1949 rollten nur 176 UTB-2 von ursprünglich 520 geplanten aus den Werkhallen. Angeblich exportierte man auch ein unbekannte Zahl an die beiden Tu-2-Betreiber Polen und China.

Bemerkungen: Mit der UTB-2 erhielten sowjetische Ausbildungseinheiten ein einfach und billig herzustellendes, zweimotoriges Flugzeug, das unter Verwendung schon vorhandener Tu-2-Baugruppen relativ schnell realisiert werden konnte. Der Verzicht auf schwere Bewaffnung ließ eine wesentlich leichtere Konstruktion zu und benötigte zudem weniger leistungsstarke und teure Antriebe. Eine UTB-2 konnte auch von weniger erfahrenen Piloten geflogen werden, so dass der Übergang zur anspruchsvolleren Tu-2 relativ problemlos absolviert werden konnte. Neben der Pilotenausbildung wurde die Zweimot auch als Zielschlepper eingesetzt. Ebenso nutzte man sie, um Besatzungen für mehrmotorige zivile Passagier- und Transportflugzeuge auszubilden.

Soweit bekannt blieb kein Flugzeug erhalten.

Besatzung: 4
Triebwerke: Zwei luftgekühlte 7-Zylinder-Sternmotoren Schwezow ASch-21 mit je 515 kW (700 PS) Startleistung.
Leistungen: Höchstgeschwindigkeit 380 km/h in 1900 m, Reisegeschwindigkeit 332 km/h, Steigzeit auf 3000 m 8 min, Dienstgipfelhöhe 7100 m, Reichweite 950 km.
Gewichte: Leermasse 5386 kg, Abflugmasse 6546 kg.
Bewaffnung: Ein Maschinengewehr und bis zu 200 kg Bomben an Außenstationen.

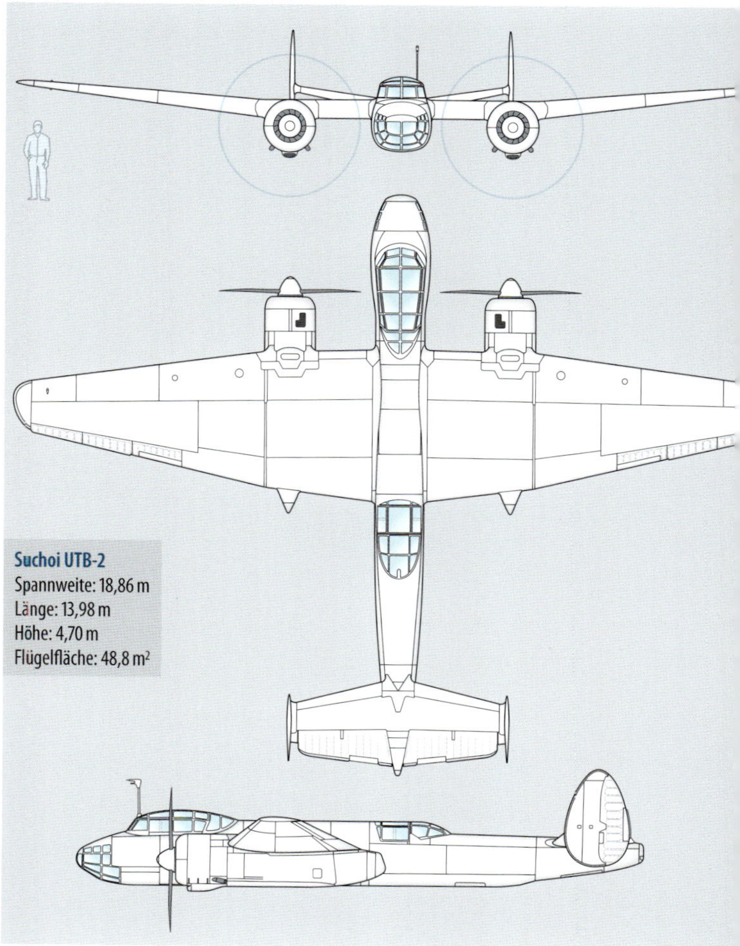

Suchoi UTB-2
Spannweite: 18,86 m
Länge: 13,98 m
Höhe: 4,70 m
Flügelfläche: 48,8 m²

Tupolew Tu-2

Ursprungsland
Sowjetunion
Kategorie
Mittelschwerer Bomber

Entwicklung: Die TU-2 sollte als leistungsfähigeres Nachfolgemuster der SB-2 und als Sturz- und Horizontalbomber sowie Aufklärer eingesetzt werden. Der Prototyp startete im Januar 1941. Im November 1942 lief die Serienproduktion aufgrund der komplizierten Ganzmetallbauweise und der kriegsbedingten Aluminiumknappheit in der Sowjetunion allerdings nur langsam an. Eine Umkonstruktion, um eine einfachere Massenproduktion zu ermöglichen, führte zur TU-2 S (Abb. oben), die im August 1943 erstmals flog. Während der Serienproduktion gab es weitere Modifikationen, was zu etlichen Kleinserien führte. Bis zum Produktionsende wurden zahlreiche Untervarianten gebaut, dazu gehörte ein Torpedobomber TU-2 T, der Langstreckenbomber TU-2 D mit größerer Spannweite, der Aufklärer TU-2 F/R, ein Transporter TU-2 G etc. Sie unterschieden sich vor allem in der Motorisierung, Bewaffnung und je nach Verwendungszweck einer angepassten Ausrüstung.

1948 endete nach 2527 (2550, je nach Quelle) produzierten Flugzeugen die Herstellung.

Bemerkungen: NATO-Code: *Bat*. Die TU-2 gehörte bis 1945 zu den leistungsstärksten und modernsten Flugzeuge ihrer Klasse und war mit der Junkers Ju 88 gleichzusetzen. Das Flugzeug war schnell, gut manövrierbar, relativ beschussresistent und bei seinen Piloten beliebt. Es spielte eine wichtige Schlüsselrolle neben der Petlyakov Pe-2 im sowjetischen Kampfgeschehen in den letzten beiden Kriegsjahren und blieb bis in die 1950er-Jahre im Einsatz, um schließlich von moderneren zweistrahligen Düsenflugzeugen abgelöst zu werden.

Eine TU-2 fliegt im Juni 1945 anlässlich einer Übung zur Siegesparade über Moskau.

Nach dem Zweiten Weltkrieg wurden vor allem Verbündete der Sowjetunion wie Bulgarien, China, Ungarn, Polen, Nordkorea, Rumänien und Indonesien mit der TU-2 beliefert.

Erhalten gebliebene Flugzeuge kann man in Museen in Bulgarien, China, Nordkorea und der Sowjetunion finden. Eine TU-2 S steht beispielsweise im Armeemuseum in Warschau / Polen.

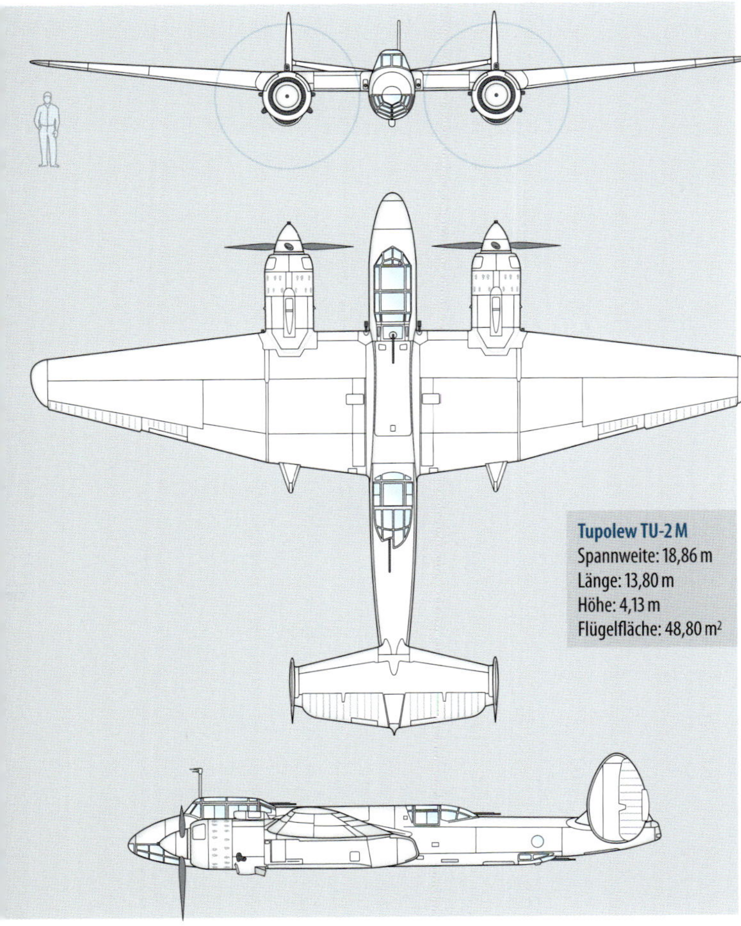

Tupolew TU-2 M
Spannweite: 18,86 m
Länge: 13,80 m
Höhe: 4,13 m
Flügelfläche: 48,80 m²

Besatzung: 4
Triebwerke: (TU-2 M) Zwei luftgekühlte 14-Zylinder-Doppelsternmotoren Schwezow ASch-82 mit 1380 kW (1875 PS) Startleistung.
Leistungen: (TU-2 M) Höchstgeschwindigkeit 550 km/h in 5700 m Höhe, Steiggeschwindigkeit 8,2 m/sec, Dienstgipfelhöhe 9500 m, maximale Reichweite ca. 2020 km.
Gewichte: (TU-2 M) Leermasse 7601 kg, maximale Abflugmasse 10 538 kg.
Bewaffnung: (TU 2 M) Zwei MGs im Flügel, drei MGs nach hinten im Cockpit, im oberen Heckstand und in der Bodenwanne. Bomben intern 1500 kg und 2270 kg an Flügelstationen.

Tupolew Tu-4

Ursprungsland Sowjetunion
Kategorie Strategischer Bomber

Entwicklung: Schon während des Zweiten Weltkrieges wurde deutlich, dass die Sowjetunion einen Nachfolger der viermotorigen Pe-8, benötigen würde. Über Lend and Lease B-29 zu bekommen, lehnten die USA ab. Eigene Entwicklungen, die von den großen Konstruktionsbüros verfolgt wurden, zogen sich in die Länge. Die Sowjetunion nahm deshalb vier B-29, die 1944 auf sowjetischem Territorium notlandeten, in Beschlag. Tupolew demontierte und vermaß eine, analysierte die Werkstoffe, passte die Konstruktion an das metrische System und russische Produktionsverfahren an. Die Kopie wich gewichtsmäßig schließlich nur 1 % vom Original ab. Nur die Motoren wurden durch eigene ASch-73 TK, einem weiterentwickelten Wright R-1820, ersetzt. Nach dem Erstflug im Mai 1947 begann auch gleich die Erprobung. Die Serienfertigung wurde in drei Werken aufgenommen, wobei rund 20, immer wieder modernisierte Varianten entstanden. Neben den Bombern und etlichen Spezialflugzeugen produzierte man Fernaufklärer, Lenkwaffenträger, Nuklearbomber, AWACS mit einem Radardom auf dem Rücken und Truppentransporter. Eine Zivilversion Tu-70 für 72 Passagiere flog Ende 1946. Es kam aber nicht zur Serienproduktion, ebensowenig von der Tu-75, einem Frachter, der im Januar 1950 erstmals abhob.

Bis 1952 wurden insgesamt 847 Tu-4 gebaut.

China bekam 1953 zwölf Tu-4, andere Quellen sprechen von 25, wovon einige ab 1970 mit Turboprop-Triebwerken (Bild) ausgerüstet wurden, die bis 1988 flogen. Hier eine chinesische AWACS-Version.

Besatzung: 9 – 10
Triebwerke: Vier luftgekühlte 18-Zylinder-Doppelsternmotoren Schwezow ASch-73 TK mit je 1765 kW (2400 PS).
Leistungen: Höchstgeschwindigkeit 558 km/h in 10 000 m Höhe, Steigzeit auf 5000 m 18 min 12 sec, Dienstgipfelhöhe 11 200 m, Reichweite 5400 km mit 3000 kg Bombenlast.
Gewichte: Leermasse 36 850 kg, Abflugmasse 55 600 kg, maximale Abflugmasse 63 600 kg.
Bewaffnung: Je zwei Kanonen in vier Türmen über und unter dem Rumpf, eine Zwillingskanone im Heckstand. 6000 kg Bomben im Schacht.

Bemerkungen: Nato-Code *Bull.* Mit der Tu-4 verschaffte sich die Sowjetunion einen konkurrenzfähigen strategischen Bomber, der auch schwere Atombomben tragen konnte. Die Tests begannen 1948 und im Oktober 1951 wurde erstmals eine Atombombe von einer Tu-4 abgeworfen. Mit Verschärfung des Kalten Krieges stationierte man die Bomber im Baltikum, der Ukraine, Polen und der Tschechoslowakei, ebenso in Nordpol-nahen Stützpunkten, um die Distanz zu den USA zu verringern. 1954 allerdings begann schon die Ablösung der Tu-4 durch Tu-16 (S. 134) und Tu-95 (S. 135).

Tu-4 werden im Zentralen Luftwaffen Museum in Monino bei Moskau, Russland und in Datangshu, China präsentiert.

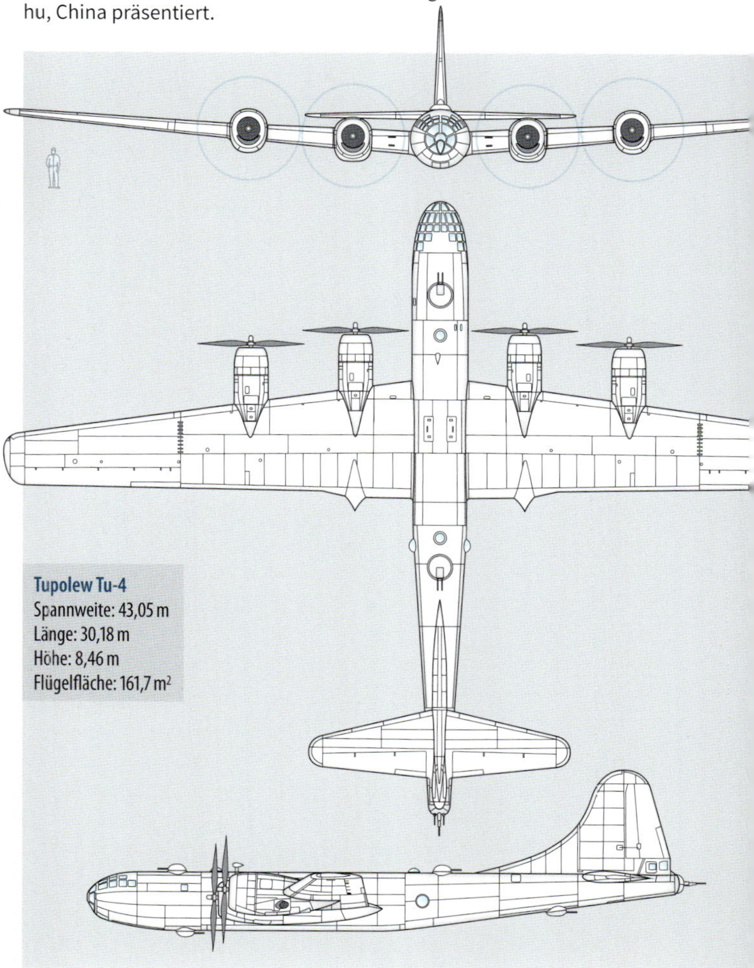

Tupolew Tu-4
Spannweite: 43,05 m
Länge: 30,18 m
Höhe: 8,46 m
Flügelfläche: 161,7 m²

Tupolew Tu-12

Ursprungsland
Sowjetunion
Kategorie
Mittelschwerer Bomber

Entwicklung: Weil andere Tupolew-Bomberprojekte nicht vorankamen, die russischen Streitkräfte aber so rasch wie möglich einen düsengetriebenen Bomber haben wollten, wurde die Tu-2 S (S. 130) als Basis für das Projekt Tu-77, genutzt. Wegen der zu schwachen eigenen Triebwerke griff man auf die von Großbritannien gelieferten Rolls-Royce Nene-Strahltriebwerke zurück, passte die Tragflächen und das Leitwerk durch Verstärkungen an höhere Geschwindigkeiten an, verlängerte den Rumpf um 40 cm und installierte ein Bugfahrwerk. Die durstigen Triebwerke, in deren Gondeln auch das Fahrwerk eingezogen werden konnte, wurden über größere Kerosintanks versorgt. Die Crew bestand aus Pilot und Navigator im vorderen, Funker und Bordschütze im hinteren Cockpit. Eine Maschinenkanone nach vorn war steuerbordseitig starr eingebaut. Noch vor dem offiziellen Auftrag im Mai 1947 begann man bei Tupolew mit den Arbeiten an der nun Tu-12 genannten Maschine. Erstflug war im Juli 1947. Danach begannen die Werkstests, die bis September 1947 andauerten, während denen man auch an der traditionellen Großen Luftparade in Tuschino teilnahm, bei der die neuesten sowjetischen Flugzeugtypen vorgestellt wurden. Anschließend wurden die staatlichen Tests durchgeführt, um den Bomber entsprechend seiner Einsatztauglichkeit zu bewerten. Ergebnis war, neben weiteren Unzulänglichkeiten, dass die Tu-12 zwar schneller flog, aber deutlich mehr Startstrecke benötigte, bei hohen Geschwindigkeiten instabil wurde, bei voller Beladung deutlich weniger Reichweite als die Tu-2 besaß und die fehlende Druckkabine und Enteisung die Effizienz der Besatzung beeinträchtigte. „Aufgrund der Konstruktionsmängel“ wurde die Tu-12 nicht zum Serienbau empfohlen, sondern sollte seinen experimentellen Status behalten. Die wenigen Tu-12 nutzte man schließlich bis Anfang der 1950er-Jahre nur zur Pilotenausbildung auf Flugzeuge mit Strahltriebwerken sowie als Testflugzeug für Pulsotriebwerke und Drohnen.

Vermutlich wurden nur der Prototyp und fünf Serienexemplare hergestellt.

Bemerkungen: NATO-Codename *Type 9.* Einmal mehr zeigte sich, dass durch politischen Druck und überhastete Konstruktion die Tu-12, deren Basis ein Propellerflugzeug war, nur als Übergangslösung gesehen werden konnte, es aber den Konstruktionsbüros ermöglichte, sich mit der Problematik von Jets auseinanderzusetzen. Hier zeigten die Tests des ersten jetgetriebenen Bombers der Sowjetunion, dass kommende Flugzeuge wesentlich effizientere Triebwerke, eine Druckkabine für Flüge in großen Höhen, Funknavigationssysteme, Enteisungsanlagen und servounterstützte Geschütztürme benötigten.

Soweit bekannt blieb keine Tu-12 erhalten.

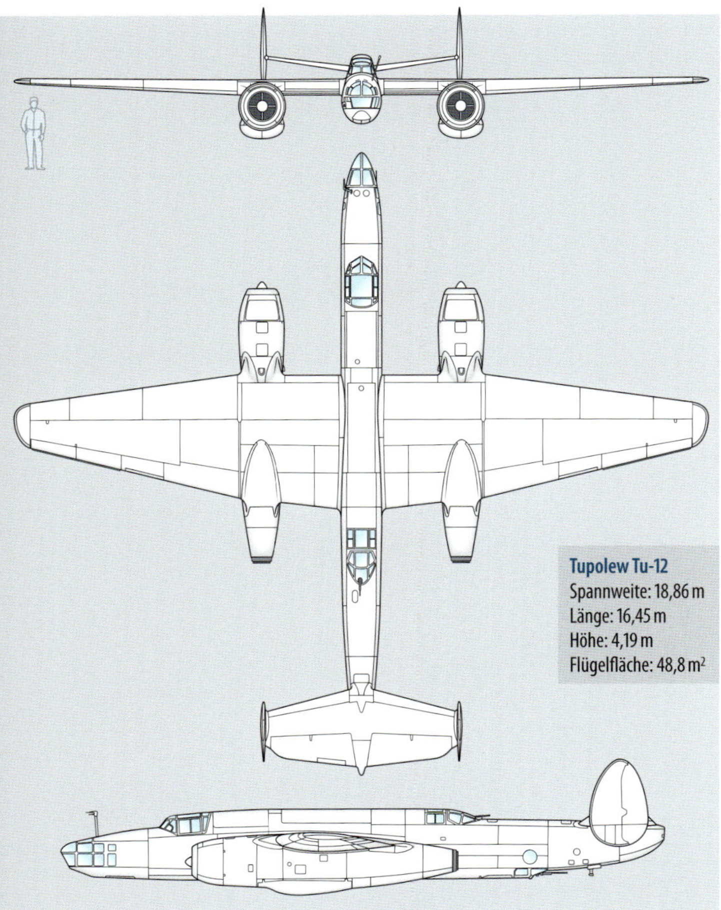

Tupolew Tu-12
Spannweite: 18,86 m
Länge: 16,45 m
Höhe: 4,19 m
Flügelfläche: 48,8 m²

Besatzung: 4
Triebwerke: Zwei Radialstrahltriebwerke Rolls-Royce Nene I mit je 22 kN Schub.
Leistungen: Höchstgeschwindigkeit 783 km/h, Dienstgipfelhöhe 11 370 m, maximale Reichweite 2200 km.
Gewichte: Leermasse 8993 kg, Abflugmasse 15 702 kg.
Bewaffnung: Eine MK nach vorn, zwei bewegliche MGs nach hinten. Maximal 3000 kg Bomben im Schacht.

Tupolew Tu-14

Ursprungsland
Sowjetunion
Kategorie
Torpedobomber

Entwicklung: Im Januar 1947 begann Tupolew mit der Entwicklung des fünfsitzigen Frontbombers Typ 73, der mangels leistungsfähiger Strahltriebwerke neben den beiden unter dem Flügel, ein drittes im Rumpf benötigte. In der Zwischenzeit konnte aber Klimow stärkere Treibwerke liefern, so dass man auf das zentrale Triebwerk verzichten konnte. Für den nun neuen Typ 81, der erstmals im Oktober 1949 abhob, nutzte man noch die Baugruppen der 73. Der dreisitzige Mitteldecker hatte zwei Druckkabinen für Pilot und Navigator im Bug und für den Funker/Schützen im Heck. Die werksseitige und anschließende staatliche Erprobung dauerte bis Januar 1950, die noch Änderungen nach sich zogen. Weitere Tests, die im Januar 1951 endeten, zeigten aber, dass sie dem Konkurrenzmuster Iljuschin Il-28 (S. 105) in vielen Leistungsbereichen und der Ausrüstung unterlegen war und somit nicht als Frontbomber in Frage kam. Von der russischen Marine wurde sie jedoch, wohl nach politischen Interventionen, als Torpedobomber, nun Tu-14T genannt, akzeptiert. Nach Modifikationen für den Einsatz bei den Seestreitkräften begann die Serienproduktion noch 1951 und ab der sechsten Maschine erhielt sie auch die geforderten Schleudersitze und eine Flügelenteisung. Der Aufklärer Tu-14R mit zusätzlichen Kraftstofftanks und Kameras im Bombenschacht blieb ein Einzelstück.

Ein Irkutsker Werk lieferte insgesamt 147 Tu-14 bis 1953 aus. Es gibt aber auch Quellen, die von 550 Tu-14 sprechen.

Bemerkungen: NATO-Codename *Bosun.* Tupolew gehörte anfänglich auch zu den Konstruktionsbüros, die versuchten, an veraltete Propellerkonstruktionen moderne Strahltriebwerke anzupassen. Es wurde dabei oft mehr versprochen, als die Flugzeuge später leisteteten und Konstrukteure und Werke waren oft gezwungen nachzubessern. Von der sowjetischen Marine wurde die Tu-14 1952 in Dienst gestellt. Angeblich gab es mit diesem Typ auch relativ wenig Probleme während des Betriebs. Mit den schwachen Triebwerken benötigte die Tu-14 allerdings mindestens 2500 m Startstrecke und die Marine betrieb gerade einmal vier Flugplätze, die eine ausreichende Bahn hatten. Der Bomber ist schon 1957 in Reservegeschwader abgeschoben und teilweise durch Il-28 ersetzt worden. Vermutlich erhielt die chinesische Luftwaffe noch rund 50 gebrauchte Flugzeuge. Tupolew schlug noch eine deutlich schnellere und leistungsfähigere Tu-14 mit gepfeilten Flügeln vor, was jedoch als bloßes Versprechen von der sowjetischen Regierung abgelehnt wurde.

Soweit bekannt, blieb keine Tu-14 erhalten.

Besatzung: 3
Triebwerke: Zwei Radialstrahltriebwerke Klimow WK-1 mit je 26,48 kN Schub.
Leistungen: Höchstgeschwindigkeit 845 km/h in 5000 m Höhe, Steigzeit auf 5000 m 9 min 30 sec, Dienstgipfelhöhe 11 300 m, Reichweite beladen 1200 km, maximale Reichweite 2870 km.
Gewichte: Leermasse 14 930 kg, Abflugmasse 20 930 kg, maximale Abflugmasse 25 930 kg.
Bewaffnung: Je zwei MKs im Bug und Heck, maximal 3000 kg Bomben, Minen oder Torpedos im Schacht.

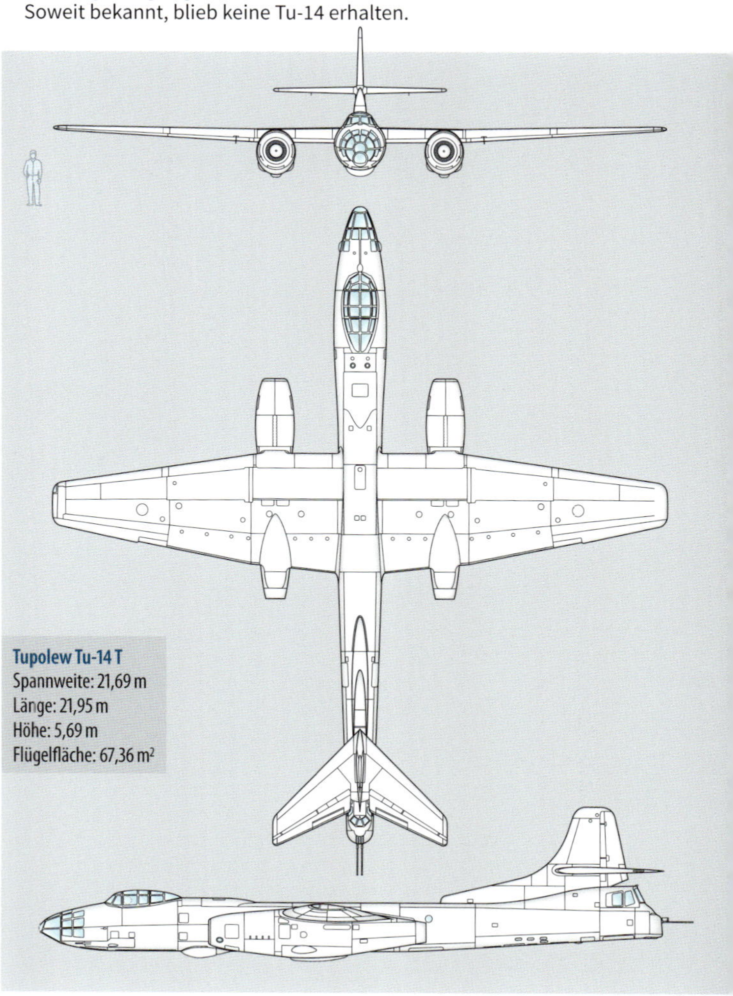

Tupolew Tu-14 T
Spannweite: 21,69 m
Länge: 21,95 m
Höhe: 5,69 m
Flügelfläche: 67,36 m²

Tupolew Tu-16

Ursprungsland
Sowjetunion
Kategorie
Mittelschwerer strategischer Bomber

Entwicklung: Nach dem Misserfolg aus der Tu-4 (S. 131) eine Tu-85 zu entwickeln, war Tupolew gezwungen, ein völlig neues Flugzeug zu entwerfen. Ausgiebige Forschungen mit Pfeilflügeln und der Unterbringung der noch großen Strahltriebwerke führten zum Typ 88, der im hohen Unterschallbereich operieren sollte. Im Februar 1951 begannen die detaillierten Konstruktionsarbeiten und bereits im April 1952 hob die erste 88-1 ab. Der Mitteldecker mit seiner außergewöhnlichen Triebwerksanordnung am Rumpf besaß eine vordere Druckkabine für die 4-köpfige Crew und eine hintere für die beiden Heckschützen. Das Hauptfahrwerk wurde in die aerodynamisch notwendigen Verdrängungskörper im Flügel eingefahren. Ein zweiter Prototyp erhielt zahlreiche Verbesserungen und war nahezu vollständig bewaffnet. In kürzester Zeit wurde getestet und parallel dazu die Serienfertigung vorbereitet. Im Oktober 1953 rollte die erste Serienmaschine, jetzt Tu-16 genannt, aus der Halle und im Jahr 1954 waren schon 70 Tu-16 ausgeliefert. Unzählige Varianten wurden neben dem Bombern Tu-16 und dem Atombomber Tu-16 A hergestellt. Dazu zählten unter anderem Tanker, Torpedobomber, Aufklärer, SAR-, ELINT- und ECM-Versionen und etliche Varianten eines Trägerflugzeugs für Marschflugkörper. Ägypten erwarb 25 Tu-16, Indonesien 25 und der Irak 8. 1959 erhielt China Bausätze, entwickelte und baute aber eigene Varianten, vermutlich circa 180 Stück, die heute noch als Xian H-6 im Dienst sind.

In drei Werken wurden von 1951 bis Ende 1963 1509 Tu-16 hergestellt.

Bemerkungen: Nato-Code *Badger.* Mit der Tu-16 besaß die Sowjetunion einen für ihre Zeit außergewöhnlich leistungsfähigen strategischen und nuklearwaffenfähigen Bomber mit hoher Reichweite, der erstmals auf der Luftparade in Tuschino 1954 öffentlich vorgeflogen wurde. In großer Anzahl produziert, stationierten die sowjetischen Streitkräfte ihre Bomber auch auf Stützpunkten verbündeter Länder, vor allem in den damaligen Warschauer-Pakt-Staaten. Dort war die Tu-16 A für einen nuklearen Gegenschlag vorgesehen, was auch von 1962 bis 1988 intensiv mit Flügen bis zur Grenze der BRD trainiert wurde. Außerdem war die Sowjetunion mit Tu-16-Aufklärern über fast allen Weltmeeren präsent. Ständige Modernisierungsprogramme hielten den Zweistrahler vermutlich bis 1993 im aktiven Dienst.

Eine Tu-16 findet man im Zentralen Luftwaffenmuseum, Monino, Russland oder im Museum der indonesischen Luftwaffe, Yogyakarta, Indonesien.

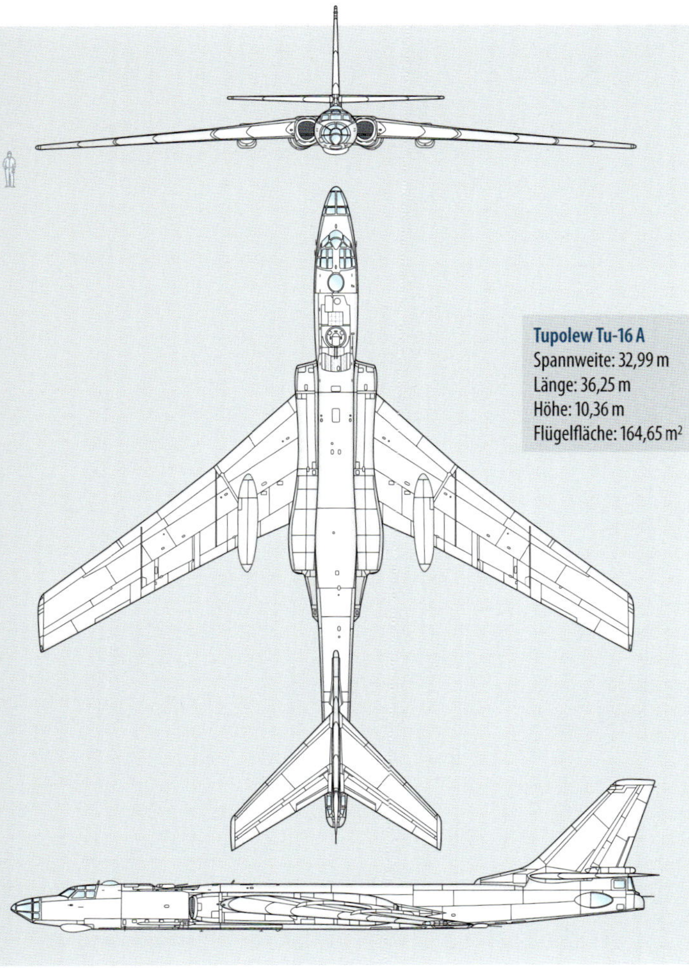

Tupolew Tu-16 A
Spannweite: 32,99 m
Länge: 36,25 m
Höhe: 10,36 m
Flügelfläche: 164,65 m²

Besatzung: 6
Triebwerke: Zwei Axialstrahltriebwerke Mikulin AM-3M mit je 92,3 kN Schub.
Leistungen: Höchstgeschwindigkeit 992 km/h, Reisegeschwindigkeit 850 km/h, Dienstgipfelhöhe 12 800 m, Reichweite beladen 3150 km, maximale Reichweite 5925 km.
Gewichte: Leermasse 36 600 kg, maximale Startmasse 75 800 kg.
Bewaffnung: Eine starr eingebaute MK nach vorn, Zwillings-MKs in zwei ferngesteuerten Drehtürmen, eine Zwillings-MK im Heckturm, bis zu 9000 kg Bomben (auch Atombomben) im Schacht, bei manchen Versionen teilweise als Außenlasten.

Tupolew Tu-95

Ursprungsland Sowjetunion
Kategorie Schwerer strategischer Bomber

Entwicklung: Für die Kolbenmotor-betriebenen Vorläufer Tu-4 (S. 131) und die gescheiterte Eigenentwicklung Tu-85 verlangte das russische Militär schon Anfang der 1950er-Jahre einen leistungsfähigeren Nachfolger mit wesentlich größerer Reichweite und Zuladung. Der anfangs Tu-20 bezeichnete Bomber flog im November 1952 erstmals. Die Motorisierung mit vier unausgereiften Doppeltriebwerken Kusnezow 2TW-2F führte im Mai 1953 nach 17 Testflügen wegen eines Getriebeschadens zum Absturz der Maschine. Der Anlass, die bis heute leistungsstärkste Propellerturbine NK-12 zu entwickeln, die zwei gegenläufige Propeller antreibt. Erstflug des zweiten Prototypen war im Mai 1953. Das in Ganzmetallbauweise hergestellte Flugzeug erreichte mit den neuen Triebwerken und gepfeilten Tragflächen die Leistungen eines strahlgetriebenen Bombers. Von 1955 bis 1957 wurden die ersten 49 Tu-95 ausgeliefert. Während der Produktionszeit baute man zahlreiche Varianten und vorhandene Tu-95 wurden währenddessen immer wieder modifiziert. Eingeführt wurde ein Luftbetankungssystem, die Avionik verbessert, leistungsstärkere Triebwerke installiert und vor allem die Bewaffnungs- und Zuladungsmöglichkeiten erweitert bzw. auf den aktuellen Stand gebracht. Das Flugzeug durchlief etliche große Modernisierungsprogramme und ist nach der letzten Modernisierung 2005 unter anderem als Träger für Cruise Missiles im Einsatz. Die russiche Marine flog die Tu-142 (Erstflug Juli 1968, vermutlich 100 St. produziert), eine gestreckte Tu-95 auf Patrouillen- und Anti-U-Boot-Einsätzen. Abgeleitete Modelle waren das Langstrecken-Passagierflugzeug Tu-114 (31 Stück), die Tu-126 AWACS (8 Stück) und eine strahlgetriebene Tu-156 AWACS, die jedoch nicht gebaut wurde. Geplant war sogar eine nuklear-angetriebene Tu-119. Das Programm wurde aber eingestellt.

Vermutlich wurden bis 1993 über 500 Tu-95 gebaut. Einziger Exportkunde war die indische Marine, die ihre 8 Tu-142 von 1988 bis 2017 einsetzte.

Besatzung: 8 – 9
Triebwerke: Vier Propellerturbinen Kusnezow NK-12 mit je 8950 kW (12 170 PS).
Leistungen: Höchstgeschwindigkeit 882 km/h, Reisegeschwindigkeit 720 – 750 km/h, Dienstgipfelhöhe 11 900 m, Reichweite 12 100 km.
Gewichte: Leermasse 83 100 kg, Abflugmasse 172 000 kg,
Bewaffnung: Je ein Zwillings-MG auf dem Rumpfrücken, am Heck und im unteren Heckbereich. Bis zu 12 000 kg Bomben, auch nukleare, unterschiedlichen Kalibers im Bombenschacht.

Bemerkungen: Nato-Code *Bear.* Mit der Tu-95 besitzt die Sowjetunion, trotz unterschiedlichster Technik, einen ähnlich leistungsfähigen, strategischen und atomwaffenfähigen Bomber, wie die USA mit der B-52 (S.154). Genauso robust, zuverlässig und langlebig, werden die immer wieder verbesserten Maschinen heute noch eingesetzt. Neben Missionen entlang der NATO-Grenzen, im Syrienkrieg und seit 2022 im Ukrainekrieg als Lenkwaffenträger. Mit entsprechenden Instandhaltungsprogrammen wird die Tu-95 vermutlich noch weitere Jahrzehnte im Einsatz bleiben.

Eine Tu-95 und eine Tu-114 findet man im Zentralen Luftwaffen Museum in Monino bei Moskau, Russland.

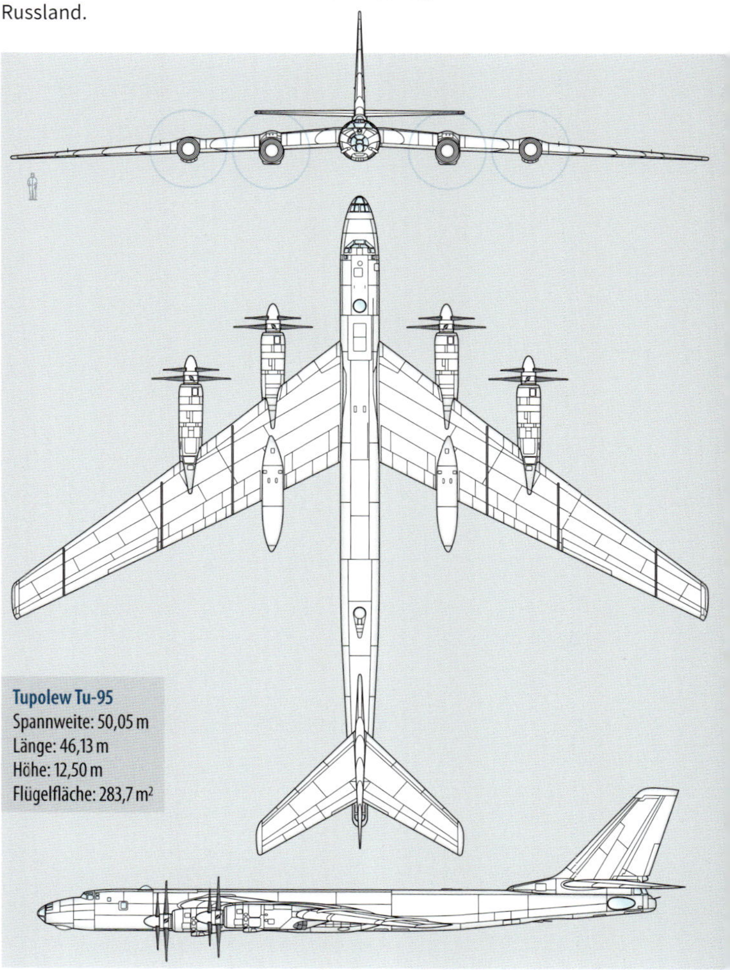

Tupolew Tu-95
Spannweite: 50,05 m
Länge: 46,13 m
Höhe: 12,50 m
Flügelfläche: 283,7 m²

AISA I-115

Ursprungsland
Spanien
Kategorie
Trainer

Entwicklung: Die 1946 gegründete Iberavia entwickelte 1951 ein ziviles Leichtflugzeug I-11, das 1954 nach dem Aufkauf Iberavias durch AISA produziert wurde. Der Tiefdecker war mit einem 90 PS-Boxermotor von Continental motorisiert und hatte ein Side-by-Sice-Cockpit. AISA entwickelte daraus den Trainer I-115, der nun ein von der spanischen Luftwaffe bevorzugtes Tandemcockpit erhielt und eigentlich die noch aus dem Zweiten Weltkrieg stammenden Bücker-Doppeldecker ersetzen sollte. Eine größere Spannweite und ein längerer Rumpf bedingte, durch die erhebliche Gewichtszunahme, auch einen deutlich leistungsfähigeren Antrieb, der von einem 150 PS-starken, hängend eingebauten, spanischen Reihenmotor ENMASA Tigre kommen sollte. Im Juni 1952 hob der erste von zwei Prototypen zum Erstflug ab. Der komplett aus Holz gebaute, bedingt kunstflugtaugliche Tiefdecker bestand aus einem in Schalenbauweise hergestellten Rumpf mit einem beplankten Leitwerk. Um bessere Langsamflugeigenschaften zu erreichen, war der bespannte Flügel mit Querrudern ausgestattet, die mit den Landeklappen abgesenkt werden konnten. Das Cockpit war für Blindflug instrumentiert. Die spanische Luftwaffe bestellte 200 Flugzeuge unter der Bezeichnung EE.6 (Escuela Elemental), die sie für die Grundausbildung ihrer Piloten nutzte, später aber als Trainer in E.9 (Entrenamiento) umbenannte. Erste Auslieferungen begannen 1956. Um das Leistungsdefizit in den Griff zu bekommen wurden angeblich einige später gebauten Maschinen mit einem 145 PS starken Gipsy Major von de Havilland angetrieben, alternativ auch von einem 190 PS-Lycoming-Boxermotor. Bis 1976 blieb die I-115 im Dienst, etliche wurden schließlich abgewrackt, nicht wenige wurden aber auch an Zivilpersonen und an spanische Aeroclubs abgetreten.

Inklusive der Prototypen verließen 202 I-115 die Werkhallen, andere Quellen sprechen aber auch von 450 gebauten Flugzeugen.

Bemerkungen: Mit der AISA I-115 bekam die spanische Luftwaffe einen Trainer, der eigentlich die erst 1988(!) ausgemusterten CASA 1.131 (Lizenzbau Bücker Jungmann) ersetzen sollte, aber stets parallel dazu betrieben wurde. Nahezu 20 Jahre blieb der Holztiefdecker im Dienst, trotz der immer wieder auftretenden Kritik seiner Piloten: Wegen seines hohen Gewichtes, der zu schwachen Motorisierung und einem beim Start kritischen Flugverhalten wurde die I-115 auch Garrapata (Zecke) genannt.

Angeblich gibt es noch einige wenige flugfähige Exemplare. Ein Museumsexemplar der I-115 steht im Fundació Parc Aeronàutic de Catalunya in Sabadell, Spanien.

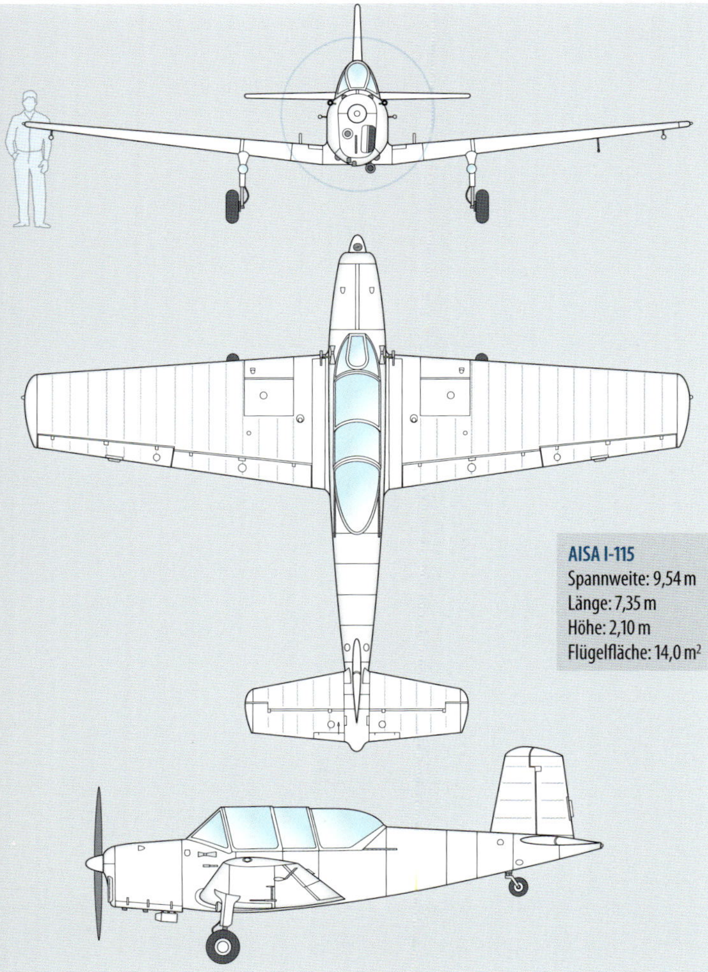

AISA I-115
Spannweite: 9,54 m
Länge: 7,35 m
Höhe: 2,10 m
Flügelfläche: 14,0 m²

Besatzung: 2
Triebwerk: Ein luftgekühlter 4-Zylinder-Reihenmotor ENMASA Tigre G-IV-B mit 110 kW (150 PS).
Leistungen: Höchstgeschwindigkeit 240 km/h, Reisegeschwindigkeit 204 km/h, Dienstgipfelhöhe 4400 m, Reichweite ca. 700 km.
Gewichte: Leermasse 612 kg, Abflugmasse 900 kg.

CASA C-201 Alcotan

Ursprungsland
Spanien
Kategorie
Transport- und Verkehrsflugzeug

Entwicklung: Die 1923 gegründete Construcciones Aeronáuticas S.A. (CASA) beschäftigte sich bis 1945 hauptsächlich mit der Lizenzfertigung ausländischer Flugzeuge wie z. B. während des Zweiten Weltkriegs der Ju 52 oder He 111, begann aber 1946 mit der Entwicklung eigener Verkehrsflugzeuge, um sich vom Ausland unabhängiger zu machen. Mit der C-201 entwarf CASA ein leichtes Verkehrs- und Transportflugzeug, das erste in einer Reihe von drei Modellen. Im Juni 1946 beauftragte die spanische Regierung zwei Prototypen. Erstflug war im Februar 1949. Der Tiefdecker mit Spornrad wurde in Ganzmetall-Halbschalenbauweise gefertigt und konnte zehn Passagiere oder eine Tonne Fracht transportieren. Landeklappen zusammen mit absenkbaren Querrudern brachten bessere Langsamflugeigenschaften. Nachdem 1950 der zweite Prototyp flog, vergab die spanische Regierung einen Auftrag über 12 Vorserien- und 100 Serienflugzeuge. Die Prototypen erhielten Armstrong Cheetahs mit 475 PS, ebenso ein paar der Vorserienflugzeuge. Geplant waren mehrere Varianten: C-201 A Transport- und Passagierflugzeuge mit Cheetah-Motoren; C-201 B wie A, aber mit spanischen 500 PS starken 7-Zylinder-Sternmotoren ENMASA Elizalde Sirio VII-A; C-201 D als Trainer für IFR, Funk und Navigationsausbildung mit Cheetahs; C-201 E als Trainer für Bomberbesatzungen mit Cheetahs und F wie E, aber mit Elizalde Sirios, sowie eine G-Variante als Fotoaufklärer und Trainer von Bomberbesatzungen. Versuchsweise stattete CASA ein Exemplar mit zwei 450 PS Pratt & Whitney Wasp Junior aus. Alle Vorserienmodelle, deren Fertigstellung sich wegen Beschaffungsproblemen mit den Motoren und Propellern verzögerte, kamen erst ab 1953 zum spanischen Militär und wurden dort als Passagier-, Aufklärungs- und Ausbildungsflugzeuge eingesetzt. Tragischerweise endete die Auslieferung bereits nach elf Flugzeugen, weil keine weiteren Motoren zur Verfügung standen, obwohl 96 komplette Zellen der Hauptserie fertiggestellt waren.

1962 wurden die Aufträge storniert und CASA verschrottete sämtliche Baugruppen.

Besatzung: 2
Triebwerke: (A) Zwei luftgekühlte 7-Zylinder-Sternmotoren Armstrong Siffeley Cheetah XXVII mit je349 kW (475 PS).
Leistungen: (A) Höchstgeschwindigkeit 350 km/h, Reisegeschwindigkeit 310 km/h, Dienstgipfelhöhe 5600 m, Reichweite 1000 km.
Gewichte: Leermasse 3550 kg, Abflugmasse 5095 kg.

Bemerkungen: Das erste in Spanien entworfene und produzierte, relativ moderne Verkehrsflugzeug fand keine zivilen Abnehmer und die kleine Zahl gebauter Flugzeuge wurde (zwangsweise) vom Staat, bzw. dem Militär übernommen. Noch besaß Spaniens Industrie nicht das Know-How und die Kapazitäten, geeignete Triebwerke zu konstruieren und herzustellen. Erschwerend war aber auch, dass das damals herrschende Franco-Regime politisch isoliert war und darüberhinaus wegen des ständigen Devisenmangels, keine ausländischen Motoren erworben werden konnten.

Soweit bekannt ist kein Flugzeug erhalten geblieben.

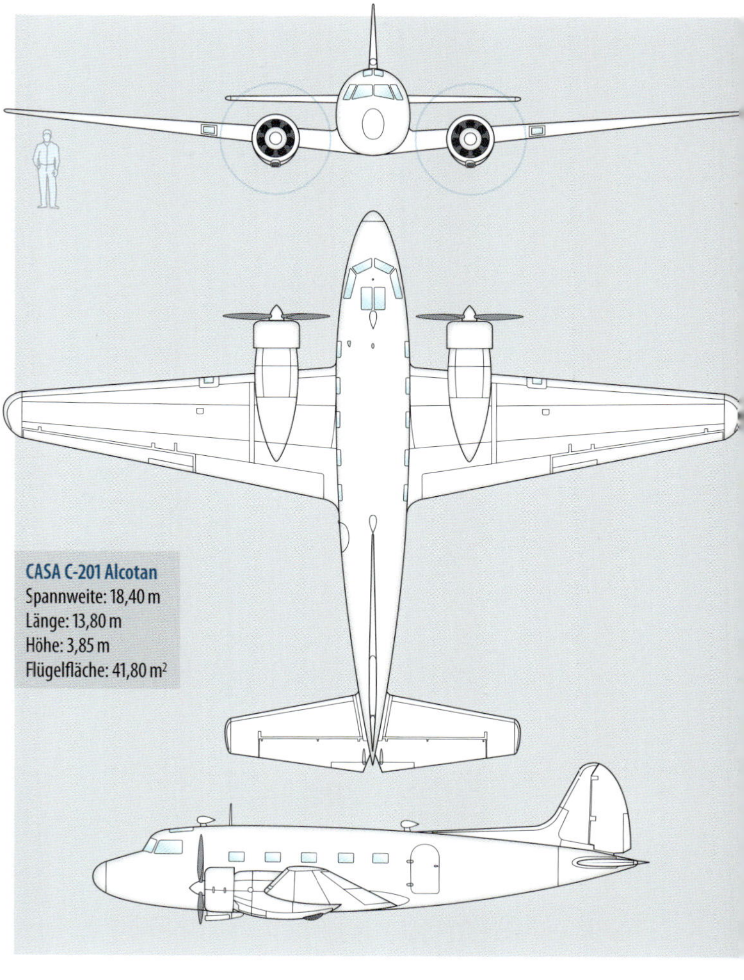

CASA C-201 Alcotan
Spannweite: 18,40 m
Länge: 13,80 m
Höhe: 3,85 m
Flügelfläche: 41,80 m²

CASA C-202 Halcon

Ursprungsland
Spanien
Kategorie
Transport- und Verkehrsflugzeug

Entwicklung: Entwicklung: Mit der C-202 entwarf CASA ein weiteres leichtes Verkehrs- und Transportflugzeug. Beginnend mit der C-201 (S. 137), das zweite einer Dreierreihe, die mit der 1955 erstmals geflogenen, bedeutend größeren und leistungsfähigeren C-207 Azor endete. Der zweimotorige Tiefdecker C-202, etwas größer als die C-201, sollte im Inlandsverkehr 14 Passagiere plus drei Besatzungsmitglieder in einer beheizbaren Kabine(!) oder entsprechende Fracht transportieren. Im November 1948 unterzeichnete CASA einen Vertrag mit der spanischen Regierung über die Entwicklung und den Bau von zwei Prototypen. Wie bei der C-201 auch, konnte ENMASA die projektieren Sternmotoren Elizalde Beta 9C nicht rechtzeitig bereitstellen und das Projekt verzögerte sich. CASA besorgte sie schließlich bei der Fluggesellschaft Iberia und brachte den Prototypen im Mai 1952 zum Erstflug. Der Ganzmetalltiefdecker in Halbschalenbauweise hatte ein hydraulisch einziehbares Fahrwerk und sollte in zwei Versionen ausgeliefert werden. Die Basisversion C-202 mit ENMASA-Elizalde-Triebwerken, von der 20 Stück einer Vorserienversion unter der Bezeichnung T.6 als Transporter an die spanische Luftwaffe geliefert werden sollten. Geplant war aber auch 1956 die C-202 B, ein luxuriöser Airliner mit zwei leistungsstärkeren, 1300 PS leistenden 9-Zylinder-Sternmotoren Wright Cyclone R-1820-56, einer geringeren Spannweite, aber geringfügig längerem Rumpf. Projektiert war das Flugzeug mit einer klimatisierten Kabine für 8 Passagiere und 2 Besatzungsmitgliedern, einem Abfluggewicht von 8500 kg und einer Höchstgeschwindigkeit von 432 km/h mit bis zu 2750 km Reichweite. Es blieb aber ein Reißbrettprojekt. Nach nur 10 gebauten Halcon für das spanische Militär wurde das gesamte Projekt im Jahr 1962 eingestellt, da die ENMASA nicht in der Lage war, ihre Elizalde-Triebwerke mit der für das Flugzeug geforderten Leistung herzustellen und anderweitig kein Lieferant für ausreichend starke Motoren in größerer Anzahl zu finden war.

Bemerkungen: So wie bei der C-201 Alcotan und C-207 Azor, wurde auch die C-202 Halcon für CASA kein wirtschaftlicher Erfolg. Nicht am Flugzeug selbst, sondern am Unvermögen des Triebwerkherstellers ENMASA scheiterten alle drei Projekte. Und weil Spanien zu der Zeit politisch isoliert und Devisen knapp waren, wurde der Erwerb von Sternmotoren von ausländischen Herstellern ausgeschlossen. Auch war hier einmal mehr das Militär der alleinige Abnehmer des Transportflugzeuges. Die wenigen Halcons blieben nur einige Jahre im Dienst, bis sie durch die größere C-207 Azor abgelöst wurde.

Eine C-202 Halcon und eine C-207 Azor stehen im Museum of Aeronautics and Astronautics in Madrid, Spanien.

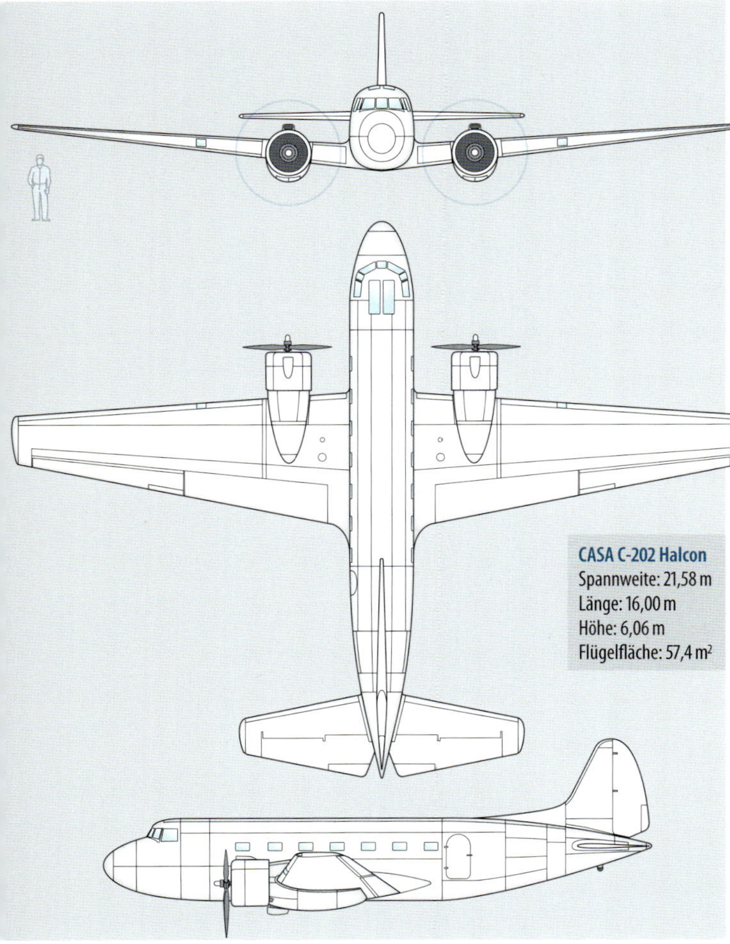

CASA C-202 Halcon
Spannweite: 21,58 m
Länge: 16,00 m
Höhe: 6,06 m
Flügelfläche: 57,4 m²

Besatzung: 3
Triebwerke: Zwei luftgekühlte 9-Zylinder-Sternmotoren ENMASA Elizalde Beta 9C-29-750 mit je 570 kW (775 PS).
Leistungen: Höchstgeschwindigkeit 410 km/h, Reisegeschwindigkeit 330 km/h, Dienstgipfelhöhe 7750 m, Reichweite 1200 km.
Gewichte: Leermasse 5267 kg, Abflugmasse 7750 kg.

Hispano Aviación Ha-1112

Ursprungsland
Spanien
Kategorie
Jagdflugzeug

Entwicklung: Spanien vereinbarte 1942 mit den Messerschmitt-Werken eine Lizenz zum Bau der Bf 109 G-2, bei der Daimler Benz DB 605-Motoren, Waffen und andere Ausrüstungsteile aus Deutschland bezogen werden sollten. Wegen des enormen deutschen Eigenbedarfs und und der schwierigen Transporte kam nur ein Bruchteil der Ausrüstung und Pläne in Spanien an, bis 1944 eindeutig war, dass nichts mehr zu erwarten war. Hispano Aviación ersetzte daraufhin den DB 605 durch ein 1300 PS starkes V-12-Triebwerk von Hispano Suiza und die erste HA-1109-J1L flog im März 1945. Wegen der Unzuverlässigkeit des Antriebs wurden die 25 gebauten HA-1109 nie wirklich in Dienst gestellt. Erst Mai 1951 flog ein Prototyp HA-1112-K1L mit einem neu entwickelten und von ENMASA gebauten V-12 Hispano Suiza HS-12Z. Alle 25 HA-1109 wurden auf den neuen Motor umgerüstet. Ein Flugzeug wurde zum doppelsitzigen Trainer HA-1110-K1L umgebaut und eine Serie von 200 HA-1112-K1L aufgelegt. Es wurden aber nur 40 K1L fertiggestellt, da in der Zwischenzeit günstig neue Rolls-Royce Merlins und Rotol-Vierblatt-Propeller aus britischen Lagerbeständen erworben werden konnten. Zu deren Einbau waren aber neue Modifikationen erforderlich, wie z. B. der Lufteinlass unter dem Motor, der die Optik der 109 wesentlich veränderte. Die erste HA-1112-M1L flog im März 1954. Schließlich wurden bis 1958 172 HA-1112-M1L mit zwei MKs in den Flügeln und Raketenbewaffnung ausgeliefert. Parallel dazu rüstete Hispano Aviación zwei HA-1112 zum Schuldoppelsitzer HA-1112-M4L um. Die M1L wurden 1957 in Dienst gestellt und erst im Oktober 1965 wurde die letzte stillgelegt.

Hispano Aviación lieferte insgeamt 238 Flugzeuge aller Varianten aus.

Bemerkungen: In Spanien *Buchón* genannt, war die HA-1112 ein aus mehreren veralteten Komponenten aus Zeiten des Zweiten Weltkriegs zusammengesetzter Jäger. Spanien konnte zu dieser Zeit wegen seiner isolierten politischen Situation auch keine moderneren Flugzeuge oder Bauteile aus anderen Staaten erwerben. Zu ihrer Betriebszeit schon ein anachronistisches Flugzeug, nahm die HA-1112 nur einmal 1958 an Auseinandersetzungen in der spanischen Sahara teil. Berühmt wurden die spanischen „109" aber durch den 1969 erschienen Film „Battle of Britain" und einigen anderen Kriegsfilmen, in dem *Buchóns* deutsche Bf 109 darstellten.

Einige HA-1112 sind noch in flugfähigem Zustand, die in Deutschland fliegenden wurden auf DB-605 zurückgerüstet. Eine originale, flugfähige HA-1112 wird in Sywell Aerodrome, Northampton, Großbritannien betrieben und eine HA-1112 findet man im Museo del Aire y del Espacio, Madrid, Spanien.

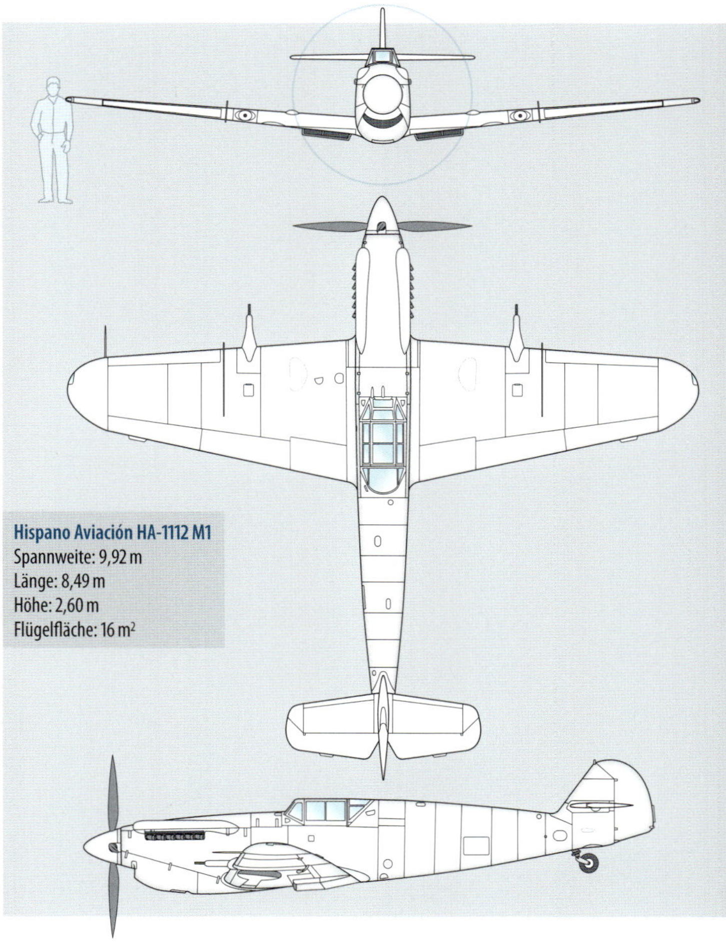

Hispano Aviación HA-1112 M1
Spannweite: 9,92 m
Länge: 8,49 m
Höhe: 2,60 m
Flügelfläche: 16 m²

Besatzung: 1
Triebwerk: (HA-1112 M 1) Ein flüssigkeitsgekühlter V-12 Kolbenmotor Rolls-Royce Merlin 500/45 mit 1176 kW (1600 PS).
Leistungen: (HA-1112 M 1) Höchstgeschwindigkeit 665 km/h, Reisegeschwindigkeit 400 km/h, Dienstgipfelhöhe 10 200 m, Reichweite 765 km.
Gewichte: (HA-1112 M 1) Leermasse 2666 kg, maximale Abflugmasse 7341 kg
Bewaffnung: (HA-1112 M 1) Zwei MKs in den Flügeln, je acht Raketen an Flügelstationen.

Aero Ae-45

Ursprungsland
Tschechoslowakei
Kategorie
Mehrzweckflugzeuge

Entwicklung: Der bereits 1919 gegründete tschechische Flugzeugbauer Aero musste während des Zweiten Weltkriegs unter deutscher Aufsicht unter anderem die zweimotorige Siebel Si 204 produzieren. Mit dem ersten, wieder selbst konstruierten und gebauten Typ nach Kriegsende 1945, der Aero Ae-45, war es der tschechoslowakischen Luftfahrtindustrie möglich, auf dem internationalen Markt erneut Fuß zu fassen. Erstflug war im Juli 1947. Der in Ganzmetall-Halbschalenbauweise konstruierte viersitzige, freitragende Tiefdecker zeichnete sich dank seiner gelungenen aerodynamischen Auslegung durch eine hohe Geschwindigkeit und Reichweite aus und war im In- und Ausland entsprechend gefragt. Die Serienproduktion bei Aero in Prag von 200 Ae-45 lief von 1948 bis 1951. Das tschechoslowakische Militär nutzte die Zweimot in unbekannter Zahl als K-75, die meisten wurden aber in die Sowjetunion exportiert. Weil Aero mit der Lizenzproduktion der MiG-15 ausgelastet war, wurden die Produktionsstätten zu Let nach Kunovice verlegt, die von 1954 bis 1959 die Fabrikation mit weiteren 228 Ae-45 S Super Aero fortführte. Sie erreichten die selben Flugleistungen und unterschieden sich von der Basisversion lediglich durch einen geringfügig längeren Rumpf, der Avionik und einem etwas größeren Tank. Mit der Einführung der Ae-145 1959 wurde das Flugzeug aerodynamisch überarbeitet, die stets bemängelte Untermotorisierung behob man mit zwei 140 PS-starken Antrieben des tschechoslowakischen Motorenherstellers Walter und effektiveren Propellern. Von ihr produzierte Let bis 1963 nochmals 162 Exemplare. Weiterentwicklungen zur Ae-245 und 345 blieben allerdings Reißbrettprojekte. China produzierte ein unlizenzierte Ae-45 mit einem modifizierten Rumpf in unbekannter Zahl als Suingari-1.

Von den beiden Firmen Aero und Let wurden bis 1963 insgesamt 590 Flugzeuge aller Varianten ausgeliefert.

Bemerkungen: Das erste selbst entwickelte Flugzeug der tschechoslowakischen Firma Aero nach dem Zweiten Weltkrieg erwies sich gleich als großer Erfolg. Aufsehen erregte die kleine Zweimot mit mehreren internationen Langstrecken-Rekorden. Neben zahlreichen privaten Nutzern, unter anderem auch in der BRD, wurde die Ae-45 von der Volksrepublik China, der Tschechoslowakei, der NVA in der DDR, Ungarn, Indien, Rumänien und Vietnam, wenn auch oft nur in geringer Zahl, militärisch genutzt. Neben Ausbildungs- und Überwachungsaufgaben, Personenund Materialtransporten konnte die Ae-45 auch zwei Tragbahren plus Arzt transportieren.

Vermutlich sind neben den unzähligen Museumsexemplaren, eine z. B. steht im Luftfahrtmuseum Wernigerode, noch zehn Flugzeuge weltweit einsatzbereit, darunter ist eine auf dem Flugplatz Bielefeld stationiert.

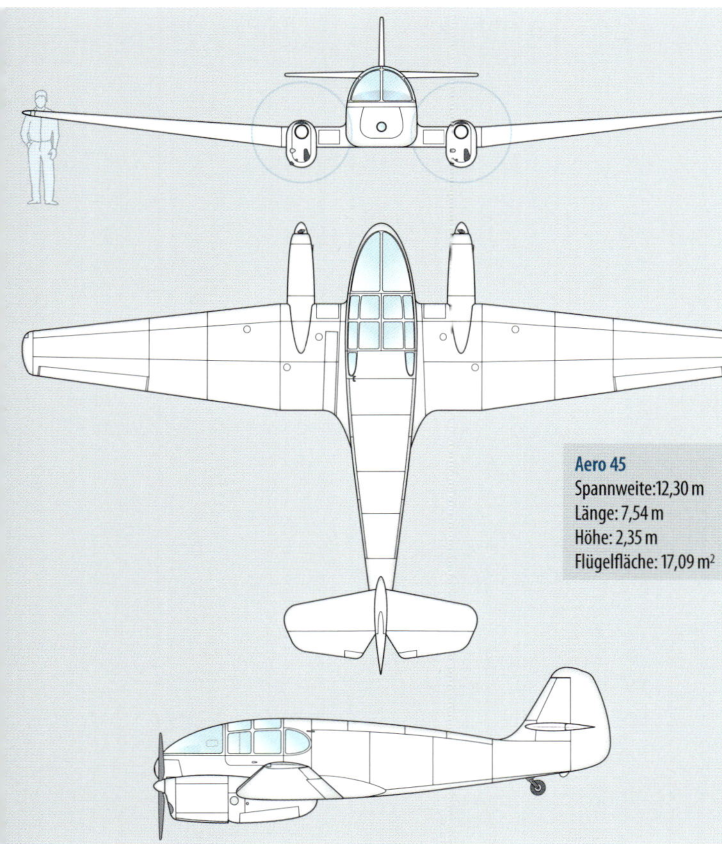

Aero 45
Spannweite: 12,30 m
Länge: 7,54 m
Höhe: 2,35 m
Flügelfläche: 17,09 m²

Besatzung: 1 + 3
Triebwerke: Aero 45: Zwei luftgekühlte 4-Zylinder-Reihenmotoren Walter Minor 4 mit 77 kW (105 PS);
Aero 145: zwei luftgekühlte 4-Zylinder-Reihenmotoren Walter M 332 mit 103 kW (140 PS).
Leistungen: Aero 45/Aero 145: Höchstgeschwindigkeit 265/280 km/h, Reisegeschwindigkeit 230/250 km/h, Dienstgipfelhöhe 4350/5900 m, Reichweite 1350/1700 km;
Gewichte: Aero 45/Aero 145: Leermasse 960/1000 kg, Startmasse 1600/1600 kg;

Aero L-60 Brigadýr

Ursprungsland
Tschechoslowakei
Kategorie
Leichtes Mehrzweckflugzeug

Entwicklung: Aero begann 1951 mit der Entwicklung eines neuen STOL-fähigen leichten Mehrzweckflugzeugs, das als Nachfolger der Mráz K-65 Čáp, einer bis 1949 gebauten Nachkriegsversion des Fieseler Storchs, gedacht war. Der Prototyp, noch mit einem deutschen Argus AS-10-Motor ausgerüstet, flog erstmals 1953. Der zweite Prototyp XL-60, als Landwirtschaftsversion, war bereits mit dem Walter M-208 motorisiert, der unter dem Markennamen Praga Doris produziert wurde. Erst der dritte Prototyp war eine militärische Variante. Der in Ganzmetall-Schalenbauweise konstruierte Schulterdecker hatte abgestrebte Tragflächen mit Vorflügeln über die ganze Flügelbreite und großen Landeklappen. Sie sorgten für eine kurze, 220 m-lange Startstrecke über ein 15 m-Hindernis und für hervorragende Langsamflugeigenschaften.Während der Erprobung wurden zahlreiche Änderungen ausgeführt. Dazu gehörte die Verbreiterung des Cockpits für einen vierten Sitz und eine Neugestaltung des Hecks, so dass erst 1955 mit der Serienproduktion begonnen werden konnte. Gebaut wurde eine Agrarversion L-60 B, die anstatt der Passagiersitze einen 400 l-Chemikalienbehälter und Sprüheinrichtungen unter dem Rumpf oder am Flügel hatte. Als L-60 A wurden vermutlich 50 bis 60 an die tschechoslowakische Luftwaffe geliefert. Sie konnten mit einem nach hinten gerichteten MG bewaffnet werden und zwei Flügelstationen trugen je eine 125 kg-Bombe oder eine Kamera und einen Scheinwerfer. Wurden die Passagiersitze entfernt, ließen sich zwei Tragbahren und eine Begleitperson transportieren. Halbstaatliche Aeroclubs bekamen L-60 D als Schleppflugzeuge und L-60 C als Absetzer für Fallschirmspringer, die aber auch schnell zum Ambulanzflugzeug umrüstbar waren. Neben einer reinen Ambulanzversion L-60 E ging vermutlich auch eine unbekannte Anzahl L-60 F als Verbindungsflugzeug mit Heizung, komfortableren Sitze und einer Nachtfluginstrumentierung an die tschechoslowakische Luftwaffe.

Aero lieferte insgesamt bis 1959 273 L-60 aus.

Besatzung: 1
Triebwerk: Ein luftgekühlter 6-Zylinder-Boxermotor Praga M-208 B mit 162 kW (220 PS).
Leistungen: Höchstgeschwindigkeit 193 km/h, Reisegeschwindigkeit 175 km/h, Dienstgipfelhöhe 4500 m, Reichweite 720 km.
Gewichte: Leermasse 968 kg, Abflugmasse 1414 kg, maximale Abflugmasse 1560 kg.

Bemerkungen: Außer dem inländischen Absatz wurden Brigadýrs nach Ägypten, Argentinien, Jugoslawien, Kuba, Neuseeland, Polen, die Sowjetunion, und Ungarn exportiert. Auch die DDR erhielt bis 1960 45 L-60, die überwiegend als Sprühflugzeuge eingesetzt wurden, bis sie von Čmelaks abgelöst wurden. Ab 1960 flogen 20 L-60 bei der Nationalen Volksarmee, die zur Schulung und für Kurierflüge genutzt wurden und bei der vormilitärischen Gesellschaft für Sport und Technik als Absetzer flogen. Um 1973/74 wurden alle außer Dienst gestellt. Ein stetes Problem blieb der unzuverlässige Praga-Antrieb, den einige Staaten schließlich durch leistungsstärkere Iwtschenko AI-14R-Sternmotoren ersetzten.

Einige flugfähige sind in Tschechien und der Slowakei stationiert, eine L-60 z. B. steht im Agroneum in Alt Schwerin und im Polnischen Luftfahrtmuseum in Krakau.

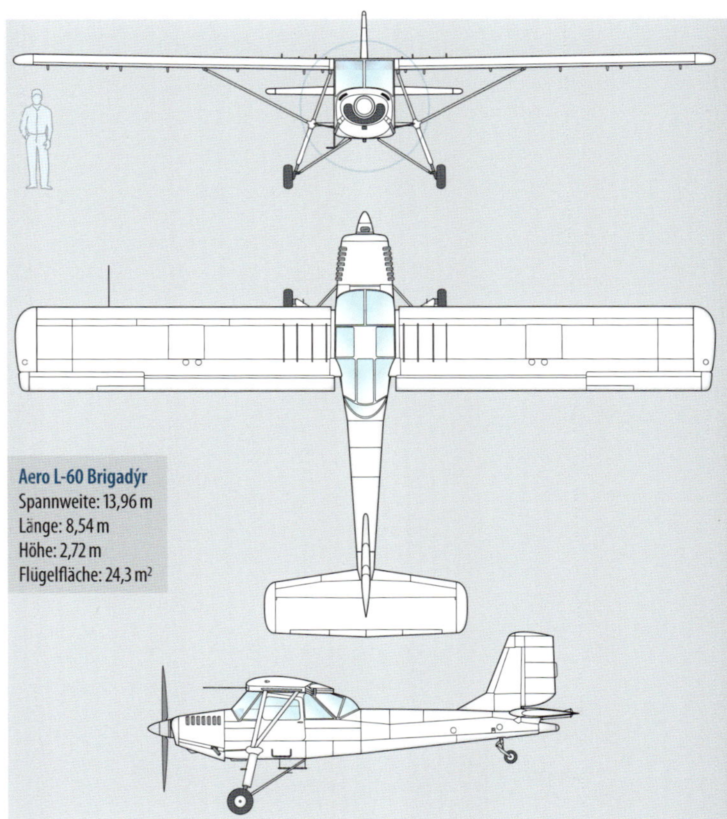

Aero L-60 Brigadýr
Spannweite: 13,96 m
Länge: 8,54 m
Höhe: 2,72 m
Flügelfläche: 24,3 m²

Avia S-199

Ursprungsland
Tschechoslowakei
Kategorie
Jagdflugzeug

Entwicklung: Nach Ende des Zweiten Weltkriegs wollten sich die tschechoslowakischen Militärs mit russischen Flugzeugen eindecken, die Verhandlungen zogen sich jedoch bis 1949 hin, so dass man den Kauf von Spitfires in Erwägung zog, dies aber aus politischen Gründen nicht realisierte. Schließlich besann man sich auf die Baugruppen für ca. 200 Messerschmitt Bf 109 aus der Kriegsproduktion, dazu kamen noch ca. 70 eingesammelte intakte Maschinen. Daraus entstanden bis September 1947 21 einsitzige S-99 und 29 Schuldoppelsitzer CS-99. Grund für die geringe Stückzahl war die Sprengung eines Munitionslagers im Juli 1945, in dem man DB-605-Motoren aufbewahrte. Avia beschloss daraufhin, die noch in großen Mengen vorhandenen deutschen Bombermotoren Jumo 211 F zu verwenden und passte die Zelle und den Motor entsprechend an. Der Lufteinlass für den Lader wurde nach rechts gelegt, die MG-Synchonisierung passte man an die wesentlich breiteren Propellerblätter (ehemals He 111) an und als Ersatz für die beim Jumo 211 nicht installierbare Motorkanone wurden zwei MKs unter die Flächen montiert. Erste Prototypen flogen im April 1947. Ende 1947 wurden Fertigungszahlen für die beiden Werke Avia und Aero festgelegt und die Produktion begann. Die ersten Maschinen konnte Avia im schon Februar 1948 an das Militär übergeben. Während der Produktion pflegte man noch geringfügige Modifikationen ein, wie z. B. am Ölkühler, eine Schiebe- anstatt Klapphaube und Änderungen am Fahrwerk. Eine unbekannte Zahl wurde zu zweisitzigen Trainern CS-199 umgebaut.

Vermutlich lieferten Avia und Aero bis September 1950 insgesamt 551 Flugzeuge aus, andere Quellen sprechen von 559 oder 533.

Bemerkungen: Mit der S-199 erhielt die tschechoslowakischen Luftwaffe ein Jagdflugzeug, das nach dem Umbau auf einen Bombermotor und -propeller mit seinem schmalen Fahrwerk noch problematischer zu starten und zu landen war. Dementsprechend unbeliebt war es bei seinen Piloten. Mit Auslieferung der ersten russischen Strahlflugzeuge wurde die S-199 Mitte der 1950er-Jahre außer Dienst gestellt. Israel kaufte, unter Umgehung des Waffenembargos 25 S-199, von denen die ersten vier im Mai 1948 Israel erreichten und sofort bei den Feindseligkeiten gegen Ägypten eingesetzt wurden. Trotz einiger Siege über feindliche Flugzeuge wurden die unzuverlässigen und mit Wartungsproblemen behafteteten S-199 bis zum Ende des Jahres außer Dienst gestellt.

Eine Avia S-199 und CS-199 steht im Luftfahrtmuseum Kbely, Prag, Tschechien und eine Avia S-199 im Museum der israelischen Luftwaffe in Chazerim, Israel.

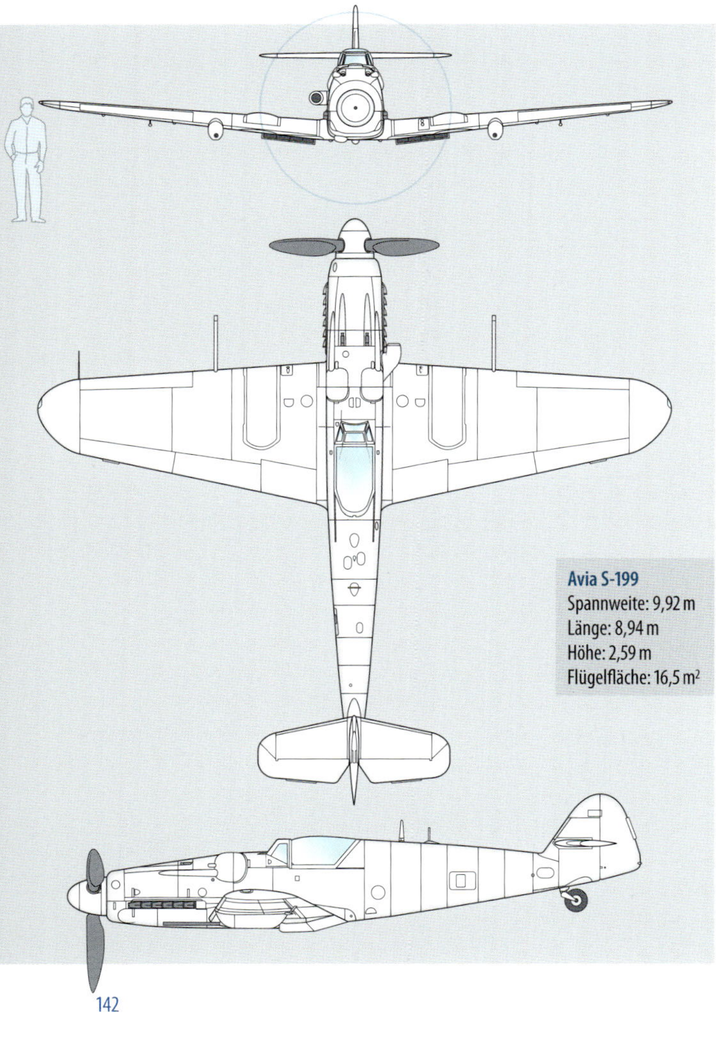

Avia S-199
Spannweite: 9,92 m
Länge: 8,94 m
Höhe: 2,59 m
Flügelfläche: 16,5 m²

Besatzung: 1
Triebwerk: Ein flüssigkeitsgekühlter V-12 Zylinder Junkers Jumo 211 F mit 919 kW (1350 PS) Startleistung.
Leistungen: Höchstgeschwindigkeit 598 km/h in 6000 m, Dienstgipfelhöhe 9500 m, Reichweite 850 km
Gewichte: Leermasse 2860 kg, maximale Abflugmasse 3736 kg.
Bewaffnung: Zwei MGs über dem Motor, zwei MKs im Flügel und bis zu 250 kg Bomben extern.

Orličan M-1 Sokol

Ursprungsland
Tschechoslowakei
Kategorie
Mehrzweck-flugzeug

Entwicklung: Die tschechoslowakische Firma Beneš-Mráz wurde 1935 gegründet und konstruierte und produzierte in der Vorkriegszeit eine Reihe von Leichtflugzeugen. Während des Zweiten Weltkrieges wurden jedoch im Auftrag der deutschen Luftwaffe Segelflugzeuge und Fieseler Storch hergestellt. Angeblich wurde aber heimlich schon an einem leichten, zweisitzigen Mehrzweckflugzeug gearbeitet, dessen Wurzeln noch in Vorkriegskonstruktionen lagen. Der freitragende Tiefdecker war eine reine Holzkonstruktion mit Einziehfahrwerk und einem aerodynamisch geformten Rumpf, der wie die Flügel, Sperrholz-beplankt war, was zu entsprechend guten Flugleistungen führte. Erstmals flog der Prototyp M-1/1 im März 1946 und ging als Orličan M-1 A in Produktion (Beneš-Mráz wurde nach Kriegsende verstaatlicht und in Orličan umbenannt). Eine ebenso zweisitzige M-1 B mit einem ZLAS Toma-4 Reihenmotor mit 105 PS blieb ein Einzelstück. Im Februar 1947 flog eine modifizierte M-1 A mit neuem Flügel, einem längeren Rumpf mit zusätzlichen Fenstern, der einen dritten, hinteren Sitz ermöglichte. Sie ging als M-1 C (Zeichnung) in Serie. Motorisiert mit einem hängend eingebauten Walter Minor 4-Reihenmotor wurden von ihr 183 Stück ausgeliefert. Eine geänderte Haube und modifizierte Ruder zeichnete die M-1 D (großes Bild) aus, die im Oktober 1948 ihren Erstflug absolvierte und von der 104 Stück Käufer fanden. Nur als Prototyp existierte eine Schwimmerversion M-1 E. In den frühen 1960er-Jahren tauchten erste Probleme mit den Holzverleimungen auf, so dass die meisten Sokols aus dem Verkehr gezogen werden mussten. Abgelöst wurde die M-1 durch die L-40 Meta Sokol, ein Ganzmetall-Reiseflugzeug, das 1956 erstmals abhob.

Vermutlich wurden insgesamt 287 M-1 gebaut.

Bemerkungen: Mit der Sokol wurde in der Tschechoslowakei ein durchaus konkurrenzfähiger Tiefdecker produziert, der von der Tschechischen Nationalgarde als Verbindungsflugzeug K-63 und der Ägyptischen Luftwaffe eingesetzt wurde. Angeblich flogen auch zwei als Verbindungs- und Schulflugzeug bei der Volkspolizei und der Nationalen Volksarmee der DDR.

Neben einigen flugfähigen Exemplaren in Europa werden im Technischen Nationalmuseum in Prag und im Luftfahrtmuseum Prag-Kbely/Tschechien M-1 präsentiert.

Das Urspungsmuster M-1 A, noch zweisitzig.

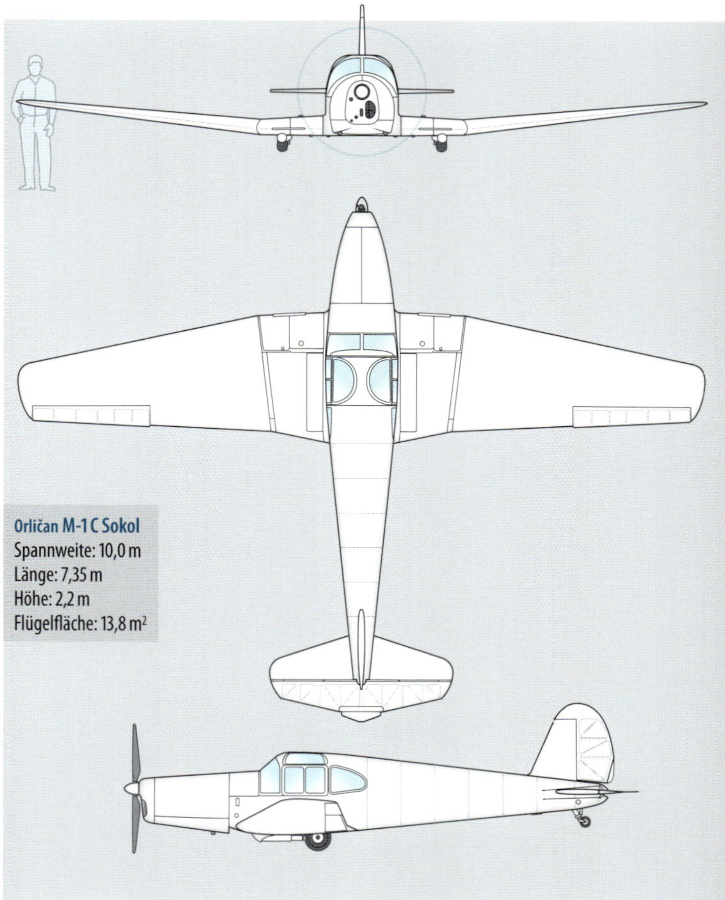

Orličan M-1 C Sokol
Spannweite: 10,0 m
Länge: 7,35 m
Höhe: 2,2 m
Flügelfläche: 13,8 m²

Besatzung: (M-1 C) 1 + 2
Triebwerk: (M-1 C) Ein luftgekühlter 4-Zylinder-Reihenmotor Walter Minor 4-III mit 77 kW (105 PS).
Leistungen: (M-1 C) Höchstgeschwindigkeit 230 km/h, Reisegeschwindigkeit 200 km/h, Dienstgipfelhöhe 4800 m, Reichweite ca. 1000 km.
Gewichte: (M-1 C) Leermasse 425 kg, Abflugmasse 780 kg.

Zlín Z-26 / Z-126 Trenér

Ursprungsland
Tschechoslowakei
Kategorie
Trainingsflugzeug

Entwicklung: Um die Bücker Jungmann und Bestmann zu ersetzen wurde 1946 von Zlín (später Moravan) nach einer Ausschreibung für einen militärischen Basistrainer die Z-26 entworfen, angeblich auf Basis der Klemm Kl 35. In Konkurrenz zur ähnlich konstruierten Praga E-112 gewann Zlín den Wettbewerb. Die Z-26 flog erstmals im September 1947. Der in Gemischtbauweise konstruierte freitragende Tiefdecker hatte einen aus Stahlrohren geschweißten Rumpf, der nach dem blechbeplankten Motorraum bespannt war. Die aus Holz gebauten Tragflächen und das Leitwerk waren teilweise bespannt. 1949 begann die Serienproduktion und bis 1953 wurden 173 Z-26 Tréner ausgeliefert. Davon setzte man 123 vor allem in halbstaatlichen Aeroclubs und in der tschechoslowakischen Luftwaffe als C.5 ein. 47 wurden an Polen geliefert und 3 an Rumänien. Bereits während der Produktion der Z-26 arbeitete Zlín an der Weiterentwicklung zur Z-126. Die Grundkonstruktion mit geringen Änderungen und der 105 PS-Walter Minor wurden beibehalten, aber das komplette Flugzeug produzierte Zlín jetzt in Ganzmetallbauweise. Nur die Rumpfseiten waren noch bespannt und die ersten drei Exemplare hatten noch ein Leitwerk aus Holz. Erstflug war im Oktober 1953. Bereits 1954 begann die Serienproduktion, die 1956 nach 168 Flugzeugen endete. Das Flugzeug ist sowohl zivil als auch militärisch eingesetzt und in zahlreiche Länder exportiert worden. Neben der Tschechoslowakei, die ihre 124 Z-126 C.105 nannte, war die DDR mit 19 Z-126 der größte Abnehmer.

Zlín lieferte von 1949 bis 1956 173 Z-26 und von der Z-126 168 Flugzeuge aus.

Bemerkungen: Mit der Z-26 begann bereits 1946 die lange Geschichte der erfolgreichen Tréner-Baureihe, die erst 1977 mit der Zlín 726 endete. Berühmt wurden sie aber nicht wegen ihrer Eignung als Schulflugzeug in zahlreichen Luftwaffen, sondern als Kunstflugzeug, das weltweit bei großen Wettbewerben geflogen wurde. Schon die Z-26 war für Kunstflug bis zu +6/–3g geeignet, während mit den stärker motorisierten Z-226 und Z-326, auch als einsitzige Z-326 A Akrobat und allen nachfolgenden Mustern bei internationalen Wettbewerben und bei Weltmeisterschaften ab Mitte der 1950er-Jahre sehr erfolgreich mitgeflogen wurde. Die Volkspolizei der DDR erhielt 1954 die ersten drei Z-126, zwölf weitere kamen 1956 dazu, die wegen des alliierten Flugverbots noch sowjetische Abzeichen trugen. Anfang der 1960er-Jahre wurden sie schließlich bei der vormilitärischen Gesellschaft für Sport und Technik (GST) als Schleppflugzeug und zur Pilotenschulung eingesetzt, bis man sie Ende der 1970er-Jahre ausmusterte.

Eine originale Zlín Z-26 steht z. B. im Luftfahrtmuseum Kbely, Prag, Tschechien und in Krakau, Polen. Ab der Z-126 sind noch zahlreiche Exemplare in flugfähigem Zustand, auch in Europa.

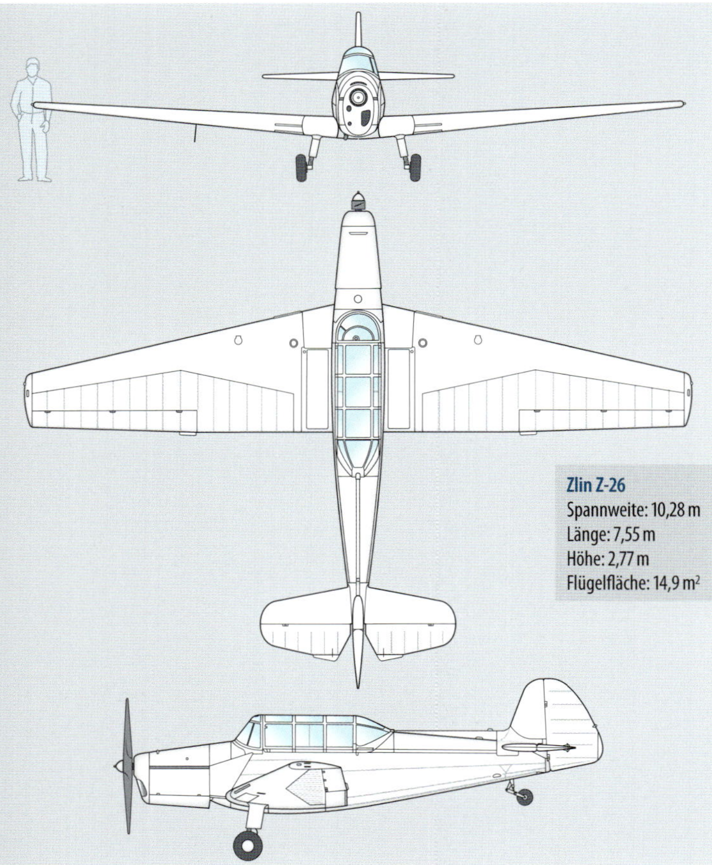

Zlin Z-26
Spannweite: 10,28 m
Länge: 7,55 m
Höhe: 2,77 m
Flügelfläche: 14,9 m²

Besatzung: 2
Triebwerk: Ein luftgekühlter 4-Zylinder-Reihenmotor Walter Minor 4-III mit 77 kW (105 PS).
Leistungen: Höchstgeschwindigkeit 205 km/h, Reisegeschwindigkeit 180 km/h, Dienstgipfelhöhe 4800 m, Reichweite ca. 500 km.
Gewichte: Leermasse 505 kg, maximale Abflugmasse 765 kg. Z-126 maximale Abflugmasse 815 kg.

Aeronca L-16

Ursprungsland
USA
Kategorie
Verbindungs- und Beobachtungsflugzeug

Entwicklung: Schon während des Zweiten Weltkriegs waren leichte, langsame Beobachtungsflugzeuge wie z. B. die Piper L-3 wegen ihrer STOL-Fähigkeiten, ihrer einfachen Wartung und der Möglichkeit von unvorbereiteten Feldflugplätzen aus zu starten, beim Militär gefragt. So auch noch nach Kriegsende, als 1947 die US Army Airforce als Ersatz für die Piper L-3 eine Order an Aeronca über 509 L-16 A, eine militärische Variante der 7 BC Champion, vergab. Der zweisitzige Hochdecker unterschied sich kaum von der zivilen Variante. Lediglich die Fenster wurden erweitert, das Kabinendach verglast und ein Continental C-90 eingebaut. Der bespannte Rumpf und das Leitwerk fertigte man aus einem geschweißten Metallrohrrahmen, die bespannten Flügel bestanden aus Aluminiumrippen auf Holzholmen. Nach Gründung der US Air Force im September 1947 übernahm die USAAF einen Teil der zu liefernden L-16 A. Bereits 1948 wurde ein weiterer Auftrag über 215 L-16 B (großes Bild, vermutlich nur 100 gebaut) erteilt. Sie unterschieden sich durch den jetzt 90 PS leistenden Boxermotor O-205 von Continental, einem Elektrostarter, einem elektrischen System, einem vergrößertes Seitenleitwerk und verbessertem Fahrwerk und einem zusätzlichen Tank im Flügel, der auch eine größere Reichweite ermöglichte.

Eine zivile Aeronca 7 mit runden Heckfenstern und unverglastem Dach, von der die L-16 abgeleitet wurde.

In den Jahren 1946 bis 1950 sind vermutlich 609 L-16 von Aeronca gebaut worden.

Bemerkungen: Mit Wiederaufnahme der Flugzeugproduktion nach dem Zweiten Weltkrieg modernisierte auch Aeronca seine Modellreihen geringfügig und wurde damit zu einem beliebten Hersteller für einfach gebaute Zweisitzer und leicht zu fliegenden Trainingsflugzeugen. Die Militärvarianten L-16 wurden von 1950 bis 1953 intensiv im Koreakrieg eingesetzt. Sie flogen auf Erkundung, zur Zielidentifikation, Beobachtung, als Verbindungsflugzeuge und sogar als Verwundetentransporter. Ab 1955 erhielt die US Civil Air Patrol zahlreiche L-16 und nutzte sie zur Ausbildung, für Verbindungsflüge und im Heimatschutz. Die meisten L-16 wurden in den späten 1950er-Jahren ausgemustert und verkauft, teilweise zurückgerüstet und als A-7 Champion von zivilen Nutzer geflogen.

Vermutlich sind über 250 Aeroncas L-16 erhalten geblieben, davon eine unbekannte Zahl flugfähig, vor allem in den USA

Besatzung: 1 + 1
Triebwerk: Ein luftgekühlter 4-Zylinder-Boxermotor Continental O-190 mit 58,8 kW (80 PS).
Leistungen: Höchstgeschwindigkeit 180 km/h, Reisegeschwindigkeit 160 km/h, Dienstgipfelhöhe 4400 m, Reichweite ca. 550 km.
Gewichte: Leermasse 404 kg, Abflugmasse 658 kg.

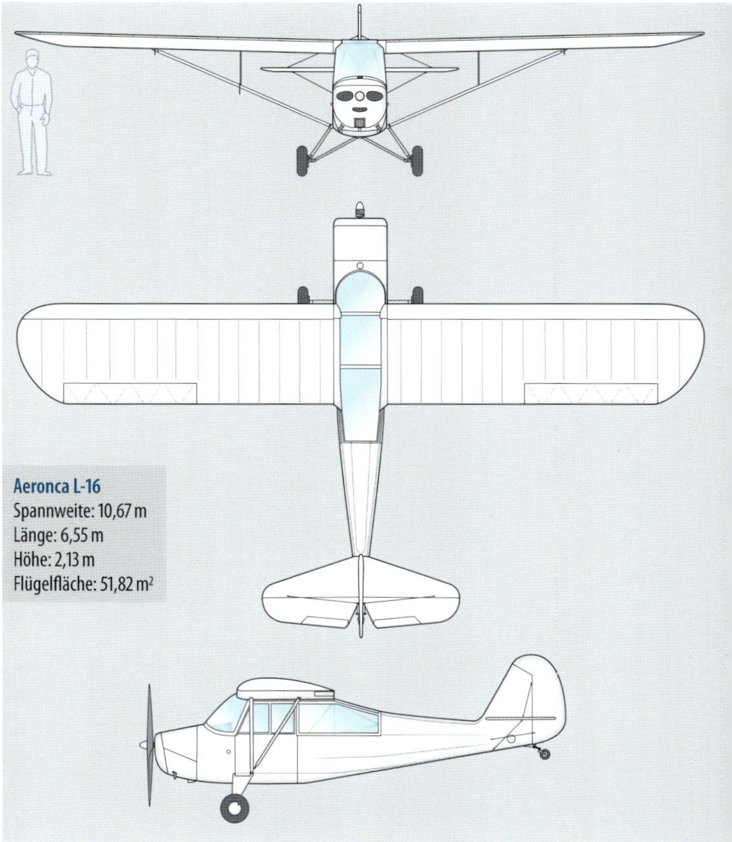

Aeronca L-16
Spannweite: 10,67 m
Länge: 6,55 m
Höhe: 2,13 m
Flügelfläche: 51,82 m²

Beechcraft C-45 Expeditor

Ursprungsland
USA
Kategorie
Mehrzweck-flugzeug

Entwicklung: Ende der 1930er-Jahre war der Bedarf für ein zweimotoriges Flugzeug Anlass für Beechcraft das Model 18, das auch militärisch nutzbar sein sollte, zu entwickeln. Der in Ganzmetall-Schalenbauweise hergestellte Tiefdecker flog erstmals im Januar 1937. Anfangs mit 330 PS-Jacobs- bzw. 350 PS-Wright-Motoren ausgestattet, wurde schließlich der P & W Wasp Junior als Standardantrieb ausgewählt. Bis Kriegsbeginn waren nur 39 Stück verkauft, davon 29 an zivile Abnehmer. Dann begann Beechcraft militärisch nutzbare Versionen zu entwickeln: die AT-7 / AT-11 als Armeeversion, die SNB für die Navy und später die C-45 Expeditor (Abb. oben) als Transporter. Eingesetzt wurde die in über 30 Versionen gebaute Zweimot für alle erdenklichen Aufgaben: Zur Ausbildung von Piloten, Navigatoren und Bombenschützen, als Transporter für bis zu 8 Passagiere, Fotoaufklärer als F-2, Ambulanzflugzeug usw., von China auch als leichter Bomber. Unter dem Lend-Lease Act erhielt die RCAF und RAF 236 Expeditor und 67 die Fleet Air Arm.

Von 1937 bis 1970 liefen mehr als 9000 Flugzeuge vom Band. Davon wurden 5230 an die USAAF ausgeliefert.

Bemerkungen: Mit dem Modell 18 schuf Beechcraft ein echtes Mehrzweckflugzeug. Während des Zweiten Weltkrieges wurden ca. 90 % aller Navigatoren und Bombenschützen der USAAF auf der AT-7/AT-11 ausgebildet. Die USAF flog sie bis 1963, die Navy bis 1972 und die Army sogar bis 1976. Das robuste Flugzeug wurde in über 30 Staaten eingesetzt.

Nach 1945 überholte Beechcraft etwa 2200 Zweimots, brachte die Zellen auf null Stunden und zivile Standards und veräußerte sie wieder. Auch andere US-Firmen nahmen sich der Zweimots an und modifizierten neben der Zelle (z. B. mit Bugfahrwerk), auch den Antrieb (sogar als Turboprop mit je 750 PS). So entstanden neben Geschäftsreiseflugzeugen Spray-, Feuerlösch-, Post-, Ambulanz- und Frachtflugzeuge.

Neben einer großen Zahl Museumsexemplaren sind hauptsächlich in den USA noch zahlreiche C-45 in flugfähigem Zustand.

Mit einem gläsernen Bug, einem Bombenschacht und 2 Maschinenkanonen sind 1582 AT-11 Kansan der USAAF für das Bomben- und Bordschützen-Training gebaut worden.

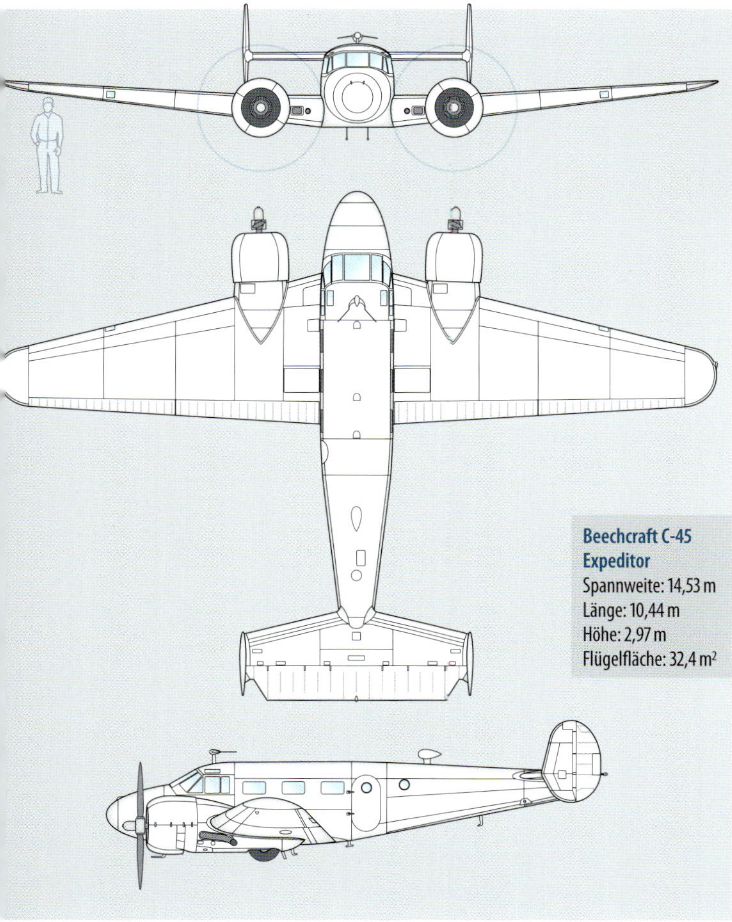

Beechcraft C-45 Expeditor
Spannweite: 14,53 m
Länge: 10,44 m
Höhe: 2,97 m
Flügelfläche: 32,4 m²

Besatzung: 2
Triebwerke: (UC-45) Zwei luftgekühlte 9-Zylinder-Sternmotoren Pratt & Whitney R-985-AN1 Wasp Junior mit je 335 kW (450 PS).
Leistungen: (UC-45) Höchstgeschwindigkeit 362 km/h, Reisegeschwindigkeit 277 km/h, Dienstgipfelhöhe ca. 7900 m, Reichweite ca. 1900 km..
Gewichte: (UC-45) Leermasse 2458 kg, Abflugmasse 3402 kg.

Beechcraft T-34 Mentor

Entwicklung: In Eigeninitiative begann die vom Firmeninhaber W. Beech angestoßene Entwicklung des Models 45, das als Alternative zur T-6 gesehen wurde. Grundlage war das viersitzige Model 35 Bonanza, das mit einem schmäleren Rumpf und erheblichen Strukturverstärkungen für +10/–5G zu einem Zweisitzer in Tandemanordnung wurde. Der erste Prototyp hob im Dezember 1948 ab, noch mit einem 185 PS Boxer von Continental. Ein dritter Prototyp flog bereits mit dem serienmäßig verwendeten 220 PS-starken Boxermotor. 1950 bestellte die USAF drei Testflugzeuge YT-34, denen ein langwieriger Auswahlprozess folgte. Erst im März 1953 entschied man sich für die T-34. Die ersten Lieferungen an die USAF von 450 T-34 A begannen 1954 und wurden 1956 abgeschlossen. 1955 startete die Produktion von 423 T-34 B für die Navy, die sich nur geringfügig von der A unterschieden. Beechcraft lieferte die letzte Kolben-T-34 1959 aus. Aber nach fast 15 Jahre Produktionspause entwickelte Beechcraft die auch aerodynamisch verbesserte T-34 C mit einer 550 PS-Propellerturbine, deren Produktion 1975 anlief und die nach 375 Flugzeugen 1990 endete. Der gut motorisierte Trainer konnte in der C-1-Version auch bis zu 540 kg Waffen an vier Flügel-Hardpoints laden. Beechcraft versuchte sich noch mit einem einstrahligen Model 73 Jet Mentor, der zahlreiche Komponenten der T-34 übernahm und im Dezember 1955 auch flog. Es blieb aber bei einem Einzelstück.

Von den insgesamt 1904 gebauten T-34 mit Kolbenmotor wurden 125 von Canadian Car and Foundry in Kanada, 173 von Fuji in Japan und 75 von der argentinischen FMA in Lizenz hergestellt.

Bemerkungen: Die Beech Mentor war ein idealer Standard-Primärtrainer für die USAF und Navy. Neben ausgezeichneten Flugeigenschaften, ihrer stabilen Zelle für eingeschränkten Kunstflug ist die T-34 auch noch wirtschaftlich zu betreiben. Die meisten T-34 der USAF blieben bis Anfang der 1960er-Jahre im Dienst, bis sie vom Jet-Trainer Cessna T-37 abgelöst wurde. Ein Teil ging an die Civil Air Patrol, ein Teil wurde exportiert oder ging an USAF-Aeroclubs. Ende der 1990er-Jahre tauchten Probleme mit den Flügelholmen auf, die dazu führten, dass 2003 die letzte T-34 stillgelegt wurde. Die Navy hielt einen Teil ihrer Trainer bis Anfang der 1990er-Jahre in Betrieb, begann aber ihre Schulungen schon 1975 mit der turbinengetriebenen T-34 C, bis sie von dem Turboprop-Trainer T-6 Texan, einer Weiterentwicklung der Pilatus PC-9, abgelöst wurde. Neben dem Hauptbetreiber USA nutzten die Beechcraft Mentor über 20 Staaten, darunter Türkei, Chile, Kolumbien, Frankreich, Indonesien, Saudi-Arabien und Spanien. Teilweise als Schulflugzeug, C-Versionen hauptsächlich als leichter Erdkämpfer bis heute, im Gegensatz zu Argentinien, das 1982 im Falklandkrieg seine T-34 C überwiegend als Aufklärer einsetzte.

Fast jedes US-Museum besitzt eine T-34, zahlose (angeblich über 100) sind in privatem Besitz und werden noch geflogen.

Besatzung: 2
Triebwerke: Ein luftgekühlter 6-Zylinder-Boxermotor Continental O-470-13 mit 162kW (220 PS).
Leistungen: Höchstgeschwindigkeit 302 km/h, Reisegeschwindigkeit 274 km/h, Dienstgipfelhöhe 5520 m, Reichweite 1170 km.
Gewichte: Leermasse 1022 kg, Abflugmasse 1354 kg.

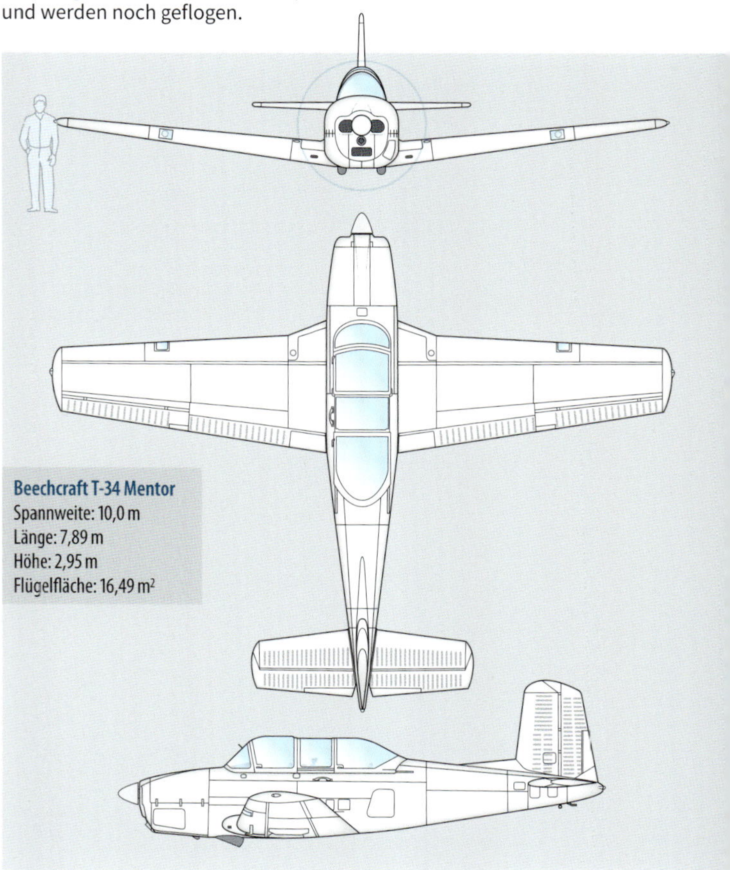

Beechcraft T-34 Mentor
Spannweite: 10,0 m
Länge: 7,89 m
Höhe: 2,95 m
Flügelfläche: 16,49 m²

Beechcraft L-23 / U-8 Seminole

Ursprungsland
USA
Kategorie
Leichtes Mehrzweckflugzeug

Entwicklung: Die L-23 war eigentlich eine Beechcraft Model D50 Twin Bonanza, die im November 1949 erstmals flog, die wiederum auf der einmotorigen Bonanza basierte. Der leichte, zweimotorige Tiefdecker wurde in Ganzmetallbauweise produziert und konnte neben den beiden Piloten vier Passagiere transportieren. Beechcraft lieferte Anfang 1952 vier Twin Bonanza als YL-23 zur Bewertung an die US-Army, die daraufhin eine Bestellung über 55 L-23 A Seminole vergab, die mit zwei 260 PS Lycomings und Zweiblatt-Holzpropellern ausgeliefert wurden. Im Gegensatz zu weiteren 40, mit einem Zweiblatt-Metallprop ausgerüsteten L-23 B. Auch die USAF interessierte sich für die Zweimot, erwarb eine C50 als XL-23 C zur Bewertung, erteilte aber keine Bestellung. Im Januar 1955 begann Beechcraft mit der Entwicklung der Bonanza E50, die eine höhere Abflugmasse hatte und mit 340 PS-Boxermotoren O-480 etwas schneller war. Erstflug war im Oktober 1955, erste Auslieferungen als L-23 D begannen im November 1956. 93 ältere L-23 A und B wurden noch auf den D-Stand gebracht. Ende der 1950er-Jahre erwarb die Army vermutlich 11 RL-23 D und lies 29 D zur RL umbauen, die mit einem Radarpod und Bugradom ELINT-Missionen ausführten. Ein letztes Los mit 6 L-23 E wurde 1956 ausgeliefert, die wieder von einem schwächeren 295 PS-Boxermotor angetrieben wurden. Mit der Umbenennung 1962 wurden L-23D zu U-8D usw. Zwar nannte die US-Army ihre Queen Air B50 auch L-23 F und D, diese waren aber wesentlich größer und konnten neben zwei Piloten bis zu 7 Passagiere transportieren.

Eine RL-23 D mit Radardom am Bug und einem Seitwärtsradar.

Beechcraft lieferte insgesamt 217 L-23 aus.

Bemerkungen: Für Beechcraft machten die Bestellungen der militärischen Seminole, die ab 1953 in Dienst gestellt wurden, einen Großteil ihrer Produktion in den Jahren 1952/53 aus, die aber mit der Auslieferung der L-23 B 1954 endete. Erst mit der L-23 E wurden 1956 die Lieferungen wieder aufgenommen, die mit der L-23 D erst 1963 endeten. Beechcraft-Zweimots wurden weltweit eingesetzt und verblieben fast 40 Jahre im Dienst der US-Armee.

Zahlreiche stillgelegte L-23 veräußerte die Army Anfang der 1990er-Jahre auf dem zivilen Markt, etliche sind noch flugfähig. Eine findet man im Pima Air & Space Museum in Tucson, USA.

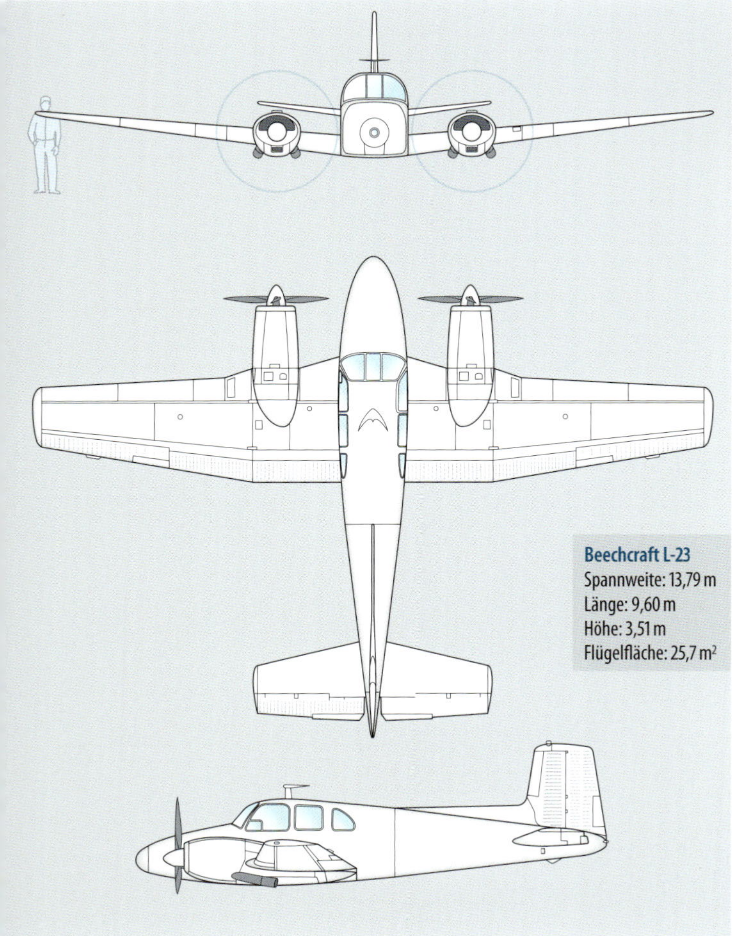

Beechcraft L-23
Spannweite: 13,79 m
Länge: 9,60 m
Höhe: 3,51 m
Flügelfläche: 25,7 m²

Besatzung: 2
Triebwerke: Zwei luftgekühlte 6-Zylinder-Boxermotoren Lycoming GSO-480-1 mit je 250 kW (340 PS).
Leistungen: Höchstgeschwindigkeit 375 km/h, Reisegeschwindigkeit 290 km/h, Dienstgipfelhöhe 8200 m, Reichweite 2370 km.
Gewichte: Leermasse 2254 kg, maximale Abflugmasse 3311 kg.

Bell 47/H-13

Ursprungsland
USA
Kategorie
Leichter Mehrzweck-hubschrauber

Entwicklung: Die Entwicklung der Bell 47 geht bis ins Jahr 1943 zurück, als das Modell 30 gebaut wurde, ein Helikopter mit Zweiblatt-Rotor aus laminiertem Holz, zyklischer Blattverstellung und Stabilisator, der im Juni 1943 erstmals flog. Die erste Bell 47 A war ein Zweisitzer mit Flugzeugähnlicher Zelle , von der die Army 13 als YR-13 und die Marine 10 zur Bewertung erhielten. Erst das dreisitzige D-Modell, noch mit einem verkleideten Heckausleger, wurde mit der markanten „Glaskugel“ ausgestattet, von einem 178 PS-Franklin angetrieben und von der Army als H-13 und der Navy als TH-13 erworben. Die Bell 47 G erhielt Metallrotorblätter, sowie einen unverkleideten Heckausleger und wurden in sehr großer Zahl von der Army als OH-13 Sioux (Bild), der Luftwaffe als UH-13 und der Navy als TH-13 erworben. Sie waren bereits mit einem 250 PS-Boxermotor von Lycoming ausgerüstet. Mit der letzten Version TH-13 T wurde noch der 270 PS starke 6-Zylinder von Lycoming eingeführt. Den Heli gab es in zahlreichen Varianten, mit Schwimmern, mit Doppelsteuer, mit Tragbahren über den Kufen, unterschiedlicher Motorisierung und Detailmodifikationen. Die britische Armee flog 300 47 G, die unter Lizenz von der italienischen Firma Agusta (50 St.) und der Rest als Bausatz über die britische Westland Aircraft geliefert wurden. Kawasaki (Japan) erhielt eine Lizenz und baute 211 einer eigenen Variante KH-4.

Bei Bell blieb die 47 bis 1973 ununterbrochen in der Produktion, Hauptserie war das Modell 47 G mit all ihren Varianten. Inklusive der zivilen Exemplare wurden über 5600 gebaut.

Bemerkungen: Die militärische Bell 47 gehörte nach 1945 zu den wichtigsten US-Leichthubschraubern und war als einfache, aber robuste Konstruktion auch preisgünstig zu haben. Sie wurde vor allem im Koreakrieg (1950 – 1953) erstmals in großer Zahl eingesetzt. Dazu gehörten Beobachtungs- und Aufklärungsmissionen und die Bergung von Verwundeten, die auf zwei windgeschützten Tragbahren auf den Kufen transportiert wurden. Auch im Vietnamkrieg wurde er von 1964 bis 1966 als Beobachtungshubschrauber verwendet, bis ihn die Hughes OH-6 ablöste. Neben den USA als Hauptbetreiber wurde die Bell 47 rund um den Globus in mehr als 50 Staaten, darunter auch Deutschland mit 45 Agusta 47 G von 1957 bis 1974, militärisch eingesetzt und erst in den 1980er-Jahre allmählich mit Auftauchen leistungsfähigerer Helikopter außer Dienst gestellt, viele aber auch darüber hinaus weiter betrieben. Zahlreiche ausgemusterte landeten bei zivilen Betreibern, einige wurden von speziellen Firmen für den landwirtschaftlichen Einsatz umgebaut, zum Teil mit bis zu 420 PS-starken Turbinen.

Neben unzähligen noch flugfähigen Bell 47, findet man sie in den Museen der Betreiberländer, auch im Bückeburger Hubschraubermuseum.

Besatzung: 1 – 3
Triebwerke: Ein luftgekühlter 6-Zylinder Boxermotor Lycoming TVO-435 mit 198 kW (270 PS).
Leistungen: Höchstgeschwindigkeit 170 km/h, Dienstgipfelhöhe (TH-13) 6100 m, Reichweite 500 km.
Gewichte: Leermasse 858 kg, Startmasse 1340 kg.

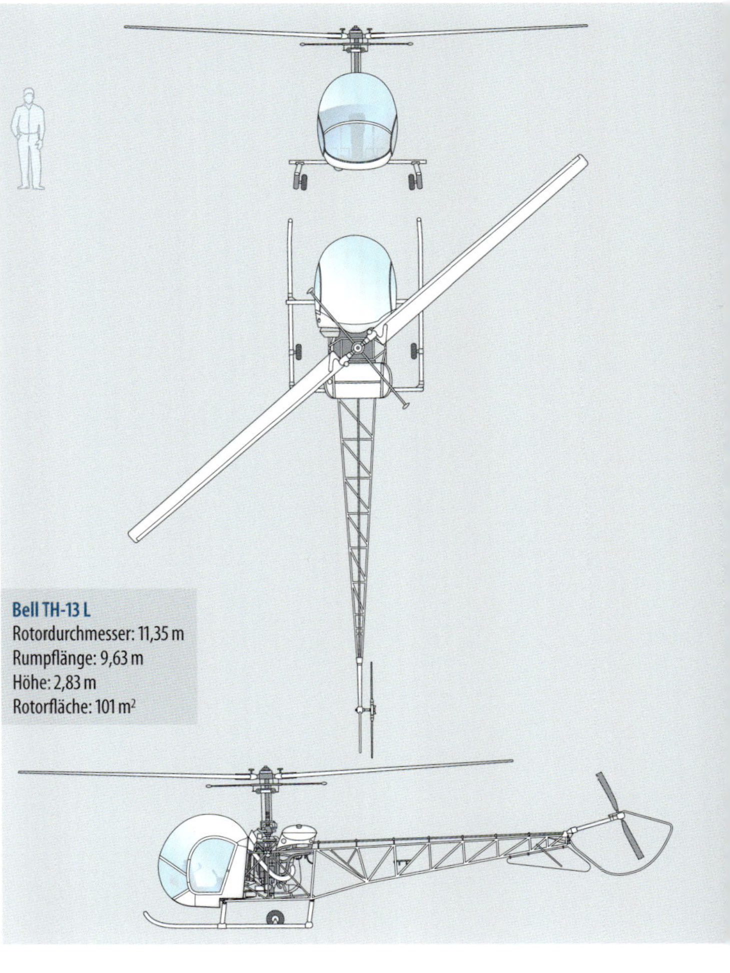

Bell TH-13 L
Rotordurchmesser: 11,35 m
Rumpflänge: 9,63 m
Höhe: 2,83 m
Rotorfläche: 101 m²

Bell HSL

Ursprungsland
USA
Kategorie
Anti-U-Boot-Helikopter

Entwicklung: Ende der 1940er-Jahre benötigte die US-Navy dringend einen größeren Hubschrauber, um mit ihm Anti-U-Boot-Missionen durchzuführen und stellte einen Auftrag über 160 Hubschrauber in Aussicht. Die Navy verlangte zwar einen zweimotorigen Helikopter mit einem Rotor und der passenden Größe für Schiffsaufzüge, trotzdem gewann Bell den branchenweiten Wettbewerb und die Firma erhielt einen Auftrag über drei Prototypen. Nach dreijähriger Entwicklungsphase flog der Helikopter erstmals im März 1953. Der in Ganzmetallbauweise konstruierte Hubschrauber mit seinen faltbaren Tandemrotoren wurde von zwei Piloten und zwei Sonaroperatoren geflogen und hatte eine Flugdauer von fast vier Stunden. Nach Lösung etlicher technischer Probleme begannen im März 1955 die Tests auf den Flugzeugträgern und im Januar 1957 übernahm die Navy die ersten Helikopter. Der von Bell entwickelte Autopilot ermöglichte ein nahezu bewegungsloses Schweben, aber der im Heck montierte Sternmotor, der die Zweiblatt-Rotoren über Wellen und Getriebe antrieb, vibrierte und war so laut, dass das Sonar nur eingeschränkt genutzt werden konnte – ein überzeugender Grund den ersten Produktionsvertrag 1955 über 78 HSL auf 50 zu kürzen, wovon eigentlich 18 HSL für die britische Royal Navy bestimmt waren. Auch ein

Einer der Prototypen XHSL-1, die im Gegensatz zu den Serienmodellen, noch ohne Stabilisierungsflächen am Heck flogen.

Folgevertrag für weitere sechzehn HSL wurde zugunsten der wesentlich größeren Sikorsky HSS-1 Sea Bat (S. 230) gekündigt.

Insgesamt produzierte Bell einschließlich der Prototypen lediglich 52 Hubschrauber.

Bemerkungen: Bells bisher einziger Hubschrauber mit Tandemrotoren war Anfang der 1950er-Jahre der größte US-Hubschrauber. Er wurde jedoch nie operativ eingesetzt. Angeblich sind nur wenige in Dienst gestellt worden, davon ein paar als Minensucher und Trainer, manche wurden zur Ersatzteilgewinnung ausgeschlachtet, etliche wurden aber auch gleich nach der Auslieferung eingelagert und später verschrottet.

Soweit bekannt blieb kein Exemplar erhalten.

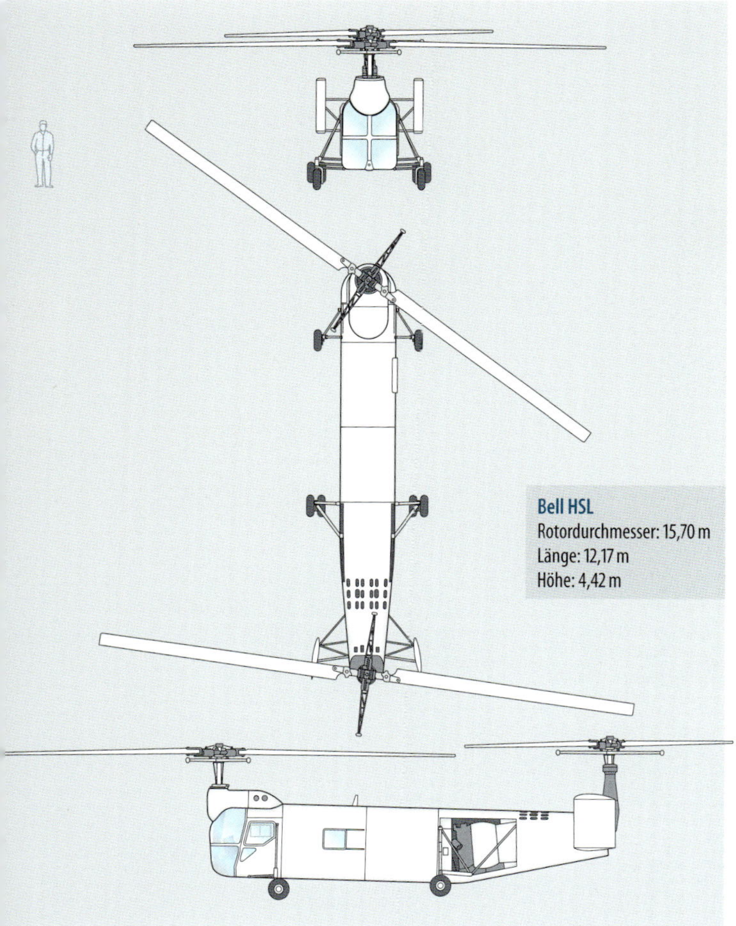

Bell HSL
Rotordurchmesser: 15,70 m
Länge: 12,17 m
Höhe: 4,42 m

Besatzung: 3 – 4
Triebwerk: Ein luftgekühlter 18-Zylinder-Doppelsternmotor Pratt & Whitney R-2800-50 1544 kW (2100 PS).
Leistungen: Höchstgeschwindigkeit 200 km/h, Reisegeschwindigkeit 155 km/h, Dienstgipfelhöhe 4400 m, Reichweite 230 km, maximal 560 km.
Gewichte: Leermasse 5930 kg, Abflugmasse 7692 kg.
Bewaffnung: Zwei Torpedos.

Boeing B-29 Superfortress

Ursprungsland
USA
Kategorie
Schwerer strategischer Bomber

Entwicklung: Nach einer Forderung der USAAC 1938 entwickelte Boeing den Bomber Model 341, dem ein weiteres Model 345 folgte, das wegen der Kriegserfahrungen in Europa, eine stärkere Bewaffnung, Panzerung, selbstdichtende Tanks und Wright R 3350-Sternmotoren erhielt. Im August 1940 beauftragte die USAAC den Prototypenbau. Schon vor dem Erstflug im September 1942 waren 1600 B-29 bestellt. Bei der in Ganzmetallbauweise hergestellten, technisch komplexen Superfortress wurden Innovationen realisiert, wie z. B. ein druckbelüftetes Cockpit, verbunden mit einer Mittelsektion oder ferngesteuerte Waffenstände. Boeing installierte modernste Motoren und oft noch geheime Ausrüstungen, die so immense Probleme bereiteten, dass Anfang 1944 von 100 ausgelieferten B-29 nur 16 einsatzbereit waren. In einer aufwendigen, aber raschen Aktion, behob man die Mängel. Nach 2513 B-29, der Grundversion, folgten 1119 B-29 A mit längeren Flügel und veränderten Waffenständen. Die B-29 B, von der 311 Flugzeuge ausgeliefert wurden, konnte bei reduzierter Bewaffnung mit einer 7-köpfigen Crew geflogen werden. Zum Tanker KB-29 baute Boeing 299 Superfortress um, teilweise mit Schlauch- und andere mit Heck-Auslegersystemen, weitere flogen als Trainingsflugzeug, als Aufklärer, Wetter-, SAR- und Testflugzeug. Die direkte, leistungsstärkere Weiterentwicklung war die B-50 (S. 153).

Wegen des großen Bedarfs wurden bis 1946 von dendrei Werken Bell, Boeing und Martin inklusive der Prototypen 3970 B-29 produziert.

Bemerkungen: Die Superfortress war der größte und leistungsfähigste Bomber des Zweiten Weltkrieges und gehörte zu den kostenintensivsten und technisch aufwendigsten Rüstungsprogrammen der USA. Sie wurden nur im pazifischen Raum eingesetzt, hauptsächlich über Japan. Anfangs bombardierte man Industrieanlagen, später gab es Flächenbombardements, kurz vor Kriegsende warf man von ihr die Atombomben auf Hiroshima und Nagasaki ab. Letztmals im Einsatz waren die nun bereits veralteten Superfortress im Koreakrieg bis 1953, allerdings mit hohen Verlusten durch nordkoreanische MiG-15. Die letzte B-29 wurde erst 1960 ausgemustert. Vier gegen Ende des Zweiten Weltkrieges in der Sowjetunion notgelandeten B-29 dienten Tupolew für den mehr oder weniger exakten Nachbau der TU-4 (S. 131), die im Mai 1947 erstmals abhob und von der ca. 850 gebaut wurden. Einige TU-4 wurden an China geliefert, die dort teilweise auf Turboprops umgerüstet wurden.

Angeblich haben 22 B-29 überlebt. Zwei davon fliegen noch in den USA. Eine steht im Imperial War Museum in Duxford, Großbritannien.

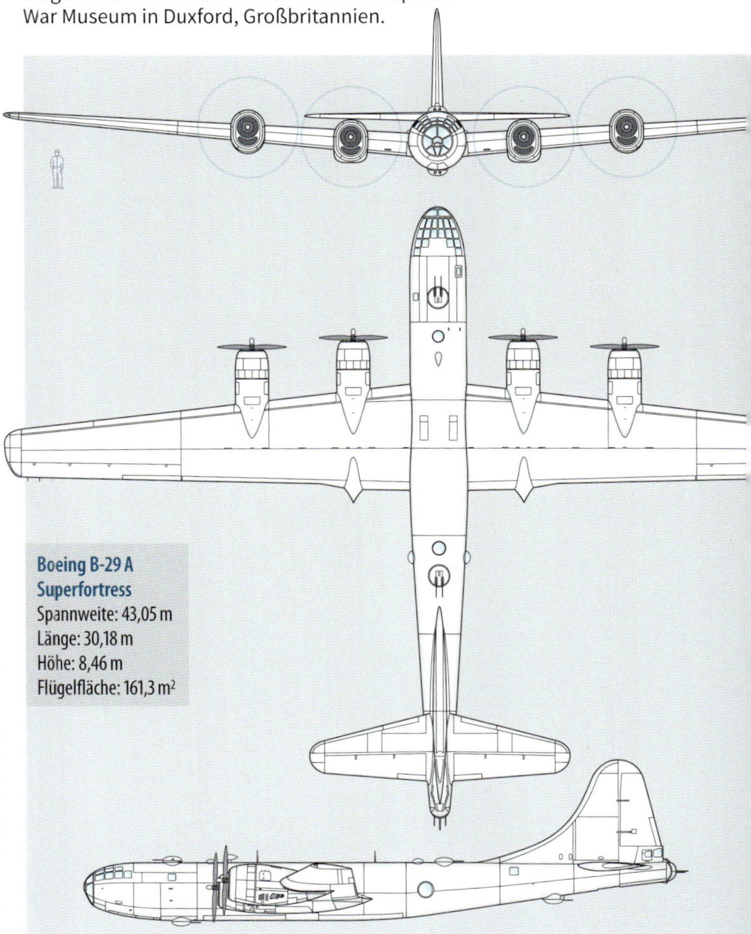

Boeing B-29 A Superfortress
Spannweite: 43,05 m
Länge: 30,18 m
Höhe: 8,46 m
Flügelfläche: 161,3 m²

Besatzung: 11
Triebwerke: Vier luftgekühlte 18-Zylinder-Doppelsternmotoren Wright R-3350-23 Duplex Cyclone mit je 1640 kW (2200 PS).
Leistungen: Höchstgeschwindigkeit 575 km/h, Reisegeschwindigkeit 350 km/h, Dienstgipfelhöhe 9710 m, Reichweite 5230 km, Überführungsreichweite 9000 km.
Gewichte: Leermasse 33 793 kg, Abflugmasse 54 431 kg, maximale Abflugmasse 60 555 kg.
Bewaffnung: 10 oder 12 MGs an diversen Rumpfpositionen, 2 MG und 1 MK im Heckstand. 2300 kg Bomben auf Langstrecke, maximal 9100 kg auf kurze Distanz und in niedriger Höhe.

Boeing B-47 Stratojet

Ursprungsland
USA
Kategorie
Strategischer Bomber

Entwicklung: Schon 1943 forderte die USAAF einen strategischen Bomber, der von den USA aus Europa erreichen konnte. Es benötigte aber mehrere Anläufe, bis nach Auswertung deutscher Forschungsergebnisse Boeing im September 1945 begann, ein Pfeilflügelmodell zu entwickeln. Mit je drei Triebwerken unter den Flächen, als Model 450-3-3, wurden im April 1946 drei Prototypen als XB-47 bestellt. Erstflug war im Dezember 1947. Trotz der guten Flugeigenschaften wurden die mit 16,8 kN Schub zu schwachen J35-Triebwerke bemängelt. Im Juli 1948 startete die zweite XB-47 mit neu entwickelten, stärkeren J47-Triebwerken, der erste wurde nachgerüstet. Das damals revolutionäre Design verlangte eine ausgiebige und langwierige Erprobung, obwohl schon im September 1948 die ersten Maschinen bestellt wurden, die aber erst ab 1951 in Dienst gestellt werden konnten. Es wurden, um schnell hohe Stückzahlen zu erreichen, auch Douglas und Lockheed mit der Produktion beauftragt. Lediglich 10 B-47 A wurden hauptsächlich zur Erprobung ausgeliefert. Die B-47 B (347 St., Bild), eine verstärkte und voll bewaffnete A, die erstmals im April 1951 flog, geriet etwas schwerer, besaß zusätzlich Tanks unter den Flächen, hatte aber wegen der Gewichtszunahme keine Schleudersitze mehr(!). Von den Langstrecken-Aufklärern RB-47 E und H flogen 290. Die Hauptserie B-47 E (Zeichnung) mit 1341 ausgelieferten Flugzeugen, erhielt, neben vielen kleineren Änderungen, wieder Schleudersitze, kleinere Tanks, da Luftbetankung in der Zwischenzeit üblich war und auf die fest installierten Starthilfsraketen verzichtete man. Neben einigen Sondervarianten modifizierte Boeing noch etliche zu ECM-Flugzeugen EB-47.

Insgesamt wurden 2032 B-47 von den drei Herstellern ausgeliefert.

Bemerkungen: Die B-47 war einer der modernsten Bomber, der in den 1950er- und 1960-Jahren als Hauptstütze des Strategic Air Command mit hoher Geschwindigkeit in großer Höhe einen Nuklearangriff gegen die Sowejtunion fliegen sollte. Er war aber gleichzeitig auch Wegbereiter mit seiner Triebwerksanordnung und den Pfeilflügeln für düsengetriebene Bomber und Verkehrsflugzeuge. Die B-47 wurde nie, auch nicht konventionell, aktiv eingesetzt. Als schließlich um 1963 der Betriebs- und Wartungsaufwand, sowie Materialermüdung ein Thema wurden, begann man mit den Ausmusterungen. Der letzte Bomber flog 1965, die Aufklärer und ECM-Maschinen flogen bis 1969, einige Testflugzeuge bis 1977.

Es haben 23 B-47 in den USA überlebt. Eine steht im National Museum of the USAF, Dayton, USA.

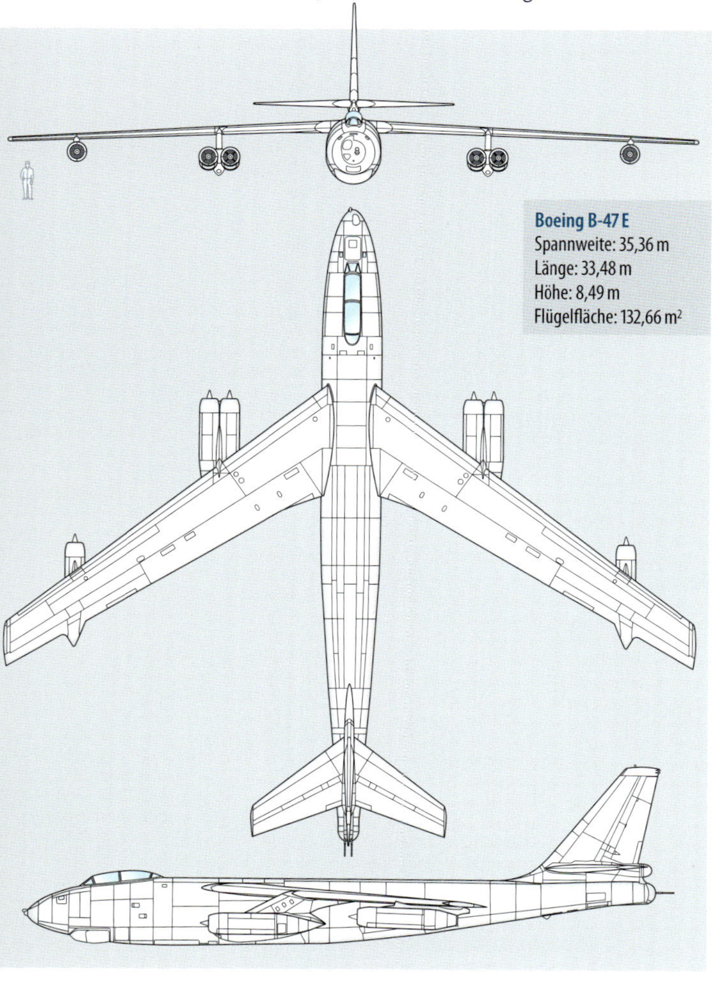

Boeing B-47 E
Spannweite: 35,36 m
Länge: 33,48 m
Höhe: 8,49 m
Flügelfläche: 132,66 m²

Besatzung: (E) 3
Triebwerke: (E) Sechs Axialstrahltriebwerke General Electric J47-GE-25 mit je 26,7 kN Schub.
Leistungen: (E) Höchstgeschwindigkeit 977 km/h, Reisegeschwindigkeit 896 km/h, Dienstgipfelhöhe 12 350 m, Reichweite 7480 km.
Gewichte: (E) Leermasse 35 867 kg, Startmasse 60 340 kg, maximale Startmasse 93 759 kg.
Bewaffnung: (E) Eine ferngesteuerte Doppel-MK im Heck und bis zu 11 000 kg konventionelle Bomben oder maximal vier nukleare Bomben.

Boeing B-50 Superfortress

Ursprungsland
USA
Kategorie
Strategischer Bomber, Tanker

Entwicklung: Die Entwicklung der B-50 begann schon 1944 nach dem Wunsch der USAF, eine verbesserte B-29 (S. 151) mit leistungsstärkeren, vor allem zuverlässigeren Triebwerken zu erhalten, eigentlich eine B-29 D. Im Juli 1945 wurden 200 bestellt, aber bei Kriegsende auf 60 reduziert. Boeing stattete den Bomber mit einer stabileren, aber leichteren Struktur, einem höheren Seitenleitwerk und mit 3500 PS-starken Wasp Major Sternmotoren aus, die neben einer höheren Geschwindigkeit auch ein höheres Abfluggewicht, bzw. Zuladung zuließen. Ob es ein Marketing-Gag war oder durch zahlreiche Änderungen berechtigt – Boeing nannte den im Juni 1947 erstmals fliegenden „neuen" Bomber nun B-50 Superfortress. 79 B-50 A wurden ausgeliefert, bis die B-50 B (45 St.) mit höherem Abfluggewicht, in Serie ging. Die Hauptserie B-50 D (222 St.), konnte in der Luft betankt werden und war mit Droptanks ausgerüstet. Als unbewaffneter Crewtrainer wurden 24 TB-50 H neu gebaut. Der erste von ca. 270 Tankern KB-50, die alle von Bombern umgerüstet wurden, flog im Dezember 1955. 112 davon erhielten als KB-50 J zusätzliche Strahltriebwerke an den Außenflügeln. Weitere überschüssige Bomber wurden zu Crewtrainern TB-50 A, Wetteraufklärern WB-50, zu Fotoaufklärern, ECM- und Vermessungsflugzeugen RB-50 umgebaut.

Insgesamt 371 B-50 lieferte Boeing bis 1953 aus.

Eine McDonnell Demon wird von einer KB-50 J der USAF betankt, die mit ihren zusätzlichen Düsentriebwerken 715 km/h erreichte.

Besatzung: (D) 8 – 10
Triebwerke: (D) Vier luftgekühlte 28 Zylinder-Vierfachsternmotoren mit je 2575 kW (3500 PS) und bei Tankern zwei Radialstrahltriebwerke General Electric J47-GE-23 mit je 23 kN Schub.
Leistungen: (D) Höchstgeschwindigkeit 635 km/h in 9150 m, Reisegeschwindigkeit 393 km/h, Dienstgipfelhöhe 11 200 m, Reichweite beladen 3850 km, Überführungsreichweite 12 470 km.
Gewichte: (D) Leermasse 38 426 kg, Abflugmasse 55 270 kg, maximale Abflugmasse 78 471 kg.
Bewaffnung: (D) 13 MGs in Drehtürmen und im Heckstand, bis zu 9100 kg im Schacht und 3600 kg extern konventionelle Bomben oder Atomwaffen.

Bemerkungen: Der letzte Kolbenmotor-Bomber von Boeing wurde überwiegend als Langstreckenbomber und Aufklärer des SAC eingesetzt. Während alle Bomber in den USA stationiert waren, waren die hochfliegenden Aufklärer RB-50 über Korea, aber auch über der nördlichen Sowjetunion auf nicht ganz ungefährlichen Spionagemissionen unterwegs. Mit Erscheinen der B-47 (S. 153) wurden schon Mitte der 1950er-Jahre B-50-Bomber in großer Zahl zu Tankern umgebaut. Einige wurden in Vietnam genutzt, bis sie Anfang 1965 abgeflogen waren und verschrottet wurden.

Es sind fünf B-50 erhalten geblieben, eine davon im Planes of Fame Air Museum, Chino, USA.

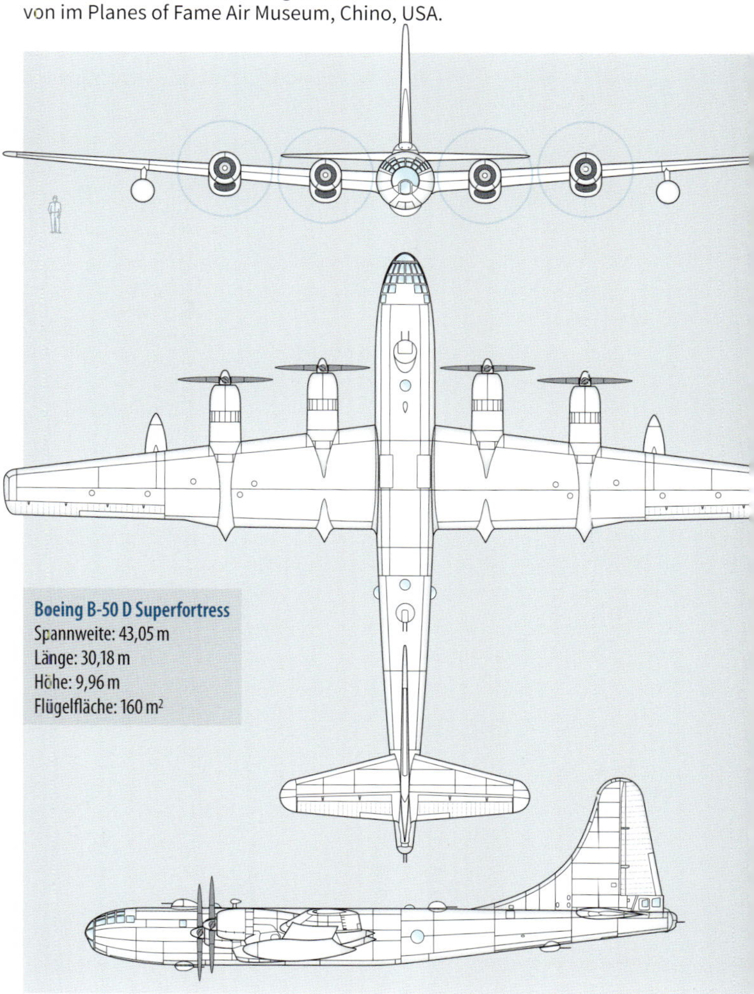

Boeing B-50 D Superfortress
Spannweite: 43,05 m
Länge: 30,18 m
Höhe: 9,96 m
Flügelfläche: 160 m²

Boeing B-52 Stratofortress

Ursprungsland
USA
Kategorie
Strategischer Bomber

Entwicklung: Nach dem Zweiten Weltkrieg wollte sich die USA nicht mehr auf Militärbasen im Ausland stützen und forderte eine Ergänzung, aber auch Ersatz für die B-36 (S. 158). Der erste Entwurf, eine vergrößerte B-29 (S. 151) mit Turboprops, wandelte sich mit neuen Anforderungen der Militärs über mehrere Stadien hinweg zur 1948 geforderten XB-52 mit Strahltriebwerken, für die Boeing im Februar 1951 einen Auftrag über 13 B-52 A erhielt. Bei beiden Prototypen, von denen die YB-52 erstmals im April 1952 abhob, saßen beide Piloten noch hintereinander, dahinter der Elektronikoffizier, ein Stock tiefer der Navigator und Radar-Operator und im Heck ein Schütze. Ein dünner, flexibler Flügel mit acht untergehängten Triebwerken und Zusatztanks ließ nur ein Tandemfahrwerk im Rumpf und Stützräder am Außenflügel zu. Die erste der 13 bestellten B-52 A flog im August 1954. Allerdings wurde die Order auf drei reduziert, die nur zu Tests geflogen wurden. Mit der B (Bild/Zeichnung) erhielt die USAF die erste einsatzfähige B-52 mit stärkeren Triebwerken und einem neuen Side-by-side-Cockpit. Von 50 bestellten B-52 B wurden 27 als RB-52 B ausgeliefert, die einen austauschbaren Aufklärungsbehälter mit Kameras, Radar und zwei Bedienern im Bombenschacht(!) tragen konnten, aber so nie eingesetzt wurden. Trotz guter Flugeigenschaften erhielten die im Juni 1955 in Dienst gestellten B-52 B wegen technischer Probleme 1956 ein befristetes Flugverbot. Die B-52 C (36 St.) unterschied sich nur gering von der B, hatte größere Außentanks, verbesserte Triebwerke und nun 204 Tonnen Startgewicht. Es folgten weitere Versionen: D (170 St.) und E (100 St.) mit modernerer Elektronik, F (89 St.) mit stärkeren Triebwerken, G (193 St.) mit 221 Tonnen Abfluggewicht und die H, mit neuen Turbofans und höherer Reichweite, die im Juli 1960 erstmals abhob.

Boeing baute inklusive der Prototypen bis 1962 744 B-52.

Bemerkungen: B-52 gehören zu den bekanntesten und langlebigsten strategischen Atom-Bombern der USA und können als Grundpfeiler der Abschreckungspolitik im Kalten Krieg gesehen werden. Der Achtstrahler wurde aber auch ab dem Vietnamkrieg als konventioneller Bomber eingesetzt, flog im Golfkrieg 1991, im Kosovokrieg 1999 und 2015 über Syrien und dem Irak, um Cruise Missiles abzusetzen. Immer wieder modernisiert, sind heute noch 76 B-52 H mit teilweise über 20 000 Flugstunden im Betrieb, die ab 2023 noch einmal mit Rolls-Royce-Triebwerken auf den neuesten Stand gebracht werden sollen.

Fast alle großen US-Museen präsentieren B-52, die einzige in Europa steht im Imperial War Museum in Duxford, Großbritannien.

Boeing B-52 B Stratofortress
Spannweite: 56,39 m
Länge: 47,73 m
Höhe: 14,64 m
Flügelfläche: 371,6 m²

Besatzung: (B) 6
Triebwerke: (B) Acht Axialstrahltriebwerke Pratt & Whitney J57-P-19WA mit je 53,82 kN Schub mit Wassereinspritzung.
Leistungen: (B) Höchstgeschwindigkeit 1014 km/h, Reisegeschwindigkeit 842 km/h, Dienstgipfelhöhe 14 400 m, Reichweite 5780 km, Überführungsreichweite 11 800 km.
Gewichte: (B) Leermasse 74 426 kg, Abflugmasse 123 377 kg, maximales Abfluggewicht 190 508 kg.
Bewaffnung: (B) Vier MGs im Heck und bis zu 19 500 kg konventionelle Bomben oder vier Atombomben.

Boeing C-97 Stratofreighter

Ursprungsland
USA
Kategorie
Transportflugzeug, Tanker

Entwicklung: Bei der schon 1942 beginnenden Entwicklung der C-97 übernahm Boeing die Tragflächen und Triebwerke der B-29 (S. 151) und konstruierte den massigen Rumpf mit zwei halbrunden Decks neu. Der erste von drei XC-97-Prototypen hob bereits im November 1944 ab. Im Januar 1948 flog die erste von 10 Vorserienmaschinen YC-97, bei denen die Flügel überarbeitet und die stärkeren Triebwerke und das Leitwerk der B-50 (S. 153) übernommen wurden. Sie waren Basis aller C- und KC-97. Der Frachter C-97 (77 St., Zeichnung) konnte in den druckbelüfteten Decks bis zu 134 voll ausgerüstete Soldaten oder 83 Tragbahren oder bis zu 16 Tonnen Fracht aufnehmen, auch kleine LKWs oder Artillerie. Bereits 1950 begann die USAF mit dem Einsatz des Tankers KC-97 (Bild). Erprobt wurden Systeme und Verfahren mit umgebauten C-97. Der Tanker fasste im unteren Deck bis zu 34 000 Liter Kerosin, das obere konnte für Transporte weiter genutzt werden. Betankt wurde über das von Boeing entwickelte „Flying Boom-System“, das ein im Heck liegender Operator bediente. Die Differenz zwischen langsamer KC-97 und schnellem Jet war jedoch problematisch und man versuchte in den frühen 1960er-Jahren mit zusätzlichen Strahltriebwerken bei den letzten 81 KC-97 L das Geschwindigkeitsefizit auszugleichen. Boeing lieferte insgesamt 813 Tanker aus, wobei zahlreiche auch wieder zu Transportern umgebaut wurden, einige wenige auch für SAR- und ELINT- und ECM-Missionen. Zwei KC-97 motorisierte man mit Turbinen, gab dies jedoch mit Erscheinen der Boeing KC-135 wieder auf. Außer den USA flog nur Spanien bis 1976 drei KC-97 und Israel eine unbekannte Anzahl. Aus der C-97 wurde auch das Passagierflugzeug für 100 Passagiere Boeing 377 Stratocruiser (Erstflug Juli 1947) entwickelt.

Boeing lieferte insgesamt 888 C-97/KC-97 aus.

Bemerkungen: Mit der Indienststellung der C-97 1947 stand schon die wesentlich leistungsfähigere C-124 (S. 169) in den Startlöchern. Trotzdem blieben die Langstrecken-Transporter bis 1978 weltweit im Einsatz. Mit den Tankern KC-97 war eine atomare Abschreckung mit strategischen Bombern erst möglich. Sie konnten mit ihrer großen Reichweite B-47 (S. 152) und B-52 (S. 154) auf Langstreckenflügen mit Kerosin versorgen. Ab 1956 sind sie allmählich durch vierstrahlige Boeing KC-135 ersetzt worden, blieben aber teilweise bis 1978, auch als umgebaute Transporter bei der USAF-Reserve und Air National Guard in Betrieb.

Zahlreiche C- und KC-97 haben in US-Museen überlebt. Eine KC-97 L findet man aber auch im Museo del Aire y del Espacio in Madrid, Spanien. Die letzte flugfähige C-97 der Berlin Airlift Historical Foundation war 2022 noch in Reparatur.

Besatzung: (C-97/KC-97 L) 5 – 6
Triebwerke: Vier luftgekühlte 28-Zylinder-Vierfachsternmotoren Pratt & Whitney R 4360 B Wasp Major mit je 2575 kW (3500 PS). Nur KC-97 L: zwei zusätzliche Axialstrahltriebwerke General Electric J47-GE-23 mit je 25,8 kN Schub.
Leistungen: (C-97/KC-97 L) Höchstgeschwindigkeit 604/640 km/h, Reisegeschwindigkeit 480/370 km/h, Dienstgipfelhöhe 11 000/9100 m, Reichweite 6900/3700 km.
Gewichte: (C-97/KC-97 L) Leermasse 37 421/37 421 kg, Abflugmasse 54 432/69 400 kg, max. Abflugmasse 79 379/79 379 kg.

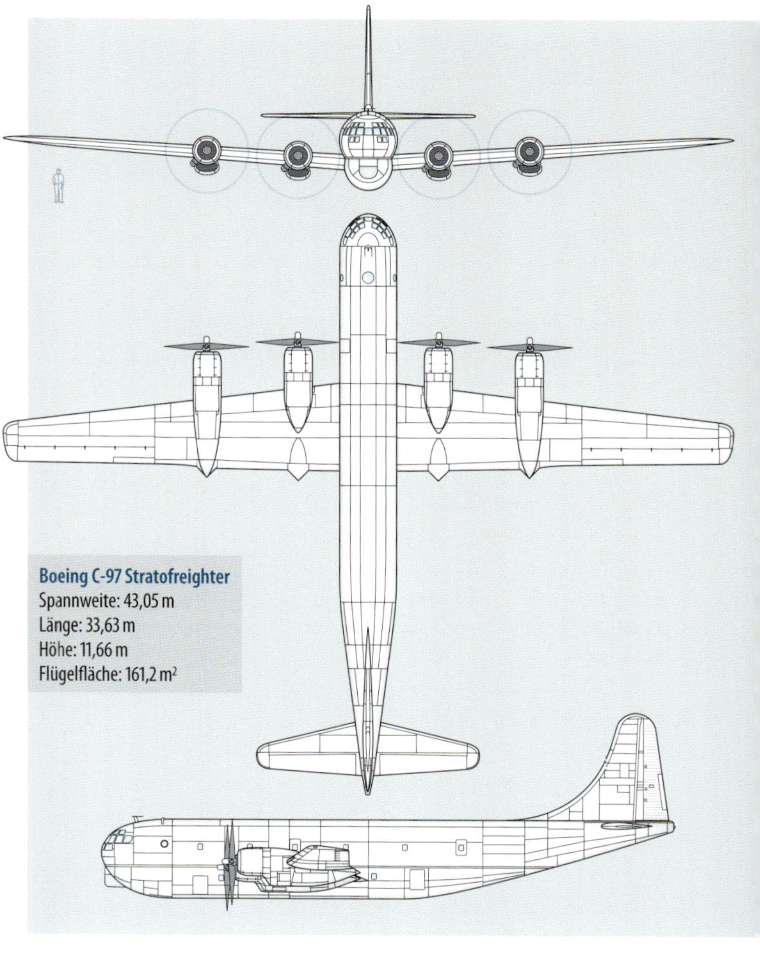

Boeing C-97 Stratofreighter
Spannweite: 43,05 m
Länge: 33,63 m
Höhe: 11,66 m
Flügelfläche: 161,2 m²

Cessna L-19 Bird Dog

Ursprungsland
USA
Kategorie
Verbindungs- und Beobachtungsflugzeug

Entwicklung: Ende der 1940er-Jahre verlangten die US-Streitkräfte ein leichtes, zweisitziges Verbindungs- und Beobachtungsflugzeug in Ganzmetallbauweise, das die alten, stoffbespannten „Grasshopper" von Piper und Stinson ersetzen sollte. Cessna stellte das Model 305 A vor, das den Flügel der viersitzigen C-170 und das Heck der C-195 übernahm. Der abgestrebte Hochdecker mit seinen beiden Tandemsitzen in einer rundum verglasten Kabine bekam einen 213 PS-starken Boxermotor mit Festpropeller und weit absenkbare Landeklappen, um die Langsamflug- und STOL-Eigenschaften zu verbessern. Im Dezember 1949 absolvierte die Einmot ihren Erstflug. Cessna ging als Gewinner aus dem Wettbewerb hervor und ein erster Auftrag über 418 L-19 A wurde erteilt. Die Auslieferungen begannen bereits im Dezember 1950. Alleine von der Grundversion L-19 A wurden 2486 Stück gebaut, wovon 66 an das US Marine Corps (USMC) als OE-1 gingen, die mit der Umbennenung 1962 O-1 B genannt wurden. Eine weiterentwickelte OE-2/O-1 C (27 St.) bekam den Flügel des Viersitzers C-180 und einen 260 PS-Continental-Boxermotor. Mit der L-19 E/O-1 E (469 St.) wurde in die verstärkte Zelle ein 265 PS-starker O-470-Boxermotor mit Verstellpropeller installiert, sowie elektrisch angetriebene Landeklappen, selbstdichtende Tanks und ein Panzerung unter den Sitzen. Vom Instrumentenflugtrainer TL-19 D/TO-1 D mit Doppelsteuer liefen 310 Exemplare vom Band. Es gab einige Kleinserien und zahlreiche Umbauten. Dazu gehörte auch eine Landwirtschaftsvariante mit einem Behälter im hinteren Cockpit und 81 Exemplare einer italienischen Lizenzversion SM.1019 von SIAI-Marchetti, die mit einer 400 PS-Turbine von Allison motorisiert war.

Cessna lieferte bis 1959 insgesamt 3431 Bird Dogs aus, Japan baute weitere 60 in Lizenz.

Bemerkungen: Die Bird Dog war ein äußerst robustes Mehrzweckflugzeug, das auch unter extremen Bedingungen genutzt werden konnte. Es kam in den unterschiedlichsten Rollen in über zwanzig Ländern als Verbindungs-, Ambulanz-, Kurier- und Schulflugzeug zum Einsatz, auch zur Artilleriebeobachtung, für SAR-Aufgaben und als Aufklärer. Der Hochdecker flog im Koreakrieg und im Vietnamkrieg. Dort neben den üblichen Transportmissionen vor allem zur Aufklärung, Zielerfassung und -zuweisung für Artillerie und Bomber, aber auch zur Konvoibegleitung und als Funkrelais. Alleine im Vietnamkrieg gingen dabei 469 Flugzeuge verloren. Mit Einführung der Cessna O-2 und der OV-10 Bronco wurden in den frühen 1970er-Jahren die Flugzeuge allmählich ausgemustert. Ein Teil ging an die Civil Air Patrol, ein Teil als Überschussware an zivile Käufer. 2009 meldete die FAA noch 330 flugfähige Exemplare.

Neben zahllosen flugfähigen Bird Dogs, auch in Europa, findet man in fast allen US-Museen Exemplare.

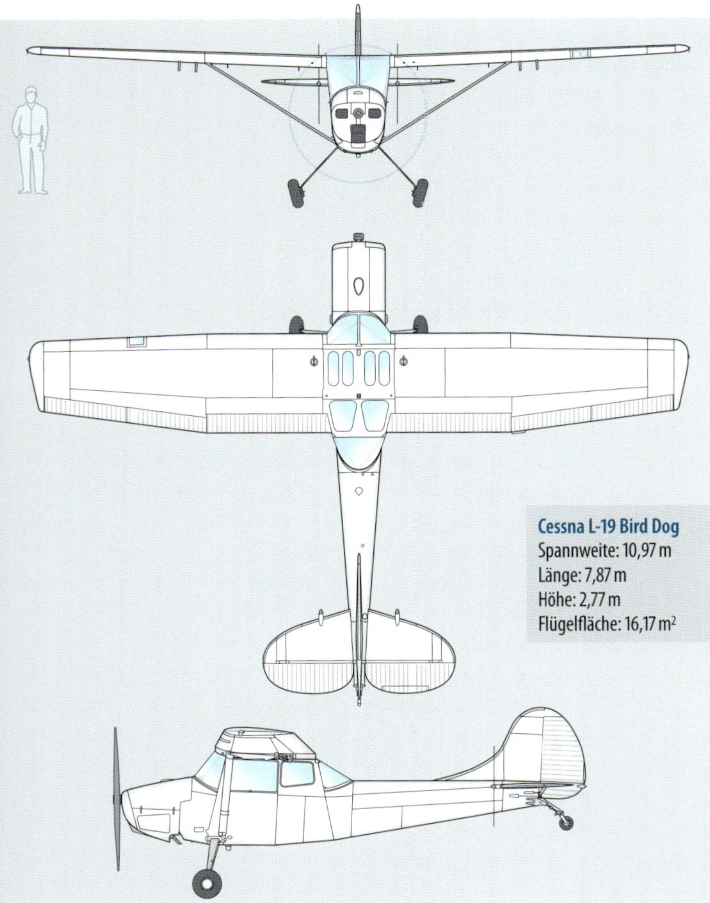

Cessna L-19 Bird Dog
Spannweite: 10,97 m
Länge: 7,87 m
Höhe: 2,77 m
Flügelfläche: 16,17 m²

Besatzung: 1/2
Triebwerk: Ein luftgekühlter 6-Zylinder-Boxermotor Continental O-470-2 mit 156 kW (213 PS).
Leistungen: Höchstgeschwindigkeit 185 km/h, Reisegeschwindigkeit 167 km/h, Dienstgipfelhöhe 5600 m, Reichweite 850 km.
Gewichte: Leermasse 732 kg, maximale Abflugmasse 1102 kg.

Consolidated PB4Y-2 Privateer

Entwicklung: Nachdem die RAF, USAAF, die US-Navy und Marine mit der Consolidated Liberator (als B-24 bzw. PB4Y-1) auf Langstreckeneinsätzen über dem Meer erfolgreich operierten, verlangte die US-Navy nun eine spezielle, auf ihre Bedürfnisse zugeschnittene Maschine. Die in Ganzmetall hergestellte PB4Y-2 erhielt einen verlängerten Rumpf, ein einzelnes, großes Seitenleitwerk, eine erweiterte Bewaffnung und zur Seeraumüberwachung einen ausfahrbahren Radardom unter dem Rumpf. Bei den vier Twin Wasp-Sternmotoren verzichtete man auf den Turbolader, da die PB4Y überwiegend in niederen Höhen operierte. Drei Prototypen flogen ab September 1943 noch mit Doppelleitwerk, wurden aber später auf ein einzelnes umgebaut. Neben einigen Spezialversionen, unter anderem für ferngelenkte Gleitbomben, sind elf Flugzeuge für unbewaffnete Seenotrettungseinsätze der Coast Guard umgerüstet worden, einige als Wettererkunder, als U-Boot-Jäger und 39 als unbewaffnete Transporter (RY-3) mit einer hinteren Ladeluke und seitlicher Fensterreihe.

Erste Auslieferungen begannen bereits im März 1944 und endeten im Oktober 1945 nach 740 gebauten Maschinen.

Bemerkungen: Mit der PB4Y-2 bekam die US-Navy schließlich ihren eigenen Fernaufklärer und Bomber, der jedoch erst gegen Kriegsende einsatzbereit war. Das bewährte und zuverlässige Flugzeug blieb bei der Navy bis Mitte 1954 im Dienst und flogen unter anderem über der Ostsee und vor der Küsta Chinas Patrouille. Die an die Coast Guard abgegebenen PB4Y-2G wurden bis 1958 eingesetzt. Einige Versionen, wie z. B. Zieldarsteller, blieben bis in die 1960er-Jahre aktiv. Frankreichs Marine erhielt 1950 22 PB4Y, die im Indochinakrieg, im Algerienkrieg und während der Suezkrise eingesetzt wurden. Taiwan flog 38 Privateers bis 1961 und Honduras nutzte diese als Transporter bis Anfang der 1970er-Jahre. Zu Feuerlöschflugzeugen umgebaute PB4Y flogen in den USA noch bis 2002.

Acht PB4Y sind erhalten geblieben, eine steht im Pima Air & Space Museum, Tucson, USA

Ursprungsland
USA
Kategorie
Seefernaufklärer, Patrouillenbomber

Bis 1958 wurden die elf unbewaffneten PB4Y-2G bei der US Coast Guard eingesetzt.

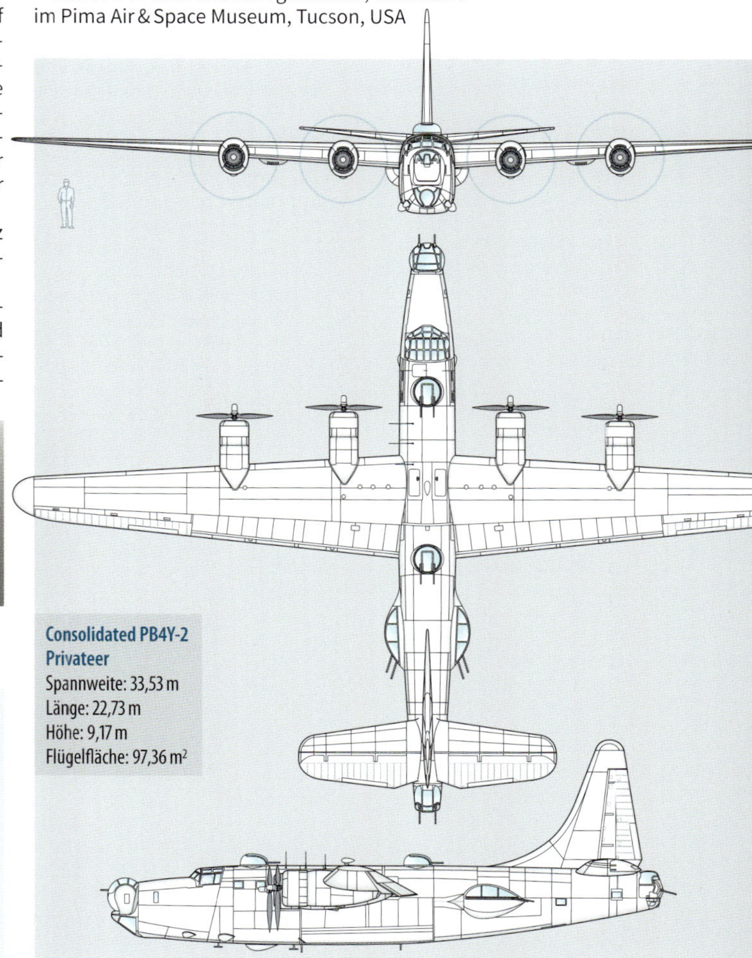

Consolidated PB4Y-2 Privateer
Spannweite: 33,53 m
Länge: 22,73 m
Höhe: 9,17 m
Flügelfläche: 97,36 m²

Besatzung: 11
Triebwerke: Vier luftgekühlte 14-Zylinder-Doppelsternmotoren Pratt & Whitney R-1830-94 Twin Wasp mit je 1007 kW (1350 PS) Startleistung.
Leistungen: Höchstgeschwindigkeit 482 km/h, Reisegeschwindigkeit 282 km/h, Dienstgipfelhöhe 6400 m, Reichweite 4500 km.
Gewichte: Leermasse 17 000 kg, maximale Abflugmasse 29 500 kg.
Bewaffnung: 12 MGs an 6 Stationen, maximal 5800 kg Bomben, Minen oder Torpedos.

Convair B-36 Peacemaker

Ursprungsland
USA
Kategorie
Strategischer schwerer Bomber

Entwicklung: Zu Beginn des Zweiten Weltkrieges begannen die USA auch schwere Bomber zu entwickeln. Mit Zuspitzung der Kriegslage in Europa forderte im April 1941 das USAAC aber einen transkontinentalen Bomber mit 8050 km Reichweite. Im Oktober entschied sich die USAAF für Consolidateds Vorschlag (ab 1954 Convair) und beauftragte zwei XB-36-Prototypen. Mit Kriegseintritt der USA wurden jedoch andere Prioritäten gesetzt und die Entwicklung verzögerte sich. Die schwierige Kriegslage im Pazifik und die Forderung, Japan von Hawaii aus angreifen zu können, beschleunigte das Projekt wieder und im August 1944 folgte die Order über 100 B-36. Mit den erfolgreichen B-29-Angriffen auf Japan, verlor das Programm aber wieder an Dringlichkeit, so dass erst im August 1946 die XB-36 zum Erstflug abhob. Der gigantische Bomber mit anfangs fast 60 t Leermasse war mit sechs luftgekühlten Vierfachsternmotoren, die Druckpropellern antrieben, motorisiert. Deren Kühlung blieb aber über alle Betriebsjahre hinweg ein ungelöstes Problem. Beim zweiten Prototyp YB-36 setzte man neben einigen Verbesserungen auch das Cockpit höher. Die erste Serien-B-36A, von der 22 unbewaffnete für die Ausbildung produziert wurden, flog im Juni 1948. Mit stärkeren Double Wasps lieferte Convair schließlich 62 voll bewaffnete B-36B aus. Einige wurden auch als modifizierte Kameraaufklärer RB-36B eingesetzt. Eine B-36D flog erstmals im Dezember 1949 mit vier zusätzlichen Strahltriebwerken, die bei hoher Startmasse und beim Zielanflug in Betrieb genommen wurden. Neben 22 Neubauten wurden 64 B auf D-Stand gebracht. Auch davon gab es Aufklärer: 17 neue RB-36D und 7 Umbauten aus B-36B. Bei der B-36F (24 St.) wurden die nun 3800 PS starken Double Wasp installiert und 24 Aufklärer RB-36F erhielten zusätzliche Tanks. Mit einer moderneren Ausrüstung und neuem Cockpit lieferte Convair 83 B-36H und 73 Aufklärer RB-36H aus. Die letzten 33 B-36J als Höhenvariante mit kleinerer Crew verließen bis August 1954 mit verstärktem Fahrwerk und größeren Tanks die Werkhallen.

385 B-36 rollten aus Convairs Werkhallen.

Bemerkungen: Nach einer relativ langen Entwicklungszeit war das größte gebaute Kolbenmotorflugzeug in der Frühphase des Kalten Krieges ein wichtiges Glied in der militärischen und vor allem atomaren Abschreckung. Obwohl die B-36 nie bei Kampfhandlungen eingesetzt wurde, wäre sie in der Lage gewesen, ohne Aufzutanken von den USA nach Europa und zurück zu fliegen. Ab 1958 wurden sie durch Boeing B-52 (S. 154) ersetzt, die letzte B-36 flog im April 1959 direkt ins Museum.

Eine B-36 steht im Strategic Air Command & Space Museum, Ashland und eine im Pima Air & Space Museum, Tucson, USA.

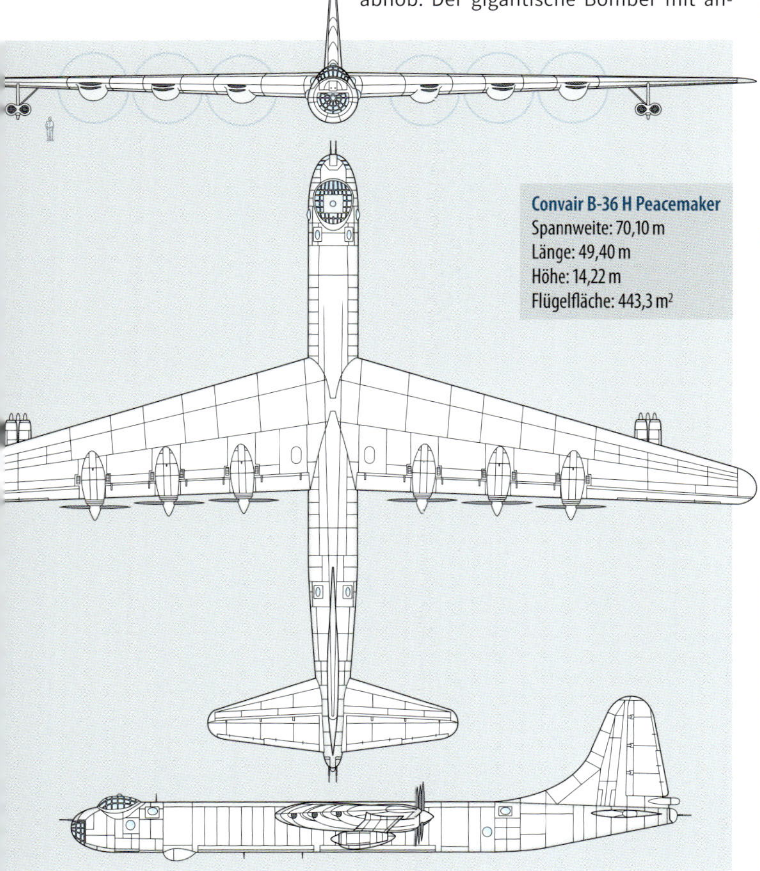

Convair B-36 H Peacemaker
Spannweite: 70,10 m
Länge: 49,40 m
Höhe: 14,22 m
Flügelfläche: 443,3 m^2

Besatzung: (J) 15
Triebwerke: (J) 6 luftgekühlte 28-Zylinder-Vierfachsternmotoren Pratt & Whitney R-4360-53 Wasp Major mit je 2795 kW (3800 PS) und vier Axialstrahltriebwerke General Electric J47-GE-19 mit je 23 kN Schub.
Leistungen: (J) Höchstgeschwindigkeit 700 km/h, Reisegeschwindigkeit 370 km/h, Dienstgipfelhöhe 14 800 m, Reichweite 16 000 km.
Gewichte: (J) Leermasse 77 580 kg, Abflugmasse 185 973 kg.
Bewaffnung: (J) Sechs Drehtürme mit je zwei MKs und je zwei MKs im Bug und Heck. Vier Schächte für bis zu 36 000 kg konventionelle Bomben oder Atombomben.

Convair C-131

Ursprungsland
USA
Kategorie
Transportflugzeug

Entwicklung: Die C-131 basiert auf der Convair CV-240, einem Kurzstrecken-Passagierflugzeug, das im März 1947 erstmals flog und als Ersatz für die DC-3 auf den Markt kam. Der in Halbschalen-Ganzmetallbauweise konstruierte zweimotorige Tiefdecker mit Druckkabine wurde in zahlreichen Varianten bis 1957 an zivile und militärische Betreiber ausgeliefert. Schon von der ersten Version CV-240, noch mit 2400 PS-starken P & W R-2800, bestellte die USAF 48 T-29 A ohne Druckkabine als Trainer für Navigatoren. Weitere 105 T-29 B, nun mit Druckkabine, wurden zur Schulung von Navigatoren und Funkern eingesetzt. Die mit 2500 PS stärkeren Double Wasps installierte man erstmals in die C (119 St.), mit denen auch die 93 T-29 D für das Bombenschützen-Training ausgerüstet waren. Weitere 26 C-240 erhielt die USAF als C-131 A mit einer großen Ladeklappe für 20 Tragbahren plus Personal oder 29 Passagiere. Convair lieferte 36 C-131 B aus, die der längeren CV-340 (Bild) entsprach und 48 Passagiere fassen konnte. 33 C-131 D für 44 Passagiere entsprachen einer Kombination aus C-340/440, davon wurden vier neu gebaut und 29 aus Airlinern umgebaut. Abgeschlossen wurde die Reihe mit 15 ECM-Trainern C-131 E, ein Derivat der CV-440 mit verlängertem Bug für ein Wetterradar, optimierten Abgasanlagen und Triebwerksgondeln. Als VIP-Transporter R4Y-1 flogen für die US-Navy 36 CV-340. Zahlreiche Spezialvarianten, wie z. B. zur Kartographierung, Raketenverfolgung oder für Elektroniktests entstanden überwiegend aus Umbauten.

Insgesamt lieferte Convair 512 militärische CV-240, 340 und 440 in unterschiedlichen Varianten und Modifikationen aus.

Bemerkungen: Als Passgierflugzeuge entworfen, war Convairs Baureihe 240 – 440 mit Druckkabine und einem damals modernen Design auch auf dem zivilen Markt ein weltweiter Erfolg. Als größter Abnehmer trat aber das Militär auf. Neben den USA flogen Convairs in Australien, Kanada, Deutschland, Italien, Mexiko, Spanien und in einigen südamerikanischen Ländern, hauptsächlich als Trainer, Transporter, Passagier- und Ambulanzflugzeug, wurden aber auch modifiziert für die unterschiedlichsten Spezialaufgaben verwendet. Gegen Ende der 1970er-Jahre musterten die US-Streitkräfte fast alle Maschinen aus, lediglich die US National Guard flog einige teilweise noch bis 1995. Zahlreiche landeten auf dem zivilen Markt und nicht wenige davon erhielten ein Upgrade auf Turboprops und werden als Convair 540, 580, 600 und 640, hauptsächlich als Frachter zum Teil bis heute, überwiegend in Nord- und Südamerika, weiter betrieben.

Die meisten Museumsflugzeuge findet man in den USA, eine 440 steht aber auch im Finnish Aviation Museum, Helsinki und im Flyhistorisk Museum in Stavanger-Sola, Norwegen.

Besatzung: (B) 4
Triebwerke: (B) Zwei luftgekühlte 18-Zylinder-Doppelsternmotoren Pratt & Whitney R-2800-99 Doble Wasp mit je 1912 kW (2500 PS).
Leistungen: (B) Höchstgeschwindigkeit 472 km/h, Reisegeschwindigkeit 409 km/h, Dienstgipfelhöhe 7470 m, Reichweite 725 km.
Gewichte: (B) Leermasse 13 294 kg, maximale Abflugmasse 21 363 kg.

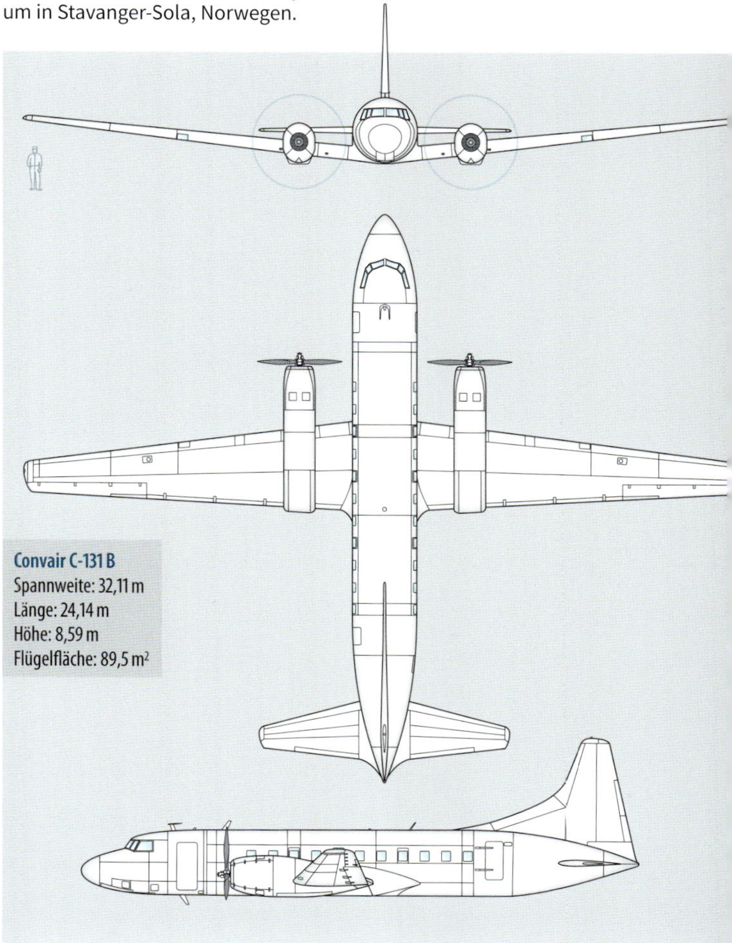

Convair C-131 B
Spannweite: 32,11 m
Länge: 24,14 m
Höhe: 8,59 m
Flügelfläche: 89,5 m^2

Convair R3Y-1 Tradewind

Ursprungsland
USA
Kategorie
Transport-Flugboot

Entwicklung: Nach Ende des Krieges 1945 stellte die US-Marine Anforderungen an ein Flugboot, das neue Technologien wie z. B. Turboprops mit modernen aerodynamische Erkenntisse verbinden sollte und bewaffnet unterschiedliche Missionen ausführen konnte. Im Mai 1946 erhielt Convair den Auftrag für zwei Prototypen XP5Y-1. Parallell dazu entwickelte Allison die aus zwei gekoppelten T-38-Turbinen bestehende T-40, die wegen ihrer problematischen Technik den Erstflug bis April 1950 verzögerte. Das in Ganzmetallbauweise hergestellte Flugboot hatte einen widerstandsarmen Rumpf, einen dünnen Laminarflügel, auf dem die Turbinen mit Getriebe und jeweils zwei gegenläufigen Propellern saßen. Bewaffnet war die R3Y mit fünf Zwillingskanonen und 3600 kg Bomben, Minen und Torpedos. Im Februar 1953 bestellte die Marine allerdings 5 Truppentransporter R3Y-1 und 6 Frachter R3Y-2, nachdem sie beschlossen hatte, die bewaffnete Version aufzugeben. Trotz des Verlustes eines Prototypen nach einem Triebwerksausfall im Juli 1953 wurde an der R3Y-1 (Zeichnung), ein 4 m längerer Transporter, weiter gearbeitet. Convair änderte die Triebwerksgondeln und zog eine seitliche Ladeluke ein. Die Druckkabine sollte 103 ausgerüstete Soldaten oder 73 Tragbahren oder 24 t Fracht aufnehmen. Erstflug war im Februar 1954. Die R3Y-2 (Bild) wurde mit einem nach oben öffnenden Bugladetor und einer hydraulischen Rampe ausgestattet und sollte direkt am Strand anlanden können. Anfang 1956 wurden nach der Einsatzerprobung fünf R2Y-1 und sechs R3Y-2 in Dienst gestellt. Zwei R3Y-2 rüstete Convair mit Schlauchsystemen an den Flügeln zum Tanker um, der gleichzeitig vier Flugzeuge bedienen konnte. Wartungsintensive Probleme mit den anfälligen Turbinen und zwei weitere Verluste wegen Getriebschäden führten zum Grounding im April 1958. Convair schlug noch vor, die Allison-Turbinen gegen zuverlässigere Rolls-Royce Darts zu ersetzen, bis Anfang 1960 waren aber alle Tradewinds ausgeschlachtet und verschrottet.

Convair lieferte inklusive der Prototypen nur 13 Flugzeuge aus.

Bemerkungen: Ein für seine Zeit aerodynamisch innovatives Flugzeug mit guten Flugleistungen, das einen Geschwindigkeitsrekord für Wasserflugzeuge aufstellte, scheiterte an den offensichtlich unlösbaren Problemen der Allison T-40-Turbinen und der Propellergetriebe. Ein Schicksal das auch die Douglas A2D Skyshark (S. 171) teilte.

Alle Tradewinds wurden verschrottet. Eine T-40 Turbine stellt das National Museum of the United States Air Force, Dayton, USA aus.

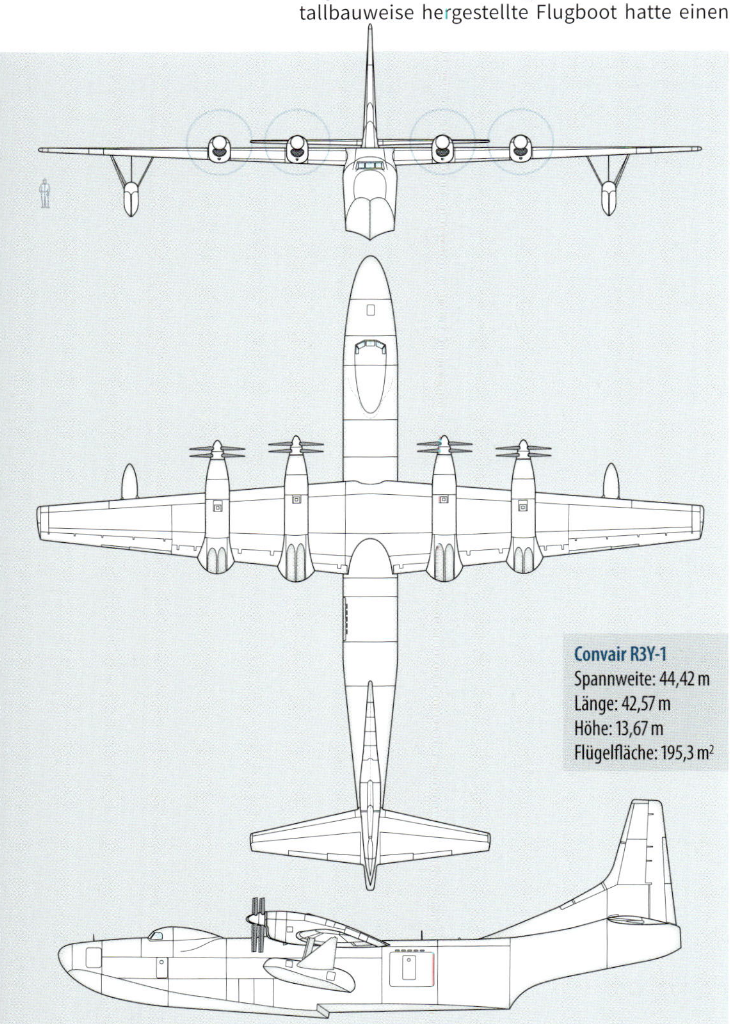

Convair R3Y-1
Spannweite: 44,42 m
Länge: 42,57 m
Höhe: 13,67 m
Flügelfläche: 195,3 m²

Besatzung: 7
Triebwerke: Vier Propellerturbinen Allison T40-A-10 mit je 3921 kW (5332 PS).
Leistungen: Höchstgeschwindigkeit 554 km/h in 6400 m, Reisegeschwindigkeit 560 km/h in 9000 – 10 000 m, Dienstgipfelhöhe 9200 m, Reichweite beladen 2300 km, Überführungsreichweite 4480 km.
Gewichte: Leermasse 32 579 kg, Abflugmasse 65 998 kg, maximale Abflugmasse 74 843 kg.

Convair F-102 Delta Dagger

Ursprungsland
USA
Kategorie
Abfangjäger

Entwicklung: Mit einer Forderung in den späten 1940er-Jahren nach einem „Ultimate Interceptor 1954", der angreifende sowjetische Bomberflotten abfangen sollte, begann die Entwicklung bei Convair, das neben weiteren Firmen im Januar 1951 einen Vorschlag für einen Delta-Abfangjäger einreichte. Convair erhielt den Zuschlag, es zeigte sich jedoch schon beim Prototypenbau, dass die geforderten Leistungen nicht erreicht werden konnten, das mit dem Erstflug der YF-102 im Oktober 1953 auch bestätigte wurde. Nach einem grundlegend überarbeiteten Entwurf Convairs, unter Berücksichtigung aerodynamischer Regeln bei der Rumpfgestaltung und einem dünneren Flügel flog im Dezember 1954 die neue YF-102 A erstmals und erreichte nun auch mühelos

Eine TF-102 mit dem breiten Side-by-side-Cockpit, benötigte auch modifizierte Lufteinläufe, erreichte aber nicht mehr Mach 1.

Überschallgeschwindigkeit. Bereits im Juni 1955 flog die erste von 889 Serien-F-102 A, die ab dem 26.Flugzeug ein modifiziertes Seitenleitwerk bekam. Parallel zur F-102 arbeitete Convair am Trainer TF-102 A, der im November 1955 flog und von dem 111 ausgeliefert wurden. Während ihrer Einsatzzeit erhielt die F-102 mehrere umfangreiche Updates, hauptsächlich was den Flügel, die Avionik und das Feuerleitsystem anbelangte. Die Weiterentwicklung und wesentlich leistungsfähigere F-106 Delta Dart flog im Dezember 1956 erstmals und löste schließlich die F-102 ab.

Convair lieferte insgesamt 1000 F- und TF-102 aus. 36 erhielt die Türkei und 16 Griechenland.

Besatzung: 1
Triebwerk: Ein Axialstrahltriebwerk Pratt & Whitney J57-P-25 mit 52 kN Schub und 76 kN mit Nachbrenner.
Leistungen: Höchstgeschwindigkeit 1328 km/h in 12 200 m, Dienstgipfelhöhe 16 300 m, maximale Reichweite 2170 km.
Gewichte: Leermasse 8777 kg, Abflugmasse 11 110 kg, maximale Abflugmasse 14 288 kg.
Bewaffnung: Bis zu sechs Luft-Luft-Raketen oder zwei Raketenwerfer mit je 12 ungelenkte Raketen im Schacht, maximal 2400 kg. Zwei Droptanks oder Düppelwerfer an Außenstationen.

Bemerkungen: Die ersten F-102 A wurden Mitte 1956 in Dienst gestellt. Stationiert waren die Flugzeuge zum Teil in Grönland, Island, Spanien, Niederlande und Deutschland, um ein frühes Abfangen russischer Bomber sicherzustellen. In kleinerer Zahl flogen sie auch in Vietnam als Bombereskorte und seltener als Jagdbomber. Die F-102 wurde bis weit in die 1970er-Jahre bei der USAF und der National Guard geflogen, bis 1977 die letzten außer Dienst gestellt wurden. Mehr als 200 davon baute man schließlich noch zur Zieldrohne um.

Unzählige F-102 stehen in nahezu allen Luftfahrtmuseen der USA. Eine steht aber auch in der Flugausstellung Hermeskeil und im Nationaal Militair Museum Soesterberg, Niederlande.

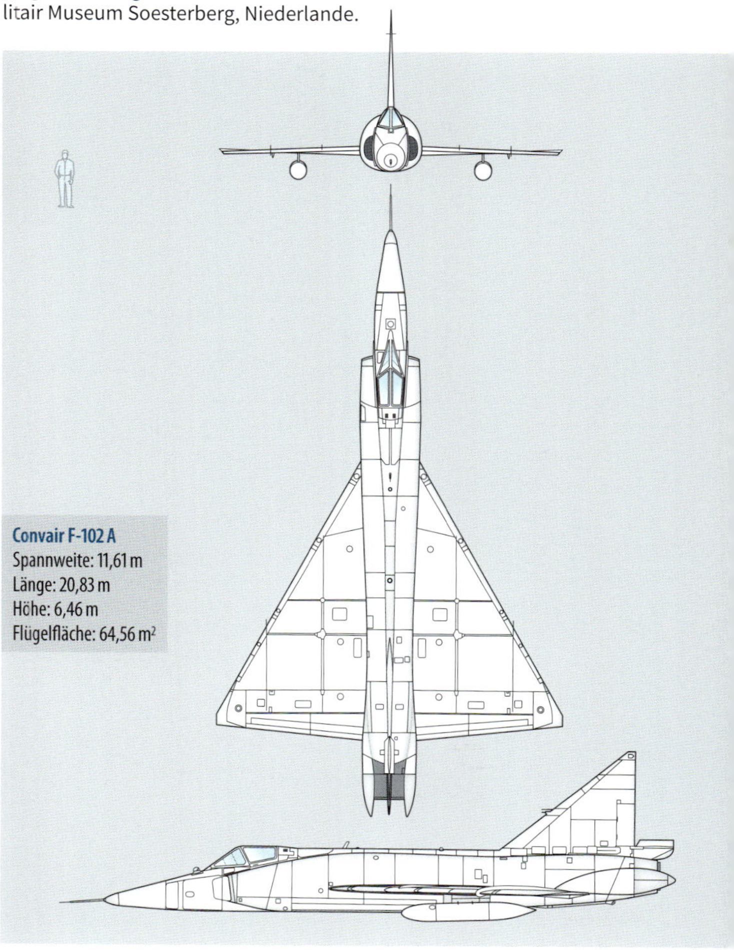

Convair F-102 A
Spannweite: 11,61 m
Länge: 20,83 m
Höhe: 6,46 m
Flügelfläche: 64,56 m²

Douglas C-54 Skymaster

Ursprungsland
USA
Kategorie
Langstrecken-Transport-flugzeug

Entwicklung: Die C-54 war die Militärvariante der DC-4, die bereits 1939 nach Vorstellungen einiger Airlines als Entwurf vorlag. Gleich 60 wurden vom Reißbrett weg bestellt, aber bei Kriegsbeginn vom Militär sofort vorab requiriert. Erstflug war deshalb als C-64 im Februar 1942. Das Ganzmetallflugzeug hatte keine Druckkabine, erhielt nun zusätzliche Tanks, einen verstärkten Boden und eine Frachttür im Heck. Die ersten 254 C-54 A wurden im Februar 1943 ausgeliefert, davon 56 als R5D an die Navy. Ein höheres Abfluggewicht, Tanks in den Außenflügeln, so dass Kabinentanks entfallen konnten und 1450 PS-Sternmotoren hatte die C-54 B (220 St.). Von den 380 verbesserten C-54 D mit R-2000-11 Sternmotoren von Pratt & Whitney gingen 22 Stück an die RAF als Skymaster Mk. I. Mit der Verlegung der Rumpftanks in die Flügel konnte die C-54 E (125 St.) 44 Passagiere fassen. Wegen des Kriegsendes wurden nur noch 162 von 400 bestellten C-54 G mit geänderten Motoren ausgeliefert. Nebenbei gab es Spezialversionen als VIP- und Verwundeten-Transporter, Trainer, Wettererkunder, für SAR-Missionen und zur elektronischen Aufklärung oder zur Bahnverfolgung von Flugkörpern.

Insgesamt rollten bis 1947 1170 C-54 bei Douglas aus den Werkshallen und nach 1945 nochmals 79 zivile DC-4.

Bemerkungen: Mit der C-54 Skymaster erhielten die USA einen ausreichend großen, robusten und vielseitigen Langstrecken-Transporter, den man dringend für Überseerouten benötigte. In großer Zahl bei der Berliner Luftbrücke 1948/49 und später im Korea-Krieg eingesetzt, wurde sie erst Mitte der 1960er-Jahre ausgemustert. Rund 250 C-54 sind nach Kriegsende in zivile DC-4 zurückgebaut und an Fluggesellschaften abgegeben worden. Mit Erscheinen der ersten Jets war ihre Karriere aber Anfang der 1960er-Jahre beendet.

Neben zahllosen Museumsstücken fliegen noch einige in Alaska. Eine C-47 steht aber auch neben dem Luftbrückendenkmal an der A5, Ostseite des Frankfurter Flughafens.

Eine lange Reihe Douglas C-54 Skymaster auf der Startbahn in Frankfurt warten 1949 auf den Abflug Richtung Berlin.

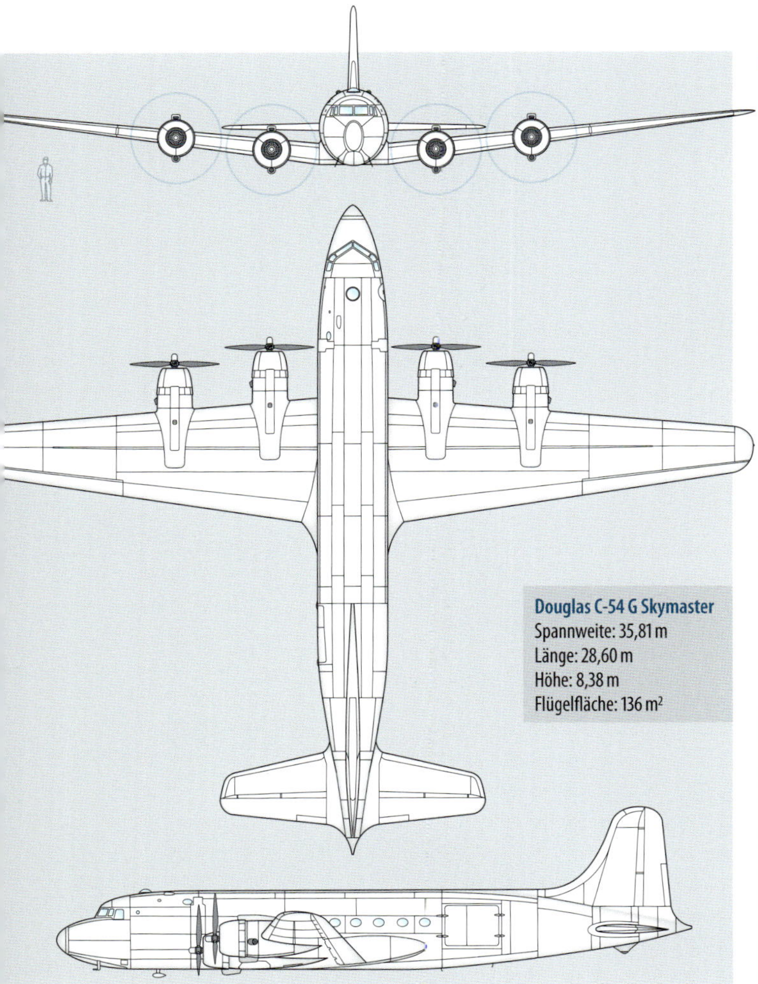

Douglas C-54 G Skymaster
Spannweite: 35,81 m
Länge: 28,60 m
Höhe: 8,38 m
Flügelfläche: 136 m²

Besatzung: 4
Triebwerke: (C-54 G) Vier luftgekühlte 14-Zylinder-Doppelsternmotoren Pratt & Whitney R-2000-9 Twin Wasp mit je 1066 kW (1450 PS)Startleistung und 810 kW (1100 PS) in 2300 m Höhe.
Leistungen: (C-54 G) Höchstgeschwindigkeit 443 km/h in 6100 m Höhe, Reisegeschwindigkeit 310 km/h in 3000 m Höhe, Steigzeit auf 3000 m 14 min 36 sec, Dienstgipfelhöhe 6800 m, Reichweite 6400 km mit 1800 kg Nutzlast.
Gewichte: (C-54 G) Leermasse 17 658 kg, Startmasse 28 123 kg, maximale Startmasse 33 112 kg

Douglas A-26 Invader

Ursprungsland
USA
Kategorie
Leichter Bomber

Entwicklung: Als Nachfolger für die A-20 begann Douglas Ende 1940 mit den Entwurfsarbeiten an der A-26. Die aerodynamisch hochwertige, in Ganzmetallbauweise produzierte Zweimot hatte ein Bugfahrwerk und Doppelspaltklappen für kurze Starts- und Landungen, aber kein Doppelsteuer. Erstflug war im Juli 1942. Ein Prototyp XA-26A als Radar-Nachtjäger ging nicht in Serie. Die ersten Auslieferungen begannen im September 1943 mit den B-Versionen (1355 St.) mit einer Kombination aus 6 oder 8 MGs und MKs im Bug (Abb. oben), versuchsweise auch mit einer 75 mm-Kanone. Die C-Serie mit 1091 Stück, wurde mit einem verglasten Bug (Zeichnung) für den Bombenschützen und nun mit Doppelsteuer ausgeliefert. Daneben legte man Kleinserien von unbewaffneten Aufklärern und Trainern auf. Rund 40 A-26 rüstete Douglas für den Einsatz im Vietnamkrieg mit verstärkten Flügeln für Außenlasten, Tiptanks und 2500 PS starken P&W R-2800-52W Motoren aus, die erst ab 1969, als sie ihre Betriebsgrenzen erreichten, stillgelegt wurden.

Ende 1944 waren Douglas A-26 C in Nordfrankreich stationiert.

Insgesamt 2503 Invaders lieferte Douglas bis 1946 aus. Andere Quellen sprechen von 2446, bzw. 2452 Flugzeugen.

Bemerkungen: Die schnelle A-26 hatte exzellente Flugeigenschaften, eine hohe Manövrierfähigkeit und war sehr gut bewaffnet. Erste Einsätze begannen im Juni 1944 im pazifischen Raum und Ende September 1944 in Europa, wo sie trotz ihres späten Erscheinens noch über 11 000 Einsätze flogen. Nach Kriegsende wurden zahlreiche Invader verkauft, vor allem nach Lateinamerika. Frankreich flog seine ca. 80 A-26 in Indochina- und im Algerienkrieg. Die USA modernisierten ihre A-26 und setzten sie intensiv im Koreakrieg ein, wobei ca. 210 verloren gingen. Ungefähr 40 Bomber flogen auch noch im im Vietnamkrieg. Die letzten wurden erst 1971 ausgemustert. Etliche gelangten dabei in zivile Hände und wurden zu Geschäftsreiseflugzeugen oder Wasserbombern umgebaut.

Ca. 100 A-26 sind flugfähig oder in Museen erhalten geblieben. Eine wird im Koninklijk Legermuseum in Brüssel, Belgien präsentiert.

Besatzung: 3
Triebwerke: (B) Zwei luftgekühlte 18-Zylinder-Doppelsternmotoren Pratt & Whitney R-2800-27 oder -71 Double Wasp mit je 1491 kW (2000 PS).
Leistungen: (B) Höchstgeschwindigkeit 571 km/h, Reisegeschwindigkeit 457 km/h, Dienstgipfelhöhe 6730, Reichweite 2250 km, Überführungsreichweite bis zu 5150 km.
Gewichte: (B) Leermasse 7800 kg, Abflugmasse 15 876 kg.
Bewaffnung: (B) 6 oder 8 MGs im Bug, je 2 ferngesteuerte MGs auf dem Rücken und unter dem Rumpf. Bis zu 10 Raketen oder 4 × 2 MGs unter den Flügeln und/oder bis zu 2700 kg Bomben intern und extern.

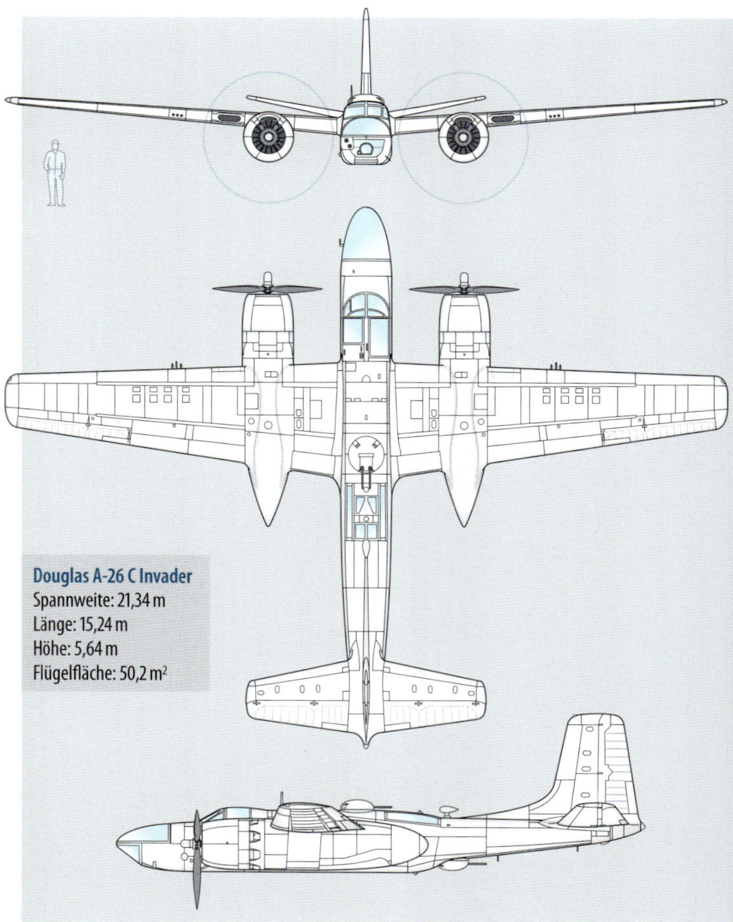

Douglas A-26 C Invader
Spannweite: 21,34 m
Länge: 15,24 m
Höhe: 5,64 m
Flügelfläche: 50,2 m²

Douglas A-1 Skyraider

Ursprungsland
USA
Kategorie
Erdkampfflugzeug

Entwicklung: Schon zu Beginn der 1940er-Jahre suchte die Navy einen Nachfolger für ihre zahllosen, trägergestützten Sturzkampfbomber und vergab Entwicklungsaufträge an Martin, Curtiss und Kaiser-Fleetwings. Daraufhin bot Douglas in Eigeninitiative eine SB2D als Einsitzer an, was die Navy ablehnte. Douglas erhob Einspruch und bekam angeblich eine Nacht, um einen neuen Vorschlag zu präsentieren, der mit einem Auftrag für ein 1:1 Mockup und der Order für einen Prototypen XBT2D-1 erfolgreich war. Erstflug war im März 1945. Obwohl die Navy immer noch die Martin Mauler (S. 195) favorisierte, erhielt Douglas einen Auftrag über 548 BT2D, der nach Kriegsende auf 277 reduziert wurde. Anfang 1946 erhielt der Tiefdecker die offizielle Bezeichnung AD Skyraider und im November 1946 flog die erste Serienmaschine AD-1. Mit dem neuen Bezeichnungssystem wurde 1962 aus der AD-1 die A-1 usw. Douglas lieferte in den elf Produktionsjahren sieben Varianten und ca. 20 Untervarianten aus. Bis zur A-3 gab es nur geringe Modifikationen, ab der A-4 verbaute Douglas einen stärkeren Duplex-Cyclone. Nur die etwas längere A-5 erhielt ein Side-by-side-Cockpit, von der es auch eine viersitzige Nachtangriffsversion gab. Die A-6 flog mit einem verbesserten Tiefangriffs-System und die A-7 bekam noch einmal ein Update mit einem 2840 PS-starken Duplex Cyclone. Neben Kampfflugzeugen entwickelte Douglas Versionen für unterschiedliche Aufgaben: Nuklearwaffenträger, ECM, Zieldarsteller, Nachtangriffsflugzeug, U-Boot-Jäger, Frühwarnflugzeug mit Radarpod und einen Transporter für bis zu 12 Passagiere oder Bahren.

Douglas produzierte bis 1957 insgesamt 3180 Skyraider.

Bemerkungen: Trotz des schwierigen Starts hatte die Skyraider eine erstaunlich lange Einsatzzeit und wurde oft parallel zu moderneren Jets in vorderster Linie als robuster Erdkämpfer mit hoher Waffenzuladung bei großer Reichweite eingesetzt. Das Flugzeug wurde ab dem Koreakrieg in nahezu allen Konflikten der USA von Flugzeugträgern aus geflogen. In vermehrter Zahl im Vietnamkrieg, bei der von der USAF übernommene A-1 neben ihren Erdkampfeinsätzen auch für COIN-Missionen und zum Geleitschutz von Hubschraubern genutzt wurden, allerdings dabei auch 195 verloren gingen. Die meisten übernahm später die südvietnamesische Luftwaffe, die bis Kriegsende 1975 im Einsatz blieben. Großbritannien nutzte seine Skyraider u. a. während der Suezkrise und Frankreichs 25 A-4 flogen im Algerienkrieg und in anderen afrikanischen Ländern.

In fast allen US-Museen stehen Skyraider, und es gibt noch zahllose flugfähige, auch in Europa. Eine findet man jedoch auch im Musée de l'Air et de l'Espace, Le Bourget, Frankreich.

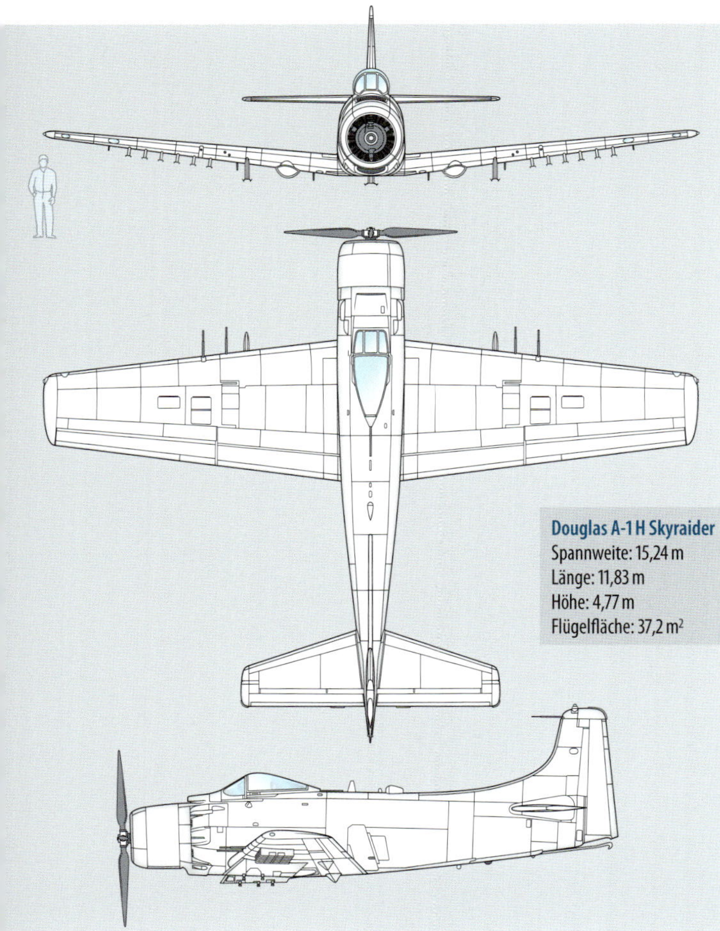

Douglas A-1 H Skyraider
Spannweite: 15,24 m
Länge: 11,83 m
Höhe: 4,77 m
Flügelfläche: 37,2 m²

Besatzung: 1
Triebwerk: (A-6) Ein luftgekühlter 18-Zylinder-Doppelsternmotor Wright R-3350-26WA Duplex-Cyclone mit 1986 kW (2700 PS).
Leistungen: (A-6) Höchstgeschwindigkeit 518 km/h in 5500 m, Reisegeschwindigkeit 319 km/h, Dienstgipfelhöhe 8700 m, Reichweite 2120 km.
Gewichte: (A-6) Leermasse 5429 kg, Abflugmasse 8213 kg.
Bewaffnung: (A-6) Vier MGs im Flügel und bis zu 3600 kg Bomben, Raketen, Raketenpods an 15 Außenstationen.

Douglas C-74 Globemaster

Ursprungsland
USA
Kategorie
Transportflugzeug

Entwicklung: Nach dem Eintritt in den Zweiten Weltkrieg Ende 1941 benötigten die USA schnell große Transportflugzeuge mit interkontinentaler Reichweite. Im Juni 1942 schloss deshalb Douglas einen Vertrag mit der USAF über die Entwicklung und Produktion von 50 C-74, deren Auslieferung Ende 1943 beginnen sollte. Mehrere Konstruktionsänderungen, die Auslastung der Fabrikation und Personalmangel verzögerten das Projekt erheblich, weshalb der Erstflug verspätet im September 1945 stattfand. Zudem stürzte während der Erpobung 1946 ein Flugzeug bei Überlast-Tests ab. Der in Ganzmetall gebaute, relativ

Die ungewöhnliche Cockpitanordnung mit zwei einzelnen Cockpithauben wurde nach Beschwerden der Crews wieder geändert.

einfach konstruierte Tiefdecker mit fünfköpfiger Crew konnte 125 vollausgerüstete Soldaten oder 115 Verwundete oder rund 22,7 Tonnen Fracht, darunter leichte Panzer und Haubitzen, transportieren und verfügte über eingebaute Hebekräne im nicht druckbelüfteten Rumpf. Mit Kriegsende sank auch der Bedarf an Transportern drastisch, so dass im Januar 1946 die Produktion nach nur 14 Stück beendet wurde. Damit war für Douglas auch die Entwicklung einer zivilen, druckbelüfteten Interkontinental-Version für 108 Passagiere nicht mehr rentabel und wurde eingestellt, obwohl Pan Am bereits 27 Flugzeuge bestellt hatte.

Inklusive der Prototypen baute Douglas nur 14 Globemaster, wovon 11 in Dienst gestellt wurden.

Besatzung: 5
Triebwerke: Vier luftgekühlte, 4-reihige 28 Zylinder-Sternmotoren Pratt & Whitney R-4360-69 Wasp Major 29s/49s mit je 2390 kW (3250 PS).
Leistungen: Höchstgeschwindigkeit 561 km/h in 3000 m, Reisegeschwindigkeit 341 – 480 km/h, Dienstgipfelhöhe 6700 m, Reichweite mit 23 Tonnen Fracht ca. 3400 km, Überführungsreichweite 11 670 km.
Gewichte: Leermasse 39 087 kg, Abflugmasse 74 845 kg, maximale Abflugmasse 78 018 kg.

Bemerkungen: Die erste Staffel flog im September 1946, die letzte C-74 wurde 1956 in Davis Monthan eingelagert. In den zehn Jahren nutzte man den strategischen Transporter auf Langstrecken rund um den Globus, auch bei der Berliner Luftbrücke und im Koreakrieg, wo sie von Juli 1950 bis Januar 1951 eingesetzt wurden. Bereits 1954 traten jedoch Ersatzteil- und Wartungsprobleme auf und man begann die C-74 auszumustern, um sie bis 1965 fast alle zu verschrotten. Vier C-74 gingen an zivile Nutzer, die sie zum Teil als Vieh-Transporter bis 1969 flogen. Es blieb jedoch kein Flugzeug blieb erhalten.

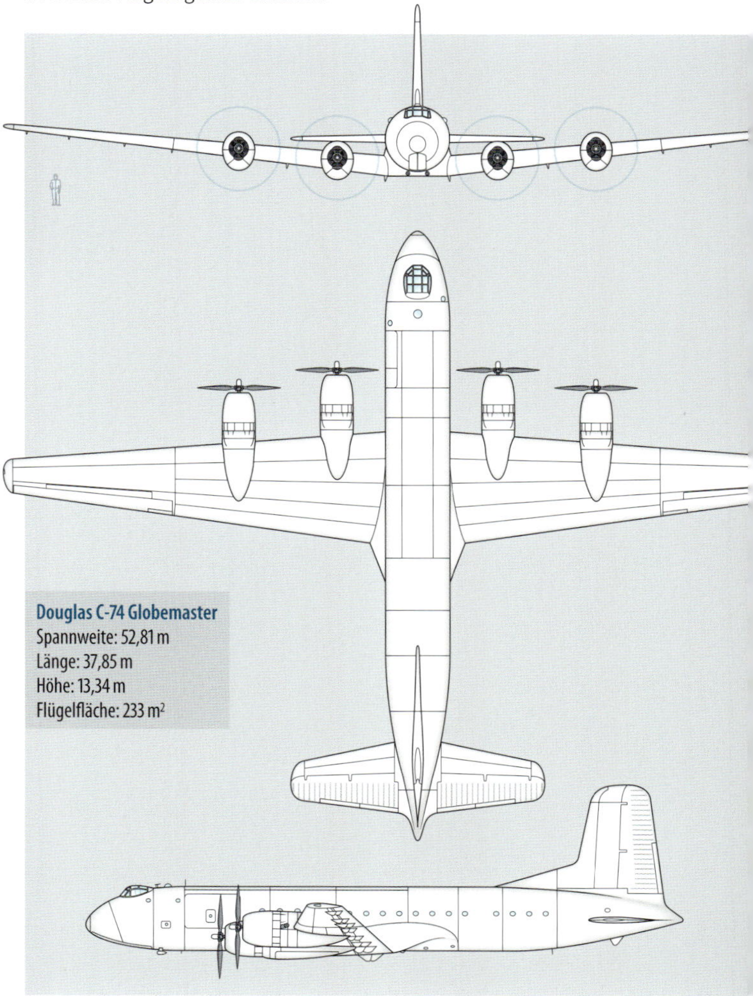

Douglas C-74 Globemaster
Spannweite: 52,81 m
Länge: 37,85 m
Höhe: 13,34 m
Flügelfläche: 233 m²

Douglas C-118 Liftmaster

Ursprungsland
USA
Kategorie
Transportflugzeug

Entwicklung: Schon 1944 verlangte die USAF eine längere C-54 (S. 162) mit Druckkabine und leistungsfähigeren Antrieben und beauftragte Douglas mit dem Projekt XC-112. Der Prototyp flog zwar im Februar 1946, mit Ende des Kriegs verlor die US Air Force aber ihr Interesse an dem Projekt. Douglas verlängerte nun das Flugzeug und brachte es als DC-6 auf den zivilen Markt. Erstflug war im Juni 1946 und nach einer komplikationslosen Erprobung wurden bereits im November die ersten DC-6 an Fluggesellschaften ausgeliefert. Allerdings wurden 1947 alle Maschinen wegen Bordbränden gegroundet und erst nach Modifikationen vier Monate später wieder freigegeben. Mit Beginn des Koreakrieges interessierte sich die USAF und die US-Navy wieder für den Transporter. Die USAF bestellte 101 C-118 A, die auf der DC-6 A basierte, die US-Navy bestellte 65 als R6D-1. Alle Viermots wurden mit einer großen Frachttür im Heck ausgestattet und konnten bis zu 74 vollausgerüstete Soldaten oder bis zu 12 200 kg Fracht laden. Je nach Sitzanordnung aber auch bis zu 102 Passagiere und relativ schnell ließ es sich zum Sanitätsflugzeug MC-118 umwandeln, das bis zu 60 Tragbahren aufnehmen konnte. Die USAF übernahm 40 R6D der Navy während des Koreakrieges, die später wieder an die Navy zurückgingen und 1962 mit der Typenneubezeichnung in C-118 B umbenannt wurden. Eine C-118 A baute Douglas als Maschine für den US-Präsidenten zur VC-118 um, und vier weitere zum VIP-Transporter VC-118 A.

Douglas lieferte bis Ende 1958 insgesamt 704 DC-6 aus, davon 168 militärische.

Bemerkungen: Hauptsächlicher Betreiber der C-118 waren die USAF und die US-Navy, die ihre robusten und zuverlässigen Transporter weltweit oft auf Langstrecken einsetzten, unter anderem auch zur Nachschubversorgung nach Vietnam. Nach ihrer Ausmusterung in den 1980er-Jahren verkaufte man zahlreiche C-118 an zivile Nutzer. Zu weiteren militärischen Betreibern gehörten Belgien, Frankreichs Armee de'l Air und Marine, Portugal und Jugoslawien. In Deutschland hatte die Flugbereitschaft des Verteidigungsministeriums vier C-118 von 1962 bis 1969 für Personen- und VIP-Transporte in Betrieb.

2014 waren noch 47 flugfähig, die als Frachter und Feuerlöscher in Nordamerika und Südamerika eingesetzt wurden. Wegen ihrer äußerst robusten Bauweise und sparsameren Motoren überlebten viele Frachter auch die aus der DC-6 weiter entwickelte DC-7. Zahlreiche Exponate sind in US-Museen zu finden, eine DC-6 B betreibt ein Getränkehersteller in Salzburg.

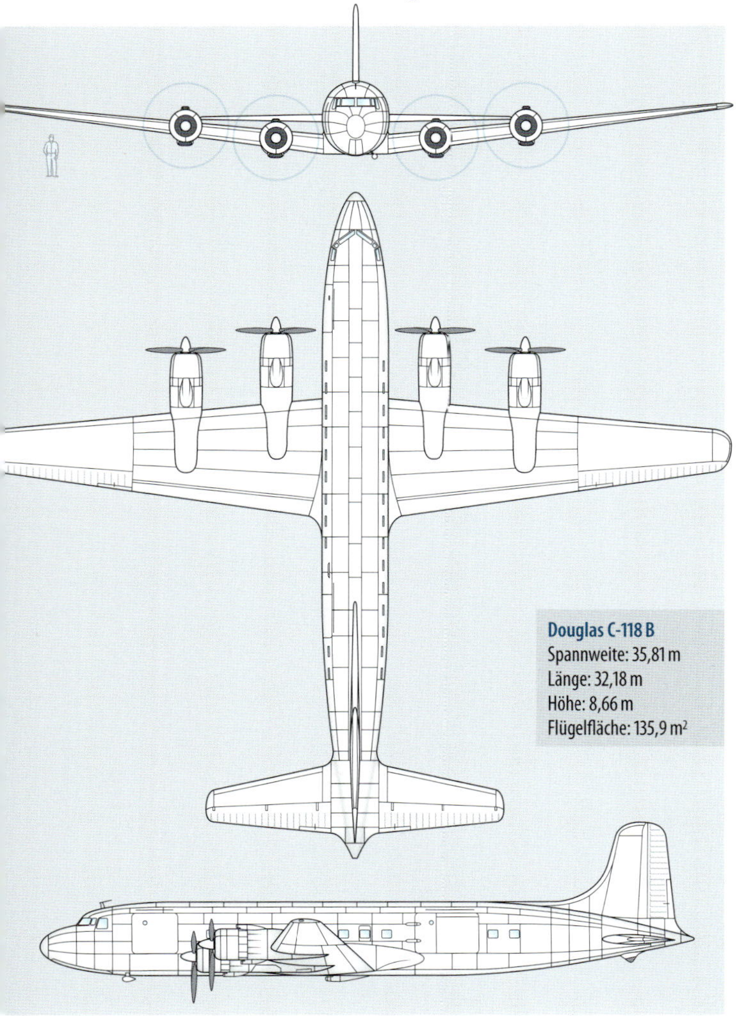

Douglas C-118 B
Spannweite: 35,81 m
Länge: 32,18 m
Höhe: 8,66 m
Flügelfläche: 135,9 m²

Besatzung: 3
Triebwerke: Vier luftgekühlte 18-Zylinder-Doppelsternmotoren Pratt & Whitney R-2800-CB16 Double Wasp mit je 1765 kW (2400 PS).
Leistungen: Höchstgeschwindigkeit 570 km/h, Reisegeschwindigkeit 504 km/h, Dienstgipfelhöhe 8300 m, Reichweite 6400 km.
Gewichte: Leermasse 25 111 kg, maximale Abflugmasse 48 980 kg.

Douglas F3D Skyknight

Entwicklung: 1945 forderte die US Marine einen trägergestützten Nachtjäger mit Jetantrieb und leistungsfähigem Radar. Mit dem Entwurf der XF3D bekam Douglas einen Vertrag über den Bau von drei Prototypen. Erstflug war im März 1948. Die drei Prototypen waren noch mit zwei Westinghouse J34-WE-24 mit 13 kN Schub motorisiert, während die Serie mit leistungsstärkeren WE-36 ausgestattet war. Das Ganzmetallflugzeug, das aus Gewichtsgründen keine Schleudersitze für die beiden Piloten hatte, sondern einen nach unten führenden Schacht für den Absprung, war mit zwei voluminösen und komplexen Radarsystemen (Such- und Trackingradar) im Bug und einem Warnradar im Heck ausgestattet, die eine sehr zeitaufwendige Wartung benötigten. Die erste von 28 Serien-F3D-1 flog im Februar 1950. Alle 237 F3D-2 sollten neben einem modernisierten Feuerleitsystem stärkere J46-Triebwerke erhalten, das allerdings nie Serienreife erreichte und deshalb alle J3D-2 mit J34 bis März 1952 ausgeliefert wurden. Von beiden Versionen gab es Varianten. Zwölf F3D-1 rüstete man für den Einsatz von Sparrow-Luft-Luft-Raketen um, ebenso 16 F3D-2. Für den Einsatz in der elektronischen Kriegsführung nutzte man 35 F3D-2, als Radar-Schulungstrainer 60 F3D-2. Von einer geplanten F3D-3 mit gepfeilten Tragflächen und stärkerem J46-Triebwerk wurden zwar 287 Flugzeuge bestellt, der Auftrag wurde aber 1952 wegen des unausgereiften Triebwerks storniert.

Douglas baute 268 Skyknights aller Versionen.

Bemerkungen: Der Zweistrahler war nicht wie ein typisches Kampfflugzeug der damaligen Zeit konstruiert, aber mit dem platzeinnehmenden Frontradar und einem neben dem Piloten sitzenden Radar-Operateur war sie ein durchaus geeigneter Allwetter-Nachtjäger. Die F3D-1 wurden nie in scharfen Einsätzen geflogen, während die F3D-2 im Koreakrieg als Nacht-Begleitjäger für B-29 und bei Nachteinsätzen erfolgreich operierte. Mit ihrem bordeigenen Radar war sie nicht auf Bodenleitsysteme, wie z. B. die gegnerische MiG-15 angewiesen. 1962 stellte die USAF und die Marine ihre Bezeichnungen um und aus der F3D wurde die F-10. Die letzten als ECM-Flugzeuge eingesetzten EF-10B wurden im Vietnamkrieg geflogen, bis sie 1970 ausgemustert wurden, während einige wenige noch bis in die 1980er-Jahre als Testflugzeuge bei der US-Firma Raytheon genutzt wurden.

Ungefähr zehn F3D sind in US-Museen erhalten geblieben. Eine davon steht im National Museum of Naval Aviation in Pensacola, USA.

Ursprungsland
USA
Kategorie
Kampfflugzeug

Besatzung: 2
Triebwerke: (F3D-2) Zwei Axial-Strahltriebwerke Westinghouse J34-WE-36 mit 15kN Schub.
Leistungen: (F3D-2) Höchstgeschwindigkeit 850 km/h in 3000 m, Reisegeschwindigkeit 732 km/h, Dienstgipfelhöhe 11 200 m, Reichweite 1840 km, Überführungsreichweite mit Drop-Tanks 2210 km.
Gewichte: (F3D-2) Leermasse 8240 kg, Abflugmasse 10 960 kg, maximale Abflugmasse 12 560 kg.
Bewaffnung: (F3D-2) Vier Maschinenkanonen im Bug, an vier Außenstationen zwei Luft-Boden-Raketen oder vier Luft-Luft-Raketen oder bis zu 910 kg Bomben.

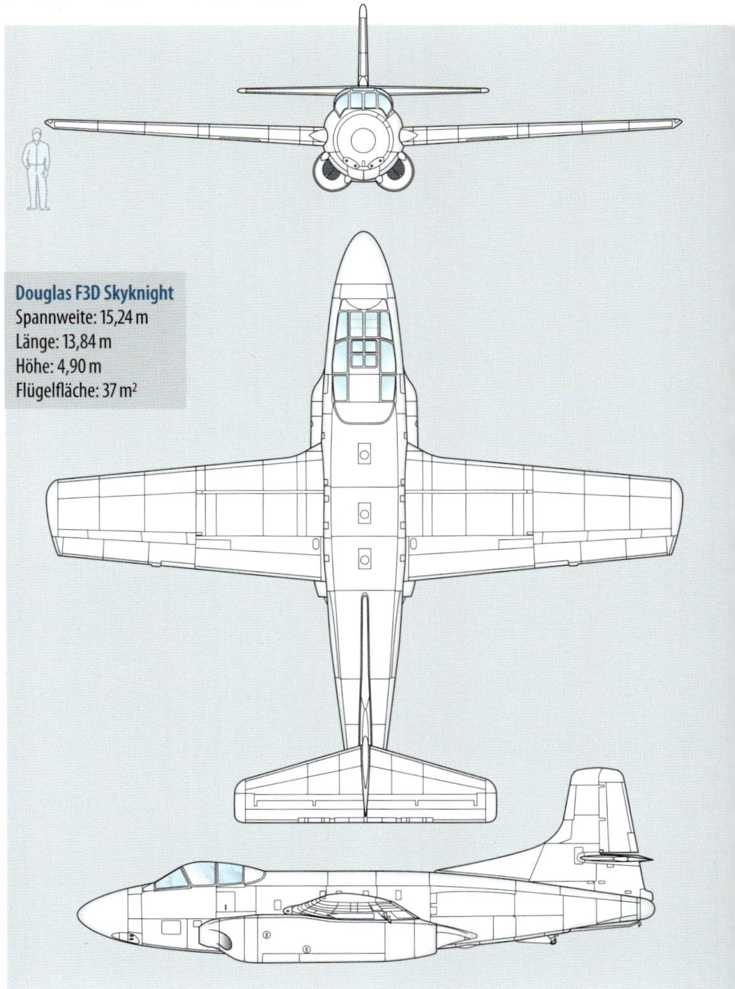

Douglas F3D Skyknight
Spannweite: 15,24 m
Länge: 13,84 m
Höhe: 4,90 m
Flügelfläche: 37 m²

Douglas C-117

Ursprungsland USA
Kategorie Transportflugzeug

Entwicklung: Nach Ende des Zweiten Weltkrieges stand eine sehr große Zahl der über 10 000 gebauten, aber jetzt überschüssigen militärischen C-47 / DC-3) dem zivilen Markt zur Verfügung. Um bei einer weiteren Nutzung den zukünftigen zivilen Lufttüchtigkeitsanforderungen zu entsprechen, bot Douglas Ende der 1940er-Jahre eine Modernisierung an. Dazu gehörte eine Verlängerung des Rumpfes von 30 auf bis zu 38 Passagiere, Strukturverstärkungen, ein neuer, leicht gepfeilter Außenflügel und ein neu gestaltetes, größeres Leitwerk, stärkere Motoren, wahlweise von Pratt & Whitney oder Wright und ein vollständig einziehbares Hauptfahrwerk. Nach dem Erstflug des nahezu neu konstruierten Tiefdeckers im Juni 1949 konnte Douglas auch deutlich bessere Leistungen der DC-3 S in der Erprobung nachweisen. Ein Verkaufserfolg bei Fluggesellschaften blieb jedoch aus, es wurden nur drei „Super DC-3“ verkauft. Zivil umgerüstete C-47 konnte man deutlich günstiger erwerben und es waren schon größere, komfortablere und schnellere Flugzeuge zu haben. Nun bot Douglas der USAF die S als VIP-Version mit 21 Sitzplätzen an, die jedoch ablehnte. Die US Navy, die während des Krieges schon ihre DC-3 als R4D bezeichnete, zeigte jedoch 1951 Interesse und erteilte Douglas den Auftrag 100 Flugzeuge umzurüsten. Der Hauptanteil des Modernisierungsprogramms umfasste Transporter R4D-8, die 1962 in C-117 umbenannt wurden. Eine kleinere, unbekannte Anzahl wurde als Arktisversion R4D-8L / LC-117D (Bild) mit Wetterradar im neu gestalteten Bug, Starthilfsraketen und Skiern gebaut. R4D-8 / TC-117D lieferte Douglas als Trainer aus und die R4D-8Z / VC-117D) flog als VIP-Personentransporter.

Insgesamt rollten bei Douglas 100 militärische und 3 zivile Exemplare aus den Werkhallen

Bemerkungen: Eine höhere Nutzlast, höhere Geschwindigkeit, leistungsstärkere Motoren und eine größere Reichweite waren zwar gute Argumente, aber die Idee, etwas bewährtes einfach weiter zu entwickeln, führte nicht zum erhofften Erfolg und Douglas konnte lediglich 100 Flugzeuge an die US-Navy ausliefern. Diese nutzte ihre vielseitigen und robusten Flugzeuge rund um den Globus als Transporter für Fracht und Personal, ihre komfortabel eingerichteten Maschinen für den Transport von hochrangigen militärischen und zivilen Beamten. Im Koreakrieg als Personaltransporter und Fallschirmabsetzer, im Vietnamkrieg kam noch eine ELINT-Version dazu. Bei den Operationen „Deep Freeze“ zur Erforschung der Antarktis, die 1955 begannen, gingen von der eingesetzten Arktisversion R-4D8L allerdings drei Flugzeuge verloren.

Angeblich fliegt noch eine C-117 in Bolivien und in Alaska. Vier C-117 stehen in US-Museen, z. B. im Pima Air & Space Museum in Tucson, USA.

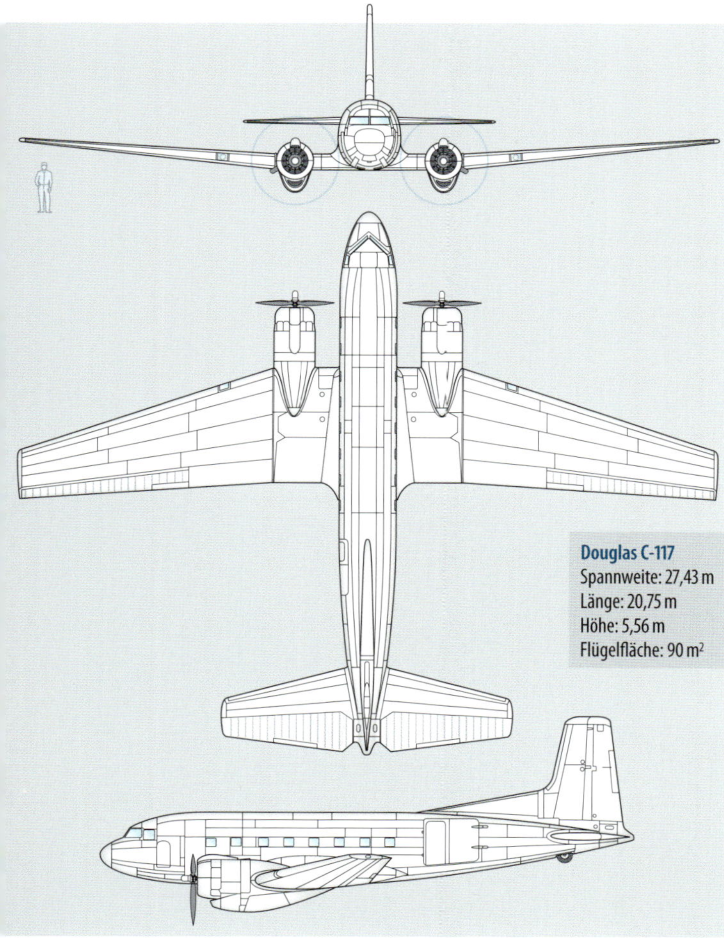

Douglas C-117
Spannweite: 27,43 m
Länge: 20,75 m
Höhe: 5,56 m
Flügelfläche: 90 m²

Besatzung: 3
Triebwerke: Zwei luftgekühlte 9-Zylinder-Sternmotoren Wright R-1820-80 Cyclone mit 1084 kW (1475 PS).
Leistungen: Höchstgeschwindigkeit 430 km/h in 1800 m, Reisegeschwindigkeit 400 km/h, Dienstgipfelhöhe 6900 m, Reichweite je nach Zuladung 4000 – 4900 km.
Gewichte: Leermasse 8870 kg, maximale Abflugmasse 14 061 kg.

Douglas C-124 Globemaster II

Ursprungsland
USA
Kategorie
Schweres Transportflugzeuge

Entwicklung: Douglas entwicklete aus der C-74 (S. 165) zwischen 1947 und 1949 die YC-124 Globemaster II, gemäß den Forderungen des Military Air Transport Service (MATS) und der USAF. Neben einem wesentlich voluminöseren Rumpf erhielt die Maschine stärkere Antriebe, Bugtore und einen Lastenaufzug unter dem Heck. Sie konnte bis zu 31 Tonnen Fracht laden und hatte Platz für Panzer, Geschütze, Raketen und LKWs oder, mit einziehbarem Zwischendeck, als Personentransporter für bis zu 200 ausgerüstete Soldaten oder 127 Tragbahren inkl. Begleiter. Erstflug war im November 1949 und bereits im Mai 1950 wurde die erste von 204 bestellten C-124 A (großes Bild) ausgeliefert, die noch mit 3500 PS starken P & W-Sternmotoren ausgerüstet waren. Die nahezu identische C-124 B (Zeichnung) von der 243 Stück geliefert wurden, hatte einen Wetterradardom am Bug, größere Tanks, Tragflächenenteisung und 300 PS stärkere P & W R-4360-63. Die meisten C-124 A wurden später, bis auf die Motoren, auf den Stand der B umgerüstet. Eine Version YC-124 B als Tankflugzeug mit Propellerturbinen blieb ein Einzelstück.

Riesige Clamshell-Tore und eine hydraulische Rampe ermöglichten die Zuladung schweren Geräts, wie z. B. Panzer und Lastwagen.

Bei Douglas rollten bis 1955 insgesamt 448 Globemaster II aus den Hallen.

Bemerkungen: Das von ihren Piloten „Old Shaky“ genannte schwere Frachtflugzeug war in den 1950er- und 60er-Jahren das wichtigste US-Transportflugzeug und wurde von der MATS, der Air Force Reserve und der National Guard für weltweite, schwere, militärische Transportaufgaben eingesetzt. Sie flog z. B. während des Korea- und Vietnamkrieges Material aus den USA nach Asien und Ausrüstungen in die Antarktis, wurde aber auch zum Transport von Atomwaffen zwischen den inneramerikanischen Stützpunkten und von Thor-Mittelstreckenraketen über den Atlantik nach Großbritannien genutzt, bis die letzte C-124 im September 1974 ausgemustert wurde.

Es blieben neun C-124 in Museen erhalten. Eine z. B. steht im KAI Aerospace Museum, Sacheon, Südkorea, eine im Pima Air and Space Museum in Tucson, USA.

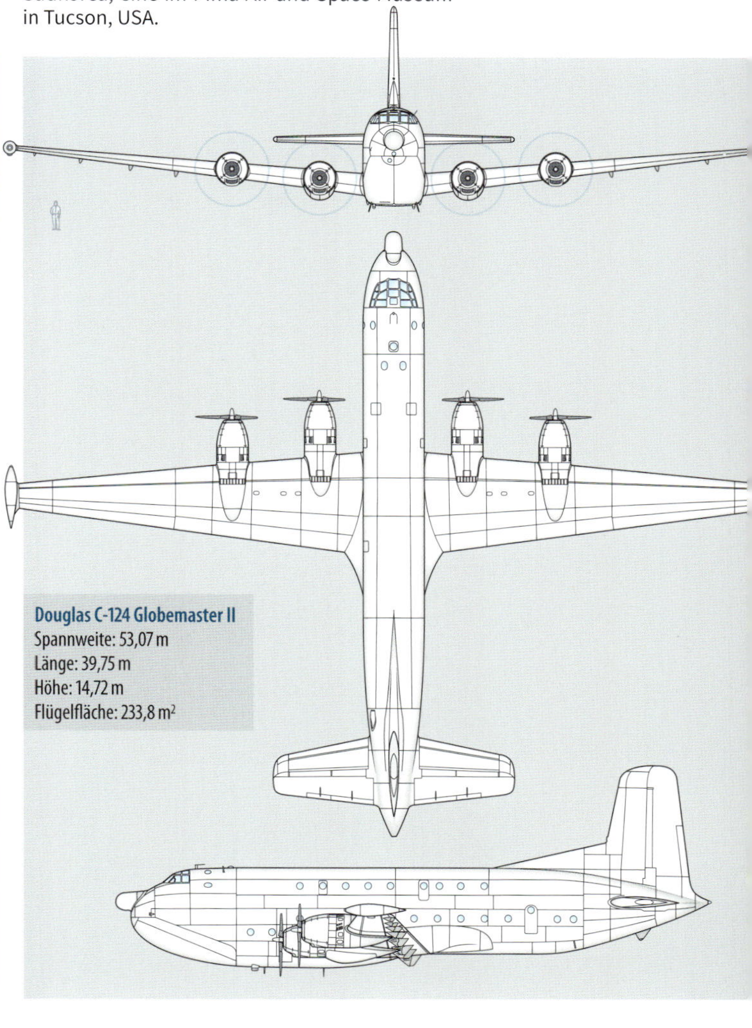

Douglas C-124 Globemaster II
Spannweite: 53,07 m
Länge: 39,75 m
Höhe: 14,72 m
Flügelfläche: 233,8 m²

Besatzung: 6 – 7
Triebwerke: (C-124 B) Vier luftgekühlte, 4-reihige 28 Zylinder-Sternmotoren Pratt & Whitney R-4360-63 A Wasp Major mit je 2794 kW (3800 PS).
Leistungen: (C-124 B) Höchstgeschwindigkeit 489 km/h in 6300 m, Reisegeschwindigkeit 370 km/h, Dienstgipfelhöhe 6600 m, Reichweite mit 1830 kg Nutzlast 6500 km, Überführungsreichweite 11 000 km.
Gewichte: (C-124 B) Leermasse 45 888 kg, Abflugmasse 83 915 kg, maximale Abflugmasse 88 224 kg.

Douglas A-3 Skywarrior

Ursprungsland
USA
Kategorie
Bomber, Tanker

Entwicklung: Die Planungen für den Bomber begannen schon 1948, als Curtiss und Douglas von der Navy Entwicklungsaufträge für einen zweistrahligen, trägertauglichen Bomber mit rund 30 Tonnen(!) Abfluggewicht erhielten. Douglas konnte das projektierte Gewicht einhalten und bekam im Juli 1949 den Auftrag zwei Prototypen zu bauen. Im Oktober 1952 flog der erste XA3D-1, noch mit Westinghouse J40-Antrieben, die aber wegen ständiger Probleme gegen P&W J57 ausgetauscht wurden, mit denen die YA3D-1 im Oktober 1953 erstmals abhob. Um Gewicht einzusparen wurde auf Schleudersitze verzichtet, die Crew sollte im Notfall über eine Rutsche entkommen. Die ersten von 50 Serienflugzeugen A-3A wurden im März 1956 in Dienst gestellt. Mit verstärkter Zelle, größerem Bombenschacht und stärkeren Triebwerken begann ein Jahr später die Auslieferung der Hauptserie A-3B, davon waren 164 Bomber A-3B, 24 ECM-Maschinen EA-3B mit bedrucktem Waffenschacht für eine vierköpfige Bedienermannschaft und 30 Fotoaufklärer RA-3B. 12 wurden als Navigations- und Bombenschützen-Trainer TA-3B ausgeliefert. Ab 1967 baute Douglas schließlich 85 A-3B zu Tankern KA-3B, einige auch zu VIP-Transportern UA-3B/VA-3B um.

Douglas lieferte inklusive der Prototypen 282 Skywarrior aus.

Bemerkungen: Das mit über 30 Tonnen schwerste, allwettertaugliche Flugzeug auf US-Flugzeugträgern war ursprünglich als strategischer Nuklear-Bomber vorgesehen, wurde aber mit der Entwicklung ballistischer Raketen überflüssig. Die vielseitige Skywarrior konnte jedoch weiter als konventioneller Bomber genutzt werden. Im Vietnamkrieg aber überwiegend für ECM/ELINT-Missionen und als Foto-Aufklärer. Zahlreiche Bomber wurden in dieser Zeit zu Tankern umgebaut, einige zu Multi-Mission-Tankern EKA-3B, die feindliches Radar blockieren konnten, aber gleichzeitig auch Flugzeuge betanken. EA-3B wurden ab 1956 auf ELINT-Missionen rund um den Globus mit einer siebenköpfigen Besatzung auf Aufklärungs- und Spionageflügen gegen den Warschauer Pakt genutzt. Einige wenige flogen sogar noch 1991 im Golfkrieg. Erste A-3 wurden Anfang der 1960er-Jahre von der A-5 Vigilante abgelöst, ab 1989 von der EA-6B Growler, die letzten wurden im September 1991 ausgemustert. Ausschließlich von der US-Navy geflogen, hatte das für Flugzeugträger außergewöhnlich große und schwere Flugzeug, von ihren Crews auch Wal genannt, eine sehr hohe Unfallrate. Von 283 Flugzeugen gingen 123 verloren, davon nur 2 im Kampf.

Zahlreiche A-3 stehen ausschließlich in US-Museen, eine z. B. im Yanks Air Museum, Chino, USA.

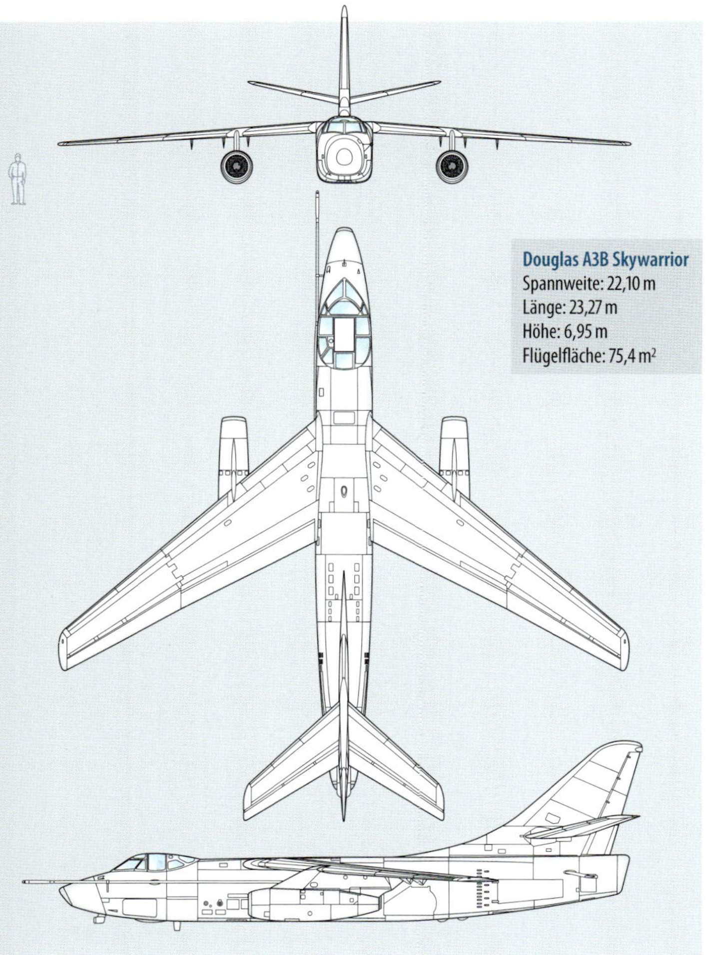

Douglas A3B Skywarrior
Spannweite: 22,10 m
Länge: 23,27 m
Höhe: 6,95 m
Flügelfläche: 75,4 m²

Besatzung: (B) 3
Triebwerk: (B) Zwei Axialstrahltriebwerke Pratt & Whitney J57-P-10 mit je 47 kN Schub, mit Wassereinspritzung 55 kN.
Leistungen: (B) Höchstgeschwindigkeit 980 km/h in 3000 m, Reisegeschwindigkeit 960 km/h, Dienstgipfelhöhe 12 000 m, Reichweite 3380 km, Überführungsreichweite 4670 km.
Gewichte: (B) Leermasse 17 876 kg, Startmasse 31 751 kg, maximale Startmasse 37 195 kg.
Bewaffnung: (B) Zwei MKs im Heck und bis zu 5800 kg konventionelle Bomben oder eine nukleare Bombe.

Douglas A2D Skyshark

Ursprungsland
USA
Kategorie
Jagdbomber

Entwicklung: Im Juni 1945 forderte die U.S. Navy Douglas auf, Vorschläge für einen flugzeugträgertauglichen Jagdbomber mit einer Propellerturbine einzureichen. Drei Designs wurden in den folgenden Jahren ausgearbeitet: Eine Zweimot mit Motorgondeln in den Flügeln, zwei Einmots mit gegenläufigen Propellern, aber unterschiedlichen Triebwerken. Weil das Flugzeug von kleineren Geleitträgern operieren sollte, kam eine Jet-Variante nicht in Frage. Es wurden 1 : 1-Mockups gebaut, versuchsweise sollte eine Skyraider (S. 164) mit der Allison-Turbine ausgestattet werden, was aber an dem noch unausgereiften Triebwerk scheiterte. Im Juni 1947 wurde eine vorläufige Bestellung der Navy für eine einmotorige Variante ausgesprochen. Douglas arbeitete nun den Jagdbomber-Entwurf mit dem Allison-Triebwerk aus, das über ein Getriebe zwei gegenläufige Propeller antrieb. Der Ganzmetall-Tiefdecker sollte eine Nutzlast von 2500 kg, ca. 1000 km Reichweite, Klapptragflächen und eine Radaranlage in der Propellerhaube haben. Erhebliche Probleme bei der Entwicklung der Turbine ließen einen Erstflug des Prototypen XA2D-1 aber erst im Mai 1950 zu. Trotzdem bestellte die Navy nach Ausbruch des Koreakrieges Mitte 1950 10 Prototypen und 81 Serienflugzeuge. Ende 1950 stürzte der Prototyp jedoch wegen eines Triebwerkschaden ab. Der zweite Prototyp flog nach Einarbeitung zahlreicher Verbesserungen aber erst im April 1952, obwohl die Probleme mit der Propellerturbine weiter ungelöst blieben, aber nun die Entwicklung von Strahltriebwerken so weit fortgeschritten war, dass man überlegte, das Programm einzustellen. Schließlich stornierte Ende 1952 die US-Navy ihre Bestellung der Serienflugzeuge, obwohl in der Zwischenzeit neben den zwei Prototypen 10 Vorserienflugzeuge montiert waren, von denen acht flogen.

Bemerkungen: Mit der A2D hätte die Navy einen äußerst leistungsfähigen Propeller-Jagdbomber erhalten, der auch von kleineren Flugzeugträgern mit relativ hoher Nutzlast und Geschwindigkeit bei geringerem Kraftstoffverbrauch als ein Jet operieren konnte. Die technisch anspruchsvolle Entwicklung einer 5000 PS-starken Propellerturbine konnte von Allison aber nie bis zur Serienreife gebracht werden und verlor mit der rasch voranschreitenden Entwicklung von schubstarken Düsentriebwerken an Bedeutung. Von den zwölf gebauten A2D sind fast alle bei Unfällen zerstört oder verschrottet worden.

Die einzige erhaltene A2D steht im San Diego Air & Space Museum, USA.

Besatzung: 1
Triebwerk: Eine Propellerturbine Allison XT40-A-2 mit 3751 kW (5100 PS) plus 3,7 kN Restschub.
Leistungen: Höchstgeschwindigkeit 792 km/h in 12 000 m Höhe, Reisegeschwindigkeit 276 km/h, Dienstgipfelhöhe 14 700 m, Reichweite beladen 825 km, Überführungsreichweite 3500 km.
Gewichte: Leermasse 5871 kg, Startmasse 8491 kg, maximale Startmasse 10 417 kg.
Bewaffnung: Vier Maschinenkanonen in den Tragflächen und bis zu 2500 kg Waffenzuladung an Außenstationen.

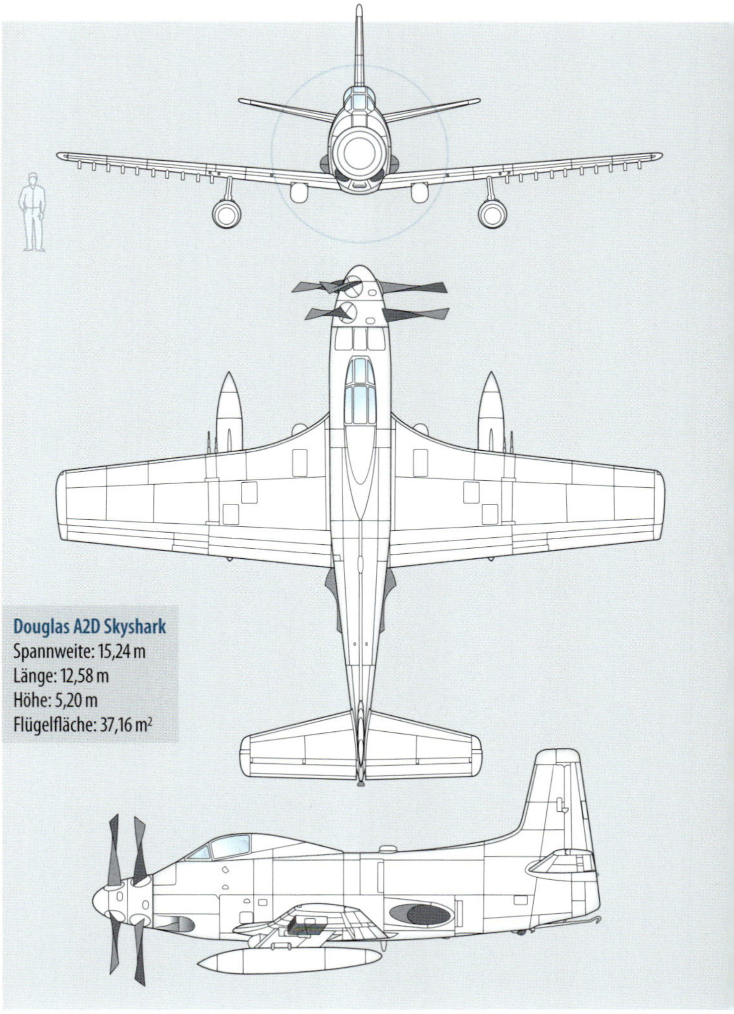

Douglas A2D Skyshark
Spannweite: 15,24 m
Länge: 12,58 m
Höhe: 5,20 m
Flügelfläche: 37,16 m²

Douglas F4D Skyray

Ursprungsland
USA
Kategorie
Jagdflugzeug

Entwicklung: Die Entwicklung der F4D basiert auf der Forderung der US Navy für ein trägergestütztes Jagdflugzeug, das innerhalb von fünf Minuten ein in 15 000 m Höhe anfliegendes, gegenerisches Flugzeug abfangen kann. Das damals revolutionäre Design des Deltaflügels wurde durch aufwendige Modell-Versuche mit Hilfe der NACA, entworfen und bezieht sich angeblich auch auf die Forschungen des deutschen Aerodynamikers Lippisch. Ursprünglich zweistrahlig angelegt, griff man beim Prototypen XF4D-1, der im Januar 1951 erstmals abhob, auf ein Allison J35 zurück, da sich die Entwicklung des vorgesehenen Westinghouse J40-Triebwerks verzögerte. Der zweite Prototyp des in Ganzmetall gebauten kompakten Jagdflugzeugs mit hochklappbaren Flügelenden stellte bereits im Oktober 1953 einen Geschwindigkeitsrekord für trägergestützte Flugzeuge mit 1211 km/h auf. Die erste Serienmaschine F4D-1, die mit einem zuverlässigeren und leistungsfähigeren Pratt & Whitney J57-P-2 motorisiert war, flog im Juni 1954. Erste Auslieferungen der 420 bestellten Flugzeuge begannen im April 1956. Während der Produktion flossen immer wieder Verbesserungen ein, unter anderem auch das weiterentwickelte Pratt & Whitney J57-P-8 Triebwerk. Eine Bestellung von 100 Flugzeugen F4D-2, mit einem stärkeren Triebwerk P & W J57-P-14 wurde storniert. Von einer F4D-2N mit neuem Radar, längerem Rumpf und dünneren Flügeln wurden nur vier gebaut, die wegen ihrer fast kompletten Neukonstruktion als F5D Skylancer bezeichnet wurden, aber zu Gunsten der Vought F8U Crusader, nicht in Serie gingen. Mit Neuordnung der Typbezeichnungen wurden 1962 F4D von der Navy in F-6A umbenannt.

Douglas lieferte insgesamt bis Dezember 1958 422 F4D inklusive der Prototypen aus.

Bemerkungen: Mit der Skyray erhielt die US Navy und das US Marine Corps ein äußerst leistungsfähiges Allwetter-Jagdflugzeug, das mit seiner außergewöhnlichen Form zu den damals bekanntesten Jagdflugzeugen gehörte. Die F4D war kein Überschallflugzeug, konnte aber im Horizontalflug Mach 1 für kurze Zeit halten, hatte eine extreme Steigrate und flog einige Höhenweltrekorde ein. Obwohl das Flugzeug als Höhen-Abfangjäger mit bordeigenem Feuerleitsystem entwickelt wurde, nutzte man sie auch für Multi-Missions-Aufgaben. Nie im Kampf eingesetzt, wurden die letzten Flugzeuge bereits 1964 außer Dienst genommen, während noch einige bis 1969 von der NACA als Testflugzeuge flogen.

Neben dem Prototypen sind sieben Flugzeuge erhalten geblieben. Eines davon steht im National Naval Aviation Museum in Pensacola, USA.

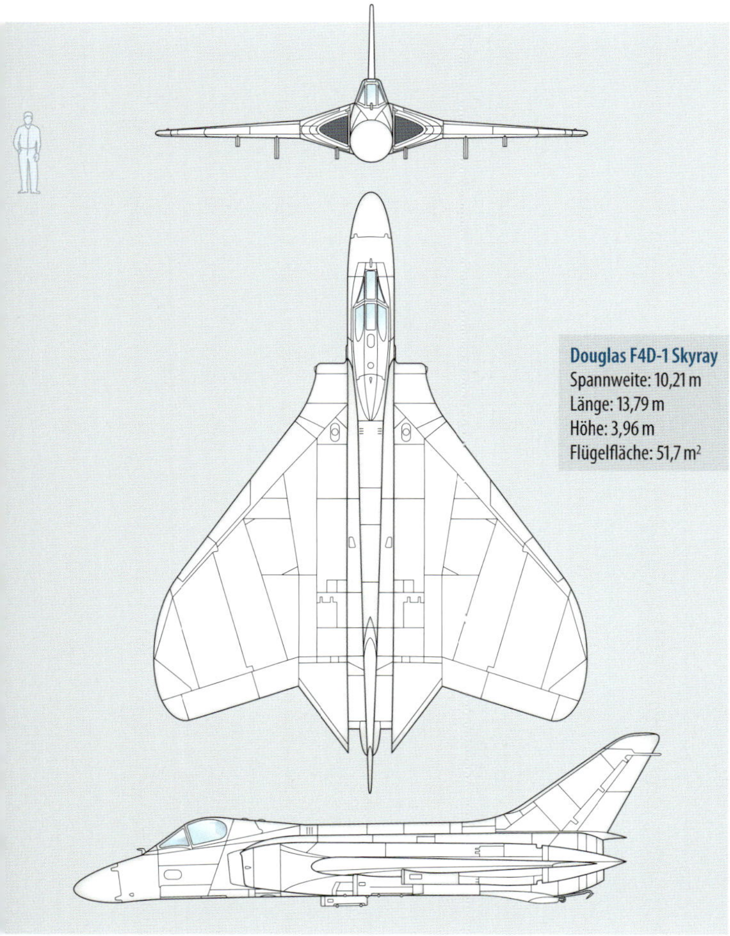

Besatzung: 1
Triebwerk: Ein Strahltriebwerk Pratt & Whitney J57-P-8 mit 45 kN Schub und 71 kN mit Nachbrenner.
Leistungen: Höchstgeschwindigkeit 1161 km/h, Reisegeschwindigkeit 837 km/h, Dienstgipfelhöhe 16 750 m, Reichweite 1130 km, Überführungsreichweite 1930 km.
Gewichte: Leermasse 7268 kg, Abflugmasse 10 273 kg, maximale Abflugmasse 12 300 kg.
Bewaffnung: Vier Maschinenkanonen im Flügel, vier bis sechs Luft-Boden-Raketenbehälter, oder vier Luft-Luft-Raketen Sidewinder oder bis zu 907 kg Bomben an Außenstationen.

Douglas B-66 Destroyer

Ursprungsland
USA
Kategorie
Bomber, Aufklärer

Entwicklung: Offensichtlich hatte es die USAF versäumt, einen Nachfolger des Bombers A-26 (S. 163) in Auftrag zu geben. In Anbetracht des beginnenden Koreakriege war sie deshalb gezwungen, eine rasche Lösung zu finden. Gefordert waren Atomwaffen-, Tiefflug- und Allwetterfähigkeit, 1850 km Reichweite und Platz für eine umfangreiche Elektronik. Douglas nutzte die Gelegenheit, die in Entwicklung befindliche Navy-Version A-3 (S. 170) ins Spiel zu bringen und erhielt im Februar 1952 einen Auftrag über fünf „angepasste" Vorserienflugzeuge. Die USAF forderte jedoch unzählige Änderungen: neue Tragflächen und Triebwerke, andere elektrische und hydraulische Systeme, einen größeren Bombenschacht, neue Avionik und im Gegensatz zur A-3 Schleudersitze, die ein neues Cockpit bedingten. Dazu kam ein neues Heck mit Waffenstand. Bis zum Prototyp wurde es ein deutlich teureres, neues Flugzeug. Erstflug war im Juni 1954. 1955 begann die Serienproduktion von 72 leichten Bombern B-66 B, parallel dazu wurden bis 1957 Aufklärer RB-66, davon 145 RB-66 B (Fotoaufklärer) und 36 RB-66 C (ELINT) gebaut, 36 Wettererkunder WB-66 D lieferte Douglas bis Anfang 1958. Der Aufklärer RB-66 C bedingte größere Umbauten. Neben zahlreichen Antennen und zwei Wingpods besaß das Flugzeug auch eine druckbelüftete Kabine im Bombenschacht, in dem vier Elektronikspezialisten arbeiteten. Eine unbekannte Zahl Bomber wurde während des Vietnamkriegs noch zu ECM-Maschinen umgebaut.

Bei Douglas rollten insgesamt 294 Destroyer aller Versionen aus den Hallen.

Bemerkungen: Die USAF stieg bei der B-66 sofort mit einer Vorserie ein und ging von wenigen Änderungen an der Navy-Version A-3 aus, was sich als Irrtum herausstellte. Wegen enormer Kostensteigerungen baute man deshalb anstatt 363 nur 294 B-66. Erste Aufklärer RB-66 wurden 1956 in Dienst gestellt. Eingesetzt wurden sie 1962 während der Kuba-Krise, aber auch von Japan aus entlang der russischen Grenzen. RB-66 waren auch in der BRD stationiert, wobei 1964 eine an der Grenze zur DDR von russischen MiGs abgeschossen wurde. Ab 1965 waren RB-66 im Vietnamkrieg vor allem auf Missionen um das gegnerische Radar zu stören, im Einsatz, zum Teil auch als Eskorte angreifender Bomber. Bemängelt wurden dort die zu schwachen J71, die an heißen Tagen einen Start unmöglich machten. Trotzdem kann man die Destroyer, weniger als Bomber, eher als wichtigen Baustein in der Geschichte der elektronischen Kriegsführung während des Kalten Krieges bezeichnen. Während die Bomber schon 1961 durch F-105 ersetzt wurden, musterte man die letzten Aufklärer erst im März 1974 aus.

Es sind einige RB-66 erhalten geblieben, eine im National Museum of the USAF, Dayton, USA.

Besatzung: (B) 3
Triebwerke: (B) Zwei Axialstrahltriebwerke Allison J71-A-13 mit je 45,4 kN Schub.
Leistungen: (B) Höchstgeschwindigkeit 1015 km/h, Reisegeschwindigkeit 850 km/h, Dienstgipfelhöhe 12 000 m, Reichweite 1500 km, Überführungsreichweite 4500 km.
Gewichte: (B) Leermasse 19317 kg, Abflugmasse 26 213 kg, maximale Abflugmasse 37 641 kg.
Bewaffnung: (B) Zwei Maschinenkanonen im Heck, bis zu 6800 kg konventionelle Bomben oder eine nukleare Bombe.

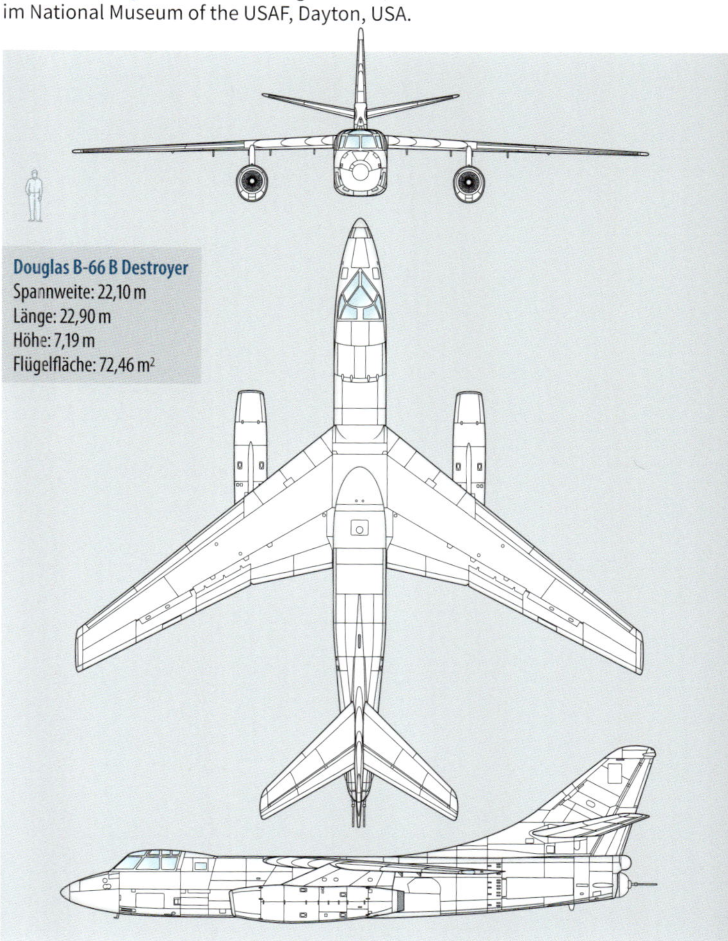

Douglas B-66 B Destroyer
Spannweite: 22,10 m
Länge: 22,90 m
Höhe: 7,19 m
Flügelfläche: 72,46 m^2

Douglas A-4 Skyhawk

Ursprungsland
USA
Kategorie
Kampfflugzeug

Entwicklung: Anfang der 1950er-Jahre reagierte Douglas auf eine Navy-Forderung, als Ersatz für die Skyraider (S. 164) mit der Konstruktion der A-4. Im Juni 1952 wurden Prototypen beauftragt, im Juni 1954 hob der erste ab. Im Gegensatz zu immer schwerer werdenden Flugzeugen setzte Douglas auf einen kleinen, leichten und kostengünstigen Tiefdecker, der einfach gebaut, nur halb so viel wog, als die Navy vorgab. Mit kurzen Deltaflügeln passte die trägergestützte A-4 ohne Klappflügel in Decksaufzüge, auf ein Bugradar wurde ganz verzichtet. Bereits im August folgten Vorserienflugzeuge YA4D-1 und im Oktober 1956 wurden die ersten von 165 A4D-1 (A-4 A) ausgeliefert. Schon vorher im März 1956 flog die erste A4D-2 (A-4B, 542 St.) mit verstärktem Heck, einem leistungsfähigeren Triebwerk, neuer Avionik und einer Luftbetankungssonde. Sie konnte auch mit Tank-Schlauchbehältern andere Skyhawks betanken. Die größte Stückzahl (638 St.) erreichte die bedingt allwettertaugliche A4D-2N (A-4 C, Bild) nun mit Bugradar, Autopilot und neuem Schleudersitz. Ab der A4D-5 (A-4 E, 499 St.) wurden Pratt & Whitney J52 mit 37 kN Schub eingebaut, die Zelle verstärkt, Avionik verbessert und zusätzlich Hardpoints angebracht, von denen später viele auf das noch stärkere J52 mit 41 kN umgerüstet wurden. Es folgten zahlreiche kleinere Serien, darunter Doppelsitzer als Trainer und spezielle Exportversionen. Zahleiche Exemplare wurden auf höhere Versionen umgebaut oder je nach Einsatzzweck neu ausgestattet. Ab 1962 wurden alle A4D-1 in A-4 A usw. umbenannt.

Von 1954 – 1979 wurden 2960 A-4 ausgeliefert.

Bemerkungen: Mit der A-4 schuf Douglas ein leistungsstarkes, robustes Kampfflugzeug das über 25 Jahre produziert und, zum Teil als neue, ausgemusterte oder überholte in über zehn Länder exportiert wurde. Die A-4 bot genug Potenzial, um sie mit Modernisierungen und Überholungen über Jahrzehnte einsatzbereit zu halten. Als Erdkampfflugzeug spielte die A-4 entscheidende Rollen im Vietnamkrieg 1964 – 1975, bei dem sie überwiegend als Erdkämpfer eingesetzt wurden, wobei 362 verloren gingen. Israel setzte seine 263 im Jom-Kippur-Krieg 1973 und im Libanon-Krieg 1982 mit großem Erfolg ein und stellte sie Ende 2008 außer Dienst, einige wenige erst 2015. Argentinien flog Skyhawks gegen Großbritannien im Falklandkrieg 1982, bei dem 22 verloren gingen, die übrigen aber modernisiert wurden. 2022 flog das Land immer noch 27 A-4.

Unzählige A-4 stehen in Museen der Betreiberländer. Einige werden noch zu Trainigszwecken und Zieldarstellung flugfähig gehalten.

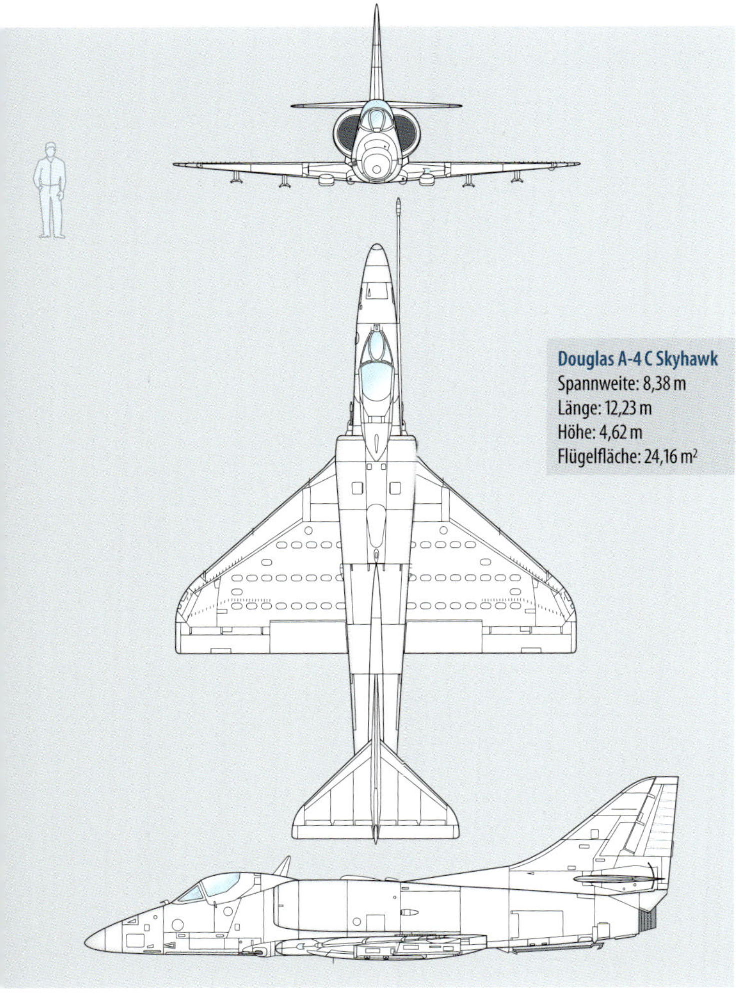

Douglas A-4 C Skyhawk
Spannweite: 8,38 m
Länge: 12,23 m
Höhe: 4,62 m
Flügelfläche: 24,16 m²

Besatzung: 1
Triebwerk: (A-4 C) Ein Strahltriebwerk Wright J65-W-20 mit 36,5 kN Schub.
Leistungen: (A-4 C) Höchstgeschwindigkeit 1050 km/h, Reisegeschwindigkeit 750 km/h, Dienstgipfelhöhe 13 400 m, Reichweite ohne Droptanks 1610 km
Gewichte: (A-4 C) Leermasse 4470 kg, Abflugmasse 7355 kg, maximale Abflugmasse 11 113 kg
Bewaffnung: (A-4 C) Zwei Maschinenkanonen in den Flügelwurzeln und bis zu 2630 kg Bomben an Außenstationen.

Fairchild C-82 Packet

Ursprungsland
USA
Kategorie
Transporter

Entwicklung: Die Entwicklung des Frachters C-82 begann 1941. Wegen der befürchteten Materialknappheit während des Kriegs sollte er aus nicht kriegswichtigen Materialien gefertigt werden. Eine Forderung, die Anfang 1943 aber wieder aufgegeben wurde und es entstand der in Ganzmetallbauweise konstruierte Prototyp XC-82, der im September 1944 erstmals flog. Mit Bugfahrwerk und doppelten Leitwerksträgern konnte, im Gegensatz zu den Vorkriegskonstruktionen C-46 Commando und C-47 Skytrain, der große Frachtraum über Clamshell-Türen und einer Heckrampe beladen werden, auch direkt von einer LKW-Ladefläche. Das Cockpit für Pilot, Copilot und Flugingenieur lag über dem Frachtraum. Außer 78 Soldaten oder 41 ausgerüsteten Fallschirmspringern oder 34 Tragbahren plus Personal konnte eine C-82 auch Fahrzeuge und großdimensionierte Fracht bis zu 5,67 t transportieren. 1948 wurde eine C-82 versuchsweise mit einem Kettenfahrwerk ausgerüstet, das Starts und Landungen von unvorbereiteten Bahnen ermöglichen sollte. Als direkte Weiterentwicklung gilt die wesentlich leistungsfähigere C-119 (S. 176), von der über 1180 hergestellt wurden.

Die Auslieferungen bei Fairchild begannen im Juni 1945 und endeten schon 1948 nach nur 223 ausgelieferten C-82 A.

Bemerkungen: Für ihre Zeit war der Hochdecker eine fortschrittliche Konstruktion mit seinem Zentralrumpf und den beiden hohen Leitwerksauslegern, wie Anfang der 1940er-Jahre auch bei der deutschen Gotha 244, aber auch bei späteren Konstruktionen, wie der nachfolgenden C-119 und der französischen Nord Noratlas (S. 24). Neben wesentlichen Vorteilen beim Be- und Entladen, war es nun auch möglich, im Flug größere Lasten problemlos über das Heck per Fallschirm abzusetzen. Während ihres Betriebes flogen die USAAF und USAF die Packet als Frachtflugzeug, Truppentransporter, Fallschirmabsetzer und Verwundetentransporter. Angeblich einige auch zum Schleppen von Lastenseglern. Sie unterstanden dem Tactical Air Command und dem Military Air Transport Service (MATS) und nahmen neben Hilfsaktionen in den USA auch an der Berliner Luftbrücke von Juni 1948 bis Mai 1949 teil. Ihre kurze Betriebszeit haben sie allerdings ihrer Untermotorisierung zu verdanken und der für die ausgewiesenen Lasten zu schwachen Zelle. Bereits 1954 wurden erste Packets ausgemustert und eine unbekannte Zahl ging an militärische Betreiber in Brasilien und Honduras. Etliche aber auch an Gesellschaften in Südamerika und USA, wo sie angeblich bis in Ende der 1980er-Jahre als robuste Frachter unterwegs waren. Richtig berühmt wurde die Packet allerdings 1965 durch den Abenteuerfilm „Der Flug des Phönix“.

Einige C-82 findet man in Museen in Brasilien und USA, Eine aber auch im Brussels Air Museum, Brüssel, Belgien.

Besatzung: 3
Triebwerke: Zwei luftgekühlte 18-Zylinder-Doppelsternmotoren Pratt & Whitney R-2800-85 mit je 1545 kW (2100 PS).
Leistungen: Höchstgeschwindigkeit 399 km/h in 5300 m, Reisegeschwindigkeit 351 km/h, Dienstgipfelhöhe 6500 m, Reichweite maximal 6245 km.
Gewichte: Leermasse 14 742 kg, Abflugmasse 22 680 kg, maximale Abflugmasse 24 494 kg.

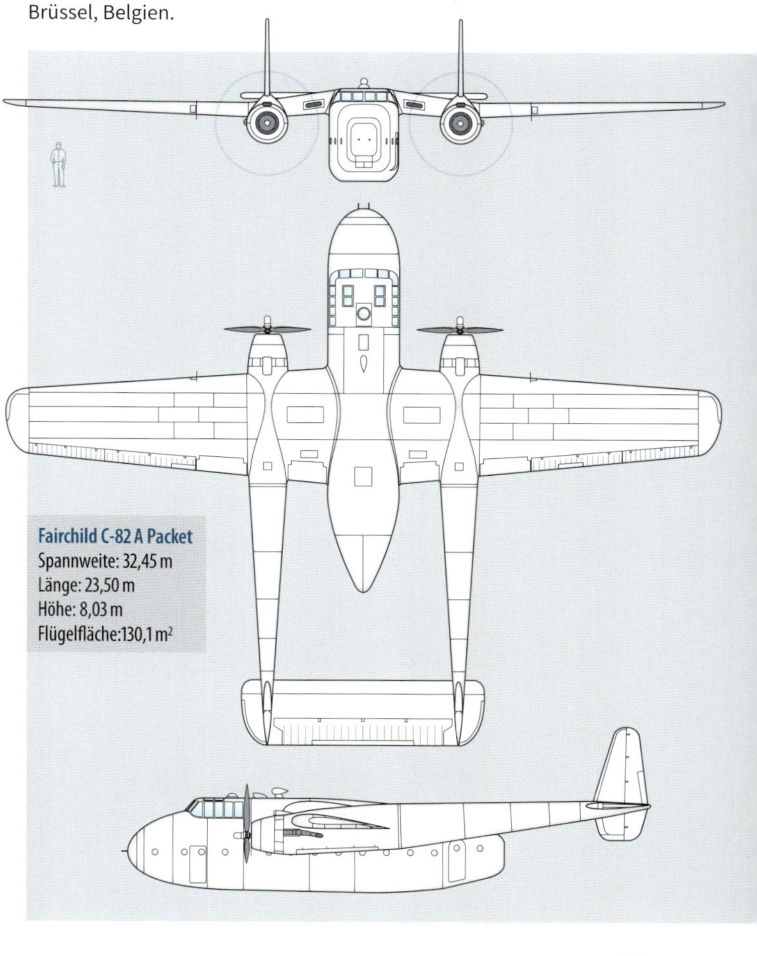

Fairchild C-82 A Packet
Spannweite: 32,45 m
Länge: 23,50 m
Höhe: 8,03 m
Flügelfläche: 130,1 m²

Fairchild C-119 Flying Boxcar

Ursprungsland
USA
Kategorie
Transportflugzeug

Entwicklung: Die C-119 war eine Weiterentwicklung der C-82 (S. 175). Die Zelle wurde verstärkt, das Cockpit vor den größeren Frachtraum gelegt, die beiden Motoren waren deutlich leistungsfähiger. So konnte eine C-119 bis zu 62 voll ausgerüstete Soldaten oder maximal 13,5 t Fracht laden. Die erste XC-82 B flog im November 1947 und die Auslieferung von 55 C-119 B begann im Dezember 1949, die noch von einem Wright R-3350 mit 3500 PS motorisiert waren. wie auch die C-119 C, die mit verlängerten Seitenrudern 303 mal vom Band lief. Wegen Lieferproblemen bei Wright stellte man ab der F (256 St.) auf den gleichstarken P & W Wasp Major um. Identisch mit der F, aber mit anderen Propellern wurden 480 C-119 G (Bild oben) ausgeliefert, davon 26 als schwer bewaffnete Gunships AC-119 G Shadow. Auch Kanada erhielt 35 C-119 G. Zur C-119 J wurden 62 F und G mit einem modifizierten Heck umgebaut. Einzelstücke blieben die XC-120 (Bild unten) und die EC-119 J, die im Flug Drohnen, Wetterballon-Instrumente und Satelliten aufnehmen konnte.

Insgesamt lieferte Fairchild 1112 Boxcars aus, und Kaiser-Frazer 71 im Unterauftrag.

Bemerkungen: Die C-119 war mit ihren Clamshelltoren ideal als Truppen-, Nachschub- und Verwundetentransporter, Fallschirmabsetzer und für Spezialeinsätze und wurde ab 1950 während des gesamten Koreakriegs eingesetzt. Auch im französischen Indochina-Konflikt heimlich vom CIA und während des Vietnamkrieges intensiv von der USAF. Nach der Außerdienststellung übernahmen die US Marine Corps, Reserveeinheiten und National Guard zahlreiche C-119 bis sie 1974 endgültig ausgemustert wurden. Eine unbekannte Zahl ging im Rahmen von Militärhilfsprogrammen an andere Nationen, darunter Belgien, Brasilien, Italien,

Ein Unikat blieb die XC-120 mit abnehmbarem Rumpf für die USAF.

Indien, Südvietnam und Taiwan, das seine C-119 bis 1997 betrieb. Eine Reihe von Flugzeugen wurden zu Feuerlöschern und zivilen Frachtern umgebaut, die angeblich bis 1990 flogen. Eine US-Firma lieferte noch Jet-Pods mit 15 kN Schub, die auf den Rumpf montiert, bis zu 35 Tonnen Abfluggewicht erlaubten und von zivilen Betreibern und der indischen Luftwaffe erworben wurden.

Unzählige C-119 stehen in Museen, überwiegend in den USA. Eine präsentiert das Königliche Militärmuseum in Brüssel, Belgien.

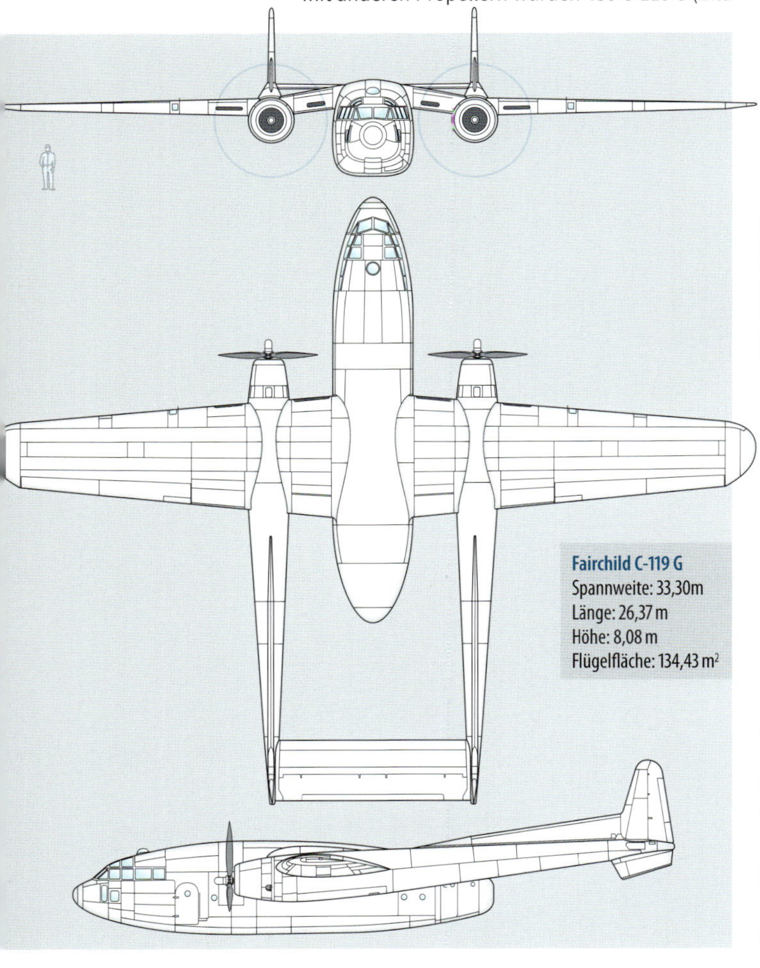

Fairchild C-119 G
Spannweite: 33,30 m
Länge: 26,37 m
Höhe: 8,08 m
Flügelfläche: 134,43 m²

Besatzung: (C) 5
Triebwerke: (C) Zwei luftgekühlte 28-Zylinder-Doppelsternmotoren Pratt & Whitney R-4360-20W Wasp Major mit je 2574 kW (3500 PS).
Leistungen: (C) Höchstgeschwindigkeit 452 km/h in 5500 m, Reisegeschwindigkeit 320 km/h, Dienstgipfelhöhe 7300 m, Reichweite 2850 km mit 2500 kg Zuladung.
Gewichte: (C) Leermasse 18 053 kg, Abflugmasse 29 030 kg, maximale Abflugmasse 33 566 kg.

Fairchild C-123 Provider

Ursprungsland
USA
Kategorie
Transportflugzeug

Entwicklung: Im August 1946 erhielt Chase Aircraft den Auftrag, einen Ganzmetall-Lastensegler zu entwickeln, der als XC-123 im April 1950 erstmals abhob. Das Lastenseglerprogramm wurde jedoch kurz darauf eingestellt. Neben dem zweiten Prototyp XC-123 A, der mit zwei Sternmotoren ausgerüstet worden war, installierte man in den ersten nun vier Strahltriebwerke, was allerdings wegen der damals geringen Triebwerksleistung keine Vorteile brachte. Um einen USAF-Auftrag ausführen zu können, verfügte Chase aber auch nicht über die notwendigen Kapazitäten. Chase fand einen Partner, dem jedoch nach zwei produzierten Zellen von der USAF wegen Vertragsbruch gekündigt wurde. Danach übernahm Fairchild die Produktion von 302 C-123 B (Zeichnung), die 1954 begann und 1958 endete. Der Kampfzonentransporter konnte 61 ausgerüstete Soldaten oder 50 Tragbahren oder entsprechende Last über eine Heckrampe laden und von unvorbereiteten Pisten aus operieren. Acht Provider wurden zur UC-123 B für die Coast Guard umgebaut und eine unbekannte Zahl in Sprühflugzeuge. Versuche, die Flugleistungen der C-123 zu steigern, führten zur YC-123 H mit zusätzlichen Strahltriebwerken, von der 10 als C-123 J in Dienst gingen. Weitere 183 C-123 B erhielten ebenso Strahltriebwerke (großes Bild) und wurden zur C-123 K, davon lieferte man 34 UC-123 K als Sprühflugzeuge aus.

Nur ein einziges Exemplar des Lastenseglers CG-20 wurde gebaut.

Insgesamt produzierte Fairchild 307 Provider.

Bemerkungen: Mit der C-123 erhielten die USAF ein äußerst robustes Flugzeug, das neben Transportaufgaben, auch von der Coast Guard mit Radar ausgestattet, auf SAR-Missionen eingesetzt wurde. Berühmt wurde die Provider im Vietnamkrieg durch Nachschub- und Verwundetentransporte, durch Spezialeinsätze bei verdeckten Operationen in Südostasien, durch illegale Transporte des CIA in Mittelamerika, aber vor allem wegen der Agent-Orange-Sprüheinsätze zur Entlaubung der vietnamesischen Wälder. Anfang der 1980er-Jahre wurde die C-123 außer Dienst gestellt und etliche an zivile Betreiber und an Streitkräfte befreundeter Staaten abgegeben.

Angeblich sind noch einige Provider im Dienst. Zahllose findet man in US-Museen, z. B. im Castle Air Museum, Atwater, oder im Pima Air & Space Museum, Tucson, USA.

Besatzung: 4
Triebwerke: (K) Zwei luftgekühlte 18-Zylinder-Doppelsternmotoren Pratt & Whitney R-2800-99W mit je 1838 kW (2500 PS) und zwei Strahltriebwerke General Electric J85-GE-17 mit je 12,7 kN Schub..
Leistungen: (K) Höchstgeschwindigkeit 367 km/h in 3000 m, Reisegeschwindigkeit 278 km/h, Dienstgipfelhöhe 8850 m, Reichweite mit maximaler Nutzlast 1650 km, Überführungsreichweite mit Zusatztanks 5280 km.
Gewichte: (K) Leermasse 16 042 kg, Abflugmasse 23 394 kg, maximale Abflugmasse 27 216 kg.

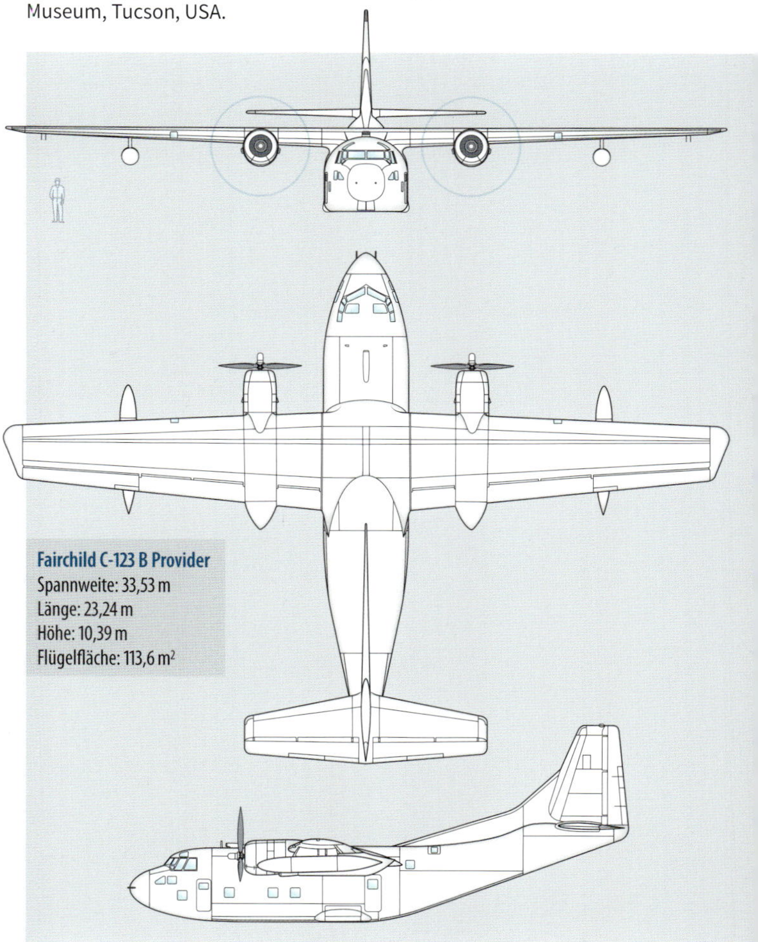

Fairchild C-123 B Provider
Spannweite: 33,53 m
Länge: 23,24 m
Höhe: 10,39 m
Flügelfläche: 113,6 m^2

Grumman F7F Tigercat

Ursprungsland
USA
Kategorie
Schweres Jagdflugzeug

Entwicklung: Schon 1938 begann Grumman zweimotorige Jagdflugzeuge zu entwickeln, jedoch ohne Erfolg. Erst als die US-Navy Ende 1940 größere Flugzeugträger und die Beschaffung zweimotoriger Trägerflugzeuge plante, bestellte sie im Juni 1941 auch zwei Prototypen der XF7F-1, deren Erstflug im November 1943 stattfand. Die Zweimot hatte ein Bugfahrwerk und Klapptragflächen. Ihre Leistungen waren zwar beeindruckend, Strukturschwächen und ein problematisches Flugverhalten bei einem Motorausfall, verzögerten jedoch die Auslieferungen. Der erste von 500 bestellten landbasierten Nachtjägern F7F-1 flog im April 1944, während parallel die Entwicklung des zweisitzigen Radar-Nachtjägers F7F-2 begann. Stärkere Motoren und größere Tanks zeichnete die einsitzige F7F-3 aus, von der auch zweisitzige Nachtjäger, Fotoaufklärer und eine Version für elektronische Aufklärung ausgeliefert wurden. Erst die letzte zweisitzige Version F7F-4N (Abb. unten) mit langer Radarnase, im November 1946 in Dienst gestellt, war auch für den Betrieb auf Flugzeugträger zugelassen. Es wurden aber bis Juni 1946 nur noch 12 Flugzeuge gebaut.

Mit Kriegsende 1945 strich die Navy auch die Bestellungen zusammen, so dass insgesamt nur 364 Tigercats aus den Werkhallen rollten.

Bemerkungen: Ein außergewöhnliches Flugzeug, schwer bewaffnet, robust und für eine Zweimot erstaunlich wendig und in Bodennähe schneller als die Hellcat. Zwei Tage vor Weltkriegsende trafen die ersten Tigercats in Okinawa ein, kamen aber nicht mehr zum Einsatz. Erst im Koreakrieg, in den frühen 1950er-Jahren, wurde sie intensiv bei Tag- und Nacht-Bodenangriffen geflogen, einige wenige bis in die 1980er-Jahre als zivil zugelassene Wasserbomber mit einem Tank unter dem Rumpf.

Es haben 12 F7F in den USA überlebt, davon acht flugfähige. Eine steht im National Museum of WW II Aviation in Colorado Springs/USA.

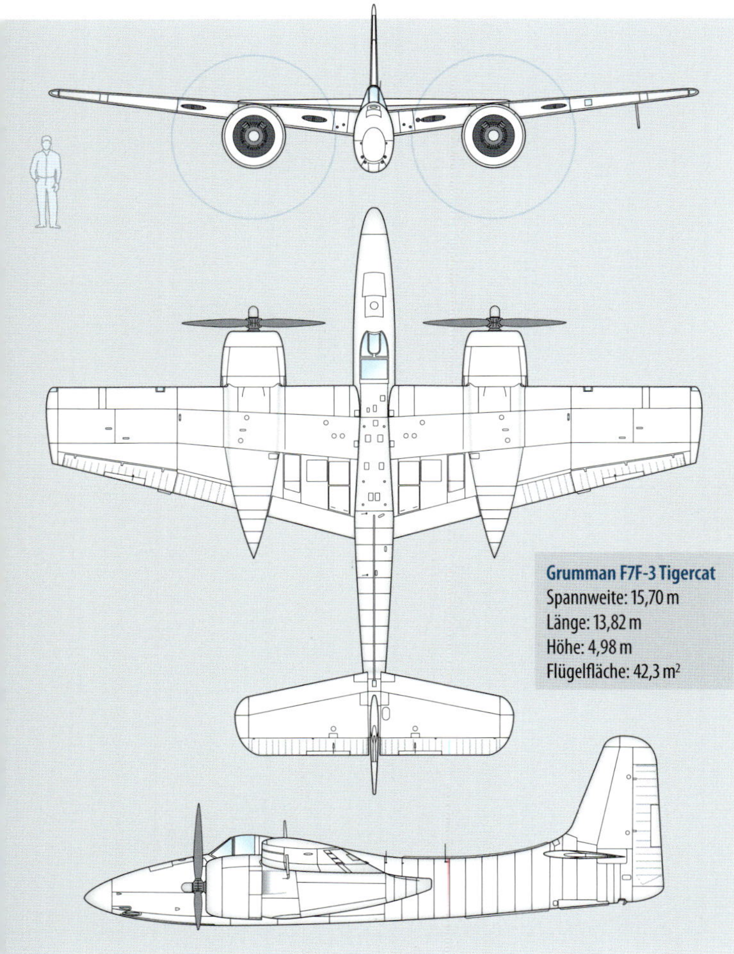

Grumman F7F-3 Tigercat
Spannweite: 15,70 m
Länge: 13,82 m
Höhe: 4,98 m
Flügelfläche: 42,3 m²

Nur zwölf Stück wurden vom zweisitzigen, mit Fanghaken für Flugzeugträger geeigneten Nachtjäger F7F-4N gebaut.

Besatzung: 1 – 2
Triebwerke: (F7F-3) Zwei luftgekühlte 18-Zylinder-Doppelsternmotoren Pratt & Whitney R2800-34 W Double Wasp mit je 1566 kW (2100 PS) Startleistung.
Leistungen: (F7F-3) Höchstgeschwindigkeit auf Meereshöhe 590 km/h, 700 km/h in 6750 m Höhe, Dienstgipfelhöhe 12 700 m, Reichweite 2220 km, maximal 2911 km.
Gewichte: (F7F-3) Leermasse 7380 kg, Abflugmasse 9852 kg, maximale Abflugmasse 11 666 kg.
Bewaffnung: (F7F-3) Je zwei Maschinenkanonen in den Flügelwurzeln und vier MGs im Bug. Und je nach Variante zwei 450 kg-Bomben oder 8 Raketen oder zwei Drop-Tanks oder ein Torpedo unter dem Rumpf.

Grumman F8F Bearcat

Ursprungsland
USA
Kategorie
Jagdflugzeug

Entwicklung: Die Entwicklung begann Mitte 1943 mit dem Projekt G 58. Im November folgte ein Auftrag über 2 Prototypen, die bereits im August 1944 flogen und mit ihrer leichten Bauweise und starken Motorisierung außergewöhnlich gute Leistungen zeigten. Das trägertaugliche, kompakte Ganzmetallflugzeug mit hochklappbaren Flügelenden war wendig, hoch belastbar und bedeutend schneller als die Hellcat. Die ersten von 896 F8F-1 (Bild oben) wurden im Februar 1945 ausgeliefert. Davon waren 18 F8F-1N mit einem Radarpod als Nachtjäger ausgestattet. Bei der F8F-2 (Abb. unten), von der man 365 Maschinen auslieferte, wurde 1947 ein stärkerer Double Wasp mit 2240 PS und ein

Mit einem Pratt & Whitney R-2800-30W Double Wasp erreichte die letzte Version der Bearcat, die F8F-2, fast 730 km/h.

vergrößertes Seitenruder eingeführt. Von dieser Variante stellte man auch noch 15 F8F-2N Radar-Nachtjäger und ca. 60 F8F-2P Fotoaufklärer her.

Insgesamt wurden bis Mai 1949 1266 Flugzeuge gebaut. Von ausgemusterten US-Bearcats erhielt Frankreich 215 und Thailand 169.

Bemerkungen: Mit der Bearcat wurde die Messlatte für Propellerflugzeuge noch einmal höher gelegt, bevor die ersten Jets das Aus der Props besiegelten. Wegen der erst zu Kriegsende beginnenden Produktion kam es zu keinem Kriegseinsatz mehr. Frankreich nutzte die F8F jedoch im Indochina-Krieg (1946 – 1954). Von der US Navy wurde sie zwar im Koreakrieg (1950 – 1953) eingesetzt, allerdings waren jetzt schon Jets der Bearcat überlegen. Lediglich als Aufklärer und Nachtjäger war sie noch erfolgreich. Noch einmal ihr Potenzial konnte eine stark modifizierte Bearcat in den berühmten US-Luftrennen bis 2015 zeigen, wo sie einige erste Plätze abräumte. Bis 2017 hielt „Rare Bear" neben einem Steigzeitweltrekord auch den Weltrekord für kolbengetriebene Propellerflugzeuge mit 850,26 km/h.

Neben den vielen Museumsexponaten sind noch rund 15 Bearcats flugfähig, davon eine bei der Fighter Collection in Duxford, Großbritannien.

Besatzung: 1
Triebwerk: (F8F-1) Ein luftgekühlter 18-Zylinder-Doppelsternmotor Pratt & Whitney R-2800-34W Double Wasp mit 1566 kW (2100 PS).
Leistungen: (F8F-1) 682 km/h in 5275 m Höhe, Steigzeit auf 6100 m 6 min 6 sec, Dienstgipfelhöhe 10 270 m, Reichweite 1535 km, Überführungsreichweite 2335 km.
Gewichte:: (F8F-1) Leermasse 3987 kg, maximale Abflugmasse 4326 kg.
Bewaffnung: (F8F-1) Je nach Variante zwei bis vier MGs oder MKs, zwei 500 kg-Bomben oder ungelenkte Raketen oder Zusatztanks.

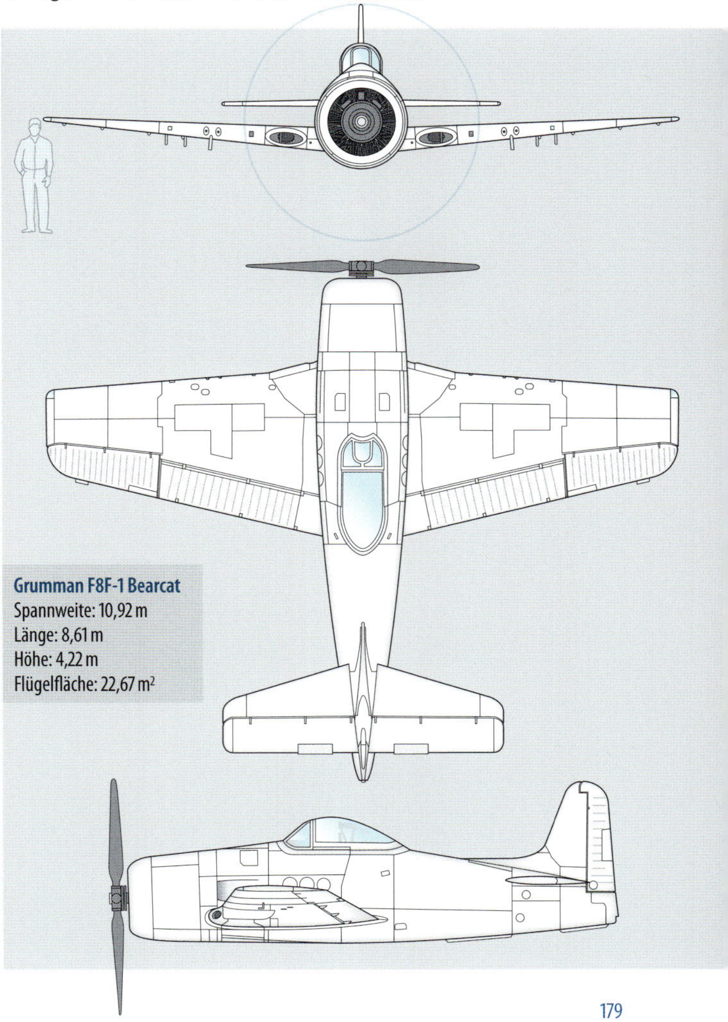

Grumman F8F-1 Bearcat
Spannweite: 10,92 m
Länge: 8,61 m
Höhe: 4,22 m
Flügelfläche: 22,67 m²

Grumman AF-2 Guardian

Ursprungsland
USA
Kategorie
U-Boot-Jagdflugzeug

Entwicklung: Bereits 1943 begann die Navy darüber nachzudenken, wie man die Grumman TBF Avenger ersetzen konnte. Grumman schlug eine zweimotorige Version vor, die aber zu schwer und für Flugzeugträger ungeeignet war. Daraufhin präsentierte Grumman die G-70, von der im Februar 1945 drei unterschiedliche Prototypen bestellt wurden. Angetrieben wurden zwei Prototypen mit einem P&W-Doppelsternmotor R-2800 und einem zusätzlichen Strahltriebwerk von Westinghouse, das sich jedoch nicht bewährte. Erstflug war im Dezember 1945. Kurz darauf stornierte die US-Navy aber das Programm, weil angeblich keine Torpedobomber mehr benötigt wurden. Zwei Jahre später reaktivierte sie die Entwicklung wieder, um für die U-Boot-Abwehr sogenannte „Hunter-Killer-Teams" aufzustellen, die aus einem Suchflugzeug und einem Zerstörerflugzeug bestanden. Dazu wurde der dritte Prototyp, der ohne Strahltriebwerk genug Platz für Elektronik hatte, genutzt. Erstflug war im November 1948.

Zu Beginn wurden von dem trägergestützten Ganzmetall-Mitteldecker mit anklappbaren Tragflächen zwei Versionen aufgelegt. Die AF-2S (Bild hinten), von der Grumman 193 auslieferte, als „Killer" mit wahlweise Raketen und/oder Wasserbomben, einem kleinen Radarbehälter und Scheinwerfer unter den Flügeln. Zusätzlich konnten Sonarbojen mitgeführt werden. Bei der dreisitzigen, unbewaffneten Version AF-2W „Hunter" (153 Stück) wurde ein voluminöser Radarbehälter unter dem Rumpf (im Bild vorne) installiert. Mit einem zusätzlichen, nach hinten ausfahrenden U-Boot-Magnet-Detektor stattete man die 40 produzierten AF-3S (Illustration) aus.

Grumman lieferte bis März 1953 inklusive der Prototypen 389 Guardians aus.

Bemerkungen: Die US-Navy stellte ihre beiden AF-2-Versionen ab Oktober 1950 in Dienst und setzte sie von März 1951 bis Mai 1953 auch im Koreakrieg ein. Offensichtlich waren sie wegen ihren ungenügenden Leistungen und der wenig komfortablen Steuerung bei ihren Besatzungen nicht sehr beliebt. Die Navy nahm das Flugzeug schon nach einer kurzen Einsatzdauer ab 1955 außer Betrieb, da sie durch die wesentlich leistungsfähigere S2F Tracker (S. 181) abgelöst wurde, die die Aufgaben beider Flugzeuge alleine erfüllen konnte. Bis 1957 standen die Guardians noch bei Reserveeinheiten im Dienst, wurden dann aber endgültig ausgemustert. Ein paar Exemplare setzten private Firmen noch bis 1978 bei der Waldbrandbekämpfung ein.

Angeblich sind drei AF-3S erhalten geblieben. Eine davon steht im Pima Air and Space Museum, Tucson, USA.

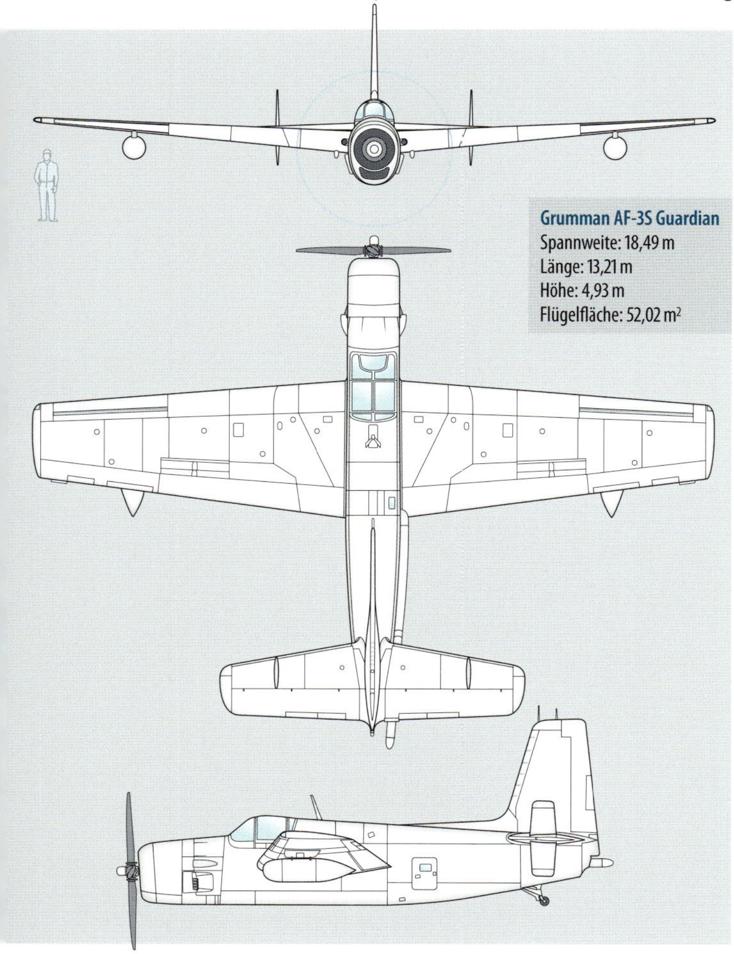

Grumman AF-3S Guardian
Spannweite: 18,49 m
Länge: 13,21 m
Höhe: 4,93 m
Flügelfläche: 52,02 m²

Besatzung: 2 – 3
Triebwerk: Ein luftgekühlter 18-Zylinder-Doppelsternmotor Pratt & Whitney R-2800-48W mit 1780 kW (2420 PS).
Leistungen: Höchstgeschwindigkeit 510 km/h in 4900 m, Reisegeschwindigkeit 267 km/h, Dienstgipfelhöhe 9900 m, Reichweite 1480 km, maximale Reichweite 2400 km.
Gewichte: Leermasse 6613 kg, Abflugmasse 9205 kg, maximale Abflugmasse 11 567 kg.
Bewaffnung: Insgesamt bis zu 1814 kg Waffenzuladung. Ein Torpedo oder mehrere Wasserbomben im Waffenschacht. An sechs Außenstationen Bomben oder Raketen.

Grumman S2F Tracker

Ursprungsland
USA
Kategorie
U-Boot-Jagdflugzeug

Entwicklung: Mit einer Tracker konnte die Navy endlich die während und nach dem Zweiten Weltkrieg aus zwei Flugzeugen bestehenden U-Boot-Hunter-Killer-Teams, wie z. B. die AF-2 Guardian (S. 180) ablösen. Zusammen mit zwei Prototypen XS2F-1 bestellte die Navy im Juni 1950 gleich 15 S2F-1 Serienflugzeuge. Die erste Tracker flog im Dezember 1952. Der trägertaugliche Hochdecker mit faltbaren Tragflächen hatte einen großen Waffenschacht, in den Motorgondeln waren Sonarbojen deponiert, ein ausfahrbares Radar unter dem Rumpf, einen einziehbaren Magnetdetektor am Heck und einen Suchscheinwerfer an der Tragfläche. Schon von der ersten Serienversion S2F-1, die ab Februar 1954 in Dienst gestellt wurde, baute Grumman 740 Stück, von der es wiederum zahlreiche Untervarianten und Umbauten gab. Auch von der S2F-2 (77 St.) mit geändertem Bombenschacht und Leitwerk. Mit der S2F-3 (252 St.) führte Grumman einen längeren Vorderrumpf ein, vergrößerte Leitwerk und Tanks und die Motorgondeln konnten jetzt 32 Sonarbojen fassen. Von fast allen Versionen gab es Patrouillen- und Trainingsflugzeuge, Zielschlepper, Aufklärer, unbewaffnete Mehrzweckflugzeuge, auch Transporter C-1 Trader, die zwischen Träger und Festland operierten. De Havilland Canada baute ca. 100 als CS2F-1, 2 und 3. Zahlreiche Flugzeuge gingen mit unterschiedlichen Ausrüstungen in den Export. Mit der Änderung des Bezeichnungssystems 1962 benannte die Navy alle Tracker um. Z. B. wurde aus der S2F-1 die S-2 A.

Bei Grumman verließen insgesamt 1284 Tracker die Werkhallen.

Bemerkungen: Die Navy erhielt mit der Tracker ihr erstes Flugzeug, das alle Aufgaben der U-Boot-Bekämpfung übernehmen konnte. In der für den Trägerbetrieb relativ großen Zweimot war neben der mehrköpfigen Crew und der Bewaffnung, Platz für eine umfangreiche elektronische Ausrüstung. Die letzten S-2-Varianten wurden bis Mitte der 1970er-Jahre weltweit von US-Trägern aus eingesetzt und schließlich von der zweistrahligen Lockheed S-3 Viking abgelöst. Exportiert wurde der U-Boot-Jäger in mehr als 15 Staaten, darunter Australien, Brasilien, Türkei, Taiwan und die Niederlande. Viele Tracker wurden modernisiert, teilweise grundüberholt und konnten deshalb oft lange Zeit im Dienst bleiben. Noch 1990 wurden Maschinen auf Propellerturbinen umgerüstet und von Argentinien und Taiwan eingesetzt. Etliche Flugzeuge baute man nach der Ausmusterung zum Feuerlöscher um, oft mit Propellerturbinen, die z. B. in Frankreich bis 2020 flogen.

Zahlreiche S2F sind in Museen der Betreiberländer zu finden. Eine z. B. steht im Nationalen Militärmuseum in Soest, Niederlande.

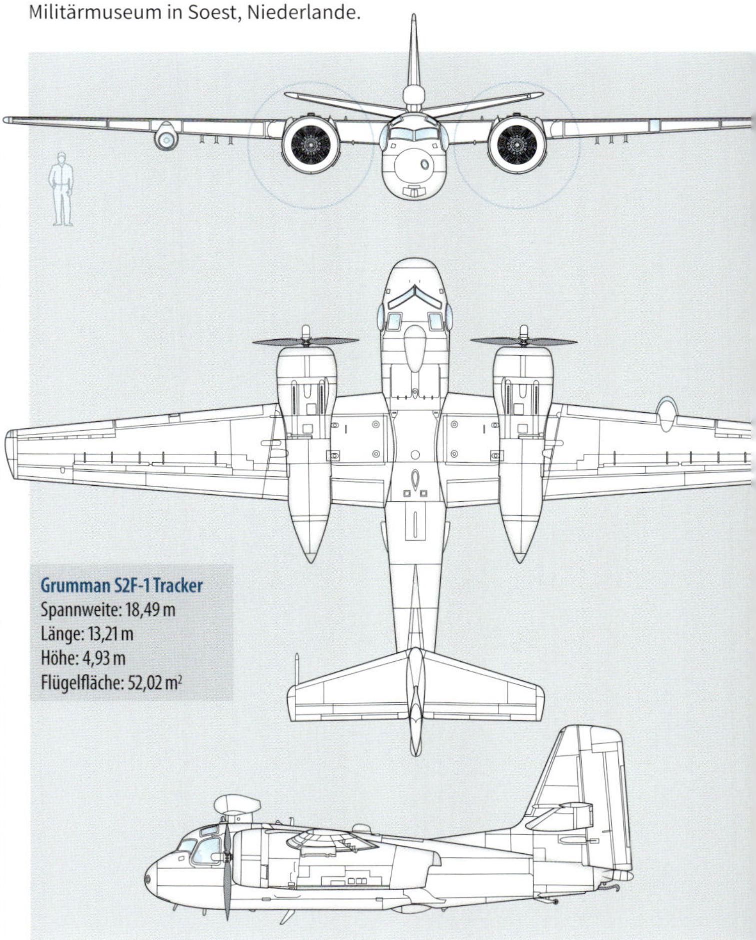

Grumman S2F-1 Tracker
Spannweite: 18,49 m
Länge: 13,21 m
Höhe: 4,93 m
Flügelfläche: 52,02 m²

Besatzung: (S2F) 4
Triebwerk: (S2F) Zwei luftgekühlte 9-Zylinder-Sternmotoren Wright R-1820-82WA mit 1122 kW (1525 PS).
Leistungen: (S2F) Höchstgeschwindigkeit 450 km/h, Reisegeschwindigkeit 240 km/h, Dienstgipfelhöhe 6700 m, Reichweite 2170 km.
Gewichte: (S2F) Leermasse 8308 kg, Abflugmasse 10 630 kg, maximale Abflugmasse 11 860 kg.
Bewaffnung: (S2F) Insgesamt bis zu 2200 kg Waffenzuladung. Torpedos oder Wasserbomben im Waffenschacht und an Flügelstationen.

Grumman F9F Panther

Ursprungsland
USA
Kategorie
Jagdbomber

Entwicklung: Im April 1946 erhielt Grumman einen Entwicklungsauftrag für drei Prototypen XF9F-1, die als Sicherheit dienen sollte, falls die Douglas Skyknight (S. 167) nicht realisiert werden konnte. Ein von Pratt & Whitney lizenziertes Rolls-Royce Nene sollte den Jet antreiben. Der erste Prototyp flog im November 1947 und nach wenigen Änderungen, unter anderem erhielten die faltbaren Tragflächen Tiptanks, begannen im Oktober 1948 die Tests auf Flugzeugträgern. Die erste Großserie F9F-2, die auch mit der Lizenzversion des RR Nene, Pratt & Whitney J-42 motorisiert war, wurde 621 mal gebaut, davon wurden 54 zum unbewaffneten Aufklärer F9F-2P umgebaut. Alle 54 F9F-3 erhielten nun ein Allison J33-A-8-Triebwerk, man rüstete sie aber wegen dessen Unzuverlässigkeit wieder auf das J42 zurück. Mit längerem Rumpf baute Grumman 109 F9F-4, wieder mit Allison J33, das später auch gegen das J42 getauscht werden musste. Bei diesem Typ nutzte man erstmals in einem Serienflugzeug Triebwerks-Zapfluft, die über die Schlitzklappen geblasen wurde, um die Langsamflugeigenschaften bei Start und Landung zu verbessern. Ab 1962 änderte die Navy ihre Bezeichnungen. Aus der F9F-4 wurde jetzt die F-9C. Eine weitere Großserie mit 616 F9F-5 (F-9D) erhielt das leistungsstärkere J-48 von Pratt & Whitney. 36 Flugzeuge wurden vom unbewaffneten Foto-Aufklärer F9F-5P (RF-9D) ausgeliefert. Nach der Ausmusterung baute Grumman zahlreiche Flugzeuge noch zu unbemannten Zieldrohnen um.

Grumman lieferte von 1949 bis 1952 insgesamt 1382 Panther aus.

Bemerkungen: Während des Koreakrieges war die Panther das wichtigste trägergestützte Jagd- und Erdkampfflugzeug der US Navy und des Marine Corps, mit der rund 78 000 Einsätze geflogen wurden. Obwohl die MiG-15 deutlich leistungsfähiger war, wurde der angeblich erste MiG-15-Abschuss und einige weitere der Panther zugeschrieben. Um 1956 zog man sie aus den ersten Linien zurück und ersetzte sie durch die Cougar. Abgeschoben zu Ausbildungseinheiten, der US Naval Air Reserve und Marine Air Reserve, flogen sie bis 1958. Es war von 1950 bis 1954 auch der erste Jet der Kunstflugstaffel Blue Angels. Außer den USA nutzte nur noch Argentinien Panther, das 1957 28 gebrauchte F9F-2 erwarb, die im Dezember 1958 in Dienst gingen. Sie wurden während der Aufstände 1953 und des Grenzkonfliktes mit Chile 1965 eingesetzt, aber 1969 mangels Ersatzteilen und dem Kauf von A-4 Skyhawks ausgemustert.

Angeblich gibt es noch eine flugfähige F9F-2B im Cavanaugh Flight Museum, Texas, ansonsten sind rund 20 Panther in Museen in den USA und Argentinien zu finden.

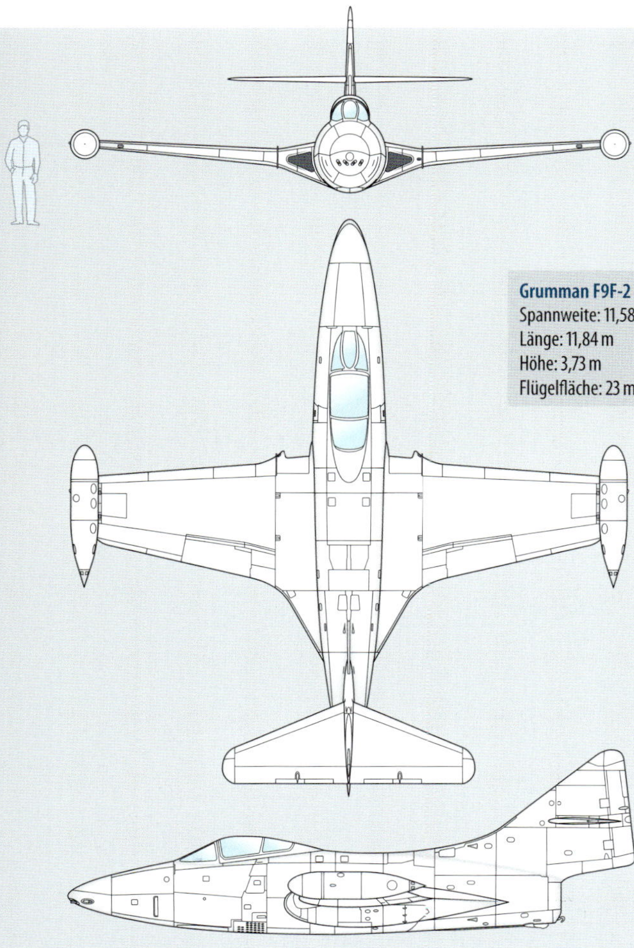

Grumman F9F-2 Panther
Spannweite: 11,58 m
Länge: 11,84 m
Höhe: 3,73 m
Flügelfläche: 23 m²

Besatzung: (F9F-5) 1
Triebwerke: (F9F-5) Ein Radialstrahltriebwerk Pratt & Whitney J48-P-6A mit 27,8 kN Schub.
Leistungen: (F9F-5) Höchstgeschwindigkeit 932 km/h in 1500 m, Reisegeschwindigkeit 774 km/h, Dienstgipfelhöhe 13 000 m, Reichweite 2100 km.
Gewichte: (F9F-5) Leermasse 4603 kg, Abflugmasse 8492 kg.
Bewaffnung: (F9F-5) Vier Maschinenkanonen im Bug, bis zu 1572 kg Bomben und/oder Raketen an vier Außenstationen.

Grumman F9F Cougar

Ursprungsland
USA
Kategorie
Kampfflugzeug

Entwicklung: Obwohl die US-Marine um 1950 ihre Aufgabe in der Bekämpfung gegnerischer Bomber bei allen Wetterbedingungen sah, forderte sie mit Auftauchen der MiG-15 ebenfalls ein trägerbasiertes, wendiges Flugzeug mit Pfeilflügeln. Grumman erhielt 1951 den Auftrag, schnell auf Basis der F9F Panther Prototypen zu entwickeln. Mit einem modernen, gepfeilten Flügel und Höhenleitwerk und einem leistungsstärkeren Triebwerk entstand die XF9F-6, die im September 1951 erstmals abhob. Sie erreichte im Gegensatz zur Panther über 1000 km/h und wurde anstatt mit Querrudern über Spoiler gesteuert. Die erste Serien-Cougar F9F-6 (F-9F) flog im September 1951. 646 Exemplare, fast alle mit Pratt & Whitney J42-Triebwerk, wurden bis Juli 1954 ausgeliefert. Mit der F9F-7 (F-9H, 168 St.) installierte man das Allison J33, das aber wegen seiner Unzuverlässigkeit gegen P & W J48 ausgetauscht wurde. Größere Änderungen gab es bei der F9F-8 (F-9J, 601 St.). Der Rumpf wurde verlängert, eine Betankungssonde eingebaut und die Tanks erweitert. Um die Steuerbarkeit bei niedrigen Geschwindigkeiten zu verbessern, erhielten die vergrößerten Flügel einen Sägezahn. Die Höchstgeschwindigkeit konnte nebenbei auf 1133 km/h gesteigert werden und im Stechflug ließ sich nun die Schallmauer durchbrechen. Spätere F9F-8 trugen Luft-Luft-Raketen an Außenstationen, einige wenige waren für freifallende Atombomben geeignet. Vom Aufklärer F9F-8P (RF-9J) mit langem Kamerabug wurden 110 ausgeliefert und 399 vom zweisitzigen Trainer F9F-8T (TF-9J). Mit der Umbenennung 1962 wurden alle Cougars F9F zur F-9.

Inklusive aller Varianten rollten bei Grumman 1988 Couger aus den Werkhallen.

Bemerkungen: Die leichte und wendige Cougar wurde Ende 1952 den Staffeln zugeführt, kam aber mit der anschließenden Stationierung auf Flugzeugträgern im August 1953 zu spät für den Koreakrieg. F9F-8 wurden bereits 1958 aus den ersten Linien zurückgezogen und durch F11 Tiger (S. 184) und F8U Crusader ersetzt, aber schließlich noch von den Reservegeschwadern der Marine bis Mitte der 1960er-Jahre geflogen. Nur die Doppelsitzer TF-9J wurden im Vietnamkrieg von 1966 bis 1968 als Luftleitstelle für Angriffe auf feindliche Positionen eingesetzt. Die letzten TF-9J flogen als Trainer bis 1974. Als einziger Exportkunde erwarb 1962 Argentiniens Marine zwei Trainer F9F-8T, die bis 1971 im Dienst waren.

Es sind über zwanzig Flugzeuge in US-Museen erhalten geblieben, eine F9F-8 steht im Yanks Air Museum, Chino USA, eine aber auch im Museo de la Aviacion Naval, Bahia Blanca, Argentinien.

Besatzung: (F9F-6) 1
Triebwerke: (F9F-6) Ein Radialstrahltriebwerk Pratt & Whitney J48-P-6A mit maximal 32,2 kN Schub.
Leistungen: (F9F-6) Höchstgeschwindigkeit 1053 km/h, Reisegeschwindigkeit 871 km/h, Steigzeit auf 6000 m 4 min, Dienstgipfelhöhe 13 600 m, Reichweite 470 km.
Gewichte: (F9F-6) Leermasse 5484 kg, Abflugmasse 7167 kg, maximales Abflugmasse 9525 kg.
Bewaffnung: (F9F-56) Vier Maschinenkanonen im Bug, sechs Raketen oder bis zu 1350 kg Bomben an Außenstationen.

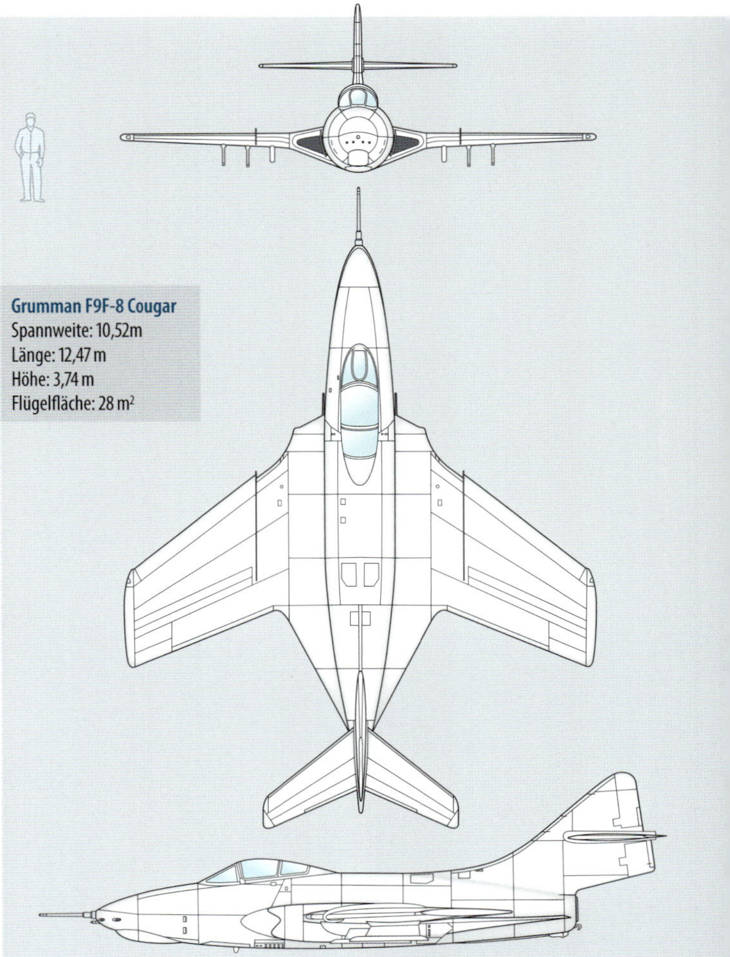

Grumman F9F-8 Cougar
Spannweite: 10,52 m
Länge: 12,47 m
Höhe: 3,74 m
Flügelfläche: 28 m²

Grumman F-11 Tiger

Ursprungsland
USA
Kategorie
Jagdflugzeug

Entwicklung: Um die Cougar (S. 183) weiterzuentwickeln begann Grumman 1952 in Eigeninitiative mit den Arbeiten am Projekt G-98, das zu einem bedeutend leistungsfähigeren, trägergestützten Jagdflugzeug führen sollte. Der Jet wurde komplett nach den Flächenregeln konstruiert, um mit einem leistungsstarken Wright J65 Überschallgeschwindigkeit erreichen zu können. Die Klapptragflächen erhielten ausfahrbare Vorflügel und Spoiler. Anfang 1953 beauftragte schließlich die Navy zwei Prototypen, von denen die XF9F-8 im Juli 1954 erstmals abhob. Allerdings überschritt erst der zweite Prototyp mit Nachbrenner die Schallmauer. Ab April 1955 erhielt der Jäger die Bezeichnung F-11 F-1, nach dem neuen Bezeichnungssystem ab 1962 F-11 A. Trägerversuche begannen im April 1956 und die Navy rüstete sieben Geschwader, die alle auf Flugzeugträgern stationiert waren, mit 199 F-11 A au. Allerdings wurden sie schon 1961 wieder aus den ersten Linien zurückgezogen. Neben den ungenügenden Flugleistungen waren es die weniger zuverlässigen Triebwerke und die geringe Reichweite, die dazu beitrugen, dass sie von der F-8 Crusader früh abgelöst wurde. Eine weitere Order über 85 Fotoaufklärer F-11 F1P wurde deshalb auch storniert, ebenso ein geplanter zweisitziger Trainer F-11 F-1 T. Noch nicht das Ende der F-11, flogen sie bis Ende der 1960er-Jahre als landgestützte Jettrainer für Fortgeschrittene und traten mit der Kunstflugstaffel Blue Angels von 1957 bis 1968 auf. Eine leistungsgesteigerte F-11 F-2 Super Tiger mit einem Wright J79, von der zwei Prototypen gebaut wurden, erreichte 1957 über Mach 2, fand aber trotz Verkaufskampagnen keine Käufer, weder im Ausland noch bei der Navy.

Grumman lieferte insgesamt lediglich 199 F-11 Tiger aus.

Bemerkungen: Neben einer relativ ereignislosen kurzen Karriere als trägergestütztes Jagdflugzeug, konnte die F-11 zwar einen Höhenweltrekord über 24 365 m nachweisen, hatte aber auch das Pech, sich als erstes US-Jagdflugzeug im September 1956 selbst abzuschießen, als es im Sturzflug durch die eigene Geschossgarbe flog. Mit Erscheinen der deutlich überlegenen Vought F-8 Crusader war aber klar, dass die F-11 zurückgezogen wird. Sie war auch nie in der Lage, bei Einsätzen anhaltend über Mach 1 zu fliegen, taugte aber offensichtlich gut in ihrer Ausbildungsrolle als Fortgeschrittenentrainer, der Piloten auf Überschalljäger vorbereiten sollte.

In nahezu allen Museenin den Vereinigten Staaten stehen F-11 Tiger, so z. B. im Planes of Fame Air Museum, Chino, USA.

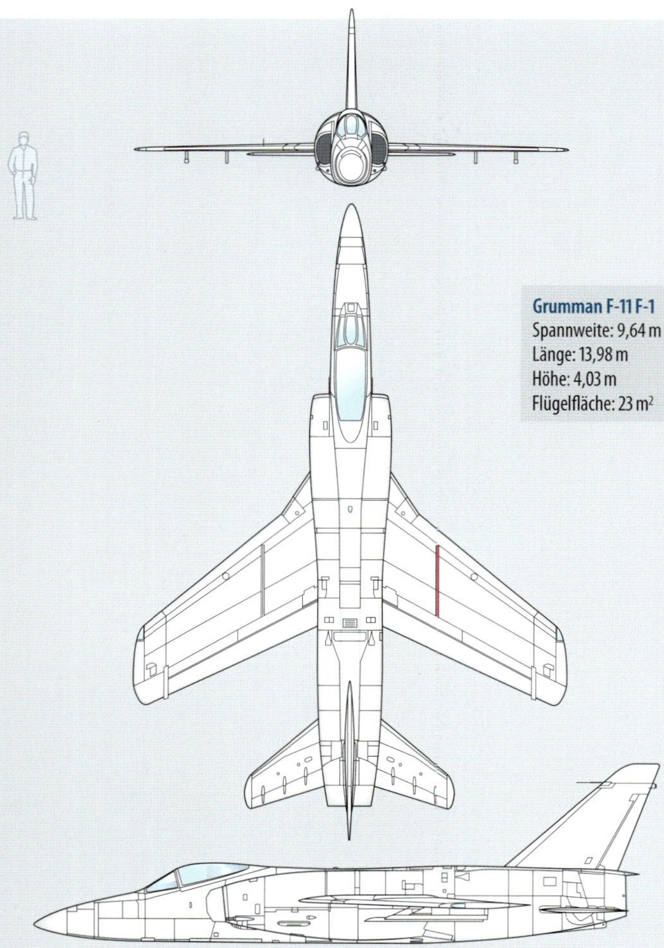

Grumman F-11 F-1
Spannweite: 9,64 m
Länge: 13,98 m
Höhe: 4,03 m
Flügelfläche: 23 m²

Besatzung: 1
Triebwerke: Ein Axialstrahltriebwerk Wright J65-W-18 mit 33,1 kN Schub, 47 kN mit Nachbrenner.
Leistungen: Höchstgeschwindigkeit 1170 km/h in 10 600 m, Reisegeschwindigkeit 928 km/h, Dienstgipfelhöhe 15 000 m, Reichweite 2060 km.
Gewichte: Leermasse 6264 kg, Abflugmasse 9541 kg, maximale Abflugmasse 10 641 kg.
Bewaffnung: Vier MGs an den Lufteinläufen, vier Luft-Luft-Raketen an vier Flügel-Hardpoints und/oder Droptanks.

Grumman HU-16 Albatross

Ursprungsland
USA
Kategorie
SAR-Amphibienflugzeug

Entwicklung: Grummann entwickelte die Albatross ab 1944 in Eigeninitiative, um die abgeflogenen, wesentlich kleineren Grummann Goose abzulösen. Im selben Jahr bestellte die US Navy zwei Prototypen XJR2F-1, deren Entwicklung jedoch mit Kriegsende 1945/46 verlangsamt wurde und erst im Oktober 1947 der Erstflug stattfand. Der Hochdecker, von dem alle mit Wright R-1820 motorisiert waren, erhielt ein einziehbares Landfahrwerk und für den Start bei schwerem Seegang Starthilfsraketen. Neben der 4–6-köpfigen Crew konnten bis zu 10 Personen oder 12 Tragbahren geladen werden. Zusatz- und Schwimmertanks erhöhten die Reichweite beträchtlich. Zwischenzeitlich wurden aber bei der Navy ASW-Einsätze von der Martin P5M (S. 198) übernommen, weshalb die Navy ihre 104 Amphibien ab Juli 1949 als Mehrzweckflugzeuge UF-1 (U = Utility) einsetzte. Mit größerem Flügel und höherem Seitenleitwerk wurden 17 UF-2 neu- und 51 UF-1 zur 2 umgebaut. Sie wurden ab 1962 als HU-16 B bezeichnet. Insgesamt erhielt die US-Navy 160 Albatross, die später zum Teil an die US Coast Guard abgegeben wurden. Die USAF bestellte 288 Flugzeuge, davon 118 SA-16 und 170 SA-16 für SAR-Missionen, von denen zahlreiche später zur B-Version mit größerer Spannweite umgebaut wurden. Ab 1962 verwendete man das einheitliche Bezeichnungssystem und aus den Flugzeugen wurden HU-16. Kanada erhielt 10 als CSR-110, die mit Kufen am Kiel und den Schwimmern auch auf Eisflächen starten und landen konnten.

Grummann lieferte insgesamt 459 Albatross aus.

Bemerkungen: Die Albatross erwies sich als robustes und seetaugliches Amphibium, auch bei schwierigen Bedingungen. Fast alle HU-16 wurden von der USAF und USN, bzw. später von der US-Coast Guard eingesetzt, die USAF hauptsächlich bei SAR-Missionen, z. B. im Koreakrieg und während des Vietnamkrieges, einige wenige für verdeckte Operationen. Auch die Navy nutzte ihre Amphibien weltweit, auch zur Unterstützung militärischer Operationen. Fast alle HU-16 leisteten ihre letzten Dienstjahre bei der US-Coast Guard vor den Küsten der USA überwiegend auf SAR-Missionen. Die USAF musterte ihre HU-16 um 1973 aus und reichte 55 an die US Coast Guard weiter, die sie bis 1983 stilllegte. Zahlreiche US-Flugzeuge gingen an private Betreiber, auch an eine kleine Fluggesellschaften. Die meisten an rund 20 Nationen, darunter fünf neue und drei gebrauchte HU-16 an die Bundesmarine, die sie erst 1972 weiterverkaufte. Die letzte militärisch genutzte flog bis 1995 bei der griechischen Marine. Eine australische Firma arbeitet angeblich seit einigen Jahren an einer Neuauflage als G-111 T mit Propellerturbinen.

Ein paar sind noch flugfähig, zahlreiche Staaten haben HU-16 an Museen abgegeben, die meisten in den USA. Eine steht aber auch im italienischen Luftfahrtmuseum, Vigna di Valle.

Besatzung: (HU-16 B) 4–6
Triebwerke: (HU-16 B) Zwei luftgekühlte 9-Zylinder-Sternmotoren Wright R-1820-76A Cyclone mit je 1048 kW (1425 PS).
Leistungen: (HU-16 B) Höchstgeschwindigkeit 380 km/h, Reisegeschwindigkeit 200 km/h, Dienstgipfelhöhe 6600 m, Reichweite bis zu 4590 km.
Gewichte: (HU-16 B) Leermasse 10 380 kg, Abflugmasse 13 768 kg, maximale Abflugmasse 17 010 kg.

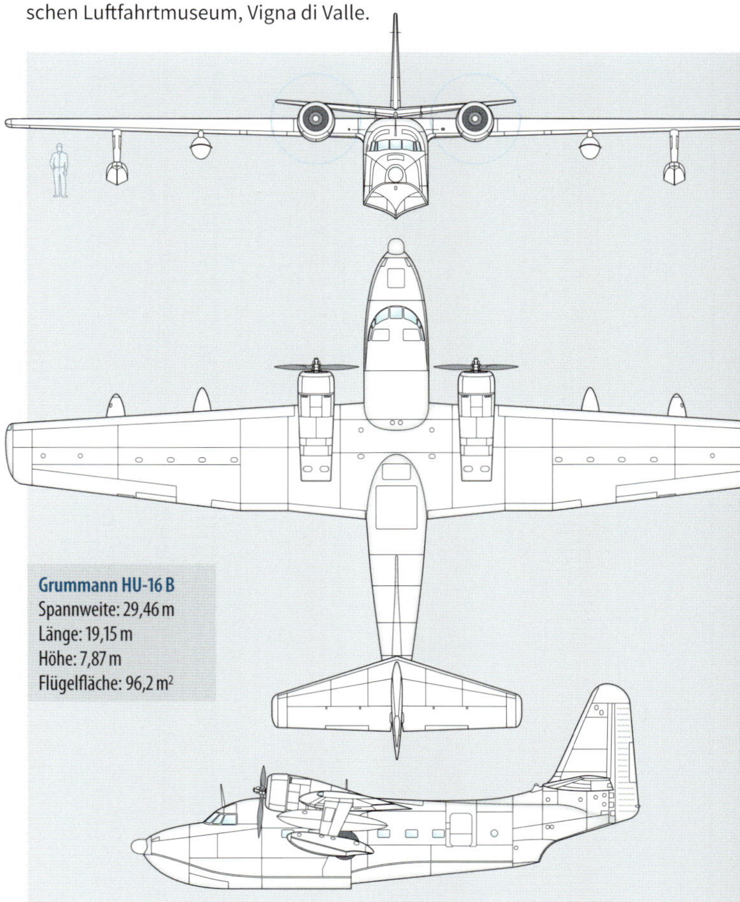

Grummann HU-16 B
Spannweite: 29,46 m
Länge: 19,15 m
Höhe: 7,87 m
Flügelfläche: 96,2 m²

Hiller H-23

Ursprungsland
USA
Kategorie
Leichter Mehrzweck-Hubschrauber

Entwicklung: Hiller begann 1946 einen leichten, zweisitzigen Helikopter zu entwickeln, der mit einem 180 PS-Franklin motorisiert war Der zu schwache Motor wurde schnell durch einen leistungsfähigeren ersetzt, einhergehend mit neuen Rotorblättern. Die Ganzmetallkonstruktion, bei der in einem Gitterrohrrahmen Motor und Getriebe plaziert waren, zeichnete sich durch das Rotorblattsteuersystem „Rotor-Matic“ aus, das zwei kleinere Servo-Rotorblätter zur zyklischen Blattsteuerung nutzte. Mittlerweile in United Helicopter umbenannt, hieß der Heli nun UH-12, bei der Army H-23 Raven und der Navy HTE-1. Weiterentwicklungen führten zur stärker motorisierten UH-12B, die von der Army als H-23 B (273 St.), überwiegend zur Schulung mit Radfahrgestell verwendet wurde, und von der Navy als HTE-2 (35 St.) mit Kufen und aufblasbaren Schwimmern. Mit einer Überarbeitung des Hauptrotors und der Kabine, die eine rundlicheren Haube erhielt, erschien 1955 die UH-12C (Bild oben). Als H-23C gingen

Eine frühere Version HTE-2, noch mit flacherer Kabine und Rädern.

348 Stück an die Army. Schon 1956 brachte Hiller die extra für das Militär entwickelte UH-12D mit einem 250 PS Lycoming-Boxermotor und verstärktem Getriebe heraus. Als H-23D gingen 348 an die US Army. Die UH-12E mit einem 305 PS-Lycoming, ersetzte bei der Army als OH-23 G die OH-23 E. Die letzte militärische Variante Hiller 12E4 erhielt eine längere Kabine für vier Personen und wurde als OH-23F (22 St.) an die Army ausgeliefert.

Bis Ende der 1960er-Jahre wurden mehr als 2000 zivile und militärische Helikopter aller Varianten ausgeliefert, davon rund 300 exportiert.

Bemerkungen: Mit der UH-12 schuf Hiller einen vielseitig einsetzbaren und äußerst robusten, leichten Hubschrauber, der nicht nur vom Militär in großer Zahl erworben wurde. Schon mit dem 180 PS-Motor, gelang mit der Hiller 360 1949 der erste Hubschrauber-Kontinentalflug über die USA. Mit den stärkeren Versionen, die drei Sitzplätze boten, konnten nicht nur Schulungs-, Verbindungs-, Aufklärungs- und Sanitätseinsätze geflogen werden, sondern auch bewaffnete Missionen im Korea- und Vietnamkrieg.

Neben Museumsstücken, eine H-23 steht z. B. im Bückeburger Hubschraubermuseum, sind heute noch zahlreiche zivile H-23 im Einsatz.

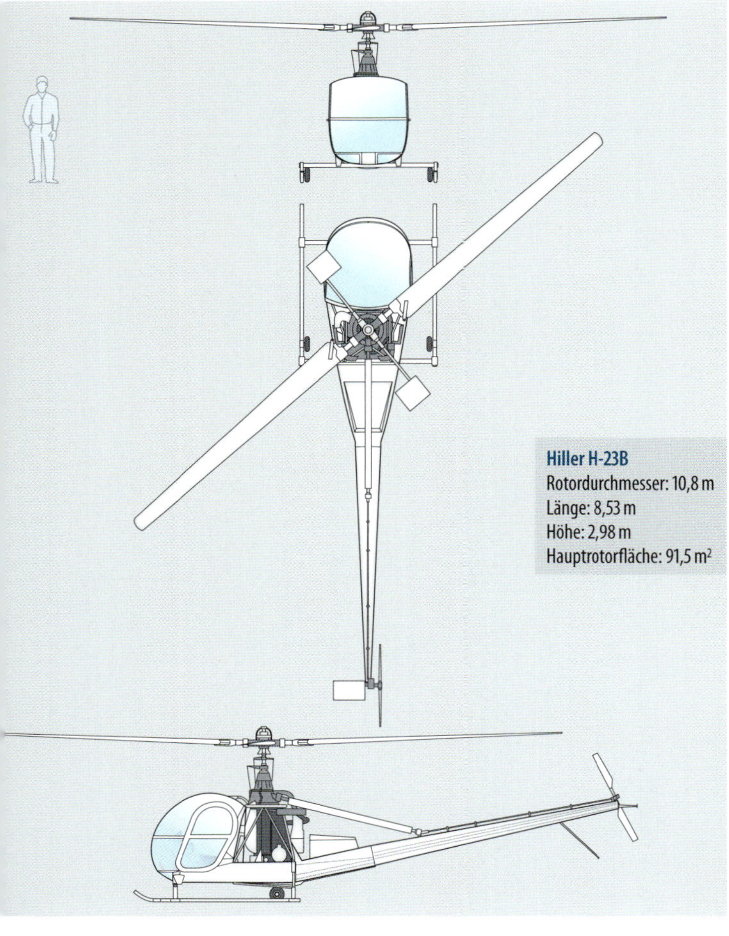

Hiller H-23B
Rotordurchmesser: 10,8 m
Länge: 8,53 m
Höhe: 2,98 m
Hauptrotorfläche: 91,5 m²

Besatzung: 1 – 3
Triebwerk: (UH-23D) Ein luftgekühlter 6-Zylinder-Boxermotor Lycoming VO-540 mit 184 kW (320 PS).
Leistungen: (UH-23D) Höchstgeschwindigkeit 153 km/h, Reisegeschwindigkeit 132 km/h, Dienstgipfelhöhe 4900 m, Reichweite ca. 360 km.
Gewichte: (UH-23D) Leermasse 807 kg, maximale Abflugmasse 1270 kg.

Lockheed P2V Neptune

Entwicklung: Die ersten Studien für ein landgestütztes U-Boot-Jagd- und Seepatrouillenflugzeug begannen bereits Ende 1941. Der Krieg verzögerte jedoch die Arbeiten und erst 1944 bestellte die Navy zwei Prototypen XP2V und 15 Serienflugzeuge P2V-1. Erstflug war im Mai 1945. Während der Erprobung zeigte die Neptune gute Flugeigenschaften. Das Kriegsende verzögerte jedoch die Produktion, so dass erst ab 1946 eine zweite Serie mit 80 P2V-2 mit stärkeren Antrieben ausgeliefert werden konnte. Bis 1950 wurden weitere 52 P2V-4 produziert, die R-3350-Sternmotoren mit Turboladern, Tiptanks und einen größeren Radardom hatten. Erst mit der P2V-5F (Bild) wurden zwei Jet-Triebwerke am Außenflügel eingeführt, um die Startleistung zu erhöhen. Letzte Version war die P2V-7, mit dem markanten gewölbten Cockpitdach (287 St.). Von nahezu allen 7 Versionen gab es weitere Varianten, die sich hauptsächlich durch Einsatzzweck und Ausrüstung unterschieden. Neben den Hauptaufgaben als See-Fernaufklärer und U-Boot-Jäger, oft mit Beobachtersitz im Bug, Sonar-Bojen-Schacht und Suchradar unter dem Rumpf, bei manchen auch mit Magnetdetektor im verlängerten Heck, wurde die Neptune auch als Atombombenträger, VIP-Transporter, Frühwarnflugzeug, für SIGINT- und ELINT-Einsätze und als Trainer eingesetzt.

Insgesamt rollten von 1946 bis 1962 1118 P2V aus den Werkhallen. Kawasaki baute von 1966–1979 83 P2V mit Turboprops als P-2J in Lizenz.

Bemerkungen: Die Neptune gehört zu den ersten Landflugzeugen, die speziell als Seefernaufklärer entworfen wurde. In den 1950er-Jahren der wichtigste U-Boot-Jäger und See-Aufklärer der US-Navy, durchlief sie mehrere Modernisierungsprogramme, um auf aktuellem technischem Stand zu bleiben. 1962 wurden alle P2V in P-2 umbenannt. Sie sind u. A. während der Kuba-Krise, im Korea- und im Vietnamkrieg als Aufklärer eingesetzt worden. Erst 1970 aus den ersten Linien zurückgezogen, blieb die P-2 bis Ende der 1970er-Jahre bei Reserveeinheiten im Dienst, wurde aber schließlich von der P-3 Orion abgelöst. Außer den USA flogen P2V auch Argentinien, Australien, Brasilien, Kanada, Chile, Taiwan, Frankreich, Japan, Niederlande, Großbritannien und Portugal. Die meisten wurden verschrottet, einige erhielten Museen oder dienten noch als zivile Feuerlöschflugzeuge.

Über 40 P2V haben überlebt. Neben weltweiten Museumsexponaten sind vier noch flugfähig, eine beim HARS Aviation Museum in Australien. Eine P2V-7 steht im Dutch National Military Museum Soesterberg, Niederlande.

Ursprungsland
USA
Kategorie
U-Boot-Jagdflugzeug, Aufklärer

Besatzung: (P2V-5F) 10
Triebwerke: (P2V-5F) Zwei luftgekühlte 18-Zylinder-Doppelsternmotoren Wright R-3350-30W mit je 2423 kW (3300 PS), und zwei Strahltriebwerke Westinghouse J34-WE-34 mit je 15 kN Schub.
Leistungen: (P2V-5F) Höchstgeschwindigkeit 520 km/h, Reisegeschwindigkeit 333 km/h, Dienstgipfelhöhe 7700 m, Reichweite 7650 km.
Gewichte: (P2V-5F) Leermasse 19 500 kg, Abflugmasse 27 800 kg, maximales Abfluggewicht 36 280 kg.
Bewaffnung: (P2V-5F) Zwei MGs in einem Rückenturm und bis zu 3630 kg Minen, Torpedos, Wasserbomben oder Raketen an 8 Außenstationen.

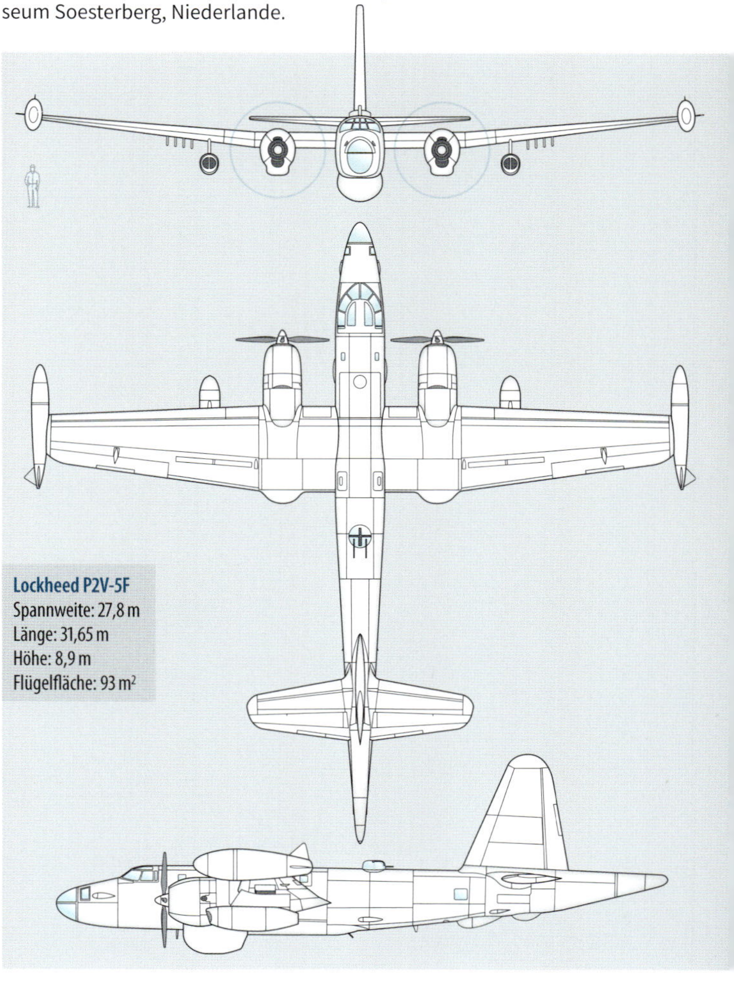

Lockheed P2V-5F
Spannweite: 27,8 m
Länge: 31,65 m
Höhe: 8,9 m
Flügelfläche: 93 m²

Lockheed F-80 Shooting Star

Ursprungsland
USA
Kategorie
Jagdflugzeug

Entwicklung: Als deutlich wurde, dass die Bell P-59 Airacomet, der erste amerikanische Serienjet, leistungsmäßig die damaligen Propellerjagdflugzeuge nicht übertreffen konnte und dass die deutsche Me 262 leistungsfähiger war, bekam im Juni 1943 Lockheed den Auftrag, die XP-80 zu entwickeln. Nach nur 180 Tagen (!) flog im Januar 1944 der in Ganzmetallbauweise hergestellte Tiefdecker erstmals, mangels eigener verfügbarer Antriebe mit einem britischen Goblin-Strahltriebwerk. Die leistungsstärkere und schwerere XP-80 A mit einem General Electric J33 flog im Juni 1944 und die erste von 13 Vorserienmaschinen YP-80 im September 1944. Von diesen Maschinen wurden zwei im Dezember 1944 nach Großbritannien und zwei Ende Januar 1945 nach Süditalien zur Erprobung gebracht. Allerdings flog keine Kriegseinsätze. Fast alle Vorserienmaschinen gingen, oft wegen der unzuverlässigen Triebwerke, verloren. Von den im Februar 1945 bestellten 344 P-80 A (Bild) waren 83 bis Ende Juli 1945 ausgeliefert. Insgesamt wurden 525 P-80 A produziert, die 1948 in F-80 A umbenannt wurden. Nach dem Krieg lief die Produktion weiter. Der Aufklärer RF-80 A mit Kameras im Bug wurde 152mal gebaut. Ab 1947 rollten 240 F-80 B mit überarbeitetem Cockpit, wozu nun auch ein Schleudersitz gehörte und modifizierten Flügeln aus den Hallen. Im Juni 1950 endete nach 798 produzierten F-80 C (Zeichnung) die Serienproduktion. Die C war das erste Serienflugzeug mit absprengbarer Cockpithaube. Sie war auch das Ausgangsmuster für den doppelsitzigen Trainer T-33 (S. 189).

Insgesamt sind 1715 Shooting Star von Lockheed ausgeliefert worden. Exportiert wurde der Jet vor allem nach Südamerika: Brasilien, Chile, Ecuador, Kolumbien, Peru und Uruguay.

Bemerkungen: In Rekordzeit zur Serienreife gebracht, war die Shooting Star das erste wirklich einsatzfähige, strahlgetriebene Flugzeug der USA, auch wenn die Entwicklungsarbeit für das Triebwerk in Großbritannien geleistet wurde. Nach der 1. Berlin-Blockade 1948 war auch ein Geschwader F-80 in der Bundesrepublik stationiert. Im Koreakrieg (1950–53), in dem hauptsächlich F-80 C eingesetzt wurden, gingen nahezu 400 Flugzeuge verloren, allerdings nur 30 durch Feindflugzeuge. Sie war der russischen MIG-15 mit ihren Pfeilflügeln deutlich unterlegen und wurde schnell durch F-86 Sabre abgelöst, aber trotzdem noch für Erdkampfmissionen verwendet, gegen Ende des Krieges aber nur noch zur Aufklärung.

Zahlreiche P/F-80 stehen in US-Museen, der Prototyp XP-80 Lulu Belle wird im US National Air and Space Museum, Washington präsentiert.

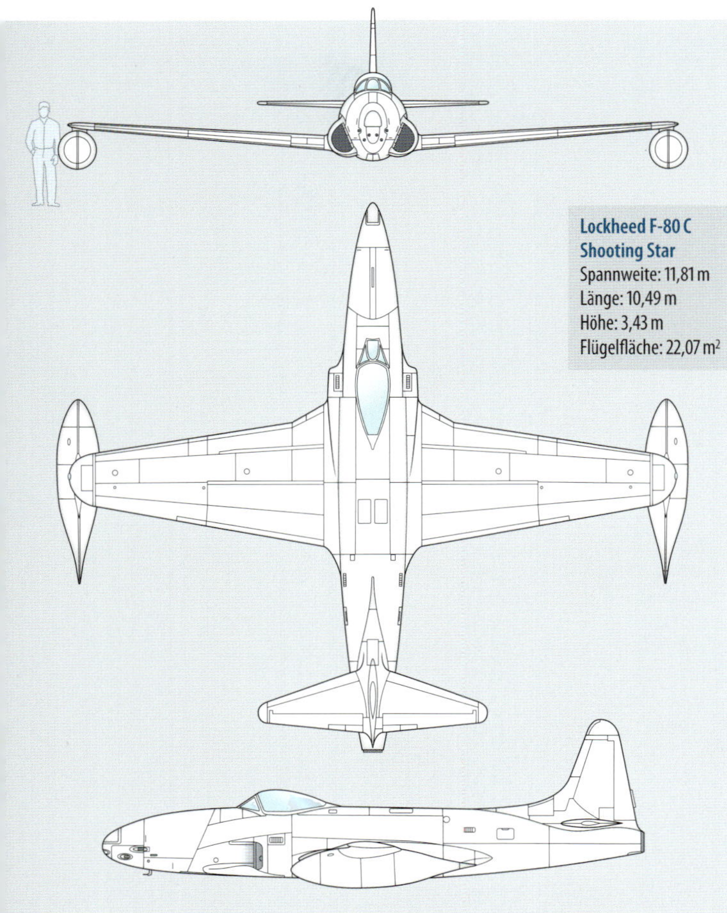

Lockheed F-80 C Shooting Star
Spannweite: 11,81 m
Länge: 10,49 m
Höhe: 3,43 m
Flügelfläche: 22,07 m²

Besatzung: 1
Triebwerk: (F-80 C) Ein Zentrifugal-Strahltriebwerk Allison J33-A-35 mit 20 kN Trockenschub und 24 kN mit Wassereinspritzung.
Leistungen: (F-80 C) Höchstgeschwindigkeit 956 km/h, Reisegeschwindigkeit 707 km/h, Steigzeit auf 6100 m 5 min 30 sec, Dienstgipfelhöhe 14 300 m, Reichweite 1330 km, Überführungsreichweite 2220 km.
Gewichte: (F-80 C) Leermasse 3820 kg, Abflugmasse 5534 kg, maximale Abflugmasse 7646 kg.
Bewaffnung: Sechs MGs im Bug. 16 Raketen oder bis zu 900 kg Bomben an Flügelstationen.

Lockheed T-33

Ursprungsland
USA
Kategorie
Trainings- und Schulflugzeug

Entwicklung: Die T-33 war eine Weiterentwicklung der P-80/F-80, die erstmals im Januar 1944 abhob. Ursprünglich als TF-80 C bezeichnet, absolvierte der Tiefdecker seinen Erstflug im März 1948. Der in Ganzmetall konstruierte Doppelsitzer wurde um ca. 1 m verlängert, um den zweiten Pilotensitz und die entsprechende Instrumentierung und Steuerung unterzubringen. Anfangs trug die im Mai 1949 in T-33 A umbenannte Maschine noch kleinere Tiptanks (Bild oben), später deutlich größere (Zeichnung). Die Produktion der T-33 erreichte hohe Stückzahlen. Alleine 4090 von der Basisversion T-33 A wurden an die USAF ausgeliefert. Neben zahlreichen Varianten, wie z. B. als Zieldrohnen, die in kleinerer Stückzahl gebaut

Die T2V / T-1 SeaStar für die US-Marine und Navy erhielten ein höhergesetztes Cockpit, Katapultbeschläge, ein verstärktes Fahrwerk und stabilere Struktur, um den harten Trägerlandungen standzuhalten.

wurden, lieferte Lockheed auch die Exportversionen AT-33 A mit Außenstationen für Raketen und Bomben und die Aufklärerversion RT-33 A mit Kameras im Bug und elektronischer Ausrüstung anstatt des zweiten Sitzes. Die Navy orderte 699 T-33 B, die als TV-2 bezeichnet wurden, aber nicht für Trägerlandungen geeignet waren. Daraufhin entwickelte Lockheed die T2V (kleines Bild) in Eigenregie und produzierte 150 Stück.

Bei Lockheed rollten von allen Varianten 6557 Flugzeuge aus den Werkhallen. Die kanadische Canadair baute 656 in Lizenz als CT-133 Silver Star, 210 baute Kawasaki in Japan.

Besatzung: 2
Triebwerk: (T-33 A) Ein Zentrifugal-Strahltriebwerk Allison J33-A-35 mit 20 kN Trockenschub und 24 kN mit Wassereinspritzung.
Leistungen: (T-33 A) Höchstgeschwindigkeit 970 km/h auf Meereshöhe, Reisegeschwindigkeit 732 km/h, Dienstgipfelhöhe 15 000 m, Reichweite ca. 2050 km.
Gewichte: (T-33 A) Leermasse 3794 kg, Abflugmasse 5475 kg, maximale Abflugmasse 6832 kg.
Bewaffnung: (AT-33) Maximal 800 kg Bomben oder Raketen an zwei Flügelstationen.

Bemerkungen: Nach dem Zweiten Weltkrieg besaßen die USA lediglich Propellermaschinen für die Ausbildung angehender Jetpiloten. Mit der einsitzigen F-80 (S. 188) stand nun ein Jet zur Verfügung, der sich hervorragend für den Umbau zu einem doppelsitzigen Trainer eignete. Nicht nur in den USA wurde die T-33 schnell zum Standardflugzeug in der Fortgeschrittenen-Ausbildung. Der äußerst robuste und langlebige Trainer flog in über 30 Nationen und ist heute noch in einigen Luftstreitkräften aktiv.

Einige flugfähige T-33 findet man in den USA in Privatbesitz, zahlreiche in Museen. Eine T-33 A steht aber auch im Militärhistorischen Museum, Flugplatz Berlin-Gatow.

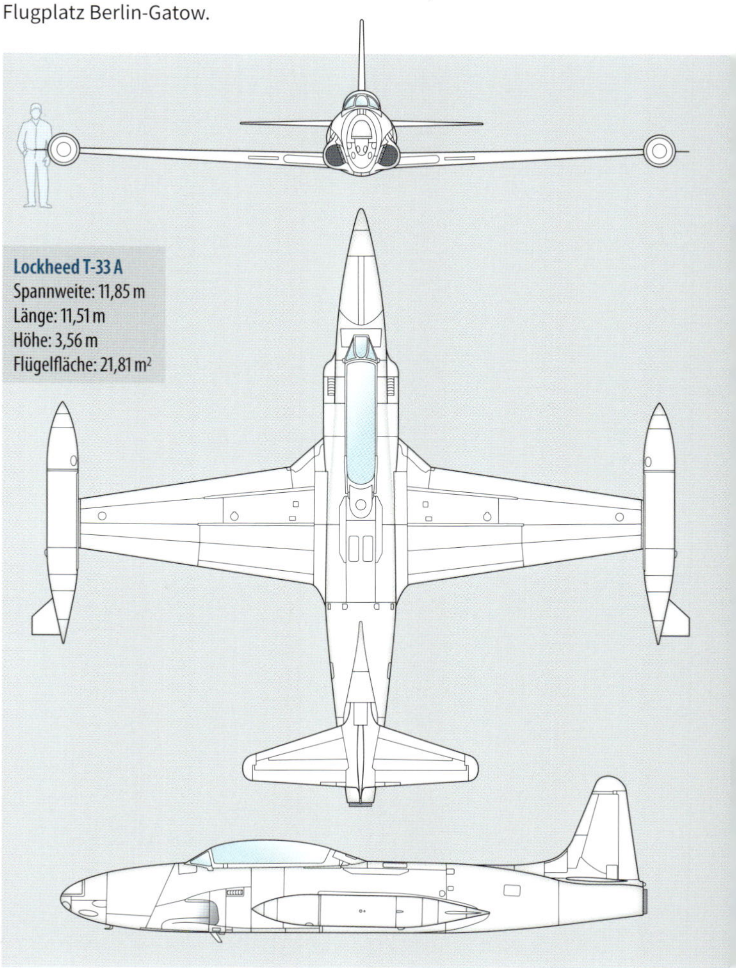

Lockheed T-33 A
Spannweite: 11,85 m
Länge: 11,51 m
Höhe: 3,56 m
Flügelfläche: 21,81 m²

Lockheed F-94 Starfire

Ursprungsland
USA
Kategorie
Abfangjäger

Entwicklung: Die USAF forderte 1948 einen Allwetter-Tag/Nacht-Abfangjäger um ihre Propeller-Jagdflugzeuge abzulösen. Von der T-33 (S. 189) abgeleitet, war es ein geringes konstruktives Risiko, zudem gab es eine große Anzahl gemeinsamer Teile. Neben Zellenänderungen und dem Einbau eines Radar-Feuerleitsystems wurde erstmals serienmäßig ein Nachbrenner zur Leistungssteigerung eingeführt. Erstflug war im April 1949. Die Auslieferungen der 108 produzierten F-94 A (Bild), noch von einem General Electric J33-Strahltriebwerk angetrieben, begann im Mai 1950. Mit der F-94 B führte man ein geräumigeres Cockpit, neue Avionik, ein verbessertes Radarsystem, das zuverlässigere J48-Strahltriebwerk von Pratt & Whitney und größere Tiptanks ein. Die Bewaffnung bestand aus vier MGs im Bug. 356 B lieferte Lockheed aus und eine unbekannte Anzahl F-94 A wurden zur B umgebaut. Die von Lockheed selbst initiierte und finanzierte Weiterentwicklung zur C (ursprünglich als F-97 bezeichnet) brachte grundlegende Änderungen mit sich (Zeichnung). Ein neu konstruierter Rumpf, wesentlich dünnere Flügel, ein gepfeiltes Höhenleitwerk und das stärkere Pratt & Whitney J48 brachten deutlich bessere Leistungen. Die Bug-MGs wurden durch einen langen Raketenbehälter ersetzt, über den sich 24 Luft-Luft-Raketen abfeuern ließen, der durch weitere Raketenpods an den Flügeln ergänzt wurde. Es kam aber gelegentlich zur Blendung der Crew beim Abfeuern und durch die Abgase zum Triebwerks-Flame-out. Deshalb sind oft nur die Flügel-Raketenpods eingesetzt worden. Trotz anfänglich geringem Interesse erwarb die USAF 387 F-94 C, die ab Juli 1951 ausgeliefert wurden. Ein Prototyp blieb die F-94 D, ein einsitziger Kampfbomber mit 8 MGs im Bug und Raketen/Bomben-Außenstationen.

Insgesamt rollten 855 F-94 aus den Werkhallen.

Bemerkungen: Um anfliegenden Sowjet-Bombern wirksam entgegenen zu können, benötigte die USAF Jäger mit Radar. Mit der Weiterentwicklung der T-33 zur F-94 war dies relativ einfach zu erreichen. Die Flugleistungen der F-94 A waren jedoch unbefriedigend, erst mit der B akzeptabel, die auch ab Januar 1952 über Korea eingesetzt wurde. Unter dem Air Defence Command der USAF flog die F-94 hauptsächlich in den USA inklusive Alaska, Kanada, Japan, Island und Grönland. Ab Mitte 1954 ersetzte man sie durch F-89 Scorpion und F-86 Sabre. Um 1958/59 wurden die letzten Starfires schließlich außer Dienst gestellt.

Es sind vermutlich 14 F-94 in US-Museen erhalten geblieben. Eine davon im Pima Air and Space Museum in Tucson, USA.

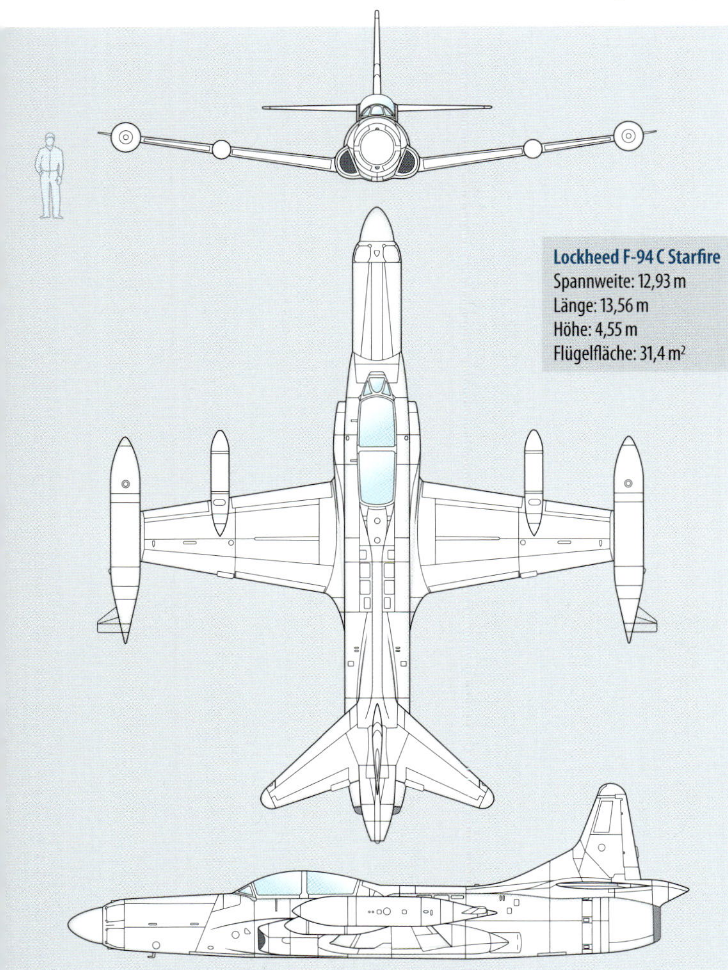

Lockheed F-94 C Starfire
Spannweite: 12,93 m
Länge: 13,56 m
Höhe: 4,55 m
Flügelfläche: 31,4 m²

Besatzung: 2
Triebwerk: (C) Ein Zentrifugal-Strahltriebwerk Pratt & Whitney J48-P-5 mit 28,24 kN Trockenschub und 38,92 kN mit Nachbrenner.
Leistungen: (C) Höchstgeschwindigkeit 1030 km/h auf Meereshöhe, Dienstgipfelhöhe 15 700 m, Reichweite ca. 1300 km, Überführungsreichweite ca. 2050 km.
Gewichte: (C) Leermasse 5764 kg, Abflugmasse 8301 kg, maximale Abflugmasse 10 970 kg.
Bewaffnung: (C) 24 Luft-Luft-Raketen im Bug und/oder 24 Luft-Luft-Raketen in Behältern unter den Tragflächen.

Lockheed C-121 Constellation

Ursprungsland
USA
Kategorie
Transporter, Frühwarnradarflugzeug

Entwicklung: Die C-121 geht auf die Entwicklung des viermotorigen Passagierflugzeuges L-49 zurück (Erstflug im Januar 1943), von denen 22 als C-69 Truppentransporter noch während des Krieges genutzt wurden. Lockheed verlängerte 1947 den Rumpf, installierte verbesserte R-3350-Motoren und bot sie als zivile L-749 Constellation an. Die USAF bestellte daraufhin 10 Transporter als C-121 A, einige davon als VIP-Transporter, und die Navy zwei AWACS PO-1 W mit großen Radardomen über und unter dem Rumpf. Im Oktober 1950 flog die weiterentwickelte L-1049 mit größerer Spannweite und längerem Rumpf erstmals. Als C-121 C (Erstflug Juli 1955) orderte die USAF nun 33 Stück. Sie konnte als Langstreckentransporter 75 Passagiere oder 47 Tragbahren oder entsprechend Fracht laden. Die US Navy zog nach und bestellte 142 Frühwarnflugzeuge WV-2/EC-121 K. Es folgten zahlreiche Varianten der L-1049 für die Navy und Air Force. Die unzähligen speziellen Modifikationen und Kleinserien, wie auch Transfers von Flugzeugen zwischen USAF und Navy mit oft mehrmaliger technischer Umrüstung sind unüberschaubar. Neben Transportern wurden Constellations vor allem als ELINT-, ECM-, Überwachungs-, und Frühwarnflugzeuge eingesetzt. Dazu kamen Fotoaufklärer, Crewtrainer, Wettererkunder, VIP-Transporter, auch als Air Force One, etliche Testflugzeuge, hauptsächlich für Elektronik. Vier C-121 wurden versuchsweise mit 5500 PS-Turbinen T-34 von Pratt & Whitney motorisiert, die aber noch zu komplex waren.

Von allen Varianten produzierte Lockheed 856 Exemplare, davon 346 militärische.

Bemerkungen: Erst mit der verlängerten L-1049 konnte Lockheed bei der USAF und US Navy große Stückzahlen absetzen. In Zeiten des Kalten Krieges war es damit den Militärs erstmals möglich, ein luftgestütztes Frühwarnsystem aufzustellen, mit dem man anhand hoch fliegender EC-121 „über den Horizont" schauen konnte, um frühzeitig auf anfliegende sowjetische Bomber reagieren zu können. In zwei „Barrieren", über dem Pazifik und Atlantik, flogen bis 1965 rund um die Uhr ständig Frühwarnflugzeuge, um die Radarstationen an Land zu ergänzen. Auch im Vietnamkrige übernahmen EC-121 ein wichtige Rolle in der Luftraumüberwachung und der elektronischen Kriegsführung – im Prinzip waren es die Vorläufer der heutigen AWACS von Boeing. Constellations der US-Streitkräfte waren über relativ lange Zeit im Einsatz, die letzte der USAF wurde erst 1978, die letzte der Navy 1982, stillgelegt. Einige erwarben kleinere, zivile Frachtgesellschaften, der Rest wurde verschrottet.

Es sind vermutlich 13 EC-121 erhalten geblieben. Eine steht National Naval Aviation Museum, Pensacola, USA. Eine C-121 A wurde über Jahre in den USA restauriert und flog im Juni 2023 erneut.

Besatzung: (EC-121 D) 6
Triebwerke: (EC-121 D) Vier luftgekühlte 18-Zylinder-Doppelsternmotoren Wright R-3350-34 mit je 2501 kW (3400 PS).
Leistungen: (EC-121 D) Höchstgeschwindigkeit 481 km/h, Reisegeschwindigkeit 410 km/h, Dienstgipfelhöhe 7620 m, Reichweite 6850 km.
Gewichte: (EC-121 D) Leermasse 31 387 kg, maximale Abflugmasse 65 000 kg.

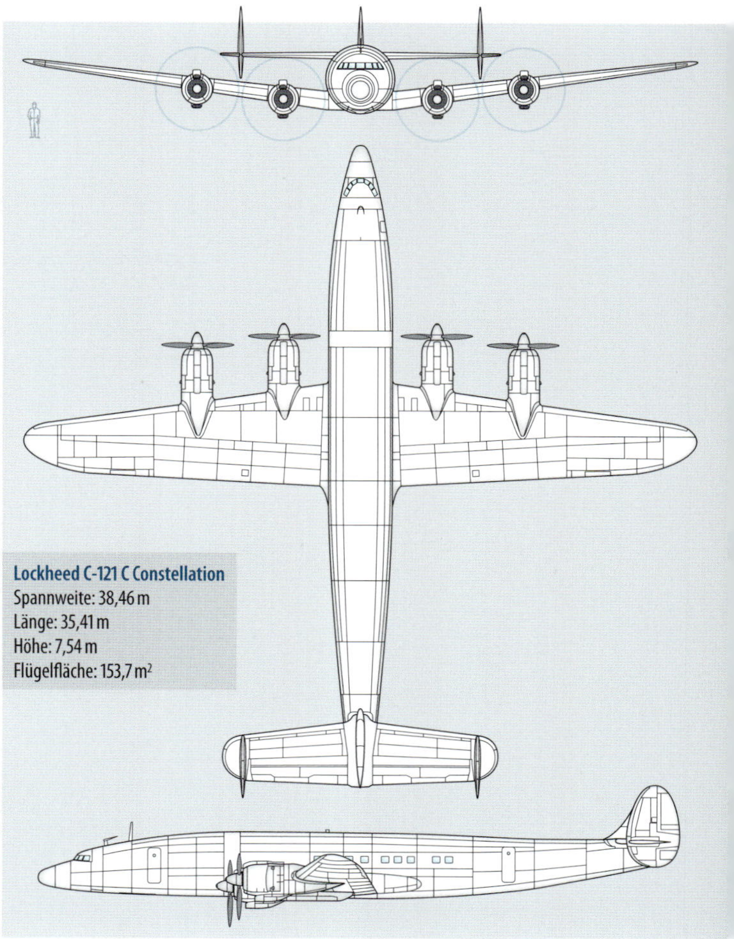

Lockheed C-121 C Constellation
Spannweite: 38,46 m
Länge: 35,41 m
Höhe: 7,54 m
Flügelfläche: 153,7 m²

Lockheed C-130 Hercules

Ursprungsland
USA
Kategorie
Transportflugzeug

Entwicklung: Die Transporter C-46, C-47 und C-119 mit Kolbenmotoren kamen während des Koreakrieges an ihre Grenzen, woraufhin die US-Streitkräfte in einer Ausschreibung einen Transporter mit Propellerturbinen forderten, bei der Lockheed im Juli 1952 als Sieger hervorging. Der erste von zwei Prototypen YC-130 flog im August 1954, während parallel schon die Serienproduktion geplant wurde. Die erste von 219 Serien-C-130 A mit 56 t Abfluggewicht und anfangs noch ohne Radarnase, flog im April 1955. Ihre geringe Reichweite wurde mit externen Flügeltanks erweitert. 1959 begann die Produktion von 134 C-130 B (Bild), nun mit Vierblatt-Propellern und größeren Tanks, darunter auch 13 C-130 BII als ECM-Version. 1961 führte man mit der E große externe Tanks zwischen den noch leistungsfähigeren Turbinen ein, die eine größere Reichweite und dank struktureller Verstärkungen auch ein deutlich höheres Abfluggewicht brachten. Erst im November 1964 flog die H (Zeichnung) mit neuem Außenflügel, stärkeren Triebwerken und besserer Avionik, die über 70 t Abfluggewicht erreichte und 64 ausgerüstete Soldaten oder 74 Tragbahren und Begleiter oder 19 Tonnen Fracht aufnahm. Neben zahlreichen Hauptserien wurden rund 70 Derivate für die unterschiedlichsten Aufgaben entwickelt. Dazu gehören, neben L-100-Zivilversionen KC-130 Tanker, EC-130 als Aufklärer/ECM-Variante, Gunships AC-130, HC-130 für SAR-Missionen, LC-130 für arktische Einsätze mit Schneekufen, MC-130 für Spezialeinsätze und WC-130 zur Wettererkundung. Heute, fast 70 Jahre nach dem Erstflug wird sie immer noch als C-130 J gebaut. Sie flog im April 1996, hat ein digitales Cockpit und mit stärkeren Turbinen und Sechsblattpropellern hat sie mit 21 t Zuladung ein Abfluggewicht von bis zu 74 t und ist auch als 4,6 m längere C-130 J-30 erhältlich.

Einige Quellen sprechen von über 2500 gebauten Hercules bis 2018

Bemerkungen: Die C-130 gehört weltweit zu den am längsten gebauten Flugzeugen und ist damit zu einem der wichtigsten Militärtransporter in über 70 Staaten geworden. Sie kann mit ihren leistungsstarken Triebwerken auf kurzen und unvorbereiteten Pisten operieren und wird mit ihrer unglaublichen Vielseitigkeit auch noch viele Jahre aktiv bleiben. Eine in den 1970er-Jahren vorgeschlagene Jet-Variante wurde wieder verworfen und offensichtlich können aktuelle Transporter wie Airbus A-400 oder Embraer C-390 die Verkaufszahlen nicht schmälern. Deutschland bestellte gemeinsam mit Frankreich 10 C-130 J, darunter drei längere C-130 J-30 und drei Tanker KC-130 J, die ab Februar 2022 zum Einsatz kommen.

Neben den ungezählten aktiven C-130 stehen aber auch schon etliche in Museen. Die meisten in den USA, die nächste findet man im First Wing Historical Center in Beauvechain, Belgien.

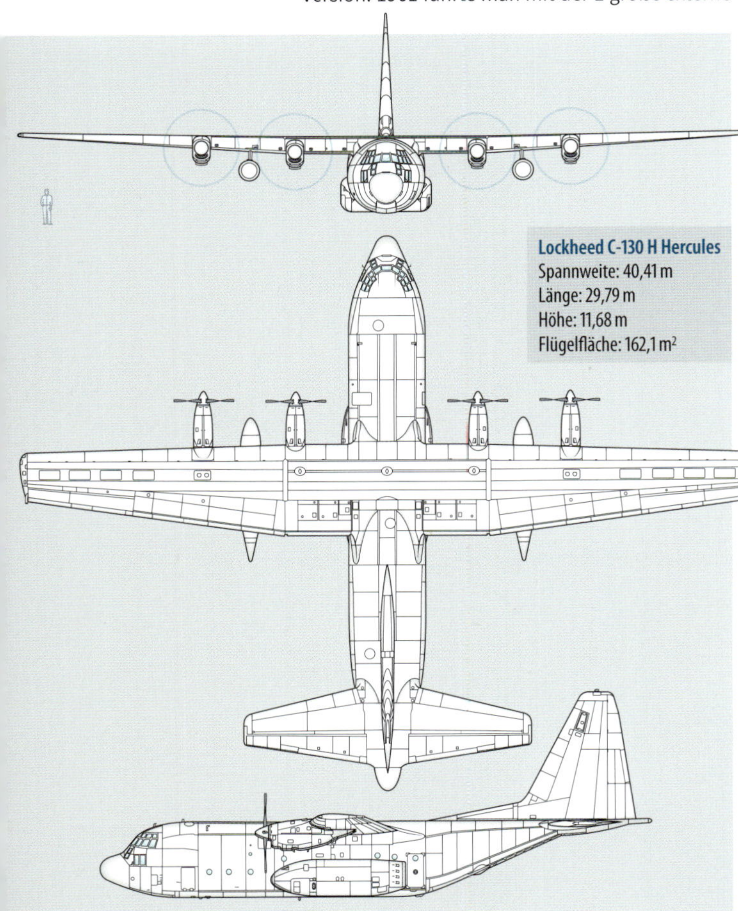

Lockheed C-130 H Hercules
Spannweite: 40,41 m
Länge: 29,79 m
Höhe: 11,68 m
Flügelfläche: 162,1 m²

Besatzung: (H) 5
Triebwerke: (H) Vier Propellerturbinen Allison T-56-A-15 mit je 3375 kW (4590 PS).
Leistungen: (H) Höchstgeschwindigkeit 590 km/h in 6100 m, Reisegeschwindigkeit 541 km/h, Dienstgipfelhöhe 8000 m, Reichweite 3950 km bei max. Zuladung, Überführungsreichweite 7675 km.
Gewichte: (H) Leermasse 34 382 kg, maximale Abflugmasse 70 310 kg.

Lockheed U-2

Ursprungsland
USA
Kategorie
Aufklärungsflugzeug

Entwicklung: Nach 1945 benötigten die USA einen Aufklärer, der über der UdSSR in Höhen unterwegs war, die für Abfangjäger und Raketen unerreichbar waren. Die USAF forderte Bell, Martin und Fairchild auf, Vorschläge einzureichen. Lockheed beteiligte sich unaufgefordert mit der auf einem F-104-Rumpf basierenden CL-282, begann mit den Arbeiten 1954 und erhielt einen Vertrag über den Bau von 20 Flugzeugen. Erstflug der in Aluminiumbauweise hergestellten U-2 war im August 1955. An den Segelflugzeug-ähnlichen Tragflächen mit hoher Streckung waren wegen des leichteren Tandemfahrwerks Stützräder angebracht. Piloten mussten aus Sicherheitsgründen Druckanzüge tragen, ein Schleudersitz wurde erst später nachgerüstet bzw. in späteren Varianten eingebaut. Bedingt durch unterschiedliche militärische Anforderungen wurden die Maschinen nicht seriell hergestellt und oft von einem Typ zum anderen umgerüstet. Aus Geheimhaltungsgründen gab es keine eindeutigen Typenzuordnungen. Von früheren U-2-Versionen lieferte Lockheed die Varianten U-2 A bis H aus. Sie unterschieden ich durch stärkere Triebwerke, Tanks an den Flügelvorderkanten, Antennenbehälter auf und unter dem Rumpf. Es gab zweisitzige Schulversionen und zwei Flugzeuge, die für den Betrieb auf Flugzeugträgern geeeignet waren. Mit der U-2 R führte man 1967 eine Version mit 31,7 m Spannweite ein. Die deutlich leistungsfähigere, überarbeitete TR-1 A flog im August 1980 erstmals. Lockheed lieferte 33 Stück mit Seitensichtradar und modernerer ECM-Ausrüstung aus. Diese Maschinen werden immer noch technisch und elektronisch auf den neuesten Standard gebracht und sind heute noch im Einsatz.

Vermutlich lieferte Lockheed 104 Aufklärer aller Varianten aus.

Bemerkungen: Die U-2 mit dem Spitznamen *Dragon Lady*, ermöglichte den USA ab 1956 weltweit unbehelligt Aufklärungseinsätze durchzuführen, oft von Deutschland oder der Türkei aus über den Staaten des damaligen Ostblocks. Berühmt wurde die U-2 jedoch erst durch den Abschuss im Mai 1960 über der Sowjetunion. Ebenso spionierten die Flugzeuge von Taiwan aus über China und von den USA aus über Kuba. Trotz immer besser werdender Satellitentechnik wurden die U-2 nicht ausgemustert, sondern nur teilweise durch die SR-71 ersetzt. Offiziell flog man weiter über Korea, Vietnam, dem Irak, über Afghanistan und 2023 über der Ukraine. Vermutlich werden die Aufklärer aber weltweit über allen „interessanten" Objekten eingesetzt. Etliche Missionen waren riskant und einige Quellen sprechen von 12 Flugzeugen, die durch Unfälle, technischem Versagen oder Abschuss verloren gegangen sind.

Zahlreiche stillgelegte U-2 stehen in US-Museen. Eine ist auch im Norsk Aviationmuseum in Bodø, Norwegen zu sehen. Ausgestellte Wracks von abgeschossenen U-2 findet man in Kuba, China und der Sowjetunion.

Besatzung: 1
Triebwerk: (A) Ein Strahltriebwerk Pratt & Whitney J57-P-37A mit 49,8 kN Schub.
Leistungen: (A) Höchstgeschwindigkeit 692 km/h, Dienstgipfelhöhe über 21 300 m, Reichweite ca. 5500 km.
Gewichte: (A) Leermasse 6463 kg, maximale Startmasse 10 954 kg.

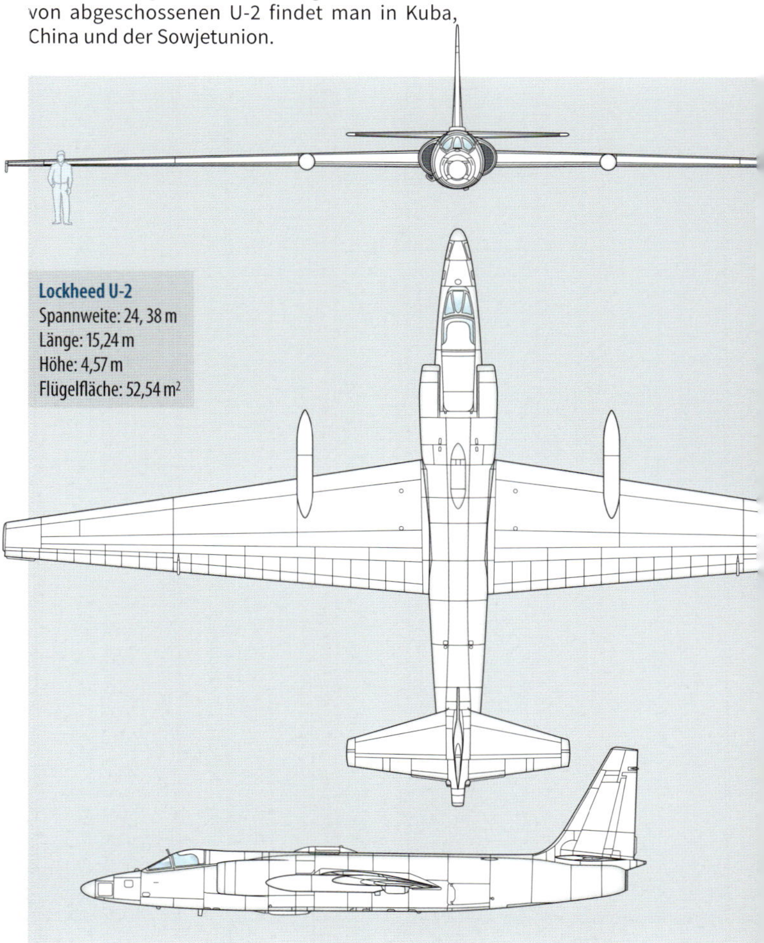

Lockheed U-2
Spannweite: 24, 38 m
Länge: 15,24 m
Höhe: 4,57 m
Flügelfläche: 52,54 m²

Martin PBM Mariner

Ursprungsland
USA
Kategorie
Fernaufklärer, Patrouillenbomber, Transporter

Entwicklung: Auf eine Forderung der US-Navy für ein Patrouillenflugboot entwarf Martin das viermotorige Model 160, das anschließend wegen Kostenvorteilen zum zweimotorigen Model 162 umkonstruiert wurde. Nach der aero- und hydrodynamischen Erprobung eines kleineren Modells, flog der erste Prototyp im Februar 1939. Das in Ganzmetallbauweise hergestellten Flugboot besaß Knickflügel und anfangs einklappbare Stützschwimmer. Im September 1939 begann der Serienbau von 20 PBM-1. Bereits im August 1940 gab die US-Navy weitere 379 Flugboote der Version PBM-3 (Bild oben) und 180 PBM-4 in Auftrag. Ab der PBM-3 wurde der Rumpf verlängert, stärkere Motoren und feste Stützschwimmer eingebaut. Die ersten 50 PBM-3 wurden als Transporter ausgeliefert, weitere Versionen als Aufklärungsbomber mit Radardom über dem Cockpit (Zeichnung) und mit Schächten für bis zu 900 kg Bomben im hinteren Bereich der Treibwerksgondeln. Die RAF bestellte 32 PBM-3B, erprobte sie aber nur, gab 12 an Australien weiter und den Rest zurück an die USA. Eine letzte Version PBM-5 (631 St.) hatte Pratt & Whitney R-2600 Double Wasp Sternmotoren mit 2100 PS, die für eine größere Reichweite und höhere Geschwindigkeit sorgten. Weitere 36 neu gebaute PBM-5A als Amphibium blieben noch bis Anfang der 1950er-Jahre bei der US-Coast Guard im Einsatz.

Martin produzierte bis April 1949 1368 Mariner.

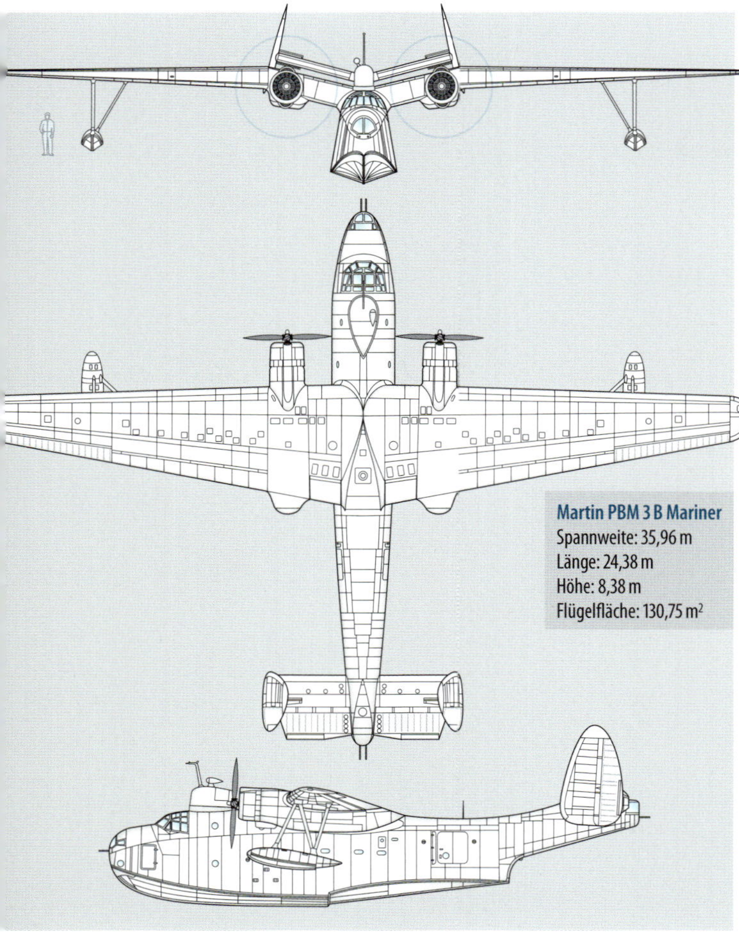

Martin PBM 3 B Mariner
Spannweite: 35,96 m
Länge: 24,38 m
Höhe: 8,38 m
Flügelfläche: 130,75 m²

Die letzte Baureihe PBM-5A wurde mit Einziehfahrwerk ausgeliefert.

Bemerkungen: Die ersten Mariner wurden im September 1940 in Dienst gestellt und die US-Navy flog mit ihr und Consolidated Catalina Patrouille im Atlantik, unter anderem auch von Island aus. Nach Eintritt der USA in den Zweiten Weltkrieg im Dezember 1941 nutzte man die Flugzeuge hauptsächlich zur U-Boot-Jagd im Atlantik und von Stützpunkten auf Saipan, Okinawa und Iwo Jima aus im Pazifik. PBMs blieben bis zum Koreakrieg im Einsatz. Erst 1956 wurden die letzten ausgemustert. Einige PBM übernahmen nach dem Zweiten Weltkrieg die Niederlande und Portugal, das einige auch zivil einsetzte und Uruguay, das seine erst 1963 außer Dienst stellte.

Die einzig erhaltene Mariner, eine PBM-5A, steht im Pima Aerospace Museum, Tucson, USA.

Besatzung: 7 – 9
Triebwerke: (PBM 3) Zwei 14-Zylinder-Doppelsternmotoren Wright R-2600-22 Twin Cyclone mit je 1436 kW (1927 PS) Startleistung.
Leistungen: (PBM 3) Höchstgeschwindigkeit 341 km/h, Reisegeschwindigkeit ca. 320 km/h in 3960 m Höhe, Dienstgipfelhöhe 6035 m, Reichweite ca. 3600 km.
Gewichte: Leermasse 15 050 kg, maximale Abflugmasse 26 308 kg.
Bewaffnung: Sieben MGs an mehreren Stationen, bis zu 900 kg Bomben in Schächten der beiden Triebwerksgondeln.

Martin AM-1 Mauler

Ursprungsland
USA
Kategorie
Jagdbomber

Entwicklung: Bereits 1943 forderte die US-Marine einen Mehrzweckbomber, worauf Curtiss, Douglas, Kaiser-Fleetwings und Martin Vorschläge einreichten. Der Helldiver von Curtiss wurde zwar ausgewählt, aber Martin wurde parallel dazu im Mai 1944 angewiesen, zwei Prototypen XBTM-1 mit einem P&W Wasp Major zu bauen. Der in Ganzmetallbauweise konstruierte, trägertaugliche Tiefdecker hatte große Klapptragflächen mit Sturzflugbremsen, die auch als Landeklappen einsetzbar waren. 15 Hardpoints konnten 2 Tonnen unterschiedlichste Waffen tragen, auch ein Suchradar an der äußersten Station. Der Tiefdecker flog erstmals im August 1944 und begann im Dezember 1944 mit den Tests bei der Navy, die im Januar 1945 gleich 750 Flugzeuge bestellte, aber nach Kriegsende auf 99 reduzierte. Während der ausgedehnten Erprobung mussten diverse Probleme mit dem Antrieb und dem Leitwerk gelöst werden, bis im März 1947 die ersten Serienmaschinen als AM-1 Mauler ausgeliefert werden konnten. Auch während der Tests zur Einführung wurden weitere erhebliche Mängel festgestellt: strukturelle Schwächen der Zelle bis zum Bruch, Probleme mit dem Landehaken, kritische Langsamflugeigenschaften und das von Piloten kritisierte Cockpitlayout. Erst im August 1948 wurde die Trägertauglichkeit erteilt und im Mai 1949 weitere 50 Maschinen bestellt, deren letzte Martin im Oktober 1949 auslieferte. Davon wurden 18 als AM-1Q gebaut, die für ECM-Missionen mit einem zweiten Crewmitglied in einer Kabine hinter dem Cockpit geflogen wurden. Ein zur Versorgung von Flugzeugträgern von Martin vorgeschlagener Transporter JR2M-1 Mercury auf Basis der Mauler, wurde nicht realisiert.

Trotz anfänglich hoher Bestellzahlen rollten bei Martin nur 151 Mauler aus den Hallen.

Bemerkungen: Obwohl die Douglas Skyraider (S. 164) kleiner war und weniger Nutzlast als die Mauler tragen konnte, wurde sie von der Navy und ihren Piloten wegen ihrer Zuverlässigkeit und besseren Flugeigenschaften bevorzugt. Problematisch blieben bei der AM-1 die kritischen Langsamflugeigenschaften, die zu etlichen Landeunfällen auf Trägern führte und die andauernden Wartungsprobleme, oft wegen undichter Hydraulik. Zunächst diente die AM-1, die nie zu Kriegseinsätzen herangezogen wurde, auf Flugzeugträgern im Atlantik, aber bereits 1950, nach kurzer Einsatzzeit, wurden sie nur noch von Reservestaffeln auf Landstützpunkten geflogen und 1953 komplette außer Dienst gestellt.

Soweit bekannt, haben vier Mauler überlebt, eine davon steht im National Naval Aviation Museum, Pensacola, USA.

Besatzung: 1
Triebwerk: Ein luftgekühlter 28-Zylinder-Sternmotor (mit 4 Reihen á 7 Zylinder) Pratt & Whitney R-4360-4W mit 2206 kW (3000 PS) Wasp Major.
Leistungen: Höchstgeschwindigkeit 591 km/h in 6000 m Höhe, Reisegeschwindigkeit 304 km/h, Dienstgipfelhöhe 8200 m, Reichweite 2450 km.
Gewichte: Leermasse 6577 kg, maximale Abflugmasse 10 607 kg.
Bewaffnung: Je zwei MKs in den Tragflächen. 3 Torpedos, Bomben und/oder Raketen mit maximal 2041 kg an 15 Außenstationen.

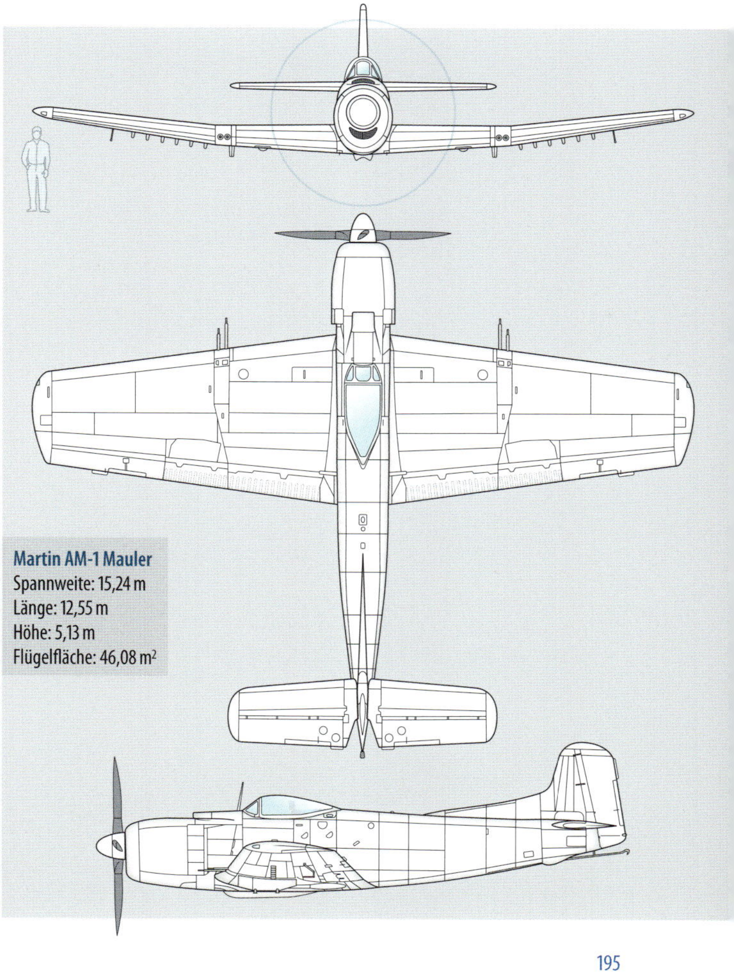

Martin AM-1 Mauler
Spannweite: 15,24 m
Länge: 12,55 m
Höhe: 5,13 m
Flügelfläche: 46,08 m²

Martin P4M Mercator

Ursprungsland
USA
Kategorie
Seeaufklärer und Patrouillenflugzeug

Entwicklung: Um Ersatz für die Patrouillenflugzeuge PV-2 Harpoon und PB4Y Privateer (S. 157) zu erhalten, forderte die US-Navy 1944 in einem Wettbewerb Lockheed und Martin auf, Vorschläge einzureichen. Das Flugzeug sollte mindestens so schnell wie die damaligen Kolbenmotorjäger sein, was Martin auf die Idee brachte, die schon verfügbaren Düsentriebwerke mit dem leistungsfähigsten Kolbenmotor zu verbinden. Die Navy bestellte zwei Prototypen unter der Bezeichnung XP4M-1. Im September 1946 fand der Erstflug statt. Der in Ganzmetallbauweise konstruierte Mitteldecker erreichte seine hohen Flugleistungen durch spezielle Flügelprofile und in die Triebwerksgondeln der Sternmotoren integrierte Düsentriebwerke. Mit einem separaten, verschließbaren Lufteinlauf konnten sie bei Bedarf, z. B. beim Start, zugeschaltet werden. Während der Erpobung gab es Probleme mit dem Hydrauliksystem und die Strahltriebwerk erwiesen sich als nicht sehr zuverlässig. Weil Lockheed schon mit der weniger komplexen und billigeren P2V Neptun (S. 187) vor der Serienreife stand, erhielt diese, trotz ihrer geringeren Leistungen, den Zuschlag. Dennoch bestellte die Navy 1947 21 Serienflugzeuge P4M-1, die alle bis September 1950 ausgeliefert waren. Schon während der Produktion wurden aber 19 gleich zur P4M-1Q umgerüstet. Zahlreiche Antennen und Radome am Rumpf und Raum für zusätzliche Arbeitsplätze waren für die neuen ELINT-Aufklärungsmissionen notwendig. Für die deutlich umfangreichere Elektronik wurde der nicht mehr benötigte Waffenschacht genutzt, die Bug- und Heck-MKs behielt man bei.

Lediglich 23 Mercator verließen bis 1950 die Werkhallen von Martin.

Bemerkungen: Schnell erkannte die Navy, dass es wenig sinnvoll ist, die P4M und P2V Neptun für identische Einsatzszenarios bereitzustellen. Nach dem Umbau zur P4M-1Q wurde sie aber, trotz ihrer komplexen Technik, auf ELINT-Missionen weltweit eingesetzt. Von Marokko aus über dem Atlantik, von den Philippinen und Japan aus über dem Pazifik. Auch über dem Festland an den Grenzen zur Sowjetunion, China, Vietnam und Nordkorea war der Aufklärer unterwegs. Eine Maschine wurde 1956 von chinesischen Jagdflugzeugen abgeschossen und zwei mussten nach Angriffen nordkoreanischer Jäger in Japan notlanden. Vier weitere stürzten ohne Feindeinwirkung ab. Ende 1959 wurden, auch wegen Ersatzteilmangel, die meisten Flüge eingestellt und im Juli 1960 legte die Navy die letzte P4M still.

Außer einem Flugzeug, das im National Naval Aviation Museum, Pensacola, USA, steht, wurden alle verschrottet.

Martin P4M-1 Mercator
Spannweite: 34,75 m
Länge: 25,60 m
Höhe: 7,95 m
Flügelfläche: 121,79 m²

Besatzung: P4M-1 9, P4M-1Q bis zu 16
Triebwerke: Zwei luftgekühlte 28-Zylinder-Sternmotoren (mit 4 Reihen á 7 Zylinder) Pratt & Whitney R-4360-20A mit je 2390 kW (3250 PS) Wasp Major und zwei Radialstrahltriebwerke Allison J33-A-23 mit je 20,63kN Schub.
Leistungen: Höchstgeschwindigkeit 660 km/h in 6000 m Höhe, Reisegeschwindigkeit 540 km/h, Dienstgipfelhöhe 10 500 m, Reichweite 4570 km.
Gewichte: Leermasse 22 016 kg, maximale Abflugmasse 40 088 kg.
Bewaffnung: Je zwei MKs im Bug- und Heckstand. P4M-1 bis zu 2722 kg Bomben und Minen im Schacht.

Martin B-57 Canberra

Ursprungsland
USA
Kategorie
Bomber, Aufklärungsflugzeug

Entwicklung: Im September 1950 meldete die USAF einen dringenden Bedarf für einen strahlgetriebenen Bomber, auf den Martin (XB-51), North American (B-45 und AJ), Canadian (CF-100) und English Electric (Canberra S. 54) mit Prototypen zu einem Vergleich antraten, der von English Electric gewonnen wurde. Im März 1951 erwarb Martin von English Electric eine Lizenz und der Bau von 75 B-57 A (Bild oben) begann, die nahezu identisch mit der britischen Version waren. Mit Ende des Koreakrieges 1953 stoppte die USAF aber den Bau nach acht B-57 A, die restlichen 68 Flugzeuge wurden als Kamera-Aufklärer RB-57 A gebaut. Mit der B-57 B (202 St., Zeichnung), die im Juni 1954 erstmals flog, wurden grundlegende Änderungen eingeführt: ein Tandemcockpit, strukturelle Verbesserungen und diverse neue Systeme. Martin integrierte acht MGs, später vier MKs in die Flügel, dazu kamen vier Bomben/Raketenstationen und Bremsklappen am Heck. Zur Schulung wurden 38 B-57 B mit Doppelsteuer ausgeliefert. Als strategischer Höhenaufklärer (20 St.) erhielt die RB-57 D längere Tragflächen und P & W-Triebwerke. 21 Stück baute Martin von der speziellen RB-57 F (kleines Bild). Die B-57 E als Zielschlepper entsprach der B und wurde 68 mal gebaut. Aus Umbauten entstanden zudem diverse ECM-Versionen und Nacht-Jagdbomber.

Der Höhenaufklärer RB-57 F, mit 37 m Spannweite, der angeblich bis zu 27 000 m Höhe erreichte und 6400 km Reichweite hatte.

Bei Martin rollten bis 1957 insgesamt 403 B-57 aller Varianten aus den Hallen. Eine unbekannte Zahl erhielt Pakistan und Taiwan.

Besatzung: (B) 2
Triebwerke: (B) Zwei Axial-Strahltriebwerke Wright J65-W-5 mit je 32,06 kN Schub.
Leistungen: (B) Höchstgeschwindigkeit 960 km/h, Reisegeschwindigkeit 765 km/h, Dienstgipfelhöhe 13 750 m, Reichweite beladen 1530 km, Überführungsreichweite 4380 km.
Gewichte: (B) Leermasse 12 285 kg, Abflugmasse 18 300 kg, maximale Abflugmasse 24 365 kg.
Bewaffnung: (B) Vier MKs im Flügel, bis zu 2000 kg Bomben im Schacht und bis zu 1300 kg Bomben oder Raketen extern.

Bemerkungen: Im Koreakrieg kam der Bomber nicht mehr zum Zug, dafür im Vietnamkrieg, obwohl zu der Zeit die B-57 schon veraltet und leicht zu bekämpfen war und eine relativ hohe Verlustrate hatte. Lediglich die mit spezieller Sensorik umgebauten Nachtjäger und die ECM-Versionen wurden mit Erfolg eingesetzt. Die letzten B-57 wurden 1983 wurden außer Dienst gestellt. Positiver bewertet wurden die Höhenaufklärer, die weltweit in großen Höhen unterwegs waren, ein Teil davon später auch von der NASA experimentell genutzt wurden und 2012 nochmals in Afghanistan zum Einsatz kamen.

Zahlreiche Museumsexemplare in den USA haben überlebt. Eine z. B. im National Museum of the United States Air Force, Dayton, USA.

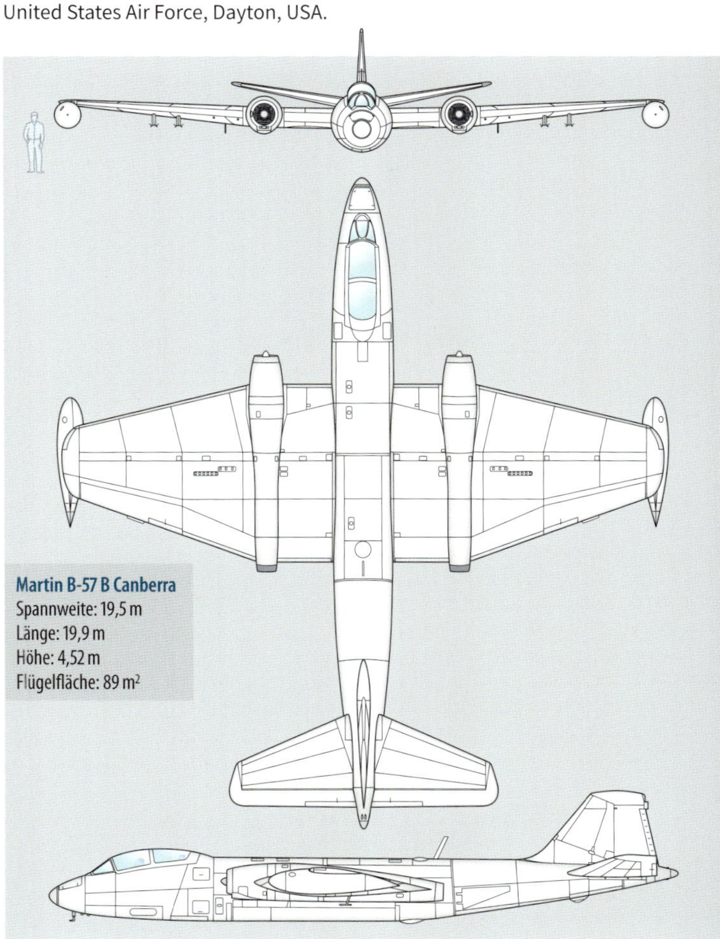

Martin B-57 B Canberra
Spannweite: 19,5 m
Länge: 19,9 m
Höhe: 4,52 m
Flügelfläche: 89 m²

Martin P5M Marlin

Ursprungsland
USA
Kategorie
Seefernaufklärer, U-Boot-Jagdflugzeuge

Entwicklung: Als Nachfolger der Martin Mariner (S. 194) wurde die P5M in den späten 1940er-Jahren entwickelt. Sie sollte vor allem für die US-Navy als U-Boot-Jagdflugzeug gegen sowjetische U-Boote eingesetzt werden. Der Prototyp des Knickflüglers in Ganzmetallbauweise basierte noch auf der Mariner, war mit MKs und MGs bewaffnet und hob als XP5M-1 erstmals im Mai 1948 ab. Vier P5M-1 wurden im Dezember 1949 in Auftrag gegeben, dem 1950 ein weiterer über 150 Maschinen folgte. Diese erste Baureihe unterschied sich jedoch erheblich vom Prototyp: das Cockpit wurde nach oben gesetzt, die Bugbewaffnung wich einem Radardom, der Heckstand entfiel, um Raum für Bomben zu schaffen wurden die Motorgondeln verlängert, dazu kamen aerodynamischere Schwimmer. Untervarianten wie die 80 P5M-1S (Bild) mit moderner Aufklärungs-Elektronik und die sieben P5M-1G für die Küstenwache, sowie sieben Trainer, wurden aus dem Basismodell umgebaut. Der im April 1954 endenden P5M-1-Produktion folgte die P5M-2 (Zeichnung). Mit ihr wurde ein T-Leitwerk und ein ausfahrbarer Magnet-Detektor im Heck eingeführt, die Bootsform verbessert und großzügigere Crewunterkünfte eingerichtet. 115 Flugzeuge wurden ausgeliefert, die später mit besserer Steuerung und aktualisierter Anti-U-Boot-Ausrüstung zur P5M-2S modifiziert wurden. Davon gingen elf P5M-2 an die US Coast Guard. Als Ersatz für ihre alten Shorts Sunderland erhielt die französische Marine 1959 zehn Ex-Navy-Marlins, die sie aber fünf Jahre später wieder zurückgab.

Martin lieferte bis Dezember 1960 insgesamt 285 Flugboote aus.

Bemerkungen: In den späten 1950er-Jahren stieg die Furcht vor sowjetischen Atom-U-Booten und die US-Navy war gezwungen, ihre Abwehr zu intensivieren. Mit der P5M und deren ständig modernisierter Elektronik und Waffenausrüstung war sie in der Lage, U-Boote nicht nur aufzuspüren, sondern auch gleich zu bekämpfen. Das Flugboot wurde von den USA aus in den Küstengebieten des Atlantiks und Pazifiks eingesetzt, aber z. B. auch im Mittelmeer. Auf ihren letzten Missionen flog sie im Vietnamkrieg, um die Küstengewässer zu kontrollieren. Die US Coast Guard setzte sie zur Küstenwache und für SAR-Dienste ein, gab sie aber wegen des großen Wartungsaufwands wieder an die Navy zurück. Frankreich nutzte ihre P5M bis 1964, zeitweise auch über dem Atlantik vom Senegal aus.

Die einzig erhaltene P5M steht im National Naval Aviation Museum in Pensacola, USA.

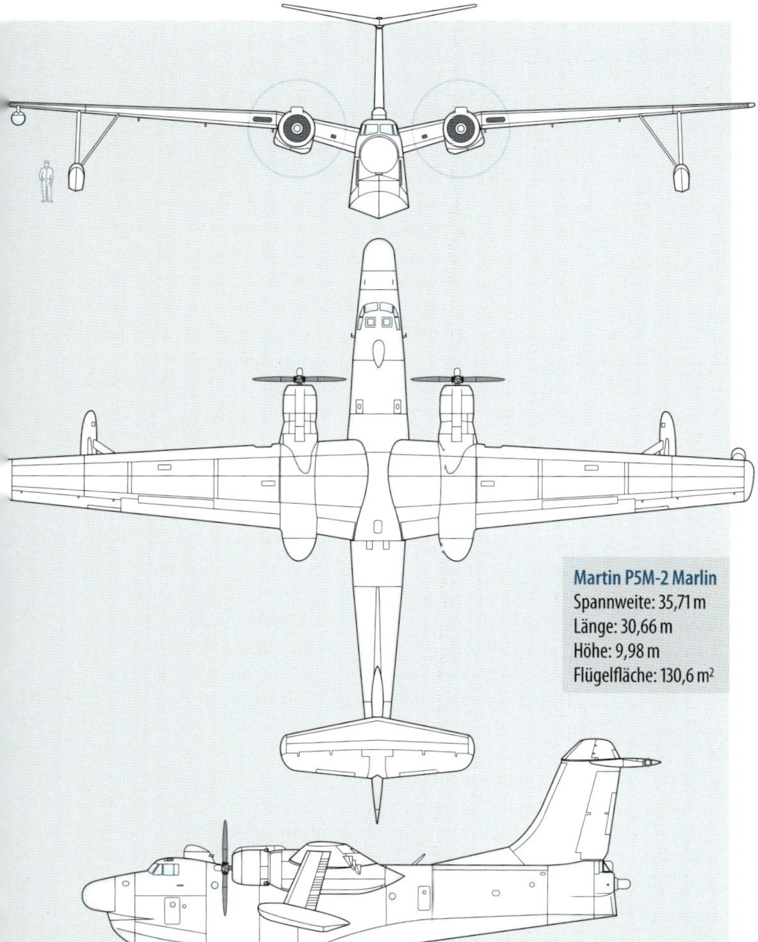

Martin P5M-2 Marlin
Spannweite: 35,71 m
Länge: 30,66 m
Höhe: 9,98 m
Flügelfläche: 130,6 m²

Besatzung: (P5M-2) 11
Triebwerke: (P5M-2) Zwei luftgekühlte 18-Zylinder-Doppelsternmotoren Wright R-3350-32WA Duplex Cyclone mit je 2537 kW (3450 PS).
Leistungen: (P5M-2) Höchstgeschwindigkeit 404 km/h auf Meereshöhe, Reisegeschwindigkeit 240 km/h, Dienstgipfelhöhe 7300 m, Reichweite 3300 km.
Gewichte: (P5M-2) Leermasse 22 900 kg, Abflugmasse 34 743 kg, maximale Abflugmasse 35 380 kg.
Bewaffnung: (P5M-2) Bis zu 3600 kg intern und 3600 kg extern, bestehend aus Torpedos, Wasserbomben und Minen.

McDonnell FH Phantom

Entwicklung: Mitte 1943, noch während des Zweiten Weltkiegs, beauftragte die Navy McDonnell, ein strahlgetriebenes Jagdflugzeug zu entwickeln. Erste Studien gingen noch von je drei Triebwerken unter den Tragflächen aus, mit dem Auftrag über zwei Prototypen XFD-1 Ende 1943 kam man aber mit zwei leistungsstärkeren Triebwerken in den Flügelwurzeln aus. Erstflug war im Januar 1945, angetrieben von zwei 5,18 kN starken Westinghouse 19 XB, noch ohne Druckkabine und ohne Schleudersitz, aber mit faltbaren Tragflächen und trägertauglicher Ausrüstung. Der erste Prototyp ging im November 1945 bei einem Absturz verloren. Mit der zweiten XFD-1 wurde im Juli 1946 erstmals eine Deckslandung auf einem US-Flugzeugträger mit einem Jet absolviert. Es folgten wegen ständiger Triebwerksprobleme schleppende, aber doch zufriedenstellende Tests, die schließlich mit einer Bestellung von 100 FD-1 mit den stärkeren Westinghouse J30-Triebwerken ihren Abschluss fanden. Nach Kriegsende wurde die Order allerdings auf 30 reduziert, später aber wieder auf 60 aufgestockt. Mit einem längeren Bug, größeren Tanks und Bremsklappen flog bereits im Oktober 1946 eine Serienmaschine und im Juli 1947 wurde die erste von zwei Phantom-Staffeln aufgestellt. In der Zeit änderte die Navy auch ihre Flugzeugbezeichnungen. So wurde aus der FD-1 die FH.

Lediglich 60 Serienmaschinen wurden bis Mai 1948 von McDonnell ausgeliefert.

Bemerkungen: Die Navy wählte einen Newcomer unter den Flugzeugherstellern aus, um den ersten trägergestützten Jet zu entwickeln. Sie wollte während des Krieges damit den großen Firmen keine Entwicklungskapazitäten entziehen und sie versprach sich, einen Entwurf mit der neuen Antriebstechnologie zu bekommen, der nicht auf herkömmlichen Konstruktionsideen basierte. McDonnell wurden deshalb keine exakten Vorgaben gegeben, es führte aber doch zu einem recht konservativen Design mit geraden Flügeln. Allerdings waren die Triebwerke auch noch anfällig und leistungsarm und McDonnell wollte nichts riskieren. Die Entwicklung im Jetflugzeugbau war zu dieser Zeit jedoch rasant. Dies führte auch dazu, dass die Einsatzzeit der Phantom nur von kurzer Dauer war, da die Navy schon parallel zur Serienproduktion der FH einen deutlich leistungsfähigeren, trägergestützten Jagdbomber in Auftrag gab, die F2H Banshee (S. 200). So wurden die beiden Phantom-Staffeln bereits Ende 1949 aufgelöst und die Maschinen nur noch von Juli 1950 bis Juli 1953 in Reservestaffeln der Naval Air Reserve eingesetzt.

Eine FH-1 Phantom findet man im Pima Air and Space Museum, Tucson und im National Air and Space Museum, Washington, USA

Ursprungsland
USA
Kategorie
Jagdbomber

Besatzung: 1
Triebwerke: Zwei Axialstrahltriebwerke Westinghouse J30-WE-20 mit je 7,1 kN Schub.
Leistungen: Höchstgeschwindigkeit 813 km/h in 9000 m, Dienstgipfelhöhe 12 500 m, Reichweite 1110 km, Überführungsreichweite 2300 km.
Gewichte: Leermasse 3031 kg, Abflugmasse 4552 kg, maximale Abflugmasse 5459 kg.
Bewaffnung: Vier MGs im Bug und acht ungelenkte Raketen an Außenstationen.

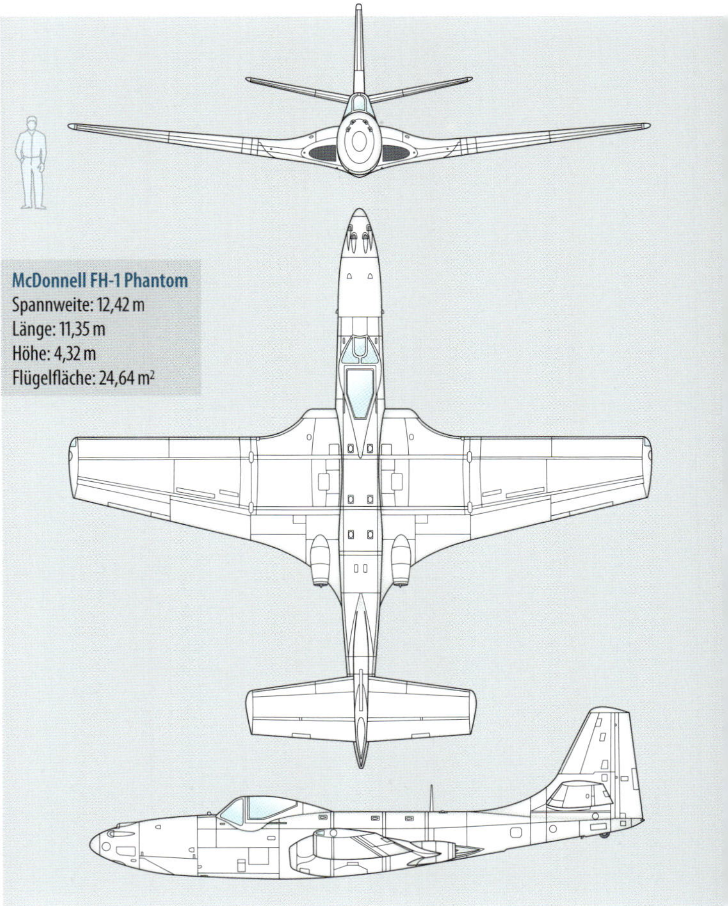

McDonnell F2H Banshee

Ursprungsland
USA
Kategorie
Jagdbomber

Entwicklung: Schon bevor die Produktion der FH Phantom (S. 199) begann, arbeitete McDonnell im Auftrag der US Navy an einer verbesserten, größeren Version, der F2H. Im März 1945 bestellte die Navy drei Prototypen XF2D, deren Fertigung im Januar 1946 begann, der Erstflug fand im Januar 1947 statt. Die Erprobung lief zufriedenstellend und im Mai 1947 sprach die Navy eine Bestellung von 56 F2H-1 aus, die bis August 1949 ausgeliefert wurden. Der in Ganzmetallbauweise konstruierte, flugzeugträgertaugliche Einsitzer hatte im Gegensatz zur FH Phantom einen Schleudersitz, eine Druckkabine und elektrische, anstatt hydraulischer Systeme. Es wurden 56 F2H-1 produziert, bis ab Anfang 1949 die Auslieferung von 334 F2H-2 begann. Mit einem verlängerten Rumpf, stärkeren Triebwerken, Tiptanks und zusätzlichen Flügelstationen war der Nachfolger wesentlich leistungsfähiger. Um eine schwere Atombombe tragen zu können, wurden die Zellen der 25 gebauten F2H-2B verstärkt. Von der F2H-2N, ein trägergestützter Nachtjäger, lieferte McDonnell 14 Stück aus. Die F2H-2P mit langer Nase diente als Fotoaufklärer und flog im Oktober 1950 erstmals. Der Allwetterjäger F2H-3 (253 St., Erstflug im März 1952) hatte größere Tanks, einen längeren Bug mit einem leistungsfähigeren Radar, ein geändertes Leitwerk, eine Luftbetankungseinrichtung und damit auch ein höheres Abfluggewicht. Mit der F2H-4 (147 St., 1962 in F2D umbenannt), die nahezu identisch mit der F2H-3 war, jedoch ein neues Radar und stärkere 16 kN-Triebwerke besaß und damit nahezu 17 000 m Höhe erreichte, endet die Produktion.

Bis Ende 1953 wurden 895 Banshees ausgeliefert, davon gingen 39 F2H-3 an Kanada.

Bemerkungen: Bei der FH Phantom war der US-Navy schnell klar, dass sie mit damit nicht an die Leistungen der US Air Force-Jäger herankam. Erst mit den Banshees, die ab März 1949 zum Einsatz kamen, war die Navy konkurrenzfähig. Mit Ausbruch des Koreakrieges 1951 wurde die F2H von Flugzeugträgern aus eingesetzt und flog unter anderem, wegen seiner guten Höhenleistungen auch Begleitschutz für B-29. Mit ihrem konservativen Flügeldesigns war die Banshee jedoch bei Luftkämpfen mit der MiG-15 benachteiligt und wurde deshalb überwiegend außerhalb der Reichweite feindlicher Jets, vor allem als hoch fliegender Aufklärer, eingesetzt. Nur wenige Banshees flogen an vorderster Front, die aber schnell durch F9F Cougars und F8U Crusader ersetzt wurden. Um 1961 wurden die letzten US-amerikanische F2H ausgemustert.

Es sind vermutlich 10 Banshees in den USA und Kanada erhalten geblieben, davon steht eine F2H-3 im Canadian Aviation Museum in Ottawa.

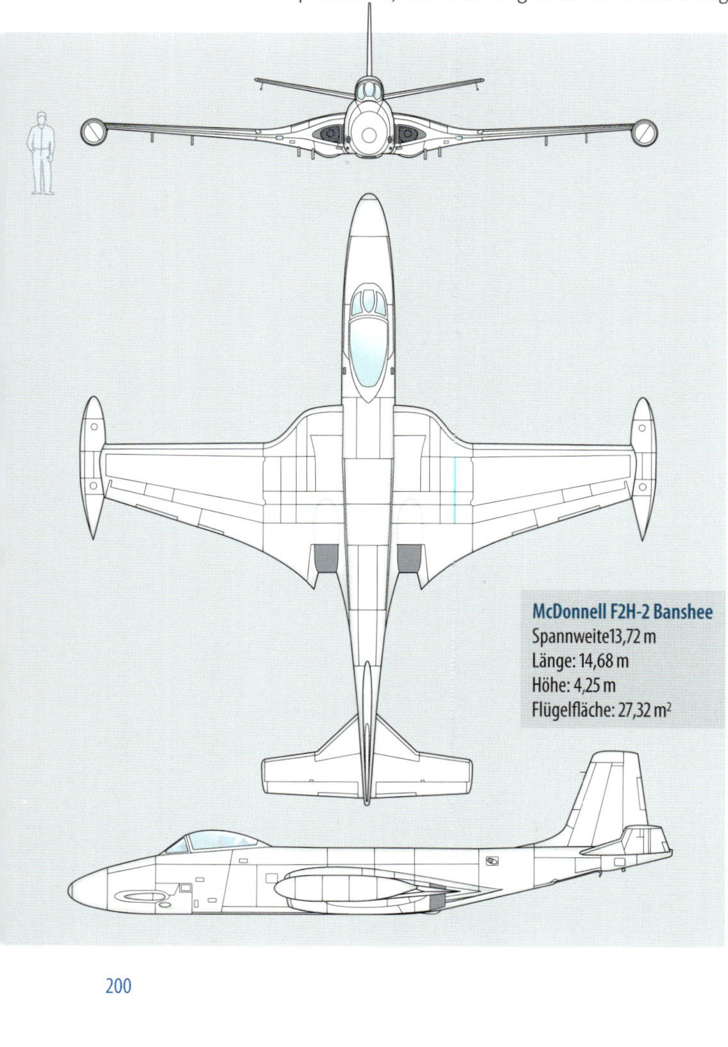

McDonnell F2H-2 Banshee
Spannweite13,72 m
Länge: 14,68 m
Höhe: 4,25 m
Flügelfläche: 27,32 m²

Besatzung: 1
Triebwerke: (F2H-2) Zwei Düsentriebwerke Westinghouse J34-WE-34 mit je 14,46 kN Schub.
Leistungen: (F2H-2) Höchstgeschwindigkeit 847 km/h, Reisegeschwindigkeit 740 km/h, Dienstgipfelhöhe 14 200 m, Reichweite 2760 km.
Gewichte: (F2H-2) Leermasse 5980 kg, maximale Startmasse 12 925 kg.
Bewaffnung: (F2H-2) Vier MKs im Bug und maximal 720 kg Bomben und Raketen an acht Flügelstationen.

McDonnell F3H Demon

Ursprungsland
USA
Kategorie
Jagdflugzeug

Entwicklung: Als Nachfolger der Banshee (S. 200) entwickelte McDonnell nach Spezifikationen der US-Navy Mai 1948 das Model 58, das sich gegen weitere Bewerber durchsetzte. Das erste trägergestützte Jagdflugzeug der Firma mit Pfeilflügeln flog als Prototyp XF3H-1 erstmals im August 1951, ein zweiter folgte im Januar 1952. Durch zahlreiche Mängel und Triebwerksprobleme verzögerte sich die Erprobung, so dass die ersten Serienmaschinen, die noch mit dem problematischen Westinghouse XJ-40 motorisiert waren, erst im September 1953 erprobt werden konnten. Von 56 ausgelieferten F3H-1N gingen 6 durch Triebwerksausfall verloren, was ein Grounding zur Folge hatte. Erst mit dem Einbau des J71 von Allison begann mit der F3H-2 der eigentliche Serienbau. Die 239 Allwetter-Jagdbomber erhielten eine größere Tragfläche mit vier Flügelstationen und Zusatztanks unter dem Rumpf. Auch die restlichen F3H-1 wurden mit dem J71 nachgerüstet. 95 F3H-2M (Bild) waren mit radargesteuerten Luft-Luft-Raketen Sparrow bestückt. Als Jagdbomber, der auch mit Luft-Luft-Raketen Sidewinder ausgerüstet werden konnte, wurden 125 F3H-2M ausgeliefert. Die Navy änderte 1962 das Bezeichnungssystem, so dass aus der F3H die F-3 wurde.

Bei McDonnell rollten inklusive der Prototypen 517 Demon bis 1960 aus den Werkhallen.

Bemerkungen: Obwohl die russische MiG-15 (S. 123) im Westen 1948 noch nicht bekannt war, rechneten die US-Streitkrafte mit einem entsprechenden russischen Jäger und richteten deshalb Anfragen an sechs Flugzeugwerke. Auch an McDonnell, die daraufhin die F3H mit ihren gepfeilten Flügeln komplett neu entwarf. Mit Erscheinen der ersten russischen MiGs im Koreakrieg bekam die Entwicklung von neuen düsengetriebenen US-Flugzeugen oberste Dringlichkeit. Große Probleme bereiteten allerdings die Triebwerke, die nach tödlichen Unfällen schließlich auch zu einem Flugstopp der F3H führten. Trotz Einbau des zuverlässigeren Allison J71 blieb der Antrieb problematisch, zumal auch das J71 für einen Jet dieser Größe als ungenügend beschrieben wird. Auch der selbst entwickelte, aber unzuverlässige Schleudersitz wurde durch einen britischen von Martin-Baker ersetzt, die in geringerer Höhe besser funktionierten. Geflogen wurden die F3H in 14 Staffeln bei der Pazifik- und 8 Staffeln der Atlantikflotte. An Kampfeinsätzen war sie nie beteiligt und für Korea kam sie zu spät. Bereits im September 1964 wurde die letzte F3H gegen die modernere F-4 Phantom ausgetauscht.

In den USA sind zahlreiche F3H in Museen zu finden. Z. B. im National Naval Aviation Museum, Pensacola, USA.

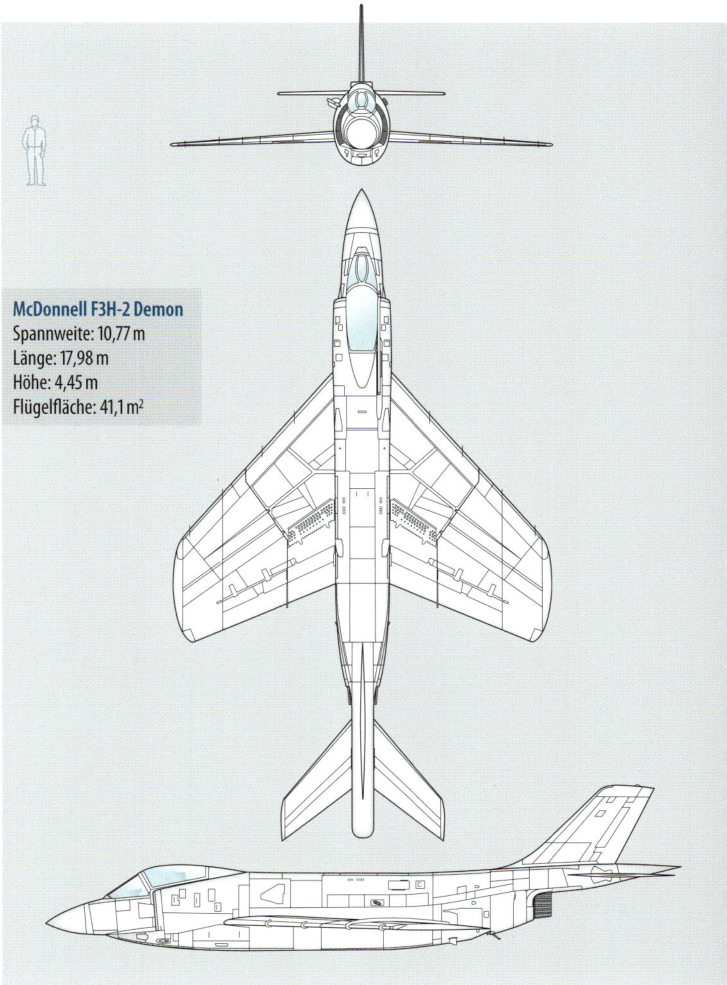

McDonnell F3H-2 Demon
Spannweite: 10,77 m
Länge: 17,98 m
Höhe: 4,45 m
Flügelfläche: 41,1 m²

Besatzung: 1
Triebwerk: Ein Axial-Strahltriebwerk Allison J71-A-2 mit 43 kN Schub, mit Nachbrenner 62,2 kN.
Leistungen: Höchstgeschwindigkeit 1152 km/h auf Meereshöhe, Dienstgipfelhöhe 13 000 m, Reichweite 2900 km
Gewichte: Leermasse 9656 kg, Abflugmasse 14 127 kg, maximale Abflugmasse 17 700 kg.
Bewaffnung: Zwei MGs unter dem Bug, maximal 2720 kg Bomben und Raketen an sechs Außenstationen.

McDonnell F-101 Voodoo

Ursprungsland
USA
Kategorie
Jagdflugzeug, Jagdbomber

Entwicklung: Gegen Ende der 1940er-Jahre benötigte das Strategic Air Command (SAC) einen Begleitjäger für ihre Langstreckenbomber. Deshalb erhielt im Februar 1947 McDonnell einen Konstruktionsauftrag für zwei Prototypen XF-88. Der erste flog im Oktober 1948. Enttäuschende Leistungen, eine Strategieänderung und Finanzprobleme der USAF führten zu einer Neudefinition, auf die McDonnell mit einer wesentlich größeren und leistungsstärkeren Maschine reagierte und im Mai 1951 den Zuschlag bekam. Der nun F-101 Voodoo genannte Jet flog im September 1954. Die erste von 77 einsitzigen F-101 A, die neben diversen Außenlasten auch mit vier MGs bewaffnet war, wurde aber erst Anfang 1957 wegen Finanzkürzungen in Dienst gestellt. Mit sechs Kameras waren 35 RF-101 A als Aufklärer ausgestattet. Die größte Stückzahl mit 479 erreichte ab Januar 1959 der zweisitzige Abfangjäger F-101 B (Bild), von der auch 112 Stück als CF-101 B an Kanada geliefert wurden. Im erweiterten Vorderrumpf wurde ein Feuerleitradar installiert, die leistungsstärkeren Triebwerke erhielten einen größeren Nachbrenner. Alle vier MGs entfielen, ersetzte wurden sie durch Luft-Luft-Raketen, die auf einer rotierenden Plattform im Schacht transportiert wurden. Mit dem Jagdbomber F-101 C (47 St.) führte man eine verstärkte Zelle für höhere G-Belastungen ein. Von ihm wurden später 32 zum Aufklärer RF-101 H umgebaut. Auch der Aufklärer RF-101 C bekam die verstärkte Zelle und anstatt eines Radars einen langen Kamerabug. Als Trainer lieferte McDonnell 79 neue F-101 F aus, 152 baute man aus den vorhergehenden Serien um. In den frühen 1970ern wurden noch 22 kanadische CF-101 B in Aufklärer RF-101 R mit Kameras im Bug und im Waffenschacht umgebaut.

McDonnell lieferte von allen Varianten 807 Neuflugzeuge aus.

Bemerkungen: Die Voodoo, ein Teil der Century-Serie (F-100 – F110), war zu ihrer Zeit eines der schnellsten Jagdflugzeuge, das nebenbei auch einige Geschwindigkeitsrekorde aufstellte. Eingesetzt wurden hauptsächlich Aufklärer während der Kubakrise und im Vietnamkrieg. Angeblich wurden auch einige taiwanesische F-101 für Aufklärungsflüge über China genutzt. Die meisten Voodoos nahm die USAF zwischen 1968 und 1971 aus dem aktiven Dienst und gab einen großen Teil an die National Guard für Abfang- und Patrouillenmissionen unter dem Kommando der NORAD über Nordamerika ab, bis die letzte Maschine schließlich im September 1982 stillgelegt wurde. Der Konstruktion sah man aber schon den Nachfolger an, der legendären F-4 Phantom II.

In US-Museen findet man zahlreiche Voodoos, eine F-101 B steht auch im Technik Museum Speyer.

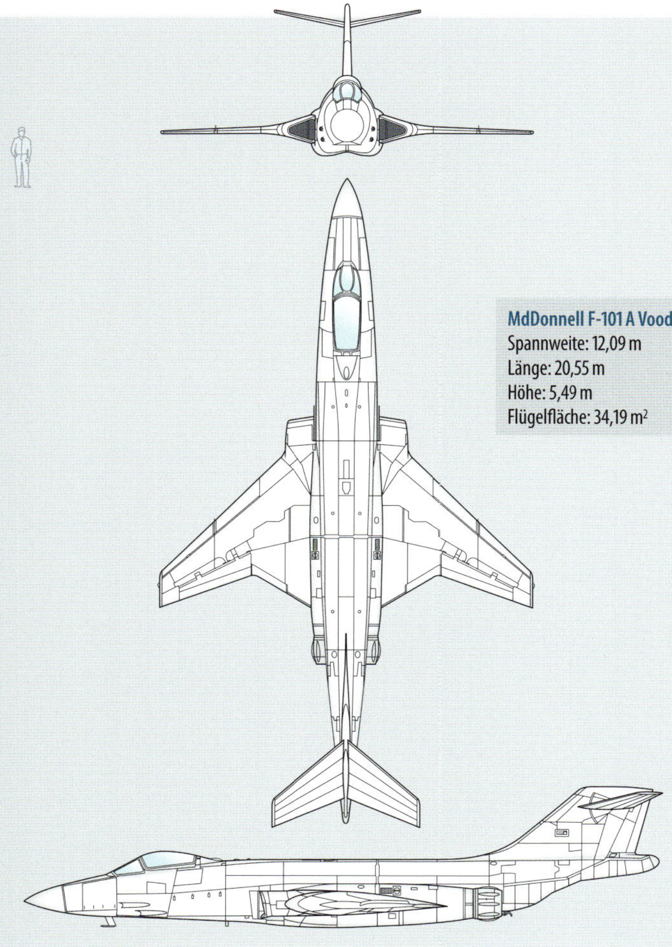

MdDonnell F-101 A Voodoo
Spannweite: 12,09 m
Länge: 20,55 m
Höhe: 5,49 m
Flügelfläche: 34,19 m²

Besatzung: (B) 2
Triebwerke: (B) Zwei Axialstrahltriebwerke Pratt & Whitney J57-P-55 mit je 53,3 kN Schub, mit Nachbrenner je 75 kN.
Leistungen: (B) Höchstgeschwindigkeit 1825 km/h in 11 000 m, Dienstgipfelhöhe 17 800 m, Reichweite 2450 km.
Gewichte: (B) Leermasse 12 925 kg, Abflugmasse 20 713 kg, maximale Abflugmasse 23 768 kg.
Bewaffnung: (B) Vier Luft-Luft-Raketen oder 2 Luft-Luft-Raketen plus 2 nukleare Luft-Luft-Raketen.

North American P-51 Mustang

Ursprungsland
USA
Kategorie
Jagdflugzeug, Jagdbomber, Aufklärer

Entwicklung: Auf Großbritanniens Lizenz-Anfrage anfang 1940 für die Curtiss P-40, schlug North American einen leistungsfähigeren Eigenentwurf vor. Der Prototyp NA-73X flog bereits im Oktober 1940(!). Von der ersten Serie P-51 A bestellten die USA 1200, 50 gingen an Großbritannien. 500 Stück wurden von der verstärkten Sturzkampfversion A-36 Apache geliefert. Weil die Höhenleistung des Allison-Motors ungenügend war, begannen im Herbst 1942 Tests mit dem britischen Rolls-Royce Merlin, der mehr Leistung bei geringerem Verbrauch versprach und zur P-51 B führte, die mit einem von Packard lizenzierten RR Merlin 1998 mal vom Band lief. Nahezu baugleich war die P-51 C (1750 St.). Mit zusätzlichem Tank hatte sie eine Reichweite von fast 2000 km. Die meistgebaute D (Zeichnung, ca. 8000 St.) mit neuer Haube und 6 MGs, kam mit zwei Droptanks auf 3300 km Reichweite. Von der P-51 K wurden 1500 und von der Leichtbauversion H (Bild) mit längeren Flügeln 555 Stück produziert.

15 858 Mustangs rollten aus den Produktionshallen von North American. Australien produzierte bis 1951 200 Mustangs in Lizenz als Ca.17/18.

Bemerkungen: Anfangs hatte man mit der P-51 nur einen schnellen Jagdbomber und Aufklärer. Mit dem Einbau des Merlin aber ab 1942 ein überlegenes Jagdflugzeug – nicht wenige Piloten behaupten, das beste Jagdflugzeug des Zweiten Weltkrieges. Mit starker Bewaffnung, in großer Höhe, bei hoher Geschwindigkeit und guter Manövrierfähigkeit, dazu großer Reichweite, war es der ideale Langstrecken-Begleitjäger für die großen Bomberverbände über Europa und Japan. Mit entstehen der USAAF wurde 1948 die P-51 in F-51 umbenannt und mit Erscheinen der neuen Jets auch an die Air National Guard und die Reserveeinheiten abgegeben. Mit Beginn des Koreakrieges wurden sie aber wieder reaktiviert und zur Erdkampfunterstützung mit Bomben, Raketen und Bordwaffen herangezogen. Allerdings erlitten sie hohe Verluste. Erst nach dem Koreakrieg endete ihre US-Karriere. Zu den größeren Nachkriegs-Abnehmern von 130 gebrauchten P-51 gehörte z. B. auch die Schweiz, die sie von 1948 bis 1957 flog, und ab 1951 mit 25 Flugzeuge Israel, um sie in der Suezkrise einzusetzen. Mehr als 25 Luftwaffen, vor allem lateinamerikanische Staaten, flogen die P-51. Die letzten von der Dominikanischen Republik militärisch eingesetzten wurden angeblich erst 1984 ausgemustert.

In etlichen Ländern werden noch circa 260 P-51 flugfähig gehalten oder in Museen präsentiert, die meisten in den USA. Eine betreibt aber auch Hangar 10 am Heringsdorfer Flughafen.

Besatzung: 1
Triebwerk: (D) Ein flüssigkeitsgekühlter V12-Zylinder-Motor Packard-Merlin V-1650-7 mit 1111 kW (1490 PS), Notleistung ca. 1282 kW (1720 PS).
Leistungen: (D) Höchstgeschwindigkeit 708 km/h, Reisegeschwindigkeit 583 km/h, Dienstgipfelhöhe 12 800 m, Reichweite 2656 km mit Droptanks.
Gewichte: (D) Leergewicht 3465 kg, Abfluggewicht 4175 kg, maximales Abfluggewicht 5488 kg.
Bewaffnung: (D) Je 3 MGs in den beiden Tragflächen, maximal 450 kg Bomben an zwei Flügelstationen oder 6 bzw. 10 Luft-Boden-Raketen.

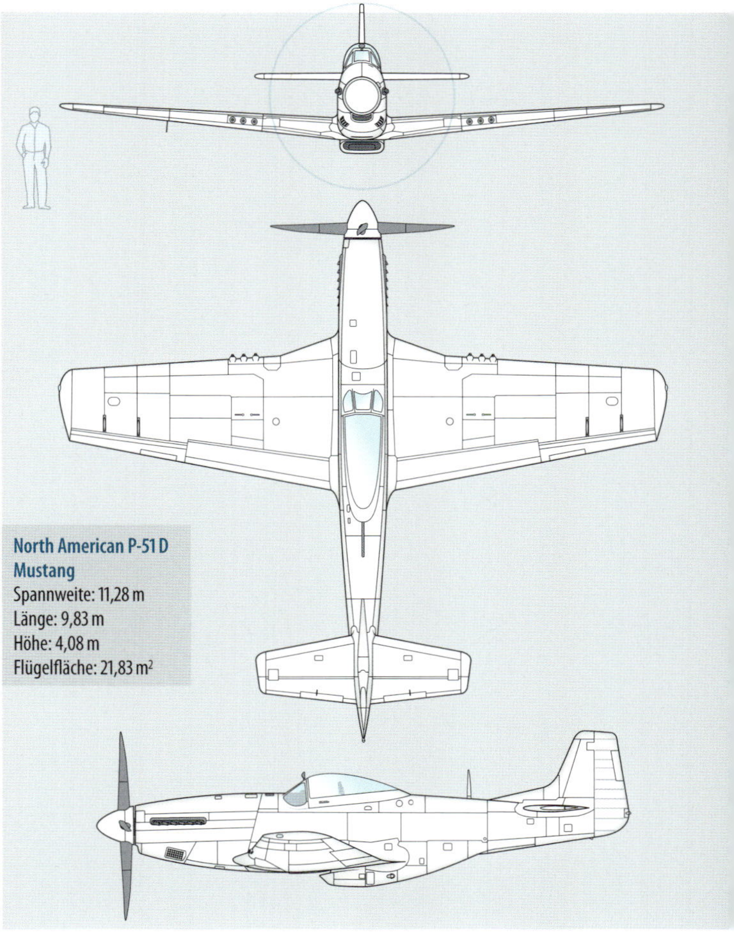

North American P-51 D Mustang
Spannweite: 11,28 m
Länge: 9,83 m
Höhe: 4,08 m
Flügelfläche: 21,83 m²

North American F-82 Twin-Mustang

Ursprungsland
USA
Kategorie
Langstrecken-Begleitjäger, Nachtjäger

Entwicklung: Bereits im Oktober 1943 begann North American mit der Entwicklung eines doppelsitzigen Begleitjägers für die B-29 (S. 151) und B-50 (S. 153), der eine Reichweite von ca. 3200 km haben sollte. Von vielen Fachleuten eigentlich als Neukonstruktion bezeichnet, nutzte man zwei verlängerte P-51-Rümpfe, konstruierte einen neuen Mittelflügel, verstärkte die Außenflügel um Hardpoints für Bomben und Droptanks anbringen zu können und intergrierte je ein Hauptfahrwerk in die Rümpfe. Beide Cockpits waren mit voller Instrumentierung und Steuerorganen ausgestattet. Erstflug der XP-82 war im Juni 1944. Ein Auftrag über 500 Maschinen folgte, der aber mit der Kapitulation Japans im September 1945 hinfällig war und die USAAF nur die 19 P-82 B abnahm, die schon im Bau und bis März 1946 ausgeliefert waren. Sie wurden aber nur für Bewaffnungstests herangezogen. Als Einzelstück flog die aus einer B umgebaute P-82 C erstmals im März 1946. In diesem Nachtjäger mit einem großen Radarpod unter dem Mittelflügel (Bild) saß der Radaroperator im rechten Cockpit. Ebenso ein umgebautes Einzelstück blieb die D, die ein anderes Radar erhielt. Schließlich lieferte North American bis März 1949 von den Nachtjägerversionen F, G und H, die sich marginal unterschieden, insgesamt 150 Flugzeuge aus. Von der Begleitjägerversion E, eine geringfügig modifizierte B, wurden bis Dezember 1948 96 gebaut.

Inklusive der Prototypen produzierte North American 271 Twin-Mustangs.

Bemerkungen: In der Twin-Mustang sah man eine Übergangslösung für einen Langstreckenbegleitjäger, bis geeignete Jets und entsprechende Triebwerke entwickelt waren. Mit ihrer extremen Reichweite wären Twin-Mustangs in der Lage gewesen, strategische US-Bomber von Großbritannien aus bis Moskau zu begleiten, dort 30 min zu verweilen und wieder zurückzufliegen. Auch als Nachfolger des Nachtjägers P-61 Black Widow, war die stark bewaffnete, mit Radar ausgestattete Zweimot gut geeignet. Eingesetzt wurden im Koreakrieg schließlich beide Versionen, die relativ erfolgreich als Abfangjäger, aber auch zur Bodenunterstützung agierten, bis sie nach kurzer Einsatzdauer durch Jets wie z. B. die F-94 Starfire (S. 190) abgelöst wurden. Insgesamt 15 F-82 H flogen als umgebaute F und G mit Enteisungsanlagen beim Alaskan Air Command. Sie sollten zusammen mit anderen F-82 die amerikanische Nordflanke vor in Sibirien gestarteten sowjetischen Bombern schützen. Die letzten Twin-Mustangs wurden schließlich im November 1953 außer Dienst gestellt, fast alle wurden verschrottet..

Vermutlich sind fünf F-82 in den USA erhalten geblieben, zwei davon flugtauglich. Eine steht im National Museum of the USAF, Dayton USA.

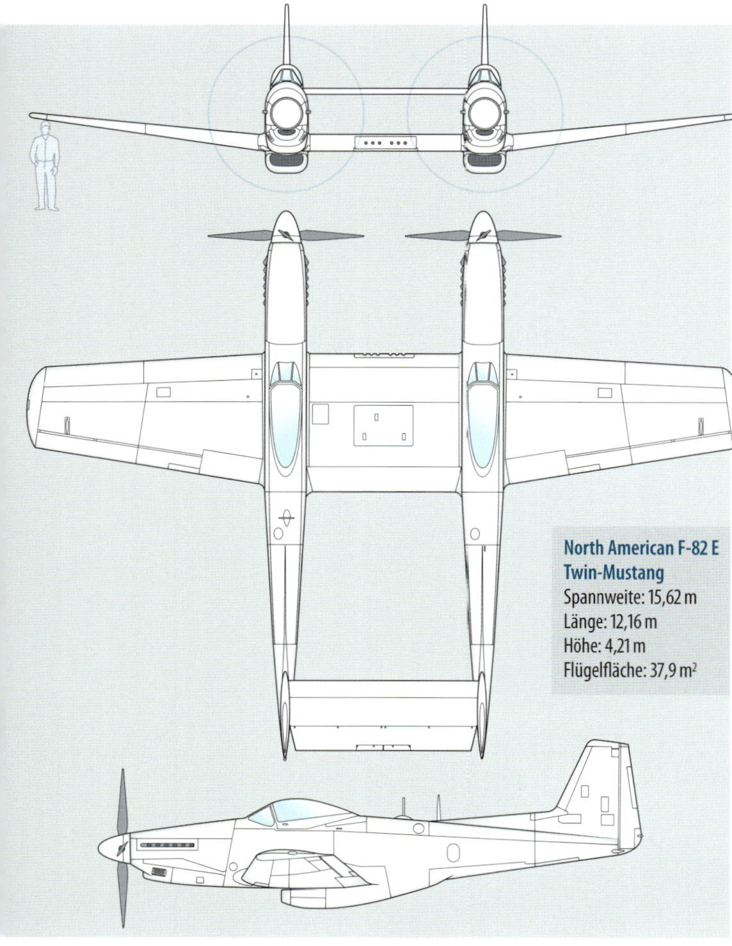

North American F-82 E Twin-Mustang
Spannweite: 15,62 m
Länge: 12,16 m
Höhe: 4,21 m
Flügelfläche: 37,9 m²

Besatzung: 2
Triebwerke: (E) Zwei flüssigkeitsgekühlte V-12-Zylinder Allison V-1710-143/145 mit je 1193kW (1622 PS).
Leistungen: (E) Höchstgeschwindigkeit 748 km/h, Dienstgipfelhöhe 11 700 m, Reichweite mit Zusatztanks 3500 km.
Gewichte: (E) Leermasse 6765 kg, maximale Abflugmasse 11 280 kg.
Bewaffnung: (E) Sechs MGs im Mittelflügel, vier 450 kg-Bomben oder 25 Raketen an Außenstationen.

North American FJ-1 Fury

Ursprungsland
USA
Kategorie
Kampfflugzeug

Entwicklung: Im letzten Jahr des Pazifikkrieges forderte die US Navy vier Hersteller auf, Prototypen eines strahlgetriebenen Kampfflugzeuges zu konstruieren: Vought mit der F6U Pirate (S. 233), McDonnell mit der FD Phantom (S. 199) und der F2D Banshee (S. 200) sowie North American mit der FJ-1 Fury. Obwohl schon Jets mit Pfeilflügeln gebaut wurden, behielt die FJ-1 ihre geraden Tragflächen, da man sich bessere Langsamflugeigenschaften bei Trägerlandungen versprach. Im April 1945 war ein Mockup fertiggestellt. Die Navy bestellte im Mai 1945 drei Prototypen verbindlich und sprach eine Bestellung über 100 Serienflugzeuge aus. Im September 1946 startete die XFJ-1 zum Erstflug, der zweite Prototyp im Oktober 1946 und der dritte im Februar 1947. Das in Ganzmetall-Schalenbauweise konstruierte Flugzeug ähnelte, was Flügel, Leitwerk und Cockpit anbelangt der P-51 Mustang. Eine weit vorn liegende Kabine verschaffte dem Piloten eine gute Sicht bei Deckslandungen, ausfahrbare hydraulische Bremsklappen am Heck sorgten für eine geringe Geschwindigkeit. Das absenkbare Bugrad erleichterte den schrägen Verstau auf engen Flugzeugträgerdecks, denn die FJ-1 besaß keine Faltflügel. Die Auslieferungen begannen im Oktober 1947, nachdem die Bestellung auf 30 Flugzeuge zusammengestrichen wurde.

Einschließlich der Prototypen rollten lediglich 33 FJ-1 aus North Americans Werkshallen.

Bemerkungen: Mit der Erprobung auf der *USS Boxer* im März 1948 zählte die FJ-1 Fury zu den ersten trägertauglichen Jets der US Navy. Damit wurde Pionierarbeit für das Jet-Trägerhandling geleistet, was eine erhebliche Umstellung für die Deckscrews bedeutete. Allerdings war, wegen der geringen Leistung des Triebwerks, der Start auf einem vollen Flugdeck riskant und man beschloss nur noch Katapultstarts zuzulassen. Obwohl die Piloten von ihren Flugzeugen überzeugt waren, gabe es auch Kritikpunkte: Neben der zu geringen Triebwerksleistung war das Flugzeug bei maximalem Gewicht relativ schwer beherrschbar, die großen Tiptanks bereiteten Probleme und die Wartungsintervalle der anfälligen Allison-Triebwerke betrug nur 30 Stunden. Mehr als die Hälfte der Furies musste wegen harter Landungen und Abstürzen abgeschrieben werden, die öfters auch auf die mangelnde Jet-Erfahrung der Piloten zurückzuführen war. Als im Juli 1949 die FJ9 Panther (S. 182) in Dienst gestellt wurde, nutzte die Navy ihre FJ-1 bis Anfang 1953 bei der Navy-Reserve nur noch als Strahltrainer für angehende Panther- und Banshee-Piloten.

Eine von zwei erhaltenen FJ-1 steht im Yanks Airmuseum, Chino, die zweite ist im National Air & Space Museum, Washington, USA, eingelagert.

Besatzung: 1
Triebwerk: Ein Axial-Strahltriebwerk Allison J35-A-2 mit 18 kN Schub.
Leistungen: Höchstgeschwindigkeit 880 km/h in 3000 m, Reisegeschwindigkeit 550 km/h, Dienstgipfelhöhe 9750 m, Reichweite 870 km, maximale Reichweite mit Zusatztanks 2414 km.
Gewichte: Leermasse 4011 kg, maximale Startmasse 7076 kg.
Bewaffnung: Sechs MGs im Bug.

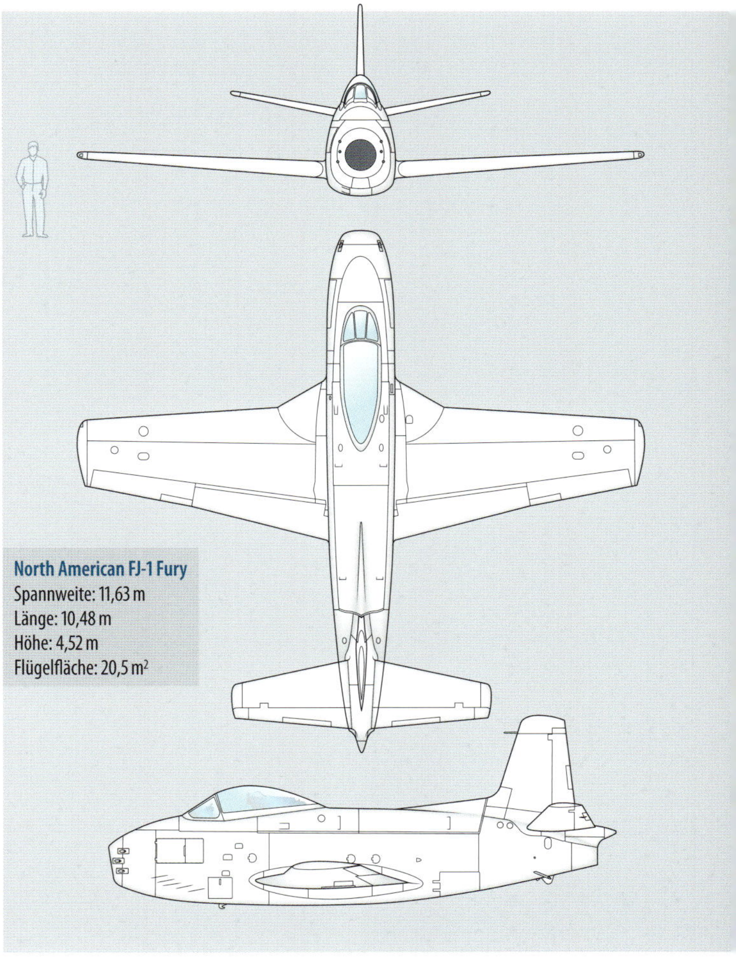

North American FJ-1 Fury
Spannweite: 11,63 m
Länge: 10,48 m
Höhe: 4,52 m
Flügelfläche: 20,5 m²

North American B-45 Tornado

Ursprungsland
USA
Kategorie
Strategischer Bomber

Entwicklung: Gegen Ende des Zweiten Weltkrieges begannen auch die USA, als sie deutsche Strahlflugzeuge entdeckten, eigene Jets zu entwickeln. Nach einer Ausschreibung gewann North American Ende 1944 einen Wettbewerb. Die Konstruktionen begannen zwar sofort, wurden aber bei Kriegsende wieder gestoppt. Mit Beginn des Kalten Krieges beschloss die USAAF ihre Bomberprojekte wieder zu forcieren. Fortschrittlichere Projekte von Boeing (XB-47, S. 152) und Martin (XB-48) steckten noch im frühen Entwicklungsstadium und die Air Force entschied sich im Januar 1947 für die B-45. Erstflug war im März 1947. Einer der drei Prototypen stürzte ab, die beiden anderen gingen zur Erprobung an die Air Force. Die ersten von 96 Serienflugzeugen B-45 A (Bild oben) flogen im Februar 1948. Wegen der schwachen Allison J35 konnten sie allerdings nur zum Training genutzt werden. Ab November 1948 verfügte man über leistungsstärkere General Electric J47, womit die B-47 einsatztauglich wurde. Eine weitere Bestellung über 190 Maschinen kürzte die USAAF 1950 aus Kostengründen auf 139. Zudem kämpften die Crews noch mit den Unzulänglichkeiten der neuen Technik, wie z. B. Triebwerksbrände und Avionikstörungen. Eine B-Version mit besserem Radar und Feuerleitsystem ging nicht in Serie. Bereits im September 1947 begann die Entwicklung der leistungsfähigeren C, mit Tiptanks und Wassereinspritzung für die Triebwerke, die damit bis zu 26,7 kN Schub abgaben. Erstflug war im Mai 1949. 43 Maschinen wurden bestellt, davon aber nur 10 ausgeliefert. Der Rest wurde in RB-45 C umgewandelt, ein Fotoaufklärer, der im April 1950 erstmals abhob.

North American lieferte bis 1951 nur 143 Tornados aller Versionen aus.

Bemerkungen: Der erste Vierstrahler der USAF war auch ihr erster Jet, der in der Luft betankt werden konnte. Er war zugleich auch ein wichtiges Teil der nuklearen Abschreckung der USA. So wurden 1952 55 zum Nuklearbomber umgerüstete B-45 nach Großbritannien verlegt. Mit der RB-45 C flog die USAAF während des Koreakrieges Aufklärungseinsätze, aber auch mit drei RB-45 von Großbritannien aus über der Sowjetunion.

Es sind drei B-45 erhalten geblieben. Eine davon steht im National Museum of the USAAF, Wright-Patterson AFB, Dayton, USA.

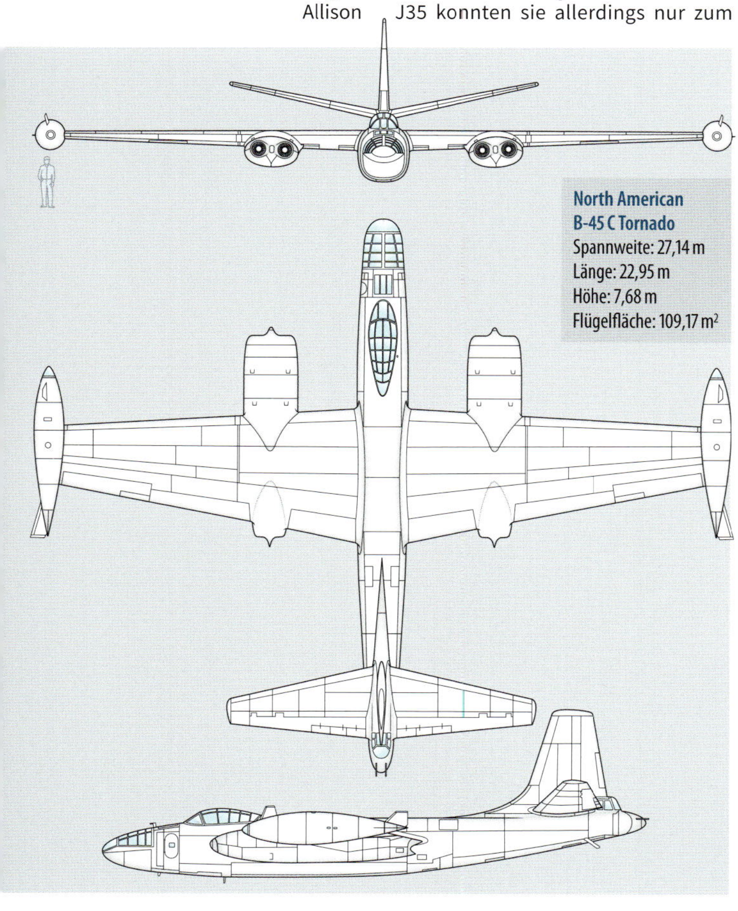

North American B-45 C Tornado
Spannweite: 27,14 m
Länge: 22,95 m
Höhe: 7,68 m
Flügelfläche: 109,17 m²

Der Aufklärer RB-45 C war mit bis zu 12 Kameras ausgestattet und besaß einen Luftbetankungseinlass auf dem Rumpf.

Besatzung: (A) 4
Triebwerke: (A) Vier Axialstrahltriebwerke General Electric J47-GE-13 mit je 23,1 kN Schub.
Leistungen: Höchstgeschwindigkeit 920 km/h, Reisegeschwindigkeit 805 km/h, Dienstgipfelhöhe 14 100 m, Reichweite 1600 km, Überführungsreichweite ca. 5000 km.
Gewichte: Leermasse 20 725 kg, Startmasse 37 470 kg, maximale Startmasse 42 069 kg.
Bewaffnung: Zwei MGs im Heck, im Schacht bis zu 10 000 kg Bomben.

North American F-86 Sabre

Ursprungsland
USA
Kategorie
Jagdflugzeug

Entwicklung: Im Mai 1945 orderte die USAAF drei Prototypen NA-140 unter der Bezeichnung XP-86. Da diese aber, mit ähnlichen Konstruktionsmerkmalen wie die FJ-1 (S. 205), die geforderten Leistungen nicht erreichen konnte, setzte man Forschungsergebnisse von erbeuteten deutschen Unterlagen und eigenen Windkanalversuchen in einem gepfeilten Fügel um. Die ausfahrbaren Vorflügel für niedere Geschwindigkeiten wurden von der Me 262 kopiert. Erstflug war schließlich im Oktober 1947. Im April 1948 durchbrach die F-86 erstmals die Schallmauer und nach der Erprobung stellte man 1949 die ersten Sabres in Dienst. Schon von der F-86 A wurden 554 Exemplare ausgeliefert, von der leicht verbesserten B mit breiterem Rumpf 188 und von der D (Zeichnung) produzierte North American 2506. Sie erhielt ein Suchradar über dem Lufteinlauf, hatte einen voluminöseren Rumpf, einen neuen Nachbrenner und war anstatt mit MGs mit Raketen bewaffenet. Neben einigen kleineren Serien von Aufklärern, Schulflugzeugen und speziellen Exportversionen lieferte North American 336 F-86 E mit Pendelhöhenruder aus. 2239 nuklearwaffenfähige F bekamen verbesserte Flügel und wurden auch unter MDAP an europäische Luftwaffen geliefert. Ab Ende 1954 übernahm die USAAF 477 nukearwaffenfähige F-86 H, die alle 1958 in die 2.Reihe an die National Guard abgetreten wurden. Canadair produzierte 1815 CL-13 Sabres, die auch an die deutsche Luftwaffe (300 St.), an die RAF, USAF und RCAF gingen. Von einer eigenen Variante Ca. 27 (S. 11) baute Australien 112 Exemplare. Mitsubishi lieferte 300 lizenzierte F-86 F an Japans Luftwaffe.

Insgesamt sind 9860 aller Varianten und Lizenzen ausgeliefert worden.

Bemerkungen: Die Sabre ist das erste in Serie gebaute Überschalljagdflugzeug der USA, das zu den wichtigsten und erfolgreichsten Jagdflugzeugen zu Beginn des Kalten Krieges zählt. Mit ihr konnten die USA endlich während des Koreakrieges (1950 – 1953) erfolgreich gegen MiG-15 (S. 124) antreten. Die F-86 wurde schließlich der Standardjäger der NATO und obwohl als Tagjäger konzipiert, nutzten zahlreiche Streitkräfte das vielseitige Flugzeug mit Radar ausgestattet als Allwetter-Jagdflugzeug. Mit fast 10 000 produzierten Exemplaren wurde die F-86 auch zu einem echten Exportschlager für North American und Canadair. So flogen über 30 Länder teils neue, aber auch gebrauchte F-86. Vermutlich wurden die letzten erst 1994 in Südamerika stillgelegt.

Fast alle ehemaligen Betreiberländer haben F-86 in ihren Museen. Über 20 sind noch flugtüchtig, hauptsächlich in den USA. Eine F 86 E (CL-13 B) steht z. B. in Hermeskeil und eine im Deutschen Museum, Flugwerft Schleisheim.

Besatzung: 1
Triebwerk: (D) Ein Axialstrahltriebwerk General Electric J47-Ge-17 mit 24,1 kN Schub, mit Nachbrenner 33,3 kN.
Leistungen: (D) Höchstgeschwindigkeit 1138 km/h, Dienstgipfelhöhe 15 120 m, Reichweite maximal 1700 km.
Gewichte: (D) Leermasse 6131 kg, maximale Startmasse 9050 kg.
Bewaffnung: (D) 24 ungelenkte Raketen.

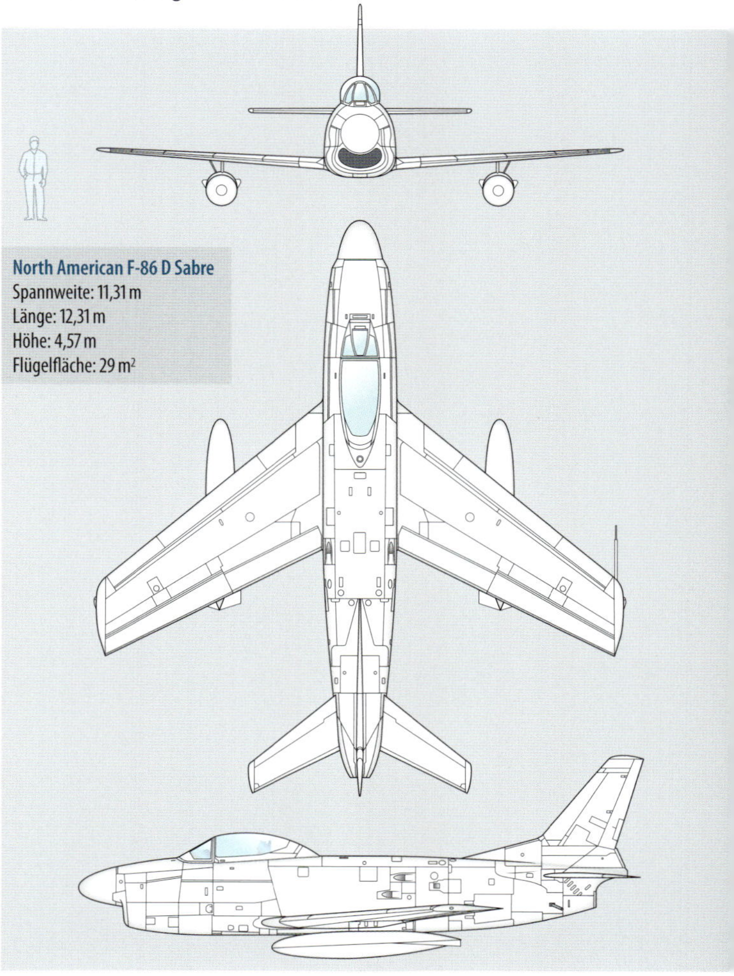

North American F-86 D Sabre
Spannweite: 11,31 m
Länge: 12,31 m
Höhe: 4,57 m
Flügelfläche: 29 m²

North American AJ-2 Savage

Ursprungsland
USA
Kategorie
Mittelschwerer strategischer Bomber, Tanker

Entwicklung: Gegen Ende des Zweiten Weltkriegs forderte die US-Navy in einem Wettbewerb ein trägergestütztes Kampfflugzeug, das bis zu 4,5 t Bomben tragen konnte. North American gewann, nachdem man das Design auch für den Transport einer Atombombe anpasste. Im Juni 1946 wurden drei Prototypen XAJ-1 und eine Bruchzelle beauftragt. Erstflug war im Juli 1948. Der dreisitzige, in Ganzmetall-Schalenbauweise konstruierte Hochdecker mit Faltflügel, hatte ein zusätzliches Strahltriebwerk im Heck, dessen Lufteinlauf vor dem Seitenruder lag. Es sollte nur für Start und Zielanflug genutzt werden und wurde mit dem Avgas der Kolbenmotoren betrieben. Während der Erprobung gingen zwei Prototypen verloren, was aber eine Bestellung vom Oktober 1947 nicht beeinflusste. Nach Änderungen am Cockpit für ein drittes Crewmitglied fand im Mai 1949 der Erstflug einer von 55 gebauten Serienmaschinen AJ-1 statt. Alle Bomber wurden 1962 in A-2 umbenannt und so wurde die zweite Charge von weiteren 55 A-2 mit etwas stärkeren Antrieben, längerem Rumpf und größeren Tanks ausgeliefert. Der viersitzige Aufklärer A-2 P (30 St.) erhielt größere Tanks sowie einen neu gestalteten spitzen Bug für Kameras, von denen weitere, neben Blitzbomben, im Waffenschacht mitgeführt werden konnten. Eine unbekannte Zahl wurde zu Tankern umgebaut, bei denen anstatt des Strahltriebwerks die Schlauchbetankungsanlage untergebracht war. Einer von zwei Prototypen der leistungsgesteigerten AJ-2 Super Savage mit zwei 5170 PS-Propellerturbinen flog noch im Januar 1952, danach wurde das Projekt jedoch eingestellt.

Inklusive der Prototypen lieferte North American 143 Flugzeuge aus.

Bemerkungen: Mit der A-2 erhielt die US-Navy den damals schwersten trägergestützten Bomber, der allerdings nur von großen Flugzeugträgern operieren konnte. Nach Berichten gehörte die A-2 nicht zu den zuverlässigen Flugzeugen und mit ihrer Größe und dem langwierigen Faltprozess der Flügel war sie offenbar auch ein stetes Hindernis auf den Flugdecks. Die Geschwader wurden nicht nur auf Trägern stationiert, sondern auch auf Landbasen. Neben den USA war das Flugzeug in Marokko und Korea als abschreckender Atombombenträger stationiert. Die Aufklärer wurden auf Missionen über Korea und China, aber auch für kartographische Aufgaben in den USA genutzt. Bis Anfang 1960 waren fast alle A-2 ausgemustert. Ein paar wurden noch als Wasserbomber eingesetzt, einige noch bei der NASA bis 1964 für Zero-G-Parabelflüge. Eine letzte flog bei Avco Lycoming bis 1984 als Testbed für Triebwerke.

Die einzig erhaltene A-2 B steht im Naval Aviation Museum, Pensacola, USA.

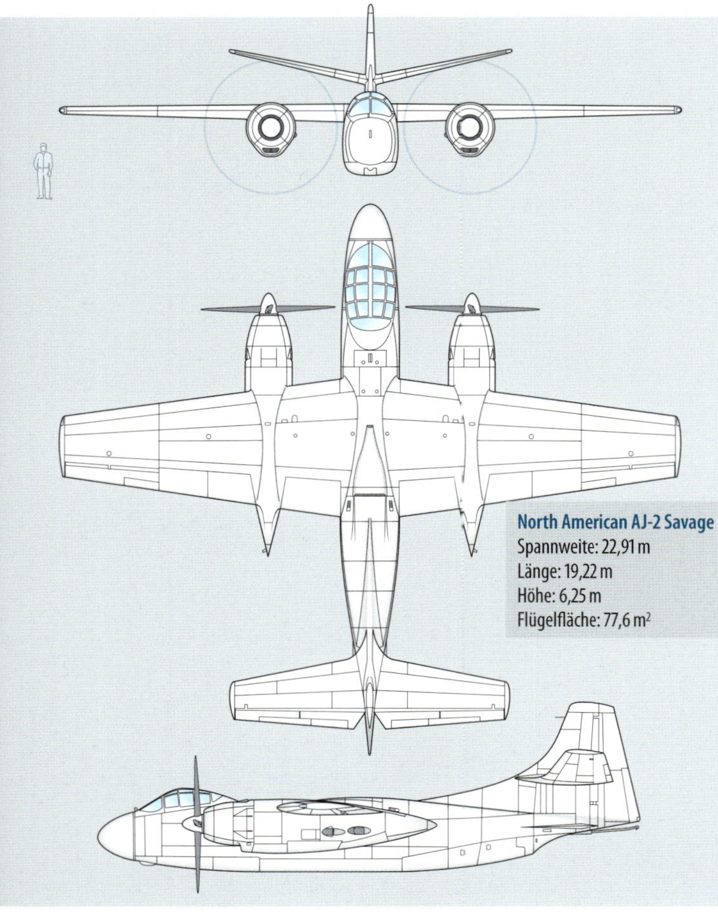

North American AJ-2 Savage
Spannweite: 22,91 m
Länge: 19,22 m
Höhe: 6,25 m
Flügelfläche: 77,6 m²

Besatzung: 3
Triebwerke: Zwei luftgekühlte, aufgeladene 18-Zylinder-Doppelsternmotoren Pratt & Whitney Double Wasp R-2800-44W mit je 1765 kW (2400 PS) und ein Radialstrahltriebwerk Allison J-33-A-10 mit 20 kN Schub.
Leistungen: Höchstgeschwindigkeit 758 km/h, Dienstgipfelhöhe 12 400 m, Reichweite 3540 km.
Gewichte: Leermasse 12 500 kg, Abflugmasse 21 319 kg, maximale Abflugmasse 23 112 kg.
Bewaffnung: Bis zu 5400 kg konventionelle Bomben oder 1 Atombombe im Schacht.

North American T-28 Trojan

Ursprungsland
USA
Kategorie
Trainer, leichtes Kampfflugzeug

Entwicklung: Um ihre alten T-6 zu ersetzen suchte die USAF Ende der 1940er-Jahre einen neuen Trainer. Nach einer Ausschreibung präsentierte North American 1948 die NA-159, von der zwei Prototypen XT-28 bestellt wurden. Nach dem Erstflug im September 1949 begann North American die Flugerprobung, der sich Mitte 1950 Eignungstests der USAF anschlossen, die schließlich 266 T-28 A (Bild) bestellte. Der Tiefdecker in Ganzmetallbauweise war mit einem 800 PS starken 7-Zylinder-Sternmotor Wright R-1300 mit Zweiblattpropeller motorisiert und sollte für die Basisausbildung der USAF genutzt werden. Mit 1194 Exemplaren, von denen zahlreiche exportiert wurden, war die T-28 A die Hauptserie. Schließlich interessierte sich auch die Navy und das Marinecorps für die T-28. Mit einem wesentlich stärkeren Wright R-1820 und Dreiblattpropeller wurden 489 T-28 B (Zeichnung) ausgeliefert. Auf der B basierend, aber mit Bremsklappen, Fanghaken und verstärktem Rumpf flog die trägertaugliche T-28 C erstmals im September 1955. Bis 1957 waren 299 C ausgeliefert. Um die Trojan auch für Kampfeinsätze verwenden zu können, wurden 321 A, B und teilweise C von North American und 72 von Fairchild zur T-28 D Nomad umgebaut. Sie erhielten einen Wright 1820-56 mit 1445 PS und sechs Flügelstationen für bis zu 1814 kg Waffen. Frankreich modifizierte selbst seine 148 T-28 mit verstärkten Flächen zur T-28 Fennec, die vor allem als Kampfflugzeug in Nordafrika eingesetzt wurden. Eine unbekannte Zahl Fennecs baute man noch zum Aufklärer um. Etliche Ex-USAF-T-28 wurden auch für den zivilen Gebrauch umgerüstet, auch als Fünfsitzer T-28 R-2 Nomair II. AIDC motorisierte 50 T-CH-1 mit einer 1450 PS-Turbine für die Luftwaffe Taiwans.

Von 1950 bis 1957 lieferte North American 1948 T-28 aller Varianten aus.

Bemerkungen: Obwohl die T-28 primär als Trainer angesehen wird, wurde sie von den USA und Südvietnam als robuster, leichter Erdkämpfer im Vietnamkrieg eingesetzt und von Frankreich von 1959 bis 1962 in großer Zahl im Algerienkrieg zur Unterstützung der eigenen Bodentruppen. Nahezu dreißig Staaten betrieben den Tiefdecker als Trainer, aber auch als leichten Erdkämpfer, oft bei lokalen COIN-Einsätzen. Sie erwarben entweder Neuflugzeuge oder übernahmen ausgemusterte Flugzeuge aus anderen Betreiberländern. Mit dem Erwerb des Turboprop-Trainers Beechcraft T-34 begannen die US-Streitkräfte schließlich ihre Kolbenmotor-Trainer auszumustern. Die letzten US-Flugzeuge wurden 1984 außer Dienst gestellt und die letzte militärische T-28 der Philippinen 1994.

Es sind unzählige T-28 erhalten geblieben, nicht nur in Museen, auch flugfähige, vor allem in den USA. Eine Trojan betreibt aber auch ein Getränkehersteller am Salzburger Flughafen.

Besatzung: (B) 2
Triebwerk: (A) Ein luftgekühlter 9-Zylinder-Sternmotor Wright R-1820-9 mit 1048 kW (1425 PS).
Leistungen: (A) Höchstgeschwindigkeit 550 km/h, Dienstgipfelhöhe 11 800 m, Reichweite 1700 km.
Gewichte: (A)Leermasse 2914 kg, Abflugmasse 3856 kg.

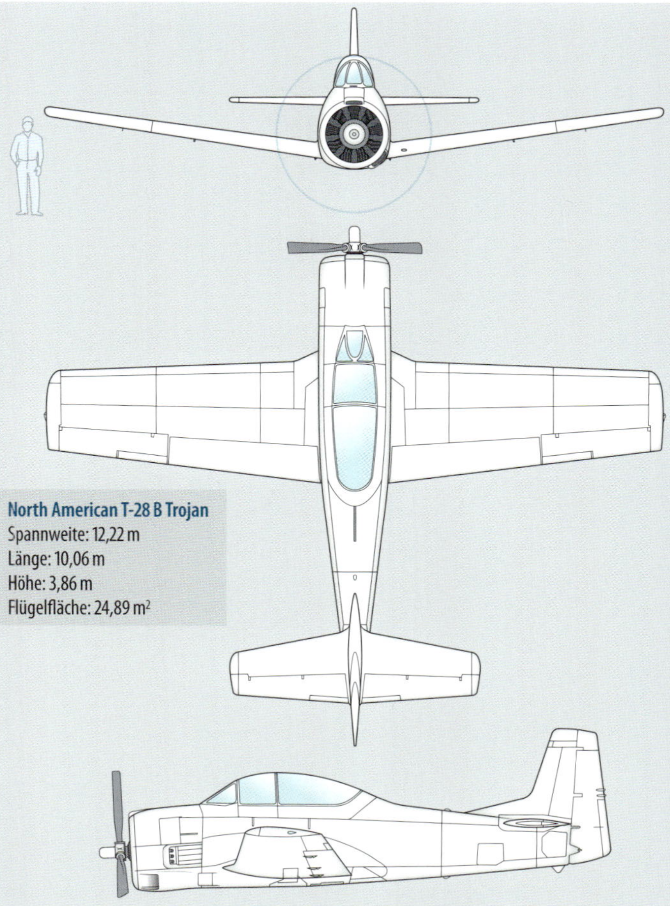

North American T-28 B Trojan
Spannweite: 12,22 m
Länge: 10,06 m
Höhe: 3,86 m
Flügelfläche: 24,89 m²

North American FJ-2 / FJ-3 Fury

Ursprungsland
USA
Kategorie
Jagdflugzeug, Jagdbomber

Entwicklung: Lange sträubte sich die Marine bei trägertauglichen Flugzeugen Pfeilflügel zu akzeptieren. Sie war der Meinung, für langsame Anflüge eigenten sich nur gerade Flügel. North American begann aber 1951, nachdem sich die F-86 (S. 207) als landgestützter Jäger bewährte, eine trägergestützte Version zu entwickeln. Ein erster Prototyp wurde aus der F-86 E umgebaut und flog im Dezember 1951. Die folgenden beiden Prototypen XFJ-2 wurden trägertauglich mit längerem Bugfahrwerk, Katapultbeschlägen und Fanghaken ausgestattet. Mitte 1952 sind die Maschinen ausgiebigen Tests unterzogen worden, die aber wider Erwarten, ein schlechteres Handling bei niedrigen Geschwindigkeiten zeigten. Mit den Serienflugzeugen, die ein 27 kN starkes J47 von General Electric antrieb, führte man weitere Modifikationen ein: faltbare Flügelspitzen, ein breiteres, verstärktes Hauptfahrwerk und eine geänderte Frontscheibe. Das Gewicht nahm um ca. 500 kg zu. Es war aber nicht gelungen, einen voll trägertauglichen Jäger zu entwickeln, so dass die Marine beschloss, die FJ-2 den Landstaffeln zuzuordnen. Weil North American während des Koreakrieges mit der F-86-Produktion voll ausgelastet war, kam der Bau der FJ-2 erst danach in Gang und die 200 bestellten konnten erst ab Januar 1954 an landbasierte Marine-Corps-Staffeln ausgeliefert werden. Bereits im März 1952 begann North American die FJ-3 zu entwickeln. Mit einem größeren Lufteinlauf und einem wesentlich schubstärkeren Wright J65 flog im Juli 1953 das erste Flugzeug. Die Navy bestellte insgesamt 538 FJ-3 (Bild), die ab September 1954 ausgeliefert wurden. Ab 1955 wurde ein neuer Flügel eingeführt, der zwar eine höhere Landegeschwindigkeit, aber bessere Manövriereigenschaften mit sich brachte. Bei späteren Lieferungen der FJ-3 M montierte North American noch Flügelstationen für bis zu 450 kg Außenlasten und Luft-Luft-Lenkraketen. 1962 wurden alle FJ-3 in F-1C umbenannt.

North American lieferte insgesamt 741 Jagdflugzeuge der beiden Varianten aus.

Bemerkungen: Trotz des identischen Namens FJ und Fury, waren im Gegensatz zur FJ-1 (S. 205) die FJ-2/3 und 4 komplett neu konstruierte Flugzeuge. Mit der FJ-2 hatte die Marine im Prinzip eine trägertaugliche Variante der F-86, die aber weniger zufriedenstellend war. Trotzdem hielt die Marine wegen des Koreakrieges an ihren Bestellungen fest. Mit der FJ-3, die der F-86 ebenbürtig war, änderte sich dies geringfügig. Erst die FJ-4 (S. 212) wurde auch von ihren Piloten, als das beste Flugzeug dieser Baureihe bezeichnet.

Soweit bekannt, sind 9 FJ-2/3 erhalten geblieben. Eine FJ-3 steht im Planes of Fame Air Museum in Chino, USA.

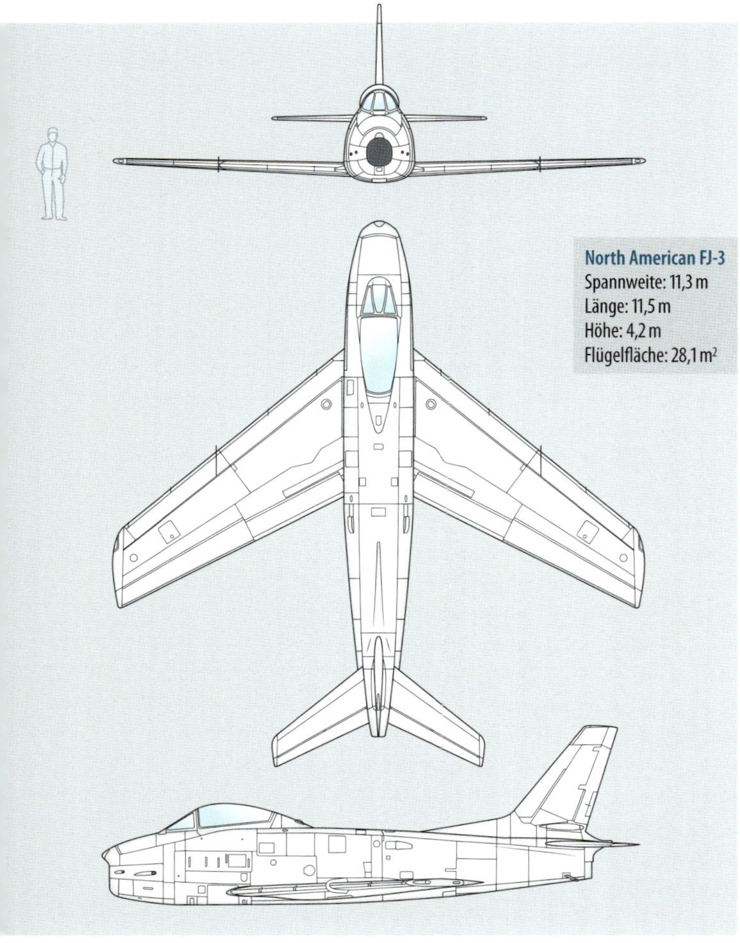

North American FJ-3
Spannweite: 11,3 m
Länge: 11,5 m
Höhe: 4,2 m
Flügelfläche: 28,1 m²

Besatzung: (FJ-3) 1
Triebwerk: (FJ-3) Ein Axialstrahltriebwerk Wright J65-W-4B mit 34,02 kN Schub
Leistungen: (FJ-3) Höchstgeschwindigkeit 1095 km/h auf Meereshöhe, 1002 km/h in 11 000 m, Dienstgipfelhöhe 14 935 m, maximale Reichweite 2870 km.
Gewichte: (FJ-3) Leermasse 5536 kg, Startmasse 7796 kg, maximale Startmasse 9536 kg.
Bewaffnung: Vier MKs im Bug.

North American F-100 Super Sabre

Ursprungsland
USA
Kategorie
Kampfflugzeug

Entwicklung: Als wesentlich leistungsfähigerer Nachfolger der F-86 (S. 207) bot North American im Januar 1951 das Projekt F-100 unaufgefordert der USAF an, die daraufhin zwei Prototypen YF-100 A orderte. Erstflug war im Mai 1953. Schon im September 1953 wurden die ersten F-100 A in Dienst gestellt, die hauptsächlich zur Erprobung und um Einsatztaktiken zu entwickeln, geflogen wurden. Der Tiefdecker war damit das erste US-Serienflugzeug, das Mach 1 im Horizontalflug halten konnte. Nach 70 ausgelieferten F-100 A wurden alle im November 1954 stillgelegt, nachdem sich einige in der Luft zerlegten. Sämtliche Flugzeuge wurden deshalb mit einem höheren Leitwerk und Tragflächenverlängerungen nachgerüstet. Nach 203 A-Modellen begann North American den Kampfbomber F-100 C (Bild) mit zusätzlichen Tanks, einem Flug-Betankungssystem und stärkerem Triebwerk, zu entwickeln. Erstflug war im März 1954. 476 wurden ausgeliefert. Neue Flügel, modernere Avionik und ein Tiefflug-Abwurfsystem, auch für Atombomben, erhielt die D, von der 1274 produziert wurden. Die Serienproduktion endete mit dem zweisitzigen Trainer F-100 F (339 St.), der voll kampftauglich war. Es gab zahlreiche Umbauten zu Fotoaufklärern, Testflugzeugen und unbemannten Drohnen. Exportiert wurden neue und ausgemusterte F-100 nach Dänemark (72 St.), Frankreich (100 St.), Taiwan (122 St.) und in die Türkei (206 St.).

Bei North American rollten 2294 F-100 aller Varianten aus den Produktionshallen.

Bemerkungen: Die Super Sabre gehörte noch zur ersten Generation strahlgetriebener Kampfflugzeuge und war ein ebenbürtiger Gegner der MiG-19 (S. 129). Auch einige Geschwindigkeitsweltrekorde stellte sie auf. Wenige Glück hatte man jedoch mit den A-Modellen, die schon 1958 an die National Guard und Taiwan abgegeben wurden. Eingesetzt wurde die F-100 erstmals Anfang 1965 in Vietnam als Geleitjäger für Bomber. Nachdem sie nochmals ein Modernisierungsprogramm durchlief, nutzte man sie weiter als Bomber, Jäger und zur vorgeschobenen Beobachtung, bis sie durch F-4 Phantom abgelöst wurden. Bei diesen Einsätzen gingen 243 Maschinen verloren. Bis 1970 waren alle US-Super Sabres aus dem aktiven Dienst entlassen und in die National Guard eingegliedert, wo auch da die letzte 1979 ausgemustert wurde. Etliche davon wurden anschließend als ferngesteuerte Zieldrohnen bei Waffentests zerstört. Nur Dänemark und die Türkei flogen ihre F-100 bis 1982.

Es sind rund 120 Super Sabres erhalten geblieben, vor allem in Museen der Betreiberländer. Eine F-100 F der USAF steht z. B. in Hermeskeil.

Besatzung: 1
Triebwerk: (A) Ein Axialstrahltriebwerk Pratt & Whitney J57-P-7 mit 43,14 kN Schub, mit Nachbrenner 65,83 kN.
Leistungen: (A) Höchstgeschwindigkeit 1340 km/h in 10 600 m, Reisegeschwindigkeit 948 km/h, Dienstgipfelhöhe 15 550 m, Reichweite 660 km, Überführungsreichweite 2400 km.
Gewichte: (A) Leermasse 8245 kg, Abflugmasse 11 337 kg, maximale Abflugmasse 13 108 kg.
Bewaffnung: (A) Vier Maschinenkanonen im Bug.

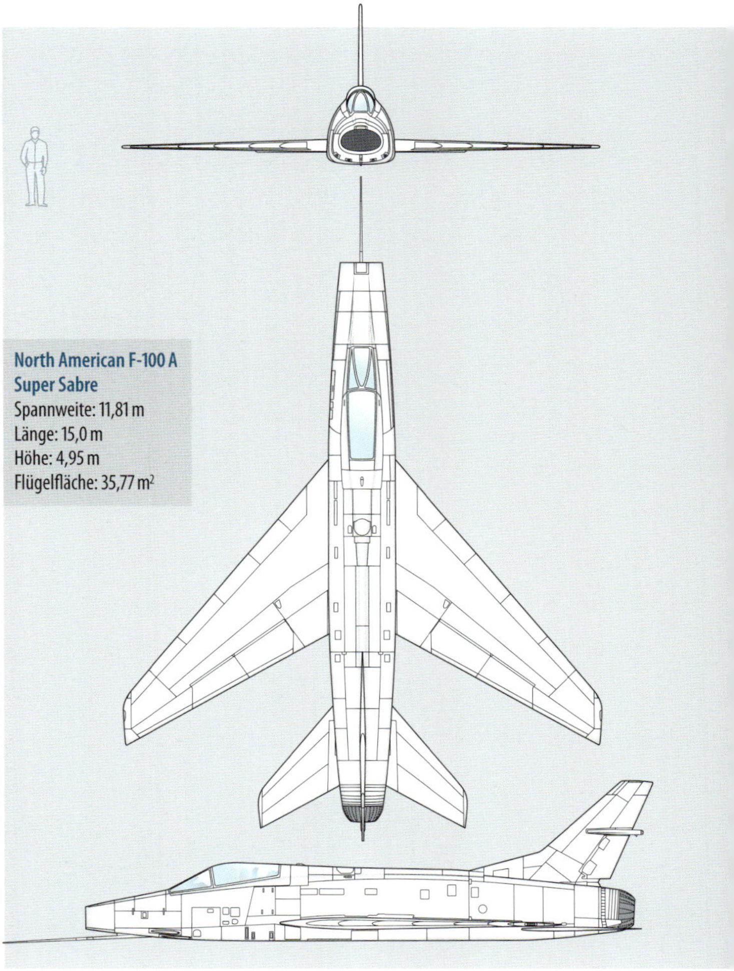

North American F-100 A Super Sabre
Spannweite: 11,81 m
Länge: 15,0 m
Höhe: 4,95 m
Flügelfläche: 35,77 m²

North American FJ-4 Fury

Ursprungsland
USA
Kategorie
Kampfflugzeug

Entwicklung: Als Weiterentwicklung der F-86/FJ-3 (S. 210) kann die FJ-4 durchaus angesehen werden. Das generelle Design und der Antrieb wurde zwar übernommen, am Ende war es aber ein nahezu neu konstruiertes Flugzeug. Neben dem größeren Leitwerk hatte der trägertaugliche Allwetter-Abfangjäger einen komplett neu entworfenen, dünneren Flügel mit Integraltanks, dessen äußere Enden faltbar waren. Durch den Verzicht auf Panzerung und Munition im modifizierten Rumpf stand der FJ-4 wesentlich mehr Kraftstoff für eine enorme Reichweite zur Verfügung. Eine erhöhte Auslegung des neuen, nun auch geräumigeren Cockpits und absenkbare Flügelvorderkanten ermöglichten langsame Anflüge mit hohen Anstellwinkeln auf Trägerdecks. Die beiden Prototypen XFJ-4 waren mit J-65-W-4 mit 34 KN Schub ausgestattet, das auf dem britischen Armstrong Siddeley Sapphire basierte. Erstflug war im Oktober 1954. Ersten Auslieferungen von 221 bestellten FJ-4 begannen im Februar 1955. Davon wurden die letzten 71 allerdings schon in der B-Version ausgeliefert, die sechs Flügelstationen an einem verstärkten Flügel besaß, ein stabileres und breiteres Fahrwerk und zusätzliche Bremsklappen. Ein Tiefflug-Bombensystem ermöglichte es, Atombomben aus geringer Höhe abzuwerfen. Im April 1956 orderte die Marine zuzsätzliche 151 FJ-4 B, die alle bis Mai 1958 ausgeliefert waren. Mit einem Flüssigkeits-Raketenantrieb über dem Endrohr, der zusätzliche 22 kN Schub lieferte, baute North American versuchsweise zwei FJ-4 zur FJ-4 F um. Das 1962 eingeführte neue Bezeichnungssystem änderte die FJ-4 B in AF-1 E.

North American produzierte inklusive der Protoypen bis Mai 1958 374 FJ-4.

Bemerkungen: Die Entwicklungsreihe begann mit der FJ-1 (S. 205), und führte über die F-86 (S. 207) und der FJ-2/3 (S. 210) zur FJ-4. Berechtigterweise von ihren Piloten auch als das beste der Baureihe bezeichnet, nachdem mit der FJ-4 fast alle Probleme der Vorgänger behoben waren. Sie war das erste Kampfflugzeug der US-Navy, das mit taktischen Atomwaffen von einem Flugzeugträger aus operieren konnte. Dazu war sie in der Lage, als Tanker mit einem Buddy-System, das unter den Flügeln hing, bei sehr langen Missionen andere Flugzeuge zu betanken. Allerdings durchlief die FJ-4, auch, wie viele Düsenflugzeuge dieser Zeit, nur ein kurze Karriere. Mit Erscheinen der moderneren A-4 Skyhawk (S. 174) wurden alle Furies in den frühen 1960er-Jahren ausgemustert und zu Reserveeinheiten abgeschoben. Im Gegensatz zur F-86 ging die FJ-4 auch nie in den Export.

Es sind in den USA sieben FJ-4 in Museen erhalten geblieben. Eine steht im National Naval Aviation Museum, Pensacola, USA.

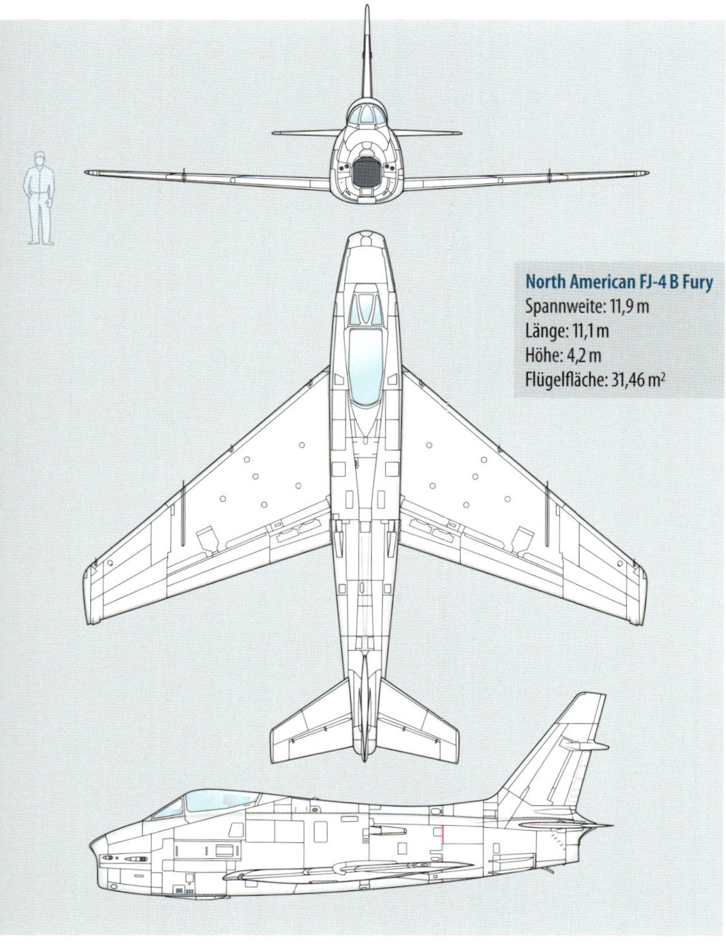

North American FJ-4 B Fury
Spannweite: 11,9 m
Länge: 11,1 m
Höhe: 4,2 m
Flügelfläche: 31,46 m²

Besatzung: 1
Triebwerk: Ein Axialstrahltriebwerk Wright J65-W-16 A mit 35,2 kN Schub.
Leistungen: Höchstgeschwindigkeit 1094 km/h, Dienstgipfelhöhe 14 300 m, Reichweite 3250 km mit Droptanks.
Gewichte: Leermasse 5991 kg, Abflugmasse 9150 kg, maximale Abflugmasse 10 750 kg.
Bewaffnung: Vier MKs im Bug, vier oder sechs Außenstationen für Luft-Boden- oder Luft-Luft-Raketen, ab der FJ-4 B eine zentrale Station für eine Atombombe.

Northrop F-15 Reporter

Ursprungsland
USA
Kategorie
Fotoaufklärer

Entwicklung: Basierend auf dem Prototyp XP-61 E des Nachtjägers Black Widow baute Northrop 1945 die Zweimot zu einem Fotoaufklärer um. Dazu übernahm man die Flügel der P-61 C, jedoch ohne Bremsklappen, die turboaufgeladenen Double Wasps und das Leitwerk. Die komplette Bewaffnung wurde entfernt, der Rumpf so modifiziert, dass eine Zweiercrew in Tandemanordnung und bis zu sechs unterschiedliche Kameras im verlängerten Bug untergebracht werden konnten. Der Pilot saß vorne, der Kameramann/ Navigator dahinte, beide konnten jedoch die Aufgaben des anderen abwechselnd übernehmen. Erstflug der in Ganzmetallbauweise konstruierten XF-15 war im Juli 1945. Bevor sie erstmals abhob, meldete die USAAF einen Bedarf von 320 Flugzeugen an, nachdem das ebenfalls zweimotorige Konkurrenzmuster Hughes XF-11 mit der Entwicklung und Erprobung nicht vorankam. Die USAAF orderte in einer ersten Rate 175, nun F-15 Reporter genannte Aufklärer, nachdem auch in Vergleichstests bestätigt wurde, dass ihre Leistungen bei geringerem Bauaufwand und schwächeren Motoren der XF-11 ebenbürtig waren. Im September 1946 begann die Produktion, aber schon 1947 wurde der Vertrag gekündigt, vermutlich weil schon Jets mit wesentlich besseren Leistungen bereitstanden. Im August 1948 vergab die USAF noch neue Bezeichnungen: die F-15 A wurde zur RF-61 C, da sie aus der P-61 C entwickelt wurde.

Nach nur 36 produzierten Zweimots endete die Produktion bei Northrop.

Bemerkungen: Die Einsatzgeschichte der F-15 war nicht unproblematisch. Neun Flugzeuge blieben in den USA, der Rest wurde im März 1947 einem Aufklärungsgeschwader in Japan zugewiesen. Vier wurden per Schiff überführt, die aber in einem so schlechten Zustand ankamen, dass sie nur noch als Ersatzteillager taugten. Während der Einsatzzeit waren in den seltensten Fällen, meistens wegen technischer Mängel, alle Maschinen flugklar. Von Beginn an war die Ersatzteilversorgung problematisch, weshalb etliche Flugzeuge kannibalisiert wurden. Das Geschwader war an der Kartographierung Japans und umliegender Gebiete, darunter Nord- und Südkorea, beteiligt. Die dabei generierten Karten waren im späteren Koreakrieg eine wertvolle Hilfe. Einige Reporter waren auch auf Celebes und den Philippinen stationiert. Aber bereits im April 1949 wurden die übriggebliebenen F-15 einer Wartungsstaffel in den USA zugewiesen und schließlich fast alle verschrottet. US-Einrichtungen nutzten noch einige wenige überlebende für Versuche mit Flugkörpern, private Gesellschaften setzten sie in der kommerziellen Kartographierung und als Feuerlöschflugzeuge ein.

Soweit bekannt ist kein Flugzeug erhalten geblieben.

Besatzung: 2
Triebwerke: Zwei luftgekühlte Doppelsternmotoren Pratt & Whitney R-2800-C Double Wasp mit je 1544 kW (2100 PS).
Leistungen: Höchstgeschwindigkeit 708 km/h in 10 050 m, Reisegeschwindigkeit 568 km/h, Dienstgipfelhöhe 12 500 m, Reichweite 6450 km mit Droptanks.
Gewichte: Leermasse 9684 kg, Abflugmasse 14 580 kg.

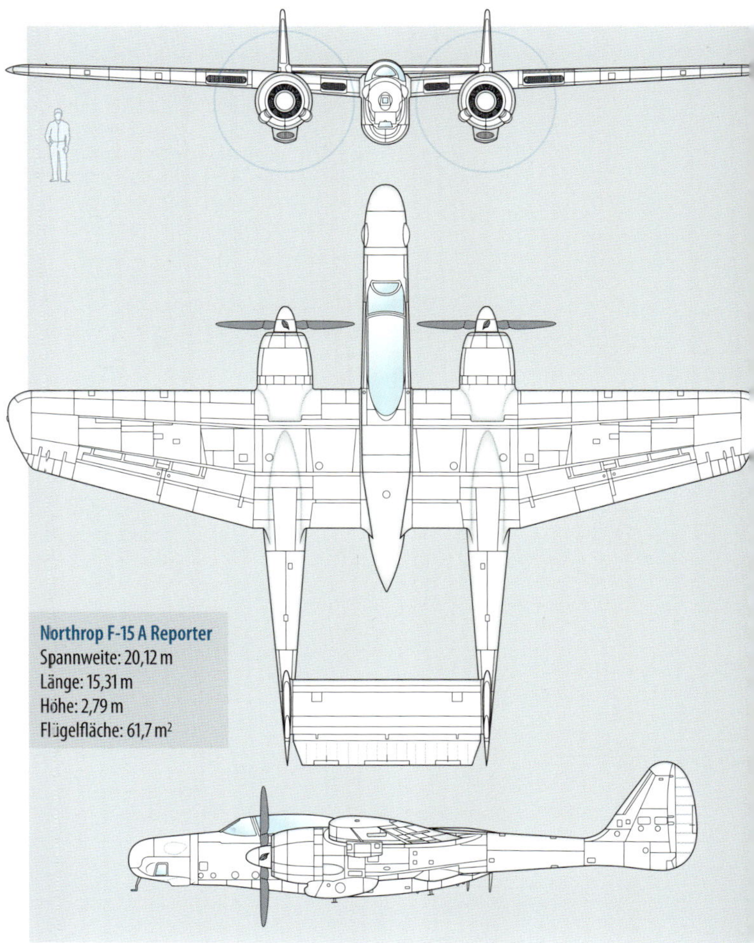

Northrop F-15 A Reporter
Spannweite: 20,12 m
Länge: 15,31 m
Höhe: 2,79 m
Flügelfläche: 61,7 m²

Northrop YB-35 / YB-49

Ursprungsland
USA
Kategorie
Strategischer Bomber

Entwicklung: Jack Northrop verfolgte schon in den 1930er-Jahren Nurflügelprojekte und als im April 1941 die USAAF eine Ausschreibung über einen Bomber mit 16 000 km Reichweite und 4,5 Tonnen Nutzlast herausgab, beteiligte sich neben Northrop auch Boeing und Consolidated Vultee (Convair), die schließlich mit der B-36 (S. 158) den Zuschlag bekam. Da die USAAF Nurflüglern gegenüber großes Interesse zeigte, erhielt Northrop den Auftrag zur Erprobung der Flugeigenschaften von Nurflüglern vier Proof-of-Concept-Modelle (N-9 M) im Maßstab 1:3 zu bauen, deren erstes im Dezember 1942 abhob. Während der Entwicklung des Bombers wurde im Juli 1942, parallel zur Montage der ersten Baugruppen, ein 1:1-Mockup präsentiert. Der in Ganzmetall-Aluminium-Bauweise konstruierte Nurflügler sollte eine Druckkabine mit Schlafkojen für die 9-köpfige Crew (Pilot, Copilot, Bombenschütze, Flugingenieur, Navigator, Funker und drei Bordschützen) aufnehmen. Vier mächtige 28-Zylinder-Sternmotoren trieben acht gegenläufige Druckpropeller über Fernwellen an. Im Juni 1946 hob die XB-35 erstmals ab, die aber wegen unlösbarer Probleme mit dem Antriebsstrang nach nur 19 Flügen stillgelegt wurde und die USAAF dazu überging Jet-Antriebe zu bevorzugen. Im September 1943 hatte sie aber schon 13 Vorserienmodelle YB-35 geordert, deren Montage bereits begonnen hatte.

Die erste YB-35 flog im Mai 1948. Die Tests dauerten nur wenige Monate und es war schnell klar, dass die B-35 mit ihrem instabilen Flugverhalten und unzähligen technischen Problemen nicht eingesetzt werden konnte. Im August 1949 verschrottet man die ersten beiden Nurflügler, zwei baute man zur YB-49 mit vier Strahltriebwerken um. Weitere vier nutzte man als Ersatzteilspender, fünf lieferte man als verbesserte YB-35 A aus,

Aus der YB-35 umgebaut, die strahlgetriebene RB-49 A.

von denen wiederum eine als YRB-49 mit sechs Strahltriebwerken getestet wurde. Im Juni 1948 bestellte die USAAF die RB-49 A als Aufklärer mit vier internen Strahltriebwerken Allison J35-A-15 mit 17 kN Schub und zwei an Pylonen (kleines Bild). Aber auch dieses Programm wurde im März 1950 eingestellt und kurze Zeit später verschrottete man alle Nurflügler, trotz der Anfrage des Smithsonian Museums um ein Ausstellungsexemplar.

Northrop lieferte bis Anfang 1949 insgesamt nur 13 Flugzeuge aus.

Bemerkungen: Obwohl ziemlich früh die Untauglichkeit wegen technischer und aerodynamischer Probleme eindeutig war, verfolgte die USAAF und Northrop das Programm weiter, um Nutzen für die Zukunft daraus zu ziehen. Die Tests der YB-49 endeten Mitte 1950 und damit auch das futuristische Projekt des Nurflügelbombers. Erst in den späten 1990er-Jahren wurde mit der Northrop B-2 das Nurflügel-Konzept zum Erfolg geführt.

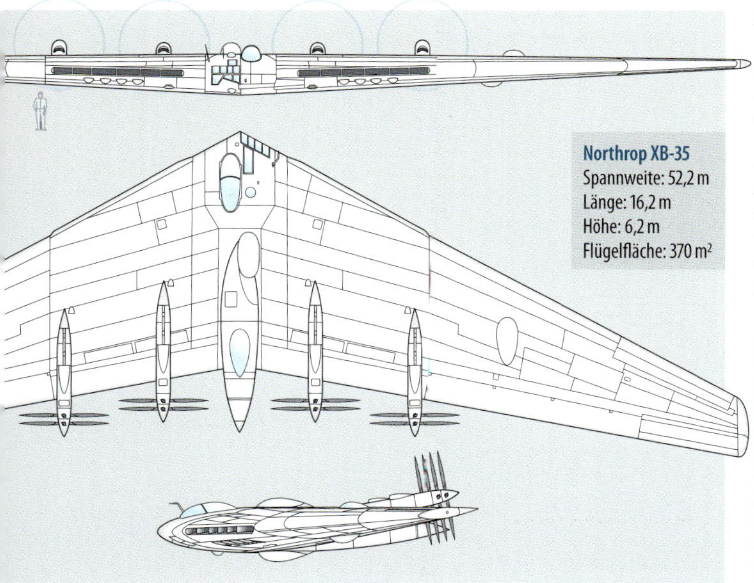

Northrop XB-35
Spannweite: 52,2 m
Länge: 16,2 m
Höhe: 6,2 m
Flügelfläche: 370 m²

Besatzung: (XB-35) 9
Triebwerke: (XB-35) Vier luftgekühlte 28-Zylinder-Sternmotoren (mit 4 Reihen á 7 Zylinder) Pratt & Whitney R-4360-17/21 Wasp Major mit je 2206 kW (3000 PS).
Leistungen: (XB-35) Höchstgeschwindigkeit 629 km/h, Reisegschwindigkeit 386 km/h, Dienstgipfelhöhe 12 200 m, Reichweite 12 070 km.
Gewichte: (XB-35) Leermasse 54 432kg, Abflugmasse 82 000 kg, maximale Abfluigmasse 95 000 kg.
Bewaffnung: (XB-35, geplant) 20 MGs und 23 200 kg Bomben.

Northrop F-89 Scorpion

Entwicklung: Um einen Ersatz für den Nachtjäger P-61 Black Widow zu finden, gab die USAAF im August 1945 eine Spezifikation heraus, auf die sechs Bewerber Vorschläge einreichten. Northrop mit der F-89 und Curtiss mit der später erfolglosen F-87 Blackhawk erhielten im Mai 1946 Verträge über je zwei Prototypen. Bereits im August 1948 flog Northrops Prototyp XP-89, noch mit einem 17,7 kN starken Allison J35-A-9, und nach ausgiebigen Tests entschied sich die USAAF für die F-89 Scorpion. Der in Ganzmetall-Schalenbauweise hergestellte zweistrahlige Mitteldecker war mit gepfeilten Flügeln geplant, was aber wegen der schlechten Langsamflugeigenschaften nicht weiter verfolgt wurde. Nach der Erprobung, die einige Änderungen mit sich brachte, begann die Serienproduktion der F-89 A, die bis zur C-Variante alle mit sechs MKs im Bug bewaffnet waren. Lediglich 11 Flugzeuge (andere Quellen: 8 oder 18) wurden von der A-Version ausgeliefert, die später auf B-Standard gebracht wurden. Erste Scorpions wurden im September 1950 der Luftwaffe übergeben. 1951 begann die Produktion der mit verbesserter Avionik ausgestatteten F-89 B (37 St.), aber schon im September 1951 stellte man die Produktion auf die mit stärkeren Allison J35-A-33 (24,91 kN) motorisierten F-89 C (164 St.) um. Die höchste Stückzahl erreichte mit 683 die F-89 D, die mit neuem Feuerleitsystem, Radar und Raketenbewaffnung anstatt Kanonen zum Einsatz kamen. E, F und G-Versionen mit anderen Triebwerken, Zellen und Ausrüstungen erreichten nie Serienreife. Mit einem nochmals verbesserten Feuerleitsystem, bewaffnet mit sechs Luft-Luft-Raketen und je 21 Raketen in Flügelbehältern wurden 156 F-89 H ausgeliefert. Um zwei Raketen mit atomarem Gefechtskopf und vier Luft-Luft-Raketen an Flügelstationen tragen zu können, baute Northrop ab 1956 350 F-89 D zur J um. Zehn F-89 J setzte man auch noch zur Zieldarstellung von Flugabwehrraketen ein.

Inklusive der Prototypen stellte Northrop bis 1958 ausschließlich für die USA 1052 F-89 her.

Besatzung: 2
Triebwerke: (D) Zwei Axialstrahltriebwerke Allison J35-A33/35/41 oder 47 mit je 24,2kN Schub, mit Nachbrenner 32 kN.
Leistungen: (D) Höchstgeschwindigkeit 1038 km/h in 3200 m, Dienstgipfelhöhe 15 000 m, Reichweite 2200 km, max. 4200 km.
Gewichte: (D) Leermasse 11 430 kg, Abflugmasse 16 869 kg, maximale Abflugmasse 19 140 kg.
Bewaffnung: (D) 104 ungelenkte Raketen in Raketenbehältern an den Flügelspitzen.

Bemerkungen: Die F-89 war zu Beginn des Kaltem Krieges eines der wichtigsten Jagdflugzeuge der US-Luftverteidigung, war aber nie an einem militärischen Einsatz beteiligt. Im Juli 1957 feuerte eine F-89 im Rahmen eines Kernwaffentests zum ersten und bisher einzigen Mal eine nukleare Luft-Luft-Rakete ab. Ende der 1950er-Jahre wurden sie allmählich durch F-102 Delta Darts ersetzt. Sie dienten aber noch bis 1969 der Air Force Reserve und National Guard und hatten damit für einen Jet der ersten Generation eine erstaunlich lange Lebensdauer.

Fast alle US-Museen präsentieren Scorpions. Eine F-89 J findet man z. B. im National Museum of the USAF, Wright-Patterson AFB, Dayton, USA.

Ursprungsland
USA
Kategorie
Abfangjäger

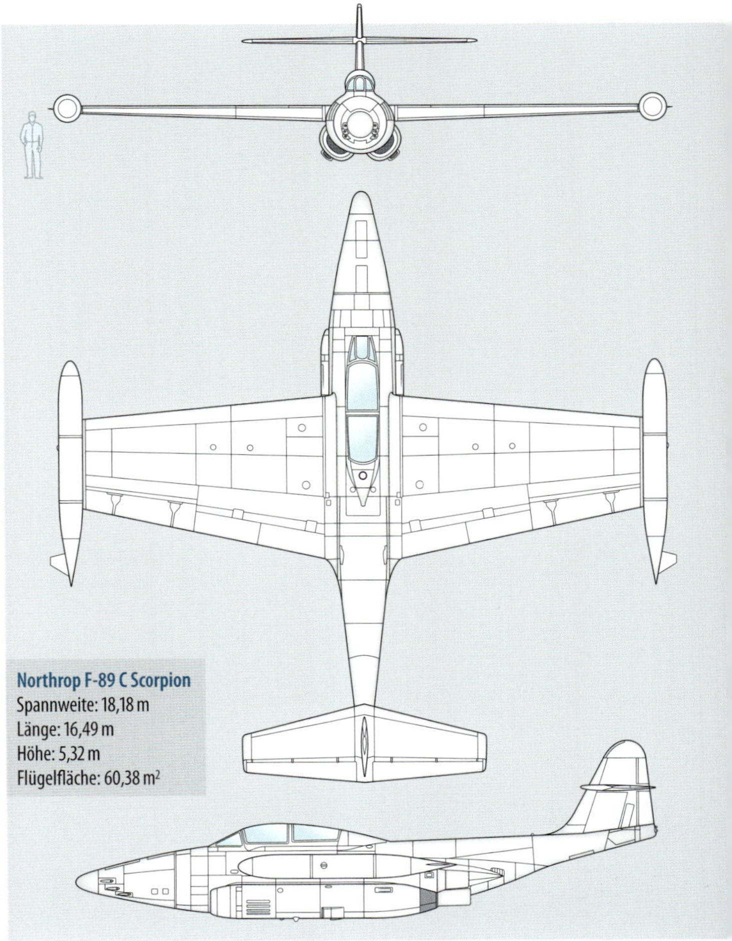

Northrop F-89 C Scorpion
Spannweite: 18,18 m
Länge: 16,49 m
Höhe: 5,32 m
Flügelfläche: 60,38 m²

Northrop YC-125 Raider

Ursprungsland
USA
Kategorie
Transportflugzeug

Entwicklung: Nach Ende des Zweiten Weltkrieges mussten US-Flugzeughersteller nach neuen Absatzmöglichkeiten suchen. Northrop sah seine Chance in der Entwicklung eines robusten STOL-Transporters für unausgebaute Flugplätze, der vor allem alte Transportflugzeuge wie z. B. die Ford Trimotor der südamerikanischen TACA ersetzen sollte. Erstmals im Dezember 1946 flog der Prototyp N-23 Pioneer, der während der Erprobung sehr gute Flugleistungen zeigte, woraufhin die TACA 40 Flugzeuge bestellte. Der Ganzmetall-Hochdecker konnte 36 Passagiere oder Fracht transportieren und war mit einer Luke am Heck und an der unteren Front ausgestattet, die es ermöglichte auch sehr lange Frachtstücke zu laden. Große Fowlerklappen sorgten für ausgezeichnete Langsamflugeigenschaften und kurze Start- und Landestrecken. Drei 800 PS-starke Sternmotoren Wright R-1300 trieben Propeller an, die auf Umkehrschub einstellbar, für eine sehr kurze Landung sorgten. Nach dem Verkauf der TACA wurden jedoch alle Bestellungen storniert und trotz Verkaufskampagnen Northrops kamen keine weiteren Bestellungen zustande. 1948 interessierte sich die USAF für die Dreimot und bestellte 23 Flugzeuge. 13 Truppentransporter, die 32 ausgerüstete Soldaten oder 5443 kg Fracht laden konnten, wurden zur C-125 A Raider, 10 arktistaugliche, mit Ski und Raketenstarthilfen (RATOs), zur C-125 B. Northrop installierte eine Heckladerampe und 1200 PS-Sternmotoren Wright Cyclone, mit denen eine vollbeladene Raider mit RATOs lediglich 152 m Startbahn benötigte und mit Umkehrschub auf einer 100 m-Bahn landen konnte. Die erste YC-125 flog im August 1949, die Flugtests verliefen zufriedenstellend und alle C-125 waren bis Ende 1950 an die USAF ausgeliefert. Sie konnte ihre Flugzeuge allerdings kaum auslasten und sie deshalb abstellte, um sie nur noch zur Schulung von Bodenmannschaften zu nutzen. Schließlich gab man 19 C-125 an ein ziviles Unternehmen ab, das sie an mittel- und südamerikanische Gesellschaften weiterverkaufte.

Insgesamt wurden nur 23 Raider ausgeliefert.

Bemerkungen: Mit der N-23 entwarf Northrop ein außergewöhnliches, aber sehr robustes Kurzstartflugzeug, das von unvorbereiteten Pisten eine relativ große Nutzlast transportieren konnte. Nach einem „kurzen Zwischenspiel" bei der USAF, die den nur für bestimmte Zwecke geeigneten Hochdecker durch andere Flugzeuge und Hubschrauber leicht ersetzen konnte, kam die Raider doch noch zu ihren ursprünglich vorgesehenen Einsätzen als Buschflugzeug auf abgelegenen Pisten in Ländern der dritten Welt. Einige flogen vermutlich bis in die 1970er-Jahre.

Eine von zwei erhaltetenen YC-125 B steht im National Museum of the United States Airforce, Wright-Patterson Air Force Base, Dayton, USA.

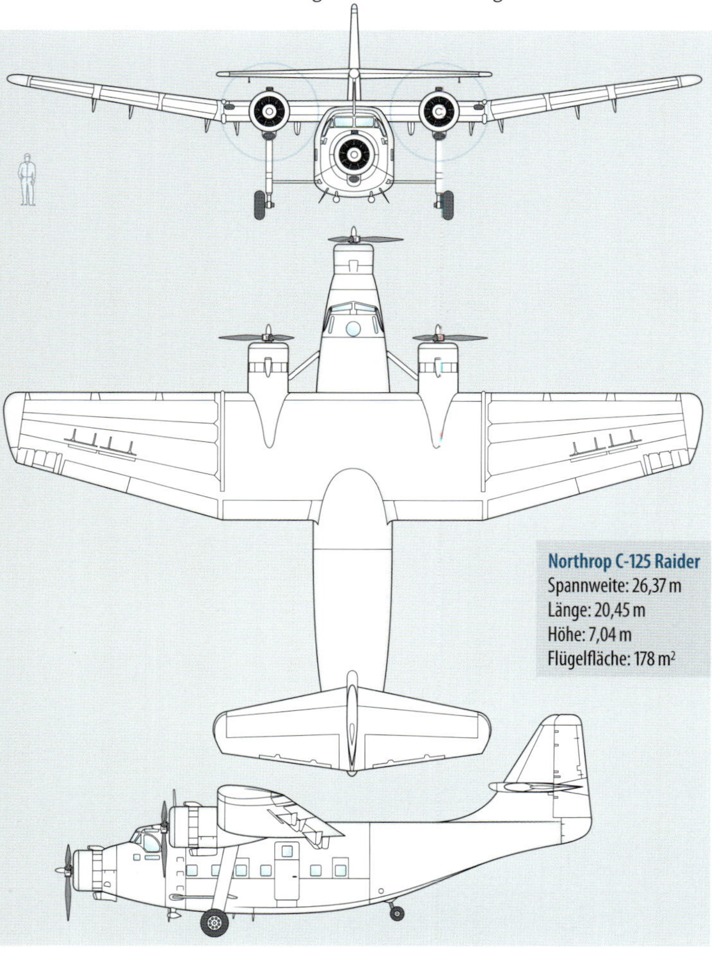

Northrop C-125 Raider
Spannweite: 26,37 m
Länge: 20,45 m
Höhe: 7,04 m
Flügelfläche: 178 m²

Besatzung: 4
Triebwerke: Drei luftgekühlte 9-Zylinder-Sternmotoren Wright R-1820-99 Cyclone mit je 883 kW (1200 PS).
Leistungen: Höchstgeschwindigkeit 333 km/h, Reisegeschwindigkeit 270 km/h, Dienstgipfelhöhe 3710 m, Reichweite 2990 km.
Gewichte: Leermasse 9870 kg, Startmasse 15 522 kg, maximale Startmasse 19 006 kg.

Piasecki H-21 Workhorse

Entwicklung: Piaseckis PV-3, der im März 1945 erstmals flog und 20 als HRP-1 und 2 gebaut wurden, war die Basis für die H-21. Antrieb und Rotoren wurden übernommen, dazu erhielt die XH-21 einen neu entworfenen, geknickten Ganzmetallrumpf, der für den nötigen Abstand der gegenläufigen Rotoren sorgte, die von einem im hinteren Bereich liegenden Sternmotor über Fernwellen angetrieben wurden. Erstflug war im April 1952. Die ersten 18 YH-21 Workhorse wurden noch mit 1150 PS-starken Sternmotoren zur Bewertung durch die USAF ausgeliefert. Im April 1952 bestellte die USAF 32 H-21 A als SAR-Version und 163 H-21 B mit einem stärkeren 1425 PS-Wright 1820-Sternmotor. Der Heli erhielt neben geänderten Rotorblättern einen Autopiloten, leichte Panzerung und externe Kraftstofftanks. Er bot Platz für 20 vollausgerüstete Soldaten oder 12 Tragbahren plus Personal und hob eine 2130 kg schwere interne oder 1814 kg externe Ladung. 10 H-21 B gingen an die japanische, 98 an die französische Armee und 10 an die Marine. Für die US-Army lieferte Piasecki 334 H-21 C Shawnee (ab 1962 CH-21 C). Auch die deutsche Luftwaffe und das Heer erhielten bis August 1960 32 H-21 C, davon eine in einer VIP-Ausstattung. Im Mai 1956 wurde Piasecki Aircraft Corp. in Vertol Aircraft umbenannt, und später von Boeing übernommen. Schweden erwarb von 1958 bis 1964 vierzehn H-21 als NKR-1, die mit aufblasbaren Schwimmern ausgestattet waren. Zwei H-21 wurden versuchsweise mit zwei 1025 PS-starken Turbinen von General Electric ausgerüstet, wurden aber aber nicht in Serie gefertigt.

Insgesamt lieferte Piasecki 714 H-21 aus.

Bemerkungen: Als „fliegende Banane“ bekannt, konnte der robuste Hubschrauber in zahlreichen Missionen auf Rädern, Schwimmern oder Skier, von der Arktis bis in die Tropen eingesetzt werden. Die H-21 war der erste Helikopter, der von den amerikanischen Streitkräften in bedeutender Zahl in Südvietnam geflogen wurde, hauptsächlich für den Transport von Truppen und Nachschub. Einige wurden zu Gunships umgebaut, was sich jedoch wegen ihrer Beschussempfindlichkeit nicht bewährte. Trotz des oft frühen Verschleißes der Sternmotoren durch das tropische Klima, blieben sie bis zu ihrer Ablösung um 1964 durch Bell UH-1 und Boeing CH-47 Chinook im Dienst, bis sie 1965 endgültig ausgemustert wurden. Auch die französischen Streitkräfte machten ähnliche Erfahrungen im Algerienkrieg mit ihren zum Teil mit Raketen und MGs bewaffneten H-21 und nutzten sie deshalb nur noch als Transporthubschrauber im Zusammenspiel mit ihren Sikorsky S-58-Angriffshubschraubern (S. 230).

Zahlreiche H-21 stehen in Museen weltweit, auch im Flugzeugmuseum in Hermeskeil und im Hubschraubermuseum in Bückeburg.

Ursprungsland
USA
Kategorie
Transporthubschrauber

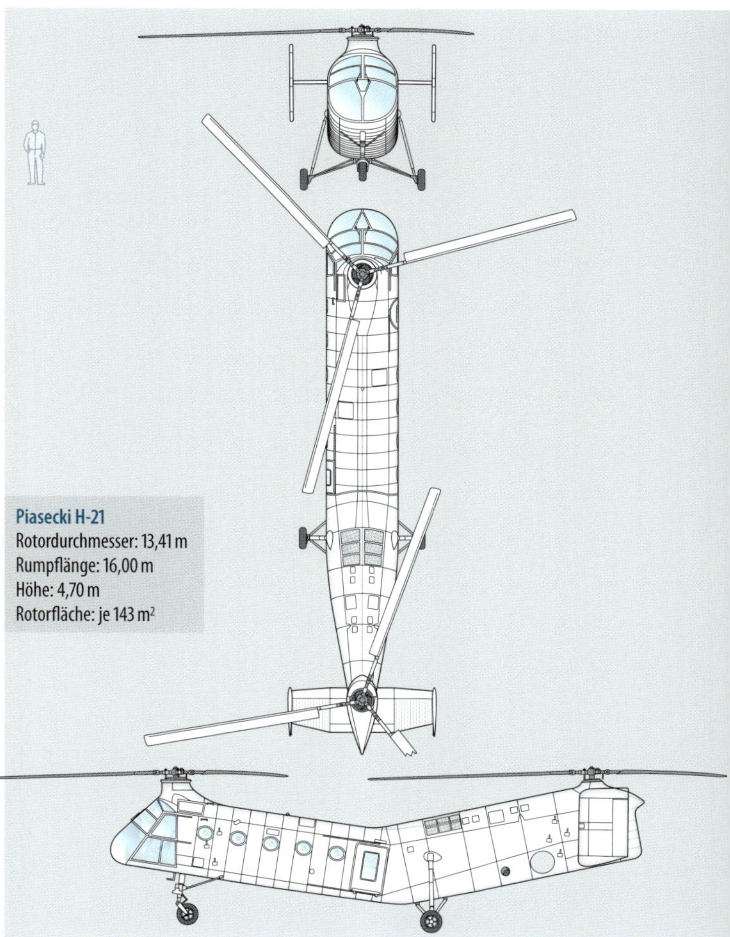

Piasecki H-21
Rotordurchmesser: 13,41 m
Rumpflänge: 16,00 m
Höhe: 4,70 m
Rotorfläche: je 143 m²

Besatzung: 2
Triebwerk: Ein gebläsegekühlter 9-Zylinder-Sternmotor Wright R-1820-103 Cyclone mit 1063 kW (1445 PS).
Leistungen: Höchstgeschwindigkeit 210 km/h, Reisegeschwindigkeit 158 km/h, Dienstgipfelhöhe 3150 m, Reichweite 600 km.
Gewichte: Leermasse 3639 kg, Abflugmasse 6885 kg.

Piasecki H-25 Retriever

Ursprungsland
USA
Kategorie
Leichter Mehrzweckhubschrauber

Entwicklung: Piasecki begann 1945 mit den Konstruktionsarbeiten nach einer Ausschreibung der US-Navy, die einen Hubschrauber verlangte, der von Schiffen aus einsetzbar war. Unklar ist, ob 2 oder 3 Prototypen XHJP-1 gebaut wurden, Erstflug war aber im März 1949. In einem Vergleichsfliegen mit der Sikorsky H-5 (S. 226) entschied sich die Navy für Piasecki's H-25. Der in Ganzmetall hergestellte Rumpf konnte bis zu 5 ausgerüstete Soldaten fassen, eine Seilwinde war für SAR-Einsätze montierbar. Die beiden relativ kleinen Rotoren ließen sich falten, so dass der Helikopter in Flugzeugträgeraufzüge passte. Erste Auslieferungen an die US-Navy begannen im Februar 1949 mit 32 HUP-1, die noch von einem Continental-Sternmotor mit 525 PS angetrieben wurden und einen zusätzliches Stabilisator mit Endscheiben hatten, auf den bei der HUP-2 verzichtet wurde. Sie war mit einem 550 PS-Continental motorisiert und als erster Serienhelikopter mit einem Autopiloten ausgestattet. Piasecki lieferte 165 Exemplare und 12 HUP-2 S mit Sonar (1962 in UH-25 umbenannt), an die US-Navy und 15 an die französische Marine. Schließlich bestellte die US-Army 70 H-25 A Army Mule, technisch identisch mit der HUP-2, aber mit großen Türen und verstärktem Boden. Ab 1953 begannen die Auslieferungen, die jedoch von der Army als untauglich erklärt, zur HUP-3 umgebaut und von der Navy übernommen wurden. Drei davon gingen an Kanada und vermutlich wurden 7, andere Quellen berichten von 15 oder 19 an die französische Marine verkauft, die sie von 1953 bis 1965 einsetzte. Die letzten amerikanischen Retriever wurden 1964 aus dem Dienst genommen.

Piasecki Helicopter Corporation lieferte von allen Varianten insgesamt 339 Exemplare aus.

Bemerkungen: Passgenau konstruiert für US-Flugzeugträger, Schlachtschiffe und Kreuzer wurde der Mehrzweckhubschrauber hauptsächlich als Transport- und Rettungshubschrauber von der US-Navy genutzt, während sie ihre HUP-2 S mit Sonar von Schiffen aus auf U-Boot-Jagd schickte. Sie übernahm auch noch noch einen großen Teil der Army-Mules, nachdem diese feststellte, dass sie für einen Fronteinsatz nicht geeignet waren und trotz eines möglichen Upgrades auf einen 700 PS-Antrieb den weiteren Betrieb, auch im Hinblick auf kommende modernere Hubschrauber, ablehnte. Kanada nutzte seine HUP-3 von einem Schiff aus für Versorgungsaufgaben und SAR-Missionen. Die französische Aeronaval flog ihre HUP-2 während des Algerienkrieges zum Transport von Marinekommandos und zur Evakuierung Verwundeter, auch von Flugzeugträgern aus, bis sie von Alouette III ersetzt wurden.

Es sind über 20 Retriever in Museen, hauptsächlich in den USA, erhalten geblieben. Eine findet man aber auch im Helicopter Museum in Weston-sur-Mare, Großbritannien.

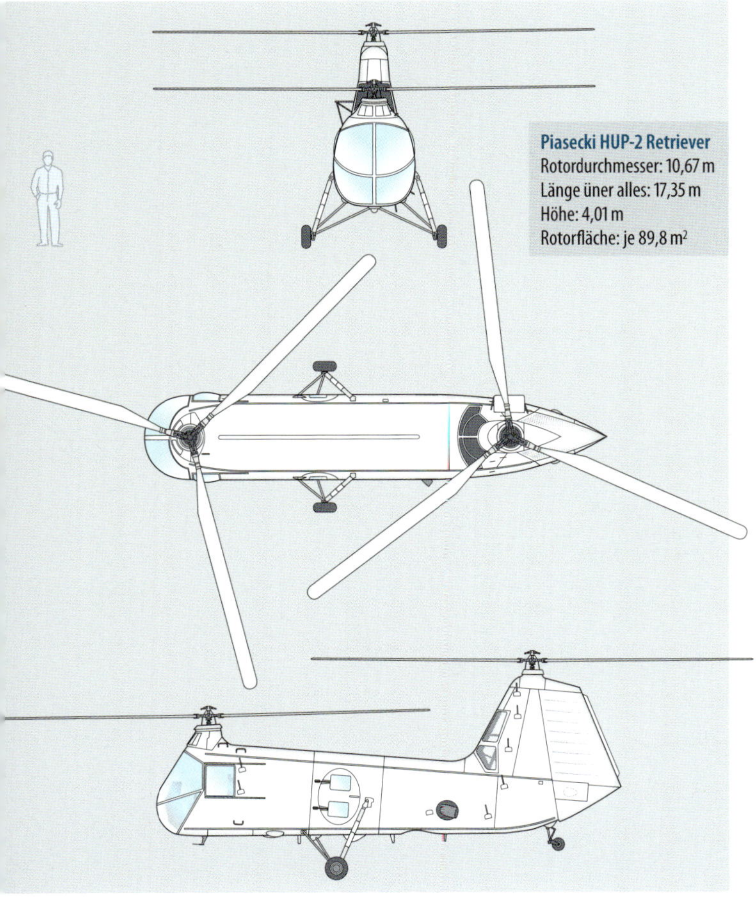

Piasecki HUP-2 Retriever
Rotordurchmesser: 10,67 m
Länge üner alles: 17,35 m
Höhe: 4,01 m
Rotorfläche: je 89,8 m²

Besatzung: 2
Triebwerk: (HUP-2) Ein gebläsegekühlter 9-Zylinder-Sternmotor Continental R-975-46 A mit 405 kW (550 PS).
Leistungen: (HUP-2) Höchstgeschwindigkeit 169 km/h, Reisegeschwindigkeit 130 km/h, Dienstgipfelhöhe 3000 m, Reichweite 550 km.
Gewichte: (HUP-2) Leermasse 1874 kg, Abflugmasse 2608 kg, maximale Abflugmasse 2767 kg.

Piper L-18/L-21 Super Cub

Ursprungsland
USA
Kategorie
Leichtes Verbindungsflugzeug

Entwicklung: Die Entwicklung des Hochdeckers Pa-18 geht über die J-3 Cub bis in die 1930 Jahre zur E-2 Cub von Taylorcraft zurück. Ursprünglich als militärisches Schul- und Nahaufklärungsflugzeug Pa-19 entwickelt, absolvierte sie ihren Erstflug im November 1949, um dann anschließend als Pa-18 nahezu identisch in Serienproduktion zu gehen. Der abgestrebte Hochdecker besitzt einen stoffbespannten Metallflügel und einen bespannten Rumpf aus geschweißten Stahlrohren, hatte aber noch keine Landeklappen und kein elektrisches System. Lediglich ein kleiner propellergetriebener Generator zwischen dem Fahrwerk speiste das Funkgerät. Die US-Armee bezeichnete ihre militärisch angepassten Super Cubs als L-18C (Bild oben), die anfangs noch von einem 95 PS-Vierzylinder-Boxer Continental C90 angetrieben wurden. Von den 838 gelieferten Maschinen gingen vermutlich ca. 150 unter dem Mutual Defence Assistance Program (MDAP) an befreundete Nationen. Mit einem 135 PS-Motor etwas stärker motorisiert, aber sonst mit der L-18 identisch, übergab man zur Bewertung 1951 zwei YL-21 an die Army. Bei der Serienversion L-21 A, anfangs mit einem 125 PS, später als L-21 B mit einem 135 PS-Lycoming motorisiert, wurden Landeklappen eingeführt und ein zweiter Tank im Flügel. 120 L-21 A und 582 B lieferte Piper aus, wovon nach einigen Quellen 520 via MDAP ins Ausland exportiert wurden. Im Laufe der Zeit entstanden auch Mischvarianten, bei denen z. B. die Flügel einer L-18 durch Flügel einer L-21 ersetzt wurden. Ab 1962 nannte die US-Army ihre L-21 U-7 A und U-7 B.

Insgesamt rollten bis 1956 1647 militärische Pa-18 aus Pipers Werkshallen.

Bemerkungen: Exzellente Flugeigenschaften, kostengünstige Beschaffung, sowie einfache Wartung und Instandsetzung machten den unverwüstlichen Hochdecker zu einer idealen Anfänger-Schulmaschine in rund 15 Staaten, darunter die Niederlande, Italien, Österreich, Norwegen, Schweden und die Schweiz. Auch die Bundeswehr setzte von 1956 bis 1965 40 L-18 C zur Pilotenausbildung ein, nutzte sie später aber auch noch zum Seglerschlepp.

Bis 1994 wurden über 40 000 Hochdecker der Cub-Reihe hergestellt. Damit gehört sie zu den meistgebauten Flugzeugen der Welt. Dass dieses Flugzeugkonzept zeitlos ist, beweisen noch etliche Firmen, die mit heutigen Werkstoffen weiter moderne Cubvarianten bauen. Neben der militärischen Verwendbarkeit eignet sich die Cub als landwirtschaftliches Sprühflugzeug, zur Ausrüstung mit Schwimmern und Skiern und ist kommerziell vor allem als ideales Buschflugzeug im hohen Norden im Einsatz, auch mit wesentlichen Zellenmodifikationen und stärkeren Motoren. Zahllose flugfähige Cubs aller Varianten, vor allem Pa-18, sind heute noch weltweit zu finden.

Besatzung: 1
Triebwerk: (L-21 B) Ein luftgekühlter 4-Zylinder-Boxermotor Lycoming 0-290 II mit 99 kW (135 PS).
Leistungen: (L-21 B) Höchstgeschwindigkeit 210 km/h, Reisegeschwindigkeit 185 km/h, Dienstgipfelhöhe 5800 m, Reichweite 740 km.
Gewichte: (L-21 B) Leermasse 422 kg, maximale Startmasse 794 kg.

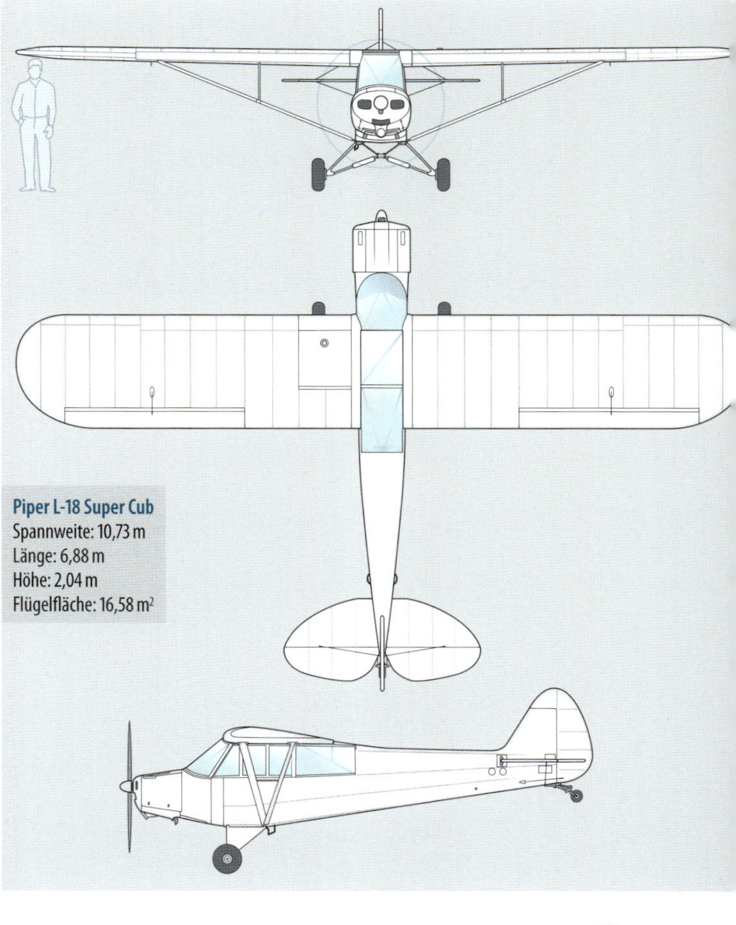

Piper L-18 Super Cub
Spannweite: 10,73 m
Länge: 6,88 m
Höhe: 2,04 m
Flügelfläche: 16,58 m²

Republic F-84 Thunderjet

Ursprungsland
USA
Kategorie
Jagdbomber

Entwicklung: Republic arbeitete bereits 1944 an einem Jet als Nachfolger für die Thunderbolt und erhielt Ende 1944 einen Auftrag über drei Prototypen XP-84. Schon vor dem Erstflug orderte die USAAF 25 Vorserien-YP-84 A und 75 Serienflugzeuge F-84 B. Weil das Triebwerk noch nicht verfügbar war, verzögerte sich der Erstflug bis Februar 1946. Auch Tests mit den Vorserienmustern wurden mangels Triebwerken und Festigkeitsmängeln an den Flügeln ausgebremst. Nach der Einführung der F-84 B, die sich lediglich in der Bewaffnung unterschied, wurden sofort Flugbeschränkungen wegen diesen Problemen verhängt, gleichzeitig verschärften Wartungsschwierigkeiten den geringen Klarstand, bis schließlich im Mai 1948 alle F-84 gegroundet wurden. Parallel dazu wurden aber weitere 191 F-84 C produziert, die zwar eine zuverlässigeres Triebwerk hatten, aber die selben Strukturprobleme. Eine Überprüfung des gesamten F-84-Bestandes zeigte, dass eigentlich keine F-84 betriebsbereit war. Gerettet wurde die F-84 durch die D-Version, bei der die meisten Mängel behoben waren. Die Flügel wurden verstärkt, die Tiptanks überarbeitet, das Kraftstoffsystem funktionierte und das J35-A-7D brachte nun 22,4 kN Schub. Die USAF investierte weitere Gelder, um F-84 B und C auf den D-Stand zu bringen. Trotzdem wurden alle B und C 1952 außer Dienst gestellt. Erst mit der F-84 E (Erstflug Mai 1949, 843 St.), mit weiteren Flügelverstärkungen, einem längeren Rumpf und stärkerem Triebwerk wurde der Jet voll einsatzbereit. Bis zur Auslieferung der F-84 F (S. 221) mit gepfeilten Tragflächen produzierte Republic aber noch bis Juli 1953 3025 F-84 G mit Betankungssonde, Autopilot und einem stärkeren Allison J-35 von. Davon erhielten Verbündete 2236 Thunderjets im Rahmen der US-Militärhilfe MDAP, darunter auch europäische Staaten.

Inklusive der Prototypen rollten 7170 F-84 Thunderjets aus den Werkhallen.

Bemerkungen: Ein Problem aller Jets dieser Zeit waren die schwachen Triebwerke, was sich bei der Thunderjet in einer sehr langen Startstrecke niederschlug. Mit den geraden Flügeln erreichte die Thunderjet schnell ihre aerodynamische Grenze bei Mach 0,82. Dazu kamen Festigkeitsprobleme der Zelle bei hohen G-Belastungen, die kurze Lebensdauer der Triebwerke und laut Berichten war die Thunderjet ein Alptraum für Mechaniker. Zu Kampfeinsätzen kam nur die F-84 E im Koreakrieg, wo sie gegen MiG-15 eigentlich chancenlos war, aber als Erdkämpfer intensiv genutzt wurde.

Etliche Thunderjets stehen in Europas Museen, die meisten aber in den USA. Eine F-84 G steht z. B. im Königlichen Armeemuseum in Brüssel und eine im Italian Air Force Museum, Bracciano.

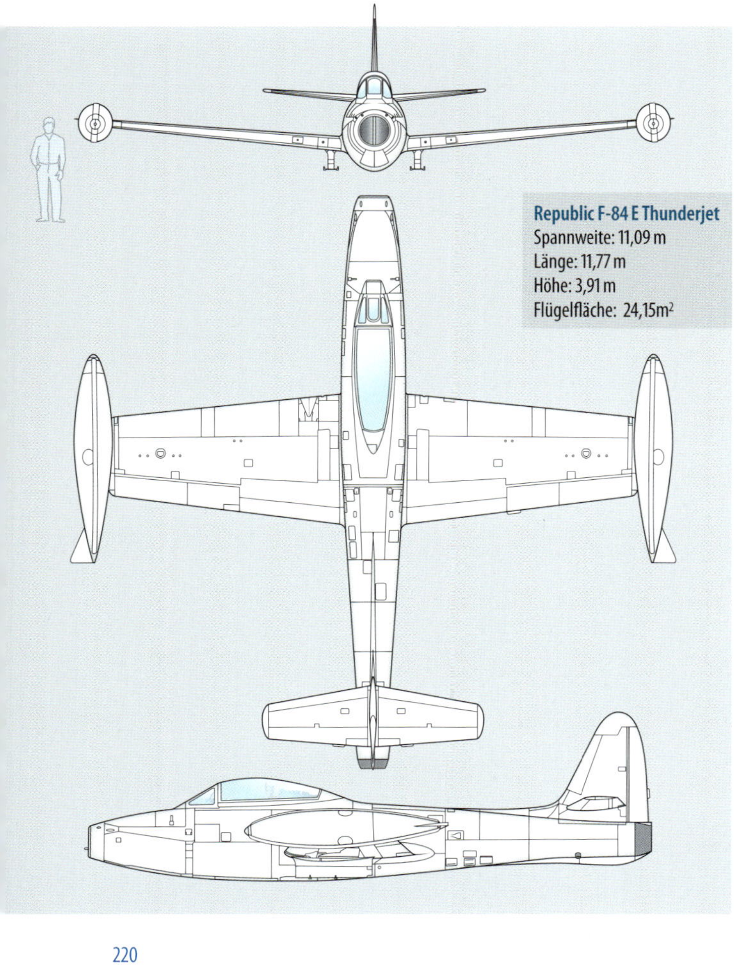

Republic F-84 E Thunderjet
Spannweite: 11,09 m
Länge: 11,77 m
Höhe: 3,91 m
Flügelfläche: 24,15 m²

Besatzung: 1
Triebwerk: (G) Ein Axialstrahltriebwerk Allison J-35-A-29 mit 25 kN Schub..
Leistungen: (G) Höchstgeschwindigkeit 1001 km/h auf Meereshöhe, Reisegeschwindigkeit 777 km/h in 11 000 m, Dienstgipfelhöhe 12 300 m, Reichweite 1080 km, Überführunsgreichweite 3200 km.
Gewichte: (G) Leermasse 5033 kg, Startmasse 8457 kg, maximale Startmasse 10 671 kg.
Bewaffnung: (G) Zwei MGs im Bug, vier MGs in den Flügeln, bis zu 1800 kg Bomben, 1 Atombombe oder Raketen.

Republic F-84 Thunderstreak

Ursprungsland
USA
Kategorie
Jagdbomber

Entwicklung: Republic begann 1948 die Thunderjet (S. 220) weiterzuentwickeln um an die Leistungen des Konkurrenzmusters F-86 Sabre (S. 207) heranzukommen. Trotz gepfeilter Flügel und einem J35-Triebwerk mit 23,6 kN Schub wurde die XF-96 A (Erstflug im Juni 1950) jedoch als nicht viel leistungsfähiger als die Thunderjet angesehen. Obwohl schon die Serienproduktion beauftragt war, setzte die USA deshalb auf das britische, leistungsstärkere Sapphire-Triebwerk von Hawker Siddeley, das von Wright als J65 in Lizenz gebaut wurde, was eine Vergrößerung des Rumpfes nach sich zog. Die nun YF-84 F und RF genannten Prototypen flogen noch mit in die Flügelwurzeln integrierten Lufteinlässe, was aber bei der F-84 F nicht beibehalten wurde. Wegen des immer komplexer werdenden Flugzeugs geriet der Produktionsstart ins Stocken. Auch weil Republic anfangs davon ausging, einen Teil der Thunderjet-Produktionsanlagen übernehmen zu können. Erst im November 1952 flog eine Serien-F-84 F, die außer der Bezeichnung nur noch wenig mit ihrem Vorgänger gemeinsam hatte. Sie wurden anfangs aber wegen Kontroll- und Stabilitätsproblemen als nicht betriebsbereit deklariert. Erst mit Einführung einiger aerodynamischer Verbesserungen wie z. B. Spoilern und einem hydraulisch gesteuerten Pendelhöhenruder ging die F-84 F im Mai 1954 uneingeschränkt in Dienst.

Republic lieferte 2711 Thunderstreaks aus, davon gingen 1301 im Rahmen des Militärhilfsprogramms MDAP an NATO-Staaten.

Bemerkungen: Wie die Thunderjet, benötigte auch die Thunderstreak wegen der immer noch zu geringen Triebwerksleistung eine lange Startstrecke, hatte ähnliche aerodynamischen Probleme und anhaltende Triebwerksausfälle, die 1955 zu einem Grounding führten, obwohl die USAF die F-84 F besser als deren Vorgänger einstufte. Bereits 1958 begann man erste Maschinen stillzulegen, reaktivierte sie jedoch 1961 wegen politischer Spannungen in Deutschland. Aber schon 1962 wurde wieder ein Startverbot, diesmal wegen Korrosion, verhängt, das man erst nach aufwändigen Reparaturen aufhob, bis sie schließlich zwei Jahre später komplett von der USAF außer Dienst gestellt und durch F-100 Super Sabre (S. 211) ersetzt wurden. Im Rahmen des MDAP-Programms erhielten auch europäische NATO-Staaten F-84 F. Alleine Deutschland setzte von 1956 bis 1966 450 Jagdbomber und 108 Aufklärer RF-84 ein, beklagte allerdings auch eine hohe Unfallrate mit 90 Totalverlusten.

Neben den USA besitzen alle Museen in den damaligen NATO-Ländern Europas F-84. In der BRD findet man eine im Luftwaffenmuseum in Gatow und in der Flugausstellung Hermeskeil.

Besatzung: 1
Triebwerk: (F) Ein Axialstrahltriebwerk Wright J65-W-3 mit 32,1 kN Schub.
Leistungen: (F) Höchstgeschwindigkeit 1060 km/h auf Meereshöhe, Reisegeschwindigkeit 870 km/h, Dienstgipfelhöhe 14 400 m, Reichweite beladen 1380 km.
Gewichte: (F) Leermasse 6195 kg, maximale Abflugmasse 11 450 kg.
Bewaffnung: (F) Vier MGs im Bug, zwei in der Flügelwurzel, max. 2727 kg extern: Raketen, Bomben oder eine Atombombe.

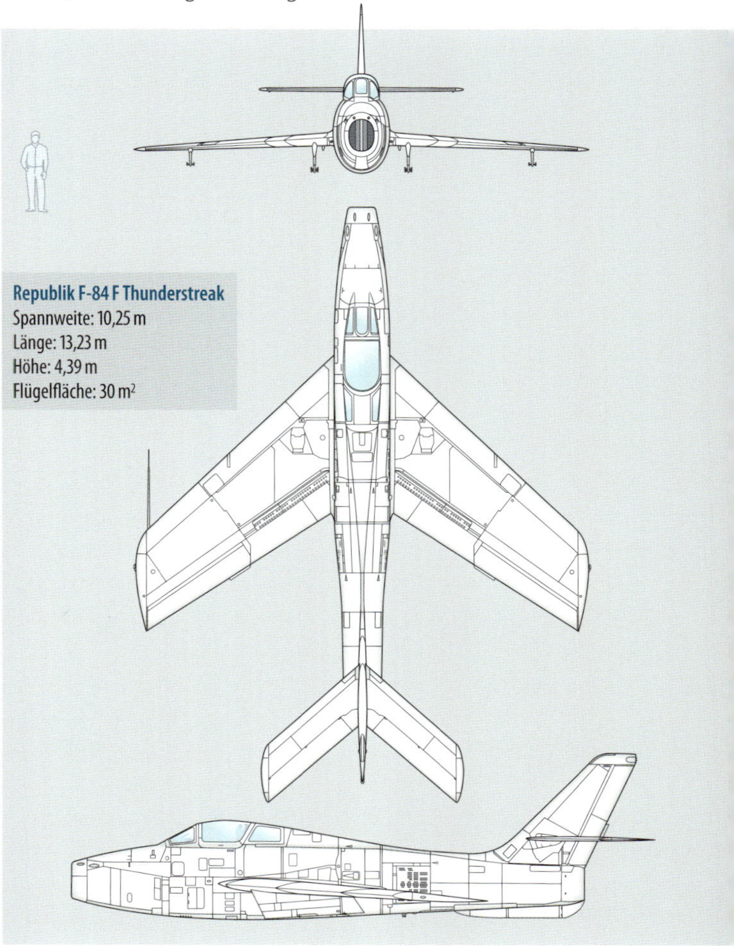

Republik F-84 F Thunderstreak
Spannweite: 10,25 m
Länge: 13,23 m
Höhe: 4,39 m
Flügelfläche: 30 m²

Republic RF-84 Thunderflash

Ursprungsland
USA
Kategorie
Aufklärungsflugzeug

Entwicklung: Republic arbeitet schon 1952 an einer Aufklärerversion der F-84. Der Erstflug des Prototypen YRF-84 F fand im Februar 1952 statt. Um Platz für Kameras im Bug zu schaffen, wurden die Lufteinlässe an die Flügelwurzel gelegt, das zu einem geringen Schubverlust führte, und deshalb beim Jagdbomber F-84 F nicht beibehalten wurde. Die Bewaffnung mit vier MGs plazierte man neben den Lufteinläufen. Im verlängerten Bug war Platz für eine umfangreiche Elektronik und sechs Kameras, die nach vorne, seitlich und schräg nach unten geneigt waren und unter Berücksichtigung von Flughöhe, Geschwindigkeit und Licht von einem Computer gesteuert, auslösten. Unter den Lufteinlässen konnten zwei lange Droptanks befestigt werden, um ausgedehnte Aufklärungsmissionen zu ermöglichen. Je zwei lange Grenzschichtzäune auf den Flächen sorgten wegen der veränderten Flügelgeometrie für eine anliegende Strömung. Wie die Thunderstreak auch, zeigte die Thunderflash in den normalen Betriebsgrenzen ein akzeptables Flugverhalten, hatte aber problematische Langsamflugeigenschaften, dürftige Startleistungen und ein inakzeptables Stallverhalten. Die ersten Serienmaschinen wurden im März 1954 ausgeliefert. Sie durchliefen die gleichen Groundings und hatten die selben Antriebsprobleme wie die Thunderstreak. Um 1957 wurden die Flugzeuge außer Dienst gestellt, 1961 wieder reaktiviert, aber 1972 entgültig wegen Materialermüdung und Korrosion stillgelegt.

Republic baute insgesamt 715 Aufklärer RF-84 F.

Bemerkungen: (Siehe auch S. 221, Thunderstreak) Auch vom Aufklärer gingen 386 Flugzeuge im Rahmen des MDAP-Programmes an befreundete Nationen, wie z. B. Frankreich, Dänemark, Italien, Belgien, Niederlande. Mit 108 Flugzeugen war die BRD der größte Betreiber, die einen Teil 1966 nach Stillegung an die Türkei und an Griechenland abgab, die ihre letzten RF-84 erst 1991 stilllegte

In fast allen Betreiberländern findet man RF-84 in Museen. In der BRD im Luftwaffenmuseum in Gatow und in der Flugausstellung in Hermeskeil.

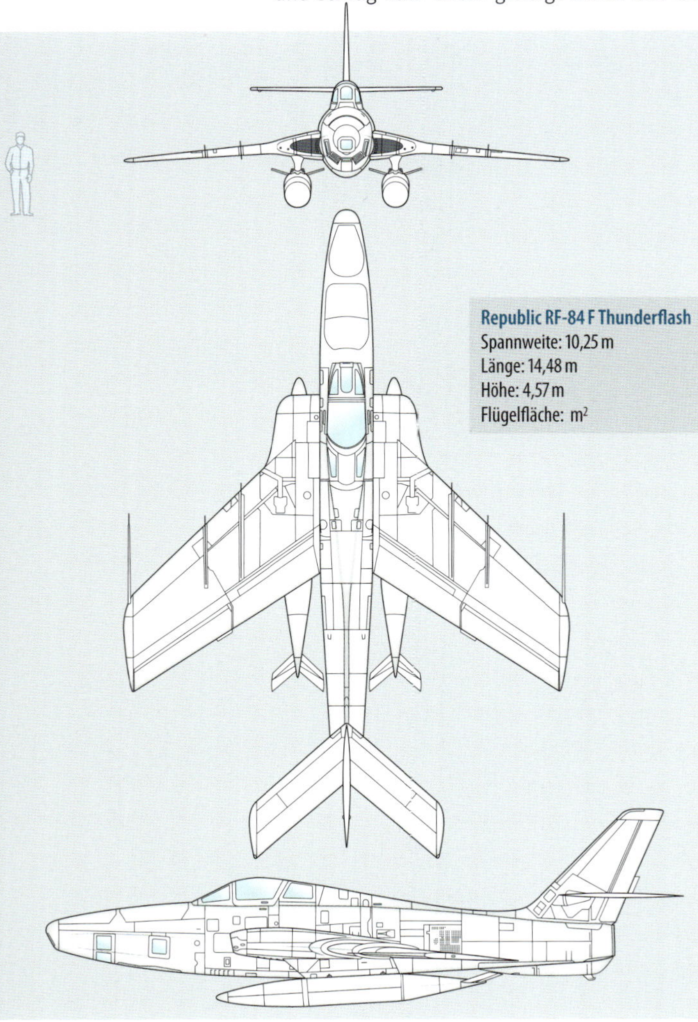

Republic RF-84 F Thunderflash
Spannweite: 10,25 m
Länge: 14,48 m
Höhe: 4,57 m
Flügelfläche: m²

1955 – 56 wurden 25 RF-84 F umgebaut, um als Langstreckenaufklärer unter einer B-36 ins Zielgebiet gebracht und wieder aufgenommen zu werden. Das Projekt wurde schnell wieder aufgegeben, da sich das Andocken als zu schwierig erwies.

Besatzung: 1
Triebwerk: Ein Axialstrahltriebwerk Wright J65-W-7 mit 32,13 kN Schub.
Leistungen: Höchstgeschwindigkeit 1160 km/h, Reisegeschwindigkeit 870 km/h, Dienstgipfelhöhe 14 600 m, Reichweite 3200 km.
Gewichte: Leermasse 6362 kg, Abflugmasse 12 700 kg.
Bewaffnung: Vier MGs in den Tragflächen.

Ryan FR Fireball

Ursprungsland
USA
Kategorie
Jagdflugzeug

Entwicklung: Schon im Dezember 1942 begann man in den USA ein Jagdflugzeug mit Hybridantrieb zu fordern. Die ersten, noch trägen Strahltriebwerke waren für Starts und Landungen auf Trägern noch ungeeignet, sorgten aber für eine hohe Endgeschwindigkeit. Neben acht weiteren Bewerbern bekam Ryan im Februar 1943 den Auftrag, innerhalb von 14 Monaten drei Prototypen zu bauen. Die erste XFR-1 flog mit einem 1350 PS-Cyclone-Sternmotor, aber noch ohne Strahltriebwerk im Juni 1944, ging jedoch bei einem Crash im Oktober verloren. Der Tiefdecker in Ganzmetallbauweise hatte ein nach außen einziehbares Fahrwerk, wegen der Lufteinlässe für das Strahltriebwerk, das im Rumpf hinter den Flächen montiert war. Nach ausgiebigen Tests, die strukturelle und aerodynamische Probleme aufzeigten, erhielt das Flugzeug ein neues Heck und Leitwerk und später anstatt der Doppelschlitzklappen einfache. Auch der zweite Prototyp ging am März 1945 verloren, ebenso der dritte im April 1945. Weitere Tests bei der Navy führten zu elektrischen Kühlklappen, geändertem Katapulthaken und zu einem überarbeiteten Fahrwerk. Bereits im Dezember 1943 wurden 100 FR-1 in Auftrag gegeben, mit einem Folgeauftrag über zusätzliche 1000 Fireballs, sollte sie für Flugzeugträger freigegeben werden. Allerdings wurden bis November 1945 nur 66 Flugzeuge fertiggestellt und alle weiteren Aufträge bei Kriegsende storniert. Die aus der FR-1 umgebaute FR-2, mit einem 1425 PS-starken Wright 1820 Sternmotor blieb ein Einzelstück. Auch die FR-3 mit einem General Electric J20-Strahltriebwerk. Noch leistungsfähiger sollte die FR-4 (Bild) werden, deren verlängerter Prototyp man mit einem Westinghouse J34 ausstattete. Verschließbare Lufteinläufe am Rumpf sorgten für eine bessere Aerodynamik. Es blieb aber beim Prototyp. Diese Maschine wurde schließlich zur XF2R-1 Dark Shark umgebaut. Anstatt des Sternmotors installierte Ryan eine Propellerturbine. Erstflug war im November 1946, aber auch das blieb ein Einzelstück.

Ryan lieferte inklusive der drei Prototypen lediglich 69 Flugzeuge aus.

Bemerkungen: Auch wenn ein Geschwader für den Einsatz im Pazifik bereitstand, war mit Kriegsende auch das Ende der FR-1 vorhersehbar. Vermutlich wurden ab Juni 1947 alle außer Dienst gestellt und verschrottet. Trotz angeblich guter Leistungen war die FR-1 und deren Weiterentwicklungen eine technologische Sackgasse. Das Mixed-Power-Concept wurde nicht nur wegen technischer Probleme aufgegeben, sondern vor allem wegen der bereits vorhandenen, wesentlich leistungsfähigeren und begehrten Jets.

Die einzig erhaltene Fireball steht im Planes of Fame Air Museum in Chino, USA.

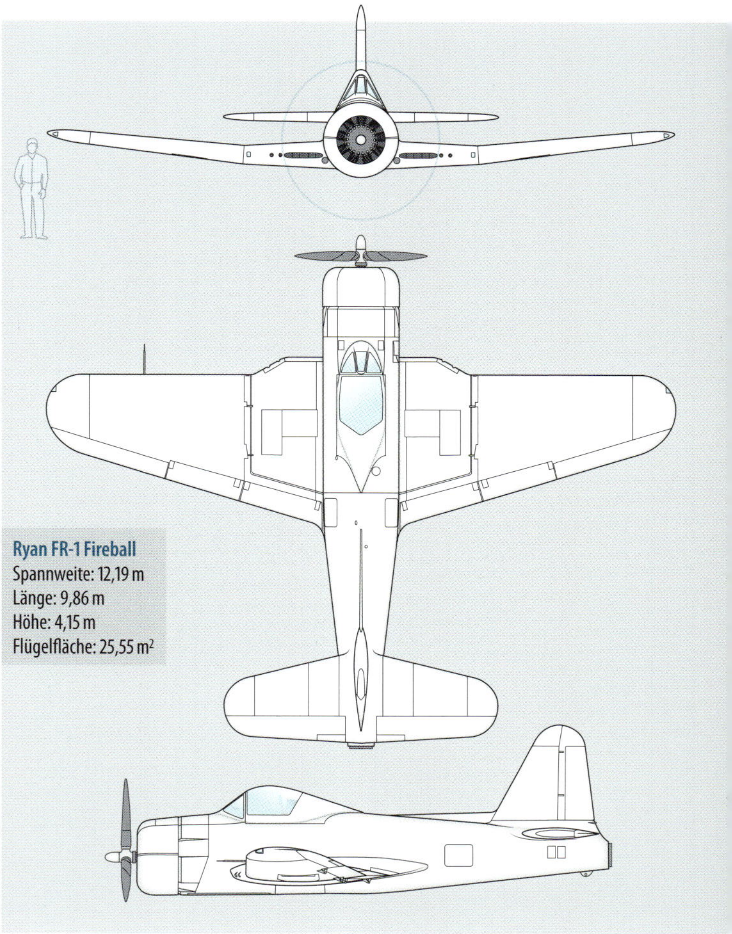

Ryan FR-1 Fireball
Spannweite: 12,19 m
Länge: 9,86 m
Höhe: 4,15 m
Flügelfläche: 25,55 m²

Besatzung: 1
Triebwerk: Ein luftgekühlter 9-Zylinder-Sternmotor Wright R-1820-72W Cyclone mit 1060 kW (1425 PS) und ein Radialstrahltriebwerk General Electric J31 mit 7,1 kN Schub.
Leistungen: Höchstgeschwindigkeit 686 km/h, Dienstgipfelhöhe 13 100 m, Reichweite 2100 km.
Gewichte: Leermasse 3590 kg, Startmasse 4806 kg.
Bewaffnung: Vier MGs im Flügel und bis zu 450 kg Bomben oder Raketen an vier Außenstationen.

Ryan L-17

Ursprungsland
USA
Kategorie
Leichtes Verbindungs- und Transportflugzeug

Entwicklung: Die Navion wurde nach Ende des Zweiten Weltkrieges von North American als NA-143 entworfen und als NA-145 hergestellt. Erstflug war im April 1946. Der in Aluminium-Schalenbauweise hergestellte viersitzige Tiefdecker mit Einziehfahrwerk war im Gegensatz zu Vorkriegskonstruktionen ein außergewöhnlich aerodynamischer Entwurf, das sich auch im Handling, Geschwindigkeit und Verbrauch niederschlug und schließlich auch für Militärs interessant war. 1946 orderte, nachdem der Prototyp L-17 entwickelt worden war, das US-Militär 83 L-17 A, die 1962 in U-18 A umbenannt wurden. 36 gingen an die Army und 47 an die National Guard, die sie als Verbindungs- und Transportflugzeug, sowie als Trainer einsetzten. Einige auch als Zieldrohnen. Insgesamt verkaufte North American vor allem auf dem zivilen Markt bis 1947 1109 Navions. Im Sommer 1947 erwarb Ryan Aeronautical Company die Produktionsrechte und startete eine eigene Herstellung. Es entstanden bis 1951 1240 Ryan Navions mit 205 PS O-470-Continental oder mit 250 PS O-435 Lycoming-Boxermotoren. Auch davon bestellte 1948 das Militär 163 L-17 B (ab 1962 U-18 B), die an die Armee (129 St.) und an die National Guard gingen. 35 L-17 der Vorgängerversionen wurden mit verstärkten Bremsen und größeren Tanks zur L-17 C (U-18 C) umgebaut. Um 1962 musterte man die meisten L-17 aus und übergab sie an die Civil Air Patrol. Damit endet die Geschichte der Navion aber noch nicht. 1957 erwarb TUSCO die Produktionsrechte, die im Juni 1960 einen überarbeiteten Prototypen der Navion Rangemaster vorstellte und angeblich 181 Rangemaster auslieferte, bevor sie 1964 bankrott ging. Die Rechte gingen an die Navion Aircraft Corporation, eine Mitte 1965 gegründeten Firma der American Navion Society.

Vermutlich sind insgesamt 2634 Navions bis 1964 gebaut worden.

Bemerkungen: Mit Ende des Zweiten Weltkrieges brach der Markt für Militärflugzeuge extrem ein und fast alle Hersteller mussten sich nach neuen Zielgruppen umschauen, was bei North American, dem Hersteller der P-51 Mustang, zu der Fehleinschätzung führte, dass ehemalige Militärpiloten auch die „poor mans Mustang" kaufen würden. North American baute trotzdem die Navion und verkaufte sie zunächst noch unter ihren eigenen Produktionskosten. Nebenbei kamen aber auch Militärs so zu einem modernen Flugzeug, das als Verbindungs- und Schulflugzeug, im Koreakrieg auch als leichter Transporter und „Fluglotse" für Frontangriffe eingesetzt wurde.

Zahllose Museumsexemplare und flugfähige private Navions findet man vor allem in den USA. Eine L-17 wird z. B. vom Planes of Fame Air Museum in Chino, USA betrieben.

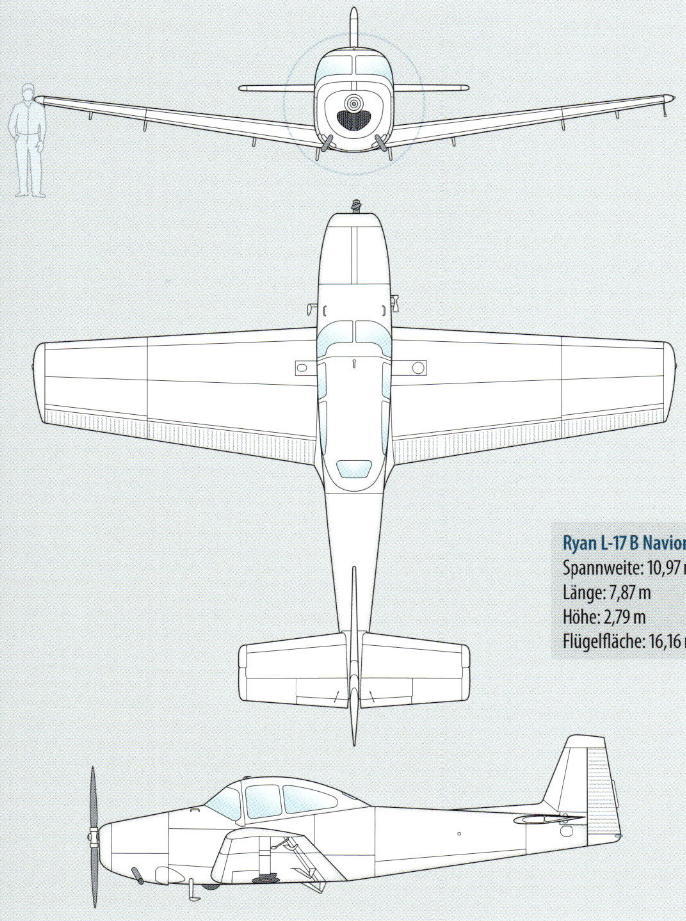

Ryan L-17 B Navion
Spannweite: 10,97 m
Länge: 7,87 m
Höhe: 2,79 m
Flügelfläche: 16,16 m²

Besatzung: 1
Triebwerk: Ein luftgekühlter 4-Zylinder-Boxermotor Continental O-470-7 mit 136 kW (185 PS).
Leistungen: Höchstgeschwindigkeit 262 km/h, Reisegeschwindigkeit ca. 200 km/h, Dienstgipfelhöhe 4750 m, maximale Reichweite 1055 km.
Gewichte: Leermasse 810 kg, maximale Abflugmasse 1293 kg.

Sikorsky R-6 / S-49

Ursprungsland
USA
Kategorie
Leichter Hubschrauber

Entwicklung: Als Nachfolger der Sikorsky R-4 (Erstflug September 1939), übernahm die R-6 Hauptrotor und Getriebe, neu war der stromlinienförmige Ganzmetallrumpf mit seinem Heckausleger. Der verkleidete Motor- und Getrieberahmen und die Halterung des Heckauslegers wurden aus Stahlrohren geschweißt. Die XR-6 hob im Oktober 1943 erstmals ab, noch mit einem 225 PS-Lycoming-Boxermotor angetrieben, alle folgenden fünf XR-6 A und die Serienmodelle waren mit dem gebläsegekühlten 235 PS-Franklin motorisiert, der senkrecht unter dem Getriebe und dem Rotor installiert war. Die drei Blätter des Hauptrotors bestanden aus einem Stahlrohrholm mit

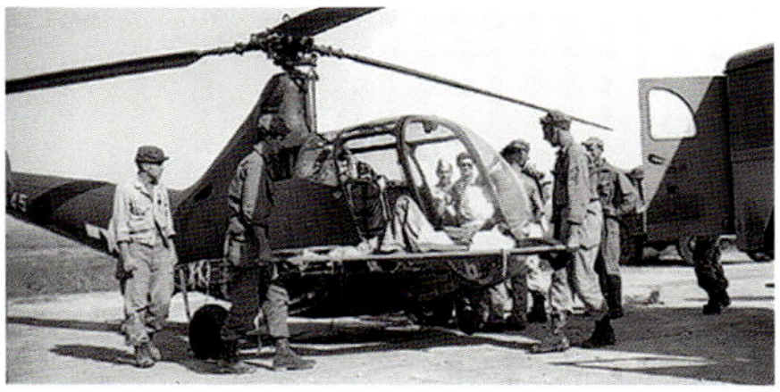

Eine R-6A transportiert Verwundete 1945 auf Luzon/Philippinen.

bespannten Sperrholzrippen, der Heckrotor aus bespanntem Schichtholz. Nur die sechs X-Prototypen wurden wegen geringer Produktionskapazitäten von Sikorsky hergestellt, alle weiteren von Nash-Kelvinator, wobei Sikorsky die dynamischen Komponenten wie Motor, Rotorsystem, Getriebe usw. zulieferte. Erste Auslieferungen begannen im Oktober 1944. Produziert wurden 26 YR-6 A (modizierte XR-6 A) und 193 R-6 A für die USAAF, wovon 36 an die US Navy als HOS-1 gingen und 27 als Hoverfly Mk. II im Rahmen von Lend-Lease an die RAF.

Inklusive der Prototypen wurden 225 Helikopter bis 1945 ausgeliefert.

Bemerkungen: Ende 1944 lieferte Sikorsky die ersten R-6 A an die USAAF, die US Navy und an die Küstenwache, die man als Verbindungs-, Beobachtungs- und Rettungshelikopter einsetzte. Dafür wurden Zusatzausrüstungen wie aufblasbare Schwimmer und Rettungswinden geliefert, Krankentragen konnten über dem Fahrwerk montiert werden. Von vorgesehenen Bombenracks kam man wieder ab, nachdem diese Forderung der Militärs gestrichen wurde. Eingesetzt wurden R-6 in China, im Pazifikraum und in den USA, einige auch von Schiffen. Bereits 1949 wurden die HOS-1 der Navy und im August 1951 die Hoverflies der RAF außer Dienst gestellt und durch S-51 (S. 226) ersetzt. Einige wenige Exemplare gab man noch an zivile Betreiber ab.

Eine HOS-1, von vier in den USA erhaltenen R-6, steht im American Helicopter Museum in West Chester/USA.

Besatzung: 2
Triebwerk: Ein luftgekühlter 6-Zylinder-Boxermotor Franklin 0-405-9 mit 173 kW (235 PS).
Leistungen: Höchstgeschwindigkeit 185 km/h, Dienstgipfelhöhe 4000 m, Reichweite 640 km.
Gewichte: Leermasse 914 kg, Abflugmasse 1175 kg, maximale Abflugmasse 1423 kg.

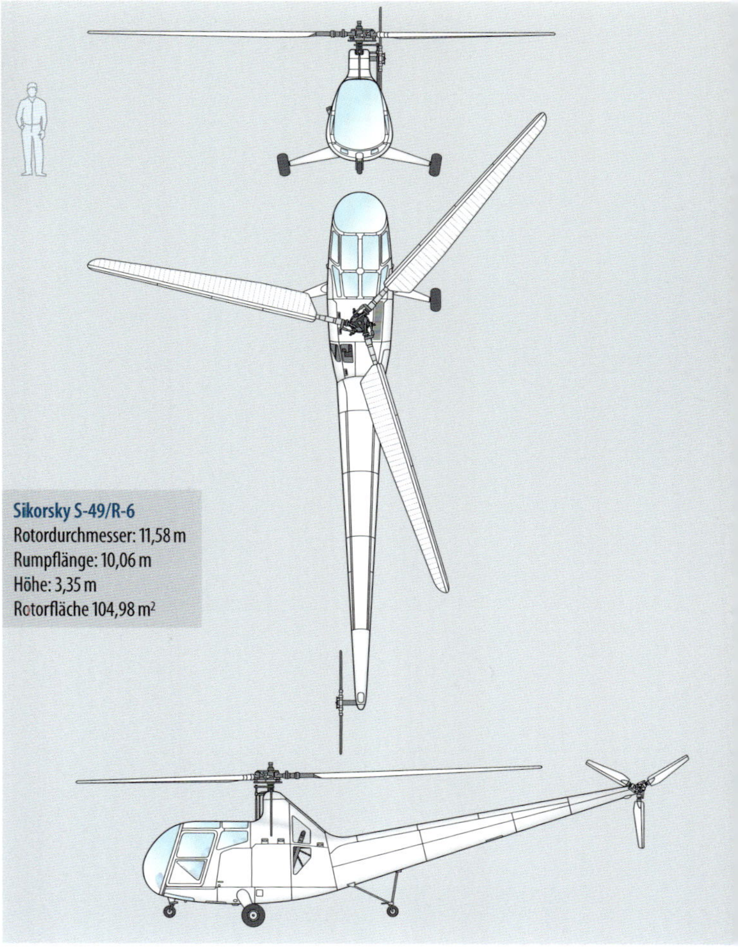

Sikorsky S-49/R-6
Rotordurchmesser: 11,58 m
Rumpflänge: 10,06 m
Höhe: 3,35 m
Rotorfläche 104,98 m²

Sikorsky R-5 / H-5 / S-51

Ursprungsland
USA
Kategorie
Leichter Transporthubschrauber

Entwicklung: Ursprünglich wurde die S-51 von Sikorsky auf eigenes Risiko als zivile Weiterentwicklung der S-48 konstruiert, da sich der militärische Hubschraubermarkt nach Kriegsende als schwierig abzeichnete. Die S-51, die erstmals im Februar 1946 abhob, hatte einen größeren Hauptrotor, eine höhere Nutzlast und konnte drei Passagiere hinter dem Piloten transportieren. Kabine und Heckausleger wurden in Alu-Schalenbauweise hergestellt, der Mittelrumpf zur Aufnahme des waagrecht gelagerten Motors mit Getriebe und Rotormast bestand aus einem geschweißten und verkleideten Stahlrohrgerüst. Die drei Hauptrotorflügel fertigte Sikorsky in Holz-Metall-Gemischtbauweise, später in Ganzmetall. 1947 bestellte die USAF 11 S-51, die als R-5 F bezeichnet wurden und die US-Marine 92 als HO3S-1. Weitere 39 wurden ab 1948 als Rettungshubschrauber H-5G mit zwei geschlossenen Tragbahren außerhalb der Kabine, geliefert und 16 H-5H Amphibienhubschrauber erhielten anstatt eines Fahrwerks aufblasbare Pontons. 1946 begann die britische Westland Aircraft mit der Lizenzproduktion von 133 S-51 Dragonfly für die Royal Navy und Royal Airforce, die mit einem 500 PS-Sternmotor von Alvis Leonides motorisiert, etwas bessere Leistungen zeigte.

Von den militärischen S-51-Varianten lieferte Sikorsky insgesamt 157 Stück aus.

Bemerkungen: Die S-51 war zwar der erste Helikopter, der von einem zivilen Betreiber erworben wurde, Hauptabnehmer blieb aber das Militär. Auch die erste Hubschrauber-Rettung einer Helldiver-Besatzung aus dem Meer ging auf das Konto der S-51 und es war der erste Helikopter, der im Rahmen der Operation High-Jump an der Errichtung von US-Marine-Stützpunkten in der Antarktis teilnahm. Im übrigen aber wurden S-51 während ihrer gesamten Einsatzdauer weltweit von 14 Staaten, darunter Australien, Frankreich, Kanada und Japan für Verbindungs-, Transport und Rettungsmissionen genutzt. Die meisten US-Marinehelikopter waren auf Flugzeugträgern, Kreuzern und Schlachtschiffen stationiert und wurden für Verbindungs- und SAR-Aufgaben verwendet, transportierten Fracht von Schiff zu Schiff, übermittelten u. a. auch Zielangaben für Schiffsgeschütze oder waren auf Seeminensuche. Ihren guten Ruf erlangte die S-51 aber im Koreakrieg. Sie wurde oft zu riskanten Bergungen von Besatzungen, die hinter den feindlichen Linien abgeschossen wurden, gerufen oder evakuierte Verwundete aus den vordersten Frontlinien. Erst 1957 ersetzte man die letzten S-51 durch die größeren Sikorsky S-55/H-19 Chickasaw (S. 228).

Soweit bekannt, blieben 19 S-51 erhalten. Eine britische WS-51 Dragonfly findet man im Aviodrome, Lelystadt, Niederlande, eine Sikorsky S-51 im American Helicopter Museum, West Chester, USA.

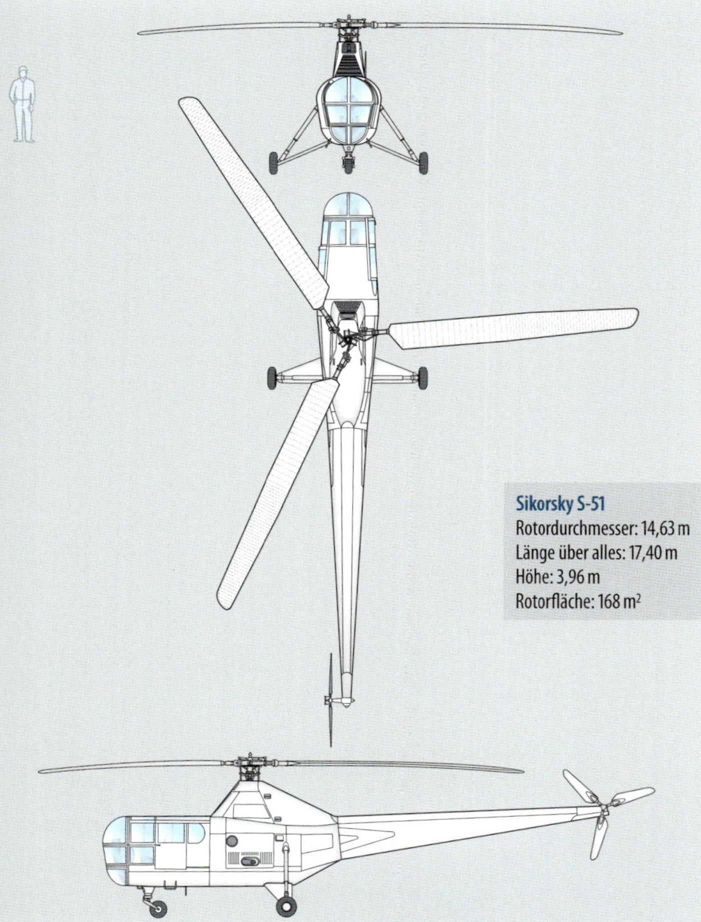

Sikorsky S-51
Rotordurchmesser: 14,63 m
Länge über alles: 17,40 m
Höhe: 3,96 m
Rotorfläche: 168 m²

Besatzung: 1
Triebwerk: Ein gebläsegekühlter 9-Zylinder-Sternmotor Pratt & Whitney R-985 Wasp mit 331 kW (450 PS).
Leistungen: Höchstgeschwindigkeit 171 km/h, Dienstgipfelhöhe 4400 m, Reichweite ca. 580 km.
Gewichte: Leermasse 1723 kg, maximale Abflugmasse 2404 kg.

Sikorsky S-52

Entwicklung: Wie der Vorgänger S-51 (S. 226) wurde auch die S-52 in Eigeninitiative von Sikorsky als einfacher, wartungsarmer und wirtschaftlicher, zweisitziger Helikopter entwickelt. Vier Prototypen fertigte Sikorsky, der erste flog im Februar 1947 mit einem 178 PS-Franklin-Boxermotor. In einem zentralen, verkleideten Stahlrohrrahmen saß der waagrecht gelagerte Motor mit Getriebe, das über die Rotorwelle und einem neuartigen Rotorkopf die Ganzmetall-Rotorblätter antrieb, die den Helikopter deutlich manövrierfähiger machten. Aus dem Zweisitzer entwickelte Sikorsky die viersitzige S-52-2, wegen der größeren Kabine mit einem nach hinten verlagerten, 245 PS starken Franklin. Im Februar 1951 zugelassen, gingen die ersten 4 S-52-2 als YH-18 A zur Bewertung an die US-Army. Mit der nahezu identischen S-52-3 führte man am Heckrotor Stabilisatorflächen, selbstdichtende Tanks und ein geändertes Elektriksystem ein. Von der S-52-3 erhielt die US-Navy als HO5S-1 79 Maschinen und weitere 8 1952 die US-Coast Guard, die sie aber wegen zu geringer Reichweite schon nach zwei Jahren ausmusterte und einlagerte. Im Juli 1953 experimentierte Sikorsky mit zwei YH-18 der Army, die als XH-39 mit einer 400 PS-starken französischen Propellerturbine Artouste ausgestattet waren, aber Einzelstücke blieben. Sikorsky verkaufte schließlich 1964 die Produktionsrechte an ein Unternehmen, das Bausätze als stark modifizierte 260 L Hummingbird auf den Markt brachte und heute immer noch vertreibt.

Inklusive der Prototypen fertigte Sikorsky lediglich 93 S-52 aller Varianten.

Bemerkungen: Die Einführung eines neuartigen Rotorkopfes und Ganzmetall-Rotorblätter bei der S-52 war ein Meilenstein in der Hubschraubergeschichte. Mit dem Prototyp wurden mehrere Geschwindigkeits- und Höhenrekorde aufgestellt. Aber trotz seiner für die damalige Zeit guten Leistungen und etlicher Demonstrationen vor Militärs, war der Heli kein Verkaufserfolg. Die meisten HO5S wurden von den Seestreitkräften als MEDEVAC-Hubschrauber, unter anderem auch im Koreakrieg genutzt, da sie in der Lage waren, zwei Tragbahren inklusive eines Betreuers in der Kabine zu transportieren, im Gegensatz zur Bell HTL-4 (S. 149), die sie nur außerbords befestigen konnte. Zu den weiteren Aufgaben gehörten Beobachtungs- und Aufklärungsmissionen, Artilleriefeuerbeobachtung, Personaltransport und Versorgungseinsätze. Eine unbekannte Zahl wurde nach ihrer Ausmusterung und Einlagerung entmilitarisiert und auf dem zivilen Markt angeboten. Angeblich sind in den frühen 1960er-Jahren noch 17 S.52 zur Inspektion von Starkstrom-Überlandleitungen eingesetzt worden.

Eine S-52 wird vom American Helicopter Museum, West Chester, USA präsentiert..

Ursprungsland
USA
Kategorie
Leichter Transporthubschrauber

Besatzung: 2
Triebwerk: Ein gebläsegekühlter 6-Zylinder-Boxermotor Franklin 6V6-245-B16F mit 180 kW (245 PS).
Leistungen: Höchstgeschwindigkeit 175 km/h in Meereshöhe, Reisegeschwindigkeit 154 km/h, Dienstgipfelhöhe 4725 m, Reichweite 670 km.s
Gewichte: Leermasse 749 kg, maximale Abflugmasse 1226 kg.

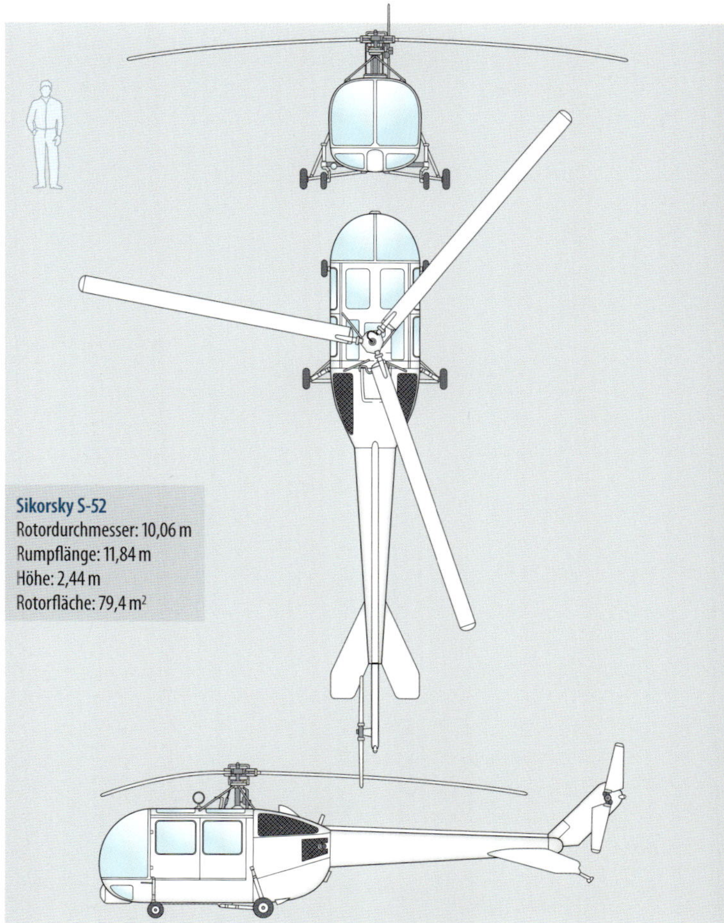

Sikorsky S-52
Rotordurchmesser: 10,06 m
Rumpflänge: 11,84 m
Höhe: 2,44 m
Rotorfläche: 79,4 m²

Sikorsky S-55

Ursprungsland
USA
Kategorie
Transport-hubschrsauber

Entwicklung: Ab 1948 begann Sikorsky in Eigeninitiative an einem deutlich größeren Hubschrauber, der S-55, zu arbeiten. Im Gegensatz zu bisherigen Modellen plazierten die Konstrukteure den Motor im Bug, um Platz für eine geräumige Kabine unter dem Rotor zu schaffen, die 10 Personen oder 6 Tragbahren oder bis zu 1000 kg Fracht fassen konnte. Auch die Wartung des Antriebs, der mit einer Welle zum unter dem Rotor liegenden Getriebe verbunden war, wurde dadurch erleichtert. Erstflug war im November 1949, nur ein Jahr nach Programmbeginn. Die ersten 5 Prototypen YH-19 gingen zur Erprobung an die USAF. Im April 1950 begannen die Bestellungen mit 10 H-19A, die als HO4S die US-Navy erhielt. Weitere 60 orderte das US Marine Corps und 1951 die USAF 50 H-19 A, die mit einer dreieckigen, aerodynamischen Verkleidung unter dem Leitwerksträger ausgeliefert wurden. 1952 beauftragte die Army weitere 410 H-19 C und D. Mit der S-55 B (UH-19 B – F, H-19 B, HO4S-3, H-19 D, HRS-3) wurde der mit 700 PS stärkere Wright R-1300-3 eingeführt, der geringfügig bessere Leistungen versprach. Das äußerst erfolgreiche Modell wurde von der britischen Firma Westland lizenziert, die mehr als 300 „Whirlwind“ für die RAF, Army und Navy und ca. 100 für den Export produzierte. Auch die französische SNCASE fertigte ab 1952 vermutlich 135 S-55 und rund 40 wurden ab 1958 von Mitsubishi an die japanischen Streitkräfte ausgeliefert.

Je nach Quelle wurden inklusive der Lizenzen bis 1959 1614 oder 1728 S.55 ausgeliefert.

Bemerkungen: Der erste, wirklich leistungsfähige Transporthubschrauber, der von über dreißig Staaten genutzt wurde, spielte eine große Rolle beim Einsatz von mobilen Bodentruppen, die damit bis zur vordersten Frontlinie transportiert werden konnten. Von den USA, auch bewaffnet im Koreakrieg, ebenso von Frankreich im Algerienkrieg und in Indochina. Geflogen wurde der zu recht „Mehrzweckhubschrauber“ genannte S-55 Chickasaw von Luftwaffe, Armee und Marine bei Truppen-, Lasten,- und Verwundetentransporten. Er war zudem mit einem Kran über der Tür und einem Rettungskorb für SAR-Einsätze ausrüstbar. Unzählige, weitere Varianten, je nach Besteller und Einsatzzweck, wurden ausgeliefert. Der Hubschrauber erwies sich als äußerst zuverlässig und robust und hatte einen hohen Klarstand, lediglich die anfänglichen 600 PS-Versionen wurden als untermotoriert eingestuft. Ausgemusterte S-55 bot man auf dem zivilen Markt an und wurden kommerziell weiter betrieben. Einige durchliefen ein Modernisierungsprogramm, bei dem zum Teil auch eine Turbine eingebaut wurde.

Eine S-55 von zahllosen Museumshubschraubern steht im Deutschen Museum in München.

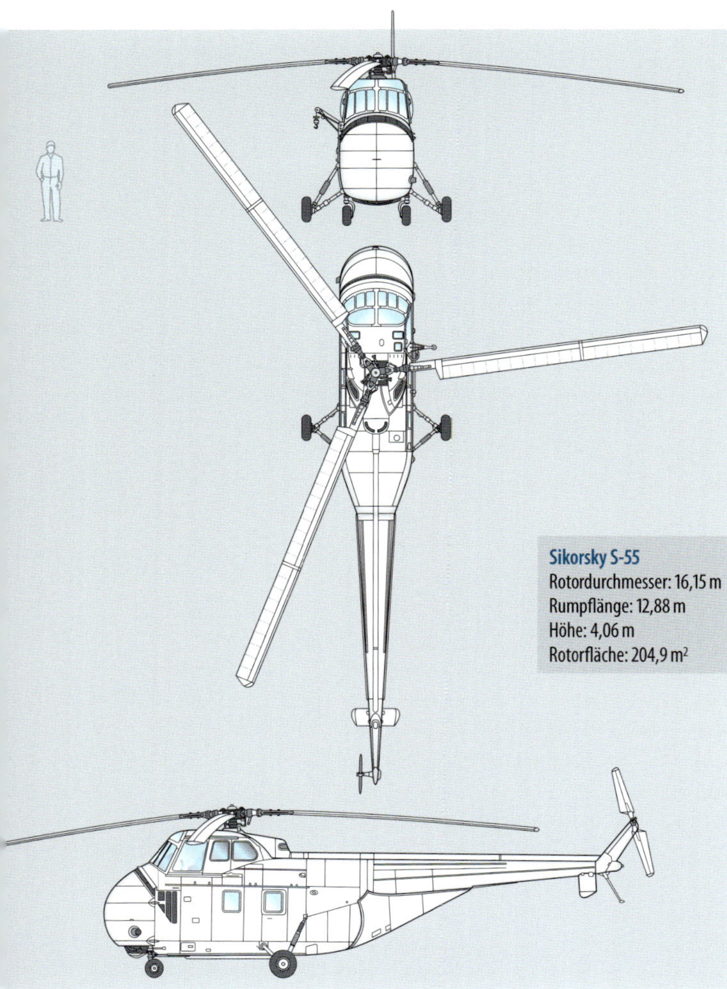

Sikorsky S-55
Rotordurchmesser: 16,15 m
Rumpflänge: 12,88 m
Höhe: 4,06 m
Rotorfläche: 204,9 m²

Besatzung: (H-19 C) 2
Triebwerk: (H-19 C) Ein gebläsegekühlter 9-Zylinder-Sternmotor Pratt & Whitney R-1340 mit 441 kW (600 PS).
Leistungen: (H-19 C) Höchstgeschwindigkeit 163 km/h, Reisegeschwindigkeit 137 km/h, Dienstgipfelhöhe 3200 m, Reichweite 720 km.
Gewichte: (H-19 C) Leermasse 2245 kg, Startmasse 3266 kg, maximale Startmasse 3587 kg.

Sikorsky S-56

Entwicklung: Bereits zu Beginn der S-55-Serienproduktion begann Sikorsky an einem schweren Kampfzonen-Transporthubschrauber für das US-Marine-Corps zu arbeiten. Der erste von vier Prototypen XHR2S-1 flog im Dezember 1953. Bei Sikorsky's erstem zweimotorigen Helikopter wurden die beiden Motoren an Pylonen am Rumpf montiert, um Platz für den Frachtraum zu schaffen, über dem auch das Cockpit untergebracht war. Er konnte über Bugtore und seitliche Schiebetüren mit bis zu 23 voll ausgerüsteten Soldaten oder drei Jeeps oder bis zu 4300 kg Fracht beladen werden. Das Fahrwerk wurde von den Motorgondeln aufgenommen, der Hauptrotor war faltbar, der Heckrotormast seitlich beigeklappbar. Nach der Erprobung lieferte Sikorsky 55 HR2S-1 mit modifizierten Motorgondeln, einer zusätzlichen Rückenflosse und Doppelbereifung an das US-Marinecorps, sowie 2 mit Radar ausgerüstete HR2S-1W an die US-Navy. Eine HR2S-1 wurde 1954 von der US-Army getestet, die schließlich 94 als H-37 A Mojave bestellte. Sie unterschieden sich durch eine geänderte Heckfinne und eine modifizierte Rotornabenverkleidung und wurden später mit einer neuen Frachttür, einem Stabilisierungssystem für den Schwebeflug und crashsicheren Tanks zur H-37 B modernisiert. Bis Mitte 1960 waren sämtliche S-56 ausgeliefert. 1962 nannte man alle Army-Helikopter in CH-37 A oder B, und die Marine HR2S in CH-37 C um.

Insgesamt baute Sikorsky nur 154 Exemplare.

Bemerkungen: Obwohl die S-56 für das Marine-Corps entwickelt wurde, war die Army später der Hauptabnehmer. Es war der letzte schwere US-Transporthubschrauber mit Kolbenmotoren, der ab September 1965 im Vietnamkrieg nicht nur als Truppentransporter flog, sondern auch erfolgreich als Kranhubschsauber zur Bergung abgeschossener Flugzeuge eingesetzt wurde. Die letzte S-56 wurde 1969 außer Dienst gestellt und von den mit Turbinen ausgestatteten, deutlich leistungsfähigeren Sikorsky CH-53 Stallion abgelöst.

Lediglich 6 Museumsexemplare sind in den USA erhalten geblieben. Eine H-37 B steht im United States Army Aviation Museum, Fort Rucker, USA.

Die HR2S-1W flog ab Juni 1957 mit einem voluminösen Radardom als Patrouillenhubschrauber für die Navy, was aber wegen günstigerer und schnellerer Flächenflugzeuge von kurzer Dauer war.

Ursprungsland
USA
Kategorie
Schwerer Transporhubschrauber

Besatzung: 3
Triebwerke: Zwei gebläsegekühlte 18-Zylinder-Doppelsternmotoren Pratt & Whitney R-2800-54 Double Wasp mit je 1545 kW (2100 PS).
Leistungen: Höchstgeschwindigkeit 209 km/h, Reisegeschwindigkeit 190 km/h, Dienstgipfelhöhe 2650 m, Reichweite mit maximaler Zuladung 235 km.
Gewichte: Leermasse 9450 kg, max. Abflugmasse 14 060 kg.

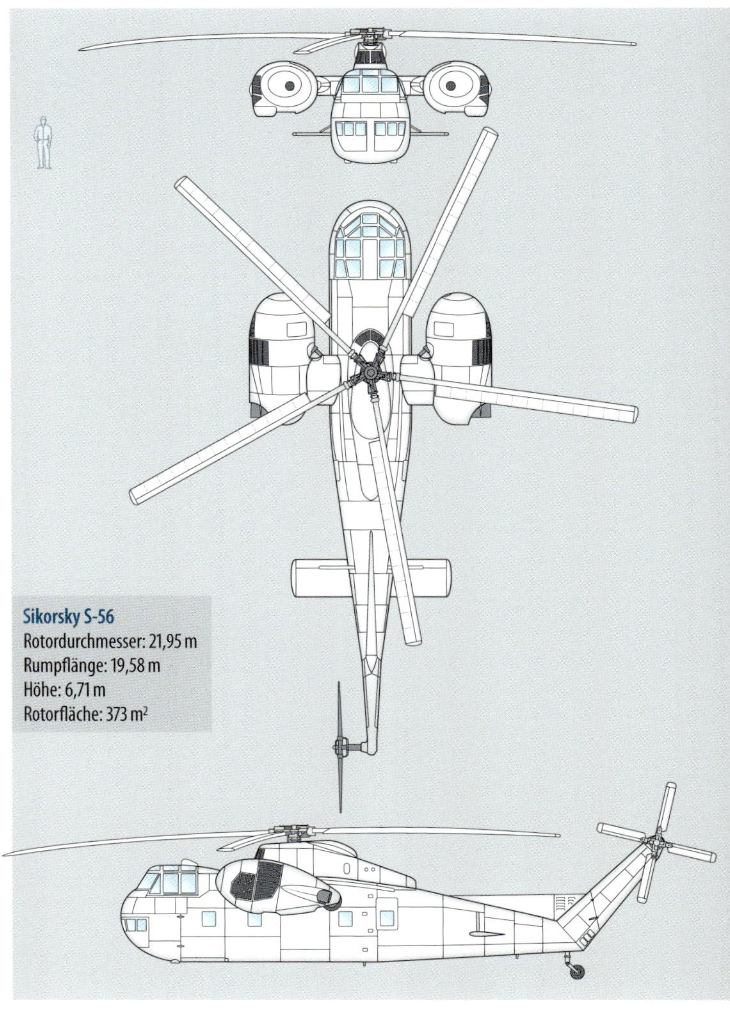

Sikorsky S-56
Rotordurchmesser: 21,95 m
Rumpflänge: 19,58 m
Höhe: 6,71 m
Rotorfläche: 373 m²

Sikorsky S-58

Ursprungsland
USA
Kategorie
Transporthubschrauber

Entwicklung: Als wesentlich leistungsstärkerer Nachfolger der S-55 (S. 228), ursprünglich für die US-Navy entwickelt, flog die S-58 im März 1954 erstmals. Ein neu gestalteter Rumpf in Ganzmetall-Schalenbauweise konnte je nach Variante bis zu 16 ausgerüstete Soldaten oder acht Tragbahren oder bis zu 2960 kg Fracht transportieren. Der Motor war schräg im Bug eingebaut und über eine Welle, die durch das Cockpit lief, mit dem Getriebe verbunden. Nach der Erprobung der vier gebauten Prototypen XHSS-1 wurden ab September 1954 die ersten US-Navy HSS-1 Seabat (ab 1962 SH-34) und HUS-1 Seahorse (UH-34) ausgeliefert. Dem ersten US-Army H-34 Choctaw (CH-34) übergab Sikorsky im September 1955. Für die amerikanischen Streitkräfte wurden zahlreiche Versionen gefertigt. Zu den klassischen Transporthubschraubern kamen U-Boot-Jagd- und Kampfhubschrauber, SAR-Varianten für die US Coast Guard auch mit Schwimmern, Arktis-Versionen, VIP-Transporter usw. Anfang der 1970er-Jahre begann die Ausmusterung des letzten US-Kolbenmotorhubschraubers, um von der Bell UH-1 und der Sikorsky CH-46 ersetzt zu werden. Frankreich erwarb 134 Bausätze, die von Sud-Aviation montiert wurden und stellte weitere 166 neu her. Auch die britische Firma Westland übernahm die S-55 in Lizenz, produzierte insgesamt 356 umkonstruierte und ausschließlich mit zwei Turbinen ausgestattete Wessex als Anti-U-Boot-, Transport- und SAR-Hubschrauber für Navy und Royal Air Force, auch für den Export.

Sikorsky lieferte bis 1970 1825 (andere Quellen 2108) zivile und militärische S-58 aus.

Bemerkungen: Zu den bekanntesten militärischen Hubschraubern des Kalten Krieges gehört sicher die S-58, die auf allen Kontinenten und in über 25 Ländern im Dienst war. Sie wurde im Vietnamkrieg neben der UH-1 eingesetzt, im Algerienkrieg, auch bewaffnet, durch die französische Armee, ebenso von Israel im Sechs-Tage-Krieg. England flog seine Wessex im Falklandkrieg, in Borneo, im Jemen und im Oman. Auch die Bundeswehr bestellte 1957 51 Maschinen und bekam 1962 weitere 94 von der US-Navy. Bekannnt wurden die Helis 1962 durch ihre Einsätze bei der Hamburger Sturmflut. Die letzte deutsche wurde schließlich 1975 aus dem SAR-Dienst ausgemustert. Viele S-58 gingen an zivile Betreiber und 1970 begann Sikorsky zahlreiche S-58 für den zivilen Markt aufzuarbeiten und sie mit zwei PT-6-Turbinen auszustatten, was ihre Hot-and-high-Leistungen deutlich verbesserte.

Eine der letzten S-58 fliegt bei einem Unternehmen in Oedheim, Bd.-Wttbg. In fast allen Staaten, die S-58 nutzten, findet man sie in Museen. Eine steht z. B. im Hubschraubermuseum Bückeburg und eine im Deutschen Museum, Schleisheim.

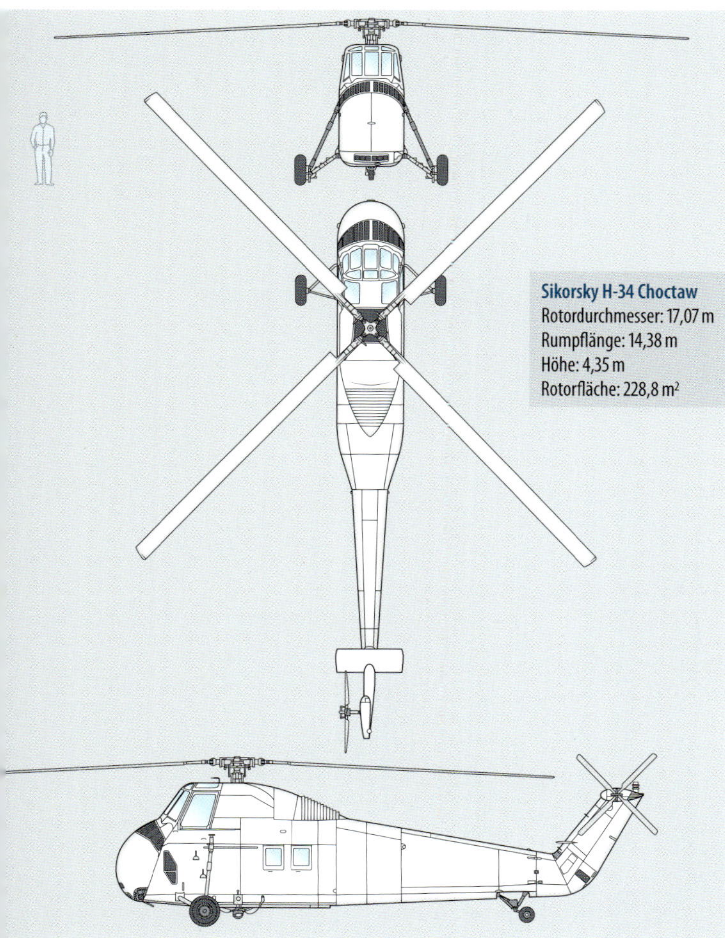

Sikorsky H-34 Choctaw
Rotordurchmesser: 17,07 m
Rumpflänge: 14,38 m
Höhe: 4,35 m
Rotorfläche: 228,8 m²

Besatzung: 2
Triebwerk: (H-34) Ein gebläsegekühlter 9-Zylinder-Sternmotor Wright R 1820-84 Cyclone mit 1122 kW (1525 PS).
Leistungen: (H-34) Höchstgeschwindigkeit 196 km/h, Reisegeschwindigkeit 156 km/h, Dienstgipfelhöhe 2900 m, Reichweite ca. 340 km.
Gewichte: (H-34) Leermasse 3468 kg, maximale Abflugmasse 6033 kg.

Stinson L-13

Ursprungsland
USA
Kategorie
Leichtes Mehrzweckflugzeug

Entwicklung: Als leistungsfähigerer Nachfolger der Weltkriegs-„Grasshopper" von Piper, Cessna und Co. wurde von Stinson, einer Tochtergesellschaft der Consolidated Vultee Aircraft Corp., das einmotorige STOL-Mehrzweckflugzeug gegen Ende des Zweiten Weltkrieges entwickelt. Einer der beiden 1945 bestellten Prototypen XL-13 flog schon im selben Jahr. Der Rumpf bestand aus einem geschweißten und mit Aluminiumblechen verkleideten Stahlrohrrahmen, an den der in Alu-Schalenbauweise produzierte Heckkonus angeflanscht wurde. Um Beschädigungen auf unvorbereiteten, bewachsenen Pisten zu vermeiden, setzte Stinson das aus Aluminium hergestellte Höhenleitwerk relativ hoch an. Für kurze Starts und Landungen ließen sich groß dimensionierte Klappen an den mit festen Vorflügeln ausgestatteten Tragflächen ausfahren. Die Flügel konnten an den Rumpf gefaltet werden, so dass die L-13 das „Packmaß" eines Jeeps hatte, um sie in LKWs, Eisenbahnen und Flugzeugen transportieren zu können. Nach der Erprobung der Militärs bestellte die USAF 300 Flugzeuge. Im Jahr 1948 wurde Stinson jedoch an Piper verkauft, die Produktionsrechte gingen aber an Convair, die schließlich alle 300 bestellten L-13 ab 1947 in eineinhalb Jahren auslieferte, davon 48 an die Nationalgarde, von denen wiederum 28 L-13 A zur B für den Betrieb in arktischem Klima umgebaut wurden. Sie erhielten eine Heizung und Vorrichtungen, die den raschen, einfachen Wechsel von Rädern auf Skier oder Schwimmer ermöglichten. Wegen ihrer geringen Reichweite untersuchte die Armee Seil-Schlepps mit einer Douglas C-47. Der L-13-Pilot sollte im Zielgebiet ausklinken, und mit eigener Kraft zur Basis zurückkehren.

Inklusive der Prototypen sind vermutlich 302 L-13 von Convair ausgeliefert worden.

Bemerkungen: Das relativ große Mehrzweckflugzeug wurde hauptsächlich für Beobachtungs-, Aufklärungs- und Verbindungsaufgaben eingesetzt, aber auch für Verwundetentransporte herangezogen. Die großzügig verglaste Kabine bot üblicherweise Platz für den Piloten und zwei Passagiere, konnte angeblich aber auch mit zwei Verwundetenbahren plus Begleitung, oder mit maximal 6 Personen beladen werden. Eingesetzt wurde das Flugzeug überwiegend in den USA, später auch im Koreakrieg. Wegen Problemen mit dem Franklin-Antrieb plante man, ihn durch einen 305 PS-Lycoming-Boxermotor auszutauschen, beschloss aber dann den Hochdecker komplett außer Dienst zu stellen. Die meisten wurden von privaten Betreibern übernommen. Einige auch von Firmen, die sie zu Centaur- oder Husky-Buschflugzeugen umbauten, etliche davon mit bis zu 450 PS-starken Sternmotoren.

Eine unbekannte Anzahl L-13 werden noch restauriert oder fliegen noch in den USA.

Besatzung: 1
Triebwerk: Ein luftgekühlter 6-Zylinder-Boxermotor Franklin 0-425-9 mit 184 kW (254 PS).
Leistungen: Höchstgeschwindigkeit 185 km/h, Reisegeschwindigkeit 148 km/h, Dienstgipfelhöhe 4570 m, Reichweite ca. 600 km.
Gewichte: Leermasse 941 kg, Abflugmasse 1448 kg.

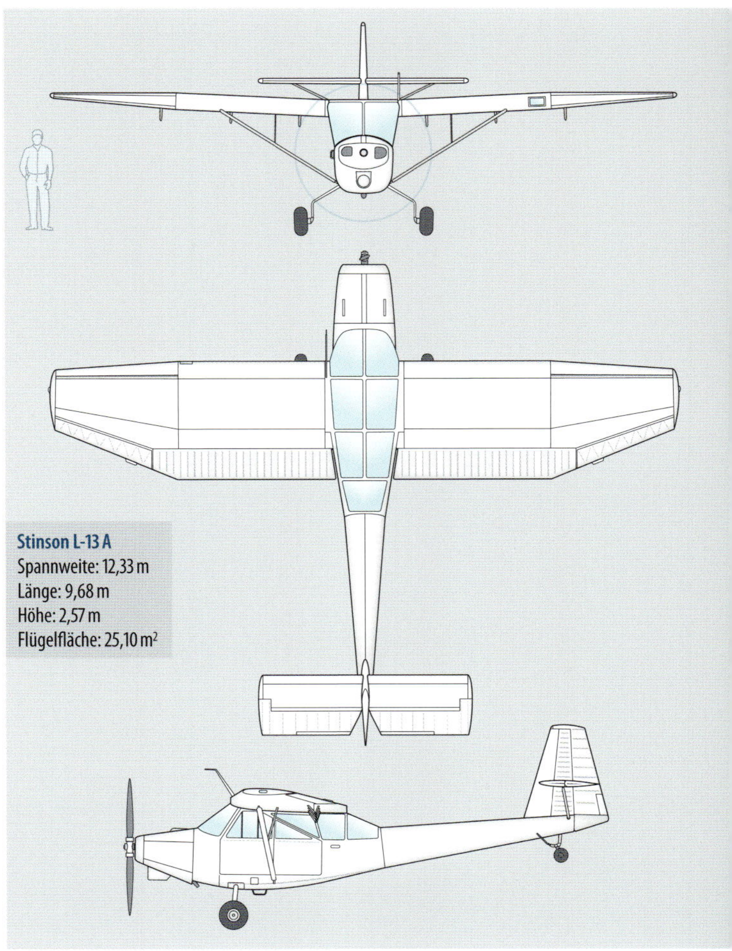

Stinson L-13 A
Spannweite: 12,33 m
Länge: 9,68 m
Höhe: 2,57 m
Flügelfläche: 25,10 m²

Vought F4U Corsair

Ursprungsland
USA
Kategorie
Jagdflugzeug, Jagdbomber

Entwicklung: Anfang 1938 forderte die US-Navy einen trägergestützten schnellen Jäger und beauftragte Vought die XF4U-1 zu bauen. Das Ganzmetallflugzeug wurde um den damals stärksten Motor konstruiert, dessen großer Propellerdurchmesser Knickflügel bedingte, um das Fahrwerk kurz zu halten. Erstflug war im Mai 1940. Der Prototyp zeigte beeindruckende Leistungen und Mitte 1941 bestellte die Navy erste F4U-1, die ab Juli 1942 geliefert wurden. Anfängliche Kriegserfahrungen in Europa führten zu einer stärkeren Bewaffnung, weshalb die Flügeltanks den MGs weichen mussten. Das Cockpit rückte nach hinten, um davor einen Tank zu installieren. Der deshalb verlängerte Vorderrumpf erschwerte jedoch Trägerlandungen. Höhergelegte Cockpits ab der F4U-1A (Zeichnung) machte sie ab April 1943 aber trägertauglich. Die in Großserien gebauten F4U-1 bis F4U-7 (Bild oben F4U-4B ca. 1950) unterschieden sich geringfügig in den Abmessungen, hauptsächlich in Bewaffnung, Antrieben und Ausrüstungen je nach Einsatz. Von der stärksten Version F2G, mit einem 3000 PS starken 28-Zylinder Wasp Major, wurden allerdings nur 10 gebaut.

12 581 Corsairs rollten bis 1953 aus den Werkshallen. Davon 4017 von Goodyear und 735 von Brewster. 94 F4U-7 wurden noch an Frankreich geliefert, die sie bis 1964 einsetzte.

Ein Nachtjäger F4U-5N Corsair der US Navy um 1949 mit einem Radarbehälter unter dem Außenflügel.

Bemerkungen: Die Corsair gehört zweifelsfrei zu den erfolgreichsten und leistungsfähigsten Jagdflugzeugen des Zweiten Weltkrieges. Für unerfahrene schwierig zu beherrschen, von erfahrenen Piloten geschätzt. Vor allem im Pazifikraum wurde die F4U in großer Zahl von den Alliierten als erfolgreicher Jäger, Jagdbomber, Aufklärer und Erdkämpfer eingesetzt. Auch noch im Koreakrieg nutzte man die Corsair als Nachtjäger und gepanzertes Tiefangriffsflugzeug AU-1 mit bis zu 1800 kg Waffenlast.

Es blieben weltweit ca. 80 F4U in Museen oder flugfähig erhalten. Ein Getränkehersteller in Salzburg, Österreich betreibt eine F4U-4.

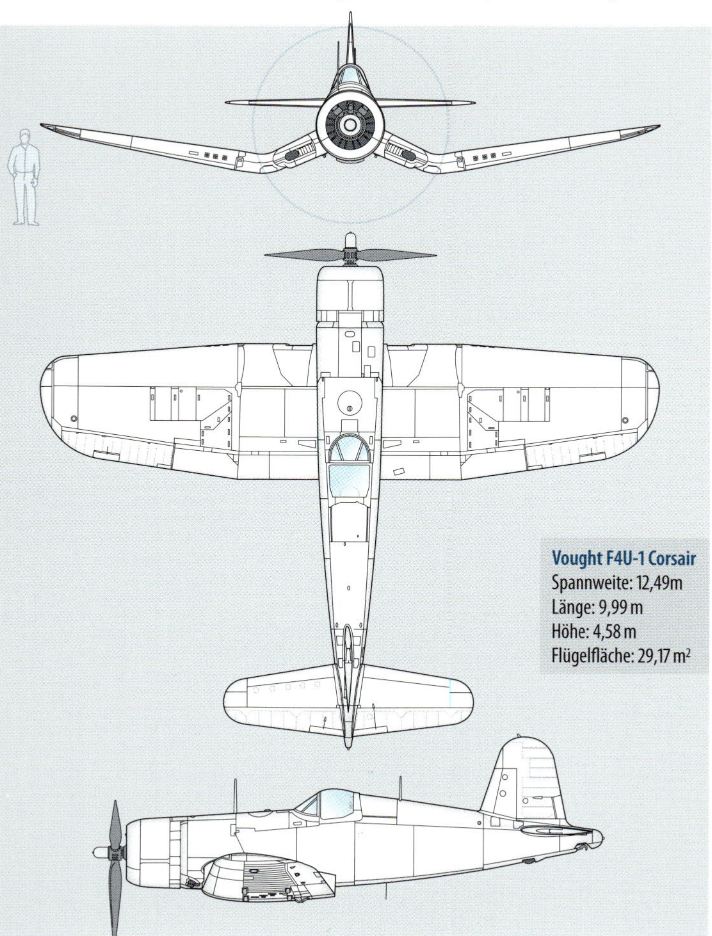

Vought F4U-1 Corsair
Spannweite: 12,49 m
Länge: 9,99 m
Höhe: 4,58 m
Flügelfläche: 29,17 m²

Besatzung: 1
Triebwerk: (F4U-1D) Ein luftgekühlter 18-Zylinder-Doppelsternmotor Pratt & Whitney R-2800-8W mit 1677 kW (2281 PS) Startleistung.
Leistungen: (F4U-1D) Höchstgeschwindigkeit 683 km/h, Dienstgipfelhöhe 11 310 m, Reichweite 1630 km, maximal 2510 km mit Droptanks.
Gewichte: (F4U-1D) Leermasse 3943 kg, Abflugmasse 5460 kg, maximale Abflugmasse 5941 kg.
Bewaffnung: (F4U-1D) Je drei Flügel-MGs. Zwei 450 kg Bomben extern oder acht Raketen.

Vought F6U Pirate

Entwicklung: Im September 1944 forderte die amerikanische Marine in einer Spezifikation ein trägergestütztes, von einem Strahltriebwerk angetriebenes Jagdflugzeug. Für Vought der Anlass, die V-340 zu entwickeln. Ein Tiefdecker mit ungewöhnlich angeordneten Lufteinläufen unter den Flügeln, die ein Westinghouse J34-Triebwerk versorgten. Bereits im Dezember 1944 erhielt Vought einen Auftrag über drei Prototypen XF6U und im Oktober 1946 hob die erste Pirate ab. Novum war bei diesem, ansonst konventionell in Ganzmetallbauweise hergestellten Jet die Verwendung von *Metalite*, ein Material aus drei verklebten Alublech/Balsaholz/Alublech-Schichten, aus dem die Außenhaut bestand. *Fabrilite* aus Alu/Fiberglas/Alu wurde für das Leitwerk verwendet, und für die Lufteinläufe Glasfaser. Allerdings zeigte sich bei den Erprobungen schnell, dass das Westinghouse J34-WE 22 zu schwach, die Flugstabilität mangelhaft und die Ruder wenig wirksam waren. Folge waren umfangreiche technische und aerodynamische Modifikationen am dritten Prototyp. Neben einer Verlängerung des Rumpfes und einem geänderten Leitwerk mit zusätzlichen Endscheiben sowie dem Einbau von Bremsklappen musste die *Metalite*-Heckverkleidung durch eine aus Edelstahl ersetzt werden. Zusätzlich wurde ein Nachbrenner installiert, der mit 18,78 kN deutlich mehr Schub abgab, was aber die Flugleistungen nicht wirklich verbesserte. Noch vor Abschluss der Erprobung bestellte die Marine 30 Flugzeuge. Die erste Serien-Pirate flog im Juni 1949 und die ersten 20 wurden an ein Erprobungsgeschwader ausgeliefert. Eine rüstete man noch zur F6U-1P als Fotoaufklärer um. Obwohl schon die Prototypen deutlich zeigten, dass der Tiefdecker mit seinen geraden Flügeln einsatzuntauglich war, wurde erst im Oktober 1950 amtlich ausgesprochen, dass die F6U für den operativen Einsatz nicht akzeptabel war.

Trotzdem lieferte Vought inklusive der Prototypen 33 Flugzeuge aus.

Bemerkungen: Wie bei vielen Jet-Konstruktionen der 1.Generation, gehörte auch der erste Jet der US-Marine zu den Flugzeugen, die wegen der noch leistungsschwachen Triebwerke und unerforschten aerodynamischen Eigenschaften zum Scheitern verurteilt war. Aber mit modernen Werkstoffen und dem Einsatz des damals neuen Nachbrenners trug die F6U ihren Teil zum Fortschritt im Flugzeugbau bei. Nach nur kurzem Verbleib bei einer Reservestaffel wurden bereits im November 1950 die verbliebenen 27 Flugzeuge gegroundet und nur noch zu Übungszwecken am Boden eingesetzt.

Die einzig erhaltene F6U steht im National Naval Aviation Museum, Pensacola, USA.

Besatzung: 1
Triebwerk: Ein Axialstrahltriebwerk Westinghouse J34-WE-30 mit 14,0 kN Schub und 18,78 kN mit Nachbrenner.
Leistungen: Höchstgeschwindigkeit 959 km/h, Dienstgipfelhöhe 14 100 m, maximale Reichweite 1880 km
Gewichte: Leermasse 3320 kg, maximale Abflugmasse 5850 kg.
Bewaffnung: Vier Maschinenkanonen im Bug.

Ursprungsland
USA
Kategorie
Jagdflugzeug

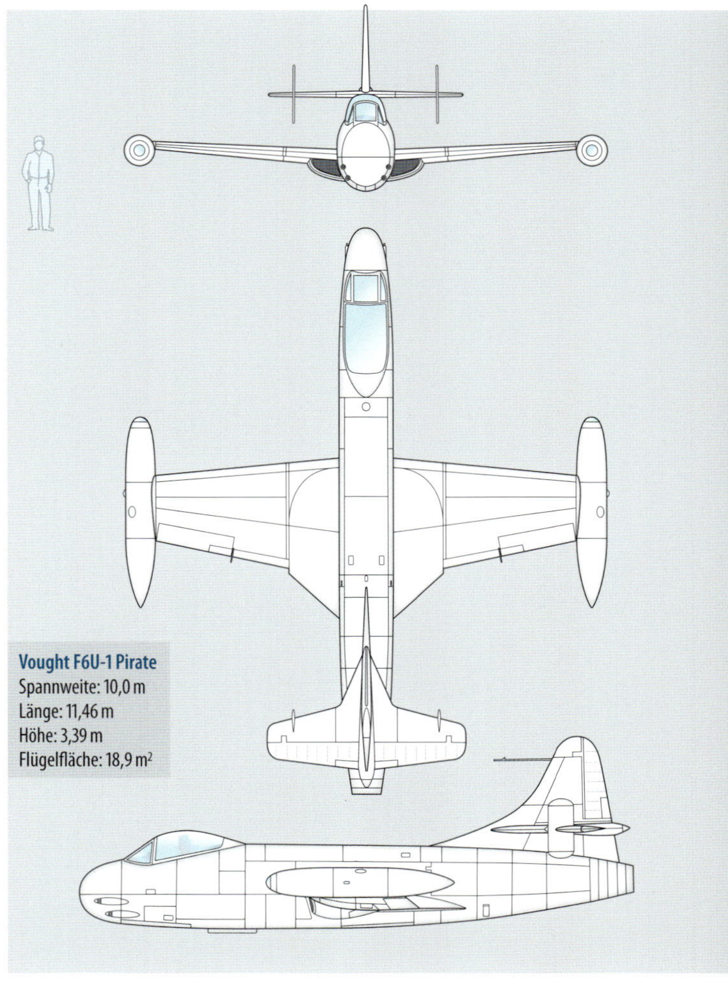

Vought F6U-1 Pirate
Spannweite: 10,0 m
Länge: 11,46 m
Höhe: 3,39 m
Flügelfläche: 18,9 m²

Vought F7U Cutlass

Ursprungsland
USA
Kategorie
Jagdflugzeug, Jagdbomber

Entwicklung: Mit dem unkonventionellen Entwurf V-346, der sich auch auf Nurflügler-Forschungsergebnisse deutscher Wissenschaftler stützte, reagierte Vought im Juni 1945 auf einen Wettbewerb der US Navy für einen trägertauglichen Tagjäger. Vought gewann und wurde im Juni 1946 bauftragt drei Prototypen XF7U-1 zu bauen. Der in Ganzmetallbauweise konstruierte Nurflügler hatte eine weit vorne installierte Druckkabine mit Schleudersitz, die dem Piloten ein gute Sicht verschaffen sollte, alle Ruder wurden, damals unüblich, hydraulisch angesteuert. Im September 1948 hob das erste Flugzeug ab. Alle drei Prototypen gingen jedoch bei der Flugerprobung verloren. Die F7U-1 mit zu schwachen J34-WE-32-Triebwerken wurde schon nach 14 gebauten Flugzeugen aufgegeben und auch nie in Dienst gestellt. Im September 1949 beauftragte man Vought 88 F7U-2, mit einem stärkeren J34-Triebwerk zu produzieren, was aber nach einem Prototyp zugunsten der F7U-3 storniert wurde, die im Dezember 1951 erstmals abhob. In vielen Bereichen deutlich ver-

Vom Fotoaufklärer F7U 3P mit langer Kameranase wurden nur 12 Stück gebaut, und nur zur Forschung und für Tests geflogen.

bessert wurde sie von einem leistungsfähigeren Westinghouse J46 angetrieben. 180 F7U-3 wurden ausgeliefert, davon 48 Zellen zur mit Luft-Luft-Raketen bewaffneten F7U-3M umgerüstet. Weitere 50 F7U-3M baute Vought neu.

Zu den Auslieferungszahlen gibt es differierende Quellen: 248 Flugzeug inkl. der Prototypen, aber auch 305/325.

Bemerkungen: Mit dem radikalen Design schuf Vought nicht nur ein außergewöhnliches Jagdflugzeug, sondern auch eines mit der damals höchsten Unfallrate. Ein Viertel der F7U ging verloren. Mit ihren gravierenden Mängeln, unter anderem wegen der zu schwachen Triebwerke und dem anfälligen Hydrauliksystem, war das Flugzeug bei seinen Piloten entsprechend unbeliebt. Zwei Cutlass wurden aber trotzdem von der Kunstflugstaffel Blue Angels neben F9F Panther genutzt. Die unzumutbare Unfallbilanz führte aber auch 1957 dazu, die Cutlass rasch durch F-8U Crusader zu ersetzen.

Zahlreiche F7U stehen in US-Museen. Eine im National Naval Aviation Museum, Pensacola, USA.

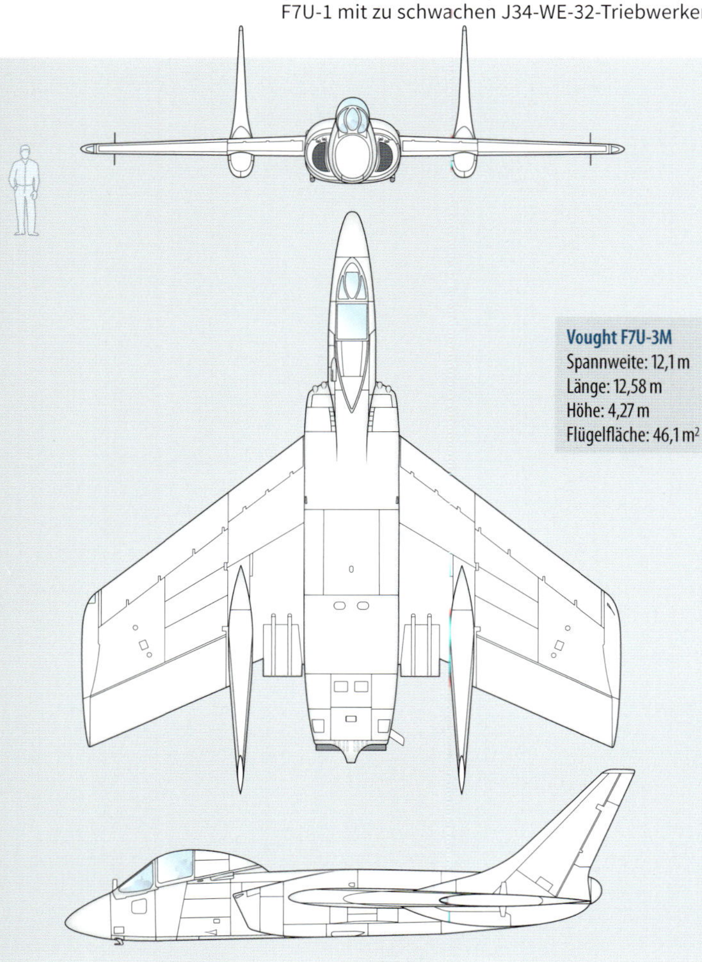

Vought F7U-3M
Spannweite: 12,1 m
Länge: 12,58 m
Höhe: 4,27 m
Flügelfläche: 46,1 m²

Besatzung: 1
Triebwerke: Zwei Axialstrahltriebwerke Westinghouse J46-WE-8B mit je 20,5 kN Schub, mit Nachbrenner 27 kN.
Leistungen: Höchstgeschwindigkeit 1122 km/h mit Nachbrenner auf Meereshöhe, Reisegeschwindigkeit 910 km/h in 12 000 Höhe, Steigzeit auf 9200 m 10,2 min, Dienstgipfelhöhe 12 370 m, Reichweite 1500 km.
Gewichte: Leermasse 8260 kg, Abflugmasse 12 174 kg, maximale Abflugmasse 14 353 kg.
Bewaffnung: Vier MKs über den Lufteinläufen, max. 2500 kg Außenlasten an 4 Stationen oder vier Luft-Luft-Raketen.

Typenverzeichnis

Abkürzungen

AISA	**A**eronáutica **I**ndustrial **S**.A., spanisches Luftfahrtunternehmen.
ASR	**A**ir-**S**ea **R**escue
ASW	**A**nti **S**ubmarine **W**arfare, Anti-U-Boot-Kriegsführung
AWACS	**A**irborne **W**arning **a**nd **C**ontrol **S**ystem, luftgestützte Luftraumaufklärung und -überwachung.
BOAC	**B**ritish **O**verseas **A**irways **C**orporation
CAC	**C**ommonwealth **A**ircraft **C**orporation, australischer Flugzeugbauer
CASA	Construcciones Aeronáuticas S.A., Spanischer Flugzeughersteller
COIN	**Co**unter-**in**surgency aircraft, leichtes Angriffsflugzeug zur Aufstandsbekämpfung.
ECM	**E**lectronic **C**ounter**m**easures, Elektronische Gegenmaßnahmen.
ELINT	Elektronische Aufklärung (engl: **El**ectronic **Int**elligence).
FAA	**F**leet **A**ir **A**rm, Teil der britischen Royal Navy, die für den Betrieb der Flugzeuge auf den Schiffen zuständig war.
FFA	**F**lug- und **F**ahrzeugwerke **A**ltenrhein (FFA), schweizer Luftfahrtunternehmen
FMA	**F**ábrica **M**ilitar de **A**viones. Staatlicher argentinischer Flugzeughersteller.
IFR	**I**nstrument **F**light **R**ules, engl. für Instrumentenflugregeln
HAL	**H**industan **A**eronautics **L**imited, Luft- und Raumfahrtunternehmen des indischen Verteidigungsministeriums
JATO	**J**et **a**ssisted **t**ake **o**ff, mit zusätzlichen Jet-Triebwerken unterstützter Start
MATS	**M**ilitary **A**ir **T**ransport **S**ervice, militärischer Lufttransportdienst der USA
MDAP	**M**ilitary **D**efence **A**ssistance **P**rogram, Amerikanisches Programm zur gegenseitigen Verteidigungshilfe.
MEDEVAC	**MED**ical **EVAC**uation, bezeichnet den Abtransport Verwundeter aus unsicheren Gebieten.
MG	**M**aschinen**g**ewehr
MK	**M**aschinen**k**anone
NACA	**N**ational **A**dvisory **C**ommittee for **A**eronautics, Vorläufer der NASA
NATO	**N**orth **A**tlantic **T**reaty **O**rganization, militärischer Nordatlantikpakt.
NORAD	**N**orth American Aerospace Defense Command, nordamerikanisches Luftverteidigungskommando.
P & W	**P**ratt **&** **W**hitney, amerikanischer Flugzeugmotorenhersteller
PZL	**P**aństwowe **Z**akłady **L**otnicze, polnische staatliche Flugzeugwerke
RAAF	**R**oyal **A**ustralien **A**ir **F**orce, australische Luftwaffe
RAF	**R**oyal **A**ir **F**orce, britische Luftwaffe
RATO	**R**ocket **a**ssisted **t**ake **o**ff, raketenunterstützter Start
RCAF	**R**oyal **C**anadian **A**ir **F**orce
RNLAF	**R**oyal **N**etherlands **A**ir **F**orce
RR	**R**olls-**R**oyce, britischer Triebwerkshersteller
SAC	**S**trategic **A**ir **C**ommand. Strategische Luftstreitmacht innerhalb der US-Luftwaffe.
SAR	**S**earch **a**nd **R**escue .
SIPA	**S**ociété **I**ndustrielle **P**our l'**A**éronautique, France, französisches Luftfahrtunternehmen
SNCAC	**S**ociété **N**ationale de **C**onstructions **A**éronautiques du **C**entre.

SNCASE	Société Nationale de Constructions Aéronautiques du Sud-Est. Französischer Flugzeughersteller.	SNECMA	Société Nationale d'Etude et de Construction de Moteurs d'Aviation, französischer Triebwerkshersteller.	USAF	United States Airforce	USCG	United States Coast Guard, Küstenwache der USA.
SNCASO	Société Nationale de Constructions Aéronautiques du Sud-Ouest, französischer Flugzeughersteller.	STOL	Short Take-Off and Landing, Kurzstart und -landung.	USAAC	United States Army Air Corps, Vorläufer der USAF	UTVA	Fabrika aviona Utva, ehemaliger jugoslawischer Flugzeugbauer
				USAAF	United States Army Airforc, von 1941 bis 1947 Luftstreitkräfte des US-Heeres.		

Bildnachweis

10 [1] SDASM Archives; 12 [1] Finnish Aviation Museum, [2] Valtion Lentokonetehtaan kokoelma/Suomen Ilmailumuseon kuva-arkisto; 13 © Dassault Aviation, coll. Aviaplans - Droits Réservés; 14 © Dassault Aviation - Droits Réservés; 15 © Dassault Aviation - Droits Réservés; 16 © Dassault Aviation - Droits Réservés; 17 SDASM Archives; 18 Finnish Aviation Museum; 19 www.alat.fr: photos X, collection Marc Bonas; 20 Photograph unbekannt; 21 Joost J. Bakker IJmuiden; 22 Joost J. Bakker IJmuiden; 23 www.alat.fr: photo Robert Cortes; 26 [2] SDASM Archives; 27 [1] Unknown photograph,, [2] L'Aerophile magazine1945; 28 Hubschraubermuseum Bückeburg; 34 [1] SDASM Archives, [2] Anefo; 36 SDASM Charles Daniels Photo Collection; 37 [1/2] SDASM Archives; 38 SDASM Archives; 40 SDASM Archives; 46 flickr/tormentor4555; 48 [1/2] Finnish Aviation Museum; 50 flickr/daves_archive; 54 Greg Goebel; 56 SDASM Archives; 58 SDASM Archives; 61 [1/2] SDASM Archives; 62 Australian Government, Department of Defence; 63 SDASM Archives; 64 ETH-Bibliothek Zürich, Bildarchiv/Stiftung Luftbild Schweiz / Fotograf: Swissair / LBS_SR03-09836-11 / CC BY-SA 4.0; 67 Joost J. Bakker IJmuiden; 68 SDASM Archives; 69 SDASM Archives; 70 [1] SDASM Archives; 73 [1] SDASM Archives; 74 [1] SDASM Archives; 76 SDASM Archives; 77 [1/2] SDASM Archives; 78 Flygvapenmuseum/ Carleson, Axel; 79 SDASM Archives; 81 SDASM Archives; 83 SDASM Archives; 84 SDASM Archives; 85 Unbekannter Fotograf; 89 SDASM Archives; 90 SDASM Archives; 91 tormentor4555; 92 Nationaal Archief NL/ Spaarnestad Photo; 94 [1] Eriksson, Georg, Flygvapenmuseum, [2] Saab AB (1937), Flygvapenmuseum; 95 Flygvapenmuseum; 96 Flygvapenmuseum; 97 Flygvapenmuseum; 98 Pilatus Aircraft Ltd.; 100 SDASM Archives; 102 SDASM Archives; 104 SDASM Archives; 105 [1] Ilmailumuseo Finland, [2] www.defenseimagery.mil; VIRIN: DF-ST-85-03641; 107 [1] SDASM Archives, [2] Unbekannter Fotograf; 108 Austrian Armed Forces Photograph/Wolfgang Grebien; 109 SDASM Archives; 111 SDASM Archives; 113 flickr/Jim van de Burgt; 114 [2] SDASM Archives; 116 SDASM Archives; 120 [1] SDASM Archives; 122 Unbekannter Fotograf; 123 SDASM Archives; 124 [1] SDASM Archives; 125 SDASM Archives; 128 SDASM Archives; 131 [1] SDASM Archives; 132 SDASM Archives; 135 SDASM Archives; 138 SDASM Archives; 139 SDASM Archives; 145 [1/2] SDASM Archives; 146 [1/2] SDASM Archives; 148 [1] SDASM Archives, [2] US Army; 151 USAF; 152 SDASM Archives; 153 [1] SDASM Archives, [2] U.S. Navy National Museum of Naval Aviation photo No. 1996.253.7252; 154 National Museum of the United States Air Force; 155 SDASM Archives; 156 SDASM Archives; 158 SDASM Archives; 159 SDASM Archives; 161 [1] SDASM Archives; 164 SDASM Archives; 165 [1/2] SDASM Archives; 170 SDASM Archives; 172 SDASM Archives; 174 SDASM Archives; 175 SDASM Archives; 176 [1/2] SDASM Archives; 177 [1] Greg Goebel; 178 [1/2] SDASM Archives; 179 [1/2] SDASM Archives; 180 SDASM Archives; 181 SDASM Archives; 187 SDASM Archives; 189 [1] SDASM Archives; 190 SDASM Archives; 192 SDASM Archives; 193 SDASM Archives; 194 [1] National Archives, [2] SDASM Archives; 195 SDASM Archives; 196 SDASM Archives; 197 [1/2] SDASM Archives; 198 SDASM Archives; 199 SDASM Archives; 200 SDASM Archives; 201 SDASM Peter Bowers Photo; 202 CAPT John T. Franklin, USAF - U.S. Defense Imagery; 205 SDASM Archives; 207 SDASM Archives; 208 SDASM Archives; 210 SDASM Archives; 212 SDASM Archives; 213 SDASM Archives; 214 [1/2] SDASM Archives; 215 Greg Goebel; 218 SDASM Archives; 219 SDASM Archives; 220 USAF - National Museum of the U.S. Air Force photo 080226-F-1234S-033; 221 SDASM Archives; 222 [1] SDASM Archives, [2] USAF; 223 Teledyne Ryan Archives, donated to SDASM; 224 SDASM Archives; 226 Community Archives donated by the Belleville Chamber of Commerce; 227 SDASM Archives; 229 [2] SDASM Archives; 230 schreiberVIS, Joachim Schreiber; 231 SDASM Archives; 233 SDASM Archives; 234 [1/2] SDASM Archives

wikimedia commons: 6 www.mincyt.cba.gov.ar; 7 [1] Argentine Air Force, [2] Autor/-in unbekannt; 8 Fotograf unbekannt; 9 Sin datos; 10 [2] Collection Database of the Australian War Memorial under the ID Number: P00448.056; 11 www.aarg.com.au/Sabre; 24 Eric Salard; 26 [1] PA; 29 G.Garitan; 30 [1/2] RuthAS; 31 [1] Unbek. Fotograf, PD-UKGov, [2] Photo CH 16492 Imperial War Museums.; 32 [1] RAF, PD-UKGov [2] Imperial War Museum; 33 Royal Airforce; 35 Canadian Forces; 39 Royal Navy official photographer, Zimmerman, E A (Lt); 41 RuthAS; 42 UK Ministry of Aircraft Production (MAP); 43 Official UK government photographer; 44 Aircraft of the Fighting Powers Vol VII Ed: O G Thetford Harborough Publishing Co, Leicester, England 1946; 45 tommy japan from japan; 47 SDASM Archives; 49 [1] Crown Copyright [2] Umeyou; 51 US. Navy; 52 Pseudopanax; 53 wiltshirespotter; 55 [1] Canadian Forces [2] Royal Navy; 57 Australian War Memorial; 59 IWM (RAF-T 725) https://www.iwm.org.uk/collections/item/object/205214115; 60 RuthAS; 65 RuthAS; 66 RuthAS; 70 [2] RuthAS; 71 [1/2] Official UK government photographer [2] self/wiki public domain; 72 [1/2] Royal Navy official photographer; 74 [2] RuthAS; 75 Taken by British government prior to 1956 PD-BRITISHGOV.; 80 Mohit S; 82 Farinata; 86 Marko M~commonswiki assumed (based on copyright claims); 87 Photo by Vujcic; 88 Canadian Department of National Defence; 93 Jim van de Burgt; 99 Kobel; 101 Michail Fetisov / Михаил Фетисов; 103 aeroprint.com; 106 jno, Jak-UT-2 b; 110 Михаил Фетисов; 112 [1/2] SDASM Archives; 114 [1] Unbekannter Fotograf; 115 [1 + 2] SDASM Archives; 117 Fotograf unbekannt; 118 Paul Nelhams; 119 Kobel; 120 [2] Ronidong; 121 Own work, Author: Umeyou; 124 [2] Varga Attila; 126 [1] Finnish Aviation Museum, [2] Wisnia6522; 127 Finnish Aviation Museum; 129 Former USSR; 130 [1/2] SDASM Archives; 131 [2] Flavio Mucia (AMB Brescia); 133 Собственноручная копия фото из личного архива/Foto aus persönlichem Archiv; 134 Cdr. W.R. Mulholland, U.S. Navy, U.S. Navy National Museum of Naval Aviation photo No. 1996.253.7273.008; 136 Toyocada; 137 www.flightglobal.com/pdfarchive/Flight 10 February 1956; 140 Czechslovak aircraft and aero engine, KOVO Limited, Prague XVII, Jlnonice, March 1949, p. 40 unbekannter Fotograf; 141 Fortepan / Mészáros Zoltán; 142 IAF-S-199-1948; 143 [1/2] Unbekannter Fotograf, Czechslovak aircraft and aero engine, KOVO Limited; 144 Unbekannter Fotograf, Czechoslovak aircraft and aero engine, KOVO Trading Co., Ltd., Prague XVII, Jinonice, March 1949, p. 40; 147 United States Air Force Photograph; 149 U.S. Federal Government; 150 [1] Department of the U.S. Navy, [2] US Navy or Coast Guard; 157 [1] Naval History and Heritage Command, [2] United States Coast Guard; 160 U.S. National Archives and Records Administration; 161 [2] USGOV-PD; 162 [1] USAAF, [2] Bundesarchiv, Bild 146-1985-064-10A / CC-BY-SA 3.0; 163 [1/2] US Air Force photo; 166 United States Air Force; 167 U.S. Navy National Museum of Naval Aviation photo No. 2011.003.284.008; 168 US Navy; 169 [1] United States Air Force USGOV-PD, [2] Official USMC Photograph; 171 U.S. Navy National Museum of Naval Aviation; 173 US Government; 177 [2] National Museum of the U.S. Air Force photo; 182 U.S. Navy Naval Aviation News [1] Fall 2012, p. 11; U.S. Navy National Museum of Naval Aviation photo No. 2011.003.281A.013; 183 U.S. Navy Naval Aviation News February 1954 [1]; 184 Official U.S. Navy photo 80-G-688709 from the U.S. Navy Naval History and Heritage Command; 185 U.S. Coast Guard photo SC-1011 050554-17, Ph. Borzage, USCG; 186 [1] U.S. Army photo from the official U.S. Department of the Army publication Vietnam Studies - Airmobility 1961-1971. Washington D.C. 1989, [2] U.S. Air Force; 188 USAF Photo; 189 [2] U.S. Navy Naval Aviation News June 1955; 191 U.S. Navy employee, Author Capt. Fernald P. Anderson, USN; 203 Bill Larkins; 204 United States Air Force, USGOV-PD; 206 [1] USAF - Original work of the US Federal Government, [2] USAF; 209 SDASM Archives; 211 USAF Original work of the US Federal Government; 216 USAF Museum; 217 U.S. Army; 225 [1] USAF Museum, [2] 38TH Division Photographer US Army; 228 Library and Archives Canada; 229 [1] U.S. National Archives and Records Administration; 232 [1] Official U.S. Navy Photograph, [2] U.S. Navy